Quantenmechanik in Bildern

Siegmund Brandt · Hans Dieter Dahmen

Quantenmechanik in Bildern

Eine Einführung mit vielen Computergrafiken

Siegmund Brandt
Hans Dieter Dahmen
Department Physik
Universität Siegen
Siegen, Deutschland

ISBN 978-3-662-46386-4   ISBN 978-3-662-46387-1 (eBook)
DOI 10.1007/978-3-662-46387-1

Die Deutsche Nationalbibliothek verzeichnet diese Publikation in der Deutschen Nationalbibliografie; detaillierte bibliografische Daten sind im Internet über http://dnb.d-nb.de abrufbar.

Springer Spektrum
Übersetzung der englischsprachigen Ausgabe: The Picture Book of Quantum Mechanics, von Siegmund Brandt und Hans Dieter Dahmen, Copyright © Springer Science+Business Media New York 2012. Alle Rechte vorbehalten.
© Springer-Verlag Berlin Heidelberg 2015

Planung: Dr. Vera Spillner

Gedruckt auf säurefreiem und chlorfrei gebleichtem Papier.

Springer-Verlag GmbH Berlin Heidelberg ist Teil der Fachverlagsgruppe Springer Science+Business Media
(www.springer.com)

Vorwort zur deutschen Ausgabe

Die vorliegende deutsche Ausgabe entspricht der vierten Auflage unseres englischsprachigen Buches[1]. In der gedruckten Version sind die Graphiken aus Kostengründen schwarz-weiß wiedergegeben; in der elektronischen erscheinen sie farbig.

Zur Erzeugung der Computergraphiken der ersten englischen Auflage entwickelten wir ein interaktives Programm zur Quantenmechanik, das wir IN-TERQUANTA (abgekürzt **IQ**) nennen. Eine modernisierte Version ist – mit einem Begleittext – in verschiedenen Auflagen bei Springer erschienen. Die neueste[2] kann als Ergänzung zum vorliegenden Buch gesehen werden. Das Programm läuft unter Windows, Linux und Mac OS X. Gerne erwähnen wir die großzügige Unterstützung durch IBM Deutschland bei der Entwicklung von **IQ**. Insbesondere möchten wir Herrn Dr. U. Groh für seine kompetente Hilfe in der Anfangsphase dieser Arbeit danken. Das Programm erlaubt die interaktive Wahl und Veränderung einer Vielzahl von Physik- und Graphikparametern und erzeugt als Ausgabe statische oder bewegte Bilder. Letztere, also Videos, werden mit der vorliegenden Ausgabe den Leserinnen und Lesern erstmals auf einfache Weise über die Internet-Plattform YouTube zugänglich gemacht, Einzelheiten dazu auf Seite xi.

Alle Computergraphiken im Buch wurden mit der publizierten Version von **IQ** erzeugt, in einigen Fällen auch mit Ergänzungen, die mit Hilfe von Herrn Anli Shundi, Dr. Sergei Boris und Dr. Tilo Stroh vorgenommen wurden. Herrn Dr. Stroh schulden wir ganz besonderen Dank für seine intensive Mitarbeit in vielen Phasen der Entstehung dieser deutschen Ausgabe. Frau Dr. Vera Spillner vom Verlag Springer Spektrum danken wir herzlich für ihre Vorschläge und für die angenehme Zusammenarbeit.

Siegen, im Oktober 2014   Siegmund Brandt
                                                        Hans Dieter Dahmen

[1]S. Brandt, H. D. Dahmen *The Picture Book of Quantum Mechanics*, 4th ed., Springer, New York, 2012

[2]S. Brandt, H. D. Dahmen, and T. Stroh *Interactive Quantum Mechanics – Quantum Experiments on the Computer*, 2nd ed., Springer, New York, 2011

Vorwort

Studierende der klassischen Mechanik können sich auf Erfahrungen des täglichen Lebens stützen, wenn es um das Verständnis mechanischer Begriffe geht. Obwohl natürlich ein Stein kein Massenpunkt ist, so hilft ihnen die Erfahrung im Steinewerfen doch bei der Analyse der Bahn eines Massenpunktes im Schwerefeld. Darüber hinaus lassen sich viele mechanische Aufgaben mit Hilfe der Newtonschen Bewegungsgesetze rechnerisch lösen. Dadurch werden weitere Erfahrungen gewonnen. Auf dem Gebiet der Wellenoptik helfen den Studierenden ihre Erfahrungen mit Wasserwellen und mit einfachen Experimenten in einer Wellenwanne, sich eine anschauliche Vorstellung der Erscheinungen von Interferenz und Beugung zu bilden.

Dagegen fehlt auf dem Gebiet der Quantenmechanik Anfängern jede Intuition. Da sich quantenmechanische Vorgänge auf der atomaren oder subatomaren Größenskala abspielen, haben wir aus dem täglichen Leben keinerlei Erfahrung mit ihnen. Experimente zu Atomphysik erfordern mehr oder weniger komplizierte Apparaturen; ihre Ergebnisse sind keineswegs einfach zu interpretieren. Selbst wenn die Studierenden die Schrödinger-Gleichung einfach als gegeben hinnehmen (wie es viele auch mit den Newtonschen Gleichungen tun), so ist es doch nicht einfach für sie, Erfahrungen durch das Lösen von Aufgaben zu gewinnen, denn nur wenige Aufgaben lassen sich ohne Rechner lösen. Und selbst in den Fällen, für die Lösungen in geschlossener Form bekannt sind, behindert deren komplizierte Form mit den speziellen mathematischen Funktionen, die die Studierenden oft erstmals sehen, die Bildung eines heuristischen Verständnisses sehr.

Die schwierigste Hürde ist aber die Formulierung einer Aufgabe in der Sprache der Quantenmechanik, denn deren Begriffe sind völlig verschieden von denen der klassischen Mechanik. Tatsächlich sind die Begriffe und Gleichungen der Quantenmechanik in der Schrödingerschen Formulierung näher an der Optik als an der Mechanik. Darüber hinaus haben experimentell gewonnene Größen – etwa Übergangswahrscheinlichkeiten, Wirkungsquerschnitte usw. – gewöhnlich wenig zu tun mit mechanischen Begriffen wie Ort, Impuls oder der Flugbahn eines Teilchens. Trotz dieser Schwierigkeiten ist eine anschauliche Einsicht in einen Vorgang die Voraussetzung für das

Verständnis seiner quantenmechanischen Beschreibung und für die Interpretation grundlegender Größen in der Quantenmechanik wie etwa Ort, Impuls und Drehimpuls sowie Wirkungsquerschnitt, Lebensdauer usw.

Studierende müssen also ein Gefühl, eine Intuition, dafür entwickeln, wie die Begriffe der klassischen Mechanik verändert und durch Argumente der Optik ergänzt werden, um so ein wenigstens in groben Zügen richtiges Bild der Quantenmechanik zu erhalten. Dabei muss insbesondere die zeitliche Entwicklung mikroskopischer Systeme untersucht und mit solchen der klassischen Mechanik verglichen werden. Hier bieten Computer und Computergraphik eine unschätzbare Hilfe: Sie erlauben es, eine große Zahl von Beispielen voller Einzelheiten zu erzeugen und sie in jeder Phase ihrer zeitlichen Entwicklung zu betrachten. Zum Beispiel zeigt die Betrachtung der Bewegung eines Wellenpakets die Grenzen der auf der Mechanik beruhenden Intuition; sie vermittelt Einblick in Vorgänge wie Tunneleffekt und Resonanzen, die wegen der Bedeutung der Interferenz nur über optische Analogien verstanden werden können. So kann eine Vielzahl von quantenmechanischen Systemen im Computer simuliert und mit verschiedenen Techniken der Computergraphik visuell zugänglich gemacht werden.

Einige der behandelten Themen sind

- Streuung von Wellenpaketen und stationären Wellen in einer Dimension,
- Tunneleffekt,
- Zerfall metastabiler Zustände,
- gebundene Zustände in verschiedenen Potentialen,
- Energiebänder,
- unterscheidbare und ununterscheidbare Teilchen,
- Drehimpuls,
- Streuung in drei Dimensionen,
- Wirkungsquerschnitte und Streuamplituden,
- Eigenzustände in dreidimensionalen Potentialen, z. B. im Wasserstoffatom, Partialwellen und Resonanzen,
- Bewegung von Wellenpaketen in drei Dimensionen,
- Spin und magnetische Resonanz.

Werkzeuge, die dabei helfen sollen, die Kluft zwischen klassischen und quantenmechanischen Begriffen zu überbrücken, sind etwa

- die Phasenraumdichte der statistischen Mechanik,

- die Wignersche Phasenraumverteilung,

- das Absolutquadrat der Analyseamplitude als Wahrscheinlichkeit oder Wahrscheinlichkeitsdichte.

Typische Graphikarten sind

- Darstellung der Zeitentwicklung von Wellenfunktionen in eindimensionalen Problemen,

- Darstellung einer Parameterabhängigkeit, z. B. zur Untersuchung einer Streuung über einen Energiebereich,

- Darstellung einer Funktion von zwei Variablen als Fläche im dreidimensionalen Raum, etwa einer Zweiteilchenwellenfunktion,

- Polardiagramme (Antennendiagramme) in zwei oder drei Dimensionen,

- Darstellung von Konturlinien oder Konturflächen, d. h. Linien oder Flächen konstanter Funktionswerte, in zwei bzw. drei Dimensionen,

- „Wellenwannen-Bilder" zu Illustration der Streuung in drei Dimensionen.

Wenn eben möglich wird zusätzlich dargestellt, wie sich ein System nach der klassischen Mechanik verhalten würde, und zwar durch Einzeichnen von Orten oder Bahnen. Im Vorbeigehen, also dort im Text, wo sie zuerst auftreten, werden die für die Quantenmechanik typischen speziellen Funktionen, wie die Legendre-, Hermite- und Laguerre-Polynome, die Kugelflächenfunktionen und die sphärischen Bessel-Funktionen jeweils als Sätze von Graphiken gezeigt.

Der Text stellt die grundlegenden Ideen der Quantenmechanik vor. Das einführende Kap. 1 legt den Grundstein mit einer Besprechung der Teilcheneigenschaften des Lichts, ausgehend von den experimentellen Ergebnissen zum photoelektrischen Effekt und zum Compton-Effekt, und der Welleneigenschaften von Teilchen, die durch die Beugung von Elektronen nachgewiesen worden sind. In Kap. 2 wird auch beschrieben, wie Wellenpakete des Lichts sich im Raum fortbewegen und wie sie an Glasplatten reflektiert und gebrochen werden.

In Kap. 3 werden materielle Teilchen als Wellenpakete von de-Broglie-Wellen eingeführt. Die Eignung von de-Broglie-Wellen zur Beschreibung der Mechanik von Teilchen wird anhand einer Diskussion der Gruppengeschwindigkeit, der Heisenbergschen Unschärfebeziehung und der Bornschen Wahrscheinlichkeitsinterpretation erläutert. Die Schrödinger-Gleichung erweist sich dabei als die Bewegungsgleichung.

Die Kapitel 4 bis 9 sind quantenmechanischen Systemen in einer Dimension gewidmet. Die Beobachtung der Streuung eines Teilchens durch ein Potential hilft zu verstehen, wie es sich unter dem Einfluss einer Kraft bewegt und wie die Wahrscheinlichkeitsinterpretation die gleichzeitig auftretenden Vorgänge von Transmission und Reflexion erklären kann. Wir betrachten den Tunneleffekt für ein Teilchen und auch die Anregung und den Zerfall von metastabilen Zuständen. Von dort führt ein sorgfältig ausgeführter Übergang zu den stationären gebundenen Zuständen. Auch die quasiklassische Bewegung von Wellenpaketen, die räumlich auf einen Potentialbereich beschränkt ist, wird untersucht.

Die Geschwindigkeit eines Teilchens beim Tunneleffekt war und ist Gegenstand einer kontroversen Diskussion in der Literatur. Im Kap. 7 führen wir die Begriffe von Quantilort und Quantilgeschwindigkeit ein, mit denen dieses Problem behandelt werden kann.

Die Kapitel 8 und 9 behandeln Zweiteilchensysteme. Wir benutzen gekoppelte harmonische Oszillatoren als Beispiel und demonstrieren so die erstaunlichen Unterschiede zwischen Systemen aus unterscheidbaren Teilchen, aus identischen Bosonen und aus identischen Fermionen.

Die Quantenmechanik in drei Dimensionen ist der Gegenstand der Kapitel 10 bis 16. Wir beginnen mit einer eingehenden Untersuchung des Drehimpulses und geben Wege zur Lösung der Schrödinger-Gleichung an. Zur Behandlung der Streuung von ebenen Wellen werden die Partialwellenzerlegung und die Begriffe des differentiellen Wirkungsquerschnitts, der Streuamplituden und der Phasenverschiebungen eingeführt und graphisch illustriert. Resonanzstreuung wird experimentell in den verschiedensten Energiebereichen untersucht. Wir beschreiben sie im Einzelnen in Kap. 15. Gebundene Zustände in drei Dimensionen beschäftigen uns in Kap. 13. Dort wird etwa das Wasserstoffatom behandelt sowie die Bewegung von Wellenpaketen unter dem Einfluss einer harmonischen Kraft oder – analog zur klassischen elliptischen Kepler-Bewegung – unter dem Einfluss der Coulomb-Kraft. In Kap. 14 beschreiben wir ein Modell, das in manchen Fällen zur Erklärung chemischer Bindung dient, die Hybridisierung. Im Kap. 16 widmen wir uns der Coulomb-Streuung von ebenen Wellen und Wellenpaketen; letzterer Fall entspricht der hyperbolischen Kepler-Bewegung.

Der Spin wird in Kap. 17 behandelt. Nach der Einführung von Spinzuständen und -operatoren wird die Pauli-Gleichung benutzt, um die Kreiselbewegung eines magnetischen Moments im homogenen Magnetfeld zu beschreiben. Das Kapitel endet mit einer Diskussion der Rabischen Magnetresonanz.

Im letzten Kapitel besprechen wir Experimente aus Atom-, Molekül-, Festkörper-, Kern- und Teilchenphysik. Alle können qualitativ mit Hilfe der Bilder und der Diskussion im Hauptteil des Buches verstanden werden. So werden Beispiele für

- typische Streuphänomene,
- Spektren gebundener Zustände und deren Klassifikation mit Hilfe von Modellen,
- Resonanzerscheinungen in totalen Wirkungsquerschnitten,
- Phasenanalysen für Streuvorgänge und Regge-Klassifikation von Resonanzen,
- Radioaktivität und Zerfall metastabiler Zustände,
- magnetische Resonanzerscheinungen

vorgestellt, die aus der atomaren und subatomaren Physik stammen. Der Vergleich dieser experimentellen Ergebnisse mit den Bildern dieses Buches und ihrer Interpretation vermittelt einen Eindruck von dem weiten Wissenschaftsbereich, der nur mit der Quantenmechanik verstanden werden kann.

In Anhang A besprechen wir die einfachsten Aspekte der formalen Struktur der Quantenmechanik und stellen den Matrixformalismus der gebräuchlicheren Formulierung auf der Basis von Wellenfunktionen und Differentialoperatoren gegenüber. Anhang B gibt eine kurze Einführung in Zweiniveausysteme, die die Diskussion des Spins erleichtert. In Anhang C führen wir die Analyseamplitude ein am Beispiel des freien Teilchens und des harmonischen Oszillators. Anhang D befasst sich mit der Wignerschen Phasenraumfunktion. Die Anhänge E bis G enthalten kurze Darstellungen der Gamma-, Bessel- und Airy-Funktionen sowie der Poisson-Verteilung.

An den Kapitelenden findet man insgesamt über hundert Aufgaben. Viele davon sollen den Studierenden helfen, Physik direkt aus den Bildern zu entnehmen. Andere sollen ihnen Praxis in der Handhabung theoretischer Begriffe verschaffen. Direkt hinter dem Inhaltsverzeichnis findet man Listen häufig benutzter Symbole, fundamentaler Gleichungen und physikalischer Konstanten sowie eine kurze Tabelle, die die Umrechnung von SI-Einheiten in Einheiten erleichtern soll, wie sie in der Atom- und Teilchenphysik gebräuchlich sind.

Wir denken in Dankbarkeit an Professor Eugen Merzbacher, sein freundliches Interesse an unserem Projekt und die vielen hilfreichen Verbesserungsvorschläge, die er vor Erscheinen der ersten Auflage dieses Buches machte. Wir danken Frau Ute Smolik und Herrn Anli Shundi, die beim Computersatz verschiedener Auflagen halfen, und Dr. Sergei Boris, Dr. Erion Gjonaj und Dr. Tilo Stroh, die wesentlich zur Entwicklung der Computerprogramme beitrugen, mit denen die Bilder dieses Buches erzeugt wurden. Nicht zuletzt möchten wir Dr. Jeanine Burke, Dr. Hans-Ulrich Daniel, Dr. Thomas von Foerster und Dr. Hans Kölsch von Springer New York für ihr nachhaltiges Interesse und ihre Unterstützung danken.

Siegmund Brandt
Hans Dieter Dahmen

Zu den Videos

Zu vielen Bildern in diesem Buch wurden Videos erzeugt, die Sie auf der Internet-Plattform YouTube betrachten können. Insgesamt 81 Videos sind auf dieser Plattform in einem Kanal mit dem Namen *Picture Book of Quantum Mechanics* zusammengefasst. Sie finden ihn leicht, indem Sie YouTube öffnen und in die Suchmaske Picture Book of Quantum Mechanics eingeben. Besonders einfach ist die Benutzung des hier wiedergegebenen QR-Codes. Wird er mit einem Mobiltelefon mit entsprechender App abgetastet, führt er direkt zu diesem Kanal, der eine Übersicht über alle Videos bietet. Der Titel jedes einzelnen beginnt mit dem Hinweis auf eine Bildnummer im Buch, z. B. *Ad Fig. 5.10* ... In diesem Kanal können Sie jedes der Videos auswählen und betrachten.

Beim Durcharbeiten des Buches gehen Sie am besten so vor: Zu jedem solchen Bild finden Sie auf dem Seitenrand einen QR-Code, oft auch mehrere. Jeder entspricht einem Video. Nach Abtasten des Codes können Sie es direkt auf dem Mobiltelefon betrachten. In der E-Book-Version des Buches brauchen Sie übrigens den Code nur anzuklicken. Sie können aber auch einfach YouTube öffnen und die Suchmaske benutzen, indem Sie z. B. Picture Book Fig. 5.10 oder Quantenmechanik Fig. 5.10 eingeben. Sie können so ganz einfach viele unserer Bilder in Bewegung versetzen, ein wenig wie der Magier Prosper Alpanus in E. T. A. Hoffmanns Märchen *Klein Zaches*, der die in seinen Büchern abgebildeten Figuren durch leichtes Berühren mit dem Finger zu kurzzeitigem Leben erwecken konnte.

Inhalt

Häufig benutzte Symbole

a	Bohrscher Radius	g	gyromagnetischer Faktor
$a(x_0, p_0, x_S, p_S)$	Analyseamplitude	h $\hbar = h/(2\pi)$	Plancksches Wirkungsquantum
$A_I, A_{II}, \ldots$ $B_I, B_{II}, \ldots$	Amplitudenfaktoren in den Raumbereichen I, II, …	$h_\ell^{(+)}(\rho)$	sphärische Hankel-Funktion erster Art
$\mathbf{B}$	magnetisches Flussdichtefeld	$h_\ell^{(-)}(\rho)$	sphärische Hankel-Funktion zweiter Art
c	Lichtgeschwindigkeit im Vakuum	H	Hamilton-Operator
c	Korrelations-koeffizient	j	Wahrscheinlichkeitsstrom-dichte
$d_{mm'}^\ell$	Wigner-Funktion	$j_\ell(\rho)$	sphärische Bessel-Funktion
$D_{mm'}^\ell$	Wigner-Funktion	k	Wellenzahl
$\mathrm{d}\sigma/\mathrm{d}\Omega$	differentieller Streuquerschnitt	ℓ	Drehimpulsquantenzahl
e	Elementarladung	L_n^α	Laguerre-Polynom
E_c	komplexe elektrische Feldstärke	$\mathbf{L}$	Drehimpuls
		$\hat{\mathbf{L}}$	Drehimpulsoperator
E	Energie	m	Quantenzahl der z-Komponente des Drehimpulses
E_n	Energieeigenwert		
E_{kin}	kinetische Energie	m, M	Masse
$\mathbf{E}$	elektrische Feldstärke	$M(x,t)$	Amplitudenfunktion
$f(k)$	Spektralfunktion der Wellenzahl	$\mathbf{M}$	Magnetisierung
$f(p)$	Spektralfunktion des Impulses	n	Brechungsindex
		n	Hauptquantenzahl
$f(\vartheta)$	Streuamplitude	$n_\ell(\rho)$	sphärische Neumann-Funktion
f_ℓ	partielle Streuamplitude		
$f_{\ell m}(\Theta, \Phi)$	Richtungsverteilung	$\mathbf{n}$	Einheitsvektor

p	Impuls	V	Potential
$\hat{p}$	Impulsoperator	V_ℓ^{eff}	effektives Potential
$\langle p \rangle$	Impulserwartungswert	w	mittlere Energiedichte
$\mathbf{p}$	Impulsvektor	W	Wigner-Verteilung
$\hat{\mathbf{p}}$	Vektoroperator des Impulses	W	Energie
P_ℓ	Legendre-Polynom	$W_\ell,\ W_{\ell m}$	Koeffizienten in der Drehimpulszerlegung eines Wellenpakets
P_ℓ^m	assoziierte Legendre-Funktion	x	Ort
r	Relativkoordinate	$\langle x \rangle$	Ortserwartungswert
r	radialer Abstand	$Y_{\ell m}$	Kugelflächenfunktion
$\mathbf{r}$	Ortsvektor	Z	Kernladungszahl
R	Schwerpunktskoordinate	α	Feinstrukturkonstante
$R(r),$ $R_\ell(k,r)$	radiale Wellenfunktion	δ_ℓ	Streuphase
		Δk	Unbestimmtheit der Wellenzahl
$R_{n\ell}$	radiale Eigenfunktion		
s	Spinquantenzahl	Δp	Unbestimmtheit des Impulses
$\mathbf{S} =$ (S_1, S_2, S_3)	Vektoroperator des Spins	Δx	Unbestimmtheit des Ortes
S_ℓ	Streumatrixelement	ε_0	elektrische Feldkonstante
t	Zeit	$\eta_1,\ \eta_{-1}$	Spinbasiszustände
T	Schwingungsperiode	$\eta_{\mathbf{k}}(\mathbf{r})$	Streuwelle
T	Transmissionskoeffizient	$\eta_\ell(\mathbf{r})$	Partialstreuwelle
T	kinetische Energie	ϑ, Θ	Polarwinkel
$T_{\mathrm{T}}, T_{\mathrm{R}}$	Transmissionskoeffizient, Reflexionskoeffizient	ϑ	Streuwinkel
U	Spannung	λ	Wellenlänge
v_0	Gruppengeschwindigkeit	μ_0	magnetische Feldkonstante
		μ	reduzierte Masse
v_{p}	Phasengeschwindigkeit	$\boldsymbol{\mu}$	magnetisches Moment

ρ	Wahrscheinlichkeitsdichte
ρ^{cl}	klassische Phasenraum-Wahrscheinlichkeitsdichte
σ_0	Grundzustandsbreite im harmonischen Oszillator
$\sigma_1, \sigma_2, \sigma_3$	Pauli-Matrizen
σ_k	Breite in der Wellenzahl
σ_ℓ	partieller Wirkungsquerschnitt
σ_p	Impulsbreite
σ_x	Ortsbreite
σ_{tot}	totaler Wirkungsquerschnitt
$\varphi(x)$	stationäre Wellenfunktion
$\varphi_{\mathbf{p}}(\mathbf{r})$	stationäre harmonische Wellenfunktion
$\boldsymbol{\varphi}$	Zustandsvektor eines stationären Zustandes
ϕ, Φ	Azimut
χ	magnetische Suszeptibilität
$\boldsymbol{\chi}$	Spinzustand
$\psi(x,t)$	zeitabhängige Funktion
$\psi_{\mathbf{p}}(\mathbf{r},t)$	harmonische Wellenfunktion
$\boldsymbol{\psi}$	Zustandsvektor
ω	Kreisfrequenz
Ω	Raumwinkel
∇	Nabla-Operator
∇^2	Laplace-Operator

Grundlegende Gleichungen

de-Broglie-Welle

$$\psi_{\mathbf{p}}(\mathbf{r},t) = \frac{1}{(2\pi\hbar)^{3/2}} \exp\left(-\frac{i}{\hbar}Et\right) \exp\left(\frac{i}{\hbar}\mathbf{p}\cdot\mathbf{r}\right)$$

zeitabhängige
Schrödinger-Gleichung

$$i\hbar \frac{\partial}{\partial t}\psi(\mathbf{r},t) = \left[-\frac{\hbar^2}{2M}\nabla^2 + V(\mathbf{r})\right]\psi(\mathbf{r},t)$$

stationäre
Schrödinger-Gleichung

$$\left[-\frac{\hbar^2}{2M}\nabla^2 + V(\mathbf{r})\right]\varphi_E(\mathbf{r}) = E\varphi_E(\mathbf{r})$$

Impulsoperator

$$\hat{\mathbf{p}} = (\hat{p}_x, \hat{p}_y, \hat{p}_z) = \frac{\hbar}{i}\left(\frac{\partial}{\partial x}, \frac{\partial}{\partial y}, \frac{\partial}{\partial z}\right) = \frac{\hbar}{i}\nabla$$

Drehimpulsoperator

$$\hat{\mathbf{L}} = \mathbf{r}\times\hat{\mathbf{p}} = \frac{\hbar}{i}\mathbf{r}\times\nabla$$

radiale
Schrödinger-Gleichung
für kugelsymmetrisches
Potential

$$-\frac{\hbar^2}{2M}\left[\frac{1}{r}\frac{d^2}{dr^2}r - \frac{\ell(\ell+1)}{r^2} - \frac{2M}{\hbar^2}V(r)\right]R_\ell(k,r)$$
$$= ER_\ell(k,r)$$

stationäre Streuwelle

$$\varphi_{\mathbf{k}}^{(+)}(\mathbf{r}) \xrightarrow[kr\gg1]{} e^{i\mathbf{k}\cdot\mathbf{r}} + f(\vartheta)\frac{e^{ikr}}{r}$$

Streuamplitude

$$f(\vartheta) = \frac{1}{k}\sum_{\ell=0}^{\infty}(2\ell+1)f_\ell(k)P_\ell(\cos\vartheta)$$

differentieller, partieller
und totaler
Wirkungsquerschnitt

$$\frac{d\sigma}{d\Omega} = |f(\vartheta)|^2, \quad \sigma_\ell = \frac{4\pi}{k^2}(2\ell+1)|f_\ell(k)|^2,$$
$$\sigma_{\text{tot}} = \sum_{\ell=0}^{\infty}\sigma_\ell$$

Physikalische Konstanten

Plancksches Wirkungsquantum	$\begin{aligned} h &= 4{,}136 \cdot 10^{-15}\,\text{eV} \cdot \text{s} = 6{,}626 \cdot 10^{-34}\,\text{J} \cdot \text{s} \\ \hbar &= h/(2\pi) = 6{,}582 \cdot 10^{-16}\,\text{eV} \cdot \text{s} \\ &= 1{,}055 \cdot 10^{-34}\,\text{J} \cdot \text{s} \end{aligned}$

Lichtgeschwindigkeit im Vakuum $\quad c = 2{,}998 \cdot 10^8\,\text{m}\,\text{s}^{-1}$

Elementarladung $\qquad\qquad\qquad\qquad e = 1{,}602 \cdot 10^{-19}\,\text{C}$

Sommerfeldsche Feinstrukturkonstante $\qquad\quad \alpha = \dfrac{e^2}{4\pi\,\varepsilon_0\hbar c} = \dfrac{1}{137{,}036}$

elektrische Feldkonstante $\qquad\quad \varepsilon_0 = 8{,}854\,187\,817\ldots \cdot 10^{-12}\,\text{A}\,\text{s}\,\text{V}^{-1}\,\text{m}^{-1}$

Masse des Elektrons $\qquad\qquad m_\text{e} = 0{,}5110\,\text{MeV}/c^2 = 9{,}110 \cdot 10^{-31}\,\text{kg}$

Masse des Protons $\qquad\qquad m_\text{p} = 938{,}3\,\text{MeV}/c^2 = 1{,}673 \cdot 10^{-27}\,\text{kg}$

Masse des Neutrons $\qquad\qquad m_\text{n} = 939{,}6\,\text{MeV}/c^2 = 1{,}675 \cdot 10^{-27}\,\text{kg}$

Umrechnungsfaktoren

Masse $\quad 1\,\text{kg} = 5{,}609 \cdot 10^{35}\,\text{eV}/c^2\,, \qquad\qquad 1\,\text{eV}/c^2 = 1{,}783 \cdot 10^{-36}\,\text{kg}$

Energie $\quad 1\,\text{J} = 6{,}241 \cdot 10^{18}\,\text{eV}\,, \qquad\qquad 1\,\text{eV} = 1{,}602 \cdot 10^{-19}\,\text{J}$

Impuls $\quad 1\,\text{kg} \cdot \text{m} \cdot \text{s}^{-1} = 1{,}871 \cdot 10^{27}\,\text{eV}/c\,, \quad 1\,\text{eV}/c = 5{,}345 \cdot 10^{-28}\,\text{kg} \cdot \text{m} \cdot \text{s}^{-1}$

1 Einleitung

Die grundlegenden Gebiete der klassischen Physik sind einerseits Mechanik und Wärmelehre und andererseits Elektrodynamik und Optik. Die Erscheinungen der Mechanik und der Wärme betreffen die Bewegung von Teilchen, wie sie durch die Newtonschen Bewegungsgleichungen beschrieben werden. In der Elektrodynamik und der Optik hat man es mit elektromagnetischen Feldern, insbesondere mit elektromagnetischen Wellen zu tun, die durch die Maxwellschen Gleichungen beschrieben werden. In der klassischen Beschreibung der Bewegung eines Teilchens sind Teilchenort und -geschwindigkeit zu jedem Zeitpunkt exakt festgelegt. Im Gegensatz dazu sind für Wellenerscheinungen Interferenzmuster charakteristisch, die sich über einen gewissen Raumbereich erstrecken, also nicht punktförmig sind. Die strikte Trennung zwischen Teilchen- und Wellenphysik verliert aber im atomaren und im subatomaren Bereich ihre Bedeutung.

Die Quantenmechanik geht zurück auf die Entdeckung von Max Planck im Jahre 1900, dass die Energie eines Oszillators der *Frequenz* ν quantisiert ist. Er fand, dass die Energie, die ein Oszillator emittiert oder absorbiert, nur die Werte 0, $h\nu$, $2h\nu$,... annehmen kann. Nur Vielfache des *Planckschen Energiequantums*

$$E = h\nu$$

sind möglich. Das *Plancksche Wirkungsquantum*

$$h = 6{,}262 \cdot 10^{-34}\,\text{J s}$$

ist eine fundamentale Naturkonstante, die eine zentrale Rolle in der Quantenphysik spielt. Oft ist es vorteilhaft, die *Kreisfrequenz* $\omega = 2\pi\nu$ des Oszillators zu benutzen und das Plancksche Energiequantum in der Form

$$E = \hbar\omega$$

zu schreiben. Dabei ist

$$\hbar = \frac{h}{2\pi}$$

einfach das Plancksche Wirkungsquantum geteilt durch 2π. Das Plancksche Wirkungsquantum ist eine sehr kleine Größe. Deshalb ist die Quantisierung in vielen makroskopischen Systemen nicht offensichtlich. In der atomaren und der subatomaren Physik ist aber das Plancksche Wirkungsquantum von fundamentaler Bedeutung. Um diese Aussage zu verdeutlichen, betrachten wir kurz einige experimentelle Befunde von grundsätzlicher Bedeutung für die Quantenphysik:

- den photoelektrischen Effekt,

- den Compton-Effekt,

- die Elektronenbeugung,

- die Ausrichtung des magnetischen Moments von Elektronen in einem Magnetfeld.

1.1 Der photoelektrische Effekt

Der photoelektrische Effekt wurde im Jahre 1887 von Heinrich Hertz entdeckt. Er wurde ausführlicher von Wilhelm Hallwachs 1888 und von Philipp Lenard 1902 untersucht. Wir betrachten hier das quantitative Experiment, das erstmals 1916 durch R. A. Millikan ausgeführt wurde. Seine Apparatur ist schematisch in Abb. 1.1a dargestellt. Monochromatisches Licht wählbarer Frequenz fällt auf eine Photokathode in einer Vakuumröhre. Gegenüber der Photokathode befindet sich eine Anode – wir nehmen an, dass Kathode und Anode aus dem gleichen Metall bestehen –, die sich bezüglich der Kathode auf der negativen Spannung U befindet. Dadurch übt das elektrische Feld eine abstoßende Kraft auf die Elektronen der Ladung $-e$ aus, die die Kathode verlassen. Hier ist $e = 1{,}602 \cdot 10^{-19}$ Coulomb die Elementarladung. Wenn die Elektronen die Anode erreichen, fließen sie durch den äußeren Kreis zur Kathode zurück und bewirken einen messbaren Strom I im äußeren Kreis. Die kinetische Energie der Elektronen kann dadurch bestimmt werden, dass man die Spannung zwischen Anode und Kathode variiert. Das Experiment liefert folgende Befunde:

1. Für $U = 0$ setzt der Elektronenstrom bei einer Frequenz ν_0 ein, die charakteristisch für das Kathodenmaterial ist. Strom tritt nur für $\nu > \nu_0$ auf.

2. Die Spannung $U = -U_s$, bei der Stromfluss aufhört, hängt linear von der Frequenz des Lichtes ab (Abb. 1.1b). Die kinetische Energie E_{kin} der Elektronen, die die Kathode verlassen, ist dann gleich der Differenz der potentiellen Energien am Kathoden- bzw. Anodenort,

$$E_{kin} = eU_s \quad .$$

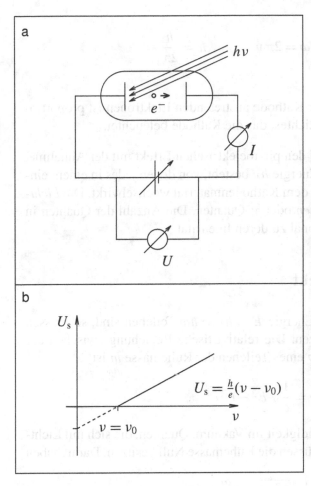

Abb. 1.1
Photoelektrischer Effekt. (a)
Die Apparatur besteht aus
einer Vakuumröhre mit 2
Elektroden. Monochromati-
sches Licht der Frequenz ν
beleuchtet die Kathode. Die
dadurch aus der Kathode
austretenden Elektronen kön-
nen die Anode erreichen und
einen Strom I **im äußeren**
Kreis bewirken. Der Elektro-
nenstrom in der Röhre wird
durch eine äußere Spannung
U **behindert. Der Strom fließt**
nur, solange die äußere Span-
nung dem Betrag nach klei-
ner ist als der Wert U_s**. (b)**
Es besteht eine lineare Ab-
hängigkeit zwischen der Fre-
quenz ν **und der Spannung**
U_s**.**

Wenn wir den Proportionalitätsfaktor zwischen Differenzfrequenz $\nu - \nu_0$ und Spannung U_s mit h/e bezeichnen,

$$U_s = \frac{h}{e}(\nu - \nu_0) \quad ,$$

so finden wir, dass Licht der Frequenz ν die kinetische Energie eU_s auf die Elektronen überträgt, die aus dem Kathodenmaterial herausgeschlagen werden. Ist die Lichtfrequenz kleiner als ν_0, so verlassen keine Elektronen das Material. Nennen wir

$$h\nu_0 = eU_k$$

die *Austrittsarbeit*, die aufgebracht werden muss, damit ein Elektron das Material verlassen kann, so müssen wir schließen, dass Licht der Frequenz ν die Energie

$$E = h\nu = \hbar\omega$$

mit

$$\omega = 2\pi \nu \quad , \qquad \hbar = \frac{h}{2\pi}$$

besitzt.

3. Die Anzahl der aus der Kathode austretenden Elektronen ist proportional zur Intensität des Lichtes, das die Kathode beleuchtet.

Albert Einstein erklärte 1905 den photoelektrischen Effekt mit der Annahme, dass Licht aus Quanten der Energie $h\nu$ besteht, von denen jedes in einem einzelnen Elementarprozess mit dem Kathodenmaterial wechselwirkt. Die *Lichtquanten* heißen auch *Photonen* oder γ-Quanten. Die Anzahl der Quanten in einer Lichtwelle ist proportional zu deren Intensität.

1.2 Der Compton-Effekt

Wenn die Lichtquanten der Energie $E = h\nu = \hbar\omega$ Teilchen sind, so müssen sie auch einen Impuls besitzen. Die relativistische Beziehung zwischen der Energie E und dem Impuls p eines Teilchen der Ruhemasse m ist

$$p = \frac{1}{c}\sqrt{E^2 - m^2 c^4} \quad .$$

Dabei ist c die Lichtgeschwindigkeit im Vakuum. Quanten, die sich mit Lichtgeschwindigkeit bewegen, müssen die Ruhemasse Null besitzen. Damit haben wir

$$p = \frac{1}{c}\sqrt{\hbar^2 \omega^2} = \hbar \frac{\omega}{c} = \hbar k \quad .$$

Dabei ist $k = \omega/c$ die *Wellenzahl* des Lichtes. Ist $\mathbf{k}/k$ die Richtung des Lichtes, so finden wir die vektorielle Beziehung $\mathbf{p} = \hbar \mathbf{k}$. Um diese Vorstellungen zu überprüfen, muss man ein Experiment durchführen, in dem Licht an freien Elektronen gestreut wird. Die Erhaltung von Energie und Impuls im Streuprozess ist gleichbedeutend mit den beiden Gleichungen:

$$\begin{aligned} E_\gamma + E_{\mathrm{e}} &= E'_\gamma + E'_{\mathrm{e}} \quad , \\ \mathbf{p}_\gamma + \mathbf{p}_{\mathrm{e}} &= \mathbf{p}'_\gamma + \mathbf{p}'_{\mathrm{e}} \quad . \end{aligned}$$

Dabei sind E_γ, $\mathbf{p}_\gamma$ und E'_γ, $\mathbf{p}'_\gamma$ die Energien und die Impulse des einfallenden bzw. des gestreuten Photons. E_{e}, $\mathbf{p}_{\mathrm{e}}$, E'_{e}, und $\mathbf{p}'_{\mathrm{e}}$ sind die entsprechenden Größen für das Elektron. Die Beziehung zwischen Elektronenenergie E_{e} und Elektronenimpuls $\mathbf{p}_{\mathrm{e}}$ ist

$$E_{\mathrm{e}} = c\sqrt{\mathbf{p}_{\mathrm{e}}^2 + m_{\mathrm{e}}^2 c^2} \quad .$$

Dabei ist m_e die Ruhemasse des Elektrons. Ruht das Elektron ursprünglich, so ist $\mathbf{p}_e = \mathbf{0}$, $E_e = m_e c^2$. Insgesamt erhalten wir damit

$$c\hbar k + m_e c^2 = c\hbar k' + c\sqrt{\mathbf{p}_e'^2 + m_e^2 c^2} \quad ,$$
$$\hbar\mathbf{k} = \hbar\mathbf{k}' + \mathbf{p}_e'$$

als Gleichungssystem für die Bestimmung der Wellenlänge $\lambda' = 2\pi/k'$ des gestreuten Photons als Funktion der Wellenlänge $\lambda = 2\pi/k$ des einfallenden Photons und des Streuwinkels ϑ (Abb. 1.2a). Durch Auflösung nach der Differenz $\lambda' - \lambda$ der beiden Wellenlängen finden wir

$$\lambda' - \lambda = \frac{h}{m_e c}(1 - \cos\vartheta) \quad .$$

Das bedeutet, dass die Kreisfrequenz $\omega' = ck' = 2\pi c/\lambda'$ des Streulichtes bei dem Winkel $\vartheta > 0$ kleiner als die Kreisfrequenz $\omega = ck = 2\pi c/\lambda$ des einfallenden Lichtes ist.

Arthur Compton führte ein Experiment durch, in dem Licht an Elektronen gestreut wurde; er teilte 1923 mit, dass das Streulicht zu geringeren Frequenzen ω' hin verschoben war (Abb. 1.2b).

1.3 Elektronenbeugung

Der photoelektrische Effekt und die Compton-Streuung zeigen, dass Licht aus Teilchen der Ruhemasse Null besteht, die sich mit Lichtgeschwindigkeit bewegen und die Energie $E = \hbar\omega$ und den Impuls $\mathbf{p} = \hbar\mathbf{k}$ besitzen.

Sie verhalten sich nach den relativistischen Stoßgesetzen. Die Ausbreitung von Photonen wird durch eine Wellengleichung beschrieben, die aus den Maxwellschen Gleichungen der Elektrodynamik hergeleitet werden kann. Die Intensität der Lichtwelle an einem gegebenen Ort ist ein Maß für die Photonendichte an diesem Punkt.

Nachdem wir diese Eigenschaften für die masselosen Lichtteilchen gefunden haben, fragen wir uns, ob sie nicht auch auf massebehaftete Teilchen wie das Elektron zutreffen. Wir können uns insbesondere fragen, ob nicht auch die Ausbreitung von Elektronen durch Wellen beschrieben werden müsste. Falls die Beziehung $E = \hbar\omega$ zwischen Energie und Kreisfrequenz auch für die kinetische Energie $E_{\text{kin}} = \mathbf{p}^2/2m$ eines Teilchens gilt, das sich mit nichtrelativistischer Geschwindigkeit, also mit einer Geschwindigkeit, die klein gegen die Lichtgeschwindigkeit ist, bewegt, so ist die Kreisfrequenz durch

$$\omega = \frac{1}{\hbar}\frac{p^2}{2m} = \frac{\hbar k^2}{2m}$$

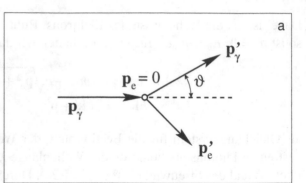

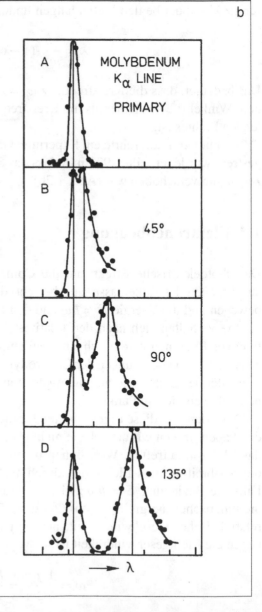

Abb. 1.2 Compton-Effekt. (a) Kinematik des Streuprozesses. Ein Photon des Impulses p_γ wird an einem freien Elektron gestreut, das sich ursprünglich in Ruhe befindet, also den Impuls $p_e = 0$ besitzt. Nach der Streuung haben die beiden Teilchen die Impulse p'_γ bzw. p'_e. Die Richtungen des ursprünglichen und des gestreuten Photons schließen einen Winkel ϑ ein. Aus Energie- und Impulserhaltung im Stoß können der Impulsbetrag p'_γ des gestreuten Photons und die zugehörige Wellenlänge $\lambda' = h/p'_\gamma$ berechnet werden. (b) Comptons Ergebnisse. Compton benutzte monochromatische Röntgen-Strahlen von einer K_α-Linie des Molybdäns zur Bestrahlung eines Graphit-Targets. Das Wellenlängenspektrum der einfallenden Photonen zeigt ein scharfes Maximum bei der Wellenlänge der K_α-Linie (oben). Die Beobachtung von Photonen, die bei drei verschiedenen Winkeln ϑ (45°, 90°, 135°) gestreut wurden, ergab Spektren, die zeigten, dass die meisten zu längeren Wellenlängen λ' hin verschoben waren. Es gibt allerdings auch Photonen der ursprünglichen Wellenlänge λ, die nicht an einem einzelnen Elektron, sondern im Graphit gestreut wurden. Aus A. H. Compton, *The Physical Review* **22** (1923) 409, copyright © 1923 by the American Physical Society, Nachdruck mit freundlicher Genehmigung.

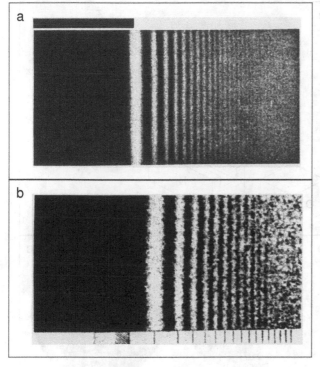

Abb. 1.3
**(a) Interferenzmuster, das
durch die Beugung von ro-
tem Licht an einer scharfen
Kante entsteht. Die Kan-
te ist die Grenzlinie einer
lichtabsorbierenden Halb-
ebene, deren Position am
oberen Rand des Bildes angegeben ist. (b) Interferenzmuster der Beugung von
Elektronen an einer scharfen Kante.** *Quellen:* (a) Aus
R. W. Pohl, *Optik und Atomphysik*,
ninth edition, copyright © 1954 by
Springer-Verlag, Berlin, Göttingen,
Heidelberg, Nachdruck mit freundlicher Genehmigung. (b) Aus H.
Boersch, *Physikalische Zeitschrift*,
44 (1943) 202, copyright © 1943
by S.-Hirzel-Verlag, Leipzig, Nachdruck mit freundlicher Genehmigung.

gegeben, vorausgesetzt, dass die Wellenzahl k und die Wellenlänge λ mit dem Impuls p durch

$$k = \frac{p}{\hbar} \,, \qquad \lambda = \frac{h}{p}$$

verknüpft sind. Die Bewegung eines Teilchens mit dem Impuls p wird dann durch eine Welle mit der *de-Broglie-Wellenlänge* $\lambda = h/p$ und der Kreis-frequenz $\omega = p^2/(2m\hbar)$ charakterisiert. Der Begriff der Materiewelle wurde 1923 durch Louis de Broglie eingeführt.

Wenn nun die Bewegung eines Teilchens wirklich durch eine Welle be-schrieben werden muss, dann sollten die für Wellen typischen Interferenz-muster bei der Beugung von Elektronen auftreten. Diese Interferenzmuster wurden erstmals durch Clinton Davisson und Lester Germer im Jahre 1927 nachgewiesen, und zwar in einem Experiment, in dem sie einen Elektronen-strahl auf einen Kristall fallen ließen. Dabei wirkte die regelmäßige Anord-nung der Atome im Kristall wie ein optisches Gitter. Begrifflich noch ein-facher ist die Beugung von Elektronen an einer scharfen Kante. Ein solches Experiment wurde von Hans Boersch 1943 ausgeführt. Er brachte eine Platin-folie mit einer scharfen Kante im Strahl eines Elektronenmikroskops an und benutzte die Vergrößerung des Mikroskops, um das Interferenzmuster vergrö-ßert darzustellen. Die Abb. 1.3b zeigt sein Ergebnis. Zum Vergleich ist ihr in

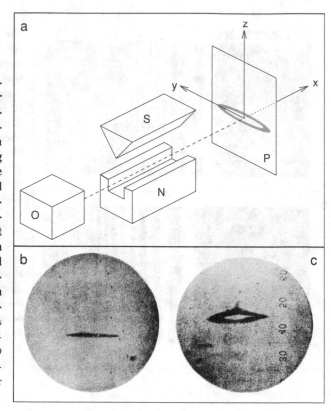

Abb. 1.4 Stern-Gerlach-Experiment. Apparatur mit Ofen O, **den Polschuhen** N **und** S **des Magneten, und dem Glasschirm** P **(a). Silberablagerung auf dem Schirm ohne Feld (b) und mit Feld (c), wie in der Originalveröffentlichung abgebildet. Die Aufspaltung ist in der Mitte am größten und wird nach links und rechts kleiner, weil die Inhomogenität des Feldes in der** (x, z)**-Ebene am größten ist.** *Quelle:* (b) und (c) aus W. Gerlach und O. Stern, *Zeitschrift für Physik* 9 (1922) 349 © 1922 by Springer-Verlag, Berlin, Nachdruck mit freundlicher Genehmigung.

Abb. 1.3a das Interferenzmuster gegenübergestellt, das durch die Beugung von sichtbarem Licht an einer scharfen Kante entsteht. Die Wellenlänge, die in Elektronenbeugungsexperimenten gemessen wird, stimmt mit der Formel von de Broglie überein.

1.4 Das Stern-Gerlach-Experiment

Im Jahr 1922 veröffentlichten Otto Stern und Walther Gerlach die Ergebnisse eines Experiments, in dem sie das magnetische Moment von Silberatomen gemessen hatten. Durch Verdampfung von Silber in einem Ofen mit einer kleinen Öffnung erzeugten sie einen Strahl von Silberatomen, der dann der Einwirkung eines magnetischen Flussdichtefeldes **B** ausgesetzt wurde. In dem in Abb. 1.4 angegebenen Koordinatensystem bewegen sich die Atome entlang der x-Achse. Die Abbildung enthält auch die wichtigsten Teile der Apparatur. In der (x, z)-Ebene hat das Feld $\mathbf{B} = (B_x, B_y, B_z)$ nur eine z-Komponente B_z. Wegen der Form der Polschuhe ist das Feld inhomogen. Der Betrag von B_z ist am größten in der Nähe des oberen Polschuhs, der die Form eines Keils hat.

In der (x, z)-Ebene ist die Ableitung des Feldes

$$\frac{\partial \mathbf{B}}{\partial z} = \frac{\partial B_z}{\partial z} \mathbf{e}_z , \qquad \frac{\partial B_z}{\partial z} > 0 .$$

Hier ist $\mathbf{e}_z$ der Einheitsvektor in z-Richtung. Im Feld wirkt auf ein Silberatom mit *magnetischem Moment* $\boldsymbol{\mu}$ die Kraft

$$\mathbf{F} = \left(\boldsymbol{\mu} \cdot \frac{\partial \mathbf{B}}{\partial z} \right) \mathbf{e}_z = (\boldsymbol{\mu} \cdot \mathbf{e}_z) \frac{\partial B_z}{\partial z} \mathbf{e}_z .$$

Da für das Skalarprodukt des magnetischen Moments $\boldsymbol{\mu}$ und des Einheitsvektors in z-Richtung $\mathbf{e}_z$ die Beziehung

$$\boldsymbol{\mu} \cdot \mathbf{e}_z = \mu \cos \alpha$$

gilt, wobei α der Winkel zwischen der Richtung des magnetischen Moments und der z-Richtung und μ der Betrag des magnetischen Moments ist, ist die Kraft in z-Richtung am größten, wenn $\boldsymbol{\mu}$ parallel zu $\mathbf{e}_z$ ist. Die Kraft zeigt in die entgegengesetzte Richtung und hat ihren maximalen Betrag, wenn $\boldsymbol{\mu}$ antiparallel zu $\mathbf{e}_z$ ist. Für Orientierungen zwischen diesen beiden extremen Richtungen hat die Kraft einen kleineren Betrag. Insbesondere verschwindet die Kraft, wenn $\boldsymbol{\mu}$ senkrecht zu $\mathbf{e}_z$ ist, d. h. wenn $\boldsymbol{\mu}$ in der (x, y)-Ebene liegt.

Stern und Gerlach maßen die Ablenkung der Silberatome durch diese Kraft, indem sie eine Glasplatte hinter den Magneten und senkrecht zur x-Achse stellten. Dort, wo die Silberatome auf die Glasplatte auftrafen, bildete sich nach einiger Zeit eine dünne, aber beobachtbare Silberschicht aus. Entlang der z-Richtung beobachteten sie zwei deutlich getrennte Bereiche von Silber, die anzeigten, dass die magnetischen Momente $\boldsymbol{\mu}$ bevorzugt parallel ($\alpha = 0$) bzw. antiparallel ($\alpha = \pi$) zum Feld $\mathbf{B}$ ausgerichtet waren. Dieser Befund widerspricht der klassischen Erwartung, dass alle Orientierungen von $\boldsymbol{\mu}$ gleich wahrscheinlich sind.

Es muss noch angemerkt werden, dass das magnetische Moment eines Silberatoms praktisch identisch mit dem magnetischen Moment eines freien Elektrons ist. Ein Silberatom hat 47 Elektronen, aber die Beiträge von 46 Elektronen zum gesamten magnetischen Moment heben sich gegenseitig auf. Der Beitrag des Kerns zum magnetischen Moment des Atoms ist sehr gering. Das quantitative Ergebnis des Stern-Gerlach-Experiments ist:

1. Das magnetische Moment des Elektrons ist

$$\mu = -\frac{e}{m} \frac{\hbar}{2} .$$

2. In Anwesenheit eines Magnetfeldes stellt sich das magnetische Moment parallel oder antiparallel zu Feldrichtung ein.

Aufgaben

1.1 Dreißig Prozent der Leistungsaufnahme von 100 W einer Natriumdampf-
lampe führe zur Emission von Lichtquanten der Wellenlänge $\lambda = 589$ nm.
Wie viele Photonen werden pro Sekunde emittiert? Wie viele gelangen in
das Auge eines Beobachters in 10 km Entfernung von der Lampe, dessen
Pupillendurchmesser zu 5 mm angenommen wird?

1.2 Die minimale Energie $E_0 = h\nu_0$, die zur Freisetzung von Elektronen aus
einem Material benötigt wird, heißt Austrittsarbeit des Materials. Für Cäsium ist sie $3,2 \cdot 10^{-19}$ J. Geben Sie die minimale Frequenz und die zugehörige maximale Wellenlänge von Licht an, mit dem der photoelektrische
Effekt an Cäsium möglich ist. Wie hoch ist die kinetische Energie eines
Elektrons, das durch ein Lichtquant der Wellenlänge 400 nm aus einer
Cäsiumoberfläche entfernt wurde?

1.3 Die Energie $E = h\nu$ eines Lichtquants der Frequenz ν kann auch mit
Hilfe der Einsteinschen Formel $E = Mc^2$ gedeutet werden. Dabei ist c die
Lichtgeschwindigkeit im Vakuum, vgl. auch die Einleitung zu Kap. 18.
Welche Energie verliert ein Lichtquant der Wellenlänge ($\lambda = 400$ nm),
wenn es sich 10 m im Schwerefeld der Erde nach oben bewegt? Wie groß
ist die Verschiebung seiner Frequenz und seiner Wellenlänge?

1.4 Viele radioaktive Atomkerne emittieren Photonen hoher Energie, die
auch γ-Strahlen genannt werden. Berechnen Sie den Rückstoßimpuls
und die -geschwindigkeit eines Kerns, der die hundertfache Masse des
Protons besitzt und ein Photon der Energie 1 MeV emittiert.

1.5 Berechnen Sie die maximale Wellenlängenverschiebung für ein Photon in
einem Compton-Stoß mit einem Elektron, das ursprünglich in Ruhe ist.
Die ursprüngliche Wellenlänge des Photons ist $\lambda = 2 \cdot 10^{-12}$ m. Welche
kinetische Energie hat das Rückstoßelektron?

1.6 Geben Sie die Gleichungen für Energie- und Impulserhaltung in der
Compton-Streuung für den Fall an, dass das Elektron sich vor dem Stoß
nicht in Ruhe befindet.

1.7 Benutzen Sie das Ergebnis aus Aufgabe 1.6, um die maximale Energie-
und Wellenlängenverschiebung eines Photons im Bereich des roten Lichtes ($\lambda = 8 \cdot 10^{-7}$ m) anzugeben, das zentral mit einem ihm entgegenlau-
fenden Elektron der Energie $E_e = 20$ GeV kollidiert. (Stöße von Photonen
aus einer Laserquelle mit Elektronen aus dem Stanford-Linearbeschleu-
niger wurden benutzt, um Strahlen monochromatischer Photonen sehr
hoher Energie herzustellen.)

1.8 Elektronenmikroskope besitzen eine hohe Auflösung, weil die de-Broglie-Wellenlänge $\lambda = h/p$ von Elektronen sehr viel kleiner gemacht werden kann als die Wellenlänge von sichtbarem Licht. Die Auflösung ist
etwa gleich λ. Benutzen Sie die relativistische Beziehung $E^2 = p^2c^2 +
m^2c^4$, um die Elektronenenergie zu berechnen, die benötigt wird, um Ob-
jekte der Größen 10^{-6} m (Virus), 10^{-8} m (DNS-Molekül) und 10^{-15} m
(Proton) aufzulösen. Berechnen Sie die Spannung U, die benötigt wird,
um Elektronen auf die notwendige kinetische Energie $E - mc^2$ zu be-
schleunigen.

1.9 Welche de-Broglie-Frequenz bzw. -Wellenlänge hat ein Elektron der kinetischen Energie 20 keV, die typisch für die Elektronen in den (jetzt
kaum noch gebräuchlichen) Kathodenstrahlröhren von Farbfernsehern
ist?

2 Lichtwellen

2.1 Harmonische ebene Wellen. Phasengeschwindigkeit

Viele wichtige Gesichtspunkte und Erscheinungen der Quantenmechanik können im Rahmen der sogenannten *Wellenmechanik* behandelt werden, die in
enger Analogie zur *Wellenoptik* formuliert wurde. Der einfachste Begriff in
der Wellenoptik ist der der harmonischen, ebenen Lichtwelle im Vakuum, die
eine besonders einfache Konfiguration des *elektrischen Feldes* **E** und des *magnetischen Flussdichtefeldes* **B** beschreibt. Wenn man die x-Achse eines kartesischen Koordinatensystems parallel zur Fortpflanzungsrichtung der Welle
legt, kann man die y-Achse immer so orientieren, dass sie parallel zur elektrischen Feldstärke ist. Dann ist die z-Achse parallel zur magnetischen Flussdichte. In einem solchen Koordinatensystem können die Feldstärken wie folgt
geschrieben werden:

$$E_y = E_0 \cos(\omega t - kx) \quad , \qquad B_z = B_0 \cos(\omega t - kx) \quad ,$$
$$E_x = E_z = 0 \quad , \qquad B_x = B_y = 0 \quad .$$

Sie sind in Abb. 2.1 und 2.2 dargestellt. Die Größen E_0 und B_0 sind die (reellen) *Amplituden* des elektrischen Feldes bzw. des magnetischen Flussdichtefeldes. Die *Kreisfrequenz* ω ist mit der *Wellenzahl* k durch die einfache Beziehung

$$\omega = ck$$

verknüpft.

Die Punkte, in denen die Feldstärke ihr Maximum annimmt, also den Wert
E_0 besitzt, sind durch die *Phase* des Kosinus gegeben,

$$\delta = \omega t - kx = 2\ell\pi \quad .$$

Dabei nimmt ℓ die ganzzahligen Werte $\ell = 0, \pm 1, \pm 2, \ldots$ an. Ein solcher Punkt
bewegt sich deshalb mit der Geschwindigkeit

$$c = \frac{x}{t} = \frac{\omega}{k} \quad .$$

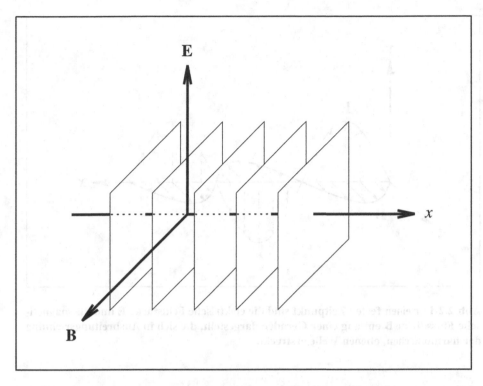

Abb. 2.1 In einer ebenen Welle sind die elektrische Feldstärke E und die magnetische Flussdichte B senkrecht zueinander und senkrecht zur Ausbreitungsrichtung orientiert. Zu jedem Zeitpunkt sind die Felder innerhalb von Ebenen, die senkrecht auf der Ausbreitungsrichtung stehen, konstant. Diese Ebenen bewegen sich mit konstanter Geschwindigkeit in Ausbreitungsrichtung.

Weil diese Geschwindigkeit die eines Punktes zu vorgegebener Phase ist, heißt c die *Phasengeschwindigkeit* der Welle. Für Lichtwellen im Vakuum ist sie unabhängig von der Wellenlänge. Für positive Werte von k erfolgt die Fortpflanzung der Welle in Richtung der positiven x-Achse. Für negative Werte von k läuft die Welle in Richtung der negativen x-Achse.

An einem festen Raumpunkt oszillieren die Feldstärken **E** und **B** mit der Kreisfrequenz ω (Abb. 2.3a und c). Die *Periode* der Schwingung ist

$$T = \frac{2\pi}{\omega} \quad .$$

Für einen festen Zeitpunkt zeigen die Feldstärken eine periodische Struktur im Raum mit einer räumlichen Wiederholungsperiode, der *Wellenlänge*

$$\lambda = \frac{2\pi}{|k|} \quad .$$

Diese räumliche Struktur bewegt sich mit der Geschwindigkeit c entlang der x-Richtung. Die Abbildungen 2.3b und 2.3d zeigen die Ausbreitung von

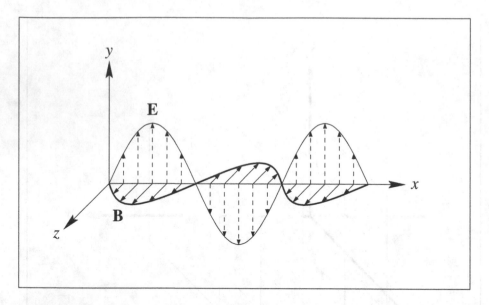

**Abb. 2.2 Für einen festen Zeitpunkt sind die elektrische Feldstärke E und die magneti-
sche Flussdichte B entlang einer Geraden dargestellt, die sich in Ausbreitungsrichtung
der harmonischen, ebenen Welle erstreckt.**

Wellen durch einen Satz von Kurven, die die Feldstärke für einen Satz auf-
einanderfolgender äquidistanter Zeitpunkte darstellen. Die Kurven für frühere
Zeitpunkte sind im Hintergrund des Bildes, die für spätere im Vordergrund des
Bildes angeordnet. Wir nennen eine solche Darstellung eine *Zeitentwicklung*.

Für unsere Zwecke reicht es aus, nur das elektrische Feld einer Lichtwelle,

$$E_y = E = E_0 \cos(\omega t - kx - \alpha) \quad ,$$

zu betrachten. Hier haben wir eine zusätzliche *Phase* α eingeführt, um auch
Wellen beschreiben zu können, bei denen das Maximum von E nicht am Ort
$x = 0$ zur Zeit $t = 0$ ist. Um viele Rechnungen zu vereinfachen, benutzen wir
nun die Tatsache, dass Kosinus bzw. Sinus gleich dem Realteil bzw. Imaginärteil einer Exponentialfunktion sind,

$$\cos \beta + i \sin \beta = e^{i\beta} \quad ,$$

d. h.

$$\cos \beta = \operatorname{Re} e^{i\beta} \quad , \qquad \sin \beta = \operatorname{Im} e^{i\beta} \quad .$$

Wir schreiben die Welle in der Form

$$E = \operatorname{Re} E_c \quad .$$

Dabei ist E_c die komplexe Feldstärke:

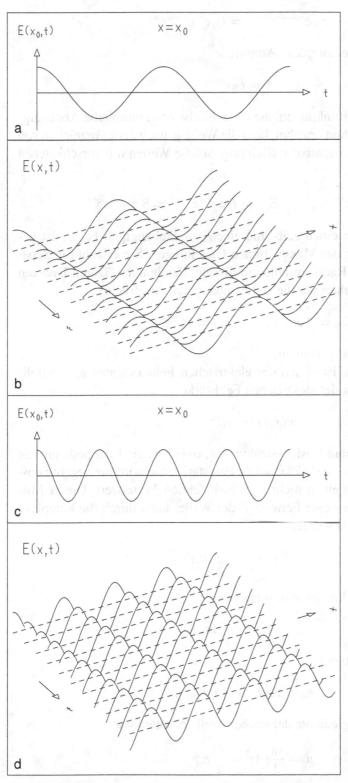

Abb. 2.3
(a) Zeitabhängigkeit des elektrischen Feldes einer harmonischen Welle an einem festen Raumpunkt. (b) Zeitentwicklung des elektrischen Feldes einer harmonischen Welle. Die Feldverteilung längs der x-Richtung ist für verschiedene Zeitpunkte dargestellt. Frühe Zeitpunkte liegen im Hintergrund, spätere im Vordergrund des Bildes. (c, d) Die Welle hat nun die doppelte Frequenz. Wir beobachten, dass die Periode T und die Wellenlänge λ halbiert sind, die Phasengeschwindigkeit c aber unverändert bleibt. Die Zeitentwicklungen in den Teilbildern b und d sind für das gleiche Zeitintervall dargestellt.

$$E_c = E_0\, e^{-i(\omega t - kx - \alpha)} = E_0\, e^{i\alpha} e^{-i\omega t} e^{ikx} \quad .$$

Sie faktorisiert in eine komplexe Amplitude

$$A = E_0\, e^{i\alpha}$$

und zwei Exponentialfunktionen, die die zeitliche bzw. räumliche Abhängigkeit enthalten. Wie schon erwähnt, läuft die Welle je nach dem Vorzeichen von k in die positive bzw. negative x-Richtung. Solche Wellen mit verschiedenen Amplituden sind

$$E_{c+} = A\, e^{-i\omega t} e^{ikx} \quad , \qquad E_{c-} = B\, e^{-i\omega t} e^{-ikx} = B\, e^{-i\omega t} e^{i(-k)x} \quad .$$

Die Faktorisierung in einen zeit- und einen raumabhängigen Faktor ist bequem bei der Lösung der Maxwellschen Gleichungen. Sie erlaubt die Separation von Zeit- und Raumvariablen in diesen Gleichungen. Durch Division durch $\exp(-i\omega t)$ erhalten wir die zeitunabhängigen Ausdrücke

$$E_{s+} = A\, e^{ikx} \quad , \qquad E_{s-} = B\, e^{-ikx} \quad ,$$

die wir *stationäre Wellen* nennen.

Die *Energiedichte* ist gleich der elektrischen Feldkonstante ε_0 multipliziert mit dem Quadrat der elektrischen Feldstärke,

$$w(x,t) = \varepsilon_0 E^2 \quad .$$

Da die ebene Welle eine Kosinusstruktur hat, oszilliert die Energiedichte mit der doppelten Frequenz der elektrischen Feldstärke. Sie wird nie negativ; deshalb oszilliert sie um einen nicht verschwindenden Mittelwert. Dieser Mittelwert, berechnet über eine Periode T der Welle, kann durch die komplexe Feldstärke ausgedrückt werden,

$$w = \frac{\varepsilon_0}{2} E_c E_c^* = \frac{\varepsilon_0}{2} |E_c|^2 \quad .$$

Hier steht E_c^* für das komplex konjugierte

$$E_c^* = \operatorname{Re} E_c - i\operatorname{Im} E_c$$

der komplexen Feldstärke

$$E_c = \operatorname{Re} E_c + i\operatorname{Im} E_c \quad .$$

Für die mittlere Energiedichte der ebenen Welle erhalten wir

$$w = \frac{\varepsilon_0}{2} |A|^2 = \frac{\varepsilon_0}{2} E_0^2 \quad .$$

2.2 Auftreffen einer Lichtwelle auf eine Glasfläche

In Glas wird die Phasengeschwindigkeit einer Lichtwelle im Vergleich zum Vakuum um einen Faktor n verringert, der *Brechungsindex* heißt,

$$c' = \frac{c}{n} \ .$$

Während die Kreisfrequenz ω beim Übergang vom Vakuum zum Glas gleich bleibt, ändern sich Wellenzahl und Wellenlänge wie folgt:

$$k' = nk \ , \qquad \lambda' = \frac{\lambda}{n} \ .$$

Die Maxwellschen Gleichungen, die alle elektromagnetischen Erscheinungen bestimmen, fordern die Stetigkeit der elektrischen Feldstärke und ihrer ersten Ableitung an den Grenzen zwischen Gebieten mit verschiedenem Brechungsindex. Wir betrachten eine in x-Richtung laufende Welle, die am Ort $x = x_1$ auf die Oberfläche eines Glasblocks auftrifft, der die Hälfte des Raumes erfüllt (Abb. 2.4a). Die Oberfläche steht senkrecht auf der Ausbreitungsrichtung des Lichtes. Der komplexe Ausdruck

$$E_{1+} = A_1 \, e^{ik_1 x}$$

beschreibt die einfallende stationäre Welle links der Glasoberfläche, d. h. für $x < x_1$. Dabei ist A_1 die bekannte Amplitude der einfallenden Lichtwelle. Nur ein Teil der Lichtwelle tritt durch die Oberfläche in den Glasblock ein; der andere Teil wird reflektiert. Daher finden wir links vom Glasblock, $x < x_1$, zusätzlich zur einfallenden Welle die reflektierte, stationäre Welle

$$E_{1-} = B_1 \, e^{-ik_1 x} \quad ,$$

die sich in die entgegengesetzte Richtung bewegt. Im Glas läuft die transmittierte Welle

$$E_2 = A_2 \, e^{ik_2 x}$$

mit der Wellenzahl

$$k_2 = n_2 k_1 \quad ,$$

die durch den Brechungsindex $n = n_2$ des Glases verändert wurde. Die Wellen E_{1+}, E_{1-} und E_2 heißen *einfallende*, *reflektierte* und *transmittierte Konstituentenwellen*. Die Stetigkeit der Feldstärke E und ihrer Ableitung E' bei $x = x_1$ bedeutet, dass

$$E_1(x_1) = E_{1+}(x_1) + E_{1-}(x_1) = E_2(x_1)$$

und

$$E_1'(x_1) = ik_1 \left[E_{1+}(x_1) - E_{1-}(x_1) \right] = ik_2 E_2(x_1) = E_2'(x_1) \quad .$$

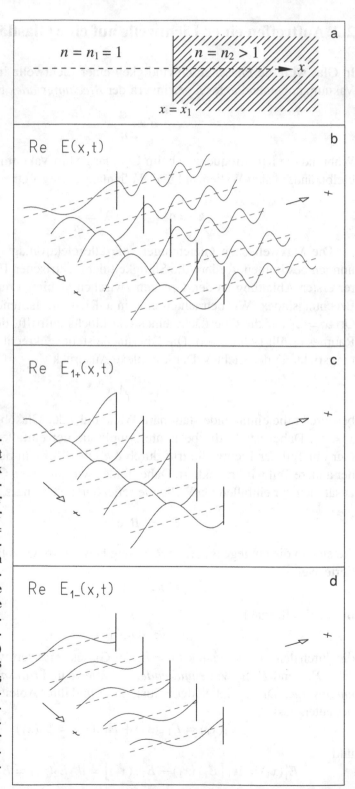

Abb. 2.4
(a) Rechts der Ebene $x = x_1$ **erstreckt sich ein Glasblock mit dem Brechungsindex** $n = n_2$; **der Raum links dieser Ebene ist leer,** $n = 1$. **(b) Zeitentwicklung der elektrischen Feldstärke einer harmonischen Welle, die von links auf eine Glasoberfläche (dargestellt durch eine senkrechte Linie) auftrifft und die teils reflektiert und teils in das Glas transmittiert wird. (c) Zeitentwicklung der einfallenden Welle für sich. (d) Zeitentwicklung der reflektierten Welle für sich.**

Die beiden unbekannten Amplituden B_1 der reflektierten Welle und A_2 der transmittierten können aus diesen Stetigkeitsbedingungen gewonnen werden. Das elektrische Feld im ganzen Raum wird durch zwei Ausdrücke bestimmt, die diese Amplituden enthalten,

$$E_s = \begin{cases} A_1\,e^{ik_1 x} + B_1\,e^{-ik_1 x} & \text{für } x < x_1 \\ A_2\,e^{ik_2 x} & \text{für } x > x_1 \end{cases} \ .$$

Das elektrische Feld im ganzen Raum ist eine Superposition der Konstituentenwellen, die physikalisch in den Bereichen 1 und 2 existieren. Durch Multiplikation mit der zeitabhängigen Phase $\exp(-i\omega t)$ erhalten wir die komplexe Feldstärke E_c, deren Realteil die physikalische elektrische Feldstärke ist.

Abbildung 2.4b zeigt die Zeitentwicklung dieser elektrischen Feldstärke. Man sieht deutlich, dass sich im Glas eine harmonische Welle nach rechts bewegt. Die Situation links vom Glas ist weniger deutlich. Die Abbildungen 2.4c und d zeigen deshalb einzeln die Zeitentwicklungen der einfallenden und der reflektierten Welle, die sich zur Gesamtwelle links von x_1 aufaddieren, so wie sie in Abb. 2.4b dargestellt ist.

2.3 Durchgang einer Lichtwelle durch eine Glasplatte

Jetzt können wir auch leicht die Vorgänge beim Einfall von Licht auf eine Glasplatte endlicher Dicke verstehen. Beim Auftreffen auf die Frontfläche bei $x = x_1$ tritt wieder Reflexion auf, so dass wir wie vorher im Bereich $x < x_1$ eine Superposition zweier stationärer Wellen haben:

$$E_1 = A_1\,e^{ik_1 x} + B_1\,e^{-ik_1 x} \ .$$

Innerhalb der Glasplatte erleidet die nach rechts laufende Welle Reflexion an der Rückfläche bei $x = x_2$, so dass der zweite Bereich $x_1 < x < x_2$ ebenfalls eine Superposition zweier Wellen enthält,

$$E_2 = A_2\,e^{ik_2 x} + B_2\,e^{-ik_2 x} \ ,$$

die jetzt die Wellenzahl

$$k_2 = n_2 k_1$$

besitzen. Nur im dritten Bereich $x_2 < x$ beobachten wir nur eine einzelne stationäre Welle

$$E_3 = A_3\,e^{ik_1 x}$$

mit der ursprünglichen Wellenzahl k_1.

Wegen der Reflexion sowohl an der Front- wie auch an der Rückfläche der Glasplatte besteht die reflektierte Welle im Bereich 1 aus zwei Anteilen,

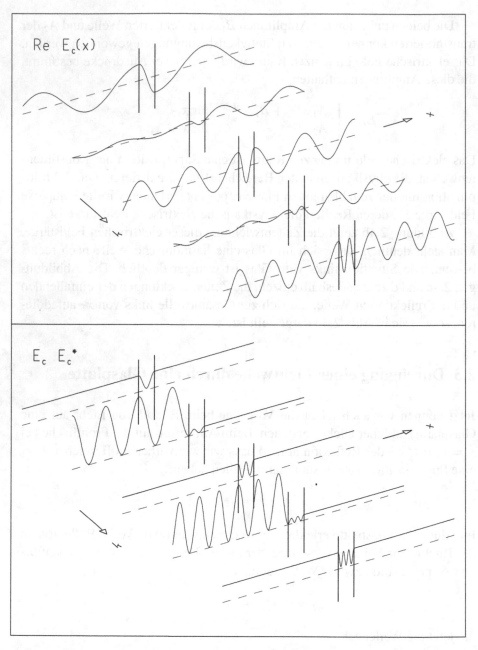

Abb. 2.5 Oben: Frequenzabhängigkeit der stationären Wellen für den Einfall einer harmonischen Welle von links auf eine Glasplatte, die sich zwischen den beiden senkrechten Linien befindet. Die Kurven hinten im Bild entsprechen kleinen Werten der Kreisfrequenz ω, die weiter vorn größeren Werten. Unten: Frequenzabhängigkeit der Größe $E_c E_c^*$ (die bis auf einen Faktor n^2 proportional zur mittleren Energiedichte ist) für eine harmonische Welle, die von links auf eine Glasplatte einfällt. Die gewählten Parameter sind die gleichen wie in der oberen Bildhälfte. Bei einer Transmissionsresonanz ist die mittlere Energiedichte links des Glases konstant. Das Fehlen von Interferenzen zeigt, dass keine Reflexion auftritt.

die miteinander interferieren. Dabei kann unter bestimmten Bedingungen eine völlig destruktive Interferenz zwischen diesen beiden reflektierten Wellen auftreten, derart, dass insgesamt keine Reflexion im Bereich 1 verbleibt. Die Lichtwelle wird vollständig in die Region 3 transmittiert. Diese Erscheinung heißt *Transmissionsresonanz*. Sie wirkt sich in der *Frequenzabhängigkeit* der stationären Wellen aus. Der obere Teil der Abb. 2.5 zeigt die stationären Wellen für verschiedene feste Werte der Kreisfrequenz ω, die vom Hintergrund zum Vordergrund des Bildes ansteigt. Eine Transmissionsresonanz erkennt man daran, dass die Amplitude der transmittierten Welle, also der Welle rechts von der Glasplatte, maximal wird. Noch deutlicher wird die Resonanz, wenn man die Frequenzabhängigkeit der mittleren Energiedichte in der Welle betrachtet. Wie in Abschn. 2.1 diskutiert, hat die mittlere Energiedichte im Vakuum die Form

$$w = \frac{\varepsilon_0}{2} E_c E_c^* \quad .$$

Im Glas, in dem der Brechungsindex n berücksichtigt werden muss, haben wir

$$w = \frac{\varepsilon \varepsilon_0}{2} E_c E_c^* = n^2 \frac{\varepsilon_0}{2} E_c E_c^* \quad .$$

Dabei ist $\varepsilon = n^2$ die Permittivitätszahl des Glases. Damit ist zwar E_c an der Glasoberfläche stetig, nicht aber w. Diese Unstetigkeit rührt von der Unstetigkeit von n^2 her. Wir ziehen es deshalb vor, die stetige Größe

$$\frac{2}{n^2 \varepsilon_0} w = E_c E_c^*$$

darzustellen. In einer solchen Darstellung, die in der unteren Hälfte von Abb. 2.5 gezeigt wird, wirkt sich eine Transmissionsresonanz durch ein Maximum der mittleren Energiedichte der transmittierten Welle aus. Darüber hinaus ist auch die Energiedichte im Bereich 1 konstant, weil es keine reflektierte Welle gibt.

Innerhalb der Glasplatte beobachten wir bei der Resonanzfrequenz die folgenden typischen Erscheinungen:

1. Die Amplitude der mittleren Energiedichte wird maximal.

2. Die Energiedichte verschwindet an festen Punkten, den *Knoten*, weil bei der Resonanzfrequenz genau ein ganzzahliges Vielfaches der halben Wellenlänge in die Glasplatte passt. Deshalb können verschiedene Resonanzen durch die Zahl ihrer Knoten unterschieden werden.

Das Verhältnis der Amplituden der transmittierten und der einfallenden Welle heißt *Transmissionskoeffizient* der Glasplatte,

$$T = \frac{A_3}{A_1} \quad .$$

2.4 Freies Wellenpaket

Eine ebene Welle erstreckt sich über den ganzen Raum. Das steht im Gegensatz zu jeder realistischen physikalischen Situation, in der eine Welle im Wesentlichen auf einen endlichen Raumbereich begrenzt bleibt. Die ebene Welle besitzt einen unendlichen Energieinhalt, realistische physikalische Systeme haben jedoch nur einen endlichen Energieinhalt. Wir führen daher den Begriff des Wellenpakets ein. Ein Wellenpaket kann als *Superposition*, d. h. als eine Summe von ebenen Wellen verschiedener Frequenzen und Amplituden aufgefasst werden. Als ersten Schritt lokalisieren wir die Welle nur in x-Richtung. In y- und z-Richtung soll sie nach wie vor den ganzen Raum erfüllen. Der Einfachheit halber beginnen wir mit der Summe von nur zwei ebenen Wellen gleicher Amplitude E_0:

$$E = E_1 + E_2 = E_0 \cos(\omega_1 t - k_1 x) + E_0 \cos(\omega_2 t - k_2 x) \quad .$$

Für einen festen Zeitpunkt ist diese Summe eine ebene Welle mit zwei periodischen Strukturen. Die langsam veränderliche Struktur wird durch die räumliche Periode

$$\lambda_- = \frac{4\pi}{|k_2 - k_1|}$$

bestimmt, die rasch veränderliche Struktur durch die Wellenlänge

$$\lambda_+ = \frac{4\pi}{|k_2 + k_1|} \quad .$$

Die gesamte Struktur kann als Produkt einer *Trägerwelle* mit der kurzen Wellenlänge λ_+ und eines Amplitudenmodulationsfaktors der Wellenlänge λ_- aufgefasst werden:

$$E = 2E_0 \cos(\omega_- t - k_- x) \cos(\omega_+ t - k_+ x) \quad ,$$

$$k_\pm = |k_2 \pm k_1|/2 \quad , \qquad \omega_\pm = ck_\pm \quad .$$

In Abb. 2.6 sind für einen festen Zeitpunkt die beiden Wellen E_1 und E_2 sowie die resultierende Welle E dargestellt. Offenbar ist die Feldstärke jetzt im Wesentlichen auf bestimmte Raumbereiche konzentriert. Diese Bereiche großer Feldstärke bewegen sich durch den Raum mit der Geschwindigkeit

$$\frac{\Delta x}{\Delta t} = \frac{\omega_-}{k_-} = c \quad .$$

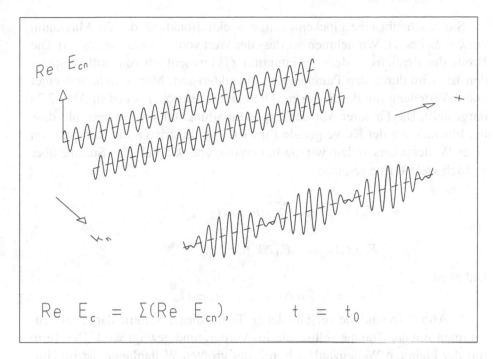

Abb. 2.6 Superposition zweier harmonischer Wellen leicht verschiedener Kreisfrequenzen ω_1 und ω_2 für einen festen Zeitpunkt.

Wir benutzen jetzt wieder komplexe Feldstärken, die Superposition kann dann als

$$E_c = E_0 \, e^{-i(\omega_1 t - k_1 x)} + E_0 \, e^{-i(\omega_2 t - k_2 x)}$$

geschrieben werden.

Nur der Einfachheit halber haben wir uns zunächst mit dem Beispiel der Superposition zweier harmonischer Wellen gleicher Amplitude befasst. Durch Bildung einer komplizierteren „Summe" von ebenen Wellen können wir das Feld in einem einzigen Raumbereich konzentrieren. Zu diesem Zweck superponieren wir ein Kontinuum von Wellen mit verschiedenen Frequenzen und Amplituden:

$$E_c(x,t) = E_0 \int_{-\infty}^{+\infty} dk \, f(k) e^{-i(\omega t - kx)} \quad .$$

Eine solche Konfiguration heißt ein *Wellenpaket*. Die *Spektralfunktion* $f(k)$ bestimmt die Amplitude der harmonischen Welle mit der Wellenzahl k und der Kreisfrequenz $\omega = ck$. Wir betrachten jetzt eine besonders einfache Spektralfunktion, die nur in der Nähe der Wellenzahl k_0 wesentlich von Null verschieden ist. Wir wählen die *Gauß-Funktion*

$$f(k) = \frac{1}{\sqrt{2\pi}\,\sigma_k} \exp\left[-\frac{(k-k_0)^2}{2\sigma_k^2} \right] \quad .$$

Sie beschreibt eine glockenförmige Spektralfunktion, die ihr Maximum bei $k = k_0$ besitzt. Wir nehmen an, dass der Wert von k_0 positiv ist, $k_0 > 0$. Die Breite des Bereichs, in dem die Funktion $f(k)$ wesentlich von Null verschieden ist, wird durch den Parameter σ_k charakterisiert. Man spricht von einer Gauß-Verteilung mit der *Breite* σ_k. Die Gauß-Funktion $f(k)$ ist in Abb. 2.7a dargestellt. Die Faktoren vor der Exponentialfunktion sind so gewählt, dass die Fläche unter der Kurve gerade Eins ist. Wir illustrieren die Konstruktion eines Wellenpakets, indem wir die Integration über k durch eine Summe über endlich viele Terme ersetzen,

$$E_c(x,t) \approx \sum_{n=-N}^{N} E_{cn}(x,t) \quad ,$$

$$E_{cn}(x,t) = E_0 \, \Delta k \, f(k_n) \, \mathrm{e}^{-\mathrm{i}(\omega_n t - k_n x)} \quad .$$

Dabei ist

$$k_n = k_0 + n \, \Delta k \quad , \qquad \omega_n = c k_n \quad .$$

In Abb. 2.7b sind die verschiedenen Terme dieser Summe dargestellt zusammen mit der Summe selbst, die im Vordergrund gezeigt wird. Der Term mit der kleinsten Wellenzahl, d. h. mit der größten Wellenlänge, ist im Hintergrund des Bildes dargestellt. Die Verteilung der Amplituden der einzelnen Terme spiegelt die Gaußsche Form der Spektralfunktion $f(k)$ wider, deren Maximum bei $k = k_0$ in der Mitte des Bildes liegt. Auf den Darstellungen der einzelnen Terme, der Partialwellen, ist der Punkt $x = 0$ durch einen kleinen Kreis markiert. Wir beobachten, dass die Summe aller Terme sich auf einen relativ engen Raumbereich in der Nähe von $x = 0$ konzentriert.

Abbildung 2.7c zeigt das gleiche Wellenpaket, ebenfalls konstruiert aus Partialwellen, für einen späteren Zeitpunkt $t_1 > 0$. Das Wellenpaket und alle Partialwellen sind um den gleichen Abstand ct_1 nach rechts verschoben. Die Partialwellen tragen immer noch die Phasenmarkierungen, die bei $x = 0$ zur Zeit $t = 0$ waren. Die Abbildung verdeutlicht, dass alle Partialwellen die gleiche Geschwindigkeit wie das Wellenpaket besitzen. Das Wellenpaket behält für alle Zeiten die gleiche Form.

Führen wir das Integral explizit aus, so nimmt das Wellenpaket die einfache Form

Abb. 2.7 **(a) Gaußsche Spektralfunktion, die die Amplituden harmonischer Wellen verschiedener Wellenzahlen k beschreibt. (b) Konstruktion eines Lichtwellenpakets als Summe harmonischer Wellen verschiedener Wellenlängen und Amplituden. Für den Zeitpunkt $t = 0$ sind die verschiedenen Summanden dargestellt, beginnend mit den Beiträgen größter Wellenlänge im Hintergrund des Bildes. Punkte $x = 0$ sind durch kleine Kreise auf den Partialwellen markiert. Das resultierende Wellenpaket ist im Vordergrund dargestellt. (c) Wie Teil b, aber für die Zeit $t_1 > 0$. Die Phasen, die bei $x = 0$ zur Zeit $t = 0$ waren, haben sich nach $x_1 = ct_1$ bewegt, und zwar für alle Partialwellen. Das Wellenpaket hat sich um die gleiche Distanz bewegt und seine Form behalten.**

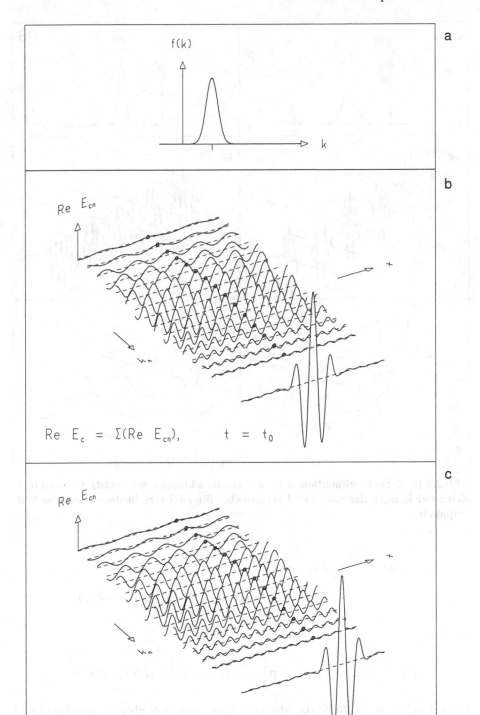

Abb. 2.7

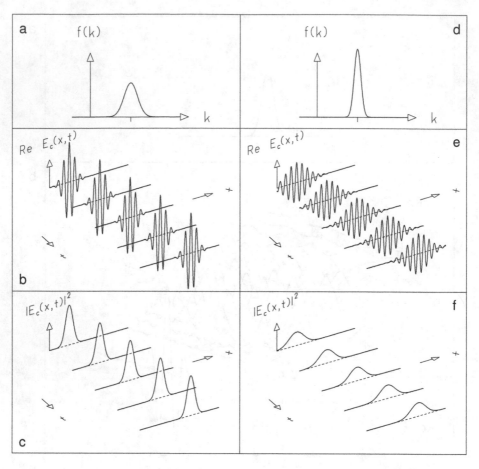

Abb. 2.8 (a, d) Spektralfunktionen, (b, e) Zeitentwicklungen der Feldstärken und (c, f) Zeitentwicklungen der mittleren Energiedichte für zwei verschiedene Gaußsche Wellenpakete.

$$
\begin{aligned}
E_c(x,t) &= E_c(ct - x) \\
&= E_0 \exp\left[-\frac{\sigma_k^2}{2}(ct - x)^2\right] \exp[-\mathrm{i}(\omega_0 t - k_0 x)]
\end{aligned}
$$

an, d. h.

$$
E(x,t) = \mathrm{Re}\, E_c = E_0 \exp\left[-\frac{\sigma_k^2}{2}(ct - x)^2\right]\cos(\omega_0 t - k_0 x)\quad.
$$

Es stellt eine ebene Welle dar, die sich in positive x-Richtung fortpflanzt und deren Feldstärke auf den Raumbereich der Ausdehnung $1/\sigma_k$ um den Punkt $x = ct$ konzentriert ist. Die Zeitentwicklung der Feldstärke ist in Abb. 2.8b dargestellt. Offenbar befindet sich das Maximum der Feldstärke bei $x = ct$. Damit bewegt sich das Wellenpaket mit der Geschwindigkeit c des Lichts.

Wir nennen diese Konfiguration ein *Gaußsches Wellenpaket* der räumlichen Breite

$$\Delta x = \frac{1}{\sigma_k}$$

und der Breite bezüglich der Wellenzahl

$$\Delta k = \sigma_k \quad .$$

Wir beobachten, dass die räumliche Konzentration der Welle in einem Gebiet der Breite Δx notwendig ein Spektrum verschiedener Wellenzahlen in einem Intervall der Breite Δk erforderlich macht, derart dass

$$\Delta x \, \Delta k = 1 \quad .$$

Das bedeutet, dass die räumliche Lokalisierung des Wellenpakets im x-Raum umso schärfer ist, je breiter sein Spektrum im k-Raum ist. Die ursprüngliche harmonische Welle $E = E_0 \cos(\omega t - kx)$ war absolut scharf im k-Raum, $\Delta k = 0$, und deshalb überhaupt nicht im x-Raum lokalisiert. Die Zeitentwicklung der in Abb. 2.8c dargestellten mittleren Energiedichte w ist sogar noch einfacher als die der Feldstärke. Sie ist lediglich eine Gauß-Funktion, die mit Lichtgeschwindigkeit in x-Richtung läuft. Die Gaußsche Glockenform erklärt sich leicht, wenn man sich daran erinnert, dass für die mittlere Energiedichte gilt:

$$w = \frac{\varepsilon_0}{2} E_c E_c^* = \frac{\varepsilon_0}{2} E_0^2 \mathrm{e}^{-\sigma_k^2 (ct - x)^2} \quad .$$

Wir zeigen den Einfluss der Spektralfunktion auf das Wellenpaket, indem wir in Abb. 2.8 Spektralfunktionen zweier verschiedener Breiten σ_k darstellen. Für jede dieser Spektralfunktionen zeigen wir außerdem die Zeitentwicklungen der Feldstärke und der mittleren Energiedichte.

2.5 Einfall eines Wellenpakets auf eine Glasfläche

Wie die ebenen Wellen, aus denen es aufgebaut ist, erfährt ein Wellenpaket Reflexion und Transmission an einer Glasoberfläche. Das obere Teilbild der Abb. 2.9 zeigt die Zeitentwicklung der mittleren Energiedichte eines Wellenpakets, das von links auf eine Glasoberfläche einfällt. Beim Auftreffen des Wellenpakets auf die Glasfläche interferiert der bereits reflektierte Teil der Welle mit dem einfallenden Teil. Durch diese Interferenz entstehen die kurzwelligen Oszillationen im Wellenpaket links von der Glasoberfläche. Ein Teil des Pakets tritt in das Glas ein und bewegt sich dort mit einer durch den Brechungsindex verringerten Geschwindigkeit. Dadurch wird das Paket im Raum komprimiert. Der Rest des Wellenpakets wird reflektiert und bewegt sich in

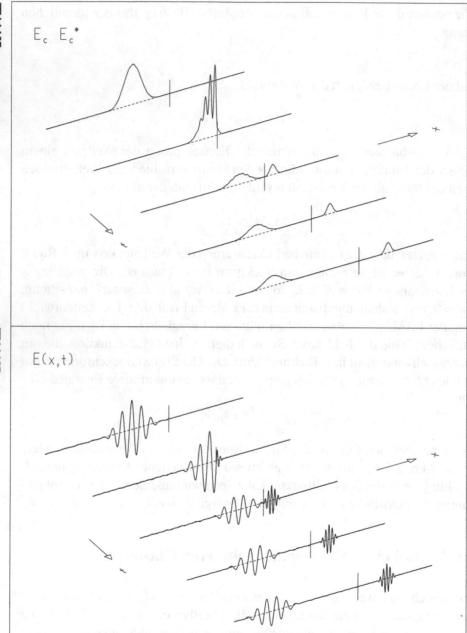

Abb. 2.9 Zeitentwicklung der Größe $E_c E_c^*$ **(die bis auf einen Faktor** n^2 **proportional zur mittleren Energiedichte ist) und der Feldstärke in einem Lichtwellenpaket, das auf eine Glasoberfläche einfällt, wo es teils reflektiert und teils durch die Oberfläche transmittiert wird. Die Glasoberfläche ist durch die senkrechte Linie angedeutet.**

unveränderter Breite nach links von der Glasoberfläche weg. Das Interferenzmuster verschwindet nach der Entfernung von der Glasoberfläche.

Wir zeigen jetzt, dass das Interferenzmuster durch die schnelle räumliche
Variation der Trägerwelle bewirkt wird, die ihrerseits durch deren Wellenlänge charakterisiert ist. Dazu betrachten wir die Zeitentwicklung der Feldstärke
in dem Wellenpaket, die im unteren Bildteil der Abb. 2.9 dargestellt ist. Tatsächlich besitzt die räumliche Variation der Feldstärke die doppelte Wellenlänge der mittleren Energiedichte im Interferenzbereich.

Wir können die Reflexion und Transmission des Wellenpakets auch dadurch genauer untersuchen, dass wir die Energiedichten der einzelnen Konstituentenwellen getrennt darstellen, also der einfallenden, der transmittierten
und der reflektierten Wellen. Wir zeigen die Konstituentenwellen in den beiden Raumbereichen 1 (Vakuum) und 2 (Glas), obwohl sie physikalisch jeweils
nur in einem der beiden Raumbereiche existieren. Die Abb. 2.10 zeigt ihre Zeitentwicklungen. Alle drei haben eine glatte, glockenförmige Form und
zeigen keinerlei Interferenzstrukturen. Die Zeitentwicklungen der Feldstärken der Konstituentenwellen sind in Abb. 2.11 dargestellt. Die dargestellte
mittlere Energiedichte in Abb. 2.9 entspricht dem Absolutquadrat der Summe
der einfallenden und reflektierten Feldstärke im Bereich vor dem Glas und
natürlich nicht der Summe der mittleren Energiedichten dieser Konstituen-
tenfelder. Das Interferenzmuster hat die halbe Wellenlänge im Vergleich zu
den Trägerwellen.

2.6 Durchgang eines Lichtwellenpakets
durch eine Glasplatte

Wir betrachten jetzt ein räumlich relativ schmales Wellenpaket, das also ein
breites Spektrum von Frequenzen enthält. Die Zeitentwicklung seiner mittleren Energiedichte (Abb. 2.12) zeigt, dass, wie erwartet, an der Frontfläche
der Glasplatte ein Teil des Pakets reflektiert wird. Der übrige Teil tritt in die
Glasplatte ein, wo er komprimiert wird und mit verminderter Geschwindigkeit weiterläuft. An der Rückfläche der Glasplatte wird dieses Paket wiederum
teils reflektiert, während der restliche Teil die Glasplatte verlässt und mit der
ursprünglichen Breite und Geschwindigkeit nach rechts läuft. Ein Teil des Pakets läuft in der Glasplatte hin und her. Dabei erfährt es vielfache Reflexionen
an den Oberflächen der Platte und verliert jedes Mal einen Teil seiner Energie
an Wellenpakete, die das Glas verlassen.

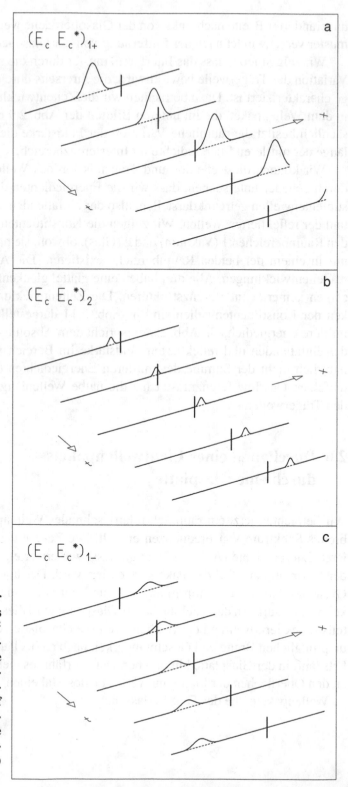

Abb. 2.10
Zeitentwicklungen der
Größe $E_c E_c^*$ **(die bis**
auf den Faktor n^2
proportional zur mitt-
leren Energiedichte
ist) der Konstituen-
tenwellen eines Licht-
wellenpakets, das auf
eine Glasfläche auf-
trifft: (a) einfallende
Welle, (b) transmit-
tierte Welle und (c)
reflektierte Welle.

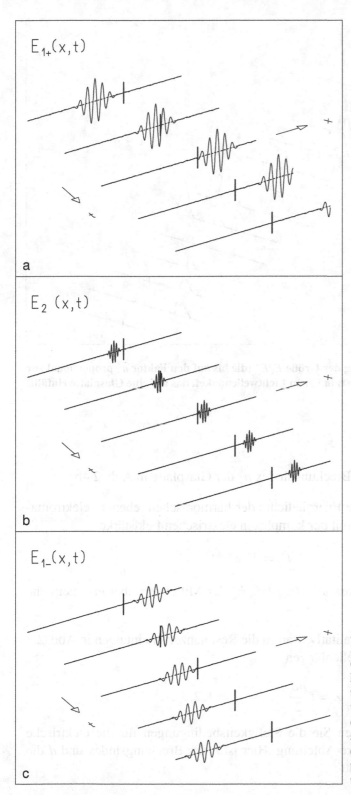

$E_{1+}(x,t)$

a

$E_2(x,t)$

b

$E_{1-}(x,t)$

c

Abb. 2.11
Zeitentwicklungen der elektrischen Feldstärken der Konstituentenwellen eines Lichtwellenpakets, das auf eine Glasoberfläche auftrifft: (a) einfallende Welle, (b) transmittierte und (c) reflektierte Welle.

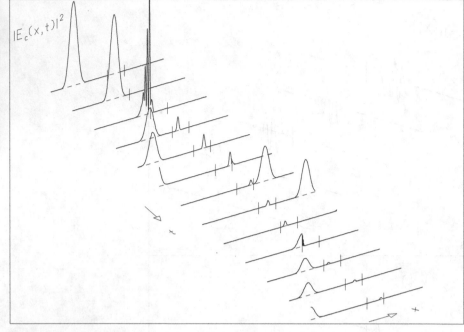

Abb. 2.12 Zeitentwicklung der Größe $E_c E_c^*$ (die bis auf den Faktor n^2 proportional zur mittleren Energiedichte ist) in einem Lichtwellenpaket, das auf eine Glasplatte einfällt.

Aufgaben

2.1 Schätzen Sie den Brechungsindex n_2 der Glasplatte in Abb. 2.4b.

2.2 Berechnen Sie die Energiedichte der harmonischen, ebenen, elektromagnetischen Welle mit der komplexen elektrischen Feldstärke

$$E_c = E_0 \, e^{-i(\omega t - kx)}$$

und zeigen Sie, dass $w = (\varepsilon_0/2) E_c E_c^*$ der Mittelwert über eine zeitliche Periode T ist.

2.3 Begründen Sie qualitativ, warum die Resonanzerscheinungen in Abb. 2.5 (oben) bei den Wellenlängen

$$\lambda = \ell \frac{nd}{2} \quad , \qquad \ell = 1, 2, 3, \dots \quad ,$$

auftreten. Benutzen Sie die Stetigkeitsbedingungen für die elektrische Feldstärke und ihre Ableitung. Hier ist n der Brechungsindex und d die Dicke der Glasplatte.

2.4 Berechnen Sie das Verhältnis der Frequenzen der zwei elektrischen Feld-
    stärken, die in Abb. 2.6 dargestellt sind, aus der Schwebung in ihrer Su-
    perposition.

2.5 Das eindimensionale Lichtwellenpaket zeigt keinerlei Dispersion, d. h.
    keinerlei Verbreiterung im Laufe der Zeit. Was ist die Ursache für die
    Dispersion eines Wellenpakets, das in allen drei Raumdimensionen loka-
    lisiert ist?

2.6 Schätzen Sie den Brechungsindex des Glases aus der Veränderung der
    Breite und der Geschwindigkeit der Lichtpulse in Abb. 2.9 (oben).

2.7 Überzeugen Sie sich davon, dass die schrittweise Reduktion der Amplitu-
    de der Impulse in der Glasplatte mit etwa dem gleichen Reduktionsfaktor
    verläuft. Daraus folgt im Mittel ein exponentielles Zerfallsgesetz für die
    Amplitude des Pulses.

2.8 Berechnen Sie Energie E und Impuls p eines Photons von blauem ($\lambda =
    450 \cdot 10^{-9}$ m), grünem ($\lambda = 530 \cdot 10^{-9}$ m), gelbem ($\lambda = 580 \cdot 10^{-9}$ m) und
    rotem ($\lambda = 700 \cdot 10^{-9}$ m) Licht. Benutzen Sie die Einsteinsche Formel
    $E = Mc^2$, um die relativistische Masse des Photons zu berechnen. Geben
    Sie alle Ergebnisse in SI-Einheiten an.

3 Materiewellen

3.1 De-Broglie-Wellen

Für ein Teilchen von nichtverschwindender Ruhemasse m, das sich mit einer Geschwindigkeit v bewegt, die klein gegen die Lichtgeschwindigkeit ist, lautet die Beziehung zwischen Energie und Impuls:

$$E = \frac{p^2}{2m} \quad , \qquad p = mv \quad .$$

In Abschn. 1.3 sahen wir, dass ein solches Teilchen Welleneigenschaften besitzt, speziell eine Kreisfrequenz ω und eine Wellenzahl k, welche mit seiner Energie bzw. seinem Impuls verknüpft sind,

$$E = \hbar\omega \quad , \qquad p = \hbar k \quad .$$

In Analogie zur elektromagnetischen Welle $\mathrm{Re}\, E_\mathrm{c}$ mit $E_\mathrm{c} = A\,\mathrm{e}^{-\mathrm{i}(\omega t - kx)}$ des Abschn. 2.1 können wir eine Wellenfunktion für das Teilchen des Impulses p hinschreiben,

$$
\begin{aligned}
\psi_p(x,t) &= \frac{1}{(2\pi\hbar)^{1/2}} \exp\left[-\frac{\mathrm{i}}{\hbar}(Et - px)\right] \\
&= \frac{1}{(2\pi\hbar)^{1/2}} \exp\left[-\frac{\mathrm{i}}{\hbar}\left(\frac{p^2}{2m}t - px\right)\right] \quad ,
\end{aligned}
$$

welche wir eine *de-Broglie-Welle* der Materie nennen. Der Faktor vor der Exponentialfunktion wird sich später als nützlich herausstellen. Die *Phasengeschwindigkeit* einer de-Broglie-Welle ist

$$v_\mathrm{p} = \frac{E}{p} = \frac{p}{2m}$$

und damit verschieden von der Teilchengeschwindigkeit $v = p/m$.

3.2 Wellenpaket. Dispersion

Die harmonische de-Broglie-Welle ist wie die harmonische elektromagnetische Welle räumlich nicht lokalisiert und deshalb ungeeignet, ein Teilchen zu
beschreiben. Um ein Teilchen im Raum zu lokalisieren, müssen wir wieder
harmonische Wellen superponieren, um ein Wellenpaket zu konstruieren. Der
Einfachheit halber beschränken wir uns zunächst auf die Diskussion eines
eindimensionalen Wellenpaketes.

Als Spektralfunktion wählen wir wieder eine Gauß-Funktion[1],

$$f(p) = \frac{1}{(2\pi)^{1/4}\sqrt{\sigma_p}} \exp\left[-\frac{(p-p_0)^2}{4\sigma_p^2}\right] \quad .$$

Die zugehörige de-Broglie-Welle ist dann

$$\psi(x,t) = \int_{-\infty}^{+\infty} f(p)\psi_p(x-x_0,t)\,\mathrm{d}p \quad .$$

Zur Veranschaulichung eines Wellenpakets von de-Broglie-Wellen approxi-
mieren wir wie beim Lichtwellenpaket das Integral zunächst durch eine Summe,

$$\psi(x,t) \approx \sum_{n=-N}^{N} \psi_n(x,t) \quad .$$

Dabei sind die $\psi_n(x,t)$ harmonische Wellen verschiedener Werte $p_n = p_0 + n\,\Delta p$ multipliziert mit dem spektralen Gewicht $f(p_n)\,\Delta p$,

$$\psi_n(x,t) = f(p_n)\psi(x-x_0,t)\,\Delta p \quad .$$

Abbildung 3.1a zeigt die Realteile $\mathrm{Re}\,\psi_n(x,t)$ der harmonischen Wellen
$\psi_n(x,t)$ und deren Summe, die gleich dem Realteil $\mathrm{Re}\,\psi(x,t)$ der Wellenfunktion $\psi(x,t)$ des Wellenpakets für den Zeitpunkt $t = t_0 = 0$ ist. Auf jeder
harmonischen Welle ist der Punkt $x = x_0$ markiert. In Abb. 3.1b sind die Realteile $\mathrm{Re}\,\psi_n(x,t)$ und ihre Summe $\mathrm{Re}\,\psi(x,t)$ für einen späteren Zeitpunkt
$t = t_1$ dargestellt. Wegen der verschiedenen Phasengeschwindigkeiten haben
sich die Partialwellen um verschiedene Wegstrecken $\Delta x_n = v_n(t_1 - t_0)$ verschoben. Hier ist $v_n = p_n/(2m)$ die Phasengeschwindigkeit der harmonischen
Welle des Impulses p_n. Dieser Effekt verbreitert die Ausdehnung des Wellenpakets.

---

[1]Wir haben diese Spektralfunktion so festgelegt, dass sie der Quadratwurzel der in Abschn. 2.4 benutzten Spektralfunktion für die Konstruktion eines Lichtwellenpakets entspricht.
Da die Fläche unter der Spektralfunktion $f(k)$ aus Abschn. 2.4 gleich Eins war, ist die unter
$[f(p)]^2$ nun gleich Eins. Dies stellt sicher, dass die Normierungsbedingung der Wellenfunktion ψ im nächsten Abschnitt erfüllt ist.

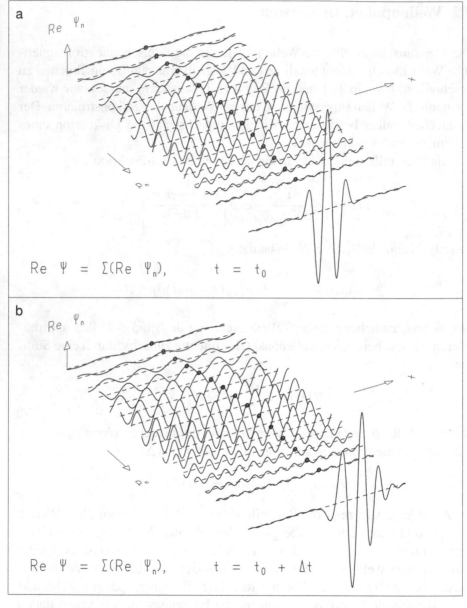

Abb. 3.1 Konstruktion eines Wellenpakets als Summe harmonischer Wellen ψ_n **verschiedener Impulse, also verschiedener Wellenlängen. Dargestellt sind die Realteile der Wellenfunktionen. Die Glieder verschiedener Impulse und verschiedener Amplituden beginnen mit dem Glied längster Wellenlänge im Hintergrund des Bildes. Im Vordergrund ist das Wellenpaket dargestellt, das durch Summation dieser Glieder gewonnen wird. (a) Diese Darstellung gilt für die Zeit** $t = t_0$**. Alle Partialwellen sind an der Stelle** $x = x_0$ **durch einen kleinen Kreis gekennzeichnet. (b) Das gleiche Wellenpaket und seine Partialwellen zum Zeitpunkt** $t_1 > t_0$**. Die Partialwellen haben verschiedene Wegstrecken** $\Delta x_n = v_n(t_1 - t_0)$ **zurückgelegt, weil sie verschiedene Phasengeschwindigkeiten** v_n **besitzen, wie aus den Markierungen ersichtlich, die die gleichen Phasen wie im Teilbild a markieren. Wegen der verschiedenen Phasengeschwindigkeiten hat das Wellenpaket seine Form und Breite verändert.**

Die Integration über p kann so ausgeführt werden, dass der explizite Ausdruck für das Wellenpaket die Form

$$\psi(x,t) = M(x,t)\,\mathrm{e}^{\mathrm{i}\phi(x,t)}$$

annimmt. Dabei stellt die Exponentialfunktion die Trägerwelle mit der *Phase* ϕ dar, die rasch in Raum und Zeit variiert. Die glockenförmige Amplitudenfunktion

$$M(x,t) = \frac{1}{(2\pi)^{1/4}\sqrt{\sigma_x}}\exp\left[-\frac{(x-x_0-v_0 t)^2}{4\sigma_x^2}\right]$$

bewegt sich mit der *Gruppengeschwindigkeit*

$$v_0 = \frac{p_0}{m}$$

in x-Richtung. Die Gruppengeschwindigkeit ist gleich der Teilchengeschwindigkeit und verschieden von der Phasengeschwindigkeit. Die Lokalisierung im Raum ist durch

$$\sigma_x^2 = \frac{\hbar^2}{4\sigma_p^2}\left(1 + \frac{4\sigma_p^4\,t^2}{\hbar^2\,m^2}\right) = \sigma_{x0}^2 + (\sigma_v t)^2 \quad , \qquad \sigma_{x0} = \frac{\hbar}{2\sigma_p} \quad , \qquad \sigma_v = \frac{\sigma_p}{m}$$

gegeben.

Diese Formel zeigt, dass die räumliche Ausdehnung σ_x des Wellenpakets mit der Zeit zunimmt. Diese Erscheinung heißt *Dispersion*. Abbildung 3.2 zeigt die Zeitentwicklung von Real- und Imaginärteil zweier Wellenpakete mit verschiedenen Gruppengeschwindigkeiten und Breiten. Wir beobachten deutlich die zeitliche Dispersion der Wellenpakete. Die Tatsache, dass ein Wellenpaket einen ganzen Bereich von Geschwindigkeiten enthält, ist der physikalische Grund für seine Dispersion. Seine Teilwellen bewegen sich mit verschiedenen Geschwindigkeiten, deshalb verbreitert sich das Wellenpaket im Laufe der Zeit.

Die Funktion $\phi(x,t)$ legt die Phase der Trägerwelle fest. Sie hat die Form

$$\phi(x,t) = \frac{1}{\hbar}\left[p_0 + \frac{\sigma_p^2 t}{2m\sigma_x^2}(x-x_0-v_0 t)\right](x-x_0-v_0 t) + \frac{p_0}{2\hbar}v_0 t - \frac{\alpha}{2}$$

mit

$$\tan\alpha = \frac{2}{\hbar}\frac{\sigma_p^2}{m}t \quad .$$

Für feste Zeit t stellt sie die Phase einer harmonischen Welle mit modulierter Wellenzahl dar. Die effektive Wellenzahl k_{eff} ist der Faktor vor dem Ausdruck $x-x_0-v_0 t$. Sie hat die Form

$$k_{\mathrm{eff}}(x) = \frac{1}{\hbar}\left[p_0 + \frac{\sigma_p^2 t}{2m\sigma_x^2}(x-x_0-v_0 t)\right] \quad .$$

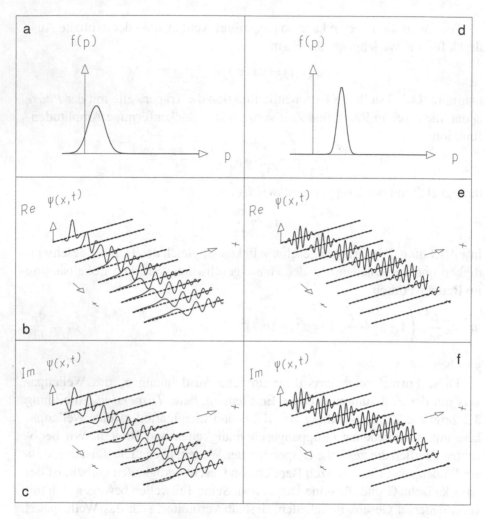

Abb. 3.2 Spektralfunktionen (a, d) und Zeitentwicklungen der Realteile (b, e) und der Imaginärteile (c, f) von Wellenfunktionen für zwei verschiedene Wellenpakete. Die beiden Pakete haben verschiedene Gruppengeschwindigkeiten und verschiedene Breiten und verbreitern sich verschieden schnell mit der Zeit.

Beim Wert $x = \langle x \rangle$, der dem Maximum der glockenförmigen Amplitudenmodulation $M(x,t)$ entspricht, das heißt ihrem räumlichen Mittelwert

$$\langle x \rangle = x_0 + v_0 t \quad ,$$

ist die effektive Wellenzahl einfach gleich der Wellenzahl

$$k_0 = \frac{1}{\hbar} p_0 = \frac{1}{\hbar} m v_0 \quad ,$$

die dem mittleren Impuls p_0 der Spektralfunktion entspricht.

Für Werte $x > x_0 + v_0 t$, das heißt vor dem mittleren Ort $\langle x \rangle$ des bewegten Wellenpakets, ist die effektive Wellenzahl größer,

$$k_{\text{eff}}(x > x_0 + v_0 t) > k_0 ,$$

so dass die lokale Wellenlänge

$$\lambda_{\text{eff}}(x) = \frac{2\pi}{|k_{\text{eff}}(x)|}$$

geringer ist.

Für Werte $x < x_0 + v_0 t$, also hinter dem mittleren Ort $\langle x \rangle$, ist die effektive Wellenzahl geringer,

$$k_{\text{eff}}(x < x_0 + v_0 t) < k_0 .$$

Das führt zu stark negativen Werten von k_{eff} weit hinter dem mittleren Ort des Wellenpakets. Dort wird die Wellenlänge $\lambda_{\text{eff}}(x)$ wieder kurz. Diese Wellenzahlmodulation kann auch in den Abbildungen 3.1 und 3.2 beobachtet werden. Für ein Wellenpaket in Ruhe mit $p_0 = 0$, $v_0 = p_0/m = 0$ hat die effektive Wellenzahl

$$k_{\text{eff}}(x) = \frac{1}{\hbar} \frac{\sigma_p^2}{\sigma_x^2} \frac{t}{2m} (x - x_0)$$

den gleichen Absolutwert links und rechts vom mittleren Ort x_0. Das entspricht einer Verkürzung der effektiven Wellenlänge, die beiderseits von x_0 symmetrisch ist. Das wird in Abb. 3.4 bestätigt.

3.3 Wahrscheinlichkeitsinterpretation. Heisenbergsche Unschärferelation

Nach Max Born (1926), interpretieren wir die Wellenfunktion $\psi(x,t)$ wie folgt. Ihr Absolutquadrat

$$\rho(x,t) = |\psi(x,t)|^2 = M^2(x,t)$$

wird mit der *Wahrscheinlichkeitsdichte* für die Beobachtung des Teilchens am Ort x zur Zeit t identifiziert. Das bedeutet, die Wahrscheinlichkeit für die Beobachtung des Teilchens zur Zeit t im Ortsintervall zwischen x und $x + \Delta x$ ist $\Delta P = \rho(x,t) \Delta x$. Diese Interpretation ist plausibel, weil $\rho(x,t)$ überall positiv ist. Darüber hinaus ist das Integral über den ganzen Raum zu jeder Zeit gleich Eins, so dass die *Normierungsbedingung*

$$\int_{-\infty}^{+\infty} |\psi(x,t)|^2 \, \mathrm{d}x = \int_{-\infty}^{+\infty} \psi^*(x,t)\psi(x,t) \, \mathrm{d}x = 1$$

erfüllt ist. Die Wellenfunktion selbst wird auch als *Wahrscheinlichkeitsamplitude* bezeichnet.

Man beachte, dass eine starke formale Ähnlichkeit zwischen der mittleren Energiedichte $w(x,t) = \varepsilon_0 |E_c(x,t)|^2/2$ einer Lichtwelle und der Wahrscheinlichkeitsdichte $\rho(x,t)$ besteht. Wegen ihrer Wahrscheinlichkeitseigenschaft ist die Wahrscheinlichkeitsamplitude $\psi(x,t)$ keine Feldstärke, weil der Effekt einer Feldstärke an jeder Stelle messbar sein muss, an der das Feld nicht verschwindet. Eine Wahrscheinlichkeitsdichte beschreibt jedoch die Wahrscheinlichkeit dafür, dass ein Teilchen, das auch punktförmig sein kann, an einer vorgegebenen Stelle beobachtet wird. Die Wahrscheinlichkeitsinterpretation ist allerdings auf normierte Wellenfunktionen beschränkt. Da das Integral über das Absolutquadrat einer harmonischen Welle,

$$\frac{1}{2\pi\hbar} \int_{-\infty}^{+\infty} \exp\left[\frac{i}{\hbar}(Et - px)\right] \exp\left[-\frac{i}{\hbar}(Et - px)\right] dx = \frac{1}{2\pi\hbar} \int_{-\infty}^{+\infty} dx \,,$$

divergiert, kann das Absolutquadrat $|\psi(x,t)|^2$ einer harmonischen ebenen Welle nicht als eine Wahrscheinlichkeitsdichte aufgefasst werden. Wir werden das Absolutquadrat einer Wellenfunktion, die nicht normiert ist, die *Intensität* nennen. Obwohl nicht normierbare Wellenfunktionen keine unmittelbare physikalische Interpretation besitzen, sind sie doch für die Lösung praktischer Probleme von großer Wichtigkeit. Wir haben ja auch bereits gesehen, dass normierbare Pakete aus solchen Wellenfunktionen aufgebaut werden können. Die Situation ist ähnlich zu der in der klassischen Elektrodynamik, in der die harmonischen ebenen Wellen unentbehrlich bei der Lösung vieler Aufgaben sind. Nichtsdestoweniger können harmonische ebene Wellen nicht physikalisch existieren, denn sie würden den ganzen Raum erfüllen und dementsprechend einen unendlichen Energieinhalt haben.

Abbildung 3.3 zeigt die Zeitentwicklung der Wahrscheinlichkeitsdichten der beiden in Abb. 3.2 dargestellten Wellenpakete. Zusammen mit den beiden Zeitentwicklungen ist auch die Bewegung eines klassischen Teilchens dargestellt, das sich mit der gleichen Geschwindigkeit bewegt. Wir beobachten, dass sich das Zentrum des Gaußschen Wellenpakets genauso bewegt wie das klassische Teilchen. Während aber das klassische Teilchen zu jedem Zeitpunkt sich an einem genau definierten Punkte im Ort befindet, hat das quantenmechanische Wellenpaket eine endliche Breite σ_x. Sie ist ein Maß für die Größe des Raumbereichs, der den klassischen Ort umgibt und in dem das Teilchen sich aufhalten kann. Die Tatsache, dass das Wellenpaket Dispersion zeigt, bedeutet, dass die Lokalisierung des Teilchens mit wachsender Zeit immer unsicherer wird.

Die Dispersion eines Wellenpakets mit der Gruppengeschwindigkeit Null ist besonders beeindruckend. Ohne dass sich sein Ortsmittelwert ändert, wird es immer breiter und breiter (Abb. 3.4a). Auch das Verhalten von Real- und

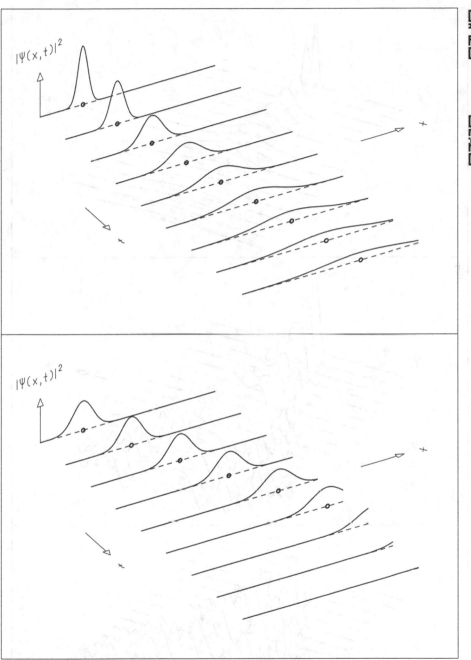

Abb. 3.3 Zeitentwicklung der Wahrscheinlichkeitsdichten für die Wellenpakete aus Abb. 3.2. Die beiden Pakete haben verschiedene Gruppengeschwindigkeiten und verschiedene Breiten. Als kleine Kreise sind zusätzlich die Orte eines klassischen Teilchens eingezeichnet, das sich mit einer Geschwindigkeit bewegt, die gleich der Gruppengeschwindigkeit des Wellenpakets ist.

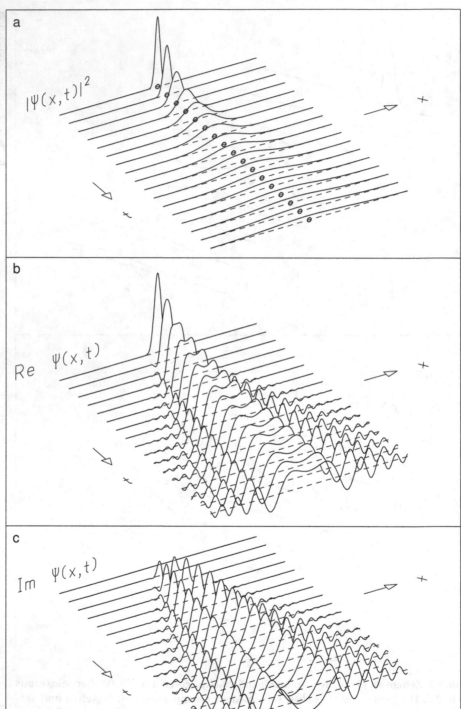

Abb. 3.4 Zeitentwicklungen der Wahrscheinlichkeitsdichte eines Wellenpakets in Ruhe und des Realteils und des Imaginärteils seiner Wellenfunktion.

Imaginärteil der Wellenfunktion eines Teilchens in Ruhe ist interessant. Deren Zeitentwicklungen sind in Abb. 3.4b und 3.4c dargestellt. Wir beginnen mit einem Wellenpaket, dessen Wellenfunktion zum Anfangszeitpunkt $t = 0$ rein reell ist, und beobachten, dass Wellen sowohl in die positive wie in die negative x-Richtung laufen. Offenbar laufen die harmonischen Wellen mit den höchsten Phasengeschwindigkeiten, also die mit den kürzesten Wellenlängen, am schnellsten vom Ursprungsort $x = 0$ weg. Die Verbreiterung des Wellenpakets kann auch so erklärt werden: Da das ursprüngliche Wellenpaket zur Zeit $t = 0$ spektrale Komponenten mit positiven und negativen Impulsen enthält, muss es sich räumlich mit der Zeit verbreitern.

Die Wahrscheinlichkeitsinterpretation der Wellenfunktion legt es natürlich nahe, die gebräuchlichen Begriffe aus der Wahrscheinlichkeitsrechnung zu benutzen, insbesondere die Begriffe Erwartungswert und Varianz. Der *Erwartungswert* oder *Mittelwert* des Ortes eines Teilchens, das durch eine Wellenfunktion $\psi(x,t)$ beschrieben wird, ist

$$\langle x \rangle = \int_{-\infty}^{+\infty} x \rho(x,t)\,\mathrm{d}x = \int_{-\infty}^{+\infty} \psi^*(x,t) x \psi(x,t)\,\mathrm{d}x \quad ,$$

also im Allgemeinen eine Funktion der Zeit. Für ein Gaußsches Wellenpaket ergibt die Integration tatsächlich

$$\langle x \rangle = x_0 + v_0 t \quad , \qquad v_0 = \frac{p_0}{m} \quad ,$$

ganz entsprechend der klassischen unbeschleunigten Bewegung. Wir interpretieren deshalb das Gaußsche Wellenpaket von de-Broglie-Wellen als die quantenmechanische Beschreibung der unbeschleunigten Bewegung eines Teilchens, das sich mit konstanter Geschwindigkeit bewegt. Die Gaußsche Form der Spektralfunktion $f(p)$ erlaubt uns die explizite Berechnung des Wellenpakets. Mit dieser speziellen Spektralfunktion kann die Wellenfunktion $\psi(x,t)$ in geschlossener Form angegeben werden, Abschn. 3.2.

Die *Varianz des Ortes* ist der Erwartungswert des Quadrats der Differenz zwischen Ort und Ortserwartungswert:

$$\begin{aligned} \mathrm{var}(x) &= \langle (x - \langle x \rangle)^2 \rangle \\ &= \int_{-\infty}^{+\infty} \psi^*(x,t)(x - \langle x \rangle)^2 \psi(x,t)\,\mathrm{d}x \quad . \end{aligned}$$

Wieder kann für ein Gaußsches Wellenpaket das Integral ausgeführt werden, und man erhält in Übereinstimmung mit der in Abschn. 3.2 angegebenen Gleichung

$$\mathrm{var}(x) = \sigma_x^2 = \frac{\hbar^2}{4\sigma_p^2}\left(1 + \frac{4\sigma_p^4}{\hbar^2}\frac{t^2}{m^2}\right) = \sigma_{x0}^2 + (\sigma_v t)^2 \quad .$$

Die Berechnung des Erwartungswertes des Impulses des Wellenpakets

$$\psi(x,t) = \int_{-\infty}^{+\infty} f(p)\psi_p(x-x_0,t)\,\mathrm{d}p$$

wird direkt mit Hilfe der Spektralfunktion $f(p)$ ausgeführt, d. h.

$$\langle p \rangle = \int_{-\infty}^{+\infty} p|f(p)|^2\,\mathrm{d}p \quad .$$

Für die Spektralfunktion des Gaußschen Wellenpakets, die zu Beginn von Abschn. 3.2 angegeben wurde, finden wir

$$\langle p \rangle = \int_{-\infty}^{+\infty} p\frac{1}{\sqrt{2\pi}\sigma_p}\exp\left[-\frac{(p-p_0)^2}{2\sigma_p^2}\right]\mathrm{d}p \quad .$$

Wir schreiben den Faktor p in der Form

$$p = p_0 + (p - p_0) \quad .$$

Da die Exponentialfunktion in dem obigen Integral eine gerade Funktion der Variablen $p - p_0$ ist, verschwindet das Integral

$$\int_{-\infty}^{+\infty} (p-p_0)\frac{1}{\sqrt{2\pi}\sigma_p}\exp\left[-\frac{(p-p_0)^2}{2\sigma_p^2}\right]\mathrm{d}p = 0 \quad ,$$

weil die Beiträge in den Bereichen $-\infty < p < p_0$ und $p_0 < p < \infty$ sich aufheben. Der verbleibende Term ist das Produkt der Konstante p_0 und des Normierungsintegrals

$$\int_{-\infty}^{+\infty} |f(p)|^2\,\mathrm{d}p = 1 \quad ,$$

so dass wir schließlich das Ergebnis

$$\langle p \rangle = p_0$$

erhalten.

Dieses Ergebnis ist nicht überraschend, denn die Gaußsche Spektralfunktion gibt dem Impuls p_0 das höchste Gewicht und fällt symmetrisch zu beiden Seiten dieses Wertes ab. Am Ende von Abschn. 3.2 hatten wir $v_0 = p_0/m$ als die Gruppengeschwindigkeit des Wellenpakets gefunden. Insgesamt gilt daher, dass der Impulserwartungswert eines freien, nicht beschleunigten Gaußschen Wellenpakets gleich dem Impuls eines freien, nicht beschleunigten Teilchens der Masse m und der Geschwindigkeit v_0 der klassischen Mechanik ist:

$$\langle p \rangle = p_0 = mv_0 \quad .$$

Der Impulserwartungswert kann auch direkt aus der Wellenfunktion $\psi(x,t)$ berechnet werden. Wir haben die einfache Beziehung

$$
\begin{aligned}
\frac{\hbar}{i}\frac{\partial}{\partial x}\psi_p(x-x_0,t) &= \frac{\hbar}{i}\frac{\partial}{\partial x}\left\{\frac{1}{(2\pi\hbar)^{1/2}}\exp\left[-\frac{i}{\hbar}(Et-px)\right]\right\} \\
&= p\psi_p(x-x_0,t) \quad .
\end{aligned}
$$

Diese Beziehung kann als Definition eines *Impulsoperators*

$$
p \to \frac{\hbar}{i}\frac{\partial}{\partial x}
$$

aufgefasst werden. Der Impulsoperator erlaubt die Berechnung des Impulserwartungswerts mit folgender Formel:

$$
\langle p \rangle = \int_{-\infty}^{+\infty}\psi^*(x,t)\frac{\hbar}{i}\frac{\partial}{\partial x}\psi(x,t)\,dx \quad .
$$

Sie entspricht in ihrem Aufbau völlig der früher angegebenen Formel für den Ortserwartungswert. Wir betonen, dass der Operator zwischen den Funktionen $\psi^*(x,t)$ und $\psi(x,t)$ auftritt und nur auf die zuletzt genannte Funktion wirkt. Wir verifizieren diese Formel, indem wir die Wellenfunktion $\psi(x,t)$ durch ihre Darstellung mit Hilfe der Spektralfunktion ersetzen:

$$
\begin{aligned}
\langle p \rangle &= \int_{-\infty}^{+\infty}\psi^*(x,t)\frac{\hbar}{i}\frac{\partial}{\partial x}\int_{-\infty}^{+\infty}f(p)\psi_p(x-x_0,t)\,dp\,dx \\
&= \int_{-\infty}^{+\infty}\int_{-\infty}^{+\infty}\psi^*(x,t)\psi_p(x-x_0,t)\,dx\,pf(p)\,dp \quad .
\end{aligned}
$$

Das innere Integral

$$
\int_{-\infty}^{+\infty}\psi^*(x,t)\psi_p(x-x_0,t)\,dx
$$

$$
= \int_{-\infty}^{+\infty}\psi^*(x,t)\frac{1}{(2\pi\hbar)^{1/2}}\exp\left\{-\frac{i}{\hbar}\left[Et-p(x-x_0)\right]\right\}dx
$$

ist die Fourier-Transformierte von

$$
\begin{aligned}
\psi^*(x,t) &= \int_{-\infty}^{+\infty}f^*(p)\psi_p^*(x-x_0,t)\,dp \\
&= \frac{1}{(2\pi\hbar)^{1/2}}\int_{-\infty}^{+\infty}f^*(p)\exp\left\{\frac{i}{\hbar}\left[Et-p(x-x_0)\right]\right\}dp \quad ,
\end{aligned}
$$

also des Komplexkonjugierten des Wellenpakets $\psi(x,t)$. Damit erhalten wir

$$\int_{-\infty}^{+\infty} \psi^*(x,t)\psi_p(x-x_0,t)\,\mathrm{d}x = f^*(p) \quad .$$

Durch Einsetzen dieses Ergebnisses in das innere Integral des Ausdruckes für $\langle p \rangle$ erhalten wir schließlich den Impulserwartungswert in der Schreibweise

$$\langle p \rangle = \int_{-\infty}^{+\infty} f^*(p)pf(p)\,\mathrm{d}p = \int_{-\infty}^{+\infty} p|f(p)|^2\,\mathrm{d}p \quad .$$

Diese Gleichung rechtfertigt die Identifizierung des Impulses p mit dem Operator $(\hbar/\mathrm{i})(\partial/\partial x)$, der auf die Wellenfunktion wirkt. Die *Varianz des Impulses* des Wellenpakets ist

$$\mathrm{var}(p) = \langle (p - \langle p \rangle)^2 \rangle = \int_{-\infty}^{+\infty} \psi^*(x,t)\left(\frac{\hbar}{\mathrm{i}}\frac{\partial}{\partial x} - p_0\right)^2 \psi(x,t)\,\mathrm{d}x \quad .$$

Für unser Gaußsches Wellenpaket erhalten wir

$$\mathrm{var}(p) = \sigma_p^2 \quad .$$

Die Varianz ist zeitunabhängig wegen der Impulserhaltung.

Die Quadratwurzel aus der Varianz des Ortes,

$$\Delta x = \sqrt{\mathrm{var}(x)} = \sigma_x \quad ,$$

bestimmt die Breite des Wellenpakets in der Ortsvariablen x und ist deshalb ein Maß für die *Unschärfe* des Teilchenortes. Ganz entsprechend ist die Unschärfe des Teilchenimpulses

$$\Delta p = \sqrt{\mathrm{var}(p)} = \sigma_p \quad .$$

Für unser Gaußsches Wellenpaket haben wir bereits

$$\sigma_x = \frac{\hbar}{2\sigma_p}\left(1 + \frac{4\sigma_p^4}{\hbar^2}\frac{t^2}{m^2}\right)^{1/2} = \sigma_{x0}\left(1 + \left(\frac{\sigma_v t}{\sigma_{x0}}\right)^2\right)^{1/2}$$

gefunden.

Zur Zeit $t = 0$ bedeutet das

$$\sigma_x \sigma_p = \frac{\hbar}{2} \quad .$$

Für spätere Zeitpunkte wird das Produkt größer, so dass im Allgemeinen

$$\Delta x \cdot \Delta p \geq \frac{\hbar}{2}$$

gilt. Diese Beziehung bringt zum Ausdruck, dass das Produkt der Unschärfen des Ortes und des Impulses nicht kleiner sein kann als das Plancksche Wirkungsquantum h geteilt durch 4π.

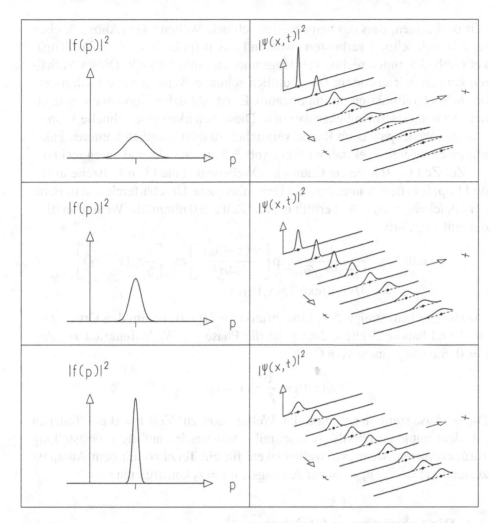

Abb. 3.5 Heisenbergsche Unschärferelation. Für drei verschiedene Gaußsche Wellenpakete wird das Quadrat $f^2(p)$ der Spektralfunktion links und die Zeitentwicklung der räumlichen Wahrscheinlichkeitsdichte rechts gezeigt. Alle drei Wellenpakete haben die gleiche Gruppengeschwindigkeit, aber verschiedene Impulsbreiten σ_p. Zur Zeit $t = 0$ erfüllen die Breiten σ_x des Ortes und σ_p des Impulses die Gleichung $\sigma_x\sigma_p = \hbar/2$. Mit wachsender Zeit verbreitern sich die Wellenpakete im Raum, so dass $\sigma_x\sigma_p > \hbar/2$.

Dies ist die *Unschärferelation*, die für beliebige Wellenpakete gilt. Sie wurde 1927 von Werner Heisenberg formuliert und sagt aus, dass eine geringe Unschärfe in der Lokalisierung des Teilchens nur auf Kosten einer großen Impulsunschärfe bewirkt werden kann und umgekehrt. Abbildung 3.5 veranschaulicht die Unschärferelation durch Vergleich der Zeitentwicklung der Wahrscheinlichkeitsdichte $\rho(x,t)$ mit dem Quadrat der Spektralfunktion $|f(p)|^2$. Letztere ist tatsächlich die Wahrscheinlichkeitsdichte des Impulses.

Wir beobachten, dass das ursprünglich schmale Wellenpaket (Abb. 3.5, oben rechts) sich schnell verbreitert, während das ursprünglich breite Wellenpaket (Abb. 3.5, unten rechts) viel langsamer auseinanderfließt. Dieses Verhalten konnten wir erwarten. Das räumlich schmale Wellenpaket erfordert eine breite Spektralfunktion im Impulsraum. Es enthält daher Komponenten in einem weiten Geschwindigkeitsbereich. Diese bewirken eine schnelle Dispersion des Wellenpakets im Raum, verglichen zu dem räumlich breiteren Paket mit einer engeren Spektralfunktion (Abb. 3.5, unten links und unten rechts).

Zur Zeit $t = 0$ habe ein Gaußsches Wellenpaket die kleinste Breite in Ort und Impuls in dem Sinne, dass die Heisenbergsche Unschärferelation in Form der Gleichung $\sigma_x \sigma_p = \hbar/2$ erfüllt ist. Zur Zeit $t = 0$ nimmt die Wellenfunktion die einfache Form

$$
\begin{aligned}
\psi(x,0) &= \frac{1}{(2\pi)^{1/4}\sqrt{\sigma_x}} \exp\left[-\frac{(x-x_0)^2}{4\sigma_x^2}\right] \exp\left[\frac{\mathrm{i}}{\hbar}p_0(x-x_0)\right] \\
&= M(x,0)\exp[\mathrm{i}\phi(x,0)]
\end{aligned}
$$

an. Die glockenförmige Amplitudenfunktion $M(x,0)$ ist um den Ort x_0 zentriert und hat die Breite $\sqrt{2}\sigma_x$; ϕ ist die Phase der Wellenfunktion zur Zeit $t = 0$. Sie hängt linear vom Ort ab,

$$
\phi(x,0) = \frac{1}{\hbar}p_0(x-x_0) \quad .
$$

Diese Phase stellt sicher, dass das Wellenpaket zur Zeit $t = 0$ ein Teilchen mit dem mittleren Impuls p_0 beschreibt. Wir werden auf diese Feststellung zurückkommen, wenn wir Wellenpakete für ein Teilchen mit dem Anfangszustand $\langle x \rangle = x_0$, $\langle p \rangle = p_0$ zur Anfangszeit $t = t_0$ konstruieren.

3.4 Die Schrödinger-Gleichung

Nachdem wir jetzt Teilchen durch Wellenfunktionen beschrieben haben, suchen wir nach einer *Wellengleichung*, deren Lösungen die de-Broglie-Wellen sind. Ausgehend von der harmonischen Welle

$$
\psi_p(x,t) = \frac{1}{(2\pi\hbar)^{1/2}} \exp\left[-\frac{\mathrm{i}}{\hbar}(Et - px)\right] \quad , \qquad E = \frac{p^2}{2m} \quad ,
$$

vergleichen wir die beiden Ausdrücke

$$
\mathrm{i}\hbar\frac{\partial}{\partial t}\psi_p(x,t) = E\psi_p(x,t)
$$

und

$$
-\frac{\hbar^2}{2m}\frac{\partial^2}{\partial x^2}\psi_p(x,t) = \frac{p^2}{2m}\psi_p(x,t) = E\psi_p(x,t) \quad .
$$

Durch Gleichsetzen der linken Seiten erhalten wir die *Schrödinger-Gleichung* eines freien Teilchens,

$$i\hbar \frac{\partial}{\partial t}\psi_p(x,t) = -\frac{\hbar^2}{2m}\frac{\partial^2}{\partial x^2}\psi_p(x,t) \quad .$$

Sie wurde 1926 von Erwin Schrödinger formuliert.

Da die Lösung ψ_p nur linear in dieser Gleichung auftritt, ist eine beliebige lineare Superposition von Lösungen, also ein beliebiges Wellenpaket, wiederum eine Lösung der Schrödinger-Gleichung. Damit ist die Schrödinger-Gleichung die *Bewegungsgleichung* für ein freies Teilchen, das durch ein beliebiges Wellenpaket $\psi(x,t)$ dargestellt wird:

$$i\hbar \frac{\partial}{\partial t}\psi(x,t) = -\frac{\hbar^2}{2m}\frac{\partial^2}{\partial x^2}\psi(x,t) \quad .$$

Am Beispiel des Impulses haben wir gesehen, dass wir physikalische Größen durch Operatoren darstellen können. Wir konstruieren jetzt den Operator der kinetischen Energie T, die für ein freies Teilchen gleich der Gesamtenergie $T = p^2/(2m)$ ist,

$$T \rightarrow \frac{1}{2m}\left(\frac{\hbar}{i}\frac{\partial}{\partial x}\right)\left(\frac{\hbar}{i}\frac{\partial}{\partial x}\right) = -\frac{\hbar^2}{2m}\frac{\partial^2}{\partial x^2} \quad .$$

Wir können diese Gleichung für den Fall der Bewegung eines Teilchens in einem Kraftfeld, das durch die potentielle Energie $V(x)$ beschrieben wird, verallgemeinern. Dazu ersetzen wir die kinetische Energie T durch die Gesamtenenergie

$$E = T + V \rightarrow -\frac{\hbar^2}{2m}\frac{\partial^2}{\partial x^2} + V(x) \quad .$$

Mit dieser Ersetzung erhalten wir die *Schrödinger-Gleichung für die Bewegung eines Teilchens unter dem Einfluss einer potentiellen Energie $V(x)$*:

$$i\hbar \frac{\partial}{\partial t}\psi(x,t) = -\frac{\hbar^2}{2m}\frac{\partial^2}{\partial x^2}\psi(x,t) + V(x)\psi(x,t) \quad .$$

Wir bezeichnen jetzt den Operator der Gesamtenergie durch das Symbol

$$H = -\frac{\hbar^2}{2m}\frac{\partial}{\partial x} + V(x) \quad .$$

In Analogie zur Hamilton-Funktion der klassischen Mechanik nennen wir den Operator H den *Hamilton-Operator*. Mit seiner Hilfe kann die Schrödinger-Gleichung für die Bewegung eines Teilchens unter dem Einfluss einer potentiellen Energie in der Form

$$i\hbar\frac{\partial}{\partial t}\psi(x,t) = H\psi(x,t)$$

geschrieben werden.

Es sei an dieser Stelle erwähnt, dass die Schrödinger-Gleichung, verallgemeinert auf drei Raumdimensionen und viele Teilchen, das grundlegende Naturgesetz für die gesamte nichtrelativistische Teilchenphysik, die Chemie und die Biologie ist. Der Rest dieses Buches ist der Veranschaulichung einfacher Erscheinungen gewidmet, die durch die Schrödinger-Gleichung beschrieben werden.

Es ist üblich, an Stelle des Begriffes „potentielle Energie" die Bezeichnung „Potential" zu verwenden, der wir uns meist anschließen. Im Zusammenhang mit elektromagnetischen Phänomenen (Abschn. 13.4 und 16.1) unterscheiden wir dann wieder zwischen Coulomb-Potential $U(x)$ und potentieller Energie $V(x)$.

3.5 Gauß-Verteilung in zwei Dimensionen

Um die Diskussion im nächsten Abschnitt zu vereinfachen, führen wir jetzt die *Gaußsche Wahrscheinlichkeitsdichte zweier Variabler* x_1 und x_2 ein und besprechen ihre Eigenschaften. Sie ist durch

$$\rho(x_1,x_2) = A\exp\left\{-\frac{1}{2(1-c^2)}\left[\frac{(x_1-\langle x_1\rangle)^2}{\sigma_1^2}\right.\right.$$
$$\left.\left. -2c\frac{(x_1-\langle x_1\rangle)(x_2-\langle x_2\rangle)}{\sigma_1\quad\sigma_2}+\frac{(x_2-\langle x_2\rangle)^2}{\sigma_2^2}\right]\right\}$$

definiert. Die Normierungskonstante

$$A = \frac{1}{2\pi\sigma_1\sigma_2\sqrt{1-c^2}}$$

stellt sicher, dass die Wahrscheinlichkeitsdichte richtig normiert ist:

$$\int_{-\infty}^{+\infty}\int_{-\infty}^{+\infty}\rho(x_1,x_2)\,dx_1\,dx_2 = 1 \quad.$$

Die Gaußsche Wahrscheinlichkeitsdichte zweier Variabler ist vollständig durch fünf Parameter bestimmt. Das sind die *Erwartungswerte* $\langle x_1\rangle$ und $\langle x_2\rangle$, die *Breiten* σ_1 und σ_2 und der *Korrelationskoeffizient* c. Die durch

$$\rho_1(x_1) = \int_{-\infty}^{+\infty}\rho(x_1,x_2)\,dx_2 \quad,$$

$$\rho_2(x_2) = \int_{-\infty}^{+\infty}\rho(x_1,x_2)\,dx_1$$

definierten *Randverteilungen* einer Gauß-Verteilung von zwei Variablen sind einfach Gauß-Verteilungen einer einzelnen Variablen,

$$\rho_1(x_1) \; = \; \frac{1}{\sqrt{2\pi}\,\sigma_1} \exp\left[-\frac{(x_1 - \langle x_1 \rangle)^2}{2\sigma_1^2}\right] ,$$

$$\rho_2(x_2) \; = \; \frac{1}{\sqrt{2\pi}\,\sigma_2} \exp\left[-\frac{(x_2 - \langle x_2 \rangle)^2}{2\sigma_2^2}\right] .$$

Jede Randverteilung hängt nur von zwei Parametern ab, dem Erwartungswert und der Breite.

Linien konstanter Wahrscheinlichkeitsdichte in x_1, x_2 sind die Schnittlinien der Fläche $\rho(x_1, x_2)$ und einer Ebene $\rho = a = $ const. Diese Linien sind Ellipsen. Eine besondere Ellipse, für die

$$\rho(x_1, x_2) = A \exp\left\{-\frac{1}{2}\right\}$$

gilt, d. h. für die der Exponent der Gauß-Funktion einfach gleich $-1/2$ ist, heißt *Kovarianzellipse*. Punkte x_1, x_2 auf der Kovarianzellipse erfüllen die Gleichung

$$\frac{1}{1 - c^2}\left\{\frac{(x_1 - \langle x_1 \rangle)^2}{\sigma_1^2} - 2c\frac{(x_1 - \langle x_1 \rangle)}{\sigma_1}\frac{(x_2 - \langle x_2 \rangle)}{\sigma_2} + \frac{(x_2 - \langle x_2 \rangle)^2}{\sigma_2^2}\right\} = 1 .$$

Projektionen der Kovarianzellipse auf die x_1-Achse und die x_2-Achse sind Linien der Längen $2\sigma_1$ bzw. $2\sigma_2$.

Die drei in Abb. 3.6 dargestellten Gauß-Funktionen zweier Variabler unterscheiden sich nur durch den Wert des Korrelationskoeffizienten c. Die Kovarianzellipsen werden als Linien konstanter Wahrscheinlichkeitsdichte auf den Flächen $\rho(x_1, x_2)$ dargestellt. Für $c = 0$ sind die Hauptachsen der Ellipse parallel zu den Koordinatenachsen. In diesem Fall sind die Variablen x_1 und x_2 *unkorreliert*, d. h. die Kenntnis, dass $x_1 > \langle x_1 \rangle$ zutrifft, sagt nichts darüber aus, ob es wahrscheinlicher ist, $x_2 > \langle x_2 \rangle$ zu beobachten oder $x_2 < \langle x_2 \rangle$. Für unkorrelierte Variablen ist die Beziehung zwischen der gemeinsamen Wahrscheinlichkeitsdichte und den Randverteilungen besonders einfach, $\rho(x_1, x_2) = \rho_1(x_1)\rho_2(x_2)$. Für korrelierte Variablen, $c \neq 0$, ist die Situation komplizierter. Für positive Korrelation, $c > 0$, hat die große Hauptachse der Ellipse eine Richtung, die zwischen der x_1-Richtung und der x_2-Richtung liegt. Wenn man weiß, dass $x_1 > \langle x_1 \rangle$ gilt, ist es wahrscheinlicher, $x_2 > \langle x_2 \rangle$ zu finden als $x_2 < \langle x_2 \rangle$. Wenn aber die Korrelation negativ ist, $c < 0$, so hat die Hauptachse eine Richtung zwischen der x_1-Richtung und der negativen x_2-Richtung. In diesem Fall sagt die Kenntnis, dass $x_1 > \langle x_1 \rangle$ gilt, aus, dass $x_2 < \langle x_2 \rangle$ wahrscheinlicher ist als $x_2 > \langle x_2 \rangle$.

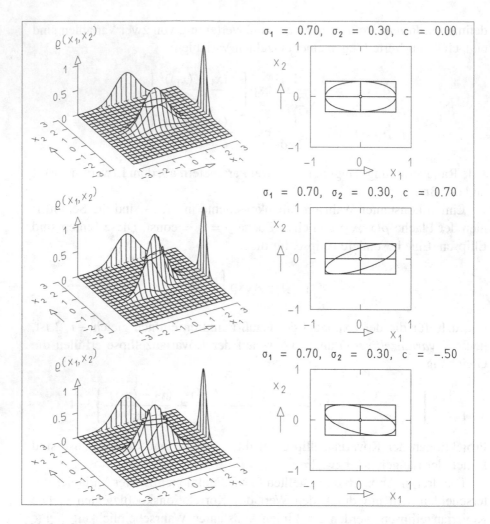

Abb. 3.6 Gaußsche Wahrscheinlichkeitsdichte $\rho(x_1, x_2)$ **zweier Variabler, dargestellt als Fläche über der** (x_1, x_2)**-Ebene und Randverteilungen** $\rho_1(x_1)$ **und** $\rho_2(x_2)$**. Letztere sind als Kurven über den Rändern parallel zur** x_1**-Achse bzw.** x_2**-Achse dargestellt. Zusätzlich gezeigt wird für jede Verteilung die Kovarianzellipse. Das die Ellipse umschreibende Rechteck hat die Seitenlängen** $2\sigma_1$ **und** $2\sigma_2$**. Die Bildpaare in den drei Zeilen der Abbildung unterscheiden sich nur durch den Korrelationskoeffizienten** c**.**

Die Größe der Korrelation wird durch den Wert von c ausgedrückt, der im Bereich $-1 < c < 1$ liegt. Im Grenzfall völliger Korrelation, $c = 1$, und völliger Antikorrelation, $c = -1$, entartet die Kovarianzellipse zu einem Geradenstück, der Hauptachse. Die gemeinsame Wahrscheinlichkeitsdichte ist vollständig auf den Bereich der Geraden mit der Richtung der Hauptachse konzentriert. Das bedeutet: Kennen wir den Wert x_1 einer Variablen, so kennen wir gleichzeitig den Wert x_2 der anderen.

Die Abb. 3.6 enthält auch Darstellungen der Kovarianzellipsen in der (x_1, x_2)-Ebene und sie umschreibende Rechtecke, deren Seiten parallel zur x_1- und x_2-Achse sind. Die Längen der Seiten sind $2\sigma_1$ bzw. $2\sigma_2$. Für verschwindende Korrelation, $c = 0$, sind die Hauptachsen der Ellipse parallel zu den Koordinatenachsen. Die Längen der halben Hauptachsen sind dann σ_1 und σ_2. Für $c \neq 0$ bilden die Hauptachsen einen Winkel α mit den Koordinatenachsen. Dieser Winkel α ist durch

$$\tan 2\alpha = \frac{2c\sigma_1\sigma_2}{\sigma_1^2 - \sigma_2^2}$$

gegeben.

3.6 Vergleich mit der klassischen statistischen Beschreibung

Wir haben festgestellt, dass der Ortserwartungswert eines kräftefreien Wellenpakets sich so bewegt wie ein klassischer Massenpunkt. Der Erwartungswert enthält aber keineswegs die gesamte Information über das Wellenpaket. Wir können aber weiterreichende Analogien zwischen der klassischen Punktmechanik und der Wellenmechanik aufzeigen, wenn wir ein klassisches Teilchen betrachten, dessen Anfangsort und Anfangsgeschwindigkeit nur innerhalb einer gewissen Ungenauigkeit bekannt sind. Im Prinzip liegt diese Situation in der klassischen Mechanik auch immer vor wegen der durch Messfehler bedingten stets verbleibenden Unsicherheit der Anfangsbedingungen. Der entscheidende Unterschied zur Quantenmechanik ist aber, dass in der klassischen Mechanik die Messfehler im Ort und im Impuls grundsätzlich beliebig klein gemacht werden können und dass sie unabhängig voneinander sind. Die Heisenbergsche Unschärferelation sagt aus, dass dies in der Quantenphysik nicht der Fall ist.

Wir untersuchen jetzt die Bewegung eines klassischen Teilchens, das zur Anfangszeit $t = 0$ durch eine gemeinsame Wahrscheinlichkeitsdichte im Ort und im Impuls beschrieben wird, für die wir eine Gauß-Verteilung von zwei Variablen mit den Mittelwerten x_0 und p_0 und den Breiten σ_{x0} und σ_p annehmen. Wir nehmen weiter an, dass zur Anfangszeit $t = 0$ keine Korrelation zwischen Ort und Impuls vorliegt. Dann ist die anfängliche gemeinsame Wahrscheinlichkeitsdichte

$$\rho_i^{cl}(x, p) = \frac{1}{\sqrt{2\pi}\sigma_{x0}} \exp\left\{ -\frac{(x - x_0)^2}{2\sigma_{x0}^2} \right\} \frac{1}{\sqrt{2\pi}\sigma_p} \exp\left\{ -\frac{(p - p_0)^2}{2\sigma_p^2} \right\} .$$

Bei kräftefreier Bewegung erfährt das Teilchen keine Impulsänderung, das bedeutet, dass das Teilchen sich auch zu einem späteren Zeitpunkt $t > 0$ mit dem ursprünglichen Impuls bewegt, also $p = p_i$. Die Impulsverteilung ändert sich deshalb nicht mit der Zeit. Ein Teilchen, das ursprünglich den Impuls p_i und den Ort x_i hatte, ist zur Zeit t durch

$$x = x_i + v_i t \quad , \qquad v_i = p_i/m$$

gegeben. Die Wahrscheinlichkeitsdichte, die ursprünglich durch $\rho_i^{cl}(x_i, p_i)$ beschrieben wurde, kann zur Zeit t durch den Ort x und die Zeit t mit Hilfe der Ersetzung

$$x_i = x - (p/m)t$$

ausgedrückt werden. Damit erhalten wir die *klassische Phasenraumdichte*

$$
\begin{aligned}
\rho^{cl}(x, p, t) &= \rho_i^{cl}(x - pt/m, p) \\
&= \frac{1}{2\pi\sigma_{x0}\sigma_p} \exp\left\{ -\frac{1}{2}\left[\frac{(x - x_0 - pt/m)^2}{\sigma_{x0}^2} + \frac{(p - p_0)^2}{\sigma_p^2} \right] \right\} \\
&= \frac{1}{2\pi\sigma_{x0}\sigma_p} \exp L \quad .
\end{aligned}
$$

Der Exponent ist ein Polynom zweiten Grades in x und p und hat die Form

$$
\begin{aligned}
L &= -\frac{1}{2}\left\{ \frac{(x - [x_0 + p_0 t/m] - (p - p_0)t/m)^2}{\sigma_{x0}^2} + \frac{(p - p_0)^2}{\sigma_p^2} \right\} \\
&= -\frac{1}{2}\frac{\sigma_{x0}^2 + \sigma_p^2 t^2/m^2}{\sigma_{x0}^2} \left\{ \frac{(x - [x_0 + p_0 t/m])^2}{\sigma_{x0}^2 + \sigma_p^2 t^2/m^2} \right. \\
&\qquad \left. - \frac{2(x - [x_0 + p_0 t/m])(p - p_0)}{(\sigma_{x0}^2 + \sigma_p^2 t^2/m^2)m/t} + \frac{(p - p_0)^2}{\sigma_p^2} \right\} \quad .
\end{aligned}
$$

Durch Vergleich dieses Ausdrucks mit dem Exponenten der allgemeinen Form einer Wahrscheinlichkeitsdichte von zwei Variablen im Abschn. 3.5 finden wir, dass $\rho^{cl}(x, p, t)$ eine Gauß-Verteilung von zwei Variablen mit den Erwartungswerten

$$\langle x(t) \rangle = x_0 + p_0 t/m \quad , \qquad \langle p(t) \rangle = p_0 \quad ,$$

den Breiten

$$\sigma_x(t) = \sqrt{\sigma_{x0}^2 + \sigma_p^2 t^2/m^2} \quad , \qquad \sigma_p(t) = \sigma_p$$

und dem Korrelationskoeffizienten

$$c = \frac{\sigma_p t}{\sigma_x(t)m} = \frac{\sigma_p t/m}{\sqrt{\sigma_{x0}^2 + \sigma_p^2 t^2/m^2}}$$

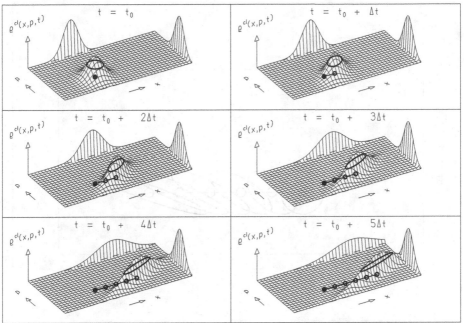

Abb. 3.7 Zeitentwicklung der klassischen Phasenraumwahrscheinlichkeitsdichte $\rho^{\mathrm{cl}}(x, p, t)$ **für ein freies Teilchen mit Orts- und Impulsunschärfe. Ebenfalls dargestellt sind die Randverteilungen** $\rho_x^{\mathrm{cl}}(x,t)$ **im Hintergrund und** $\rho_p^{\mathrm{cl}}(p,t)$ **auf der rechten Seite der Bilder.**

ist. Das bedeutet insbesondere auch, dass die Randverteilung $\rho_x^{\mathrm{cl}}(x,t)$, d. h. die Wahrscheinlichkeitsdichte für den Ort des klassischen Teilchens mit den Anfangsunschärfen σ_{x0} in Ort und σ_p im Impuls

$$\rho_x^{\mathrm{cl}}(x,t) = \frac{1}{\sqrt{2\pi}\,\sigma_x(t)} \exp\left\{-\frac{(x-[x_0+p_0 t/m])^2}{2\sigma_x^2(t)}\right\}$$

ist.

Wir wollen jetzt die klassische Wahrscheinlichkeitsdichte $\rho^{\mathrm{cl}}(x,p,t)$ eines Teilchens mit den Anfangsunschärfen σ_{x0} im Ort und σ_p im Impuls untersuchen, die die minimale Unschärfeforderung der Quantenmechanik erfüllen:

$$\sigma_{x0}\sigma_p = \hbar/2 \quad .$$

In diesem Fall ist die Ortsbreite der klassischen Wahrscheinlichkeitsverteilung

$$\sigma_x(t) = \frac{\hbar}{2\sigma_p}\sqrt{1+\frac{4\sigma_p^4}{\hbar^2}\frac{t^2}{m^2}} = \sigma_{x0}\sqrt{1+\left(\frac{\sigma_v t}{\sigma_{x0}}\right)^2}$$

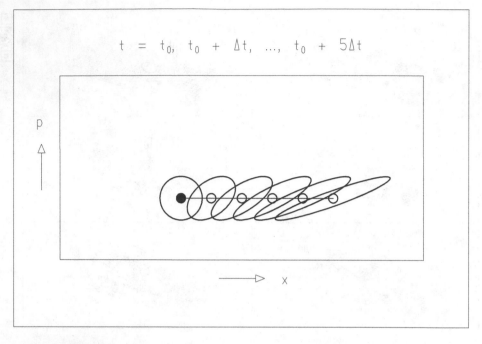

Abb. 3.8 Bewegung der Kovarianzellipse im Phasenraum, die die klassische Wahr-scheinlichkeitsdichte $\rho^{\mathrm{cl}}(x, p, t)$ **eines freien Teilchens charakterisiert. Die Ellipse wird für die sechs Zeitpunkte gezeigt, die den sechs Teilbildern in Abb. 3.7 entsprechen. Der Mittelpunkt der Ellipse (angedeutet durch einen kleinen Kreis) bewegt sich mit konstanter Geschwindigkeit auf einer geraden Bahn. Ein die Ellipse umschreibendes ach-senparalleles Rechteck hätte die Seiten der Längen** $2\sigma_x(t)$ **bzw.** $2\sigma_p$**. Während** σ_p **konstant bleibt, wächst** σ_x **mit der Zeit. Für** $t = t_0 = 0$ **besteht keine Korrelation zwischen Ort und Impuls (Kreis ganz links), aber mit zunehmender Zeit entwickelt sich eine starke positive Korrelation.**

und damit identisch zur Breite des entsprechenden quantenmechanischen Wellenpakets. Auch die Erwartungswerte von x und p und die Breite in p sind identisch für den klassischen und den quantenmechanischen Fall.

In Abb. 3.7 zeigen wir die Zeitentwicklung der klassischen Phasenraum-wahrscheinlichkeitsdichte. Zur Anfangszeit $t = t_0 = 0$ gibt es keine Korrelation zwischen Ort und Impuls. Mit zunehmender Zeit bewegt sich die Struktur in x-Richtung und entwickelt zunehmend eine positive Korrelation zwischen x und p. Die Randverteilung $\rho_p^{\mathrm{cl}}(p, t)$ bleibt unverändert, während die Randverteilung $\rho_x^{\mathrm{cl}}(x, t)$ sich in x-Richtung bewegt und die Dispersion zeigt, die uns bereits aus Abschn. 3.5 gut bekannt ist. Die gleiche Information ist auf andere Weise in Abb. 3.8 dargestellt, die die Kovarianzellipse von $\rho^{\mathrm{cl}}(x, p, t)$ für verschiedene Zeitpunkte zeigt. Ihr Mittelpunkt bewegt sich mit der konstanten Geschwindigkeit $v_0 = p_0/m$ auf einer Geraden parallel zur x-Achse. Die Breite in p bleibt konstant, die Breite in x nimmt zu. Aus der Figur wird auch sehr deutlich, dass der Korrelationskoeffizient, der zur Zeit $t = t_0 = 0$ noch Null ist, für $t \to \infty$ gegen $c = 1$ strebt, weil in diesem Grenzfall die Kovarianzellipse zur Diagonalen des sie umschreibenden Rechtecks entartet.

Bis hierher haben wir festgestellt, dass die kräftefreie Bewegung eines klassischen Teilchens, das durch eine Gaußsche Wahrscheinlichkeitsdichte von Ort und Impuls im Phasenraum beschrieben wird, die gleiche Zeitentwicklung liefert wie in der Quantenmechanik, falls nur die anfänglichen Breiten σ_{x0}, σ_p in Ort und Impuls die Beziehung

$$\sigma_{x0}\sigma_p = \frac{\hbar}{2}$$

erfüllen. In unserer Weiterentwicklung der quantenmechanischen Beschreibung von Teilchen werden wir allerdings feststellen, dass dieser Befund nur für freie Teilchen oder für Teilchen gilt, auf die besonders einfache Kräfte wirken. Besonders einfach heißt hier: ortsunabhängige Kräfte oder Kräfte, die nur linear vom Ort abhängen.

Aufgaben

3.1 Berechnen Sie die de-Broglie-Wellenlängen und -frequenzen eines Elektrons und eines Protons, die von einem elektrischen Feld mit der Potentialdifferenz von $100\,\text{V}$ beschleunigt wurden. Welche Gruppen- bzw. Phasengeschwindigkeiten besitzen sie?

3.2 Ein durch ein Gaußsches Wellenpaket mit dem Energiemittelwert $E_0 = 100\,\text{eV}$ beschriebenes Elektron wurde ursprünglich so präpariert, dass es eine Impulsbreite $\sigma_p = 0.1\,p_0$ und eine Ortsbreite $\sigma_x = \hbar/(2\sigma_p)$ besitzt. Wie viel Zeit vergeht, bevor das Wellenpaket sich auf das doppelte der ursprünglichen Ortsausdehnung verbreitert hat?

3.3 Zeigen Sie, dass die Normierungsbedingung $\int_{-\infty}^{+\infty} |\psi(x,t)|^2 \, dx = 1$ zu jeder Zeit erfüllt ist, wenn $\psi(x,t)$ ein Gaußsches Wellenpaket mit normierter Spektralfunktion $f(p)$ ist.

3.4 Berechnen Sie die Wirkung des Kommutators $[p,x] = px - xp$, $p = (\hbar/i)(\partial/\partial x)$ auf eine Wellenfunktion $\psi(x,t)$. Zeigen Sie, dass sie gleichbedeutend mit der Multiplikation von $\psi(x,t)$ mit $\hbar/i$ ist, so dass wir schreiben können $[p,x] = \hbar/i$.

3.5 Drücken Sie den Erwartungswert der kinetischen Energie eines Gaußschen Wellenpakets durch den Erwartungswert des Impulses und die Breite σ_p der Spektralfunktion aus.

3.6 Gegeben sei ein Gaußsches Wellenpaket mit dem Energieerwartungs-
wert $\langle E \rangle$ und dem Impulserwartungswert $\langle p \rangle$. Geben Sie seine normierte Spektralfunktion $f(p)$ an.

3.7 Ein großes Virus möge für die Zwecke dieser Aufgabe durch einen
Würfel der Kantenlänge 1 Mikrometer und der Dichte von Wasser beschrieben sein. Nehmen Sie als Abschätzung für die Unschärfe im Ort
1 Mikrometer an und berechnen sie die minimale Unschärfe in der Geschwindigkeit des Virus.

3.8 Der Radius sowohl des Protons wie des Neutrons ist von der Größenordnung 10^{-15} m. Ein freies Neutron zerfällt spontan in ein Proton, ein
Elektron und ein Neutrino. Der Impuls des emittierten Elektrons ist typi-
scherweise $1 \, \text{MeV}/c$. Wenn das Neutron, wie früher angenommen, ein
gebundenes System aus einem Proton und einem Elektron wäre, wie
groß würde dann die Ortsunschärfe des Elektrons und damit die Größe
des Neutrons sein? Nehmen Sie als Impulsunschärfe des Elektrons den
Wert $1 \, \text{MeV}/c$ an.

3.9 Zeigen Sie, dass die Lösungen der Schrödinger-Gleichung die Kontinuitätsgleichung

$$\frac{\partial \rho(x,t)}{\partial t} + \frac{\partial j(x,t)}{\partial x} = 0$$

für die Wahrscheinlichkeitsdichte

$$\rho(x,t) = \psi^*(x,t)\psi(x,t)$$

und die Wahrscheinlichkeitsstromdichte

$$j(x,t) = \frac{\hbar}{2im} \left[\psi^*(x,t)\frac{\partial}{\partial x}\psi(x,t) - \psi(x,t)\frac{\partial}{\partial x}\psi^*(x,t) \right]$$

erfüllen. Beginnen Sie mit der Multiplikation der Schrödinger-Gleichung mit $\psi^*(x,t)$ und der komplex konjugierten Gleichung

$$i\hbar\frac{\partial \psi^*(x,t)}{\partial t} = \frac{\hbar^2}{2m}\frac{\partial^2}{\partial x^2}\psi^*(x,t) - V(x)\psi^*(x,t)$$

mit $\psi(x,t)$ und addieren Sie die beiden so erhaltenen Gleichungen.

3.10 Überzeugen Sie sich mit Hilfe der Kontinuitätsgleichung davon, dass
das Normierungsintegral

$$\int_{-\infty}^{+\infty} \psi^*(x,t)\psi(x,t)\,dx$$

zeitunabhängig ist, wenn $\psi(x,t)$ eine normierte Lösung der Schrödinger-Gleichung ist. Integrieren Sie dazu die Kontinuitätsgleichung über den ganzen Bereich von x und benutzen Sie das Verschwinden der Wellenfunktion für große $|x|$, um zu zeigen, dass das Integral über die Wahrscheinlichkeitsstromdichte verschwindet.

3.11 Berechnen Sie die Wahrscheinlichkeitsstromdichte für das freie Gauß-sche Wellenpaket, das am Ende von Abschn. 3.2 angegeben ist. Interpretieren Sie das Ergebnis für $t = 0$ mit Hilfe der Wahrscheinlichkeitsdichte und der Gruppengeschwindigkeit des Wellenpakets.

3.12 Zeigen Sie, dass die eindimensionale Schrödinger-Gleichung eine räumliche Spiegelungssymmetrie besitzt, d. h., dass sie invariant unter der Ersetzung $x \rightarrow -x$ ist, wenn das Potential eine gerade Funktion ist, d. h. $V(x) = V(-x)$ gilt.

3.13 Zeigen Sie, dass der Ansatz für das Gaußsche Wellenpaket in Abschn. 3.2 die Schrödinger-Gleichung für ein freies Teilchen erfüllt.

4 Lösung der Schrödinger-Gleichung in einer Dimension

4.1 Separation von Orts- und Zeitkoordinaten. Stationäre Lösungen

Die einfache Struktur der Schrödinger-Gleichung erlaubt einen besonders einfachen Lösungsansatz, in welchem die Zeit- und Ortsabhängigkeiten in getrennten Faktoren auftreten,

$$\psi_E(x,t) = \exp\left(-\frac{i}{\hbar}Et\right)\varphi_E(x) \quad .$$

Wie bei den elektromagnetischen Wellen nennen wir den zeitunabhängigen Faktor $\varphi_E(x)$ eine *stationäre Lösung*. Einsetzen unseres Ansatzes in die Schrödinger-Gleichung liefert eine Gleichung für die stationäre Welle,

$$-\frac{\hbar^2}{2m}\frac{d^2}{dx^2}\varphi_E(x) + V(x)\varphi_E(x) = E\varphi_E(x) \quad ,$$

die oft auch die *zeitunabhängige Schrödinger-Gleichung* genannt wird. Sie wird durch den Parameter E charakterisiert, der *Eigenwert* heißt. Die linke Seite ist eine Summe aus kinetischer und potentieller Energie, so dass E die Gesamtenergie der stationären Lösung ist. Die Lösung $\varphi_E(x)$ heißt *Eigenfunktion* des Hamilton-Operators

$$H = -\frac{\hbar^2}{2m}\frac{d^2}{dx^2} + V(x) \quad ,$$

weil die zeitunabhängige Schrödinger-Gleichung in der Form

$$H\varphi_E(x) = E\varphi_E(x)$$

geschrieben werden kann. Wir sagen auch, die Lösung $\varphi_E(x)$ beschreibt einen *Eigenzustand* eines Systems mit vorgegebenem Hamilton-Operator. Dieser Eigenzustand wird durch den Eigenwert E der Gesamtenergie charakterisiert.

Oft nennt man die stationäre Lösung $\varphi_E(x)$ auch einen *stationären Zustand* des Systems.

Die zeitunabhängige Schrödinger-Gleichung hat eine große Lösungsmannigfaltigkeit. Diese wird durch *Randbedingungen* eingeschränkt, die eine Lösung erfüllen muss. Die Randbedingungen müssen aus dem physikalischen Prozess abgelesen werden, den die Lösung beschreiben soll. Für die elastische Streuung eines Teilchens unter der Einwirkung einer Kraft werden wir die Randbedingungen im nächsten Abschnitt diskutieren. Es ist möglich, dass wegen der Randbedingungen Lösungen $\varphi_E(x)$ nur für bestimmte Eigenwerte der Energie oder für bestimmte Energieintervalle existieren.

Als erstes Beispiel betrachten wir die de-Broglie-Wellen

$$\psi_p(x - x_0, t) = \frac{1}{(2\pi\hbar)^{1/2}} \exp\left[-\frac{i}{\hbar}(Et - px + px_0) \right] \,.$$

Die Funktion $\psi_p(x - x_0, t)$ faktorisiert in $\exp[-(i/\hbar)Et]$ und die stationäre Welle

$$\frac{1}{(2\pi\hbar)^{1/2}} \exp\left[\frac{i}{\hbar} p(x - x_0) \right] \,.$$

Diese ist Lösung der zeitunabhängigen Schrödinger-Gleichung mit verschwindender potentieller Energie für den Energieeigenwert $E = p^2/(2m)$. Eine Superposition von de-Broglie-Wellen, die die Normierungsbedingung aus Abschn. 3.3 erfüllt, bildet ein Wellenpaket, das ein unbeschleunigtes Teilchen beschreibt. Dabei ist x_0 der Ortserwartungswert des Wellenpakets zur Zeit $t = 0$.

Da der Impuls p ein reeller Parameter ist, ist der Energieeigenwert einer de-Broglie-Welle stets positiv. Damit haben wir für de-Broglie-Wellen die Einschränkung $E \geq 0$ gefunden.

Die allgemeine Lösung der zeitabhängigen Schrödinger-Gleichung ist eine Linearkombination von Wellen verschiedener Energien. Das bedeutet, dass die Komponenten mit verschiedenen Energien E, die sich in der Lösung überlagern, unabhängig voneinander in der Zeit variieren.

Zur Anfangszeit $t = 0$ fallen die Funktionen ψ_E und φ_E zusammen. Eine Anfangsbedingung für die Zeit $t = 0$ bestimmt die Koeffizienten der Linearkombination der Spektralkomponenten verschiedener Energien. Daher besteht die Vorschrift für die Lösung der Gleichung zu vorgegebener Anfangsbedingung aus drei Schritten. Zunächst bestimmen wir die stationären Lösungen $\varphi_E(x)$ der zeitunabhängigen Schrödinger-Gleichung. In einem zweiten Schritt superponieren wir diese mit geeigneten Koeffizienten, so dass wir die als Anfangsbedingung geforderte Funktion $\psi(x, 0)$ zur Zeit $t = 0$ erhalten. Schließlich führen wir in jeden Term dieser Linearkombination den zeitabhängigen Faktor $\exp[-(i/\hbar)Et]$ ein, der der Energie der stationären Lösung φ_E entspricht, und addieren alle Terme zu $\psi(x, t)$ auf, der Lösung der zeitabhängigen Schrödinger-Gleichung.

Im folgenden Abschnitt untersuchen wir Methoden zur Gewinnung der stationären Lösungen.

4.2 Stationäre Streulösungen. Stückweise konstantes Potential

Wie in der klassischen Mechanik bezeichnen wir die Streuung eines Teilchens durch eine Kraft als elastisch, wenn im Streuprozess nur der Teilchenimpuls geändert wird, die Teilchenenergie aber erhalten bleibt. Wir sagen, eine Kraft hat eine endliche Reichweite, wenn die Kraft für Abstände vom Kraftzentrum, die größer als ein endlicher Abstand d sind, praktisch verschwindet. Der Abstand d heißt Reichweite der Kraft. Die elastische Streuung eines Teilchens durch eine Kraft endlicher Reichweite besteht aus drei aufeinanderfolgenden Abschnitten.

1. Das einlaufende Teilchen bewegt sich unbeschleunigt in einem kräftefreien Raumbereich auf den Raumbereich zu, in dem die Kraft wirkt.

2. Das Teilchen bewegt sich unter dem Einfluss der Kraft. Dadurch wird der Teilchenimpuls verändert.

3. Nach der Streuung bewegt sich das auslaufende Teilchen von dem Raumbereich fort, in dem die Kraft wirkt. Seine Bewegung im kräftefreien Raumbereich ist wiederum unbeschleunigt.

In Abschn. 3.3 haben wir festgestellt, dass die kräftefreie Bewegung eines Teilchens der Masse m durch ein Wellenpaket aus de-Broglie-Wellen

$$\psi_p(x - x_0, t) = \frac{1}{(2\pi\hbar)^{1/2}} \exp\left[-\frac{i}{\hbar}(Et - px + px_0)\right] \quad,$$

$$E = \frac{p^2}{2m} \quad,$$

beschrieben werden kann. Jede de-Broglie-Welle kann in einen zeitabhängigen Faktor $\exp[-(i/\hbar)Et]$ und eine stationäre Welle $(2\pi\hbar)^{-1/2}\exp[(i/\hbar)p(x - x_0)]$ zerlegt werden. Die stationäre Welle ist eine Lösung der zeitunabhängigen Schrödinger-Gleichung mit verschwindendem Potential.

Wenn die Spektralfunktion $f(p)$ des Wellenpakets nur in einem Bereich positiver p-Werte von Null verschieden ist, bewegt sich das Wellenpaket

$$\psi(x, t) = \int_{-\infty}^{+\infty} f(p)\psi_p(x - x_0, t)\,dp$$

$$= \int_{-\infty}^{+\infty} f(p)\exp\left(-\frac{i}{\hbar}Et\right)\frac{1}{(2\pi\hbar)^{1/2}}\exp\left[\frac{i}{\hbar}p(x - x_0)\right]dp$$

entlang der x-Achse von links nach rechts, d. h. in Richtung wachsender x-Werte.

Wir superponieren jetzt de-Broglie-Wellen des Impulses $-p$,

$$\psi_{-p}(x - x_0, t) = \frac{1}{(2\pi\hbar)^{1/2}} \exp\left[-\frac{i}{\hbar}(Et + px - px_0)\right] \quad,$$

$$E = \frac{p^2}{2m} \quad,$$

mit der gleichen Spektralfunktion $f(p)$. Die einfache Variablensubstitution $p' = -p$ ergibt

$$\psi_-(x, t) = \int_{-\infty}^{+\infty} f(-p') \exp\left(-\frac{i}{\hbar}Et\right) \frac{1}{(2\pi\hbar)^{1/2}} \exp\left[\frac{i}{\hbar}p'(x - x_0)\right] dp'$$

$$= \int_{-\infty}^{+\infty} f(-p)\psi_p(x - x_0, t)\, dp \quad.$$

Wir erhalten ein Wellenpaket mit einer Spektralfunktion $f(-p)$, die nur nicht verschwindende Werte in einem Bereich negativer p-Werte besitzt. Das Wellenpaket $\psi_-(x, t)$ bewegt sich entlang der x-Achse von rechts nach links, d. h. in Richtung fallender x-Werte. Wir stellen fest, dass für eine vorgegebene Spektralfunktion Wellenpakete, die mit $\psi_p(x - x_0, t)$ und $\psi_{-p}(x - x_0, t)$ konstruiert sind, in entgegengesetzte Richtungen laufen. Das bedeutet, dass das Vorzeichen des Exponenten der stationären Welle $(2\pi\hbar)^{-1/2}\exp[\pm(i/\hbar)p(x - x_0)]$ über die Bewegungsrichtung entscheidet. Für eine Spektralfunktion $f(p)$, die bei positiven Werten des Impulses p von Null verschieden ist, läuft das zugehörige Wellenpaket, das aus den stationären Wellen

$$\exp\left[\frac{i}{\hbar}p(x - x_0)\right] = \exp[ik(x - x_0)] \quad, \qquad k = p/\hbar \quad,$$

gebildet wird, in die Richtung steigender x-Werte. Ein Wellenpaket, das aus den stationären Wellen

$$\exp\left[-\frac{i}{\hbar}p(x - x_0)\right] = \exp[-ik(x - x_0)]$$

aufgebaut ist, läuft in Richtung fallender x-Werte.

Betrachten wir ein Teilchen, das von links in Richtung steigender x-Werte läuft. Die Kraft

$$F(x) = -\frac{d}{dx}V(x) \quad,$$

die aus der potentiellen Energie $V(x)$ gewonnen wird, habe die endliche Reichweite d. Die Kraft sei in der Nähe des Koordinatenursprungs $x = 0$ von Null verschieden. Die Anfangslage x_0 des Wellenpakets wählen wir weit links vom Ursprung bei großen negativen Werten der Koordinate. Solange sich das Teilchen weit links aufhält, bewegt es sich unbeschleunigt. In diesem Bereich ist die Lösung ein Wellenpaket von de-Broglie-Wellen $\psi_p(x - x_0, t)$. Die stationäre Lösung $\varphi_E(x)$ der zeitunabhängigen Schrödinger-Gleichung zum Eigenwert E sollte also einen Term enthalten, der sich für negative x-Werte großen Betrages der Funktion $\exp[(\mathrm{i}/\hbar)p(x - x_0)]$ annähert.

Durch einen Streuprozess in einer Dimension kann ein Teilchen nur transmittiert oder reflektiert werden. Das transmittierte Teilchen wird sich kräftefrei zu großen positiven x-Werten hin bewegen. Dort wird es durch ein Wellenpaket von de-Broglie-Wellen der Form $\psi_{p'}(x - x_0, t)$ dargestellt. Deshalb muss die Lösung der stationären Schrödinger-Gleichung sich für große positive x-Werte der Funktion $\exp[(\mathrm{i}/\hbar)p'(x - x_0)]$ annähern. Der Wert p' unterscheidet sich von p, wenn das Potential $V(x)$ verschieden für große negative bzw. große positive x ist. Das reflektierte Teilchen hat den Impuls $-p$ und verlässt die Reichweite des Potentials nach links, kehrt also in den Bereich großer negativer x zurück. In diesem Bereich wird es durch ein Wellenpaket von de-Broglie-Wellen $\psi_{-p}(x - x_0, t)$ dargestellt. Deshalb muss die Lösung der zeitunabhängigen Schrödinger-Gleichung auch einen Beitrag enthalten, der sich für große negative x der Funktion $\exp[-(\mathrm{i}/\hbar)p(x - x_0)]$ annähert. Die gerade gewonnenen Bedingungen für große positive und negative x bilden zusammen die Randbedingung, die die stationäre Lösung $\varphi_E(x)$, $E = p^2/(2m)$, erfüllen muss, wenn Superpositionen zu einem Wellenpaket einen elastischen Streuprozess beschreiben sollen. Wir fassen die Randbedingungen für die stationären Streulösungen der zeitunabhängigen Schrödinger-Gleichung in der folgenden Aussage zusammen:

$$\varphi_E(x) \longrightarrow \begin{cases} \exp\left[\dfrac{\mathrm{i}}{\hbar}p(x - x_0)\right] + B \exp\left[-\dfrac{\mathrm{i}}{\hbar}p(x - x_0)\right], & x \to -\infty \\[2ex] A \exp\left[\dfrac{\mathrm{i}}{\hbar}p'(x - x_0)\right], & x \to +\infty \end{cases} .$$

Leider gibt es keine allgemein gültigen Methoden zur Auffindung von Lösungen der Schrödinger-Gleichung für ein beliebiges Potential in geschlossener Form. Wir wählen daher für unsere Diskussion besonders einfache Beispiele. Wir beginnen mit einer *Potentialstufe* der Höhe $V = V_0$ bei $x = 0$. Das Potential unterteilt den Raum in zwei Bereiche. Im Bereich I, d. h. links von $x = 0$, verschwindet das Potential. Rechts, im Bereich II, hat es den konstanten Wert $V = V_0$ (Abb. 4.1).

Die zeitunabhängige Schrödinger-Gleichung lautet in beiden Regionen

$$-\frac{\hbar^2}{2m}\frac{\mathrm{d}^2}{\mathrm{d}x^2}\varphi + V_i\varphi = E\varphi \quad ,$$

wobei die V_i verschiedene aber konstante Werte in den beiden Regionen annehmen, $V_\mathrm{I} = 0$, $V_\mathrm{II} = V_0$. Damit ist die stationäre Lösung zu vorgegebener

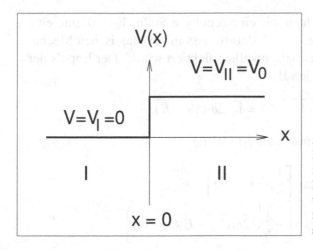

Abb. 4.1 Der Raum ist in den Bereich I, $x < 0$, und den Bereich II, $x > 0$, unterteilt. Im Bereich II besteht ein konstantes Potential, $V = V_0$, während in Region I das Potential verschwindet, $V = 0$.

Energie E der einfallenden Welle

$$\varphi_I = \exp\left[\frac{i}{\hbar}p(x - x_0)\right] + B_I \exp\left[-\frac{i}{\hbar}p(x - x_0)\right] \quad , \quad x < 0 \quad ,$$

$$\varphi_{II} = A_{II} \exp\left[\frac{i}{\hbar}p'(x - x_0)\right] \quad , \quad x > 0 \quad .$$

Offenbar erfüllt diese Lösung die Randbedingungen, die wir weiter oben aufgestellt haben.

Im Bereich I ist der Impuls $p = \sqrt{2mE}$, im Bereich II ist er $p' = \sqrt{2m(E - V_0)}$. Da das Potential bei $x = 0$ unstetig ist, muss die zweite Ableitung von φ die gleiche Unstetigkeit besitzen, die nur durch den Faktor $-\hbar^2/(2m)$ verändert ist. Damit sind φ und $d\varphi/dx$ bei $x = 0$ stetig. Diese Bedingungen legen die komplexen Koeffizienten B_I und A_{II} fest, die bisher unbekannt waren. Der Koeffizient der einfallenden Welle wurde gleich Eins gewählt. Damit wurde die Amplitude der einfallenden Welle festgelegt. Die Phase der Wellenfunktion hängt von dem Anfangsortsparameter x_0 ab.

Wie im Fall der Lichtwellen (Abschn. 2.2) bezeichnen wir die drei Glieder auf den rechten Seiten der beiden Ausdrücke φ_I und φ_{II} als *Konstituentenwellen*. Das heißt, wir nennen

$$\varphi_{1+} = \exp\left[(i/\hbar)p(x - x_0)\right]$$
die einfallende Konstituentenwelle ,

$$\varphi_{1-} = B_I \exp\left[-(i/\hbar)p(x - x_0)\right]$$
die reflektierte Konstituentenwelle ,

$$\varphi_2 = A_{II} \exp\left[(i/\hbar)p'(x - x_0)\right]$$
die transmittierte Konstituentenwelle .

Als erstes Beispiel betrachten wir eine repulsive Stufe, $V_0 > 0$, und eine einfallende Welle der Energie $E < V_0$ derart, dass in der klassischen Mechanik das Teilchen von der Potentialschwelle reflektiert würde. Der Impuls der transmittierten Welle im Bereich II,

$$p' = \sqrt{2m(E - V_0)} = i\sqrt{2m(V_0 - E)} \quad ,$$

ist jetzt imaginär, so dass die transmittierte Welle

$$
\begin{aligned}
\varphi_{II} &= A_{II}\exp\left[\frac{i}{\hbar}p'(x - x_0)\right] \\
&= A_{II}\exp\left[-\frac{1}{\hbar}\sqrt{2m(V_0 - E)}(x - x_0)\right]
\end{aligned}
$$

eine reelle Exponentialfunktion wird, die mit steigendem x im Bereich II abfällt. Wir erhalten die volle Lösung der zeitabhängigen Schrödinger-Gleichung zu vorgegebener Energie durch Multiplikation der stationären Welle mit dem Faktor $\exp(-iEt/\hbar)$.

Das obere und das mittlere Teilbild in Abb. 4.2 zeigen die Zeitentwicklungen des Real- und Imaginärteils der Wellenfunktion zu fester Energie E. Die Real- und Imaginärteile verhalten sich im Bereich I wie stehende Wellen, denn sie sind Superpositionen aus einer einfallenden und einer reflektierten Welle gleicher Frequenz und gleicher Amplitude. Davon überzeugen wir uns leicht durch Betrachtung von Abb. 4.3, in welcher die Zeitentwicklungen der einfallenden und der reflektierten Konstituentenwelle im Bereich I getrennt dargestellt sind. In Abb. 4.2, Bereich II, sind Real- und Imaginärteil der Wellenfunktion Exponentialfunktionen, die zeitlich oszillieren. Die Zeitentwicklung des Absolutquadrats der Wellenfunktion, die wir die Intensität nennen (Abb. 4.2, unten), zeigt aber keine zeitliche Variation. Im Bereich I ist die Intensität räumlich periodisch, im Bereich II fällt sie exponentiell ab.

Wir untersuchen jetzt eine einfallende Welle der Energie $E > V_0$. Offenbar ist der Impuls $p' = \sqrt{2m(E - V_0)}$ im Bereich II für $E > V_0$ reell. Deshalb ist die stationäre Lösung in diesem Bereich genau wie im Bereich I eine räumlich oszillierende Funktion.

Abbildung 4.4 (oben) zeigt die Energieabhängigkeit des Realteils der stationären Lösung. Sie enthält sowohl Energien $E > V_0$ als auch Energien $E < V_0$. Für Energien $E > V_0$ ist die Wellenlänge im Bereich II größer als die im Bereich I. Für Energien $E < V_0$ zeigt die stationäre Welle den eben besprochenen exponentiellen Abfall. Die Energieabhängigkeit der Intensität ist in Abb. 4.4 (unten) dargestellt. Für $E > V_0$ ist die Intensität im Bereich II konstant, wie für eine auslaufende Welle erwartet. Die periodische Struktur der Intensität im Bereich I rührt von der Superposition der einlaufenden mit der reflektierten Welle her.

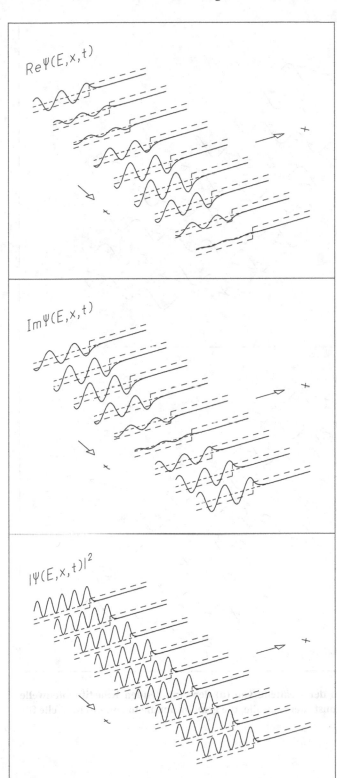

Abb. 4.2
Zeitentwicklungen des Realteils, des Imaginärteils und der Intensität einer harmonischen Welle der Energie $E < V_0$, die auf eine Potentialstufe der Höhe V_0 einfällt. Die Form des Potentials $V(x)$ ist durch die langgestrichelte Linie angedeutet, die Energie der Welle durch die kurzgestrichelte horizontale Linie, die auch als Nulllinie für die dargestellten Funktionen dient. Links der Potentialschwelle besteht das Muster einer stehenden Welle, wie man der zeitunabhängigen Lage der Knoten- oder Nullstellen der Funktionen $\operatorname{Re}\psi(x,t)$ und $\operatorname{Im}\psi(x,t)$ entnimmt. Das Absolutquadrat $|\psi(x,t)|^2$ ist zeitunabhängig.

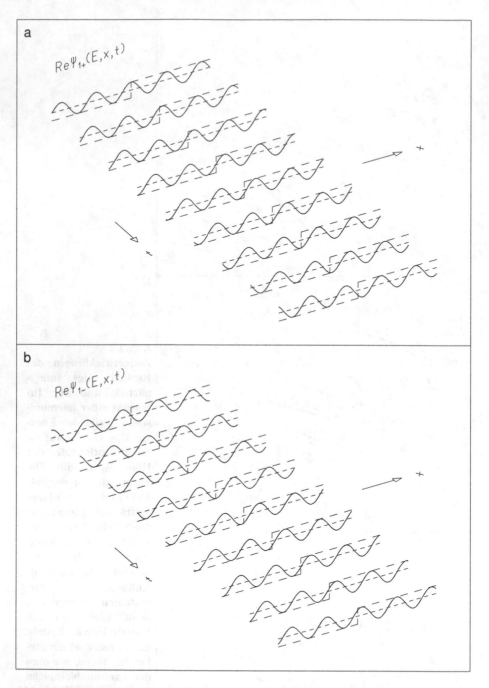

Abb. 4.3 Zeitentwicklungen der Realteile von (a) der einfallenden Konstituentenwelle und (b) der reflektierten Konstituentenwelle, die gemeinsam die harmonische Welle für $x \leq 0$ **in Abb. 4.2 bilden.**

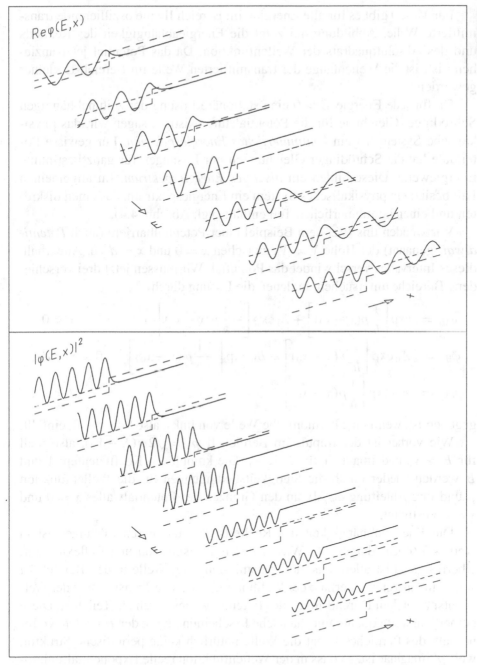

Abb. 4.4 Energieabhängigkeit der stationären Lösung für Wellen, die auf eine Potentialstufe der Höhe $V_0 > 0$ einfallen. Dargestellt sind der Realteil der Wellenfunktion und die Intensität. Die Energie nimmt vom Hintergrund des Bildes zum Vordergrund hin zu.

Für $V_0 < 0$ gibt es für alle Energien im Bereich II eine oszillierende transmittierte Welle. Abbildung 4.5 zeigt die Energieabhängigkeit des Realteils und des Absolutquadrats der Wellenfunktion. Da das Potential jetzt anziehend ist, ist die Wellenlänge der transmittierten Welle im Bereich II kleiner geworden.

Da für jede Energie $E > 0$ eine stationäre Lösung der zeitunabhängigen Schrödinger-Gleichung für die Potentialstufe existiert, sagen wir, das physikalische System hat ein *kontinuierliches Energiespektrum*. Für gewisse Potentiale hat die Schrödinger-Gleichungen nur Lösungen für ganz bestimmte Energiewerte. Diese bilden ein *diskretes Energiespektrum*. Im allgemeinen Fall besitzt ein physikalisches System ein Energiespektrum, das einen diskreten und einen kontinuierlichen Teil enthält (vgl. Abschn. 4.4).

Wir wenden uns jetzt dem Beispiel einer Potentialbarriere (auch *Potentialwall* genannt) der Höhe $V = V_0$ zwischen $x = 0$ und $x = d$ zu. Außerhalb dieses Intervalles verschwindet das Potential. Wir müssen jetzt drei verschiedene Bereiche untersuchen, in denen die Lösung durch

$$\varphi_{\mathrm{I}} = \exp\left[\frac{\mathrm{i}}{\hbar}p(x - x_0)\right] + B_{\mathrm{I}}\exp\left[-\frac{\mathrm{i}}{\hbar}p(x - x_0)\right] , \qquad x < 0 ,$$

$$\varphi_{\mathrm{II}} = A_{\mathrm{II}}\exp\left[\frac{\mathrm{i}}{\hbar}p'(x - x_0)\right] + B_{\mathrm{II}}\exp\left[-\frac{\mathrm{i}}{\hbar}p'(x - x_0)\right] , \quad 0 < x < d ,$$

$$\varphi_{\mathrm{III}} = A_{\mathrm{III}}\exp\left[\frac{\mathrm{i}}{\hbar}p(x - x_0)\right] , \qquad d < x ,$$

gegeben ist, wenn eine harmonische Welle von links, also von $x < 0$, einfällt.

Wie vorher ist der Impuls im Bereich II $p' = \sqrt{2m(E - V_0)}$, also reell für $E > V_0$ und imaginär für $E < V_0$. Die komplexen Koeffizienten A und B werden wieder durch die Stetigkeitsbedingungen für die Wellenfunktion φ und ihre Ableitung $\mathrm{d}\varphi/\mathrm{d}x$ an den Grenzen des Potentialwalles $x = 0$ und $x = d$ bestimmt.

Die Energieabhängigkeit des Realteils der stationären Lösungen ist in Abb. 4.6 (oben) dargestellt. Wieder treten Transmission und Reflexion auf. Überraschend ist allerdings die Transmission einer Welle in den Bereich III sogar für Energien unterhalb der Wallhöhe $E < V_0$. Die Transmission der Welle entspricht dem Durchdringen des Potentialwalles durch ein Teilchen. Diese bemerkenswerte quantenmechanische Erscheinung heißt der *Tunneleffekt*. Innerhalb des Bereiches II hat die Welle natürlich keine periodische Struktur, weil p' imaginär ist, so dass in der Wellenfunktion reelle Exponentialfunktionen auftreten.

Wir betrachten jetzt ein Potential, das im Bereich II konstant aber negativ ist, d. h. V_0 ist kleiner als Null, $0 < x < d$, und das in den Bereichen I und III verschwindet. Es heißt *Potentialgraben*. Für einen Potentialgraben behält die Wellenfunktion in allen drei Bereichen ihre oszillierende Form. Abbildung 4.6 (unten) zeigt die Energieabhängigkeit des Realteils der stationären

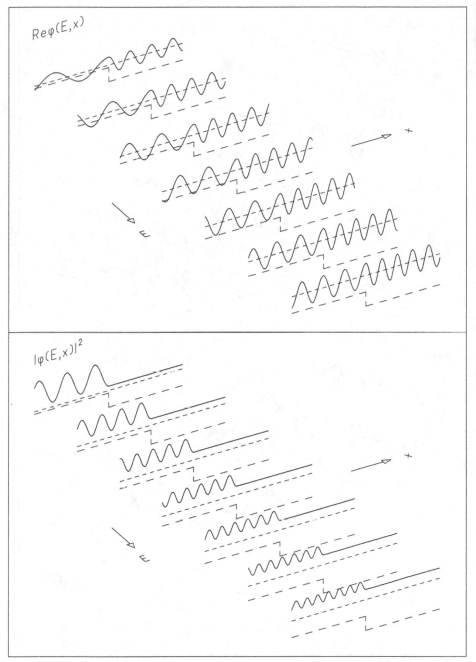

Abb. 4.5 Energieabhängigkeit des Realteils und der Intensität stationärer Lösungen für harmonische Wellen, die auf eine Potentialstufe der Höhe $V_0 < 0$ einfallen.

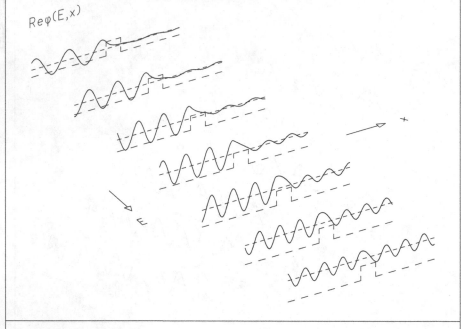

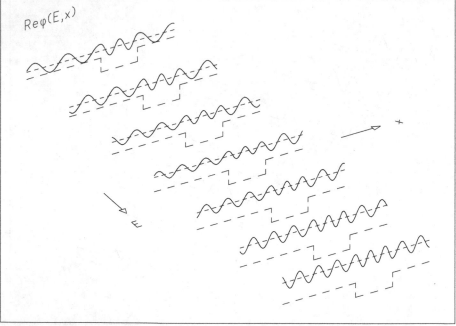

Abb. 4.6 Energieabhängigkeit stationärer Lösungen für Wellen, die auf eine Potential-barriere, $V_0 > 0$ (oben), und für Wellen, die auf einen Potentialgraben, $V_0 < 0$ (unten), einfallen. Dargestellt ist der Realteil der Wellenfunktion.

Wellenfunktion. Die Wellenlänge ist jetzt innerhalb des Potentialgrabens am kleinsten und zwar wegen der Beschleunigung, die durch das anziehende Potential bewirkt wird. Der Effekt ist für höhere kinetische Energien weniger gut sichtbar, weil der relative Unterschied in den Wellenzahlen k_I außerhalb und $k_{II} = \sqrt{2m(E - V_0)}/\hbar = \sqrt{2m(E + |V_0|)}/\hbar$ innerhalb des Grabens mit wachsender kinetischer Energie E geringer wird.

4.3 Stationäre Lösungen. Lineare Potentiale

In Abschn. 4.2 haben wir die stationären Lösungen der Schrödinger-Gleichung für stückweise konstantes Potential untersucht. Etwas komplizierter ist die Behandlung des linearen Potentials

$$V(x) = -mgx + V_0 = -mg(x - x_0) \quad , \qquad x_0 = \frac{V_0}{mg} \quad ,$$

in dem sich z. B. der freie Fall eines Körpers in positiver x-Richtung unter der Wirkung einer konstanten Kraft $F = mg$ abspielt. Die zugehörige zeitunabhängige, stationäre Schrödinger-Gleichung lautet

$$\left(-\frac{\hbar^2}{2m}\frac{d^2}{dx^2} - mgx + V_0 \right) \varphi(x) = E\varphi(x) \quad ,$$

oder, in Normalform,

$$\left[\frac{d^2}{dx^2} + 2\frac{m^2}{\hbar^2}gx + \frac{2m}{\hbar^2}(E - V_0) \right] \varphi(x) = 0 \quad .$$

Der Ort

$$x_T = -\frac{E - V_0}{mg} = -\frac{E}{mg} + x_0$$

ist der *klassische Umkehrpunkt* eines Teilchens der Gesamtenergie E. Wir führen die dimensionslose Variable ξ ein,

$$\xi = \frac{1}{\ell_0}(x - x_T) \quad , \qquad \ell_0 = \left(\frac{\hbar^2}{2m^2 g} \right)^{1/3} \quad ,$$

die die Verschiebung des Ortes x vom klassischen Umkehrpunkt in Vielfachen des Längenparameters ℓ_0 ausdrückt, und finden die Differentialgleichung

$$\left(\frac{d^2}{d\xi^2} + \xi \right) \phi(\xi) = 0$$

mit

$$\phi(\xi) = \varphi(\ell_0 \xi + x_T) \quad .$$

Die Differentialgleichung in ξ enthält keinen Energieparameter mehr. Eine Lösung dieser Gleichung ist die *Airy-Funktion* Ai(x), vgl. Anhang F, multipliziert mit einer Normierungskonstanten:

$$\phi(\xi) = N\,\text{Ai}(-\xi) \quad , \qquad N = \left(\frac{2m^{1/2}}{g^{1/2}\hbar^2}\right)^{1/3} \quad .$$

Die Airy-Funktionen Bi(x) liefern keine physikalischen Lösungen, weil sie für große positive Argumente divergieren.

Die wesentlichen Züge der Lösung

$$\varphi(x) = N\,\text{Ai}\left(-\frac{x - x_\text{T}}{\ell_0}\right) \quad ,$$

die in Abb. 4.7 dargestellt ist, lassen sich leicht verstehen. Für $x > x_\text{T}$ oszilliert die Wellenfunktion mit einer Wellenlänge λ, die mit zunehmendem x immer kleiner wird. Das spiegelt die Zunahme des Teilchenimpulses $p = h/\lambda$ durch die Beschleunigung in positive x-Richtung wider, die die Kraft $F = mg$ bewirkt. Für $(x - x_\text{T}) \gg \ell_0$ zeigt die Lösung das asymptotische Verhalten

$$\varphi_\text{as}(x) = N\left(\frac{\ell_0}{x - x_\text{T}}\right)^{1/4} \sin\left(\frac{2}{3}\left[\frac{x - x_\text{T}}{\ell_0}\right]^{3/2} + \frac{\pi}{4}\right) \quad .$$

Das bedeutet, dass die Wellenlänge λ, die durch

$$\frac{2}{3}\left(\frac{x + \lambda - x_\text{T}}{\ell_0}\right)^{3/2} - \frac{2}{3}\left(\frac{x - x_\text{T}}{\ell_0}\right)^{3/2} = 2\pi$$

definiert ist, vom Ort x näherungsweise wie folgt abhängt:

$$\lambda = \frac{2\pi\hbar}{m\sqrt{2g(x - x_\text{T})}} \quad .$$

Daraus erhalten wir den Impuls

$$p = h/\lambda = m\sqrt{2g(x - x_\text{T})} = mv \quad .$$

Dabei ist

$$v = \sqrt{2g(x - x_\text{T})}$$

die klassische Geschwindigkeit eines Teilchens am Ort x, das vom Punkt x_T aus unter dem Einfluss der Beschleunigung g frei gefallen ist. Für $x < x_\text{T}$ fällt die Wellenfunktion schnell nach Null ab. Da x_T der klassische Umkehrpunkt des Teilchens ist, war das praktische Verschwinden der Wellenfunktion und damit auch der Wahrscheinlichkeitsdichte weit links von x_T zu erwarten. Für

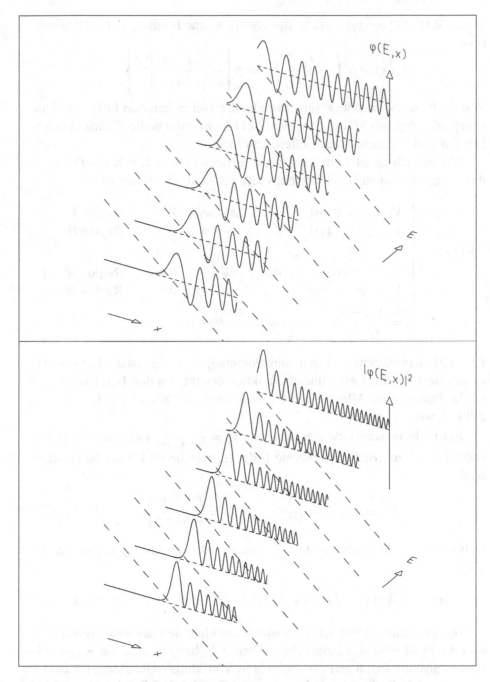

Abb. 4.7 Stationäre Wellenfunktion $\varphi(x)$ **(oben) und deren Absolutquadrat (unten) in einem linearen Potential für verschiedene Werte der Gesamtenergie** E**. Das Potential ist durch eine langgestrichelte Linie angedeutet, die Gesamtenergie durch eine kurzgestrichelte Linie. Beide schneiden sich beim klassischen Umkehrpunkt** x_{T}**. Die kurzgestrichelte Linie dient auch als Nulllinie für die Funktionen** $\varphi(x)$ **und** $|\varphi(x)|^2$**.**

$x - x_T < 0$ und $|x - x_T| \gg \ell_0$ ist die asymptotische Form φ_{as} der Wellenfunktion

$$\varphi_{as}(x) = N \left(\frac{\ell_0}{|x - x_T|} \right)^{1/4} \exp\left\{ -\frac{2}{3} \left| \frac{x - x_T}{\ell_0} \right|^{3/2} \right\} \quad .$$

Wie auch zu erwarten war, verschwindet die Wellenfunktion links vom Umkehrpunkt nirgends völlig. Sehr weit links ist allerdings die Wahrscheinlichkeit dafür, das Teilchen anzutreffen, sehr klein.

Wir betrachten jetzt ein stückweise lineares Potential, d. h. ein Potential, das in verschiedenen Bereichen entweder konstant oder linear ist,

$$V(x) = \begin{cases} V_I = c_1 = \text{const}, & x < x_1 = 0 & \text{Region I} \\ V_{II,a} + (x - x_1)V'_{II}, & x_1 \leq x < x_2 & \text{Region II} \\ \vdots & & \\ V_{N-1,a} + (x - x_{N-2})V'_{N-1}, & x_{N-2} \leq x < x_{N-1} & \text{Region } N-1 \\ V_N = c_2 = \text{const}, & x_{N-1} \leq x & \text{Region } N , \end{cases}$$

$$V'_j = \frac{V_{j,b} - V_{j,a}}{x_j - x_{j-1}} \quad , \quad j = II, \ldots, N-1 \quad .$$

Es ähnelt dem stückweise konstanten Potential; allerdings ist die Konstante in jedem Bereich durch eine lineare Funktion ersetzt. An den Bereichsgrenzen ist das Potential im Allgemeinen unstetig; Stetigkeit bei x_j, $j = I, \ldots, N-1$, gilt nur, wenn $V_{j,b} = V_{j+1,a}$.

Bei nicht verschwindender Steigung $V'_j = \frac{V_{j,b} - V_{j,a}}{x_j - x_{j-1}}$ in einem Potentialbereich j ist x_j^T zu gegebener Energie E der (extrapolierte) klassische Umkehrpunkt

$$x_j^T = x_{j-1} + \frac{E - V_{j,a}}{V'_j} \quad , \quad \ell_j = \left(\frac{\hbar^2}{2m} \frac{1}{V'_j} \right)^{\frac{1}{3}} \quad .$$

Dabei ist ℓ_j ein Skalenfaktor. Die stationäre Wellenfunktion $\varphi_j(x)$ im Bereich j ist

$$\varphi_j(x) = A_j \text{Ai}((x - x_j^T)/\ell_j) + B_j \text{Bi}((x - x_j^T)/\ell_j) \quad , \quad x_{j-1} \leq x < x_j \quad .$$

(Ist das Potential im Bereich j konstant, dann hat die stationäre Wellenfunktion die in Abschn. 4.2 besprochene Form.) Ai bzw. Bi sind die Airy-Funktionen, also die Lösungen der stationären Schrödinger-Gleichung für ein Linearpotential, die im klassisch verbotenen Bereich abfallen bzw. ansteigen, vgl. oben. An den Bereichsgrenzen x_j müssen die Stetigkeitsbedingungen erfüllt sein, d. h. die Wellenfunktion muss dort *stetig differenzierbar* sein. Die Koeffizienten A_j, B_j werden durch diese Randbedingungen bestimmt.

Abbildung 4.8 zeigt ein Beispiel für ein stückweise lineares Potential mit den zugehörigen stationären Wellenfunktionen.

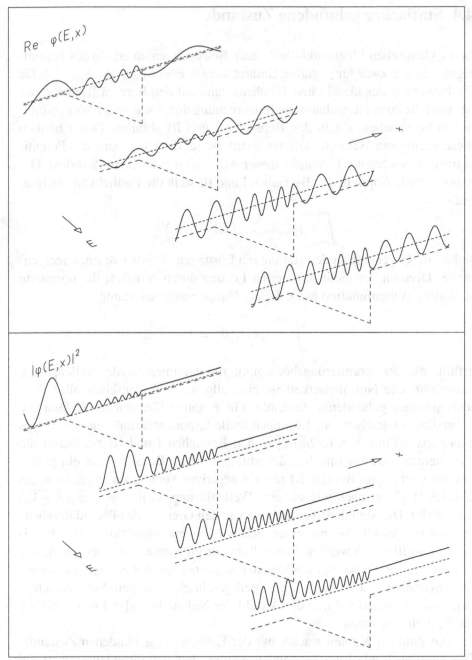

Abb. 4.8 Energieabhängigkeit der stationären Wellenfunktionen $\varphi(x)$ für ein stückweise lineares Potential. Im Bereich, in dem das Potential linear mit x abfällt, beobachtet man eine Verkürzung der Wellenlänge, weil kinetische Energie und Impuls ansteigen.

4.4 Stationäre gebundene Zustände

In der klassischen Mechanik gibt es auch Bewegungen innerhalb des Potentialgrabens und zwar für negative Gesamtenergie $E = E_{\text{kin}} + V_0$, $E_{\text{kin}} > 0$. Da die Bewegung des klassischen Teilchens dann auf den Bereich II beschränkt ist, wird die quantenmechanische Entsprechung durch stationäre Wellenfunktionen beschrieben, die in den Bereichen I und III abfallen. Damit bleiben diese stationären Wellenfunktionen ebenfalls auf die Umgebung des Potentialgrabens beschränkt. Lösungen dieser Art heißen *gebundene Zustände*. Der exponentielle Abfall in den Bereichen I und III stellt die Endlichkeit des Integrals

$$\int_{-\infty}^{+\infty} |\varphi_{\text{nichtnormiert}}(x)|^2 \, \mathrm{d}x = N^2$$

sicher, im Gegensatz zu den stationären Lösungen für positive Energieeigenwerte. Division der nicht normierten Lösung durch N liefert die normierte stationäre Wellenfunktion $\varphi(x)$, die die Normierungsbedingung

$$\int_{-\infty}^{+\infty} |\varphi(x)|^2 \, \mathrm{d}x = 1$$

erfüllt, die der Normierungsbedingung für eindimensionale Wellenpakete entspricht. Die Normierbarkeit ist eine allgemeine Eigenschaft aller Wellenfunktionen gebundener Zustände. Für negative Gesamtenergie lässt die Schrödinger-Gleichung als Lösungen reelle Exponentialfunktionen des Typs $\exp(\pm \mathrm{i} p x / \hbar)$ mit $p = \mathrm{i}\sqrt{2m|E|}$ in den Bereichen I und III zu. Damit die Exponentialfunktionen nach außen abfallen, ist im Bereich I nur ein positives Vorzeichen, im Bereich III nur ein negatives Vorzeichen zugelassen. Im Bereich II gibt es nach wie vor eine Wellenlösung, weil $p' = \sqrt{2m(E - V_0)}$ reell bleibt. Die Stetigkeitsbedingungen an den Grenzen des Potentialgrabens müssen nun jeweils mit nur einer reellen Exponentialfunktion in den Bereichen I und III erfüllt werden. Das gelingt nur für spezielle diskrete Werte der Gesamtenergie. Diese Werte bilden den *diskreten Teil* des *Energiespektrums*. Die zugehörigen Lösungen können reell geschrieben werden. Sie unterscheiden sich voneinander durch die Anzahl der Nullstellen oder *Knoten*, die sie im Bereich II besitzen.

Die Zahl der Knoten wächst mit der Energie der gebundenen Zustände. Das kann auch wie folgt verstanden werden. Für den Grundzustand ist die Wellenfunktion im Bereich II eine Kosinusfunktion, deren halbe Wellenlänge ein wenig größer ist als die Breite des Potentialgrabens. Sie ist so in den Graben eingepasst, dass ihre Steigungen an den Grabengrenzen mit denen der Exponentialfunktionen in den Bereichen I und III übereinstimmen. Der nächste gebundene Zustand tritt bei höherer Energie auf. Während die Energie zunimmt, nimmt die Wellenlänge $\lambda = 2\pi\hbar[2m(E - V_0)]^{-1/2}$ im Bereich II

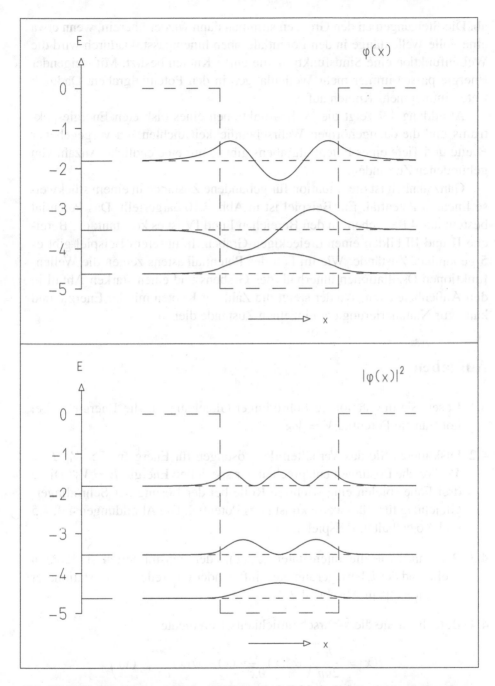

Abb. 4.9 Wellenfunktionen (oben) und Wahrscheinlichkeitsdichten (unten) gebundener Zustände in einem Potentialgraben. Links im Bild ist eine Energieskala mit Marken bei den Energien der Zustände angegeben ($n = 1, 2, 3$). Die Form des Potentials $V(x)$ ist durch die langgestrichelte Linie angedeutet, die Energien E_n der gebundenen Zustände durch die horizontalen kurzgestrichelten Linien. Diese horizontalen Linien dienen auch als Nulllinien für die dargestellten Funktionen.

ab. Die Steigungen an den Grenzen stimmen dann wieder überein, wenn etwa eine volle Wellenlänge in den Potentialgraben hineinpasst. Dadurch wird die Wellenfunktion eine Sinusfunktion, die einen Knoten besitzt. Mit steigender Energie passen immer mehr Wellenlängen in den Potentialgraben. Dadurch treten immer mehr Knoten auf.

Abbildung 4.9 zeigt die Wellenfunktionen eines diskreten Energiespektrums und die dazugehörigen Wahrscheinlichkeitsdichten. Zu vorgegebener Breite und Tiefe eines Potentialgrabens gibt es nur eine endliche Anzahl von gebundenen Zuständen.

Ganz ähnlich ist die Situation für gebundene Zustände in einem stückweise linearen Potential. Ein Beispiel ist in Abb. 4.10 dargestellt. Das Potential besteht aus 4 Bereichen. In den Bereichen I und IV ist es konstant; die Bereiche II und III bilden einen dreieckigen Graben. In unserem Beispiel gibt es 5 gebundene Zustände. Wie im Fall des Potentialkastens zeigen die Wellenfunktionen Oszillationen innerhalb des Grabens und einen starken Abfall in den Außenbereichen. Wieder steigt die Zahl der Knoten mit der Energie und kann zur Nummerierung der einzelnen Zustände dienen.

Aufgaben

4.1 Lösen Sie die stationäre Schrödinger-Gleichung für die Energie E bei konstantem Potential $V = V_0$.

4.2 Diskutieren Sie das Verhalten der Lösungen für Energien $E > V_0$, $E < V_0$. Welche Lösungen entsprechen der speziellen Energie $E = V_0$? Diese drei Fälle spielen eine wichtige Rolle bei der Lösung der Schrödinger-Gleichung für stückweise konstantes Potential. Die Abbildungen 4.4, 4.5 und 4.6 enthalten Beispiele.

4.3 Berechnen Sie die Intensitäten $|\varphi_{II}(x)|^2$ der transmittierten stationären Welle und der Überlagerung aus einfallender und reflektierter stationärer Welle $|\varphi_I(x)|^2$ in Abschn. 4.2.

4.4 Berechnen Sie die Wahrscheinlichkeitsstromdichte

$$ j(x) = \frac{\hbar}{2im} \left(\psi^*(x) \frac{\partial}{\partial x} \psi(x) - \psi(x) \frac{\partial}{\partial x} \psi^*(x) \right) $$

für die Lösung der stationären Schrödinger-Gleichung. Betrachten Sie eine Potentialstufe der Höhe V_0 wie in Abb. 4.1. Zeigen Sie, dass die Stromdichte in den beiden Raumbereichen gleich ist, wenn die Wellenfunktion und ihre Ableitung die Stetigkeitsbedingungen an den Grenzen zwischen den Potentialbereichen erfüllen. Erklären Sie das Ergebnis für $E \gtrless V_0$.

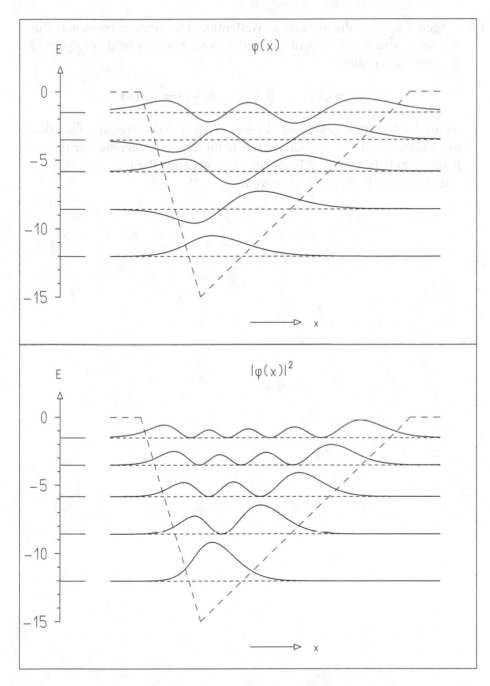

Abb. 4.10 Wellenfunktionen (oben) und Wahrscheinlichkeitsdichteen (unten) stationärer Zustände in einem stückweise linearen Potential.

4.5 Zeigen Sie, dass die stationäre Wellenfunktion eines gebundenen Zustands stets so gewählt werden kann, dass sie eine der beiden folgenden
Bedingungen erfüllt:

$$\varphi(-x) = \varphi(x) \qquad \text{bzw.} \qquad \varphi(-x) = -\varphi(x) \quad ,$$

wenn das Potential gerade ist, $V(-x) = V(x)$. Man sagt, die Funktion
$\varphi(x)$ besitze positive Parität – auch natürliche oder gerade Parität genannt – im Fall der ersten Beziehung und negative Parität – unnatürliche
oder ungerade Parität – für die zweite.

5 Eindimensionale Quantenmechanik: Streuung durch ein Potential

5.1 Plötzliche Beschleunigung und Abbremsung eines Teilchens

Wir untersuchen jetzt ein Wellenpaket, das auf eine Potentialstufe auftrifft. Wie schon zu Beginn von Abschn. 4.2 besprochen, bewirkt die Potentialstufe eine elastische Streuung des Teilchens. Bei eindimensionaler Streuung wird das Teilchen durch das Potential entweder transmittiert oder reflektiert.

Wenn wir die stationären Lösungen des Abschn. 4.2 mit der Spektralfunktion wie für die Konstruktion des freien Wellenpakets in Abschn. 3.2,

$$f(p) = \frac{1}{(2\pi)^{1/4}\sqrt{\sigma_p}} \exp\left[-\frac{(p-p_0)^2}{4\sigma_p^2}\right] \quad ,$$

superponieren, so erhalten wir ein ursprünglich Gaußsches Wellenpaket, das zunächst um $x = x_0$ zentriert ist, wenn x_0 weit links von der Potentialstufe liegt. Seine Zeitentwicklung erhalten wir durch Berücksichtigung des zeitabhängigen Faktors $\exp(-iEt/\hbar)$, $E = p^2/(2m)$, bei der Superposition.

Wir betrachten zunächst ein repulsives Potential, d. h. eine ansteigende Stufe, $V_0 > 0$, und ein Wellenpaket mit $p_0 > \sqrt{2mV_0}$. Abbildung 5.1 zeigt die Zeitentwicklungen von Real- und Imaginärteil der Wellenfunktion und der Wahrscheinlichkeitsdichte. Abbildung 5.1c zeigt auch jeweils den Ort eines klassischen Teilchens, das den Anfangsimpuls p_0 besitzt, der gleich dem Impulserwartungswert des quantenmechanischen Wellenpakets ist. Natürlich bewegt sich das klassische Teilchen zunächst im Bereich I mit der Geschwindigkeit $v = p_0/m$ nach rechts. Bei seinem Eintreten in den Bereich II wird es plötzlich auf die Geschwindigkeit $v' = p_0'/m = \sqrt{p_0^2 - 2mV_0}\,/\,m$ abgebremst. Besonders auffällig am Verhalten des Wellenpakets ist, dass es zum Teil an der Potentialstufe reflektiert wird. Für große Zeiten beobachten wir ein Wellenpaket, das sich im Bereich II nach rechts bewegt und zusätzlich ein reflektiertes Wellenpaket, das im Bereich I nach links läuft. Unmittelbar vor der Stufe im Bereich I zeigt die Wahrscheinlichkeitsdichte schnell

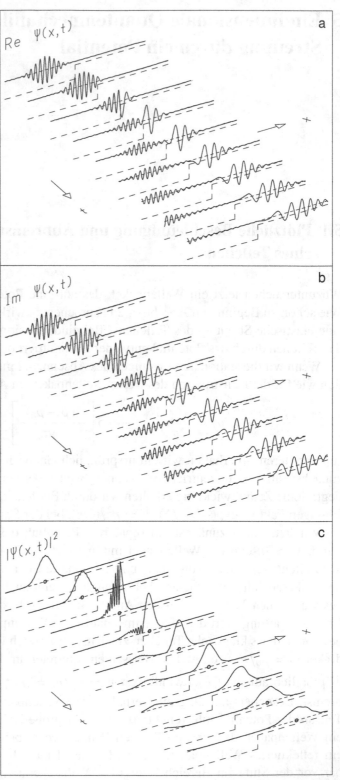

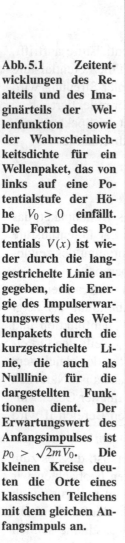

Abb. 5.1 Zeitentwicklungen des Realteils und des Imaginärteils der Wellenfunktion sowie der Wahrscheinlichkeitsdichte für ein Wellenpaket, das von links auf eine Potentialstufe der Höhe $V_0 > 0$ einfällt. Die Form des Potentials $V(x)$ ist wieder durch die langgestrichelte Linie angegeben, die Energie des Impulserwartungswerts des Wellenpakets durch die kurzgestrichelte Linie, die auch als Nulllinie für die dargestellten Funktionen dient. Der Erwartungswert des Anfangsimpulses ist $p_0 > \sqrt{2mV_0}$. Die kleinen Kreise deuten die Orte eines klassischen Teilchens mit dem gleichen Anfangsimpuls an.

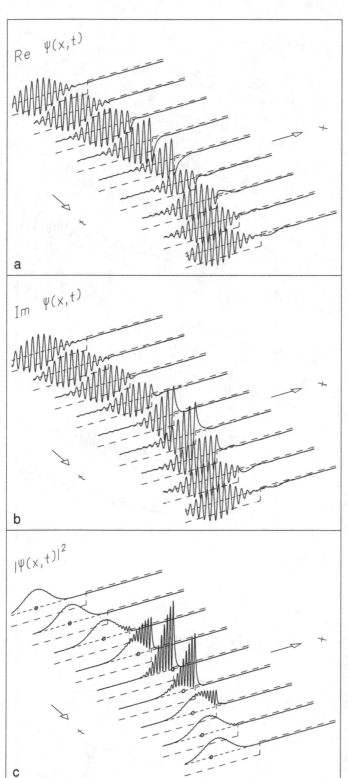

Abb. 5.2 Zeitentwicklungen des Realteils und des Imaginärteils der Wellenfunktion sowie der Wahrscheinlichkeitsdichte für ein Wellenpaket, das von links auf eine Potentialstufe $V_0 > 0$ auftrifft. Der ursprüngliche Impulserwartungswert des einfallenden Wellenpakets ist $p_0 < \sqrt{2mV_0}$. Die kleinen Kreise geben die Orte eines klassischen Teilchens mit dem gleichen Anfangsimpuls an.

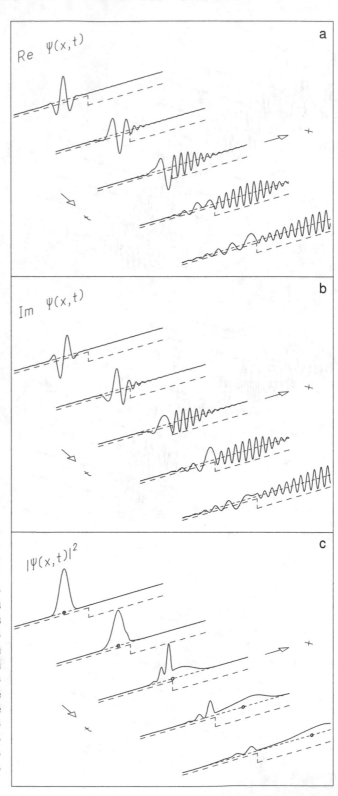

Abb. 5.3 Zeitentwick-lungen des Realteils und des Imaginärteils sowie der Wahrschein-lichkeitsdichte für ein Wellenpaket, das von links auf eine Po-tentialstufe der Höhe $V_0 < 0$ auftrifft. Die kleinen Kreise im Teil-bild c geben die Or-te eines entsprechen-den klassischen Teil-chens an.

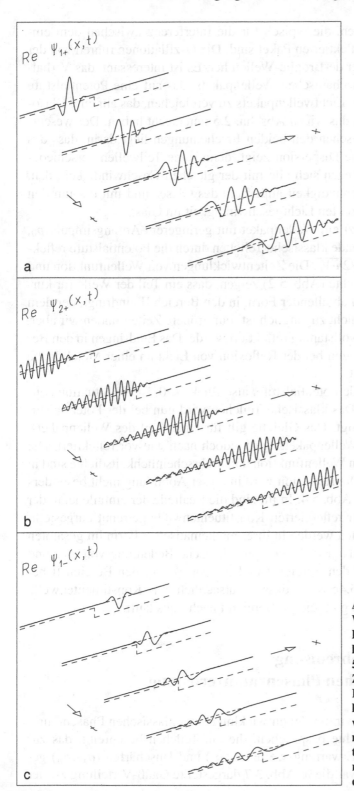

Abb. 5.4 Einfall eines Wellenpakets auf eine Potentialstufe der Höhe $V_0 < 0$ wie in Abb. 5.3. Dargestellt sind die Zeitentwicklungen der Realteile (a) der einfallenden Konstituentenwelle, (b) der transmittierten Konstituentenwelle und (c) der reflektierten Konstituentenwelle.

oszillierende Strukturen, die typisch für die Interferenz zwischen dem einlaufenden und dem reflektierten Paket sind. Die Oszillationen rühren von der
schnellen Variation der de-Broglie-Wellen her. Es ist interessant, das Verhalten unseres quantenmechanischen Wellenpakets, das auf eine Potentialstufe
auftrifft, mit dem eines Lichtwellenpakets zu vergleichen, das auf eine Glasoberfläche auftrifft und das wir in Abschn. 2.5 untersucht haben. Der wesent-
liche Unterschied zwischen den beiden Erscheinungen liegt darin, dass das
Lichtwellenpaket keine Dispersion zeigt, denn seine Teilwellen verschiedener Wellenzahlen bewegen sich alle mit der gleichen Geschwindigkeit, d. h.
der Vakuumlichtgeschwindigkeit außerhalb des Glases und mit der um den
Brechungsindex reduzierten Lichtgeschwindigkeit im Glas.

Wir betrachten jetzt ein Wellenpaket mit geringerem Anfangsimpuls p_0,
so dass das entsprechende klassische Teilchen durch die Potentialstufe reflektiert wird, d. h. $p_0 < \sqrt{2mV_0}$. Die Zeitentwicklungen von Wellenfunktion und
Wahrscheinlichkeitsdichte (Abb. 5.2) zeigen, dass ein Teil der Welle für kurze Zeit in exponentiell abfallender Form in den Bereich II eindringt, der dem
klassischen Teilchen nicht zugänglich ist. Für größere Zeiten finden wir aber,
dass das Wellenpaket vollständig reflektiert wurde. Das Eindringen in den Bereich II hat sein Analogon bei der Reflexion von Licht an einer Metallfläche
endlicher Leitfähigkeit.

Für eine anziehende Potentialstufe, also für $V_0 < 0$, ist die Situation ähnlich wie in Abb. 5.1. Das klassische Teilchen wird nun bei der Potentialstufe plötzlich beschleunigt. Das Gleiche gilt für einen Teil des Wellenpakets.
Ein anderer Teil des Wellenpakets wird jedoch nach wie vor reflektiert. Die
Zeitentwicklungen von Wellenfunktion und Wahrscheinlichkeitsdichte sind in
Abb. 5.3 dargestellt. Die Reflexion wird in dieser Abbildung nicht besonders
deutlich, wohl aber in Abb. 5.4. In ihr sind die Realteile der einfallenden, der
transmittierten und der reflektierten Konstituentenwelle getrennt dargestellt.
Die Konstituentenwellen werden in ihrer mathematischen Form im gesamten
Bereich der x-Werte dargestellt. Die physikalische Bedeutung von ψ_{1+} und
ψ_{1-} ist allerdings auf den Bereich I und die von ψ_2 auf den Bereich II beschränkt. Abbildung 5.4c zeigt, dass es tatsächlich eine Konstituentenwelle
von erheblicher Größe gibt, die im Bereich I nach links läuft.

5.2 Plötzliche Abbremsung
einer klassischen Phasenraumverteilung

In Abschn. 3.6 haben wir die Zeitentwicklung einer klassischen Phasenraumwahrscheinlichkeitsdichte besprochen, die ein Teilchen beschreibt, das zur
Zeit $t = 0$ durch die Erwartungswerte (x_0, p_0) und Unschärfen (σ_{x0}, σ_p) gekennzeichnet ist. Sie war die in Abb. 3.7 dargestellte Gauß-Verteilung zweier

Variabler

$$\rho_+^{\text{cl}}(x,p,t) \; = \; \frac{1}{2\pi\sigma_{x0}\sigma_p} \exp\left\{ -\frac{1}{2(1-c^2)} \left[\frac{(x-[x_0+p_0t/m])^2}{\sigma_x^2(t)} \right.\right.$$
$$\left.\left. -2c\frac{(x-[x_0+p_0t/m])}{\sigma_x(t)}\frac{(p-p_0)}{\sigma_p} + \frac{(p-p_0)^2}{\sigma_p^2} \right] \right\}$$

mit

$$\sigma_x(t) = \sqrt{\sigma_{x0}^2 + \sigma_p^2 t^2/m^2} \quad , \qquad c = \frac{\sigma_p t}{\sigma_x(t)m} \quad .$$

Wir untersuchen jetzt die Reflexion des durch $\rho_+^{\text{cl}}(x,p,t)$ beschriebenen Teilchens an einer sehr hohen Potentialstufe bei $x=0$. Diese Potentialstufe bewirkt die Impulsumkehr des Teilchens in dem Moment, in dem es den Punkt $x=0$ erreicht.

Der Einfachheit halber nehmen wir $x_0 < 0$ und $|x_0| \gg \sigma_{x0}$ an. Die Phasen-raumdichte ist ursprünglich (zur Zeit $t=0$) um den Punkt (x_0,p_0) weit ent-fernt von der Potentialstufe konzentriert, d. h. sie ist durch $\rho^{\text{cl}} = \rho_+^{\text{cl}}$ gegeben und bewegt sich nach rechts genau wie in Abb. 3.7. Für Zeiten $t \gg m|x_0|/p_0$ hat die Reflexion schon stattgefunden. Die Phasenraumdichte bewegt sich nach links und verhält sich so, als hätte sie zur Zeit $t=0$ die Erwartungs-werte $(-x_0, -p_0)$ besessen, d. h. sie wird durch

$$\rho_-^{\text{cl}}(x,p,t) \; = \; \frac{1}{2\pi\sigma_{x0}\sigma_p} \exp\left\{ -\frac{1}{2(1-c^2)} \left[\frac{(x-[-x_0-p_0t/m])^2}{\sigma_x^2(t)} \right.\right.$$
$$\left.\left. -2c\frac{(x-[-x_0-p_0t/m])}{\sigma_x(t)}\frac{(p+p_0)}{\sigma_p} + \frac{(p+p_0)^2}{\sigma_p^2} \right] \right\}$$

beschrieben.

Damit ist jetzt klar, dass wir zu jeder Zeit die Phasenraumdichte unter dem Einfluss der abstoßenden Kraft bei $x=0$ durch die Summe

$$\rho^{\text{cl}}(x,p,t) = \rho_+^{\text{cl}}(x,p,t) + \rho_-^{\text{cl}}(x,p,t) \quad , \qquad x < 0 \quad ,$$

beschreiben können. Für positive x-Werte gilt natürlich

$$\rho^{\text{cl}}(x,p,t) = 0 \quad , \qquad x > 0 \quad .$$

In Abb. 5.5 zeigen wir die Zeitentwicklung von $\rho^{\text{cl}}(x,p,t)$. Die anfängliche Situation ist genau die gleiche, wie sie in Abb. 3.7 für den kräftefreien Fall dargestellt ist.

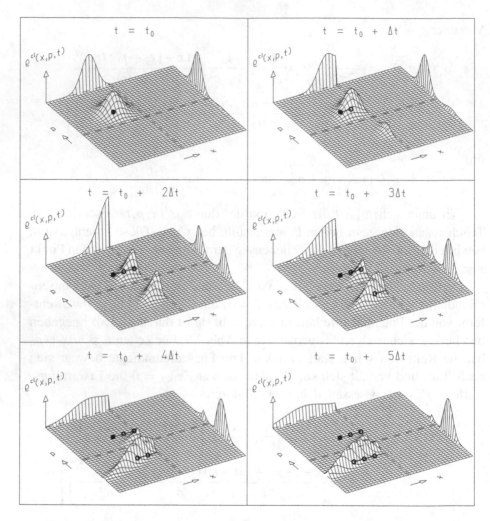

Abb. 5.5 Dargestellt ist für verschiedene Zeiten eine klassische Phasenraumverteilung $\rho^{\mathrm{cl}}(x, p, t)$**, die an einer hohen Potentialstufe bei** $x = 0$ **reflektiert wird. Die Randverteilung** $\rho_x^{\mathrm{cl}}(x, t)$ **ist über dem Rand im Hintergrund, die Randverteilung** $\rho_p^{\mathrm{cl}}(p, t)$ **über dem rechten Rand der einzelnen Figuren dargestellt.**

Die Randverteilung in x,

$$
\begin{aligned}
\rho_x^{\mathrm{cl}}(x, t) &= \rho_{x+}^{\mathrm{cl}}(x, t) + \rho_{x-}^{\mathrm{cl}}(x, t) \\
&= \frac{1}{\sqrt{2\pi}\,\sigma_x(t)} \exp\left\{ -\frac{(x - [x_0 + p_0 t / m])^2}{2\sigma_x^2(t)} \right\} \\
&\quad + \frac{1}{\sqrt{2\pi}\,\sigma_x(t)} \exp\left\{ -\frac{(x - [-x_0 - p_0 t / m])^2}{2\sigma_x^2(t)} \right\} \quad ,
\end{aligned}
$$

ist einfach die Summe der Randverteilungen ρ_+^{cl} und ρ_-^{cl} für $x < 0$ und verschwindet für $x > 0$. Sie ist die klassische räumliche Wahrscheinlichkeitsdichte und ist ebenfalls in Abb. 5.5 dargestellt. Für Zeiten lange vor oder lange nach dem Reflexionsprozess ist sie mit der quantenmechanischen Wahrscheinlichkeitsdichte identisch, die für einen ähnlichen Fall in Abb. 5.2 gezeigt wurde. Während des Reflexionsprozesses, $t \approx m|x_0|/p_0$, zeigt jedoch die quantenmechanische Wahrscheinlichkeitsdichte $\rho(x,t) = |\psi(x,t)|^2$ das typische Interferenzmuster, während die klassische Dichte völlig glatt ist. Dieser verblüffende Unterschied beruht darauf, dass in der quantenmechanischen Rechnung die Wellenfunktionen $\psi_{1+}(x,t)$ und $\psi_{1-}(x,t)$ addiert wurden und erst das Absolutquadrat der Summe die Wahrscheinlichkeitsdichte $\rho(x,t)$ bildete, während in der klassischen Rechnung die Randverteilungen $\rho_{x+}^{cl}(x,t)$ und $\rho_{x-}^{cl}(x,t)$ der nach rechts laufenden und der nach links laufenden Phasenraumverteilung unmittelbar addiert wurden.

5.3 Tunneleffekt

In Abb. 5.2 haben wir das Verhalten eines Wellenpakets dargestellt, das an einer Potentialstufe reflektiert wurde, die höher war als der Energiemittelwert des Wellenpakets. Wir stellten fest, dass während des Reflexionsprozesses das Wellenpaket für eine gewisse Strecke in den Bereich des hohen Potentials eindrang. Es ist jetzt natürlich interessant zu untersuchen, wie sich das Wellenpaket verhält, wenn der Bereich hohen Potentials nur etwa so breit ist, wie die Eindringtiefe. Wir untersuchen daher jetzt ein Wellenpaket, das auf einen *Potentialwall* zuläuft. Das Potential ist konstant, $V = V_0$, in einem begrenzten Raumbereich $0 < x < d$, den wir den Bereich II nennen. Es verschwindet überall sonst, d. h. im Bereich I, $x < 0$, und im Bereich III, $x > d$.

Abbildung 5.6a zeigt die Zeitentwicklung der Wahrscheinlichkeitsdichte für ein Gaußsches Wellenpaket, das im Bereich I auf einen solchen Potentialwall zuläuft. Am Anfang des Walles bei $x = 0$ beobachteten wir den schon bekannten Reflexionsvorgang. Am Ende bei $x = d$ tritt ein Wellenpaket aus dem Wall aus und läuft im Bereich III nach rechts. Entsprechend unserer Wahrscheinlichkeitsinterpretation bedeutet das, dass es eine nicht verschwindende Wahrscheinlichkeit dafür gibt, dass das Teilchen, das durch das ursprüngliche Gaußsche Wellenpaket beschrieben wird, die Potentialbarriere durchläuft, obwohl das nach den Gesetzen der klassischen Mechanik nicht möglich ist. Abbildung 5.6b zeigt, dass die Wahrscheinlichkeit für das Durchtunneln der Barriere zunimmt, wenn die Barriere schmaler wird. Durch Vergleich der Abbildungen 5.6b und c stellen wir schließlich fest, dass die Tunnelwahrscheinlichkeit abnimmt, wenn die Barriere höher wird. Diese Aussagen treffen aller-

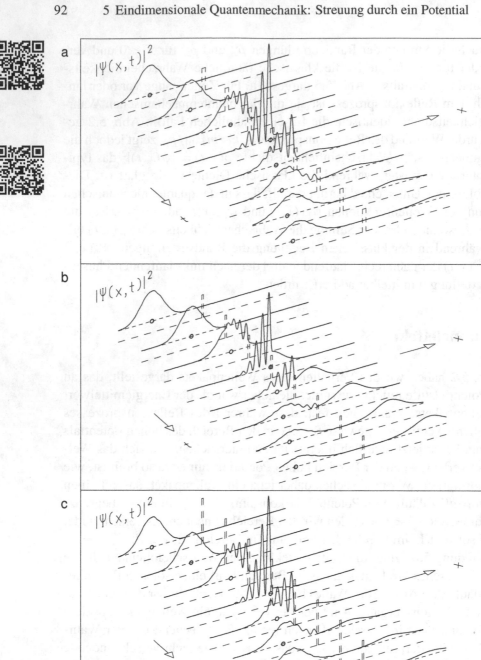

Abb. 5.6 Tunneleffekt. (a) Zeitentwicklung der Wahrscheinlichkeitsdichte für ein Wellenpaket, das von links auf einen Potentialwall der Höhe V_0 zuläuft. Die kleinen Kreise geben die Orte des entsprechenden klassischen Teilchens an. (b) Wie in Teilbild a, jedoch für einen Potentialwall der halben Breite. (c) Wie in Teilbild b, jedoch für einen Potentialwall der doppelten Höhe.

dings nicht in jedem Fall zu, weil es für bestimmte Potentiale Energiebereiche gibt, in denen die Tunnelwahrscheinlichkeit ein Maximum annimmt.

Der gerade beschriebene Tunneleffekt ist eine der erstaunlichsten quantenmechanischen Erscheinungen. Er ist die Grundlage für die Erklärung einer Anzahl von Vorgängen, z. B. des radioaktiven Zerfalls von Atomkernen durch die Emission eines α-Teilchens. Der Oberflächenbereich des Kerns stellt eine Potentialbarriere dar, die das α-Teilchen mit großer Wahrscheinlichkeit am Verlassen des Kerns hindert. Das α-Teilchen besitzt nur eine sehr kleine Wahrscheinlichkeit dafür, die Barriere zu durchtunneln.

5.4 Anregung und Zerfall metastabiler Zustände

Die Streuung eines Wellenpakets an zwei abstoßenden Barrieren, deren Abstand voneinander groß im Vergleich zur räumlichen Breite des Wellenpakets ist, ist eine sehr interessante Erscheinung. Die Breite der beiden Barrieren sei so gewählt, dass der Tunneleffekt es einem erheblichen Teil der Gesamtwahrscheinlichkeit erlaubt, die beiden Barrieren zu durchdringen. Die Abb. 5.7 zeigt die Zeitentwicklung eines von links auf eine solche Potentialstruktur einlaufenden Wellenpakets. Wir beobachten, dass zwar ein Teil der Wahrscheinlichkeit an der ersten Barriere reflektiert wird, ein anderer Teil aber in den Bereich zwischen den beiden Barrieren eintritt und auch seine Glockenform beibehält, jedenfalls solange er nicht zu nahe an eine der beiden Barrieren kommt. Später trifft dieser Teil die rechte Barriere, an der wiederum teils Reflexion, teils Transmission auftritt. Im weiteren Ablauf ist das Teilchen mit einer gewissen Wahrscheinlichkeit zwischen den beiden Potentialwällen eingeschlossen, zwischen denen es hin und her läuft. Bei jedem Auftreffen auf eine Barriere tritt ein Teil der Wahrscheinlichkeit nach außen. Abgesehen von der dauernden Verbreiterung des Wellenpakets ist der Vorgang ganz ähnlich dem entsprechenden Prozess in der Optik, in dem ein Lichtwellenpaket auf eine Glasplatte fällt und den wir bereits in Abb. 2.12 untersucht haben.

Natürlich hat diese Erscheinung kein Gegenstück in der klassischen Physik, weil klassische Teilchen geringer Energie bereits am ersten Potentialwall reflektiert werden. Teilchen höherer Energie, die den ersten Wall überwinden können, überwinden aber auch den zweiten.

Die Situation, in welcher ein Teilchen mit einer gewissen Wahrscheinlichkeit in dem Raumbereich zwischen den beiden Potentialwällen eingeschlossen ist und in der diese Wahrscheinlichkeit langsam abnimmt, heißt *metastabiler Zustand*. Die Wahl der Bezeichnung soll die Ähnlichkeit dieses Zustands mit dem *stabilen Zustand* oder gebundenen Zustand unterstreichen, den wir bereits kurz in Abschn. 4.4 besprochen haben. Ein Teilchen in einem gebun-

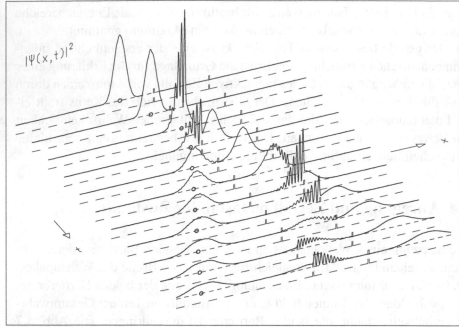

Abb. 5.7 Zeitentwicklung der Wahrscheinlichkeitsdichte für ein Wellenpaket, das von links auf eine doppelte Potentialbarriere einläuft. Die kleinen Kreise kennzeichnen die Orte des entsprechenden klassischen Teilchens.

denen Zustand ist aber für alle Zeit auf einen bestimmten Raumbereich eingeschränkt.

Wir wollen jetzt die metastabilen Zustände systematischer untersuchen. Dazu betrachten wir den Fall, in dem das Gaußsche Wellenpaket breit im Vergleich zum Abstand der beiden Barrieren ist. Wegen der Heisenbergschen Unschärferelation ist das räumlich breite Wellenpaket im Impulsraum schmal. Mit einem solchen Wellenpaket können wir das Energiespektrum zwischen Null und dem Maximum der Potentialbarrieren in kleinen Schritten untersuchen. Für die Doppelbarriere in Abb. 5.8 gibt es verschiedene Energie- und damit Impulswerte, für die ein Teil der Gesamtwahrscheinlichkeit in den Innenbereich der Doppelbarriere eintritt und dort für eine gewisse Zeit verweilt, obwohl der reflektierte Teil des Wellenpakets sich in dieser Zeit schon wieder weit von der Potentialstruktur entfernt hat. Abbildung 5.8 zeigt die Zeitentwicklungen der Wahrscheinlichkeitsdichten für Wellenpakete mit drei verschiedenen Energiemittelwerten, die den drei metastabilen Zuständen niedrigster Energie in diesem System aus zwei Potentialbarrieren entsprechen. Die Wahrscheinlichkeitsdichten metastabiler Zustände zwischen zwei Wänden können durch die Anzahl ihrer Knoten unterschieden werden. Diese Knotenzahl steigt mit der Energie des Zustandes. Für den Fall, dass das Potential

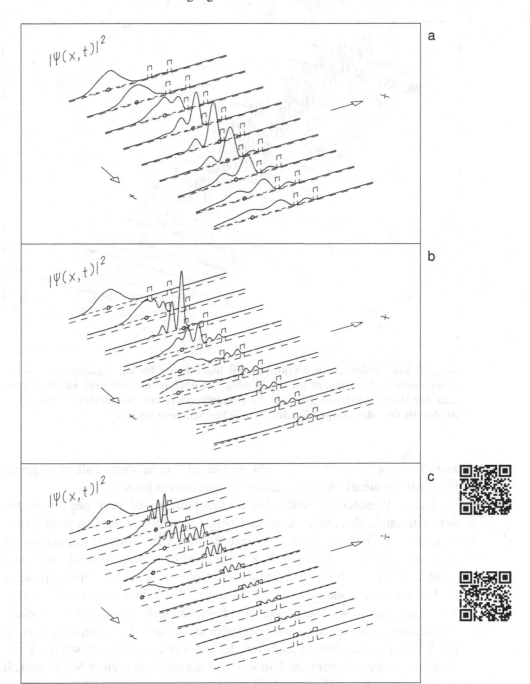

Abb. 5.8 Zeitentwicklungen der Wahrscheinlichkeitsdichte für Wellenpakete, deren mittlere Energien dem (a) ersten, (b) zweiten und (c) dritten metastabilen Zustand eines Systems aus zwei Potentialbarrieren entsprechen. Die Wellenpakete, die räumlich recht breit sind und deshalb eine kleine Impulsbreite besitzen, fallen von links auf die Doppelbarriere ein. Die kleinen Kreise deuten die Orte der entsprechenden klassischen Teilchen an.

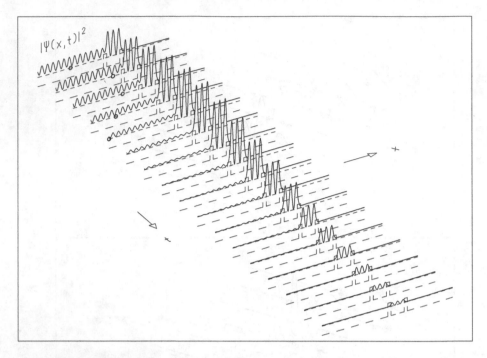

Abb. 5.9 Zeitentwicklung der Wahrscheinlichkeitsdichte für ein Wellenpaket, das die gleiche mittlere Energie hat wie das in Abb. 5.8c aber zehnmal so breit ist. Wiederum fällt das Wellenpaket von links auf die Doppelbarriere ein. Die kleinen Kreise geben wieder die Orte des entsprechenden klassischen Teilchens an.

zwischen den beiden Wällen nicht negativ ist – in unserem Fall ist es genau Null, hat der niedrigste metastabile Zustand keinen Knoten.

Ist das Potential zwischen den Wällen hinreichend stark negativ, so hat der metastabile Zustand niedrigster Energie, der selbst natürlich noch positive Energie besitzt, einen oder mehrere Knoten. Die Zustände mit geringerer Knotenzahl besitzen dann negative Energie. Für sie kann Wahrscheinlichkeit nicht in den Bereich weit außerhalb der Barrieren gelangen. Diese Zustände sind daher stabile oder gebundene Zustände. Wir haben metastabile Zustände erzeugt, indem wir Wellenpakete auf eine Doppelbarriere einfallen ließen. Die dabei entstehende Situation hängt aber nicht nur von der mittleren Energie des Wellenpakets, sondern auch von dessen Form, also von dessen Spektralfunktion im Impulsraum ab. Um uns von dieser zusätzlichen Schwierigkeit zu lösen, werden wir Wellenpakete mit immer kleinerer Impulsbreite untersuchen. Diese sind natürlich im Ortsraum besonders breit.

Abbildung 5.9 zeigt die Zeitentwicklung der Wahrscheinlichkeitsdichte für ein Wellenpaket, dessen Energiemittelwert gleich dem des dritten metastabilen Zustands ist. Sie entspricht der Abb. 5.8c. Allerdings hat das Wellenpaket jetzt die zehnfache räumliche Breite, die bei Weitem die Ausdehnung

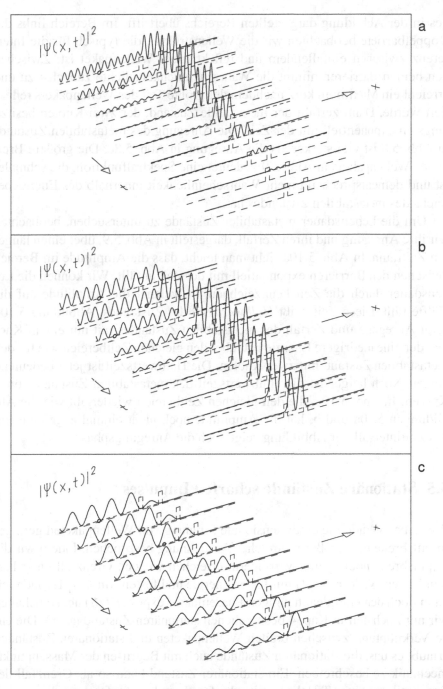

Abb. 5.10 (a) Zeitentwicklung des in Abb. 5.9 dargestellten Prozesses, jedoch für einen längeren Zeitraum. Nachdem der größte Teil des Wellenpakets reflektiert wurde, zerfällt der metastabile Zustand exponentiell mit der Zeit. Die Teilbilder b und c entsprechen dem Teilbild a, gehören aber zu metastabilen Zuständen, die niedrigere Energie haben. Die Teilbilder a, b und c dieser Abbildung entsprechen den Teilbildern a, b und c von Abb. 5.8. Die Wellenpakete sind allerdings viel breiter und die gezeigten Zeitintervalle viel länger.

des in der Abbildung dargestellten Bereichs übertrifft. Im Bereich links der Doppelbarriere beobachten wir die Wellenstruktur, die typisch für die Interferenz zwischen einfallendem und reflektiertem Wellenpaket ist. Zwischen den beiden Barrieren nimmt die Wahrscheinlichkeitsdichte zunächst zu und erreicht ein Maximum kurz nachdem der größte Teil des Wellenpakets reflektiert wurde. Dann zerfällt der metastabile Zustand, der zwei Knoten besitzt, langsam exponentiell mit der Zeit. Die Anregung des metastabilen Zustands in Abb. 5.9 ist viel stärker als die Anregung in Abb. 5.8c. Die größere Breite des Wellenpakets in Abb. 5.9 bedeutet eine Spektralfunktion, die schmaler ist und dementsprechend mehr Wahrscheinlichkeit innerhalb des Energiebereichs des metastabilen Zustandes hat.

Um die Lebensdauer metastabiler Zustände zu untersuchen, beobachten wir ihre Anregung und ihren Zerfall, dargestellt in Abb. 5.9, über einen längeren Zeitraum. In Abb. 5.10a sieht man leicht, dass die Amplitude im Bereich zwischen den Barrieren exponentiell mit der Zeit abfällt. Wir können die Lebensdauer durch die Zeit kennzeichnen, in welcher die Amplitude auf die Hälfte fällt. Diese Zeit heißt *Halbwertszeit* des Zustandes. Abbildung 5.10b zeigt Anregung und Zerfall des metastabilen Zustandes mit nur einem Knoten, der eine niedrigere Energie hat, über den gleichen Zeitbereich wie für den metastabilen Zustand mit zwei Knoten. Die Halbwertszeit ist jetzt bedeutend länger. Noch länger ist die Halbwertszeit des metastabilen Zustandes ohne Knoten. In Abb. 5.10c, die den gleichen Zeitbereich wiedergibt wie die Abbildungen 5.10a und b, hat die Amplitude noch nicht einmal abgenommen; das Zeitintervall der Abbildung zeigt noch die Anregungsphase.

5.5 Stationäre Zustände scharfen Impulses

Wir haben gerade die eindimensionale Streuung von Wellenpaketen geringer Impulsbreite und großer räumlicher Ausdehnung besprochen. Indem wir die Impulsbreite noch weiter verringern, erreichen wir den Grenzfall einer harmonischen Welle $\psi_E(x,t)$ mit fester Energie und festem Impuls. Trennen wir dann noch den energieabhängigen Phasenfaktor $\exp(-iEt/\hbar)$ ab, so behalten wir nur noch den in Kap. 4 besprochenen stationären Zustand $\varphi_E(x)$. Die enge Verknüpfung zwischen breiten Wellenpaketen und stationären Zuständen erlaubt es uns, die stationären Zustände auch mit Begriffen der Massenpunktmechanik zu beschreiben. Ein stationärer Zustand kann so als Grenzfall der Beschreibung eines Teilchens mit scharfem Impuls aufgefasst werden.

Durch die Untersuchung stationärer Zustände in unserem Doppelbarrierenpotential können wir jetzt wichtige Einzelheiten über metastabile Zustände herausarbeiten. Wir erinnern uns daran, dass das Potential im Inneren der beiden Barrieren, also in den Bereichen II und IV, positiv ist, $V = V_0 > 0$.

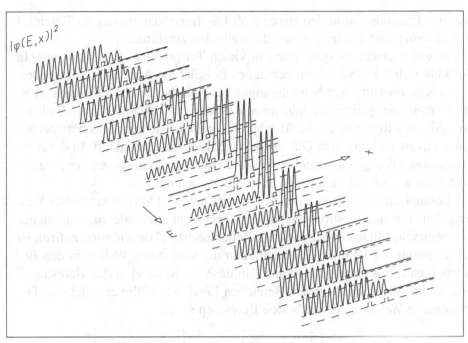

$|\varphi(E,x)|^2$

Abb. 5.11 Energieabhängigkeit (dargestellt für ein enges Energieintervall) der Intensität einer harmonischen Welle, die von links auf eine Doppelbarriere einfällt. Die mittlere Linie entspricht der Resonanzenergie.

Außerhalb, in den Bereichen I, III und V, verschwindet es, $V = 0$. Abbildung 5.11 zeigt die Energieabhängigkeit des stationären Zustandes $\varphi_E(x)$ in dem Doppelbarrierenpotential. Die in Abb. 5.11 dargestellte Größe ist die in Abschn. 4.2 eingeführte Intensität der stationären Lösung. Der dargestellte Energiebereich umfasst die Energie des metastabilen Zustandes mit zwei Knoten, den wir schon früher diskutiert und in den Abbildungen 5.8c, 5.9 und 5.10c dargestellt haben. Ist die Energie niedriger als die des metastabilen Zustandes – im Hintergrund der Figur – dann wird nur ein kleiner Bruchteil der Intensität durch die Doppelbarriere in den Bereich V transmittiert. Es gibt ein deutliches Interferenzmuster im Bereich I durch die Superposition der einfallenden und der reflektierten Welle. Nähert sich die Energie der des metastabilen Zustandes, so sinkt die Reflexion auf Null, das Interferenzmuster verschwindet und die volle Intensität der einlaufenden Welle wird durch beide Barrieren in den Bereich V transmittiert. Bei der Energie des metastabilen Zustandes erreicht die Intensität im Bereich III zwischen den Barrieren ihr Maximum und nimmt die für diesen metastabilen Zustand charakteristische Zweiknotenstruktur an. Diese Erscheinung heißt *Resonanz* des Systems. Steigt die Energie weiter, so nimmt die Intensität im Bereich III ab ebenso wie die Transmission in den Bereich V. Das Interferenzmuster im Bereich I tritt in dem Maße wieder auf, wie die Reflexion zunimmt.

Resonanzerscheinungen treten in vielen Teilgebieten der Physik auf. In der klassischen Physik ist ein bekanntes Beispiel die Anregung eines Federpendels zu erzwungenen Schwingungen bei einer bestimmten Frequenz. Unser Beispiel der quantenmechanischen Resonanz hat erstaunliche Ähnlichkeit zu optischen Resonanzen. In Abschn. 2.3 stellten wir fest, dass bei speziellen Frequenzen Licht eine Glasplatte ohne Reflexion durchläuft. In der Ausdrucksweise der Quantenmechanik werden die Begriffe *metastabiler Zustand* und *Resonanz* oft für die gleiche Erscheinung benutzt.

Solange uns die Einzelheiten der Ausbreitung und Verformung eines Wellenpakets mit einer bestimmten Anfangsform nicht interessieren, sondern nur die Wahrscheinlichkeiten, mit denen Reflexion bzw. Transmission auftritt, ist die Kenntnis der komplexen Amplituden der stationären Wellen in den Bereichen ganz links und ganz rechts – in unserem Beispiel in den Bereichen I und V, im Allgemeinen in den Bereichen I und N – völlig ausreichend. Die stationären Wellen in diesen beiden Bereichen sind

$$\varphi_I(x) = \exp\left[\frac{i}{\hbar}p(x-x_0)\right] + B_I \exp\left[-\frac{i}{\hbar}p(x-x_0)\right] \ ,$$

$$\varphi_N(x) = A_N \exp\left[\frac{i}{\hbar}p(x-x_0)\right] \ .$$

Die Tatsache, dass wir es mit einem Teilchen zu tun haben, das nur reflektiert oder transmittiert werden kann, bedeutet

$$|A_N|^2 + |B_I|^2 = 1 \ .$$

Diese Beziehung, die die Erhaltung der Gesamtwahrscheinlichkeit für die Beobachtung des Teilchen ausdrückt, heißt *Unitaritätsrelation* der Streuamplituden A_N und B_I. Bei verschwindender Reflexion, $B_I = 0$, bedeutet die Unitaritätsrelation, dass A_N in der komplexen Ebene auf einem Kreis vom

Abb. 5.12 (a) Energieabhängigkeit der komplexen Amplitude A_N des Teils der harmonischen Welle, der durch das Doppelbarrierensystem transmittiert wird. Der Energiebereich erstreckt sich von Null bis zur doppelten Barrierenhöhe. Die Energieabhängigkeit von A_N wird durch eine im Ursprung beginnende Linie in der komplexen Ebene im oberen linken Teilbild dargestellt. Der den Ursprung umgebende Kreis umschließt den maximal für A_N erlaubten Bereich. Die Energieabhängigkeit des Realteils, also die Projektion auf die reelle Achse, ist weiter unten, die des Imaginärteils, also der Projektion auf die imaginäre Achse, weiter rechts dargestellt. Das Teilbild unten rechts zeigt die Energieabhängigkeit von $|A_N|^2$. (b) Die Teilbilder entsprechen denen von a, beziehen sich aber auf das Transmissionsmatrixelement $T_T = (A_N - 1)/(2i)$. Die Linie in der komplexen Ebene beginnt am Punkt $i/2$. Der Kreis um den Punkt $i/2$ schließt den erlaubten Bereich von T_T ein.

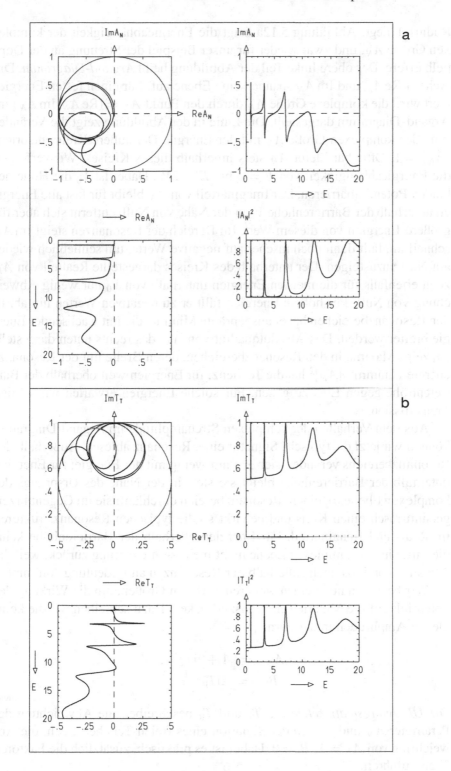

Abb. 5.12

Radius 1 liegt. Abbildung 5.12a zeigt die Energieabhängigkeit der komplexen Größe A_N, und zwar wieder für unser Beispiel der Streuung an der Doppelbarriere. Der obere linke Teil der Abbildung heißt *Argand-Diagramm*. Die Achsen Re A_N und Im A_N spannen eine Ebene auf. Für einen festen Energiewert wird die komplexe Größe A_N durch den Punkt $A_N = (\text{Re}\,A_N, \text{Im}\,A_N)$ im Argand-Diagramm dargestellt. Die Linie in der Abbildung zeigt die Veränderung der komplexen Größe A_N mit der Energie. Der äußere Kreis entspricht $|A_N| = 1$. Offenbar bleibt A_N stets innerhalb dieses Kreises. Wir verfolgen die Energieabhängigkeit von $E = 0$ bis $E = 2V_0$. Dabei ist V_0 die Höhe der beiden Potentialbarrieren. Der Imaginärteil von A_N bleibt für fast alle Energien unterhalb der Barrierenhöhe V_0 in der Nähe von Null, entfernt sich aber für größere Energien von diesem Wert. Im Bereich der Resonanzen steigt Im A_N schnell an, fällt dann noch rascher auf negative Werte, um schließlich wieder auf Null anzusteigen. Der unterhalb des Kreises dargestellte Realteil von A_N zeigt ebenfalls für die meisten Energien unterhalb von V_0 nur wenig Abweichung von Null. Für höhere Energien fällt er zu negativen Werten hin ab. In den Resonanzbereichen hat er ausgeprägte Minima, die mit wachsender Energie breiter werden. Das Absolutquadrat von A_N, das rechts unten dargestellt ist, zeigt Maxima in den Resonanzbereichen, deren Breite mit der Resonanzenergie zunimmt. $|A_N|^2$ hat die Tendenz, für Energien weit oberhalb der Barrierenhöhe gegen Eins zu gehen. Für solche Energien erwarten wir völlige Transmission.

Aus dem Verhalten der komplexen Streuamplitude im Argand-Diagramm können wir jetzt die typische Signatur einer Resonanz ablesen. Außerhalb des Resonanzbereichs verändert sich A_N nur wenig mit der Energie; für Energien unterhalb der Barrierenhöhe bleibt sie stets in der Nähe des Ursprungs der komplexen Ebene. In einem Resonanzbereich durchläuft sie im Gegenuhrzeigersinn rasch einen Kreis und bewirkt so die typischen Resonanzstrukturen im Real- und Imaginärteil. Für Energien oberhalb der Barrierenhöhe kehrt die Linie in der komplexen Ebene nicht mehr zum Ursprung zurück, weil die Transmission jetzt auch außerhalb der Resonanzen an Bedeutung zunimmt.

Wir benutzen noch einen weiteren Satz von Größen, um die Wirkung des Potentials auf die Materiewellen auszudrücken. Dazu schreiben wir die komplexen Amplituden in der Form

$$
\begin{aligned}
A_N &= 1 + 2\mathrm{i}T_\mathrm{T} \quad, \\
B_\mathrm{I} &= 2\mathrm{i}T_\mathrm{R} \quad.
\end{aligned}
$$

Die *Übergangsmatrixelemente* T_T und T_R beschreiben die Abweichung der Parameter A_N und B_I von der Situation eines freien Teilchens, d. h. die Abweichung von $A_N = 1$, $B_\mathrm{I} = 0$. Dabei ist es praktisch, zusätzlich die Faktoren 2i einzuführen.

Durch Einsetzen dieser Ausdrücke in die Unitaritätsrelation für die Streu-amplituden, $|A_N|^2 + |B_I|^2 = 1$, finden wir

$$\text{Im}\, T_T = T_T T_T^* + T_R T_R^* \quad .$$

Mit Hilfe der Real- und Imaginärteile von T_T können wir diese Gleichung umschreiben:

$$(\text{Re}\, T_T)^2 + \left(\text{Im}\, T_T - \frac{1}{2}\right)^2 = \frac{1}{4} - T_R T_R^* \quad .$$

Für $T_R T_R^* = 0$ beschreibt diese Gleichung komplexe Zahlen T_T auf einem Kreis vom Radius $1/2$ mit dem Mittelpunkt $i/2$. Wegen $|B_I|^2 \leq 1$ gilt $|T_R|^2 \leq 1/4$, so dass die rechte Seite der Gleichung positiv oder null bleibt. Für nicht verschwindendes T_R liegt die komplexe Größe T_T deshalb innerhalb des Krei-ses. Abbildung 5.12b zeigt oben links das Argand-Diagramm von T_T mit dem Kreis vom Radius $1/2$ um den Mittelpunkt $i/2$ als äußere Begrenzung. Sie enthält auch die Projektionen $\text{Im}\, T_T(E)$, $\text{Re}\, T_T(E)$ sowie eine Darstellung von $|T_T(E)|^2$. Wegen des einfachen Zusammenhangs zwischen T_T und A_N finden sich alle wesentlichen Züge dieser Diagramme auch in Abb. 5.12a wieder.

In der Elementarteilchenphysik werden Argand-Diagramme wie in Abb. 5.12 zur Untersuchung der komplexen Streuamplitude benutzt. Diese Am-plitude beschreibt die Stoßwahrscheinlichkeit zweier Teilchen. Die Entde-ckung charakteristischer Strukturen im Argand-Diagramm entspricht der Ent-deckung metastabiler Zustände. Solche Zustände werden als Elementarteil-chen mit extrem kurzer Lebensdauer aufgefasst.

5.6 Der freie Fall eines Körpers

In Abschn. 4.3 haben wir uns mit einer konstanten Kraft, also mit einem li-nearen Potential beschäftigt. Die Bewegung eines Körpers der Masse m unter der Wirkung einer konstanten Kraft $F = mg$ sei anfänglich durch ein Gauß-sches Wellenpaket beschrieben. Die anfänglichen Erwartungswerte seien x_0 und $p_0 = mv_0$, die anfängliche räumliche Breite sei σ_{x0} und dementsprechend die anfängliche Impulsbreite $\sigma_p = \hbar/(2\sigma_{x0})$. Die zeitabhängige Wellenfunkti-on des Wellenpakets ist

$$\psi(x,t) = \frac{1}{\sqrt[4]{2\pi}\,\sqrt{\sigma_x}}\exp\left\{-\left(\frac{x - \langle x(t)\rangle}{2\sigma_x(t)}\right)^2\right\}$$

$$\cdot \exp\left\{\frac{i}{\hbar}\left[\left(c(t)\sigma_p\frac{x - \langle x(t)\rangle}{2\sigma_x(t)} + \langle p(t)\rangle\right)[x - \langle x(t)\rangle] + \hbar\alpha(t)\right]\right\} \quad .$$

Dabei ist

$$\alpha(t) = \frac{m}{\hbar}\left[\left(gx_0 + \frac{v_0^2}{2}\right)t + gv_0t^2 + \frac{1}{3}g^2t^3\right] - \frac{1}{2}\arctan\left(\frac{2\sigma_p^2}{\hbar m}t\right)$$

eine zeitabhängige Phase,

$$\langle x(t)\rangle = x_0 + v_0t + \frac{g}{2}t^2$$

ist der Ort eines frei fallenden klassischen Teilchens mit Anfangsort x_0 und Anfangsgeschwindigkeit v_0 und

$$\langle p(t)\rangle = p_0 + mgt$$

ist sein Impuls. Die zeitabhängige Breite des Wellenpakets ist wie bei der kräftefreien Bewegung

$$\sigma_x(t) = \left[\sigma_{x0}^2 + \frac{\sigma_p^2}{m^2}t^2\right]^{1/2} \quad .$$

Die Größe $c(t)$ ist durch

$$c(t) = \frac{\sigma_p t}{m\sigma_x(t)}$$

gegeben. Die Phase des Wellenpakets enthält einen Term, der proportional zu $[x - \langle x(t)\rangle]$ ist,

$$\phi(t) = \frac{1}{\hbar}\left[\langle p(t)\rangle + c(t)\frac{x - \langle x(t)\rangle}{2\sigma_x(t)}\sigma_p\right][x - \langle x(t)\rangle] \quad .$$

Er kann wieder als das Produkt aus einer Ortskoordinate und einer zeit- und ortsabhängigen effektiven Wellenzahl

$$k_{\text{eff}}(x,t) = \frac{1}{\hbar}\left(p_0 + mgt + c(t)\frac{x - \langle x(t)\rangle}{2\sigma_x(t)}\sigma_p\right)$$

aufgefasst werden. Sie zeigt die Korrelation zwischen x und $p = \hbar k_{\text{eff}}$. Für feste Zeit t und am Ort $x = \langle x(t)\rangle$ ist die effektive Wellenzahl

$$k_{\text{eff}}(\langle x(t)\rangle, t) = \frac{1}{\hbar}(p_0 + mgt) \quad .$$

Das bedeutet, dass am klassischen Ort des Teilchens zur Zeit t der Impuls den klassischen Wert $p_0 + mgt$ besitzt. Für Orte $x > \langle x(t)\rangle$ ist die effektive Wellenzahl größer als $(p_0 + mgt)/\hbar$. Für $x < \langle x(t)\rangle$ ist sie kleiner.

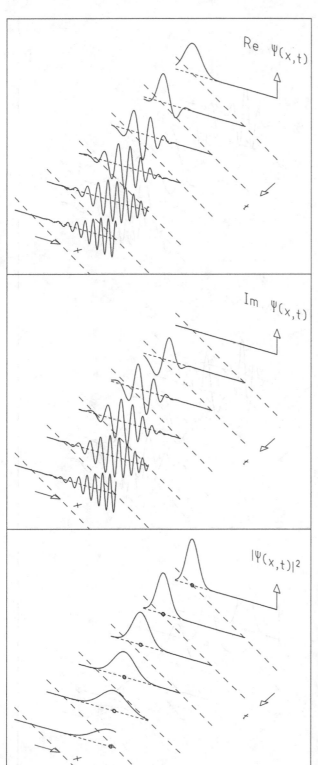

Abb. 5.13 Zeitentwicklung von Realteil, Imaginärteil und Absolutquadrat der Wellenfunktion eines Wellenpakets, das ursprünglich in Ruhe ist und von einer konstanten Kraft nach rechts gezogen wird. Das (lineare) Potential der Kraft ist durch die langgestrichelte Linie angedeutet, der Erwartungswert der Energie des Wellenpakets durch die kurzgestrichelte Linie, die auch als Nulllinie für die dargestellte Funktion dient. Die kleinen Kreise deuten die Lagen eines klassischen Teilchens mit Anfangsort und -impuls an, die gleich den entsprechenden Erwartungswerten des Wellenpakets sind.

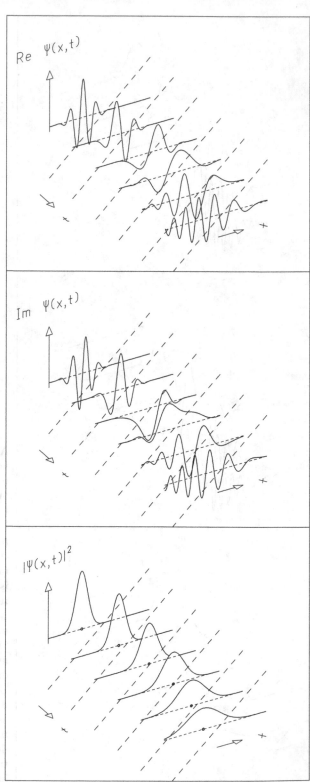

Abb. 5.14 Wie Abb. 5.13, jedoch für eine Anfangsgeschwindigkeit $v_0 > 0$ und für eine nach links ziehende Kraft.

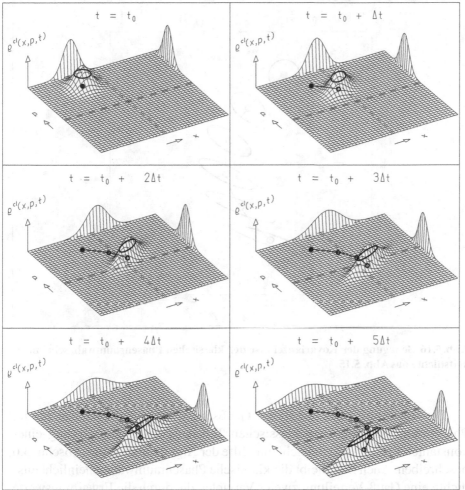

Abb. 5.15 Zeitentwicklung der klassischen Phasenraumdichte $\rho^{\mathrm{cl}}(x, p, t)$**, die der quantenmechanischen Situation in Abb. 5.14 entspricht. Die Bahn des Punktes** $(\langle x(t)\rangle, \langle p(t)\rangle)$**, der durch die Erwartungswerte in Ort und Impuls gegeben ist, wird in jedem Teilbild für das Zeitintervall zwischen** $t = t_0 = 0$ **und der aktuellen Zeit** t **gezeigt. Ebenfalls dargestellt sind die Randverteilungen** $\rho_x^{\mathrm{cl}}(x, t)$ **des Ortes und** $\rho_p^{\mathrm{cl}}(p, t)$ **des Impulses.**

In Abb. 5.13 zeigen wir die Zeitentwicklung der Wellenfunktion und ihres Absolutquadrats für ein ursprünglich ruhendes Teilchen, $v_0 = 0$, das durch die konstante Kraft $F = mg$ nach rechts gezogen wird. Sie ist eine Darstellung des freien Falles eines quantenmechanisch beschriebenen Teilchens.

In Abb. 5.14 ist die Situation etwas komplizierter. Das Teilchen hat eine Anfangsgeschwindigkeit $v_0 > 0$ und die konstante Kraft zieht es jetzt nach links, $g < 0$. Die entsprechende klassische Bewegung ist die eines Steins, der gegen die Schwerkraft nach oben geworfen wird.

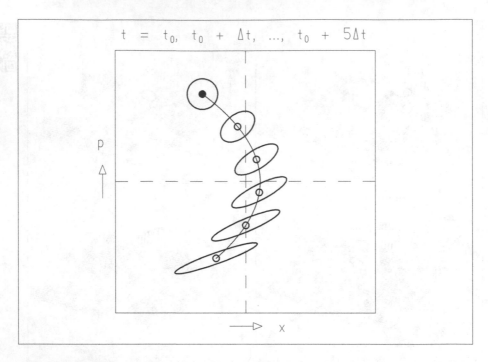

Abb. 5.16 Bewegung der Kovarianzellipse der klassischen Phasenraumwahrscheinlich-keitsdichte aus Abb. 5.15.

Die Bewegung eines durch eine Gaußsche Wahrscheinlichkeitsdichte im Phasenraum beschriebenen klassischen Teilchens unter der Wirkung einer konstanten Kraft lässt sich leicht mit Hilfe der Argumentation aus Abschn. 3.6 beschreiben. Auch hier bleibt die klassische Phasenraumwahrscheinlichkeitsdichte eine Gauß-Verteilung zweier Variabler, die durch die Erwartungswerte $\langle x(t) \rangle$ und $\langle p(t) \rangle$ von Ort und Impuls, die Breiten $\sigma_x(t)$ und σ_p – letztere ist eine Konstante – und den Korrelationskoeffizienten $c(t)$ beschrieben wird. Für alle fünf Größen liefert die klassische und die quantenmechanische Rechnung das gleiche Ergebnis. Darüber hinaus sind die Breiten und der Korrelationskoeffizient dieselben wie beim kräftefreien Teilchen.

Die Zeitentwicklung der klassischen Phasenraumwahrscheinlichkeitsdichte eines Teilchens mit einer Anfangsgeschwindigkeit entgegen der Richtung der konstanten Kraft ist in Abb. 5.15 dargestellt. Der Punkt $(\langle x(t) \rangle, \langle p(t) \rangle)$, der durch die Erwartungswerte in Ort und Impuls gegeben ist, bewegt sich in der (x, p)-Ebene auf einer Parabel. Die ursprünglich unkorrelierte Verteilung entwickelt im Laufe der Zeit eine wachsende Korrelation zwischen Ort und Impuls. Während die Impulsbreite konstant bleibt, wächst die Ortsbreite. Diese Aussagen lassen sich auch aus Abb. 5.16 ablesen, die die Bewegung der Kovarianzellipse im Phasenraum zeigt.

5.7 Streuung an einem stückweise linearen Potential

Die groben Züge der Streuung sind ähnlich für ein stückweise konstantes Potential aus den Beispielen in den Abschnitten 5.1 bis 5.5 und für ein stückweise lineares Potential. Die Lösung der Schrödinger-Gleichung für letzteres haben wir in Abschn. 4.3 besprochen. Hier zeigen wir einige Beispiele. Das Potential in den Abbildungen 5.17 bis 5.19 kann als dreieckiger Potentialgraben angesehen werden, der zwischen zwei dreieckigen Barrieren mit senkrechten äußeren Kanten eingeschlossen ist. Abbildung 5.17 enthält die stationären Zustände für verschiedene Energien der einlaufenden Welle. Für den mittleren Energiewert zeigen die Wellenfunktion und ihr Absolutquadrat die typischen Resonanzeigenschaften, die wir aus Abschn. 5.4 und 5.5 kennen: Das Absolutquadrat ist auf beiden Seiten der Potentialstruktur konstant und zeigt damit an, dass keine Reflexion stattfindet, d. h. keine Interferenz zwischen einlaufender und reflektierter Welle. Darüber hinaus tragen Wellenfunktion und Absolutquadrat innerhalb der Potentialstruktur charakteristische Merkmale, zwei Knoten im Realteil der Wellenfunktion, zwei Nullstellen in ihrem Absolutquadrat, die uns an die dritte Resonanz im System der Doppelbarriere aus Abschn. 5.4 und 5.5 erinnern, und insbesondere an Abb 5.11. Im vorliegenden Fall haben wir es allerdings mit der Resonanz niedrigster Energie zu tun. Es ist die erste Resonanz. Ihre Struktur mit zwei Knoten wird durch den Potentialgraben zwischen den beiden Barrieren verursacht.

Ein Potential dieser Form kann gebundene Zustände besitzen. In unserem speziellen Fall sind es zwei; sie haben null bzw. einen Knoten. Die erste Resonanz zeigt Symmetrieeigenschaften, die denen des nächsten gebundenen Zustandes ähnlich wären, würde er existieren. Zum Vergleich stellen wir in Abb. 5.18 die beiden gebundenen Zustände und den Streuzustand der ersten Resonanz dar. Die Abbildung zeigt auch, dass – abgesehen von einer Phasenverschiebung um etwa $\pi/2$ – bei der Resonanzenergie einfallende und transmittierte Welle identisch sind. Auf diese Eigenschaft werden wir noch näher eingehen, wenn wir in den Kapiteln 12 und 15 die Streuung in drei Dimensionen besprechen.

Wir wenden uns jetzt noch dem Zeitverhalten der Wellenfunktion bei der Resonanzenergie zu. Abbildung 5.19 zeigt die Zeitentwicklung von Real- und Imaginärteil für ein Zeitintervall von einer halben Schwingungsperiode der einfallenden harmonischen Welle. In dieser Zeit haben sowohl die einfallende Welle links von der Potentialstruktur als auch die transmittierte rechts davon die gleiche konstante Amplitude und Wellenlänge. Sie laufen in die positive x-Richtung, ohne ihre Form zu verändern. Innerhalb der Potentialstruktur beobachtet man dagegen das typische Auf und Ab einer stehenden Welle. Das Absolutquadrat ist zeitunabhängig und hat die Form des mittleren Diagramms im unteren Teilbild von Abb. 5.17.

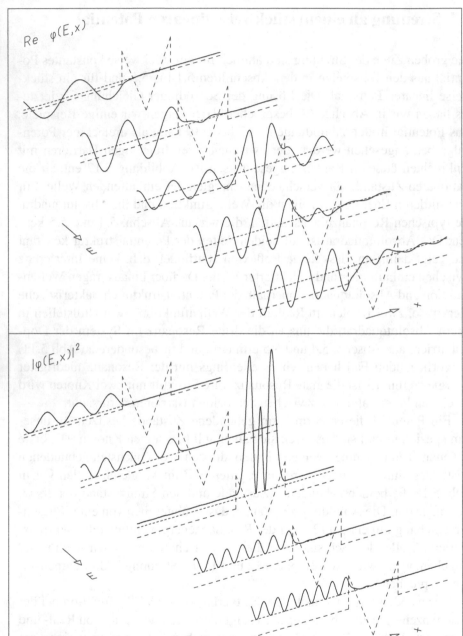

Abb. 5.17 Stationäre Streuzustände in einem stückweise linearen Potential. Dargestellt ist der Realteil (oben) und das Absolutquadrat (unten) der stationären Wellenfunktionen für verschiedene Energiewerte. Das Diagramm im Zentrum beider Teilbilder entspricht der Resonanzenergie.

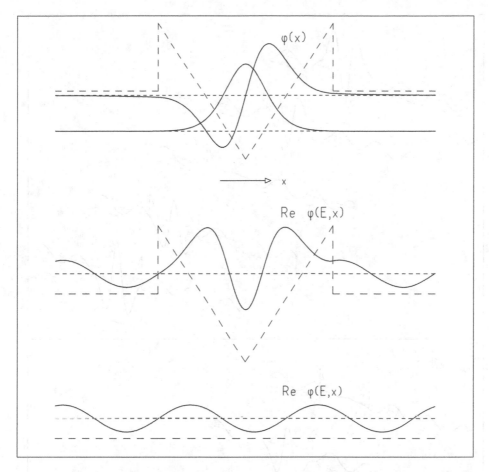

Abb. 5.18 Für das Potential aus Abb. 5.17 existieren zwei gebundene Zustände (oben). Die Wellenfunktion des Zustandes niedrigster Energie hat keinen Knoten, die des in der Energie höheren hat einen. Der Realteil (Mitte) und der Imaginärteil der stationären Wellenfunktion der ersten Resonanz haben zwei Knoten innerhalb der Potentialstruktur. Unten ist die einfallende Welle als freie Welle, d. h. unbeeinflusst vom Potential, dargestellt. Der Vergleich mit dem mittleren Teilbild zeigt, dass sich bei der Resonanzenergie die einlaufende und die transmittierte Welle nur durch eine Phasenverschiebung um etwa $\pi/2$ unterscheiden.

Wir beschließen diesen Abschnitt mit der Beobachtung des Durchlaufs eines Wellenpakets durch verschiedene stückweise lineare Potentiale. Abbildung 5.20 zeigt ein Gaußsches Wellenpaket während es einen breiten dreieckigen Potentialgraben durchläuft. Das entsprechende klassische Teilchen (symbolisiert durch den kleinen Kreis im unteren Teilbild von Abb. 5.20) bewegt sich mit konstanter Geschwindigkeit in den Bereichen vor und hinter dem Potentialgraben; es wird in dessen erster Hälfte beschleunigt und in der zweiten abgebremst. Die Wahrscheinlichkeitsdichte wird bei der Beschleuni-

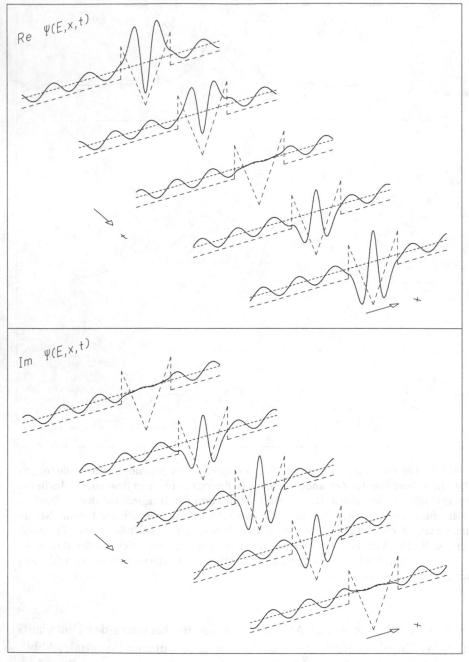

Abb. 5.19 Das stückweise lineare Potential aus Abb. 5.17 wird von einer harmonischen Welle bei Resonanzenergie durchlaufen. Die Zeitentwicklungen des Realteils (oben) und des Imaginärteils (unten) der Wellenfunktion sind über eine halbe Schwingungsperiode dargestellt.

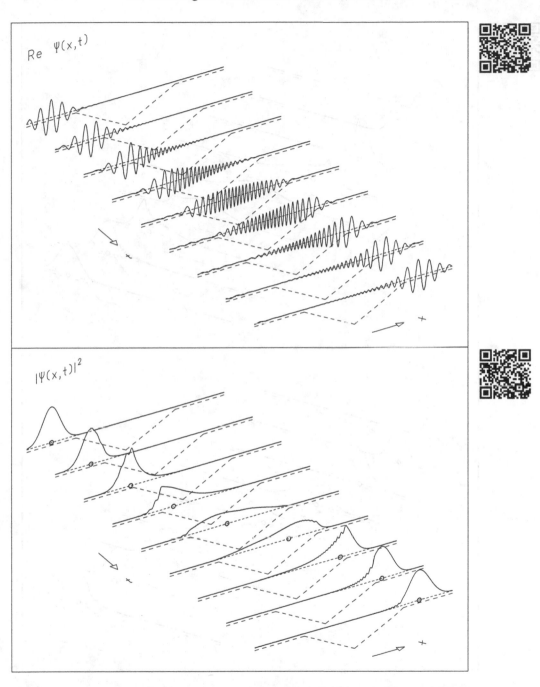

Abb. 5.20 Wellenpaket beim Durchlaufen eines dreieckigen Potentialgrabens. Zeitentwicklungen des Realteils der Wellenfunktion (oben) und der Wahrscheinlichkeitsdichte (unten).

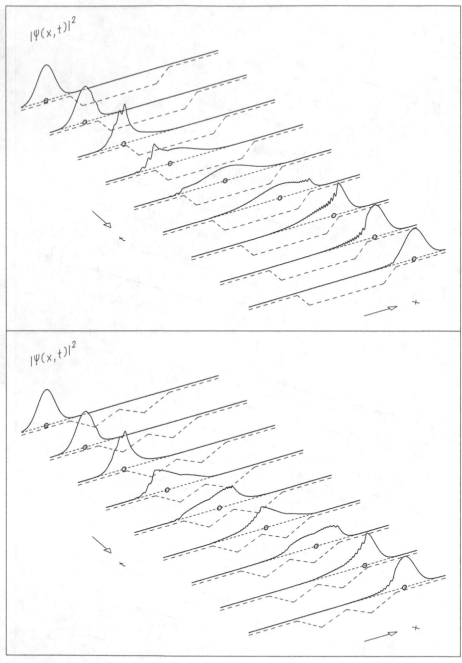

Abb. 5.21 Wellenpaket beim Durchlaufen eines trapezförmigen Potentialgrabens, d. h. eines „Kastenpotentials" mit schiefen Kanten (oben), und eines doppelt-dreieckigen Grabens (unten). Für beide Fälle ist nur die Wahrscheinlichkeitsdichte dargestellt. Es treten schwache Interferenzen auf wegen der Knickstellen des Potentials. Es gibt nur sehr geringe Reflexion.

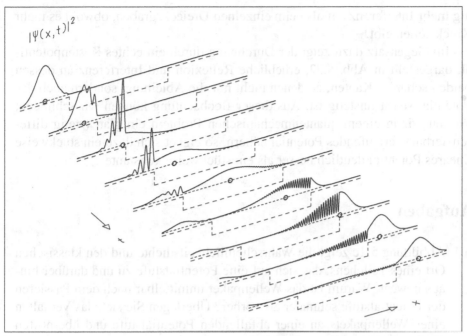

Abb. 5.22 Wellenpaket beim Durchlaufen eines echten Kastenpotentials mit scharfen Kanten. Die Wahrscheinlichkeitsdichte zeigt ausgeprägte Interferenzen und deutliche Reflexion.

gung auseinander gezogen und beim Abbremsen wieder gestaucht. Am Ende ist das Paket etwas verbreitert, ähnlich wie ein freies Wellenpaket nach Durchlaufen einer Strecke. Am Realteil der Wellenfunktion können wir die Impulsstruktur des Pakets durch Beobachtung der lokalen Wellenlänge ablesen. Letztere ist groß (entsprechend einem kleinen Impuls) in den Bereichen konstanten Potentials und variiert erheblich im Bereich des Potentialgrabens. Hier ist sie am kleinsten im Bereich des Minimums. Es gibt nur geringe Verzerrungen des Wellenpakets durch Interferenz einlaufender und reflektierter Wellen an Knickstellen des Potentials, die sich in leichten Oszillationen zeigen, die auf der Kurve auftreten, die die Wahrscheinlichkeitsdichte darstellt.

Wir verfolgen die letztgenannte Erscheinung noch ein wenig weiter, indem wir noch die Passage eines Wellenpakets durch zwei weitere stückweise lineare Potentialgräben betrachten. Einer ähnelt dem Potentialkasten. Allerdings sind seine Wände schräg; in deren Bereich ist das Potential eine lineare Funktion von x. Der andere ist aus zwei Dreiecksgräben zusammengesetzt. In Abb. 5.21 beobachten wir, dass die Passage durch den trapezförmigen Graben der durch den Dreiecksgraben recht ähnlich ist. Auch die durch den doppelten Dreiecksgraben ist nicht allzu verschieden. Allerdings wird das Wellenpaket in der Mitte dieses Grabens zusätzlich verzerrt. In beiden Fällen tritt nur wenig mehr Interferenz auf als beim einzelnen Dreiecksgraben, obwohl es mehr Knickstellen gibt.

Im Gegensatz dazu zeigt der Durchgang durch ein echtes Kastenpotential, dargestellt in Abb. 5.22, erhebliche Reflexion und Interferenz an dessen beiden scharfen Kanten, an denen nicht nur die Ableitung, sondern auch das Potential selbst unstetig ist. Aus dieser Beobachtung können wir schließen: Wollen wir in einem quantenmechanischen Problem ein glatt (stetig differenzierbar) verlaufendes Potential nähern, so eignet sich dazu ein stückweise lineares Potential deutlich besser als ein stückweise konstantes.

Aufgaben

5.1 Abbildung 5.1c zeigt die Wahrscheinlichkeitsdichte und den klassischen Ort eines Teilchens, das sich auf eine Potentialstufe zu und darüber hinaus bewegt. Warum ist das Wellenpaket unmittelbar nach dem Passieren der Potentialstufe schmaler als vorher? Überlegen Sie sich das Verhalten eines Wellenpakets an einer abfallenden Potentialstufe und überprüfen Sie Ihre Überlegung an Abb. 5.3c.

5.2 Bestimmen Sie die Verhältnisse der Amplituden eines metastabilen Zustandes für äquidistant aufeinanderfolgende Zeitpunkte. Benutzen Sie ein Lineal, um die Amplituden in Abb. 5.9 abzulesen. Für größere Zeiten werden die Verhältnisse konstant. Das ist ein Hinweis auf einen exponentiellen Zerfall. Warum ist der Zerfall anfänglich langsamer?

5.3 Fertigen Sie eine Graphik der Amplituden der Wahrscheinlichkeitsdichte im Bereich zwischen den beiden Potentialwällen für die Energien E_i an, die den dreizehn in Abb. 5.11 dargestellten Energien entsprechen. Die Energien sind äquidistant, d. h. $E_{i+1} - E_i = \Delta E =$ konstant. Passen Sie an die Graphik eine *Breit-Wigner-Verteilung*

$$f(E) = A \frac{\Gamma^2/4}{(E - E_r)^2 + \Gamma^2/4}$$

an. Nehmen Sie für E_r die Energie mit der maximalen Amplitude und geben Sie die Breite Γ der Verteilung in Einheiten von ΔE an.

5.4 Aus Abb. 5.12 können Sie die Resonanzenergien des Potentials mit der Doppelbarriere ablesen. Berechnen Sie die Verhältnisse der Resonanzenergien für die drei Resonanzen niedrigster Energie in Abb. 5.12b. Vergleichen Sie die Verhältnisse mit denen für die Energien der gebundenen Zustände in Abb. 4.9. Vergleichen Sie die beiden Sätze von Verhältnissen mit Abb. 6.1 und der Formel für den tiefen Potentialgraben, die zu Beginn von Abschn. 6.1 angegeben ist.

6 Eindimensionale Quantenmechanik: Bewegung in einem Potential. Stationäre gebundene Zustände

Bisher haben wir die Bewegung von Teilchen der Gesamtenergie $E = E_{\text{kin}} + V$ betrachtet, die wenigstens im Bereich I, in dem das Teilchen einläuft, positiv ist. Natürlich ist klassische Bewegung auch innerhalb eines endlichen Raumbereichs für negative Gesamtenergien möglich, solange die kinetische Energie $E_{\text{kin}} = E - V$ dort positiv ist. Wir betrachten jetzt ein solches System vom Standpunkt der Quantenmechanik aus.

6.1 Spektrum des tiefen Potentialgrabens

Als besonders einfachen Fall betrachten wir die kräftefreie Bewegung in einem Bereich verschwindenden Potentials zwischen zwei unendlich hohen Wänden bei $x = -d/2$ und $x = d/2$. Weil das Potential außerhalb dieses Gebiets unendlich ist, verschwinden dort die Lösungen der zeitunabhängigen Schrödinger-Gleichung. Innerhalb des Gebiets haben sie die einfache Form

$$\varphi_n(x) = \sqrt{\frac{2}{d}} \cos\left(n\pi \frac{x}{d}\right) \quad , \qquad n = 1, 3, 5, \ldots \quad ,$$

oder

$$\varphi_n(x) = \sqrt{\frac{2}{d}} \sin\left(n\pi \frac{x}{d}\right) \quad , \qquad n = 2, 4, 6, \ldots \quad .$$

Die Energien dieser gebundenen Zustände sind

$$E_n = \frac{1}{2m}\left(\frac{\hbar n\pi}{d}\right)^2 \quad , \qquad n = 1, 2, 3, \ldots \quad ,$$

wie man durch Einsetzen von φ_n in die zeitunabhängige Schrödinger-Gleichung

$$-\frac{\hbar^2}{2m}\frac{\mathrm{d}^2}{\mathrm{d}x^2}\varphi_n = E_n \varphi_n$$

leicht nachrechnet, die zwischen den beiden Wänden gilt. Abbildung 6.1 zeigt die Wellenfunktion, die Wahrscheinlichkeitsdichte und das Energiespektrum. Der niedrigste Zustand bei E_1 heißt *Grundzustand*. Er hat die endliche Energie $E_1 > 0$, also eine kinetische Energie $E_{kin} > 0$, weil die potentielle Energie V per Konstruktion null ist. Dies ist bereits ein wesentlicher Unterschied zur klassischen Mechanik, in welcher der Zustand niedrigster Energie natürlich der Ruhezustand des Teilchens mit $E = E_{kin} = 0$ ist. Die Energie der Zustände nimmt proportional zu n^2 zu. Die *Quantenzahl n* ist gleich Eins plus der Anzahl der Knoten der Wellenfunktion im Bereich $-d/2 < x < d/2$. Das bedeutet, die Grenzen $x = \pm d/2$ bleiben bei der Zählung der Knoten unberücksichtigt. Die Wellenfunktion hat gerade bzw. ungerade Symmetrie bezüglich des Punktes $x = 0$, je nachdem ob n ungerade oder gerade ist. Wir sagen, gerade Wellenfunktionen, hier Kosinusfunktionen, haben *gerade* oder *natürliche Parität*, ungerade Wellenfunktionen *ungerade* oder *unnatürliche Parität*. Offenbar haben Wellenfunktionen mit gerader Knotenzahl gerade Parität und solche mit ungerader Knotenzahl ungerade Parität. Diese Eigenschaften gelten auch für andere eindimensionale Potentiale, die eine Spiegelsymmetrie besitzen.

6.2 Teilchenbewegung im tiefen Potentialgraben

In Abschn. 6.1 haben wir das Spektrum der Eigenwerte E_n der Wellenfunktionen, die die zugehörigen Eigenzustände $\varphi_n(x)$ im tiefen Potentialgraben beschreiben, gefunden. Die Lösungen der zeitabhängigen Schrödinger-Gleichung erhalten wir durch Multiplikation von $\varphi_n(x)$ mit dem Faktor $\exp(-\mathrm{i}E_n t/\hbar)$. Durch geeignete Überlagerung solcher zeitabhängiger Lösungen können wir ein bewegtes Wellenpaket aufbauen, das zur Anfangszeit $t = 0$ glockenförmig ist und den Impulsmittelwert p_0 besitzt. Seine Wellenfunktion ist

$$\psi(x,t) = \sum_{n=1}^{\infty} a_n(p_0, x_0)\varphi_n(x)\exp\left[-\frac{\mathrm{i}}{\hbar}E_n t\right] \quad .$$

Dabei wurden die Koeffizienten $a_n(p_0, x_0)$ so gewählt, dass sich eine Glockenform um den Ort x_0 zur Zeit $t = 0$ und der Impulsmittelwert p_0 ergibt.

Abbildung 6.2 zeigt die Zeitentwicklung der Wahrscheinlichkeitsdichte $|\psi(x,t)|^2$ eines solchen Wellenpakets. Wir beobachten, dass das Wellenpaket zur Zeit $t = 0$ gut um den Anfangsort x_0 des klassischen Teilchens lokalisiert ist. Es läuft auf eine der Potentialwände zu, an der es reflektiert wird. Dabei entsteht das typische Muster einer Interferenz zwischen einlaufender und reflektierter Welle. Dieses Muster entspricht ganz dem, das beim Auftreffen eines freien Wellenpakets auf eine Potentialstufe entsteht, vgl. Abb. 5.2c. Das Wellenpaket läuft zwischen beiden Wänden hin und her und ist bald so breit,

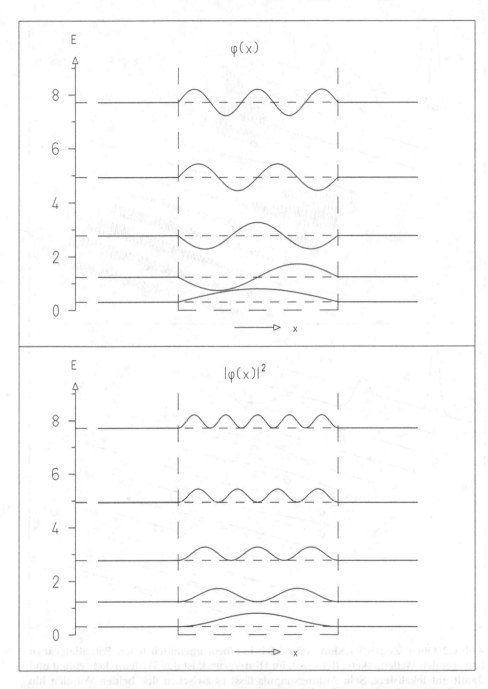

Abb. 6.1 Gebundene Zustände in einem unendlich tiefen Potentialgraben. Die lang-gestrichelte Linie deutet die potentielle Energie $V(x)$ an. Sie verschwindet für $-d/2 < x < d/2$ und ist überall sonst unendlich. Die Punkte $x = \pm d/2$ sind als senkrech-te Wände angedeutet. Links im Bild ist eine Energieskala eingezeichnet und rechts von ihr sind die Energien der gebundenen Zustände niedriger Energie durch horizontale Linien markiert. Diese Linien werden auch weiter rechts in kurzer Strichelung fortge-führt. Sie dienen als Nulllinien für die Wellenfunktionen $\varphi(x)$ und die Wahrscheinlich-keitsdichten $|\varphi(x)|^2$ der gebundenen Zustände.

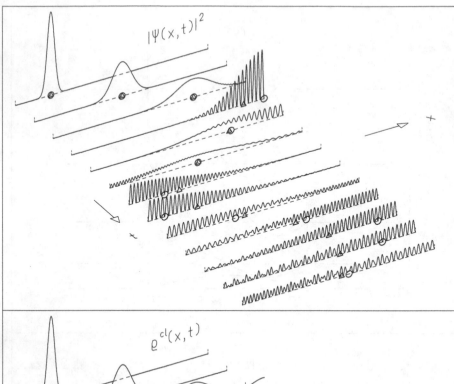

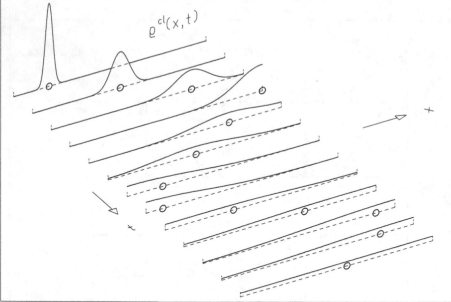

Abb. 6.2 Oben: Zeitentwicklung eines sich in einem unendlich tiefen Potentialgraben bewegenden Wellenpakets. Bei $t = 0$, im Hintergrund, ist das Wellenpaket schmal und damit gut lokalisiert. Sein Anfangsimpuls lässt es zwischen den beiden Wänden hin und her laufen. Deutlich zu sehen sind das charakteristische Interferenzmuster bei der Reflexion und die Dispersion des Wellenpakets mit der Zeit. Der kleine Kreis deutet den Ort des entsprechenden klassischen Teilchens an. Der quantenmechanische Erwartungswert wird durch ein kleines Dreieck angedeutet. Unten: Zeitentwicklung der räumlichen Wahrscheinlichkeitsdichte, berechnet für die dem quantenmechanischen Wellenpaket entsprechende klassische Phasenraumverteilung.

dass es beide Wände gleichzeitig berührt und auf beiden Seiten Interferenzmuster entwickelt.

Es ist natürlich interessant, zum Vergleich die räumliche Wahrscheinlichkeitsdichte $\rho^{\mathrm{cl}}(x,t)$ zu betrachten, wie sie sich aus der entsprechenden klassischen Phasenraumwahrscheinlichkeitsdichte ergibt. Sie ist im unteren Teil
von Abb. 6.2 dargestellt. Solange das Gros der Wahrscheinlichkeitsdichte sich
nicht in der Nähe der Wände befindet, sind die quantenmechanische Wahr-
scheinlichkeitsdichte $|\psi(x,t)|^2$ und die klassische Dichte $\rho^{\mathrm{cl}}(x,t)$ sehr ähn-
lich.

In der Nähe der Wände zeigt allerdings das quantenmechanische Wellenpaket die typischen Interferenzmuster, die von der Superposition eines auf
die Wand zulaufenden und eines von ihr reflektierten Wellenpakets herrühren.
Wegen der Dispersion des Wellenpakets mit der Zeit erfüllt dieses Interferenzmuster nach einiger Zeit den ganzen Potentialgraben. Für die Zeitentwicklung
der klassischen Phasenraumdichte tritt keinerlei Interferenz auf. Sie erhalten
wir als die Summe

$$
\rho_x^{\mathrm{cl}}(x,t) = \frac{1}{\sqrt{2\pi}\,\sigma_x(t)} \sum_{n=-\infty}^{\infty} \left\{ \exp\left[-\frac{(x - v_0 t - 2nd)^2}{2\sigma_x^2(t)} \right] \right.
$$
$$
\left. + \exp\left[-\frac{(x + v_0 t - (2n+1)d)^2}{2\sigma_x^2(t)} \right] \right\}
$$

mit der zeitabhängigen Breite

$$
\sigma_x(t) = \sigma_{x0} \sqrt{1 + \left(\frac{\sigma_p t}{\sigma_{x0} m} \right)^2}
$$

eines freien Wellenpakets durch einfache Verallgemeinerung der am Ende von
Abschn. 5.2 angegebenen Summe für die Reflexion an einer hohen Potentialstufe auf die wiederholte Reflexion zwischen zwei hohen Wänden.

Wir untersuchen jetzt das quantenmechanische Wellenpaket im tiefen Potentialgraben über einen sehr langen Zeitraum. Am Ende des in Abb. 6.2 dar-
gestellten Zeitraums erfüllt die Wahrscheinlichkeitsdichte $|\psi(x,t)|^2$ die vol-
le Breite des Potentialgrabens, und man könnte geneigt sein, anzunehmen,
dass dies so bliebe. Man sieht aber leicht, dass die quantenmechanische Wellenfunktion $\psi(x,t)$ eine Fourier-Reihe ist, die periodisch in der Zeit mit der
Periode

$$
T_1 = \frac{2\pi}{\omega_1}
$$

sein muss. Dabei ist ω_1 die Kreisfrequenz des Grundzustands der Wellenfunktion,

$$
\omega_1 = \frac{E_1}{\hbar} = \frac{\hbar}{2m} \left(\frac{\pi}{d} \right)^2 \quad .
$$

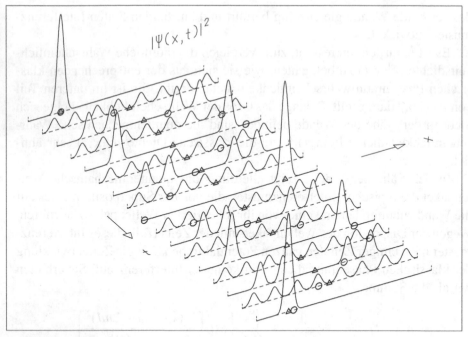

Abb. 6.3 Zeitentwicklung des Wellenpakets aus Abb. 6.2 dargestellt über eine volle Wiederkehrperiode T_1. **Das in Abb. 6.2 dargestellte Zeitintervall ist** $T_1/60$.

Da alle Energien E_n, $n = 2, 3, \ldots$, Vielfache von E_1 sind, ist die Periode des Grundzustands auch die Periode der Superposition $\psi(x,t)$, die das Wellenpaket beschreibt. Wegen dieser zeitlichen Periodizität muss das ursprüngliche Wellenpaket wiederhergestellt sein, nachdem die Zeit T_1 verflossen ist. In Abb. 6.3 zeigen wir die Zeitabhängigkeit des schon in Abb. 6.2 dargestellten Wellenpakets über die volle Periode T_1 und finden in der Tat das erwartete Verhalten.

Die Periodizität heißt *Wiederkehr* des Wellenpakets. Wir werden in Abschn. 13.5 sehen, dass dieses Phänomen auch bei der Bewegung eines Wellenpakets im Coulomb-Potential, d. h. also im Wasserstoffatom, näherungsweise auftritt. Mehr oder weniger gibt es sie in allen Systemen mit diskretem Energiespektrum und vernünftigen Abständen zwischen den Energieniveaus. Im Fall des tiefen Potentialgrabens handelt es sich allerdings um eine exakte Wiederkehr des Wellenpakets.

Zusätzlich zur Wiederkehr bei $t = T_1$ beobachten wir auch *fraktionelle Wiederkehr* zu den Zeiten $t = (k/\ell)T_1$. Dabei sind k und ℓ ganze Zahlen. Da in Abb. 6.3 die Zeit T_1 in sechzehn gleiche Intervalle eingeteilt ist, können wir leicht das Wellenpaket zu den Zeiten $t = T_1/2$, $T_1/4$, $T_1/8$ und $T_1/16$ beobachten. Zu diesen Zeitpunkten besteht die Wellenfunktion $|\psi(x,t)|^2$ aus 1, 2, 4 bzw. 8 gut getrennten „Gaußschen" Buckeln.

6.3 Spektrum des harmonischen Oszillators

Das Teilchen im tiefen Potentialgraben erfährt eine Kraft nur beim Aufprall auf die Wand. Eine einfache dauernd wirkende Kraft $F(x)$ ist die Federkraft, die dem Hookeschen Gesetz

$$F(x) = -kx \quad , \qquad k > 0 \quad ,$$

folgt. Die Kraft, auch *harmonische Kraft* genannt, ist rücktreibend und proportional zur Auslenkung x aus der Gleichgewichtslage $x = 0$. Ein physikalisches System, in dem ein Teilchen sich unter der Wirkung einer harmonischen Kraft bewegt, heißt *harmonischer Oszillator*. Die Proportionalitätskonstante k ist ein Maß für die Steifheit der Feder. Die in der Feder gespeicherte potentielle Energie ist

$$V(x) = \frac{k}{2}x^2 \quad .$$

Ein klassisches Teilchen der Masse m führt *harmonische Schwingungen* der Kreisfrequenz

$$\omega = \sqrt{k/m}$$

aus, so dass $V(x)$ auch in der Form $V(x) = (m/2)\omega^2 x^2$ ausgedrückt werden kann. Setzen wir diesen Ausdruck in die zeitunabhängige Schrödinger-Gleichung ein, so erhalten wir

$$\left(-\frac{\hbar^2}{2m}\frac{d^2}{dx^2} + \frac{m}{2}\omega^2 x^2 \right) \varphi(x) = E\varphi(x) \quad .$$

Mit der dimensionslosen Variablen

$$\xi = \frac{x}{\sigma_0} \quad , \qquad \sigma_0 = \sqrt{\hbar/(m\omega)} \quad ,$$

vereinfacht sich diese Gleichung auf die Form

$$\frac{1}{2}\left(-\frac{d^2}{d\xi^2} + \xi^2 \right) \phi(\xi) = \varepsilon\phi(\xi) \quad , \qquad \phi(\xi) = \varphi(\sigma_0\xi) \quad .$$

Der dimensionslose Eigenwert $\varepsilon = E/\hbar\omega$ gibt die Energie des Oszillators in Vielfachen des Planckschen Energiequantums $\hbar\omega$ an.

Die Lösungen der Schrödinger-Gleichung des harmonischen Oszillators für die Eigenwerte

$$\varepsilon_n = n + \frac{1}{2} \quad , \qquad n = 0, 1, 2, \dots \quad ,$$

sind normierbar (vgl. Abschn. 4.4). Damit ergeben sich die Energieeigenwerte des harmonischen Oszillators zu

$$E_n = \varepsilon_n \hbar\omega = \left(n + \frac{1}{2}\right)\hbar\omega \quad .$$

Der Zustand niedrigster Energie $E_0 = \hbar\omega/2$ ist der Grundzustand. Die Energien E_n höherer Zustände unterscheiden sich vom Grundzustand durch die Energie von n Quanten. Jedes hat die Energie $\hbar\omega$ des Planckschen Energiequantums (vgl. Kap. 1).

Die normierten Eigenfunktionen, ausgedrückt durch die Variable ξ, können in der Form

$$\phi_n(\xi) = (\sqrt{\pi}\, 2^n n!)^{-1/2} H_n(\xi) e^{-\xi^2/2} \quad , \qquad n = 0, 1, 2, \ldots \quad ,$$

dargestellt werden. Dabei sind die $H_n(\xi)$ die *Hermiteschen Polynome*. Diese sind durch

$$H_0(\xi) = 1 \quad , \qquad H_1(\xi) = 2\xi$$

und für höhere Werte von n durch die Rekursionsformel

$$H_n(\xi) = 2\xi\, H_{n-1}(\xi) - 2(n-1)H_{n-2}(\xi) \quad , \qquad n = 2, 3, \ldots \quad ,$$

gegeben. Abbildung 6.4 zeigt die Hermiteschen Polynome $H_n(\xi)$ und die normierten Eigenfunktionen $\phi_n(\xi)$ für niedrige Werte von n.

Die in x normierten Eigenfunktionen $\varphi_n(x)$ sind

$$\varphi_n(x) = (\sigma_0 \sqrt{\pi}\, 2^n n!)^{-1/2} H_n\left(\frac{x}{\sigma_0}\right) \exp\left(-\frac{x^2}{2\sigma_0^2}\right) \quad .$$

Sie sind in Abb. 6.5 zusammen mit der potentiellen Energie $V(x)$ dargestellt. Die gestrichelten Linien geben die Energieeigenwerte in Bezug auf das Potentialminimum an. Sie dienen auch als Nulllinien für die zugehörigen Eigenfunktionen φ_n. Auf der linken Seite ist das Energiespektrum dargestellt. Der Exponentialfaktor $\exp(-\xi^2/2)$ in der Formel für φ_n stellt sicher, dass

$$\varphi_n(x) \to 0 \quad \text{für} \quad |x| \to \infty \quad ,$$

und macht die Wellenfunktionen normierbar.

Abbildung 6.5 gibt auch die Wahrscheinlichkeitsdichten $|\varphi_n(x)|^2$ wieder und zeigt, dass auch in Bereichen, in denen E kleiner ist als V, eine gewisse Aufenthaltswahrscheinlichkeit für das Teilchen besteht. Das Absolutquadrat der Wellenfunktion des Grundzustandes, ausgedrückt durch die Ortsvariable $x = \sigma_0 \xi$, hat die Form

$$|\varphi_0(x)|^2 = \frac{1}{\sqrt{\pi}\,\sigma_0} \exp\left(-\frac{x^2}{2\sigma_0^2/2}\right) \quad .$$

Das ist offenbar eine Gauß-Verteilung, vgl. Abschn. 2.4. Ihr Exponent zeigt, dass die Breite der Wahrscheinlichkeitsdichte im Grundzustand des harmonischen Oszillators gleich $\sigma_0/\sqrt{2}$ ist.

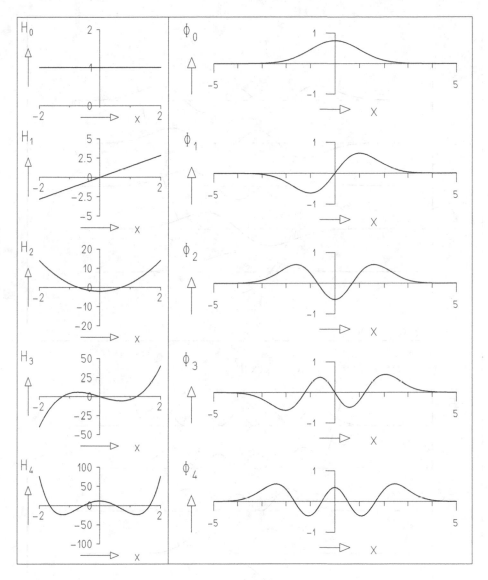

Abb. 6.4 Hermitesche Polynome $H_n(x)$ und Eigenfunktionen $\phi_n(x)$ des harmonischen Oszillators für niedrige Werte von n.

6.4 Harmonische Teilchenbewegung

Wir betrachten jetzt die quantenmechanische Beschreibung der Bewegung eines Teilchens unter dem Einfluss einer harmonischen Kraft. Das Teilchen ist zur Anfangszeit $t = 0$ in Ruhe und befindet sich an der Stelle $x = x_0 \neq 0$, die nicht die Gleichgewichtslage des Oszillators ist. Durch eine Wellenfunktion ausgedrückt ist der Anfangszustand ein Gaußsches Wellenpaket der Breite σ

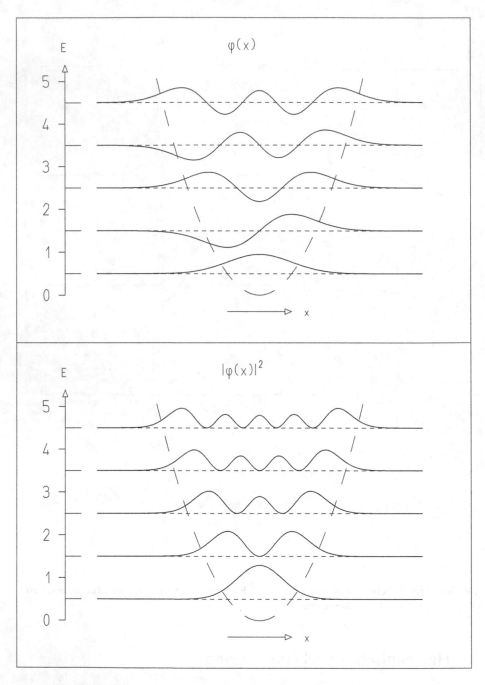

Abb. 6.5 Gebundene Zustände im Potential des harmonischen Oszillators. Das Potential ist als langgestrichelte Linie in Form einer Parabel angedeutet. Das Eigenwertspektrum der gebundenen Zustände (in Einheiten von $\hbar\omega$) ist durch die horizontalen Linien auf der linken Seite dargestellt. Rechts als kurzgestrichelte Linien wiederholt, dienen sie auch als Nulllinien für die Wellenfunktionen $\varphi(x)$ und die Wahrscheinlichkeitsdichten $|\varphi(x)|^2$ der gebundenen Zustände.

mit mittlerem Impuls Null. Die Impuls- und Ortserwartungswerte sind gleich den Anfangswerten eines klassischen Teilchens. Dieses Wellenpaket kann in eine Summe von Eigenfunktionen $\varphi_n(x)$,

$$\varphi(x) = \sum_{n=0}^{\infty} a_n \varphi_n(x) \quad ,$$

zerlegt werden. Die zeitabhängige Lösung der Schrödinger-Gleichung mit $\varphi(x)$ als Anfangswellenfunktion zur Zeit $t = 0$ ist dann einfach

$$\psi(x,t) = \sum_{n=0}^{\infty} a_n \varphi_n(x) \exp\left(-\frac{i}{\hbar} E_n t\right) \quad .$$

Dabei ist $E_n = \left(n + \frac{1}{2}\right)\hbar\omega$.

Die unendliche Summe kann explizit ausgeführt werden. Der Kürze halber geben wir hier nur das Ergebnis für das Absolutquadrat der Wellenfunktion an,

$$|\psi(x,t)|^2 = \frac{1}{\sqrt{2\pi}} \frac{2\sigma}{\sqrt{\sigma_0^4 s^2 + 4\sigma^4 c^2}} \exp\left[-\frac{2\sigma^2}{\sigma_0^4 s^2 + 4\sigma^4 c^2}(x - cx_0)^2\right] \quad .$$

Dabei stehen c bzw. s für $\cos\omega t$ bzw. $\sin\omega t$ und $\sigma_0/\sqrt{2}$ ist die Breite der Wahrscheinlichkeitsdichte des Grundzustands des harmonischen Oszillators, die wir in Abschn. 6.3 eingeführt haben. Diese Gleichung stellt eine Gauß-Verteilung mit oszillierendem Erwartungswert $x_0(t) = x_0 \cos\omega t$ und oszillierender Breite $\sigma(t) = \sqrt{\sigma_0^4 \sin^2\omega t + 4\sigma^4 \cos^2\omega t} \big/ (2\sigma)$ dar. Natürlich ergibt sich für die Anfangszeit $t = 0$ die zeitabhängige Breite $\sigma(t)$ als die Anfangsbreite σ.

Abbildung 6.6a zeigt die Zeitabhängigkeit eines Wellenpakets in einem harmonischen Oszillator mit der Anfangsbreite $\sigma < \sigma_0/\sqrt{2}$. Wie erwartet, führt der Ortsmittelwert die gleichen Schwingungen aus wie das entsprechende klassische Teilchen. Die Breite oszilliert mit der doppelten Frequenz des Oszillators, beginnend mit σ und während der ersten Viertelperiode $T/4 = \pi/(2\omega)$ auf das Maximum $\sigma(T/4) = \sigma_0^2/(2\sigma)$ anwachsend. In Abb. 6.6b ist die Anfangsbreite $\sigma > \sigma_0/\sqrt{2}$. Hier ist das Wellenpaket anfänglich breit und wird in der ersten Viertelperiode schmaler, in der sie bis zum Minimalwert $\sigma_0^2/(2\sigma)$ abnimmt. Der Fall $\sigma = \sigma_0/\sqrt{2}$ (Abb. 6.6c), in dem die Breite des Wellenpakets unverändert bleibt, stellt den Grenzfall zwischen diesen beiden Situationen dar. Der spezielle Wert $\sigma_0/\sqrt{2}$ ist genau gleich der Breite des Absolutquadrats $|\varphi_0|^2$ der Grundzustandswellenfunktion (dargestellt in Abb. 6.5). Der Faktor $\sqrt{2}$ tritt auf, weil σ_0 als Breite der Wellenfunktion φ_0 selbst definiert war. In allen drei Situationen ist das Verhalten des Ortserwartungswertes dasselbe und gleich dem des klassischen Teilchens.

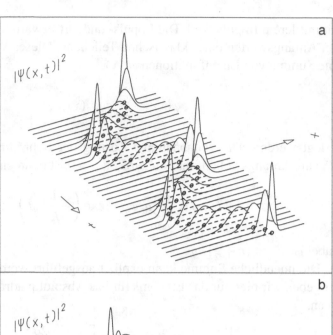

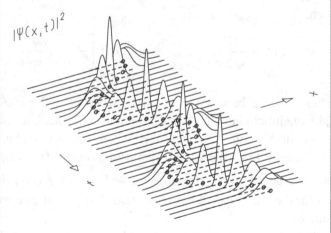

Abb. 6.6 Zeitentwicklung eines Gaußschen Wellenpakets (dargestellt durch seine Wahrscheinlichkeitsdichte) unter dem Einfluss einer harmonischen Kraft. Die Kreise zeigen die Bewegung des entsprechenden klassischen Teilchens. Die gestrichelten Linien verlaufen zwischen den klassischen Umkehrpunkten. Das Wellenpaket ruht ursprünglich in einer Nichtgleichgewichtslage. (a) Die Anfangsbreite des Wellenpakets ist kleiner als die Grundzustandsbreite des Oszillators. (b) Die Anfangsbreite des Wellenpakets ist größer. (c) Beide Breiten sind gleich.

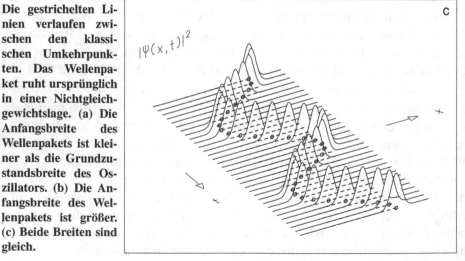

Wir betrachten jetzt die Oszillation über eine halbe Periode genauer. In Abb. 6.7 (oben), die dieses Zeitintervall überstreicht, ist die Zeitentwicklung der Wahrscheinlichkeitsdichte wieder für ein Wellenpaket mit einer anfänglichen Breite angegeben, die kleiner als die Grundzustandsbreite $\sigma_0/\sqrt{2}$ ist. Real- und Imaginärteil der Wellenfunktion sind in den unteren Teilbildern von Abb. 6.7 dargestellt. Bei der Umkehrpunkten $t = 0$ und $t = T/2$ sind die Wellenfunktionen rein Gaußisch und entweder rein reell oder rein imaginär. Ihre wellige Struktur zu anderen Zeiten stammt von der Superposition aus Eigenfunktionen des harmonischen Oszillators. Wie bei den Eigenfunktionen selbst nimmt der Abstand zwischen den Knoten der Wellenfunktion in der Nähe der Umkehrpunkte zu. Für eine freie harmonische Welle ist der Abstand zwischen zwei Knoten die halbe Wellenlänge, eine große Wellenlänge bedeutet niedrigen Impuls. Wir können deshalb die Abstandszunahme zwischen den Knoten in der Nähe der Umkehrpunkte als Impulsverringerung interpretieren.

Schließlich betrachten wir den Sonderfall eines „Teilchens in Ruhe" in der Mitte des Oszillators (Abb. 6.8). Anfänglich ist das Teilchen, verglichen mit der Grundzustandsbreite, scharf lokalisiert, das heißt $\sigma < \sigma_0/\sqrt{2}$. Der Ortserwartungswert bleibt bei $x = 0$ genau wie das klassische Teilchen. Die Breite des Wellenpakets oszilliert allerdings mit der doppelten Oszillatorfrequenz zwischen ihrem Anfangswert σ und ihrem Maximum $\sigma_0^2/(2\sigma)$. Nur für eine Anfangsbreite $\sigma = \sigma_0/\sqrt{2}$ behält das Absolutquadrat des Wellenpakets für alle Zeiten nicht nur den gleichen Ort sondern auch die gleiche Form.

Das Wellenpaket in Abb. 6.6c heißt *kohärenter Zustand* des Oszillators. Während es schwingt, behält das Paket seine Breite, die gleich der Grundzustandsbreite des Oszillators ist. Es ist zu jeder Zeit ein *Zustand minimaler Unschärfe*, das bedeutet, es erfüllt die Heisenbergsche Unschärferelation in ihrer Gleichungsform $\Delta x \, \Delta p = \hbar/2$.

Der Grundzustand des harmonischen Oszillators ist ein besonderer kohärenter Zustand, weil er auch Eigenzustand des Hamilton-Operators ist. Die anderen kohärenten Zustände gehören nicht zu den Eigenzuständen, aber sie sind spezielle Superpositionen der Eigenzustände des harmonischen Oszillators. Da sich die Eigenzustände in ihrer Energie unterscheiden, ist ein kohärenter Zustand, mit Ausnahme des Grundzustandes, eine Überlagerung von Zuständen mit verschiedenen Anzahlen von Energiequanten $\hbar\omega$. Die Gewichte $p(n)$, mit den diese Zustände verschiedener Anzahlen n von Energiequanten $\hbar\omega$ zum kohärenten Zustand beitragen, folgen einer Poisson-Verteilung, vgl. Anhang G,

$$p(n) = |a_n|^2 = \frac{\langle n \rangle^n}{n!} \mathrm{e}^{-\langle n \rangle} \quad .$$

Dabei ist $\langle n \rangle$ der Erwartungswert der Anzahl der Quanten und durch

$$\left(\langle n \rangle + \frac{1}{2} \right) \hbar\omega = \langle E \rangle$$

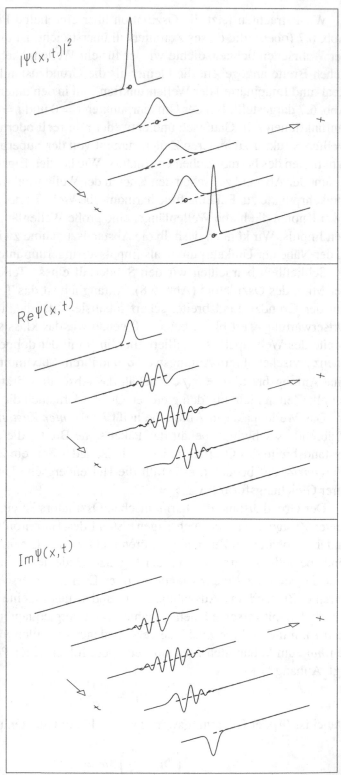

Abb. 6.7 Zeitentwicklung eines Gaußschen Wellenpakets unter dem Einfluss einer harmonischen Kraft, beobachtet über eine halbe Schwingungsperiode. Dargestellt sind die Wahrscheinlichkeitsdichte sowie der Realteil und der Imaginärteil der Wellenfunktion.

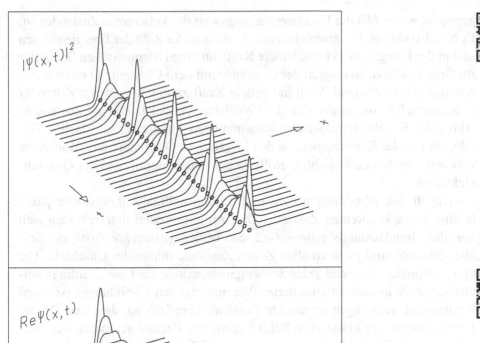

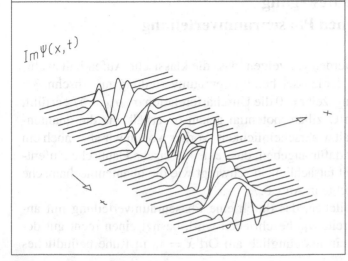

Abb. 6.8 Zeitentwicklung eines im Zentrum des harmonischen Oszillators ruhenden Wellenpakets. Das Paket ist durch seine Wahrscheinlichkeitsdichte und durch den Realteil und den Imaginärteil seiner Wellenfunktion dargestellt. Da die Anfangsbreite verschieden von der Grundzustandsbreite des Oszillators ist, oszilliert die Breite des Wellenpakets mit der doppelten Oszillatorfrequenz. Außer dem Anfangsort sind alle Parameter des Bildes identisch zu denen von Abb. 6.7.

gegeben, wobei $\langle E \rangle$ der Energieerwartungswert des kohärenten Zustandes ist. Er hat also eine nicht verschwindende Varianz in der Zahl der Energiequanten und in der Energie. Wirkt eine äußere Kraft auf einen harmonischen Oszillator im Grundzustand, so reagiert der Oszillator mit dem Übergang in einen anderen kohärenten Zustand. Wird die äußere Kraft zu einem späteren Zeitpunkt t_0 abgeschaltet, so verhält sich der Oszillator wie der kohärente Zustand in Abb. 6.6c. Er führt harmonische Schwingungen entlang der klassischen Trajektorie mit der Kreisfrequenz ω des klassischen Oszillators aus. Kohärente Zustände spielen eine wichtige Rolle in der Quantenoptik und der Quantenelektronik.

Die in den Abbildungen 6.6a und b dargestellten Anfangswellenpakete sind keine kohärenten Zustände. Ihre Anfangsbreiten unterscheiden sich von der Grundzustandsbreite $\sigma_0/\sqrt{2}$. Sie heißen *gestauchte Zustände*. Solche Zustände sind nicht zu allen Zeiten Zustände minimaler Unschärfe. Für vier Zeitpunkte während jeder Schwingungsperiode sind sie allerdings solche Zustände minimaler Unschärfe. Wie man aus den Abbildungen 6.6a und b entnimmt, schwingen gestauchte Zustände ebenfalls so, dass ihre Ortserwartungswerte der klassischen Bahn folgen. Ihre Breiten verändern sich aber mit der Zeit. Sie oszillieren zwischen einem Minimal- und einem Maximalwert. Die Verteilung der Anzahlen von Energiequanten in einem gestauchten Zustand folgt nicht der Poisson-Verteilung. Da sie nicht Zustände minimaler Unschärfe sind, kann in gestauchten Zuständen eine Variable eine Unschärfe besitzen, die geringer ist als die des Grundzustands, natürlich auf Kosten der anderen Variablen, die in der Heisenbergschen Unschärferelation auftritt. Aus diesem Grund sind gestauchte Zustände von großem Interesse in der Theorie der Messung schwacher Signale.

6.5 Harmonische Bewegung
einer klassischen Phasenraumverteilung

In diesem Abschnitt werden wir zeigen, dass die klassische Aufenthaltswahrscheinlichkeit, die aus der klassischen Phasenraumverteilung aus Abschn. 3.6 folgt und die zur Anfangszeit $t = 0$ die Unschärferelation $\sigma_{x0}\sigma_{p0} = \hbar/2$ erfüllt, sich im harmonischen Oszillatorpotential genauso verhält wie die quantenmechanische Aufenthaltswahrscheinlichkeit. Vorher wollen wir aber noch ein qualitatives Argument dafür angeben, dass eine klassische Gaußsche Aufenthaltswahrscheinlichkeit tatsächlich so schwingt wie die quantenmechanische Wahrscheinlichkeitsdichte in Abb. 6.7.

Ein klassisches Teilchen, das durch eine Phasenraumverteilung mit anfänglich großer Ortsbreite σ_{x0} beschrieben wird, besitzt einen recht gut definierten Impuls. Für ein ursprünglich am Ort $x = x_0$ in Ruhe befindliches klassisches Teilchen ist die Schwingungsperiode T unabhängig von x_0. Daher erreichen alle Teilchen, die ursprünglich an verschiedenen Orten x_0 in Ruhe waren, den Punkt $x = 0$ zur gleichen Zeit, $t = T/4$. Wenn die anfängliche Impulsbreite klein aber nicht null ist, so hat die Ortsverteilung zur Zeit $t = T/4$ eine endliche Breite $\sigma_x(T/4) < \sigma_{x0}$.

Andererseits ist zwar bei kleiner anfänglicher Ortsbreite die Position des Teilchens ursprünglich gut definiert, aber das Teilchen mag von dieser Position aus mit recht verschiedenen Impulsen fortlaufen. Dementsprechend verbreitert sich die Verteilung im Ort und hat zur Zeit $t = T/4$ eine große Breite $\sigma_x(T/4) > \sigma_{x0}$.

Es gibt eine besondere mittlere Ortsbreite, die sich als $\sigma_{x0} = \sigma_0/\sqrt{2}$ herausstellen wird, für die die klassische Phasenraumverteilung während der ganzen Schwingung ihre ursprüngliche Form beibehält. Das ist das klassische Analogon zum kohärenten Zustand der Quantenmechanik.

Wir erwähnten bereits, dass für konstante Kräfte und für Kräfte, die linear vom Ort abhängen, die Zeitentwicklung der Wigner-Verteilung (vgl. Anhang D) eines quantenmechanischen Wellenpakets mit der einer klassischen Phasenraumdichte identisch ist. Die Phasenraumwahrscheinlichkeitsdichte, die einem Gaußschen Wellenpaket ohne Korrelation zwischen Ort und Impuls entspricht, ist zur Anfangszeit $t = 0$

$$\rho_i^{cl}(x_i, p_i) = \frac{1}{2\pi\,\sigma_{x0}\sigma_{p0}} \exp\left\{-\frac{1}{2}\left[\frac{(x_i - x_{0i})^2}{\sigma_{x0}^2} + \frac{(p_i - p_{0i})^2}{\sigma_{p0}^2}\right]\right\} \ .$$

Dabei sind x_{0i}, p_{0i} die anfänglichen Erwartungswerte und σ_{x0}, σ_{p0} die anfänglichen Breiten von Ort und Impuls.

Die Kovarianzellipse der Gauß-Verteilung zweier Variabler wird dadurch charakterisiert, dass der Exponentialfaktor gleich $-1/2$ ist,

$$\frac{(x_i - x_{0i})^2}{\sigma_{x0}^2} + \frac{(p_i - p_{0i})^2}{\sigma_{p0}^2} = 1 \ \ .$$

Die klassische Bewegung eines Teilchens im Phasenraum unter der Wirkung einer harmonischen Kraft ist einfach

$$x = x_i \cos\omega t + q_i \sin\omega t \ \ ,$$
$$q = -x_i \sin\omega t + q_i \cos\omega t \ \ .$$

Dabei haben wir die Variablen

$$q(t) = \frac{p(t)}{m\omega} \ \ , \qquad q_i = \frac{p_i}{m\omega}$$

eingeführt. Ein klassisches Teilchen rotiert mit der Winkelgeschwindigkeit ω auf einem Kreis um den Ursprung in der (x, q)-Ebene. Für vorgegebene Zeit und vorgegebene Werte $x(t)$, $q(t)$ ergeben sich die Anfangsbedingungen des Teilchens zu

$$x_i = x \cos \omega t - q \sin \omega t \quad,$$
$$q_i = x \sin \omega t + q \cos \omega t \quad.$$

Setzen wir dieses Ergebnis in die Gleichung für die anfängliche Kovarianzellipse,

$$\frac{(x_i - x_{0i})^2}{\sigma_{x0}^2} + \frac{(q_i - q_{0i})^2}{\sigma_{q0}^2} = 1 \quad,$$

ein, die eine Ellipse mit dem Mittelpunkt (x_{0i}, q_{0i}) und den Halbachsen σ_{x0} und σ_{q0} beschreibt, die parallel zur x-Achse bzw. q-Achse sind, so erhalten wir

$$\frac{([x - x_0] \cos \omega t - [q - q_0] \sin \omega t)^2}{\sigma_{x0}^2}$$
$$+ \frac{([x - x_0] \sin \omega t + [q - q_0] \cos \omega t)^2}{\sigma_{q0}^2} = 1 \quad.$$

Das ist wieder die Gleichung einer Ellipse mit den Hauptachsen σ_{x0} und σ_{q0}. Diese sind allerdings nicht mehr parallel zu den Koordinatenachsen, sondern um einen Winkel ωt in Bezug auf die Koordinatenachsen gedreht. Der Mittelpunkt der Ellipse befindet sich am Punkt (x_0, q_0), zu dem sich die anfänglichen Erwartungswerte (x_{0i}, q_{0i}) in der Zeit t bewegt haben.

Wir fassen unsere Diskussion wie folgt zusammen:

1. Eine klassische Phasenraumverteilung, die anfänglich eine Gauß-Verteilung ist, behält ihre Gaußsche Form.

2. Ihr Mittelpunkt, also der Mittelpunkt der Kovarianzellipse, bewegt sich mit der Winkelgeschwindigkeit ω auf einem Kreis um den Ursprung der (x, q)-Ebene.

3. Die Kovarianzellipse behält ihre Form, rotiert aber mit der gleichen Winkelgeschwindigkeit ω um ihren Mittelpunkt.

In Abb. 6.9 zeigen wir die Bewegung der Kovarianzellipse für die drei Fälle $\sigma_{x0} < \sigma_{q0}$, $\sigma_{x0} > \sigma_{q0}$, $\sigma_{x0} = \sigma_{q0}$.

Die Bewegung der Kovarianzellipse bewirkt eine Zeitabhängigkeit der Breiten $\sigma_x(t)$ bzw. $\sigma_q(t)$ in x bzw. q sowie einen nicht verschwindenden und ebenfalls zeitabhängigen Korrelationskoeffizienten $c(t)$. Wir schreiben jetzt die Kovarianzellipse in der aus Abschn. 3.5 bekannten Form

$$\frac{1}{1 - c^2(t)} \left\{ \frac{(x - x_0)^2}{\sigma_x^2(t)} - 2c(t) \frac{(x - x_0)(q - q_0)}{\sigma_x(t) \sigma_q(t)} + \frac{(q - q_0)^2}{\sigma_q^2(t)} \right\} = 1$$

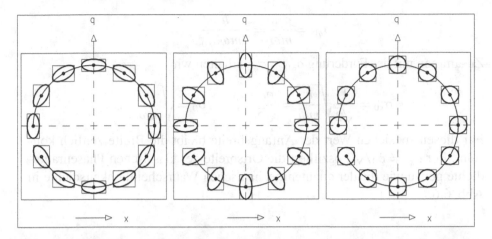

Abb. 6.9 Bewegung der Kovarianzellipse einer klassischen Phasenraumdichte unter dem Einfluss einer harmonischen Kraft. Der große Kreis ist die Bahn des Ellipsenmittelpunkts. Die Ellipse selbst wird für äquidistante Zeitpunkte dargestellt. Das die Ellipse umschreibende Rechteck hat die Seitenlängen σ_x, σ_q. Die kleinen Kreise geben den Ellipsenmittelpunkt an. Für die Anfangszeit sind sie als ein ausgefüllter Punkt gezeichnet. Die Beziehung zwischen den Anfangsbreiten ist (links) $\sigma_{x0} < \sigma_{q0}$, (Mitte) $\sigma_{x0} > \sigma_{q0}$ und (rechts) $\sigma_{x0} = \sigma_{q0}$.

mit

$$\sigma_x(t) = \sqrt{\sigma_{x0}^2 \cos^2 \omega t + \sigma_{q0}^2 \sin^2 \omega t} \ ,$$

$$\sigma_q(t) = \sqrt{\sigma_{x0}^2 \sin^2 \omega t + \sigma_{q0}^2 \cos^2 \omega t} \ ,$$

$$c(t) = \frac{(\sigma_{q0}^2 - \sigma_{x0}^2) \sin 2\omega t}{\sqrt{4\sigma_{x0}^2 \sigma_{q0}^2 + (\sigma_{x0}^2 - \sigma_{q0}^2)^2 \sin^2 2\omega t}} \ .$$

Die Zeitabhängigkeiten des Ortserwartungswertes $x_0(t)$ und der Ortsbreite $\sigma_x(t)$ sind genau die gleichen, die wir in der quantenmechanischen Rechnung gefunden haben.

Für den speziellen Fall

$$\sigma_{x0} = \sigma_{q0}$$

ist die Kovarianzellipse ein Kreis, σ_x und σ_q sind zeitunabhängig. Die Korrelation verschwindet für alle Zeiten. Verlangen wir, dass die Beziehung minimaler Unschärfe der Quantenmechanik,

$$\sigma_{x0}\sigma_{p0} = \frac{\hbar}{2} \ ,$$

für unsere klassische Phasenraumwahrscheinlichkeitsdichte erfüllt ist, wie wir das bereits in Abschn. 3.6 getan haben, erhalten wir

$$\sigma_{q0} = \frac{\sigma_{p0}}{m\omega} = \frac{\hbar}{2m\omega\sigma_{x0}} \quad .$$

Zusammen mit der Forderung $\sigma_{x0} = \sigma_{q0}$ erhalten wir

$$\sigma_{x0} = \frac{1}{\sqrt{2}}\sqrt{\frac{\hbar}{m\omega}} = \frac{\sigma_0}{\sqrt{2}} \quad , \qquad \sigma_0 = \sqrt{\frac{\hbar}{m\omega}} \quad .$$

Für diesen speziellen Wert der Anfangsbreite bleibt die Breite zeitlich konstant. Für $\sigma_{x0} \neq \sigma_0/\sqrt{2}$ oszilliert die Ortsbreite der klassischen Phasenraumdichte genau wie die der quantenmechanischen Wahrscheinlichkeitsdichte in Abb. 6.6.

6.6 Spektrum eines Potentialgrabens endlicher Tiefe

In Abschn. 4.4 haben wir die stationären gebundenen Zustände in einem Potentialgraben untersucht. Wir stellten fest, dass solche Zustände nur für diskrete negative Energieeigenwerte existieren. Diese bilden das diskrete Spektrum der Energien gebundener Zustände. Die Wahrscheinlichkeitsdichten der Zustände sind im Wesentlichen auf den Bereich des Potentialgrabens beschränkt. Wir untersuchen jetzt die Spektren für verschiedene Formen des Potentialgrabens.

Abbildung 6.10 zeigt die Wellenfunktionen und die Energiespektren für mehrere Potentialgräben mit gleicher Breite, aber verschiedenen Tiefen. Für einen Graben endlicher Tiefe gibt es nur eine endliche Anzahl gebundener Zustände. Diese Zahl nimmt mit der Tiefe zu. Im Gegensatz zu den Wellenfunktionen eines unendlich tiefen Potentialgrabens sind die Wellenfunktionen im endlich tiefen Graben auch außerhalb des Grabens von Null verschieden, fallen aber dort exponentiell auf Null ab. Dieser Abfall ist für den Grundzustand am stärksten. Abbildung 6.11 zeigt, dass für feste Tiefe die Anzahl der gebundenen Zustände mit der Breite des Grabens zunimmt.

6.7 Stationäre Zustände in stückweise linearen Potentialen

Auch ein stückweise lineares Potential kann gebundene Zustände enthalten; die Lösung der Schrödinger-Gleichung für diesen Fall haben wir schon in Abschn. 4.4 angegeben. Im einfachsten Fall ist das Potential ein dreieckiger Graben. Für drei solche Gräben gleicher Tiefe aber verschiedener „Öffnungswinkel" zeigen wir die gebundenen Zustände in Abb. 6.12. Wie für die Rechtecksgräben in Abb. 6.11 steigt die Zahl der Zustände mit der Öffnungsweite des Grabens. Auch die allgemeinen Züge der Wellenfunktionen, charakterisiert durch Anzahl und Reihenfolge von Minima, Maxima und Knoten, sind

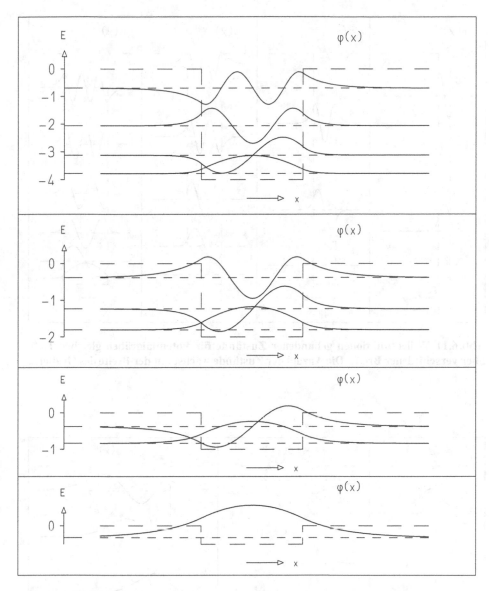

Abb. 6.10 Wellenfunktionen gebundener Zustände und Energiespektren für Potential-gräben verschiedener endlicher Tiefe, aber identischer Breite. Die Anzahl der gebunde-nen Zustände nimmt mit der Tiefe des Potentials zu.

ähnlich wie beim Rechtecksgraben. Allerdings sind die Wellenfunktionen im Beispiel von Abb. 6.12 nicht links-rechts-(anti)symmetrisch, weil das Potential selbst keine Spiegelsymmetrie besitzt.

Anhand von Abb. 6.13 können wir die gebundenen Zustände in einem asymmetrischen Dreiecksgraben mit einer vertikalen Kante mit denen in einem symmetrischen Graben vergleichen. Beide Gräben haben die gleiche Tie-

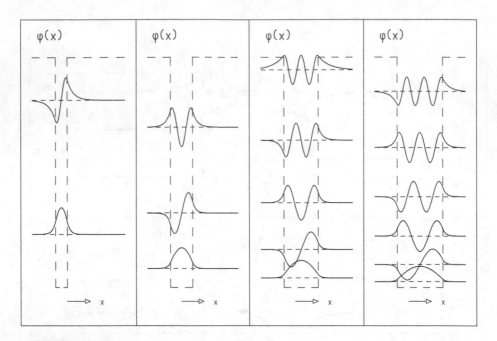

Abb. 6.11 Wellenfunktionen gebundener Zustände für Potentialgräben gleicher Tiefe aber verschiedener Breite. Die Anzahl der Zustände wächst mit der Breite des Grabens.

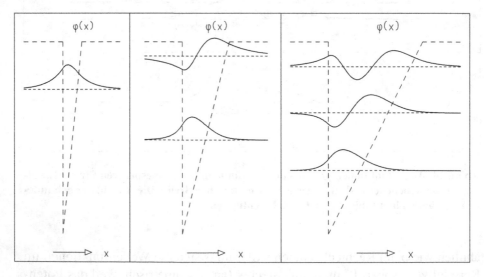

Abb. 6.12 Wellenfunktionen gebundener Zustände in asymmetrischen Dreiecksgräben gleicher Tiefe aber verschiedener „Öffnungswinkel". Die Anzahl der Zustände steigt mit dem „Öffnungswinkel".

fe und sind oben gleich breit. An der scharfen Kante des asymmetrischen Grabens reichen die Wellenfunktionen etwas in den klassisch verbotenen Bereich links der Kante hinein, in dem die Differenz $V - E$ von Potential und Gesamtenergie negativ ist. Nennen wir $D(x) = |V(x) - E|$ die Dicke des „Daches" über dem Zustand im klassisch verbotenen Bereich, dann erstreckt sich der Zustand um so weiter in diesen Bereich hinein, je dünner das Dach ist. Damit wird die Ausdehnung nach links mit wachsender Energie größer; zugleich nimmt die mittlere Krümmung der Wellenfunktion ab. Dagegen erscheint rechts von der geneigten Kante die Wellenfunktion für alle Zustände gleich. Rechts dieser Kante und dort, wo die Wellenfunktion wesentlich von Null verschieden ist, ist nämlich die Dachdicke praktisch unabhängig von der Energie außer für den obersten Zustand. Das symmetrische Potential hat zwei geneigte Kanten, die die Ausdehnung der Zustände erleichtern. Man stellt fest, dass in unserem Fall der niedrigste Zustand niedriger und der höchste höher ist als im asymmetrischen Potential. Das lässt sich mit Hilfe des Zusammenhangs zwischen kinetischer Energie und mittlerer Krümmung (vgl. S. 142) verstehen.

Es kann manchmal nützlich sein, ein komplizierteres Potential durch ein stückweise lineares anzunähern. Als Beispiel zeigen wir in Abb. 6.14 die Näherung des Potentials eines harmonischen Oszillators durch ein System linearer Potentiale mit mehr und mehr Bereichen.

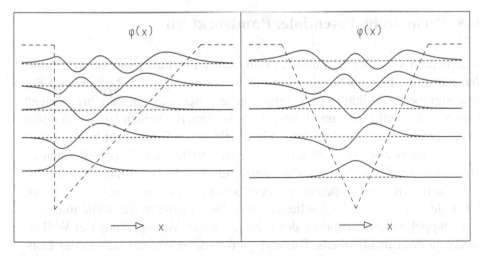

Abb. 6.13 Wellenfunktionen gebundener Zustände für einen asymmetrischen und einen symmetrischen Dreiecksgraben. Beide sind oben gleich weit. Im symmetrischen Potential ist der niedrigste Zustand niedriger und der höchste Zustand höher als im asymmetrischen.

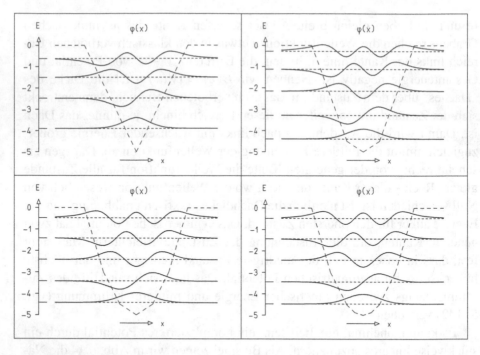

Abb. 6.14 Schrittweise Näherung des Oszillatorpotentials aus Abb. 6.5 durch ein stückweise lineares Potential.

6.8 Periodische Potentiale. Bandspektren

Als Vorbereitung der Diskussion periodischer Potentiale wie sie in *Kristallen* auftreten, betrachten wir zwei mehr oder weniger nah benachbarte Potentialgräben. Abbildung 6.15 zeigt solche Potentiale mit den zugehörigen Eigenwerten und Eigenfunktionen. Befinden sich die beiden Gräben in etwas größerem Abstand voneinander, so beobachten wir Paare dicht benachbarter Energieeigenwerte. Von den zu einem Paar gehörenden Eigenfunktionen ist stets eine symmetrisch, die andere antisymmetrisch. Vergleichen wir die Eigenfunktionen des Doppelgrabensystems mit dem eines einzelnen Grabens, so stellen wir eine große Ähnlichkeit fest. Die symmetrische Wellenfunktion des Doppelgrabens entspricht der symmetrischen Verdoppelung der Wellenfunktion des Einzelgrabens. Die antisymmetrische Wellenfunktion des Doppelgrabens entspricht der antisymmetrischen Verdoppelung. Im Grenzfall verschwindenden Abstands zwischen den beiden Gräben, d. h. für den Fall, dass die Wand zwischen den Gräben verschwindet, werden die Eigenfunktionen und Spektren die eines einzelnen Grabens doppelter Breite.

Wir wollen jetzt die Paarstruktur der Wellenfunktionen im Doppelgraben etwas genauer untersuchen. Der Zusammenhang mit den Wellenfunktionen eines einzelnen Grabens lässt sich mit ähnlichen Überlegungen wie in Ab-

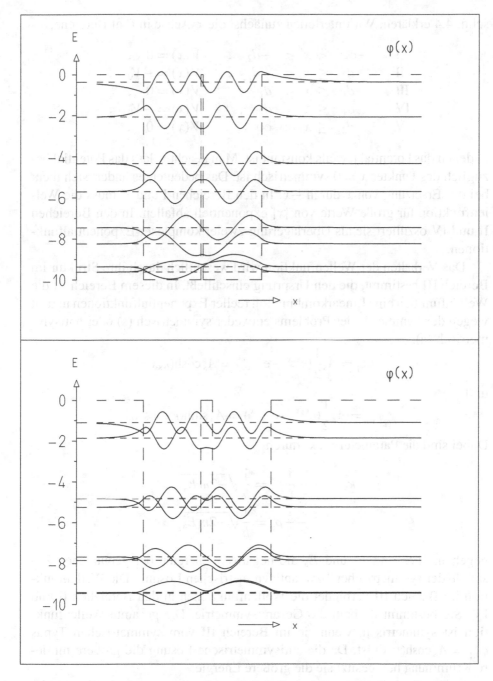

Abb. 6.15 Wellenfunktionen gebundener Zustände und Energiespektren für Systeme aus zwei Potentialgräben. In einem System sind die Gräben eng benachbart, im anderen etwas weiter voneinander entfernt.

schn. 4.4 erklären. Wir unterteilen zunächst die x-Achse in fünf Bereiche,

$$
\begin{array}{llll}
\text{I} & -\infty < x < -d_2 \;, & V(x) = 0 \;, \\
\text{II} & -d_2 \leq x < -d_1 \;, & V(x) = -V_0 \;, \\
\text{III} & -d_1 \leq x < d_1 \;, & V(x) = 0 \;, \\
\text{IV} & d_1 \leq x < d_2 \;, & V(x) = -V_0 \;, \\
\text{V} & d_2 \leq x < \infty \;, & V(x) = 0 \;,
\end{array}
$$

in denen das Potential jeweils konstant ist. Man beachte, dass das Potential bezüglich des Punktes $x = 0$ symmetrisch ist. Das bedeutet, es ändert sich nicht bei der Ersetzung von x durch $-x$. In den Bereichen I und V muss die Wellenfunktion für große Werte von $|x|$ exponentiell abfallen. In den Bereichen II und IV oszilliert sie als Überlagerung zweier komplexer Exponentialfunktionen.

Das Verhalten der Wellenfunktion wird wesentlich durch ihre Struktur im Bereich III bestimmt, die den Ursprung einschließt. In diesem Bereich ist die Wellenfunktion eine Linearkombination reeller Exponentialfunktionen und ist wegen der Symmetrie des Problems entweder symmetrisch (s) oder antisymmetrisch (a):

$$
\varphi_{\text{III}}^{\text{s}} = A_{\text{s}}\frac{1}{2}(e^{\kappa_{\text{s}}x} + e^{-\kappa_{\text{s}}x}) = A_{\text{s}}\cosh(\kappa_{\text{s}}x)
$$

und

$$
\varphi_{\text{III}}^{\text{a}} = A_{\text{a}}\frac{1}{2}(e^{\kappa_{\text{a}}x} - e^{-\kappa_{\text{a}}x}) = A_{\text{a}}\sinh(\kappa_{\text{a}}x) \quad.
$$

Dabei sind die Parameter κ_{a}, κ_{s} durch

$$
\kappa_{\text{s}} = -\frac{i}{\hbar}p_{\text{s}}' = \frac{1}{\hbar}\sqrt{-2mE_{\text{s}}} \quad,
$$

$$
\kappa_{\text{a}} = -\frac{i}{\hbar}p_{\text{a}}' = \frac{1}{\hbar}\sqrt{-2mE_{\text{a}}}
$$

gegeben. Hier sind E_{s} und E_{a} die negativen Energien der gebundenen Zustände der symmetrischen bzw. antisymmetrischen Lösung. Die Wellenfunktion im Bereich III verbindet die Wellenfunktionen in den Bereichen II und IV. Sie bestimmt deshalb die Gesamtsymmetrie. Die gesamte Wellenfunktion ist symmetrisch, wenn sie im Bereich III vom symmetrischen Typus $\varphi_{\text{III}}^{\text{s}} = A_{\text{s}}\cosh(\kappa_{\text{s}}x)$ ist. Da die antisymmetrische Lösung die größere mittlere Krümmung hat, besitzt sie die größere Energie

$$
E_{\text{kin}} = -\int_{-\infty}^{+\infty}\varphi(x)\frac{\hbar^2}{2m}\frac{\text{d}^2}{\text{d}x^2}\varphi(x)\,\text{d}x
$$

im Vergleich zur symmetrischen Lösung. Das erklärt, warum die Aufspaltung der Energieeigenwerte gebundener Zustände zunimmt, wenn die Gräben näher aneinander rücken. Ist schließlich die Trennweite im Bereich III ganz verschwunden, so besitzt die symmetrische Lösung auch in der Mitte kein Minimum mehr.

Es ist jetzt plausibel, dass in einem Potential, das aus einer periodischen Wiederholung von N benachbarten Gräben besteht, jeder Eigenwert eines Einzelgrabens zu einem Satz von N gebundenen Zuständen im periodischen System führt. Einen solchen Satz nennt man ein *Energieband*. Ein Kristall besteht aus einer sehr großen Zahl ($N \approx 10^{23}$) von regelmäßig angeordneten Atomen. Diese bilden ein periodisches elektrisches Potentialmuster in drei Dimensionen und führen zu entsprechenden Bandstrukturen.

Abbildung 6.16 zeigt, beginnend mit dem Grundzustand eines einzelnen Potentialgrabens, wie eine Bandstruktur entsteht, wenn zwei, drei, vier und schließlich fünf Potentialgräben im gleichen Abstand zueinander angeordnet werden. Die Anzahl der Zustände, die ein Band bildet, ist gleich der Zahl der Potentialgräben. Der Abstand zwischen benachbarten Eigenwerten wird mit wachsender Grabenzahl immer kleiner. Für sehr große Grabenzahl in einem periodischen Potential enthält jedes Band eine große Zahl von Zuständen, die durch periodische Wellenfunktionen dargestellt werden. Die Wellenfunktionen in einem Band können linear zu Wellenpaketen kombiniert werden, die örtlich lokalisierte Teilchen beschreiben. Berücksichtigt man die Zeitstruktur der Eigenzustände in der Superposition (vgl. Abschn. 6.2), so beschreiben diese Wellenpakete Teilchen, die sich frei in der periodischen Potentialstruktur bewegen. Auf diese Weise kann die freie Bewegung von Elektronen im *Leitungsband* im Gitter eines Metalls oder Halbleiters erklärt werden.

Die Abb. 6.17 illustriert die Bildung eines Energiebandes. Vom Boden eines Rechteckgrabens erhebt sich in mehreren Schritten eine Potentialstruktur, die vier benachbarte Dreiecksgräben bildet, deren Tiefe von Schritt zu Schritt anwächst. Die vier untersten Zustände werden dabei nach und nach zu einem Band zusammengezogen. Obwohl sich ihre Wellenfunktionen dabei verändern, bleiben doch ihre ursprünglichen Symmetrieeigenschaften in wesentlichen Teilen erhalten. Die weiter oben liegenden Zustände sind deutlich weniger berührt.

Aufgaben

6.1 Berechnen Sie die Integrale über die Produkte der Wellenfunktionen $\varphi_n(x)$, wie sie in Abschn. 6.1 für die gebundenen Zustände in einem tiefen Potentialgraben angegeben sind,

$$\int_{-d/2}^{d/2} \varphi_n(x)\varphi_m(x)\,\mathrm{d}x \quad .$$

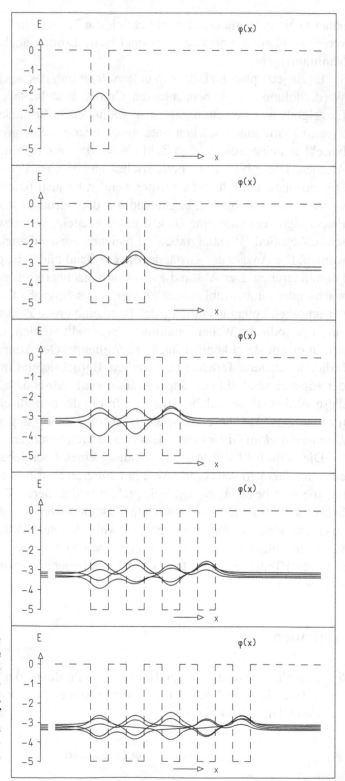

Abb. 6.16
Wellenfunktionen ge-bundener Zustände für einen Potential-graben und für Po-tentiale, die aus zwei, drei, vier und fünf benachbarten Gräben bestehen. Die Zustän-de haben sehr ähnli-che Energien.

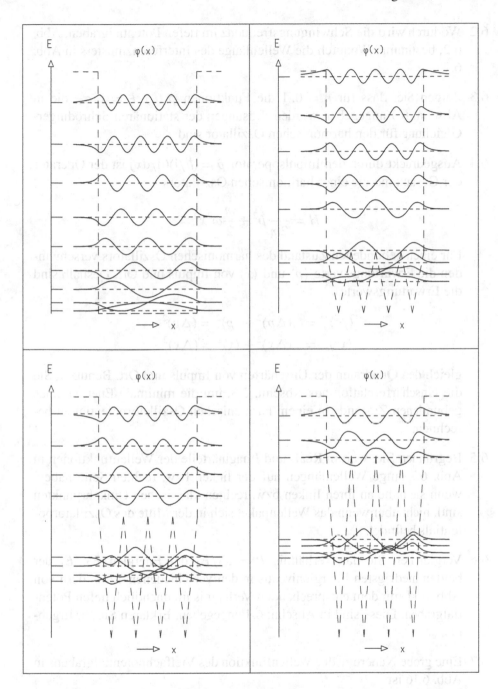

Abb. 6.17 Der Potentialgraben (oben links) wird Schritt für Schritt in ein quasiperiodisches Potential aus vier Gräben verwandelt. Dadurch werden die unteren vier Zustände zu einem Band mit eng benachbarten Energien zusammen gezogen.

6.2 Wodurch wird die Schwingungsfrequenz im tiefen Potentialgraben, Abb. 6.2, bestimmt? Wodurch die Wellenlänge des Interferenzmusters in Abb. 6.2?

6.3 Zeigen Sie, dass für $n = 0, 1$ die Funktionen $\phi_n(\xi)$, $\xi = x/\sigma_0$, die in Abschn. 6.3 angegeben wurden, Lösungen der stationären Schrödinger-Gleichung für den harmonischen Oszillator sind.

6.4 Ausgedrückt durch den Impulsoperator $\hat{p} = (\hbar/i)(d/dx)$ ist der Operator der Gesamtenergie eines harmonischen Oszillators

$$H = \frac{1}{2m}\hat{p}^2 + \frac{m}{2}\omega^2 x^2 \quad .$$

Für einen gebundenen Zustand des harmonischen Oszillators verschwinden die Erwartungswerte $\langle p \rangle$ und $\langle x \rangle$ von Impuls und Ort. Deshalb sind die Erwartungswerte

$$\begin{aligned}
\langle p^2 \rangle &= (\Delta p)^2 + \langle p \rangle^2 = (\Delta p)^2 \quad , \\
\langle x^2 \rangle &= (\Delta x)^2 + \langle x \rangle^2 = (\Delta x)^2
\end{aligned}$$

gleich den Quadraten der Unschärfen von Impuls und Ort. Benutzen Sie die Unschärferelation aus Abschn. 3.3, um die minimale Energie eines gebundenen Zustands in einem harmonischen Oszillatorpotential zu berechnen.

6.5 Begründen Sie, warum Real- und Imaginärteile der Wellenfunktionen in Abb. 6.7 lange Wellenlängen auf der linken bzw. rechten Seite haben, wenn sie nahe an ihren linken bzw. rechten klassischen Umkehrpunkten sind, nicht aber wenn das Wellenpaket sich in der Mitte des Oszillatorpotentials befindet.

6.6 Vergleichen Sie das Verhältnis $R = E_2/E_1$ der Energien E_2, E_1 der beiden niedrigsten Energieniveaus in den verschiedenen Teilbildern von Abb. 6.11 mit dem entsprechenden Verhältnis im unendlich tiefen Potentialgraben. Diese sind in Abschn. 6.1 angegeben. Erklären Sie Ihr Ergebnis.

6.7 Eine grobe Näherung der Wellenfunktion des Vielfachpotentialgrabens in Abb. 6.16 ist

$$\varphi_n(x) = \sqrt{\frac{B_N}{N}}\,\varphi_n(x, B_N) \sum_{\ell=1}^{N} \varphi_1(x - x_\ell, d) \quad .$$

Dabei ist $\varphi_1(x - x_\ell, d)$ die Grundzustandswellenfunktion eines einzelnen Potentialgrabens der Breite d und Tiefe V_0, der symmetrisch um $x = x_\ell$

ist. Mit B_N ist die Breite der ganzen Anordnung aus N Potentialgräben, einschließlich der $N-1$ Trennwände, bezeichnet, und $\varphi_n(x, B_N)$ ist die Eigenfunktion der Quantenzahl n des Potentialgrabens der Tiefe V_0 und der Breite B_N.

Skizzieren Sie unter Benutzung von Abb. 6.11 für $\varphi_n(x, B_N)$ und Abb. 6.16 (oben) für $\varphi_1(x - x_\ell, d)$ die Wellenfunktionen $\varphi_n(x)$ für $n = 1, 2, \ldots, N$ und $N = 2, 3, 4, 5$. Vergleichen Sie deren Aussehen mit dem der Wellenfunktionen in Abb. 6.16. Diskutieren Sie die Symmetrieeigenschaften.

6.8 Welche Parität bezüglich Spiegelung um den Symmetriepunkt besitzt der Grundzustand für die Potentiale aller Beispiele dieses Kapitels? Erklären Sie das Ergebnis am Beispiel des Potentialgrabens und des harmonischen Oszillatorpotentials.

7 Quantilbewegung in einer Dimension

In der klassischen Mechanik sind der Ort $x(t)$ eines Massenpunkts und seine Geschwindigkeit $v(t) = dx(t)/dt$ wohldefiniert. Das ist jedoch in der Quantenmechanik nicht der Fall. Für ein freies Wellenpaket kann man den Erwartungswert $\langle x(t)\rangle$ und seine Zeitableitung $d\langle x(t)\rangle/dt$ zur Charakterisierung von Ort und Geschwindigkeit eines Teilchens benutzen. Allerdings eignet sich diese Beschreibung nicht für ein Teilchen unter dem Einfluss einer Kraft. So kann es durchaus sein, dass im Fall des Tunneleffekts der Erwartungswert $\langle x(t)\rangle$ die Barriere überhaupt nicht passiert. Im Folgenden werden wir zeigen, dass es die mathematische Statistik erlaubt, eine Quantilposition $x_P(t)$ und eine Quantilgeschwindigkeit $dx_P(t)/dt$ in allen Fällen zu definieren, in denen wir es mit einer Wahrscheinlichkeitsdichte $\varrho(x,t)$ zu tun haben, und dass wir diese Größen mit dem Experiment verknüpfen können.[1]

7.1 Quantilbewegung und Tunneleffekt

Für eine Wahrscheinlichkeitsdichte $\varrho(x)$ ist das *Quantil* x_Q zur Wahrscheinlichkeit Q definiert durch die Beziehung

$$Q = \int_{-\infty}^{x_Q} \varrho(x)\,dx \quad .$$

Für eine zeitabhängige Wahrscheinlichkeitsdichte $\varrho(x,t)$ und eine zeitunabhängige Wahrscheinlichkeit P, $0 \leq P \leq 1$, definieren wir die zeitabhängige *Quantilposition* $x_P(t)$ durch

$$\int_{x_P(t)}^{\infty} \varrho(x,t)\,dx = P \quad .$$

Die Funktion $x = x_P(t)$ beschreibt die *Quantiltrajektorie* (in der (x,t)-Ebene) eines Punktes, der sich entlang der x-Achse bewegt. Ihre Zeitableitung

---

[1] Dieses Kapitel und Abschn. 10.2 beruhen auf folgender Veröffentlichung: S. Brandt, H. D. Dahmen, E. Gjonaj, T. Stroh, Physics Letters A 249, 265 (1998).

$$v_P(t) = \frac{\mathrm{d}x_P(t)}{\mathrm{d}t}$$

definiert die *Quantilgeschwindigkeit* $v_P(t)$ des Punktes $x_P(t)$.

Das obere Teilbild in Abb. 7.1 zeigt die Zeitentwicklung der Streuung eines ursprünglich Gaußschen Wellenpakets an eine repulsiven Potentialbarriere der Höhe V_0. Der Erwartungswert der kinetischen Energie E des Wellenpakets ist kleiner als V_0. Das Paket wird zum Teil an der Barriere reflektiert. Der andere Teil durchtunnelt die Barriere und bewegt sich mehr oder weniger wie ein freies Teilchen nach rechts. Die schraffierten Bereiche unter den Kurven überdecken die Wahrscheinlichkeit $P = 0{,}4$. Die Linie, die das Bild von oben links nach unten rechts durchzieht, ist die Quantiltrajektorie $x_P(t)$ zu $P = 0{,}4$. Das untere Teilbild von Abb. 7.1 zeigt Quantiltrajektorien für verschiedene Werte von P im Bereich zwischen 0,1 und 0,9. Im Bereich der Potentialbarriere sind die Quantilgeschwindigkeiten kleiner als in weiter entfernten Bereichen.

Die Abb. 7.2 zeigt die Quantiltrajektorien für die Streuung eines anfänglich Gaußschen Wellenpakets an einer Doppelbarriere. Das obere Teilbild enthält die Zeitentwicklung des von links einfallenden Pakets. Wir beobachten die teils reflektierten, teils transmittierten Anteile und das Resonanzverhalten der Anteile, die sich länger zwischen den beiden Barrieren aufhalten. Der Zerfall der Resonanz erfolgt durch Tunneln durch die linke oder rechte Barriere nach außen. So entstehen wiederholte Pulse der Transmission und Reflexion. Die schraffierten Flächen unter den Kurven entsprechen der Wahrscheinlichkeit $P = 0{,}4$. Diese wurde größer gewählt als die Wahrscheinlichkeit im ersten transmittierten Puls. Daher verlässt diese Trajektorie den Bereich zwischen den Barrieren nicht mit dem ersten Puls. Wir beobachten, dass sie im Bereich zwischen beiden Barrieren zurück und wieder nach vorn läuft und ihn dann mit dem zweiten transmittierten Puls verlässt.

Das untere Teilbild von Abb. 7.2 zeigt einen Satz von Quantiltrajektorien, beginnend mit $P = 0{,}1$ für die obere Kurve bis zu $P = 0{,}9$ für die untere Kurve in Schritten von $\Delta P = 0{,}1$. Die etwas dickere Linie ist die Quantiltrajektorie aus dem oberen Teilbild. Eine Feinabstimmung der Wahrscheinlichkeit P auf Werte etwas oberhalb von 0,4 würde Quantiltrajektorien mit mehr und mehr Oszillationen zwischen den Barrieren liefern. Die Trajektorie, die exakt der Transmissionwahrscheinlichkeit P_T entspricht, verlässt den Bereich zwischen den Barrieren nicht mehr. Alle Trajektorien zu $P > P_T$ werden früher oder später reflektiert.

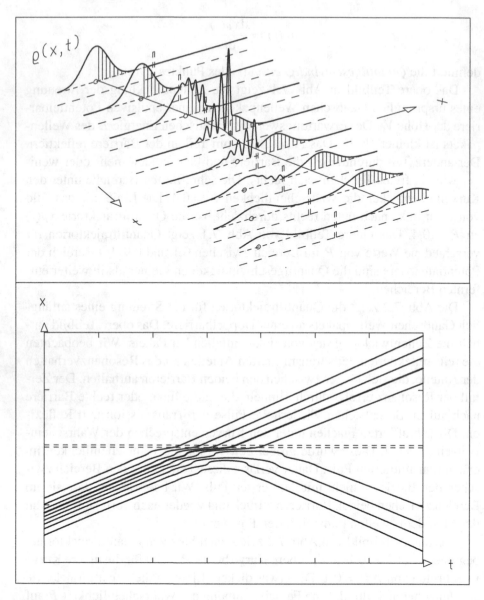

Abb. 7.1 Quantiltrajektorien zum Tunneleffekt. Das obere Teilbild zeigt die zeitliche Entwicklung der Streuung eines ursprünglich Gaußschen Wellenpakets an einer repulsiven Potentialbarriere der Höhe V_0. Der Erwartungswert der kinetischen Energie ist kleiner als V_0. Die kleinen Kreise kennzeichnen den Ort des klassischen Teilchens. Die schraffierten Bereiche unter den Kurven entsprechen der Wahrscheinlichkeit $P = 0,4$ im Intervall $x_P(t) \leq x < \infty$. Die Linie, die das Bild von oben links nach unten rechts durchzieht, ist die Quantiltrajektorie zu $P = 0,4$. Das untere Teilbild zeigt Quantiltrajektorien zu Werten $P = 0,1$ (für die oberste Kurve) und weiter in Schritten von $\Delta P = 0,1$ bis zur untersten Kurve mit $P = 0,9$. Die etwas breitere Kurve ist die gleiche Quantiltrajektorie wie im oberen Teilbild.

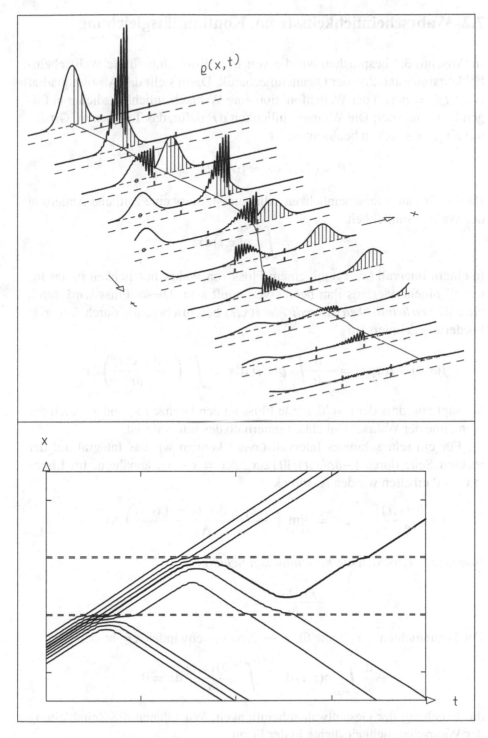

Abb. 7.2 Wie Abb. 7.1, jedoch für eine Doppelbarriere.

7.2 Wahrscheinlichkeitsstrom. Kontinuitätsgleichung

In Abschn. 3.3 besprachen wir die von Max Born eingeführte Wahrscheinlichkeitsinterpretation der Quantenmechanik. Darin stellt das Absolutquadrat
$|\psi(x,t)|^2 = \varrho(x,t)$ der Wellenfunktion eine Wahrscheinlichkeitsdichte in fol-
gendem Sinne dar: Die Wahrscheinlichkeit dP dafür, das Teilchen im Ortsintervall $(x, x + dx)$ zu beobachten, ist

$$dP = \varrho(x,t)\,dx = |\psi(x,t)|^2\,dx \quad .$$

Da die Gesamtwahrscheinlichkeit erhalten ist, muss eine zeitliche Änderung
der Wahrscheinlichkeit

$$P_{12} = \int_{x_1}^{x_2} \varrho(x,t)\,dx$$

in einem Intervall (x_1, x_2) mit einem Fluss von Wahrscheinlichkeit in das Intervall hinein oder aus ihm heraus verknüpft sein. Dieser Fluss wird durch
eine *Wahrscheinlichkeitsstromdichte* $j(x,t)$ beschrieben, die durch folgende
Forderung definiert ist:

$$j(x,t) - j(x_1,t) = -\frac{d}{dt}\int_{x_1}^{x} \varrho(x',t)\,dx' = \int_{x_1}^{x}\left(-\frac{\partial\varrho(x',t)}{\partial t}\right)dx' \quad .$$

Sie sagt aus, dass der resultierende Fluss an den Grenzen x_1 und x gleich der
Abnahme der Wahrscheinlichkeit innerhalb des Intervalls ist.

Für ein sehr schmales Intervall (x_1, x) können wir das Integral auf der
rechten Seite durch $[-\partial\varrho(x,t)/\partial t]\Delta x$, $\Delta x = x - x_1$, annähern. Im Limes
$\Delta x \to 0$ erhalten wir den Ausdruck

$$\left.\frac{\partial j(x,t)}{\partial x}\right|_{x=x_1}\Delta x = \lim_{\Delta x \to 0}\left(\frac{j(x_1 + \Delta x, t) - j(x_1,t)}{\Delta x}\right)\Delta x \quad .$$

Insgesamt ergibt sich die *Kontinuitätsgleichung*

$$-\frac{\partial\varrho(x,t)}{\partial t} = \frac{\partial j(x,t)}{\partial x} \quad .$$

Für Stromdichten $j(x,t)$, die für $x \to \pm\infty$ verschwinden, ergibt sich

$$-\frac{d}{dt}\int_{-\infty}^{\infty} \varrho(x,t)\,dx = \int_{-\infty}^{\infty} \frac{\partial j(x,t)}{\partial x}\,dx = 0 \quad ,$$

die Erhaltung der Gesamtwahrscheinlichkeit. Wir können die Zeitableitung
der Wahrscheinlichkeitsdichte in der Form

$$\frac{\partial\varrho(x,t)}{\partial t} = \psi^*(x,t)\frac{\partial\psi(x,t)}{\partial t} + \frac{\partial\psi^*(x,t)}{\partial t}\psi(x,t)$$

schreiben. Die Zeitableitungen der Wellenfunktionen ψ und ψ^* sind durch die Schrödinger-Gleichungen für ψ bzw. ψ^* gegeben,

$$i\hbar \frac{\partial \psi}{\partial t} = -\frac{\hbar^2}{2m}\frac{\partial^2 \psi}{\partial x^2} + V(x)\psi \quad , \qquad -i\hbar \frac{\partial \psi^*}{\partial t} = -\frac{\hbar^2}{2m}\frac{\partial^2 \psi^*}{\partial x^2} + V(x)\psi^* \quad .$$

Durch Einsetzen der Ausdrücke für $\partial \psi/\partial t$ und $\partial \psi^*/\partial t$ erhalten wir

$$\frac{\partial \varrho}{\partial t} = -\frac{\hbar}{2mi}\left[\psi^*\frac{\partial^2 \psi}{\partial x^2} - \psi\frac{\partial^2 \psi^*}{\partial x^2}\right] \quad .$$

Das lässt sich in eine Kontinuitätsgleichung umwandeln mit der Wahrscheinlichkeitsstromdichte

$$j(x,t) = \frac{\hbar}{2mi}\left(\psi^*\frac{\partial \psi}{\partial x} - \psi\frac{\partial \psi^*}{\partial x}\right) \quad .$$

Abbildung 7.3 zeigt die zeitlichen Entwicklungen der Wahrscheinlichkeitsdichte und der Wahrscheinlichkeitsstromdichte eines freien Gaußschen Wellenpakets. Die Graphen der oberen Reihe zeigen ein Wellenpaket mit positivem Impulserwartungswert $\langle p \rangle = p_0$, die der unteren ein Wellenpaket in Ruhe entsprechend $p_0 = 0$. Wir beobachten eine Verbreiterung beider Wellenpakete mit der Zeit. Für das ruhende Wellenpaket ist die Dispersion der einzige Grund für seine Veränderung. Wahrscheinlichkeit fließt nach rechts für $x > 0$ und nach links für $x < 0$. Deshalb ist die Wahrscheinlichkeitsstromdichte positiv für $x > 0$ und negativ für $x < 0$. Ihr Integral über die gesamte x-Achse verschwindet, weil $p_0 = 0$.

Experimentell kann die Quantiltrajektorie auf statistischer Basis durch eine Reihe von Flugzeitmessungen bestimmt werden: Man präpariert nach immer der gleichen Vorschrift N Einteilchenwellenpakete und stellt eine Uhr auf Null in dem Moment, in dem der Ortserwartungswert eines Wellenpakets die Quelle verlässt. Mit einem Detektor am Ort x_1 registriert man die Ankunftszeiten t_{1m} der Teilchen $m = 1, 2, \ldots, N$ und ordnet sie derart, dass $t_{11} < t_{12} < \ldots < t_{1N}$. Man wählt die Zeit t_{1n}, die die größte unter den kleinsten Zeiten ist, derart, dass $n/N = P$. Die Zeit t_{1n} ist die Ankunftszeit des Quantils x_P am Ort x_1, d. h. $x_P(t_{1n}) = x_1$. Durch Wiederholung des Experiments mit einem Detektor bei x_2 erhält man t_{2n}, usw. Die Punkte $x_P(t_{in}), i = 1, 2, \ldots$, sind diskrete Punkte auf der Quantiltrajektorie $x_P(t)$. Sind etwa x_1 und x_2 Anfang bzw. Ende einer Barriere, so ist $t_{2n} - t_{1n}$ die Quantillaufzeit durch die Barriere. In Bauteilen elektronischer Schaltkreise laufen Signale, die ursprünglich aus einer Anzahl N von Elektronen bestehen. Die Zeit, die ein Signal benötigt, um ein einzelnes Bauteil zu passieren, ist die oben definierte Quantillaufzeit.

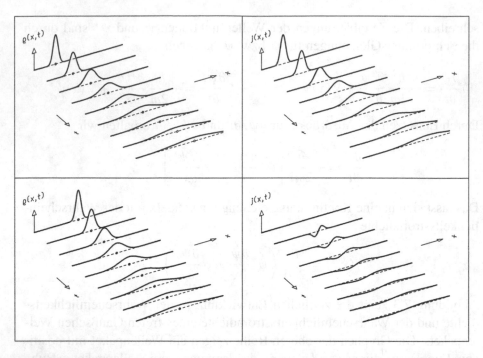

Abb. 7.3 Zeitentwicklungen der Wahrscheinlichkeitsdichte $\varrho(x,t)$ und der Wahrscheinlichkeitsstromdichte $j(x,t)$ der kräftefreien Bewegung eines Gaußschen Wellenpakets. Die Teilbilder der oberen Reihe zeigen ein nach rechts laufendes Wellenpaket, die der unteren ein Wellenpaket in Ruhe, $\langle x(t)\rangle = \text{const} = 0$. Die kleinen Kreise kennzeichnen den Ortserwartungswert $\langle x(t)\rangle$ des Wellenpakets. In der unteren Reihe beruht die zeitliche Veränderung des Wellenpakets ausschließlich auf seiner Verbreiterung durch Dispersion. Die Wahrscheinlichkeitsdichte bleibt gerade bezüglich $x = 0$, die Wahrscheinlichkeitsstromdichte bleibt ungerade; deshalb verschwindet das Integral über die Wahrscheinlichkeitsstromdichte.

7.3 Wahrscheinlichkeitsstromdichten einfacher Beispiele

Weiter oben fanden wir bereits, dass für die freie Bewegung (Abschn. 3.2), die Bewegung unter dem Einfluss einer konstanten Kraft (Abschn. 5.6) und für die harmonische Bewegung (Abschn. 6.4) die Wahrscheinlichkeitsdichte eines ursprünglich Gaußschen Wellenpakets die Form

$$\varrho(x,t) = \frac{1}{\sqrt{2\pi}\,\sigma_x(t)}\exp\left\{-\frac{(x-\langle x(t)\rangle)^2}{2\sigma_x^2(t)}\right\}$$

hat, also seine Gaußsche Gestalt beibehält. Allerdings verändern sich sein Ortserwartungswert $\langle x(t)\rangle$ und seine Breite $\sigma_x(t)$ mit der Zeit. Die Zeitveränderung unterscheidet sich für die drei Beispiele. Die in Tabelle 7.1 angegebenen Formeln sind den genannten Abschnitten entnommen. Die Wahrscheinlichkeitsstromdichte ist

$$j(x,t) = \left[\langle v(t) \rangle + \frac{1}{\sigma_x(t)} \frac{d\sigma_x(t)}{dt} (x - \langle x(t) \rangle) \right] \varrho(x,t) \quad .$$

Dabei ist $\langle v(t) \rangle = \langle p(t) \rangle / m = d\langle x(t) \rangle / dt$ der Erwartungswert der Geschwindigkeit.

Tabelle 7.1 Zeitabhängigkeit von Ortserwartungswert und Varianz eines Gaußschen Wellenpakets

	Freie Bewegung	Konstante Kraft	Harmonischer Oszillator
$V(x)$	0	mgx	$\frac{1}{2}m\omega^2 x^2$
$\langle x(t) \rangle$	$x_0 + v_0 t$	$x_0 + v_0 t + gt^2/2$	$x_0 \cos \omega t$
$\sigma_x^2(t)$	$\sigma_{x0}^2 + \left(\frac{\sigma_p}{m}t\right)^2$	$\sigma_{x0}^2 + \left(\frac{\sigma_p}{m}t\right)^2$	$\dfrac{4\sigma^4 \cos^2 \omega t + \sigma_0^4 \sin^2 \omega t}{4\sigma^2}$

In Abb. 7.4 zeigen wir die Zeitentwicklungen von Wahrscheinlichkeitsdichte und Wahrscheinlichkeitsstromdichte für Wellenpakete unter dem Einfluss einer konstanten bzw. einer harmonischen Kraft.

7.4 Differentialgleichung der Quantiltrajektorie

Entsprechend ihrer Definition erhält man die Quantiltrajektorie $x = x_P(t)$ durch Lösung der Gleichung

$$\int_{x_P(t)}^{\infty} \varrho(x,t)\, dx = P$$

nach $x_P(t)$. Da $P = \text{const}$, gilt

$$-\frac{dx_P(t)}{dt}\varrho(x_P(t),t) + \int_{x_P(t)}^{\infty} \frac{\partial \varrho(x',t)}{\partial t}\, dx' = \frac{dP}{dt} = 0 \quad .$$

Die in Abschn. 7.2 hergeleitete Kontinuitätsgleichung für die Wahrscheinlichkeitsdichte erlaubt es uns, unter dem Integral $\partial \varrho / \partial t$ durch $-\partial j / \partial x$ zu ersetzen. Wir können dann das Integral ausführen und erhalten

$$\varrho(x_P(t),t)\frac{dx_P(t)}{dt} = j(x_P(t),t)$$

als Differentialgleichung für die Trajektorie $x_P(t)$. Für das Geschwindigkeitsfeld $v(x,t) = j(x,t)/\varrho(x,t)$ des Wahrscheinlichkeitsflusses gilt also

$$\frac{dx_P(t)}{dt} = \frac{j(x_P(t),t)}{\varrho(x_P(t),t)} = v(x_P(t),t) \quad .$$

Der Anfangsort $x_P(t_0) = x_0$ für die Lösung dieser Differentialgleichung ist die Quantilposition zur Anfangszeit t_0.

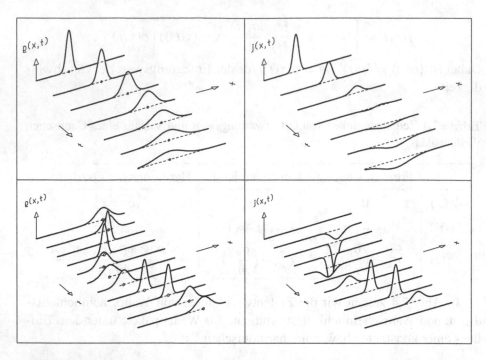

Abb. 7.4 Zeitentwicklungen der Wahrscheinlichkeitsdichte $\varrho(x,t)$ und der Wahrschein-lichkeitsstromdichte $j(x,t)$ eines Gaußschen Wellenpakets, das sich unter dem Einfluss einer konstanten Kraft (obere Reihe) bzw. einer harmonischen Kraft (untere Reihe) bewegt. Die kleinen Kreise kennzeichnen die Ortserwartungswerte der Wellenpake-te. Die Wahrscheinlichkeitsstromdichte besitzt Bereiche positiver und negativer Werte. Für konstante Kraft (obere Reihe) bewegt sich das Wellenpaket zunächst nach rechts; dementsprechend ist die Wahrscheinlichkeitsstromdichte überwiegend positiv. Am Um-kehrpunkt (mittlere der sieben dargestellten Zeiten) zeigt die Wahrscheinlichkeitss-tromdichte deutlich positive und negative Bereiche. Da der Erwartungswert der Ge-schwindigkeit am Umkehrpunkt verschwindet, verschwindet auch das Integral über die Wahrscheinlichkeitsstromdichte über den gesamten x-Bereich. Das Wellenpaket im harmonischen Oszillator wird für eine volle Periode gezeigt. Der anfängliche Ortser-wartungswert x_0 ist positiv und der anfängliche Geschwindigkeitserwartungswert p_0/m verschwindet. Die Wahrscheinlichkeitsstromdichte ist zunächst überwiegend negativ und nach Erreichen des Umkehrpunkts überwiegend positiv.

7.5 Fehlerfunktion

Wir definieren hier die im folgenden Abschnitt benutzte *(komplementäre) Fehlerfunktion*

$$\operatorname{erfc} x = \frac{2}{\sqrt{\pi}} \int_x^\infty \mathrm{e}^{-u^2}\, \mathrm{d}u \quad .$$

Da die Funktion e^{-u^2} überall positiv ist und da der Integrationsbereich mit an-steigender unterer Grenze abnimmt, ist die Fehlerfunktion $\operatorname{erfc} x$ eine mono-

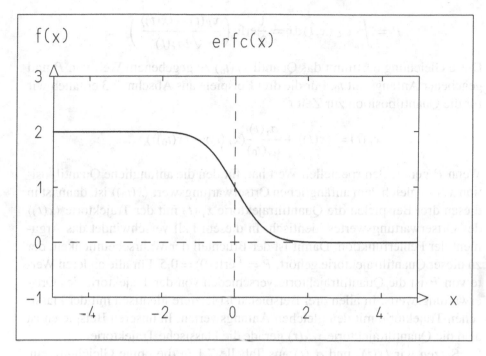

Abb. 7.5 Die (komplementäre) Fehlerfunktion erfc x.

ton fallende Funktion von x. Für $x \to \infty$ schrumpft das Integrationsintervall und der Integrand geht gegen Null. Deshalb gilt

$$\lim_{x \to \infty} \operatorname{erfc} x = 0 \quad .$$

Wegen der Normierung der Gauß-Verteilung (Abschn. 2.4) erhalten wir

$$\lim_{x \to -\infty} \operatorname{erfc} x = \frac{2}{\sqrt{\pi}} \int_{-\infty}^{\infty} e^{-u^2} \, du = 2 \frac{1}{\sqrt{2\pi}} \int_{-\infty}^{\infty} e^{-u'^2/2} \, du' = 2 \quad .$$

Weil der Integrand eine gerade Funktion ist, gilt für $x = 0$

$$\operatorname{erfc} 0 = \frac{2}{\sqrt{\pi}} \int_0^{\infty} e^{-u^2} \, du = \frac{1}{2} \frac{2}{\sqrt{\pi}} \int_{-\infty}^{\infty} e^{-u^2} \, du = 1 \quad .$$

Der Graph der Fehlerfunktion erfc x ist in Abb. 7.5 dargestellt.

7.6 Quantiltrajektorien für einfache Beispiele

Mit der Fehlerfunktion erhalten wir für jede Gauß-Verteilung mit Mittelwert $\langle x(t) \rangle$ und Varianz $\sigma_x^2(t)$

$$P = \int_{x_P(t)}^{\infty} \varrho(x,t)\,\mathrm{d}x = \frac{1}{2}\operatorname{erfc}\left(\frac{x_P(t) - \langle x(t) \rangle}{\sqrt{2}\sigma_x(t)}\right) \quad .$$

Diese Gleichung bestimmt das Quantil $x_P(t_0)$ zu gegebenem Wert von P und gegebener Anfangszeit t_0. Für die drei Beispiele aus Abschn. 7.3 erhalten wir für die Quantilposition zur Zeit t

$$x_P(t) = \langle x(t) \rangle + \frac{\sigma_x(t)}{\sigma_x(t_0)}(x_P(t_0) - \langle x(t_0) \rangle) \quad .$$

Wenn P gerade den speziellen Wert hat, für den die anfängliche Quantilposition $x_P(t_0)$ gleich dem anfänglichen Ortserwartungswert $\langle x(t_0) \rangle$ ist, dann ist in diesen drei Beispielen die Quantiltrajektorie $x_P(t)$ mit der Trajektorie $\langle x(t) \rangle$ des Ortserwartungswertes identisch. In diesem Fall verschwindet das Argument der Fehlerfunktion. Damit ist der Bruchteil der Wahrscheinlichkeit, der zu dieser Quantiltrajektorie gehört, $P = \frac{1}{2}\operatorname{erfc}(0) = 0{,}5$. Für alle anderen Werte von P ist die Quantiltrajektorie verschieden von der Trajektorie des Ortserwartungswerts. In allen drei Beispielen ist letztere identisch mit der klassischen Trajektorie mit den gleichen Anfangswerten. In unseren Beispielen ist also die Quantiltrajektorie $x_{0,5}(t)$ gerade die klassische Trajektorie.

Setzen wir $\langle x(t) \rangle$ und $\sigma_x(t)$ aus Tabelle 7.1 in die obige Gleichung ein, so erhalten wir explizit die Quantiltrajektorien $x_P(t)$ für unsere drei Beispiele aus Abschn. 7.3. Sie sind in den Abbildungen 7.6 bis 7.8 dargestellt.

7.7 Verknüpfung mit der Bohmschen Bewegungsgleichung

In diesem Kapitel haben wir die Quantiltrajektorien auf der Basis des Wahrscheinlichkeitsbegriffs eingeführt und sind damit streng im Rahmen der „konventionellen" Quantenmechanik und ihrer Wahrscheinlichkeitsinterpretation geblieben.

David Bohm hat 1952 einen „unkonventionellen" Formalismus der Quantenmechanik angegeben, in welchem Teilchentrajektorien möglich sind. Man kann zeigen, dass die Bohmschen Trajektorien identisch mit den oben diskutierten Quantiltrajektorien sind. Wir deuten hier den Beweis nur an, ohne ihn in allen Einzelheiten durchzugehen.

Wir beginnen mit der Gleichung

$$\frac{\mathrm{d}x_P(t)}{\mathrm{d}t} = \frac{j(x_P(t),t)}{\varrho(x_P(t),t)}$$

aus Abschn 7.4. Durch nochmalige Ableitung nach der Zeit und Multiplikation mit der Masse m erhalten wir

$$m\frac{\mathrm{d}^2 x_P(t)}{\mathrm{d}t^2} = m\frac{\mathrm{d}}{\mathrm{d}t}\frac{j(x_P(t),t)}{\varrho(x_P(t),t)} = -\left.\frac{\partial U(x,t)}{\partial x}\right|_{x=x_P(t)} \quad .$$

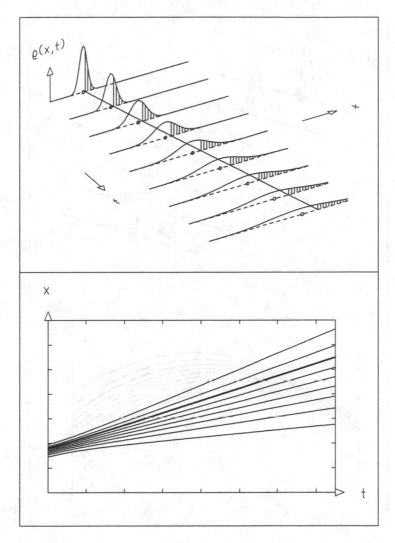

Abb. 7.6 Quantiltrajektorien eines kräftefreien Gaußschen Wellenpakets. Das obere Teilbild zeigt die Zeitentwicklung der Wahrscheinlichkeitsdichte. Die kleinen Kreise auf der x-Achse kennzeichnen den Ort des Erwartungswerts. Die schraffierten Flächen entsprechen dem Bereich $x > x_P(t)$ für $P = 0{,}3$. Die dickere Linie ist die entsprechende Quantiltrajektorie. Das untere Teilbild enthält für das gleiche Wellenpaket Quantiltrajektorien für verschiedene Werte von P, und zwar von $P = 0{,}1$ (obere Linie) bis $P = 0{,}9$ (untere Linie) in Schritten $\Delta P = 0{,}1$. Die dicker gezeichnete Linie ist die Trajektorie aus dem oberen Teilbild.

Wir haben die rechte Seite als negative Ortsableitung eines Potentials $U(x,t)$ geschrieben, weil die linke Seite vom Typ Masse mal Beschleunigung ist. So hat die ganze Gleichung die Form einer Newtonschen Bewegungsgleichung. Das Potential U findet man mit Hilfe der Ausdrücke für ϱ und j als Funktionen von ψ und ψ^* und indem man die zeitabhängige Schrödinger-Gleichung

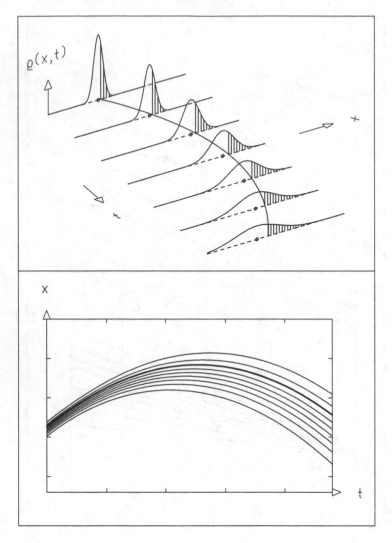

Abb. 7.7 Wie Abb. 7.6, jedoch für die Bewegung eines Wellenpakets unter dem Einfluss einer konstanten Kraft.

benutzt, um Ausdrücke der Form $\partial\psi/\partial t$ und $\partial\psi^*/\partial t$ zu eliminieren. Das Ergebnis ist

$$U(x,t) = V(x) + V_Q(x,t) \quad .$$

Dabei ist $V(x)$ die in der Schrödinger-Gleichung auftretende potentielle Energie und $V_Q(x,t)$ das zeitabhängige *Quantenpotential*

$$V_Q(x,t) = -\frac{\hbar^2}{4m\varrho(x,t)}\left(\frac{\partial^2\varrho(x,t)}{\partial x^2} - \frac{1}{2\varrho(x,t)}\left(\frac{\partial\varrho(x,t)}{\partial x}\right)^2\right) \quad ,$$

das von David Bohm eingeführt wurde.

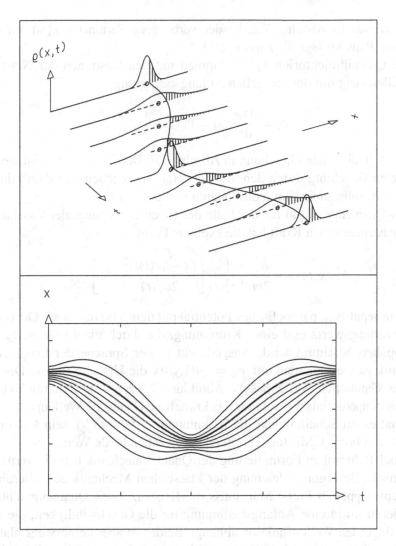

Abb. 7.8 Wie Abb. 7.6, jedoch für die Bewegung eines Wellenpakets im Potential eines harmonischen Oszillators. Die Linie $x_P(t)$ für $P = 0{,}5$ ist mit der Trajektorie $\langle x(t) \rangle$ des Ortserwartungswerts identisch. Nur diese Kurve ist eine Kosinusfunktion. Für alle anderen Werte $P \neq 0{,}5$ sind die Quantiltrajektorien keine trigonometrischen Funktionen. Das liegt an der Zeitabhängigkeit der Breite $\sigma_x(t)$ des Wellenpakets.

Für eine eindeutige Lösung der Newtonschen Bewegungsgleichung benötigt man zwei Anfangsbedingungen, $x_P(t_0) = x_0$ und $\mathrm{d}x_P(t)/\mathrm{d}t|_{t=t_0} = v_0$. Die Lösung der Differentialgleichung der Quantiltrajektorie ist dagegen bereits durch eine Anfangsbedingung, $x_P(t_0) = x_0$, zu fester Wahrscheinlichkeit P (definiert durch die erste Gleichung in Abschn. 7.4) eindeutig gegeben.

Der von Bohm als „verborgener Parameter" eingeführte Anfangsort $x_P(t_0) = x_0$ erweist sich damit als äquivalent zum Anfangsort $x_P(t_0)$ der Quantiltrajektorie zum Quantum P. Da das Quantum eine Messgröße ist, vgl. den letzten Absatz in Abschn. 7.2, ist der verborgene Parameter $x(t_0)$ auf das Quantum P als Messgröße zurückgeführt.

Die Quantiltrajektorien $x_P(t)$ stimmen mit den Lösungen der Newtonschen Gleichung mit der speziellen Anfangsbedingung

$$v_0 = \frac{dx_P}{dt}(t_0) = v(x_P(t_0), t_0)$$

überein, vgl. die letzte Gleichung in Abschn. 7.4. Der Parameter v_0 ist wegen der letzten Gleichung durch den Wert $v(x_P(t_0), t_0)$ gegeben und damit durch $x_P(t_0)$, d. h. vollständig durch das Quantum P bestimmt.

Das Quantenpotential für die Fälle der freien Bewegung, der konstanten und der harmonischen Kraft hat die explizite Form

$$V_Q(x,t) = -\frac{\hbar^2}{2m} \frac{1}{2\sigma_x^2(t)} \left[\frac{(x - \langle x(t) \rangle)^2}{2\sigma_x^2(t)} - 1 \right] \quad .$$

Es ist ein repulsives parabolisches Potential mit dem Maximum am Ort $\langle x(t) \rangle$ des Erwartungswerts und einer Krümmung, die durch die Breite $\sigma_x(t)$ des Wellenpakets bestimmt wird. Ausgedrückt in der Sprache der klassischen Mechanik ist die Quantenkraft $F_Q = -\partial V_Q / \partial x$ die Ursache für die Dispersion des Gaußschen Wellenpakets. Abbildung 7.9 zeigt die Zeitentwicklung des Quantenpotentials $V_Q(x,t)$ für das kräftefreie Gaußsche Wellenpaket. Für $t = 0$ hat es am Scheitelpunkt die Krümmung $-\hbar^2/(4m\sigma_{x0}^4)$, sein Maximalwert ist $\hbar^2/(4m\sigma_{x0}^2)$. Mit fortschreitender Zeit fallen beide Werte.

In der Bohmschen Formulierung der Quantenmechanik tritt die vertraute Newtonsche Bewegungsgleichung der klassischen Mechanik auf, allerdings zu einem doppelten Preis: Man muss die Existenz eines Quantenpotentials akzeptieren sowie eine Anfangsbedingung für die Geschwindigkeit, die von der vorliegenden Wellenfunktion abhängt. Beides ist aber keineswegs plausibel. Wir möchten hier wiederholen und besonders betonen, dass die Bohmschen Teilchentrajektorien (die man nicht aus einer Newtonschen Gleichung ohne Quantenpotential gewinnen kann) mit den Quantiltrajektorien übereinstimmen (die innerhalb der konventionellen Quantenmechanik definiert sind).

Aufgaben

7.1 Berechnen Sie das Integral über die Wahrscheinlichkeitsstromdichte $j(x,t) = \hbar/(2mi)[\psi^* \partial \psi / \partial x - \psi \partial \psi^* / \partial x]$ über den gesamten x-Bereich. Drücken Sie das Ergebnis mit Hilfe des Erwartungswerts der Geschwindigkeit oder des Impulses aus.

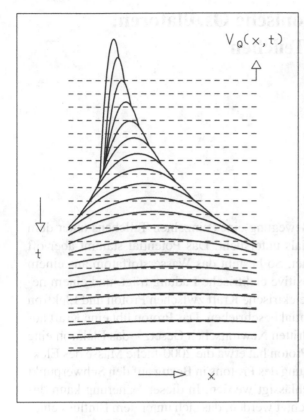

$V_Q(x,t)$

Abb. 7.9 Zeitentwicklung des Quantenpotentials $V_Q(x,t)$ eines kräftefreien Gaußschen Wellenpakets. Es ist ein zu jeder Zeit repulsives parabolisches Potential. Die Kraft $F_Q = -\partial V_Q/\partial x$ bewirkt die Dispersion des Wellenpakets in Bohms Formulierung der Quantenmechanik. Zur Zeit $t = 0$ sind Maximum des Potentials wie auch die Krümmung am Ort des Maximums besonders groß; beide Werte fallen mit zunehmender Zeit. Das Abfallen des Quantenpotentials spiegelt die Tatsache wider, dass die Quantiltrajektorien des kräftefreien Gaußschen Wellenpakets als Funktion der Zeit Hyperbeln sind, die sich für große Zeiten asymptotisch Geraden annähern.

7.2 Für die Integration über die Wahrscheinlichkeitsdichte $\varrho(x,t)$ betrachten wir statt des Intervalls $x \le x' < \infty$ den Bereich $x \le x' \le x_1$. Zeigen Sie mit Hilfe der Quantilbedingung, dass

$$\int_{x_P(t)}^{x_1} \varrho(x',t)\,dx' = \int_{t}^{t_1} j(x_1,t')\,dt' \quad,$$

wobei t_1 durch $x_P(t_1) = x_1$ bestimmt ist. Gewinnen Sie daraus

$$\varrho(x_P(t),t)\frac{dx_P(t)}{dt} = j(x_P(t),t) \quad.$$

7.3 In der klassischen Mechanik fallen Körper verschiedener Masse gleich schnell. Trifft diese Aussage auch für die Quantiltrajektorien eines Gaußschen Wellenpakets unter dem Einfluss einer konstanten Kraft zu?

7.4 Erklären Sie die offensichtlich nichtharmonischen Züge der untersten Quantiltrajektorie in Abb. 7.8. Berechnen Sie dazu die explizite Form der Trajektorien, ausgehend von der zweiten Gleichung in Abschn. 7.6.

8 Gekoppelte harmonische Oszillatoren: Unterscheidbare Teilchen

Bisher haben wir immer die Bewegung eines einzelnen Teilchens unter dem Einfluss eines äußeren Potentials untersucht. Das Potential stammt aber oft von einem anderen Teilchen her. So besteht das Wasserstoffatom aus einem Kern, dem Proton, der eine positive elektrische Ladung trägt, und einem negativ geladenen Elektron. Die elektrische Kraft zwischen Proton und Elektron wird durch das Coulomb-Potential beschrieben. Das Proton übt eine Kraft auf das Elektron und – nach dem dritten Newtonschen Gesetz – das Elektron eine Kraft auf das Proton aus. Das Proton hat etwa die 2000-fache Masse des Elektrons. Deshalb kann die Bewegung des Protons in Bezug auf den Schwerpunkt des Atoms gewöhnlich vernachlässigt werden. In dieser Näherung kann das Elektron als ein Teilchen betrachtet werden, das sich unter dem Einfluss eines äußeren Potentials bewegt. Im Allgemeinen müssen wir jedoch die Bewegung beider Teilchen eines Zweiteilchensystems beschreiben. Der Einfachheit halber betrachten wir nur eine eindimensionale Bewegung, d. h. beide Teilchen bewegen sich nur entlang der x-Richtung.

8.1 Zweiteilchenwellenfunktion

Wir haben festgestellt, dass der grundlegende Begriff der Quantenmechanik der der Wellenfunktion ist und haben deren Interpretation als Wahrscheinlichkeitsamplitude besprochen. Ein System aus zwei Teilchen wird durch eine komplexe Wellenfunktion $\psi = \psi(x_1, x_2, t)$ beschrieben, die von der Zeit t und den beiden Ortskoordinaten x_1 und x_2 abhängt. Ihr Absolutquadrat $|\psi(x_1, x_2, t)|^2$ ist die *gemeinsame Wahrscheinlichkeitsdichte* dafür, zur Zeit t die beiden Teilchen an den Stellen x_1 bzw. x_2 zu finden. Natürlich setzen wir voraus, dass die Wellenfunktion normiert ist, weil die Wahrscheinlichkeit $\int_{-\infty}^{+\infty} \int_{-\infty}^{+\infty} |\psi(x_1, x_2, t)|^2 \, dx_1 \, dx_2$ dafür, die Teilchen irgendwo im Raum zu finden, eins sein muss. Unterscheiden sich die Teilchen in ihrer Art, wie etwa das Proton und das Elektron im Wasserstoffatom, heißen die Teilchen *unterscheidbar*. Zwei Teilchen derselben Art, mit den gleichen Massen, Ladungen, usw., wie etwa zwei Elektronen, heißen *ununterscheidbar*. Für unterscheidbare Teilchen beschreibt das Absolutquadrat $|\psi(x_1,x_2,t)|^2 \, dx_1 \, dx_2$ die Wahrscheinlichkeit dafür, zur Zeit t das Teilchen 1 im Intervall dx_1 in der Nähe von x_1 und gleichzeitig das Teilchen 2 im Intervall dx_2 in der Nähe von x_2 zu beobachten.

Abbildung 8.1 zeigt die gemeinsame Wahrscheinlichkeitsdichte

$$\rho_D(x_1,x_2,t) = |\psi(x_1,x_2,t)|^2$$

für feste Zeit t. In ihr ist ein kartesisches Koordinatensystem aus den beiden Ortsvariablen x_1, x_2 aufgespannt und ρ_D ist in Richtung senkrecht zur (x_1,x_2)-Ebene aufgetragen. So erscheint $\rho_D(x_1,x_2)$ als eine Fläche. Über zwei Rändern der Koordinatenebene sind Funktionen von nur einer Variablen, x_1, oder der anderen, x_2, aufgetragen. Sie sind durch

$$\rho_{D1}(x_1,t) = \int_{-\infty}^{+\infty} \rho_D(x_1,x_2,t)\,dx_2$$

und

$$\rho_{D2}(x_2,t) = \int_{-\infty}^{+\infty} \rho_D(x_1,x_2,t)\,dx_1$$

definiert. Diese *Randverteilungen* beschreiben die Wahrscheinlichkeitsdichte für die Beobachtung eines Teilchens am vorgegebenen Ort, unabhängig von der Lage des zweiten Teilchens.

Der Punkt unter dem Maximum über der (x_1,x_2)-Ebene markiert die Erwartungswerte $\langle x_1 \rangle$ und $\langle x_2 \rangle$ der Orte der Teilchen 1 bzw. 2. Aus der Form der Fläche und aus den Randverteilungen wird deutlich, dass für unser Beispiel das Teilchen 2 schärfer lokalisiert ist als das Teilchen 1.

Jede der in den drei Teilbildern von Abb. 8.1 dargestellten Funktionen ist eine Gauß-Verteilung der beiden Variablen x_1, x_2. Die mathematische Gestalt einer solchen Gauß-Verteilung zweier Variabler und ihrer Randverteilungen haben wir bereits in Abschn. 3.5 kennengelernt.

8.2 Gekoppelte harmonische Oszillatoren

Als besonders einfaches aber lehrreiches dynamisches System untersuchen wir jetzt die Bewegung zweier unterscheidbarer Teilchen gleicher Masse in äußeren Oszillatorpotentialen. Beide Teilchen sind durch eine weitere harmonische Kraft gekoppelt. Die äußeren Potentiale sollen die gleiche Form haben,

$$V(x_1) = \frac{k}{2}x_1^2 \quad , \qquad V(x_2) = \frac{k}{2}x_2^2 \quad , \qquad k > 0 \quad .$$

Die potentielle Energie der Kopplung ist

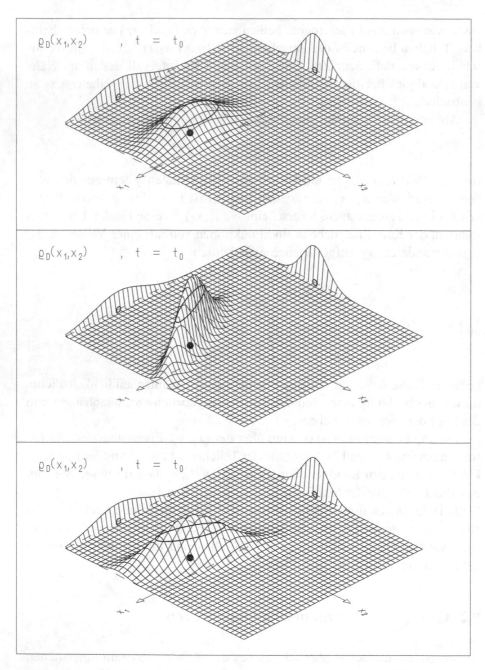

Abb. 8.1 Gemeinsame Wahrscheinlichkeitsdichte $\rho_D(x_1, x_2)$ **für ein System zweier un-terscheidbarer Teilchen. Sie bildet eine Fläche über der** (x_1, x_2)**-Ebene. Die Randvertei-lungen** $\rho_{D1}(x_1)$ **und** $\rho_{D2}(x_2)$ **sind über den Rändern parallel zur** x_1**-Achse bzw.** x_2**-Achse dargestellt. In jedem Teilbild ist die klassische Position** x_{10}, x_{20} **durch einen Punkt in der** (x_1, x_2)**-Ebene und durch dessen Projektionen auf die Ränder dargestellt. Auch die Ko-varianzellipsen sind eingezeichnet. Die drei Teilbilder entsprechen den Fällen (a) unkor-relierter Variablen sowie (b) positiver und (c) negativer Korrelation zwischen** x_1 **und** x_2.

$$V_c(x_1, x_2) = \frac{\kappa}{2}(x_1 - x_2)^2 \quad , \qquad \kappa > 0 \quad .$$

Die Schrödinger-Gleichung für die Wellenfunktion $\psi(x_1, x_2, t)$ ist dann

$$i\hbar \frac{\partial}{\partial t} \psi(x_1, x_2, t) = H\psi(x_1, x_2, t) \quad .$$

Hier ist H der Hamilton-Operator der Form

$$H = -\frac{\hbar^2}{2m} \frac{\partial^2}{\partial x_1^2} + V(x_1) - \frac{\hbar^2}{2m} \frac{\partial^2}{\partial x_2^2} + V(x_2) + V_c(x_1, x_2) \quad .$$

In Analogie zur Einteilchengleichung ist diese Gleichung so geschrieben, dass ihre rechte Seite gleich der Summe der potentiellen und kinetischen Energien der beiden Teilchen ist.

Die Schrödinger-Gleichung wird unter der Anfangsbedingung gelöst, dass sich die Erwartungswerte der beiden Teilchen an den Orten $x_{10} = \langle x_1(t_0)\rangle$ und $x_{20} = \langle x_2(t_0)\rangle$ befinden. Wir betrachten hier den Fall, in dem die Erwartungswerte der Anfangsimpulse beider Teilchen null sind. In der Quantenmechanik gibt es eine unendliche Mannigfaltigkeit von Wellenfunktionen mit den Erwartungswerten $\langle x_1(t_0)\rangle = x_{10}$, $\langle p_1(t_0)\rangle = 0$ und $\langle x_2(t_0)\rangle = x_{20}$, $\langle p_2(t_0)\rangle = 0$ für die Anfangszeit t_0. Selbst wenn wir uns auf ein Gaußsches Wellenpaket zur Zeit t_0 beschränken, müssen wir immer noch dessen Breiten und Korrelation angeben. Für spätere Zeiten $t > t_0$ behält die zeitabhängige Lösung, die sich aus dem anfänglichen Wellenpaket nach der Schrödinger-Gleichung entwickelt, für zwei gekoppelte harmonische Oszillatoren ihre Gaußsche Form. Deren Parameter werden aber zeitabhängig.

In Abb. 8.2 zeigen wir die gemeinsame Wahrscheinlichkeitsdichte $\rho_D(x_1, x_2, t)$ für verschiedene Zeiten $t = t_0, t_1, \ldots, t_N$ und ihre Randverteilungen $\rho_{D1}(x_1, t)$ und $\rho_{D2}(x_2, t)$. Wir beobachten ein ziemlich kompliziertes Verhalten. Der Buckel großer Wahrscheinlichkeitsdichte bewegt sich in der (x_1, x_2)-Ebene und ändert gleichzeitig seine Form, d. h. die Breiten σ_1, σ_2 und auch der Korrelationskoeffizient c sind zeitabhängig. Die Bewegung der Erwartungswerte $\langle x_1\rangle$, $\langle x_2\rangle$ ist als Bahn in der (x_1, x_2)-Ebene dargestellt und der Anfangsort x_{10}, x_{20} dieser Bahn zur Zeit $t = t_0$ durch einen ausgefüllten Punkt. Der letzte Punkt der Bahn entspricht der Zeit, für welche die Wahrscheinlichkeitsdichte aufgetragen ist. Einen groben Eindruck des Vorgangs erhält man auch, wenn man nur die Randverteilungen betrachtet.

Abbildung 8.3a zeigt die Zeitentwicklungen der Randverteilungen des Systems aus Abb. 8.2. Die linke Seite enthält die Randverteilung $\rho_{D1}(x_1, t)$, die rechte Seite $\rho_{D2}(x_2, t)$. Die Symbole auf der x_1- und x_2-Achse geben die Ortserwartungswerte der Teilchen an. Sie sind identisch mit den klassischen Orten. Die Anfangsimpulse wurden so gewählt, dass die Teilchen, klassisch gesprochen, ursprünglich in Ruhe sind. Teilchen 1 befindet sich ursprüng-

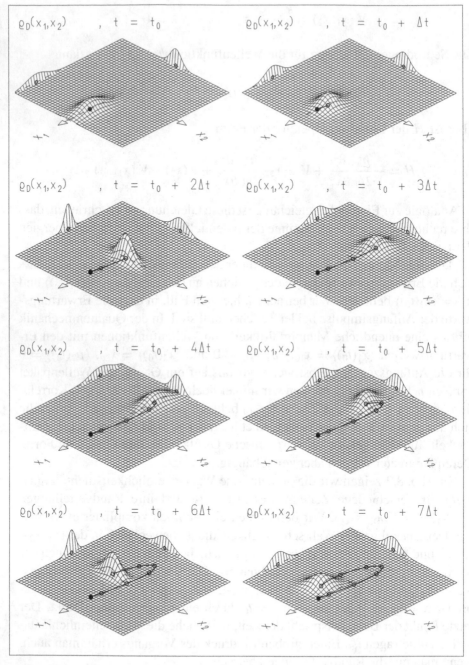

Abb. 8.2 Gemeinsame Wahrscheinlichkeitsdichte $\rho_D(x_1, x_2, t)$ und Randverteilungen $\rho_{D1}(x_1, t)$, $\rho_{D2}(x_2, t)$ für zwei unterscheidbare Teilchen, die ein System gekoppelter harmonischer Oszillatoren bilden. Die verschiedenen Teilbilder entsprechen verschiedenen Zeiten $t_j = t_0, t_1, \ldots, t_N$. Der klassische Ort der beiden Teilchen zu den verschiedenen Zeiten wird durch einen Punkt in der (x_1, x_2)-Ebene und zwei Punkte auf den Rändern markiert. Der ursprüngliche Punkt für $t_j = t_0$ ist ausgefüllt. Die klassische Bewegung zwischen t_0 und t_j ist durch eine Bahn in der (x_1, x_2)-Ebene dargestellt.

lich außerhalb des Potentialmittelpunktes, Teilchen 2 im Mittelpunkt. Aus der Abbildung wird deutlich, dass die Ortserwartungswerte die typische Bewegung von harmonischen Oszillatoren ausführen. Die Schwingungsamplitude des Teilchens 1 nimmt mit der Zeit ab, während die des Teilchens 2 zunimmt bis sie die Anfangsamplitude von Teilchen 1 erreicht hat. Dann tauschen beide Teilchen ihre Rollen. Energie wird jetzt von Teilchen 2 auf das Teilchen 1 übertragen. Die Zeitentwicklungen der Breiten in Abb. 8.3a sind viel weniger klar.

Für eine systematische Untersuchung gekoppelter harmonischer Oszillatoren sind die beiden folgenden Feststellungen wichtig:

1. Die Zeitabhängigkeiten der Erwartungswerte $\langle x_1(t) \rangle$, $\langle x_2(t) \rangle$ sind durch deren Anfangswerte festgelegt und identisch mit den Zeitabhängigkeiten der klassischen Teilchenorte. Sie sind unabhängig von den Anfangswerten σ_{10}, σ_{20} der Breiten und c_0 des Korrelationskoeffizienten.

2. Die Zeitabhängigkeiten der Breiten $\sigma_1(t)$, $\sigma_2(t)$ und des Korrelationskoeffizienten $c(t)$ werden allein durch die Anfangswerte dieser Größen festgelegt. Sie hängen nicht von den Anfangsorten x_{10}, x_{20} ab.

Das klassische System zweier harmonischer Oszillatoren hat zwei charakteristische *Normalschwingungen*. Diese können durch die Wahl bestimmter Anfangsbedingungen angeregt werden. Für eine der Normalschwingungen bleibt der Schwerpunkt in Ruhe. Dieser Fall kann durch die Wahl entgegengesetzter Anfangsbedingungen, $x_{10} = -x_{20}$, realisiert werden, sodass der Schwerpunkt anfänglich ruht. Da die Summe der Kräfte auf die beiden Massen in dieser Lage verschwindet, bleibt der Schwerpunkt in Ruhe. Die Schwingung geschieht nur in der Relativkoordinate $r = x_2 - x_1$. Ihre Kreisfrequenz ist

$$\omega_r = \sqrt{(k + 2\kappa)/m} \ .$$

Die zweite Normalschwingung wird durch Anfangsbedingungen herbeigeführt, die die Kraft zwischen den beiden Teilchen verschwinden lassen. Das bedeutet, die beiden Teilchen haben den gleichen Anfangsort $x_{10} = x_{20} = R_0$, der damit auch der Anfangsort R des Schwerpunkts ist. Da keine Kraft zwischen den beiden Teilchen wirkt, bleiben sie für alle Zeiten zusammen, $x_1(t) = x_2(t)$. Allerdings verschwindet jetzt nicht die Summe der Kräfte, der Schwerpunkt bewegt sich unter dem Einfluss einer linearen Kraft. Daher führt er eine harmonische Schwingung mit der Kreisfrequenz

$$\omega_R = \sqrt{k/m}$$

aus.

Schwingungen mit beliebigen Anfangsbedingungen können als Superpositionen der beiden Normalschwingungen beschrieben werden. Damit lassen

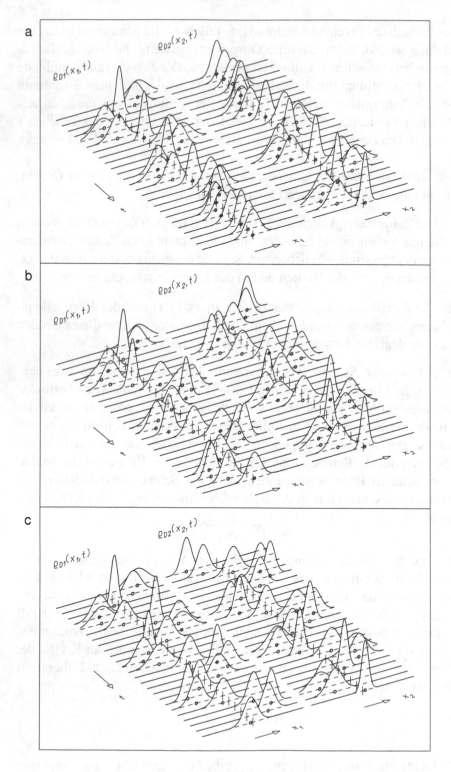

Abb. 8.3

sich solche Erscheinungen wie die Übertragung von Energie von einer Masse auf die andere beschreiben. Normalschwingungen können auch im quantenmechanischen System gekoppelter Oszillatoren nach den gleichen Vorschriften angeregt werden. Beispiele sind in Abb. 8.3b und c dargestellt.

Abbildung 8.4a zeigt die Schwingungen der Erwartungswerte $\langle x_1(t)\rangle$, $\langle x_2(t)\rangle$, der Breiten $\sigma_1(t)$, $\sigma_2(t)$ und der Korrelation $c(t)$ für einen ziemlich allgemeinen Satz von Anfangsbedingungen. Alle Größen zeigen Schwebungen. Wir wissen bereits, dass die Schwebungen in der Zeitabhängigkeit der Erwartungswerte von der Superposition der beiden Normalschwingungen herrühren.

Wie wir aus dem Beispiel des einzelnen harmonischen Oszillators (Abschn. 6.4) wissen, schwingt die Breite der Wahrscheinlichkeitsverteilung mit der doppelten Frequenz des Oszillators. Wir können daher vermuten, dass die Breiten $\sigma_1(t)$, $\sigma_2(t)$ und der Korrelationskoeffizient $c(t)$ eine Periodizität mit den doppelten Normalfrequenzen zeigen, wenn ihre Anfangswerte σ_{10}, σ_{20}, und c_0 entsprechend gewählt sind.

Abbildung 8.4b zeigt einen solchen Fall. Hier ist die Zeitabhängigkeit der Erwartungswerte $\langle x_1(t)\rangle$, $\langle x_2(t)\rangle$ sowie der Breiten und des Korrelationskoeffizienten aufgetragen. Die anfänglichen Erwartungswerte wurden so gewählt, dass die Oszillatoren die Normalfrequenz ω_R besitzen. Die anfänglichen Breiten und der Korrelationskoeffizient wurden so ausgewählt, dass die Frequenz dieser Größen gerade $2\omega_R$ ist. Wie schon bemerkt, ist die Zeitabhängigkeit von σ_1, σ_2 und c völlig unabhängig von den Anfangsorten. Für unser Beispiel wurden Orte gewählt, die mit der Frequenz ω_R schwingen, um einen einfachen Vergleich zwischen der Frequenz ω_R der Orte und $2\omega_R$ der Breiten zu ermöglichen.

Abbildung 8.4c enthält die entsprechenden Darstellungen für die andere Normalfrequenz ω_r. Es ist interessant, dass Normalschwingungen in den Breiten die Anfangsbedingung $\sigma_{10} = \sigma_{20}$ erfordern und dass diese Beziehung dann für alle Zeiten gilt. Die Zeitentwicklung von σ_1 und σ_2 ist eine periodische Schwingung der Frequenz $2\omega_R$ bzw. $2\omega_r$, die einer Konstanten überlagert ist. Man beachte, dass der Anfangswert c_0 des Korrelationskoeffizienten in beiden Fällen verschieden von Null ist.

Abb. 8.3 **Zeitentwicklung der Randverteilung** $\rho_{D1}(x_1,t)$ **(links) und der Randverteilung** $\rho_{D2}(x_2,t)$ **(rechts) für ein System gekoppelter Oszillatoren. Die klassischen Lagen der zwei unterscheidbaren Teilchen sind auf den Achsen als kleine Kreise markiert. Sie sind identisch mit den Erwartungswerten der Randverteilungen. (a) Der anfängliche Ortserwartungswert für das Teilchen 2 ist null. (b) Die Teilchen sind zu einer Normalschwingung angeregt, in der der Schwerpunkt schwingt, es aber keine Relativbewegung gibt. (c) Die Teilchen sind zu einer Normalschwingung angeregt, in der nur eine Relativbewegung auftritt, der Schwerpunkt aber in Ruhe bleibt. In allen drei Fällen ist der anfängliche Impulserwartungswert für beide Teilchen null.**

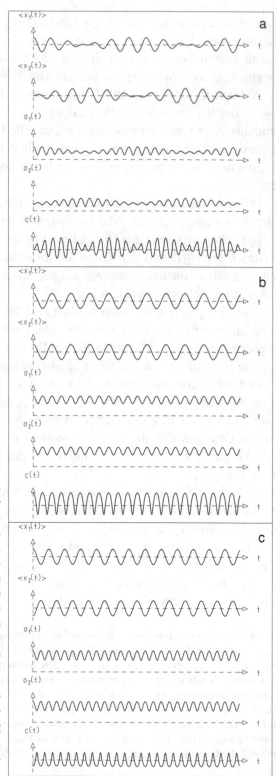

Abb. 8.4 Zeitabhängigkeit der Erwartungswerte $\langle x_1(t)\rangle$, $\langle x_2(t)\rangle$, **der Breiten** $\sigma_1(t)$, $\sigma_2(t)$ **und der Korrelation** $c(t)$ **für ein System gekoppelter harmonischer Oszillatoren. (a) Recht allgemeine Anfangsbedingungen wurden gewählt. (b) Die Schwingung der Erwartungswerte entspricht einer Schwingung des Schwerpunkts mit der Frequenz** ω_R**. Die Anfangswerte** $\sigma_1(t_0)$, $\sigma_2(t_0)$ **und** $c(t_0)$ **wurden so gewählt, dass die Breiten und der Korrelationskoeffizient mit der Frequenz** $2\omega_R$ **schwingen. (c) Die Schwingung der Erwartungswerte entspricht einer Schwingung der Relativbewegung mit der Frequenz** ω_r**; die Breiten und die Korrelation schwingen mit der Frequenz** $2\omega_r$**.**

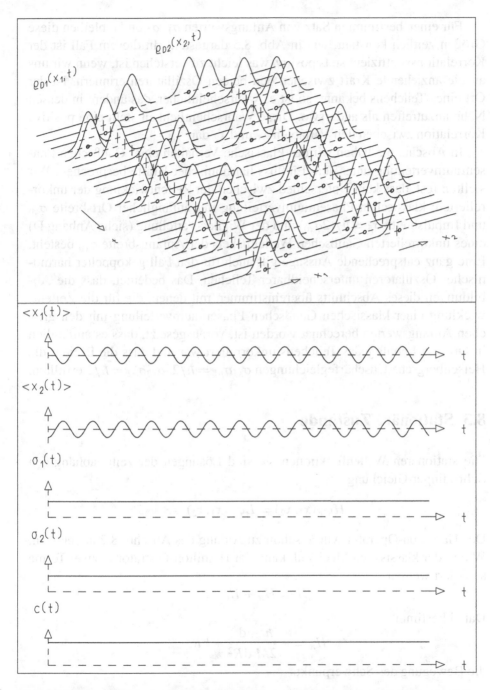

Abb. 8.5 Gekoppelte harmonische Oszillatoren. Die Anfangsbedingungen $\langle x_1(t_0)\rangle$, $\langle x_2(t_0)\rangle$ **sind die gleichen wie in Abb. 8.4c und entsprechen einer Schwingung der Relativbewegung. Die Parameter** $\sigma_1(t_0)$, $\sigma_2(t_0)$, **und** $c(t_0)$ **wurden jedoch so gewählt, dass die Breiten und der Korrelationskoeffizient unabhängig von der Zeit konstant bleiben. Oben: Zeitentwicklung der Randverteilungen. Unten: Zeitentwicklung der Größen** $\langle x_1(t)\rangle$, $\langle x_2(t)\rangle$, $\sigma_1(t)$, $\sigma_2(t)$, $c(t)$.

Für einen bestimmten Satz von Anfangswerten σ_1, σ_2 und c bleiben diese Größen zeitlich konstant, wie in Abb. 8.5 dargestellt. In diesem Fall ist der Korrelationskoeffizient stets positiv, was leicht zu verstehen ist, wenn wir uns an die anziehende Kraft zwischen den beiden Oszillatoren erinnern. Ist der Ort eines Teilchens bekannt, so ist es wahrscheinlicher, das andere in dessen Nähe anzutreffen als anderswo. Diese Wahrscheinlichkeit stellt eine positive Korrelation zwischen den Variablen x_1 und x_2 dar.

In Abschn. 6.5 haben wir das klassische Verhalten einer Gaußschen Phasenraumverteilung unter dem Einfluss harmonischer Kräfte besprochen. Wir stellten fest, dass kein Unterschied zwischen der Zeitentwicklung der unkorrelierten, klassischen Phasenraumverteilung mit anfänglicher Ortsbreite σ_{x0} und Impulsbreite $\sigma_p = \hbar/(2\sigma_{x0})$ und der Wigner-Verteilung (siehe Anhang D) eines unkorrelierten Gaußschen Wellenpakets der Anfangsbreite σ_{x0} besteht. Eine ganz entsprechende Aussage gilt auch für den Fall gekoppelter harmonischer Oszillatoren unterscheidbarer Teilchen. Das bedeutet, dass die Abbildungen dieses Abschnitts übereinstimmen mit denen, die für die Zeitentwicklung einer klassischen Gaußschen Phasenraumverteilung mit den gleichen Anfangswerten berechnet worden ist, vorausgesetzt, dass es anfänglich in Ort und Impuls jedes Teilchens unkorreliert war und dass die Breiten die Heisenbergsche Unschärfegleichungen $\sigma_{x1}\sigma_{p1} = \hbar/2$, $\sigma_{x2}\sigma_{p2} = \hbar/2$ erfüllten.

8.3 Stationäre Zustände

Die stationären Wellenfunktionen φ_E sind Lösungen der zeitunabhängigen Schrödinger-Gleichung

$$H\varphi_E(x_1, x_2) = E\varphi_E(x_1, x_2) \quad .$$

Der Hamilton-Operator wurde schon zu Anfang des Abschn. 8.2 angegeben. Wie in der klassischen Mechanik kann der Hamilton-Operator in zwei Terme separiert werden,

$$H = H_R + H_r \quad .$$

Dabei bestimmt

$$H_R = -\frac{\hbar^2}{2M}\frac{\mathrm{d}^2}{\mathrm{d}R^2} + kR^2$$

die Bewegung des Schwerpunkts

$$R = \tfrac{1}{2}(x_1 + x_2)$$

und

$$H_r = -\frac{\hbar^2}{2\mu}\frac{\mathrm{d}^2}{\mathrm{d}r^2} + \frac{1}{2}\left(\frac{k}{2} + \kappa\right)r^2$$

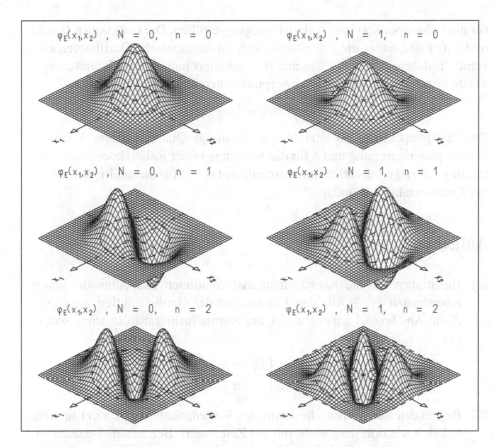

Abb. 8.6 Wellenfunktion $\varphi_E(x_1, x_2)$ **der stationären Zustände eines Systems zweier gekoppelter harmonischer Oszillatoren für niedrige Quantenzahlen** N **und** n. **Man beachte, dass** $\varphi_E(x_1, x_2)$ **symmetrisch unter der Vertauschung** $(x_1, x_2) \rightarrow (x_2, x_1)$ **für gerade** n **und antisymmetrisch für ungerade** n **ist. Die gestrichelte Ellipse in der** (x_1, x_2)**-Ebene entspricht dem energetisch erlaubten Bereich der klassischen Teilchen.**

beschreibt die Dynamik der Relativbewegung in der Relativkoordinate

$$r = x_2 - x_1 \quad .$$

Dabei bezeichnet $M = 2m$ die Gesamtmasse und $\mu = m/2$ die reduzierte Masse des Systems

Die Separation des Hamilton-Operators erlaubt einen faktorisierten Ansatz für die stationären Wellenfunktionen,

$$\varphi_E(x_1, x_2) = U_N(R) u_n(r) \quad ,$$

mit Faktoren, die die Gleichungen

$$H_R U_N(R) = \left(N + \tfrac{1}{2}\right) \hbar \omega_R U_N(R) \quad ,$$
$$H_r u_n(r) = \left(n + \tfrac{1}{2}\right) \hbar \omega_r u_n(r)$$

für die Schwerpunkts- bzw. Relativbewegung erfüllen. Die Funktionen $U_N(R)$ und $u_n(r)$ sind daher die Eigenfunktionen für harmonische Oszillatoren einzelner Teilchen, die wir in Abschn. 6.3 diskutiert haben. Die Gesamtenergie E ist einfach die Summe aus Schwerpunktsenergie und Relativenergie:

$$E = \left(N + \tfrac{1}{2}\right)\hbar\omega_R + \left(n + \tfrac{1}{2}\right)\hbar\omega_r \quad .$$

Das Energiespektrum hat jetzt zwei unabhängige Quantenzahlen, N für die Schwerpunktsanregung und n für die Anregung in der Relativkoordinate. Abbildung 8.6 zeigt die stationären Zustände $\varphi_E(x_1, x_2)$ für die niedrigsten Werte der Quantenzahlen N und n.

Aufgaben

8.1 Bestimmen Sie die Koordinatentransformationen und damit die neuen Koordinaten ξ_1, ξ_2, die den Exponenten der Gauß-Funktion $\rho_D(x_1, x_2)$, die in Abschn. 8.1 angegeben ist, auf Normalform transformieren, sodass gilt

$$\rho_D(x_1, x_2) = A \exp\left\{-\frac{1}{2}\left[\frac{(\xi_1 - \langle\xi_1\rangle)^2}{\sigma_1'^2} + \frac{(\xi_2 - \langle\xi_2\rangle)^2}{\sigma_2'^2}\right]\right\} \quad .$$

8.2 Begründen Sie, warum die Form des Wellenpakets $\rho_D(x_1, x_2, t)$ in Abb. 8.2 sich wie dort dargestellt mit der Zeit ändert. Betrachten Sie dazu zunächst sorgfältig die Abb. 6.6 für einen einzelnen harmonischen Oszillator.

8.3 Leiten Sie die in Abschn. 8.2 angegebenen Beziehungen für die Normalfrequenzen ω_r und ω_R eines klassischen Systems gekoppelter harmonischer Oszillatoren her.

8.4 Rechnen Sie nach, dass der Hamilton-Operator eines Systems zweier gekoppelter Oszillatoren in einen Hamilton-Operator H_R der Schwerpunktsbewegung und einen Hamilton-Operator H_r der Relativbewegung zerlegt werden kann, wie zu Beginn von Abschn. 8.3 angegeben.

8.5 In Abschn. 8.2 entkoppeln sich die beiden Oszillatoren für $\kappa = 0$. Die stationäre Schrödinger-Gleichung kann in diesem Fall mit dem Produktansatz in den Variablen x_1, x_2,

$$\varphi_E(x_1, x_2) = \varphi_{E_1}(x_1)\varphi_{E_2}(x_2) \quad , \qquad E = E_1 + E_2 \quad ,$$

gelöst werden. Zeigen Sie, dass $\varphi_{E_1}(x_1)$, $\varphi_{E_2}(x_2)$ dann Lösungen der der stationären Schrödinger-Gleichung des eindimensionalen harmonischen Oszillators sind.

9 Gekoppelte harmonische Oszillatoren: Ununterscheidbare Teilchen

9.1 Die Zweiteilchenwellenfunktion für ununterscheidbare Teilchen

Die im letzten Kapitel eingeführte Wahrscheinlichkeitsdichte $\rho_D(x_1, x_2, t) = |\psi(x_1, x_2, t)|^2$ beschrieb die gemeinsame Wahrscheinlichkeit für die Beobachtung des Teilchens 1 am Ort x_1 und des Teilchens 2 am Ort x_2. Mit dieser Begriffsbildung gibt es keine Schwierigkeit, solange das Teilchen 1 unzweideutig dem Ort x_1 und das Teilchen 2 dem Ort x_2 zugeordnet werden kann. Diese Zuordnung setzt allerdings voraus, dass die Teilchen 1 und 2 verschiedene Identitäten besitzen, dass sie durch irgendeine andere Eigenschaft unterschieden werden können als dadurch, dass sie verschiedene Orte oder verschiedene Impulse besitzen. Sie müssen sich durch eine innere Eigenschaft der Teilchen unterscheiden, z. B. verschiedene Massen oder verschiedene elektrische Ladungen besitzen. Ein System, das aus einem Elektron und einem Proton besteht, ist ein System, in dem die beiden Teilchen verschiedene innere Eigenschaften haben, ein System aus zwei Elektronen aber nicht. In einem solchen System ist es prinzipiell unmöglich, die beiden Teilchen voneinander zu unterscheiden, wenn sie nahe benachbart sind.

Genauer gesagt, wollen wir zwei Teilchen nahe benachbart nennen, wenn ihre Ortserwartungswerte $\langle x_1 \rangle$, $\langle x_2 \rangle$ sich nicht um mehr unterschieden als die Unbestimmtheit, mit der die Orte bekannt sind. Wie gewöhnlich bezeichnen wir die Unschärfen in den Orten durch σ_1 und σ_2. Die beiden Teilchen sind dann nahe benachbart, wenn

$$(\langle x_1 \rangle - \langle x_2 \rangle)^2 \leq \sigma_1^2 + \sigma_2^2 \quad .$$

Für ein System zweier ununterscheidbarer, eng benachbarter Teilchen können die beiden Situationen:

1. Teilchen 1 ist bei x_1, Teilchen 2 bei x_2

2. Teilchen 2 ist bei x_1, Teilchen 1 bei x_2

nicht unterschieden werden und wir können nur feststellen, dass eines der Teilchen bei x_1 und das andere bei x_2 ist.

Im Allgemeinen kann also die Wahrscheinlichkeitsdichte in einem solchen Fall zwischen den beiden Teilchen nicht unterscheiden. Wir müssen daher fordern, dass die Wahrscheinlichkeitsdichte $|\psi(x_1,x_2,t)|^2$ ungeändert bleibt, wenn in ihr die beiden Teilchen 1 und 2 vertauscht werden, d. h. wenn die Koordinaten x_1 und x_2 im Argument von ψ vertauscht werden,

$$|\psi(x_1,x_2,t)|^2 = |\psi(x_2,x_1,t)|^2 \quad .$$

Auch andere Messgrößen können nicht zwischen den beiden Teilchen unterscheiden. Das bedeutet, dass die potentielle Energie der beiden Teilchen eine symmetrische Funktion der beiden Ortsvariablen sein muss,

$$V(x_1,x_2) = V(x_2,x_1) \quad ,$$

was wiederum bedeutet, dass der Hamilton-Operator der beiden Teilchen nicht nur in den Impulsen $p_1 = -i\hbar\partial/\partial x_1$, $p_2 = -i\hbar\partial/\partial x_2$, sondern auch in den Ortsvariablen x_1, x_2 symmetrisch ist:

$$\begin{aligned} H(p_1,p_2,x_1,x_2) &= -\frac{\hbar^2}{2m}\frac{\partial^2}{\partial x_1^2} - \frac{\hbar^2}{2m}\frac{\partial^2}{\partial x_2^2} + V(x_1,x_2) \\ &= H(p_2,p_1,x_2,x_1) \quad . \end{aligned}$$

Deshalb ist zusätzlich zur Lösung $\psi'(x_1,x_2,t)$ der Schrödinger-Gleichung

$$i\hbar\frac{\partial}{\partial t}\psi'(x_1,x_2,t) = H\psi'(x_1,x_2,t)$$

die Funktion $\psi'(x_2,x_1,t)$, die man durch Austausch der Argumente (x_1,x_2) erhält, auch eine Lösung der Schrödinger-Gleichung. Damit löst jede Superposition

$$\psi(x_1,x_2,t) = a\psi'(x_1,x_2,t) + b\psi'(x_2,x_1,t) \quad ,$$

in der a und b komplexe Zahlen sind, die Schrödinger-Gleichung

$$i\hbar\frac{\partial}{\partial t}\psi(x_1,x_2,t) = H\psi(x_1,x_2,t) \quad .$$

Die Symmetrie der Wahrscheinlichkeitsdichte $|\psi(x_1,x_2,t)|^2$ unter Vertauschung von x_1 und x_2 stellt Bedingungen an die Koeffizienten a und b. Wir haben

$$\begin{aligned} |\psi(x_1,x_2,t)|^2 &= a^*a|\psi'(x_1,x_2,t)|^2 + b^*b|\psi'(x_2,x_1,t)|^2 \\ &\quad + a^*b\psi'^*(x_1,x_2,t)\psi'(x_2,x_1,t) \\ &\quad + b^*a\psi'^*(x_2,x_1,t)\psi'(x_1,x_2,t) \quad . \end{aligned}$$

Durch Vergleich mit der entsprechenden Formel für $|\psi(x_2,x_1,t)|^2$ erschließen wir die folgenden Gleichungen für die Koeffizienten:

$$a^*a = b^*b \quad , \qquad a^*b = b^*a \quad .$$

Durch Zerlegung in Absolutbetrag und Phasenfaktor,

$$a = |a|e^{i\alpha} \ , \qquad b = |b|e^{i\beta} \ ,$$

finden wir

$$|a| = |b| \ , \qquad e^{2i\alpha} = e^{2i\beta} \ .$$

Die Periodizität der Exponentialfunktion legt die Phase 2β relativ zu 2α modulo 2π fest, d. h.

$$2\beta = 2\alpha + 2n\pi \ , \qquad n = 0, \pm 1, \pm 2, \ldots \ .$$

Damit bleiben nur zwei Werte für den Phasenfaktor $e^{i\beta}$,

$$e^{i\beta} = e^{i(\alpha + n\pi)} = \pm e^{i\alpha} \ ,$$

und deshalb

$$b = \pm a \ .$$

Für die Superposition finden wir

$$\psi(x_1, x_2, t) = a[\psi'(x_1, x_2, t) \pm \psi'(x_2, x_1, t)] \ .$$

Die Gesamtphase $e^{i\alpha}$ kann für jede Wellenfunktion beliebig gewählt werden und der Absolutbetrag $|a|$ wird durch die Normierungsbedingung für die Wellenfunktion $\psi(x_1, x_2, t)$ festgelegt. Insgesamt schließen wir, dass die Wellenfunktion für zwei ununterscheidbare Teilchen entweder symmetrisch,

$$\psi(x_1, x_2, t) = \psi(x_2, x_1, t) \ ,$$

oder antisymmetrisch,

$$\psi(x_1, x_2, t) = -\psi(x_2, x_1, t) \ ,$$

unter Vertauschung der beiden Koordinaten x_1 und x_2 ist.

Diese beiden Typen von Wellenfunktionen zeigen ein völlig verschiedenes Verhalten. Teilchen mit symmetrischer Zweiteilchenwellenfunktion heißen Bose-Einstein-Teilchen oder *Bosonen*, solche mit antisymmetrischer Zweiteilchenwellenfunktion Fermi-Dirac-Teilchen oder *Fermionen*. Der Unterschied zwischen Bosonen und Fermionen wird deutlich, wenn wir den Wert der Wellenfunktionen an den besonderen Orten $x_1 = x_2$ betrachten. Die symmetrische Wellenfunktion ist an diesen Stellen nicht eingeschränkt, während die antisymmetrische Wellenfunktion an ihnen verschwinden muss:

$$\psi(x, x, t) = 0 \ .$$

Deshalb verschwindet insbesondere die Wahrscheinlichkeit für die Existenz zweier Fermionen am gleichen Ort. Wenn, darüber hinaus, die Zweiteilchenwellenfunktion $\psi(x_1, x_2, t)$ das Produkt von zwei identischen Einteilchenwellenfunktionen ist, verschwindet die antisymmetrische Zweiteilchenwellenfunktion:

$$\psi(x_1, x_2, t) = \varphi(x_1, t)\varphi(x_2, t) - \varphi(x_2, t)\varphi(x_1, t) = 0 \quad .$$

Dieses Ergebnis muss so interpretiert werden, dass zwei Fermionen nicht im selben Zustand sein können, oder, anders ausgedrückt, dass Fermionen stets in verschiedenen Zuständen sein müssen. Diese Erscheinung wurde 1925 von Wolfgang Pauli entdeckt, als er versuchte, die Tatsache zu erklären, dass N Elektronen stets die N-Zustände niedrigster Energie in den Atomhüllen besetzen. Das Postulat antisymmetrischer Wellenfunktionen für Fermionen heißt *Paulisches Ausschließungsprinzip* oder einfach *Pauli-Prinzip*.

9.2 Stationäre Zustände

Als erstes Beispiel betrachten wir die Wellenfunktionen $\varphi_E(x_1, x_2)$ stationärer Zustände zweier Bosonen bzw. zweier Fermionen. Wir erhalten sie aus den Lösungen der zeitabhängigen Schrödinger-Gleichung, die in orts- bzw. zeitabhängige Faktoren zerlegt wurden,

$$\psi(x_1, x_2, t) = \exp\left(-\frac{i}{\hbar}Et\right)\varphi_E(x_1, x_2) \quad .$$

Für stationäre Wellenfunktionen verlangt die Diskussion des letzten Abschnitts Symmetrie für Bosonen,

$$\varphi_E^B(x_1, x_2) = \varphi_E^B(x_2, x_1) \quad ,$$

bzw. Antisymmetrie für Fermionen,

$$\varphi_E^F(x_1, x_2) = -\varphi_E^F(x_2, x_1) \quad .$$

Zur Beschreibung der Bewegung zweier ununterscheidbarer Teilchen in einem System gekoppelter harmonischer Oszillatoren beginnen wir mit der in Abschn. 8.3 gewonnenen Lösung für unterscheidbare Teilchen. Die Funktion $u_n(r)$ ist als Lösung der Einteilchen-Schrödinger-Gleichung für die harmonische Bewegung in der Relativkoordinate selbst entweder symmetrisch, $u_n(-r) = u_n(r)$ für gerades n, und antisymmetrisch, $u_n(-r) = -u_n(r)$ für ungerades n. Deshalb sind die Wellenfunktionen für zwei Bosonen einfach

$$\varphi_E^B(x_1, x_2) = U_N(R)u_n(r) \quad , \qquad n \text{ gerade} \quad ,$$

und die Wellenfunktionen für zwei Fermionen

$$\varphi_E^F(x_1, x_2) = U_N(R)u_n(r) \quad , \qquad n \text{ ungerade} \quad .$$

Die beiden Sätze von Wellenfunktionen bilden zusammen den vollständigen Satz, den wir für unterscheidbare Teilchen gefunden haben. Die Symmetrie bzw. Antisymmetrie wird in Abb. 8.6 deutlich. Das Spektrum der Energieeigenwerte gekoppelter harmonischer Oszillatoren aus unterscheidbaren Teilchen spaltet sich in zwei Spektren auf, eines für die Bosonen,

$$E = \left(N + \tfrac{1}{2}\right)\hbar\omega_R + \left(n + \tfrac{1}{2}\right)\hbar\omega_r \quad , \qquad n \text{ gerade} \quad ,$$

und ein zweites für die Fermionen,

$$E = \left(N + \tfrac{1}{2}\right)\hbar\omega_R + \left(n + \tfrac{1}{2}\right)\hbar\omega_r \quad , \qquad n \text{ ungerade} \quad .$$

9.3 Bewegung eines Wellenpakets

Um Bewegungen in unserem System gekoppelter harmonischer Oszillatoren beschreiben zu können, müssen wir die zeitabhängige Schrödinger-Gleichung

$$\mathrm{i}\hbar\frac{\partial\psi}{\partial t} = H\psi$$

lösen. Ist $\psi(x_1,x_2,t)$ eine Lösung zur Anfangsbedingung $\psi(x_1,x_2,t_0)$, dann ist auch $\psi(x_2,x_1,t)$ eine Lösung zur Anfangsbedingung $\psi(x_2,x_1,t_0)$. Das folgt aus der Symmetrie des Hamilton-Operators in den Koordinaten und Impulsen der ununterscheidbaren Teilchen, wie in Abschn. 9.1 besprochen.

Wieder erhalten wir durch Symmetrisierung oder Antisymmetrisierung weitere Lösungen der zeitabhängigen Schrödinger-Gleichung. Sie lauten

$$\begin{aligned}
\psi_B(x_1,x_2,t) &= a_B[\psi(x_1,x_2,t) + \psi(x_2,x_1,t)] \quad , \\
\psi_F(x_1,x_2,t) &= a_F[\psi(x_1,x_2,t) - \psi(x_2,x_1,t)]
\end{aligned}$$

und entsprechen natürlich symmetrischen bzw. antisymmetrischen Anfangsbedingungen. Die numerischen Faktoren a_B, a_F stellen die Normierung der entsprechenden Wellenpakete sicher.

Als erstes Beispiel betrachten wir zwei Bosonen, die ein System gekoppelter harmonischer Oszillatoren bilden. In Abb. 9.1 sind die gemeinsame Wahrscheinlichkeitsdichte

$$\rho_B(x_1,x_2,t) = |\psi_B(x_1,x_2,t)|^2$$

und die Randverteilungen $\rho_{B1}(x_1,t)$ und $\rho_{B2}(x_2,t)$ für verschiedene Zeiten $t = t_0, t_1, \ldots, t_N$ dargestellt. Abgesehen von der Symmetrisierung der Wellenfunktion sind alle Parameter die gleichen, die zur Illustration eines Systems aus unterscheidbaren Teilchen in Abb. 8.2 benutzt wurden. Insbesondere ist die Bahn der klassischen Teilchen in der (x_1, x_2)-Ebene in beiden Abbildungen dieselbe. Da die Ortserwartungswerte x_{10}, x_{20} zur Anfangszeit $t = t_0$ weiter voneinander entfernt sind als die Breite des nicht symmetrisierten Wellenpakets in Abb. 8.2, beobachten wir für $t = t_0$ zwei gut getrennte Buckel, die den Punkten $x_1 = x_{10}$, $x_2 = x_{20}$ bzw. $x_1 = x_{20}$, $x_2 = x_{10}$ entsprechen. Die Randverteilung $\rho_{B1}(x_1, t_0)$, die die Wahrscheinlichkeit dafür ist, dass eines der beiden Teilchen unabhängig von der Lage des anderen bei x_1 beobachtet wird, hat auch zwei Buckel. Diese beiden Buckel spiegeln die Tatsache wider, dass die beiden Teilchen nicht unterschieden werden können. Dann muss natürlich die Randverteilung $\rho_{B2}(x_2, t)$ mit der Randverteilung $\rho_{B1}(x_1, t)$ identisch sein. Im Laufe ihrer Bewegung nehmen die Teilchen auch Abstände ein, die kleiner sind als die Breite des nicht symmetrisierten Wellenpakets. Dann sind die beiden Buckel nicht mehr getrennt, sondern verschmelzen zu einem einzigen. Für größere Zeiten trennen sie sich wieder, usw.

Abbildung 9.2 zeigt die entsprechende Bewegung für zwei Fermionen. Für $t = t_0$, wenn die beiden Teilchen noch weit voneinander getrennt sind, ist die Situation qualitativ ähnlich der für Bosonen. Sie wird aber drastisch verschieden, sobald sich die Teilchen einander annähern. Der Buckel spaltet sich entlang der Richtung $x_1 = x_2$ auf, längs der die Wahrscheinlichkeitsdichte als Folge des Pauli-Prinzips exakt verschwindet. Tatsächlich ist die Wahrscheinlichkeitsdichte für Fermionen für $x_1 = x_2$ für alle Zeiten null. Nie können sich die beiden Fermionen am gleichen Ort aufhalten.

Die Abbildungen 9.3b und c zeigen die Zeitentwicklungen der Randverteilungen $\rho_{B,F}(x, t)$ zweier Bosonen und zweier Fermionen, die ein System gekoppelter harmonischer Oszillatoren bilden. Der Unterschied zwischen beiden ist viel weniger deutlich als der zwischen den entsprechenden Wahrscheinlichkeitsverteilungen in Abb. 9.1 und Abb. 9.2. Eine Spur des Pauli-Prinzips wird aber auch in den Randverteilungen noch sichtbar. In der Nähe der Mitte von Abb. 9.3b und c, wo die Teilchen nahe beieinander sind, sind die beiden Buckel für Fermionen besser getrennt als für Bosonen. Zum Vergleich sind auch die Zeitentwicklungen der entsprechenden Randverteilungen für das System zweier unterscheidbarer Teilchen in Abb. 9.3a dargestellt.

9.4 Ununterscheidbare Teilchen, klassisch betrachtet

Die quantenmechanische Beschreibung ununterscheidbarer Teilchen legt die Frage nahe, ob der klassische Begriff einer Teilchenbahn in der Quantenmechanik aufrecht erhalten werden kann oder aufgegeben werden muss. Betrachten wir die gemeinsamen Wahrscheinlichkeitsverteilungen ununterscheidbarer Teilchen in Abb. 9.1 und 9.2, so beobachten wir zwei getrennte Buckel, solange die klassischen Teilchenorte weit voneinander entfernt sind. Die Mitte jedes Buckels bewegt sich entlang der klassischen Teilchenbahn mit den Anfangsbedingungen

$$x_1 = x_{10} \quad , \qquad x_2 = x_{20} \quad ,$$

oder

$$x_1 = x_{20} \quad , \qquad x_2 = x_{10} \quad .$$

Dabei sind x_{10}, x_{20} die Ortserwartungswerte der Wahrscheinlichkeitsverteilung für unterscheidbare Teilchen. Diese Beobachtung legt es nahe, dass, obwohl die Teilchen sich nicht durch ihre inneren Eigenschaften unterscheiden, sie unter bestimmten Umständen doch durch ihre Orte unterschieden werden können. Bezeichnen wir nämlich das Teilchen, das zur Zeit $t = t_0$ in der Nähe von x_{10} ist, als Teilchen 1 und das Teilchen, das nahe bei x_{20} ist, als Teilchen 2, so ist es vernünftig, zu sagen, das Teilchen 1 bleibt in der Nähe der Bahn $\langle x_1(t) \rangle$ und Teilchen 2 in der Nähe von $\langle x_2(t) \rangle$, solange die beiden Buckel gut getrennt bleiben. Hier ist $\langle x_1(t) \rangle$ der Erwartungswert der Koordinate x_1 des Wellenpakets für unterscheidbare Teilchen und auch der klassische Ort des Teilchens 1 zur Zeit t. Sobald aber die Teilchen näher zueinander kommen als die Breite des Buckels, gibt es keine klare Entsprechung mehr zwischen der klassischen Bahn und der Form der Wahrscheinlichkeitsdichte. Nachdem die Teilchen sich wieder voneinander entfernt haben, kann diese Entsprechung aber wieder hergestellt werden.

Ein Blick auf die Formeln rechtfertigt diese Überlegungen. Die Wellenfunktionen ψ_B für Bosonen und ψ_F für Fermionen wurden durch Symmetrisierung bzw. Antisymmetrisierung aus der Wellenfunktion ψ für unterscheidbare Teilchen gewonnen,

$$\psi_{B,F}(x_1, x_2, t) = a_{B,F} \left[\psi(x_1, x_2, t) \pm \psi(x_2, x_1, t) \right] \quad .$$

Die Wahrscheinlichkeitsdichte erhält man durch Bilden des Absolutquadrats,

$$
\begin{aligned}
\rho_{B,F}(x_1, x_2, t) &= |\psi_{B,F}(x_1, x_2, t)|^2 \\
&= |a_{B,F}|^2 \left[\rho_D(x_1, x_2, t) + \rho_D(x_2, x_1, t) \pm \tau(x_1, x_2, t) \right] \quad .
\end{aligned}
$$

Dabei ist

$$\rho_D(x_1, x_2, t) = |\psi(x_1, x_2, t)|^2$$

die gemeinsame Wahrscheinlichkeitsdichte für unterscheidbare Teilchen, wobei die Koordinate x_1 dem Teilchen 1 und die Koordinate x_2 dem Teilchen 2 entspricht. Die Dichte

$$\rho_D(x_2, x_1, t) = |\psi(x_2, x_1, t)|^2$$

beschreibt den Fall, in dem Teilchen 1 und 2 vertauscht sind.

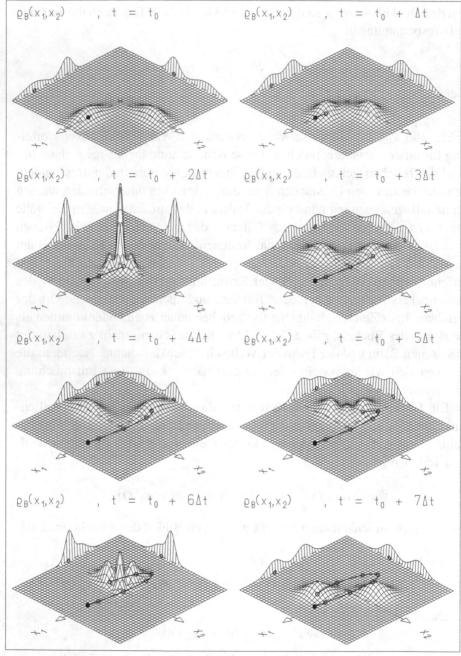

Abb. 9.1 Gemeinsame Wahrscheinlichkeitsdichte und Randverteilungen für zwei Bosonen, die ein System gekoppelter harmonischer Oszillatoren bilden. Die gemeinsame Wahrscheinlichkeitsdichte $\rho_B(x_1, x_2, t)$ **ist als Fläche über der** (x_1, x_2)**-Ebene dargestellt, die Randverteilung** $\rho_{B1}(x_1, t)$ **als Kurve über dem Rand parallel zur** x_1**-Achse, die Randverteilung** $\rho_{B2}(x_2, t)$ **als Kurve über dem anderen Rand. Die Verteilungen werden für verschiedene Zeitpunkte** $t_j = t_0, t_1, \ldots, t_N$ **gezeigt. Die Orte der klassischen Teilchen werden durch Punkte in der Ebene und an den Rändern markiert. Ihre Bewegung ist durch die Trajektorie in der** (x_1, x_2)**-Ebene dargestellt.**

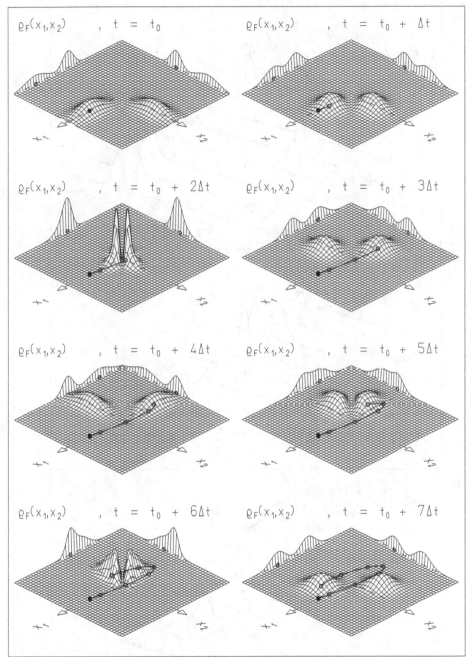

Abb. 9.2 Gemeinsame Wahrscheinlichkeitsdichte und Randverteilungen für zwei Fermionen. Alle Anfangsbedingungen sind dieselben wie in Abb. 9.1.

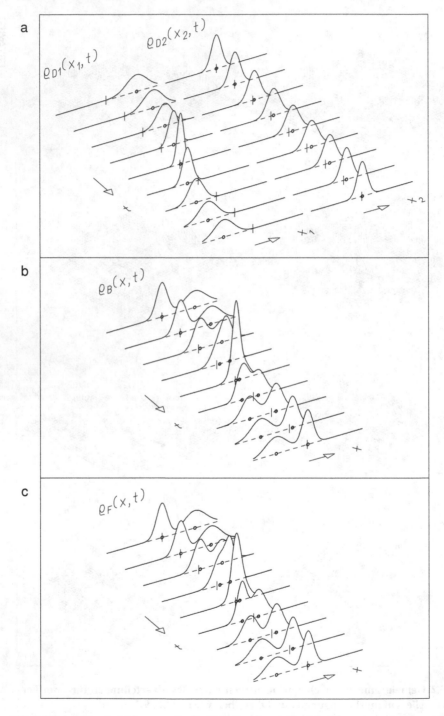

Abb. 9.3 (a) Zeitentwicklungen der beiden Randverteilungen für unterscheidbare Teilchen, die ein System gekoppelter harmonischer Oszillatoren bilden. Zeitentwicklungen der Randverteilungen $\rho_{B,F}(x,t)$ für die entsprechenden Systeme (b) zweier ununterscheidbarer Bosonen und (c) zweier ununterscheidbarer Fermionen.

Der Term

$$\begin{aligned}
\tau(x_1, x_2, t) \;=\;& \psi^*(x_1, x_2, t)\psi(x_2, x_1, t) \\
&+ \psi^*(x_2, x_1, t)\psi(x_1, x_2, t)
\end{aligned}$$

heißt *Interferenzterm*. Dieser Term ist praktisch null, wenn die beiden Teilchen nicht näher benachbart sind als die Breite eines Einzelbuckels. Um das zu zeigen, betrachten wir den speziellen Punkt $x_1 = x_{10}$, $x_2 = x_{20}$ im oberen linken Teilbild von Abb. 8.2. Offenbar haben hier $\psi(x_{10}, x_{20}, t)$ und ihr komplex Konjugiertes große Amplituden, während $\psi(x_{20}, x_{10}, t)$ und deren komplex Konjugiertes praktisch verschwinden. Abbildung 9.5, die den Interferenzterm $\tau(x_1, x_2, t)$ für verschiedene Zeitpunkte $t = t_0, t_1, \ldots, t_N$ zeigt, verdeutlicht diese Eigenschaft dieses Interferenzterms. Die Abbildung entspricht genau dem in Abb. 9.1 und 9.2 dargestellten Fall. Tatsächlich wurden diese Abbildungen unter Benutzung der oben angegebenen Formel für $\rho_{\mathrm{B,F}}(x_1, x_2, t)$ berechnet. In Abb. 9.4 ist nur die Summe der ersten beiden Terme dargestellt; der Interferenzterm fehlt. Wir sehen, dass der Interferenzterm in seiner Größe mit den beiden anderen nur dann vergleichbar ist, wenn diese überlappen, d. h. wenn die Teilchen sich nahe beieinander befinden.

Die Wahrscheinlichkeitsdichten für Bosonen in Abb. 9.1 und für Fermionen in Abb. 9.2 wurden aus der symmetrisierten Wahrscheinlichkeitsdichte für unterscheidbare Teilchen, die in Abb. 9.4 dargestellt ist, und dem in Abb. 9.5 gezeigten Interferenzterm gewonnen. Zum Abschluss dieser Diskussion wollen wir noch einmal unterstreichen, dass die Wahrscheinlichkeitsdichte für ununterscheidbare Teilchen durch Symmetrisierung der Wahrscheinlichkeitsdichte für unterscheidbare Teilchen und Addition und Subtraktion des Interferenzterms gewonnen wird. Dieser Term trägt nur bei, wenn die Teilchen hinreichend nahe beieinander sind. Damit kann der Begriff der klassischen Bahn aufrecht erhalten werden, solange wir die Teilchen durch ihre Anfangsorte unterscheiden können und solange wir nicht versuchen, sie in der Überlappregion einzeln zu lokalisieren.

Abschließend geben wir noch in Abb. 9.6a die Randverteilung für die symmetrisierte Wahrscheinlichkeitsdichte unterscheidbarer Teilchen an, die natürlich nichts anderes ist als die Summe der Randverteilungen für unterscheidbare Teilchen. Abbildung 9.6b zeigt die Randverteilung für den Interferenzterm. Wieder können die Randverteilungen für Bosonen durch Summation der Verteilungen in Abb. 9.6a und b gewonnen werden, die für Fermionen durch Subtraktion der Verteilung in Abb. 9.6b von der in Abb. 9.6a.

In Abschn. 8.3 haben wir betont, dass für unterscheidbare Teilchen kein Unterschied zwischen der klassischen Zeitentwicklung einer Gaußschen Phasenraumverteilung zweier gekoppelter harmonischer Oszillatoren und der Wigner-Verteilung (vgl. Anhang D) des entsprechenden Gaußschen Wellenpakets besteht. Diese Entsprechung trifft für ununterscheidbare Teilchen

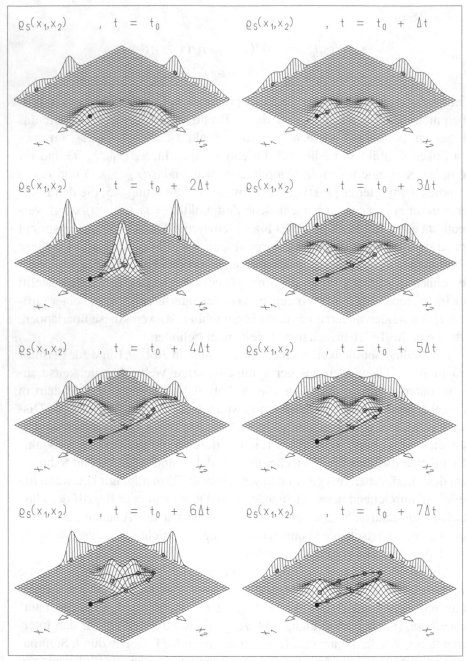

Abb. 9.4 Symmetrisierte Wahrscheinlichkeitsdichte für zwei unterscheidbare Teilchen, die ein System gekoppelter harmonischer Oszillatoren bilden. Alle Anfangsbedingungen sind wie in Abb. 9.1.

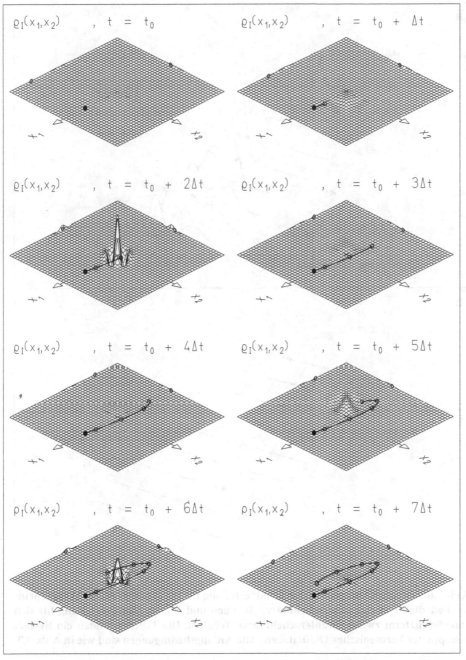

Abb. 9.5 Interferenzterm zweier ununterscheidbarer Teilchen, die ein System gekoppelter harmonischer Oszillatoren bilden. Die Verteilung ist für verschiedene Zeitpunkte $t = t_0, t_1, \ldots, t_N$ dargestellt. Alle Anfangsbedingungen sind wie in Abb. 9.1.

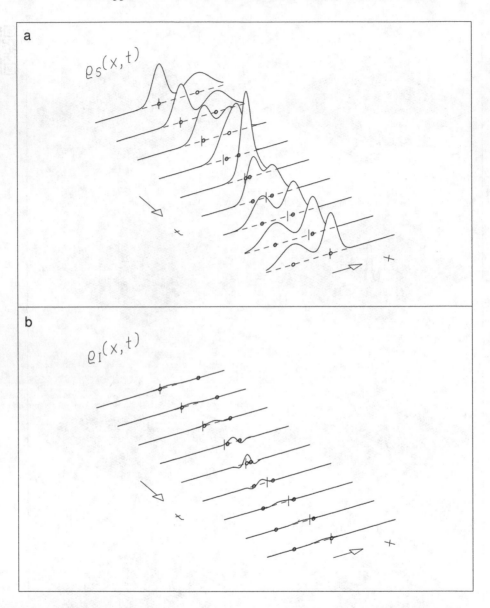

Abb. 9.6 Zeitentwicklungen (a) der Randverteilung für die symmetrisierte Wahrscheinlichkeitsdichte zweier unterscheidbarer Teilchen und (b) der Randverteilung für den Interferenzterm zweier ununterscheidbarer Teilchen. Die Teilchen bilden ein System gekoppelter harmonischer Oszillatoren. Alle Anfangsbedingungen sind wie in Abb. 9.3.

wegen des Auftretens des Interferenzterms nicht mehr zu. Die klassische Beschreibung ununterscheidbarer Teilchen durch eine Phasenraumverteilung entspräche der Symmetrisierung von $\rho_D(x_1, x_2, t)$ und wäre deshalb durch

$$\rho_S(x_1, x_2, t) = \frac{1}{2}[\rho_D(x_1, x_2, t) + \rho_D(x_2, x_1, t)]$$

gegeben, vgl. Abb. 9.4.

Aufgaben

9.1 Welche der in Abb. 8.6 dargestellten Eigenzustände des Systems zweier gekoppelter harmonischer Oszillatoren können von Bosonen, welche von Fermionen besetzt werden?

9.2 Zeigen Sie, dass die Eigenfunktion für gekoppelte harmonische Oszillatoren die aus Abb. 8.6 ablesbaren Symmetrieeigenschaften unter der Vertauschung von x_1, x_2 haben muss.

9.3 Vergleichen Sie Abb. 9.1 und 9.2 mit Abb. 9.4 und 9.5 und beschreiben Sie die Rolle des Interferenzterms bei der Unterscheidung zwischen Bosonen und Fermionen.

9.4 Elektronen sind Fermionen. Sie besitzen einen als Spin s bezeichneten Eigendrehimpuls, der zwei Projektionen $\pm\hbar/2$ auf eine vorgegebene Richtung annehmen kann. Die Wellenfunktion eines Elektrons in einem eindimensionalen Potential wird vollständig durch die räumliche Wellenfunktion $\varphi(x)$ und die Spinprojektion beschrieben. Das Pauli-Prinzip erlaubt es deshalb, dass zwei Elektronen den gleichen räumlichen Zustand annehmen können, wenn sie verschiedene Spinprojektionen besitzen.

Es sollen N Elektronen in einem Potentialgraben der Breite d mit unendlich hohen Wänden untergebracht werden. Welche minimale Gesamtenergie besitzen diese Elektronen? Welches ist die höchste Energie, die ein Elektron bei minimaler Gesamtenergie besitzt? Drücken Sie diese Energie durch die Grundzustandsenergie aus! Vergleichen Sie diesen Fall mit dem Fall, in dem sich N Bosonen in dem Potential befinden.

9.5 Lösen Sie die letzte Aufgabe für das Potential eines harmonischen Oszillators.

10 Wellenpaket in drei Dimensionen

10.1 Impuls

Der Ort eines klassischen Teilchens im dreidimensionalen Raum wird durch die Komponenten x, y, z des *Ortsvektors*

$$\mathbf{r} = (r, y, z)$$

beschrieben. Ganz entsprechend bilden die drei Komponenten des Impulses den *Impulsvektor*:

$$\mathbf{p} = (p_x, p_y, p_z) \quad .$$

Entsprechend unserer eindimensionalen Beschreibung in Abschn. 3.3 führen wir jetzt Operatoren für die drei Impulskomponenten ein:

$$\hat{p}_x = \frac{\hbar}{\mathrm{i}} \frac{\partial}{\partial x} \quad , \qquad \hat{p}_y = \frac{\hbar}{\mathrm{i}} \frac{\partial}{\partial y} \quad , \qquad \hat{p}_z = \frac{\hbar}{\mathrm{i}} \frac{\partial}{\partial z} \quad .$$

Die drei Operatoren bilden den *Vektoroperator des Impulses*,

$$\hat{\mathbf{p}} = (\hat{p}_x, \hat{p}_y, \hat{p}_z) = \frac{\hbar}{\mathrm{i}} \left(\frac{\partial}{\partial x}, \frac{\partial}{\partial y}, \frac{\partial}{\partial z} \right) = \frac{\hbar}{\mathrm{i}} \nabla \quad ,$$

der der *Nabla-Operator* ∇ multipliziert mit $\hbar/\mathrm{i}$ ist.

Die dreidimensionale stationäre ebene Welle

$$
\begin{aligned}
\varphi_{\mathbf{p}}(\mathbf{r}) &= \frac{1}{(2\pi\hbar)^{1/2}} \exp\left(\frac{\mathrm{i}}{\hbar} p_x x \right) \frac{1}{(2\pi\hbar)^{1/2}} \exp\left(\frac{\mathrm{i}}{\hbar} p_y y \right) \\
&\qquad \cdot \frac{1}{(2\pi\hbar)^{1/2}} \exp\left(\frac{\mathrm{i}}{\hbar} p_z z \right) \\
&= \frac{1}{(2\pi\hbar)^{3/2}} \exp\left(\frac{\mathrm{i}}{\hbar} \mathbf{p} \cdot \mathbf{r} \right)
\end{aligned}
$$

mit

$$\mathbf{p} \cdot \mathbf{r} = p_x x + p_y y + p_z z$$

ist einfach das Produkt dreier eindimensionaler stationärer Wellen der Impulskomponenten p_x, p_y und p_z, die den drei Richtungen x, y und z im Raum entsprechen. Die Flächen konstanter Phase δ sind durch

$$\frac{i}{\hbar}\mathbf{p}\cdot\mathbf{r} = \delta$$

gegeben. Sie sind Flächen senkrecht zum *Wellenvektor*

$$\mathbf{k} = \frac{\mathbf{p}}{\hbar} \quad .$$

Der Wellenvektor ist die dreidimensionale Verallgemeinerung der Wellenzahl k in einer Dimension, die in Abschn. 2.1 eingeführt wurde. Er bestimmt die Wellenlänge über die Beziehung

$$\lambda = \frac{2\pi}{|\mathbf{k}|} \quad .$$

Die dreidimensionale stationäre ebene Welle ist eine gemeinsame Lösung – auch gemeinsame Eigenfunktion – der drei Gleichungen

$$\hat{p}_x\varphi_{\mathbf{p}}(\mathbf{r}) = p_x\varphi_{\mathbf{p}}(\mathbf{r}) \quad , \quad \hat{p}_y\varphi_{\mathbf{p}}(\mathbf{r}) = p_y\varphi_{\mathbf{p}}(\mathbf{r}) \quad , \quad \hat{p}_z\varphi_{\mathbf{p}}(\mathbf{r}) = p_z\varphi_{\mathbf{p}}(\mathbf{r}) \quad .$$

Die drei Größen p_x, p_y und p_z, die den Vektor $\mathbf{p}$ bilden, heißen Impulseigenwerte der ebene Welle $\varphi_{\mathbf{p}}(\mathbf{r})$.

Die dreidimensionale zeitabhängige Wellenfunktion wird, wie die eindimensionale, durch Multiplikation der stationären Eigenfunktion $\varphi_{\mathbf{p}}(\mathbf{r})$ mit dem energieabhängigen Phasenfaktor

$$\exp\left(-\frac{i}{\hbar}Et\right) \quad , \quad E = \frac{\mathbf{p}^2}{2M} = \frac{1}{2M}(p_x^2 + p_y^2 + p_z^2) \quad ,$$

gewonnen, d. h.

$$\begin{aligned}\psi_{\mathbf{p}}(\mathbf{r},t) &= \frac{1}{(2\pi\hbar)^{3/2}}\exp\left(-\frac{i}{\hbar}Et\right)\exp\left(\frac{i}{\hbar}\mathbf{p}\cdot\mathbf{r}\right)\\ &= \psi_{p_x}(x,t)\psi_{p_y}(y,t)\psi_{p_z}(z,t) \quad .\end{aligned}$$

Dabei ist M die Masse des Teilchens. Auch der zeitabhängige Ausdruck der dreidimensionalen harmonischen Welle faktorisiert in Exponentialfunktionen, die den drei Dimensionen entsprechen.

Die dreidimensionale, unbeschleunigte Bewegung eines Teilchens wird wieder durch eine Superposition dieser ebenen Wellen mit einer Spektralfunktion

$$f(\mathbf{p}) = f_x(p_x)f_y(p_y)f_z(p_z) \quad ,$$

$$f_a(p_a) = \frac{1}{(2\pi)^{1/4}\sqrt{\sigma_{p_a}}}\exp\left[-\frac{(p_a - p_{a0})^2}{4\sigma_{p_a}^2}\right] \quad , \qquad a = x, y, z \quad ,$$

beschrieben, die das Produkt dreier Gaußscher Spektralfunktionen ist, die um die Erwartungswerte $(p_{x0}, p_{y0}, p_{z0}) = \mathbf{p}_0$ mit den Breiten $\sigma_{p_x}, \sigma_{p_y}, \sigma_{p_z}$ zentriert ist, wie in Abschn. 3.2 beschrieben. Die Überlagerung der Funktionen $\psi_\mathbf{p}(\mathbf{r} - \mathbf{r}_0, t)$ mit der Spektralfunktion $f(\mathbf{p})$ ist durch

$$\psi(\mathbf{r}, t) = \int f(\mathbf{p})\psi_\mathbf{p}(\mathbf{r} - \mathbf{r}_0, t)\,\mathrm{d}^3\mathbf{p}$$

gegeben. Sie stellt das bewegte Wellenpaket dar, das zur Zeit $t = 0$ um den Punkt $\mathbf{r}_0$ konzentriert ist und den mittleren Impuls $\mathbf{p}_0$ hat. Wegen der Produktformen von $f(\mathbf{p})$ und $\psi_\mathbf{p}(\mathbf{r} - \mathbf{r}_0, t)$ kann diese Gleichung selbst in Produktform geschrieben werden,

$$\psi(\mathbf{r}, t) = M_x(x, t)\mathrm{e}^{\mathrm{i}\phi_x(x,t)}M_y(y, t)\mathrm{e}^{\mathrm{i}\phi_y(y,t)}M_z(z, t)\mathrm{e}^{\mathrm{i}\phi_z(z,t)} \quad .$$

Dabei entspricht die Bedeutung der Symbole der Darstellung in Abschn. 3.2.

Die oberen drei Teilbilder in Abb. 10.1 zeigen die Wahrscheinlichkeitsverteilung $|\psi(x, y, t)|^2$ als Funktion der x- und y-Koordinaten für ein bewegtes Wellenpaket zur Anfangszeit $t_0 = 0$ und für zwei spätere Zeitpunkte. Das Geradenstück in der (x, y)-Ebene ist die klassische Bahn, die so gewählt wurde, das sie in dieser Ebene liegt. Die Punkte geben die Orte des klassischen Teilchens für drei verschiedene Zeitpunkte an. Die dargestellte Wahrscheinlichkeitsverteilung ist eine zweidimensionale Gauß-Verteilung mit zeitlicher Dispersion. Die auf der Verteilung eingezeichnete Ellipse enthält einen festen Bruchteil der Gesamtwahrscheinlichkeit. Sie ist die schon in Abschn. 3.5 eingeführte Kovarianzellipse. Während das Wellenpaket wegen seiner Dispersion mit der Zeit auseinanderläuft, wächst diese Ellipse. Für ein Gaußsches Wellenpaket kennzeichnet die Ellipse vollständig Ort und Lokalisierung des

Abb. 10.1 Ein dreidimensionales Gaußsches Wellenpaket bewegt sich frei im Raum. Sein Ortserwartungswert bewegt sich auf einer Geraden in der (x, y)-Ebene. Die ersten drei Teilbilder zeigen für drei äquidistante Zeitpunkte die Wahrscheinlichkeitsdichte als Funktion der x- und y-Koordinaten als glockenförmige Fläche, den Erwartungswert als Punkt in der Ebene und die Bahn des entsprechenden klassischen Teilchens als Geradenstück in der Ebene. Die Kovarianzellipse, die auf der Fläche eingezeichnet ist, schließt einen festen Bruchteil der Gesamtwahrscheinlichkeit ein. Sie enthält die volle Information über die Wahrscheinlichkeitsdichte in der (x, y)-Ebene. Die volle Information über die dreidimensionale Wahrscheinlichkeitsverteilung wird durch das Kovarianzellipsoid angegeben, dessen Mittelpunkt der Ortserwartungswert ist. Es ist im unteren Teilbild für die drei Zeitpunkte dargestellt, die den ersten drei Teilbildern entsprechen. Ebenfalls im unteren Teilbild dargestellt ist die klassische Bahn im Raum.

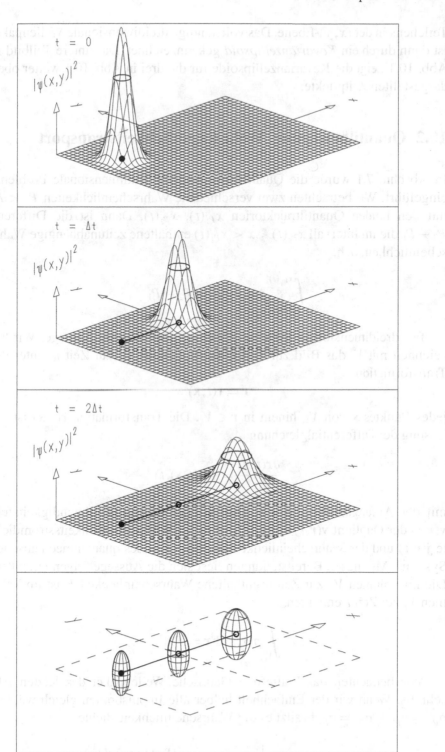

Abb. 10.1

Teilchens in der (x, y)-Ebene. Das vollständige dreidimensionale Wellenpaket ist dann durch ein *Kovarianzellipsoid* gekennzeichnet. Das untere Teilbild in Abb. 10.1 zeigt die Kovarianzellipsoide für die drei in Abb. 10.1 weiter oben dargestellten Zeitpunkte.

10.2 Quantilbewegung. Wahrscheinlichkeitstransport

In Abschn. 7.1 wurde die Quantilbewegung für eindimensionale Probleme eingeführt. Wir betrachten zwei verschiedene Wahrscheinlichkeiten $P_1 < P_2$ mit den beiden Quantiltrajektorien $x_{P_1}(t)$, $x_{P_2}(t)$. Dann ist die Differenz $P_2 - P_1$ die im Intervall $x_{P_2}(t) < x < x_{P_1}(t)$ enthaltene zeitunabhängige Wahrscheinlichkeit, d. h.

$$\int_{x_{P_2}(t)}^{x_{P_1}(t)} \varrho(x,t)\,\mathrm{d}x = P_2 - P_1 \quad .$$

Für dreidimensionale Systeme gilt eine entsprechende Aussage. Wir bezeichnen mit V_t das Bild zur Zeit t des Volumens V_{t_0} zur Zeit t_0 unter der Transformation

$$\mathbf{r} = \mathbf{r}(t, \mathbf{x})$$

jedes Punktes $\mathbf{x}$ von V_{t_0} hinein in $\mathbf{r} \in V_t$. Die Transformation $\mathbf{r}(t, \mathbf{x})$ ist die Lösung der Differentialgleichung

$$\frac{\partial \mathbf{r}(t, \mathbf{x})}{\partial t} = \mathbf{v}(\mathbf{r}(t, \mathbf{x}), t)$$

mit der Anfangsbedingung $\mathbf{r}(t_0, \mathbf{x}) = \mathbf{x}$. Hier ist das Geschwindigkeitsfeld $\mathbf{v}(\mathbf{r}, t)$ der Quotient $\mathbf{v}(\mathbf{r}, t) = \mathbf{j}(\mathbf{r}, t)/\varrho(\mathbf{r}, t)$ der Wahrscheinlichkeitsstromdichte $\mathbf{j}(\mathbf{r}, t)$ und der Wahrscheinlichkeitsdichte $\varrho(\mathbf{r}, t)$ des quantenmechanischen Systems. Mit diesen Bereitstellungen liest sich die Aussage folgendermaßen: Die im Volumen V_{t_0} zur Zeit t_0 enthaltene Wahrscheinlichkeit P ist im Volumen V_t zur Zeit t enthalten,

$$\int_{V_t} \varrho(\mathbf{r}, t)\,\mathrm{d}^3 r = P \quad .$$

Wir betrachten das kräftefreie Gaußsche Wellenpaket des letzten Abschnitts. Wenn wir der Einfachheit halber alle Impulsbreiten gleich wählen, $\sigma_{p_x} = \sigma_{p_y} = \sigma_{p_z} = \sigma_p$, besitzt es die Wahrscheinlichkeitsdichte

$$\varrho(\mathbf{r}, t) = \frac{1}{(2\pi)^{3/2}\sigma^3(t)} \exp\left(-\frac{(\mathbf{r} - \mathbf{r}_0 - \mathbf{v}_0 t)^2}{2\sigma^2(t)}\right)$$

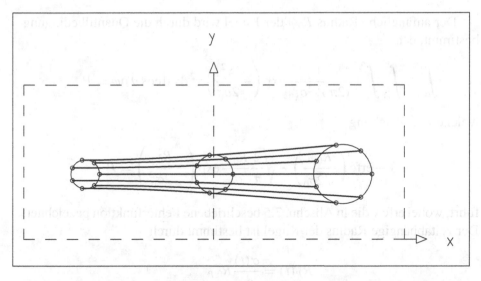

Abb. 10.2 Der Erwartungswert eines freien dreidimensionalen sphärisch symmetrischen Gaußschen Wellenpakets, welches anfänglich (zur Zeit $t = t_0$) in der (x, y)-Ebene liegt, bewegt sich in positive x-Richtung. Als anfängliches Volumen V_{t_0}, welches die Wahrscheinlichkeit P enthält, wird eine Kugel um den Erwartungswert herum gewählt. Quantiltrajektorien, $\mathbf{x}_P(t)$ von Punkten, welche zur Zeit $t = t_0$ auf der Oberfläche von V_{t_0} liegen, befinden sich zu späteren Zeiten auf der Oberfläche von Volumina, welche auch dieselbe Wahrscheinlichkeit P enthalten. In diesem einfachen Beispiel sind alle Volumina V_{t_i} Kugeln. Die Graphik zeigt die Schnitte $z = 0$ durch dreidimensionale Kugeln $V_{t_0}, V_{t_1}, V_{t_2}$, welche Kreise sind, und Trajektorien in der (x, y)-Ebene. Alle Parameter entsprechen denen aus Abb. 10.1.

mit den anfänglichen Ortserwartungswerten $\mathbf{r}_0 = (x_0, y_0, z_0)$ und der Geschwindigkeit $\mathbf{v}_0 = (v_{0x}, v_{0y}, v_{0z})$ bei $t = t_0 = 0$. Das Quadrat seiner zeitabhängigen Breite ist $\sigma^2(t) = \sigma_0^2 + (\sigma_p t/m)^2$, wobei $\sigma_0 = \hbar/(2\sigma_p)$.

In Abb. 10.2 zeigen wir die Quantiltrajektorien für dieses Wellenpaket. Diese sind gekrümmte Linien, sogar wenn die Bewegung des Wellenpaketes kräftefrei ist. Dies rührt von der Tatsache her, dass die Dispersion des Gaußschen Wellenpakets der Breite $\sigma(t)$ folgt, die eine nichtlineare Funktion der Zeit ist.

In der Tat haben die Quantiltrajektorien des kräftefreien Gaußschen Wellenpakets die Form

$$\mathbf{r}(t, \mathbf{x}) = \mathbf{r}_0 + \mathbf{v}_0 t + \frac{\sigma(t)}{\sigma_0} (\mathbf{x} - \mathbf{r}_0) \quad .$$

Für eine gegebene Wahrscheinlichkeit P besteht die anfängliche Kugel V_{t_0} mit dem Radius $R_{0,P}$ aus allen Punkten $\mathbf{x}$, welche die Ungleichung $|\mathbf{x} - \mathbf{r}_0| = x < R_{0,P}$ erfüllen. Zu Zeiten $t > 0$ werden die Punkte $\mathbf{x}$ auf die Punkte $\mathbf{r}(t, \mathbf{x})$ abgebildet. Die Abbildung $\mathbf{r}(t, \mathbf{x})$ erfüllt die obige Differentialgleichung. Auch die Bilder V_t von V_{t_0} sind Kugeln. Sie enthalten alle die Punkte $\mathbf{r}(t, \mathbf{x})$ mit $\mathbf{x} \in V_{t_0}$.

Der anfängliche Radius $R_{0,P}$ der Kugel wird durch die Quantilbedingung bestimmt, d. h.

$$\int_0^{R_{0,P}} \int_{-1}^{1} \int_0^{2\pi} \frac{1}{(2\pi)^{3/2}\sigma_{x0}^3} \exp\left(-\frac{x^2}{2\sigma_0^2}\right) x^2 \, dx \, d\cos\vartheta \, d\varphi = P \quad,$$

welche zur Gleichung

$$1 - \mathrm{erfc}\left(\frac{R_{0,P}}{\sqrt{2}\sigma_0}\right) - \sqrt{\frac{2}{\pi}} \frac{R_{0,P}}{\sigma_0} \exp\left(-\frac{R_{0,P}^2}{2\sigma_0^2}\right) = P$$

führt, wobei $\mathrm{erfc}\,x$ die in Abschn. 7.5 beschriebene Fehlerfunktion bezeichnet. Der zeitabhängige Radius der Kugel ist bestimmt durch

$$R_P(t) = \frac{\sigma(t)}{\sigma_0} R_{0,P} \quad.$$

10.3 Drehimpuls. Kugelflächenfunktionen

Ein wichtiger Begriff für die Bewegung in drei Dimensionen ist der *Drehimpuls*. Für ein klassisches Teilchen ist er einfach das Vektorprodukt aus Ortsvektor und Impulsvektor,

$$\mathbf{L} = \mathbf{r} \times \mathbf{p} \quad,$$

oder, in Komponenten,

$$L_x = yp_z - zp_y \quad, \qquad L_y = zp_x - xp_z \quad, \qquad L_z = xp_y - yp_x \quad.$$

Das quantenmechanische Analogon erhalten wir durch Einsetzen des Impulsoperators $\hat{\mathbf{p}} = (\hbar/\mathrm{i})\nabla$ in den klassischen Ausdruck für $\mathbf{L}$. Das liefert den *Vektoroperator des Bahndrehimpulses*,

$$\hat{\mathbf{L}} = \mathbf{r} \times \hat{\mathbf{p}} = \frac{\hbar}{\mathrm{i}} \mathbf{r} \times \nabla \quad,$$

oder, in Komponenten,

$$\hat{L}_x = \frac{\hbar}{\mathrm{i}} \left(y\frac{\partial}{\partial z} - z\frac{\partial}{\partial y} \right), \quad \hat{L}_y = \frac{\hbar}{\mathrm{i}} \left(z\frac{\partial}{\partial x} - x\frac{\partial}{\partial z} \right), \quad \hat{L}_z = \frac{\hbar}{\mathrm{i}} \left(x\frac{\partial}{\partial y} - y\frac{\partial}{\partial x} \right).$$

Während die Komponenten des Impulses miteinander vertauschen, d. h. $[\hat{p}_x, \hat{p}_y] = \hat{p}_x\hat{p}_y - \hat{p}_y\hat{p}_x = 0$ usw., gilt das für die Komponenten des Drehimpulses nicht. Sie erfüllen die *Vertauschungsrelationen*

$$[\hat{L}_x, \hat{L}_y] = \mathrm{i}\hbar\hat{L}_z \quad, \qquad [\hat{L}_y, \hat{L}_z] = \mathrm{i}\hbar\hat{L}_x \quad, \qquad [\hat{L}_z, \hat{L}_x] = \mathrm{i}\hbar\hat{L}_y \quad.$$

Da die *Kommutatoren*, d. h. die Ausdrücke in den eckigen Klammern, nicht verschwinden, kann eine Eigenfunktion von $\hat{L}_z$ im Allgemeinen nicht auch eine Eigenfunktion von $\hat{L}_y$ sein. Würde zusätzlich zur Eigenwertgleichung

$$\hat{L}_z Y = \ell_z Y$$

die Gleichung

$$\hat{L}_y Y = \ell_y Y$$

gelten, so wäre dies im Allgemeinen ein Widerspruch zur Vertauschungsrelation $[\hat{L}_y, \hat{L}_z] = i\hbar\hat{L}_x$, wenn diese auf die Eigenfunktion Y angewendet wird:

$$(\hat{L}_y\hat{L}_z - \hat{L}_z\hat{L}_y)Y = (\ell_y\ell_z - \ell_z\ell_y)Y = 0 \neq i\hbar\hat{L}_x Y \quad .$$

Diese Feststellung ist gleichbedeutend mit der Aussage, dass nichtvertauschende Operatoren außer in trivialen Fällen *keine* gemeinsamen Eigenfunktionen besitzen.

Es gibt aber einen weiteren Operator, das Quadrat des Vektoroperators des Drehimpulses,

$$\hat{\mathbf{L}}^2 = \hat{L}_x^2 + \hat{L}_y^2 + \hat{L}_z^2 \quad ,$$

der mit jeder der Komponenten vertauscht:

$$[\hat{\mathbf{L}}^2, \hat{L}_a] = 0 \quad , \qquad a = x, y, z \quad .$$

Diese Beziehung verifiziert man leicht mit Hilfe der Vertauschungsrelationen, z. B.

$$\begin{aligned}
[\hat{L}_x^2 + \hat{L}_y^2 + \hat{L}_z^2, \hat{L}_z] &= [\hat{L}_x^2, \hat{L}_z] + [\hat{L}_y^2, \hat{L}_z] \\
&= \hat{L}_x[\hat{L}_x, \hat{L}_z] + [\hat{L}_x, \hat{L}_z]\hat{L}_x + \hat{L}_y[\hat{L}_y, \hat{L}_z] + [\hat{L}_y, \hat{L}_z]\hat{L}_y \\
&= \hat{L}_x(-i\hbar\hat{L}_y) - i\hbar\hat{L}_y\hat{L}_x + \hat{L}_y(i\hbar)\hat{L}_x + i\hbar\hat{L}_x\hat{L}_y = 0 \quad .
\end{aligned}$$

Damit können gemeinsame Eigenfunktionen für $\hat{\mathbf{L}}^2$ und eine beliebige Komponente, z. B. $\hat{L}_z$, gefunden werden. Für die folgende Diskussion ist es praktisch, *Kugelkoordinaten* r, ϑ und ϕ anstelle von kartesischen Koordinaten x, y und z zu benutzen. In Kugelkoordinaten wird ein Punkt durch seinen Abstand r vom Ursprung, seinen *Polarwinkel* ϑ und sein *Azimut* ϕ angegeben. Die Verknüpfungen zwischen den Koordinaten beider Systeme sind

$$\begin{aligned}
x &= r\sin\vartheta\cos\phi \quad , \\
y &= r\sin\vartheta\sin\phi \quad , \\
z &= r\cos\vartheta \quad .
\end{aligned}$$

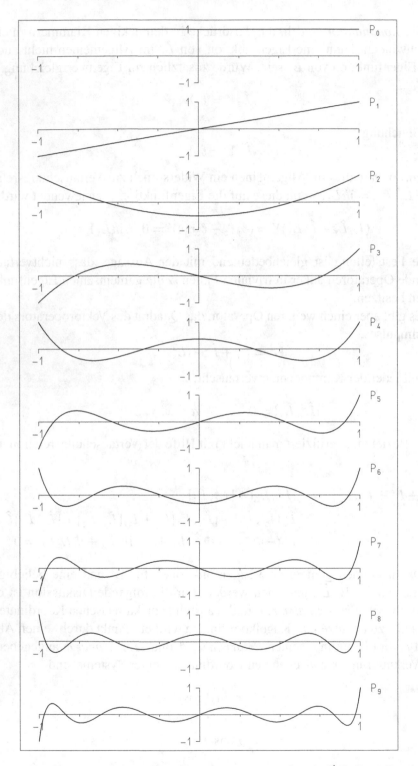

Abb. 10.3 Die ersten zehn Legendre-Polynome $P_\ell(u) = \frac{1}{2^\ell \ell!} \frac{\mathrm{d}^\ell}{\mathrm{d}u^\ell}\left[(u^2 - 1)^\ell\right].$

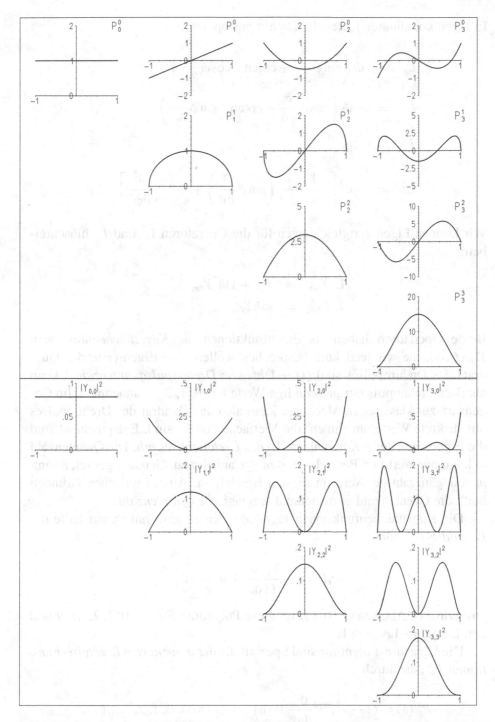

Abb. 10.4 Graphen der assoziierten Legendre-Funktionen $P_\ell^m(u)$ (oben) und des Absolutquadrats der Kugelflächenfunktionen $Y_{\ell m}(\vartheta, \phi)$ (unten). Bis auf einen Normierungsfaktor sind die Absolutquadrate der Kugelflächenfunktionen die Quadrate der assoziierten Legendre-Funktionen.

In Kugelkoordinaten lauten die Drehimpulsoperatoren

$$\hat{L}_x = i\hbar \left(\sin\phi \frac{\partial}{\partial\vartheta} + \cotan\vartheta \cos\phi \frac{\partial}{\partial\phi} \right) \quad ,$$

$$\hat{L}_y = -i\hbar \left(\cos\phi \frac{\partial}{\partial\vartheta} - \cotan\vartheta \sin\phi \frac{\partial}{\partial\phi} \right) \quad ,$$

$$\hat{L}_z = -i\hbar \frac{\partial}{\partial\phi} \quad ,$$

$$\hat{\mathbf{L}}^2 = -\hbar^2 \left[\frac{1}{\sin\vartheta} \frac{\partial}{\partial\vartheta} \left(\sin\vartheta \frac{\partial}{\partial\vartheta} \right) + \frac{1}{\sin^2\vartheta} \frac{\partial^2}{\partial\phi^2} \right] \quad .$$

Wir können Eigenwertgleichungen für die Operatoren $\hat{\mathbf{L}}^2$ und $\hat{L}_z$ hinschreiben:

$$\hat{\mathbf{L}}^2 Y_{\ell m} = \ell(\ell+1)\hbar^2 Y_{\ell m} \quad ,$$

$$\hat{L}_z Y_{\ell m} = m\hbar Y_{\ell m} \quad .$$

Beide Operatoren haben als Eigenfunktionen die *Kugelflächenfunktionen* $Y_{\ell m}(\vartheta,\phi)$, die wir jetzt kurz besprechen wollen. Die Eigenwerte des Quadrats des Drehimpulses sind $\ell(\ell+1)\hbar^2$. Die *Drehimpulsquantenzahl* ℓ kann als Bahndrehimpuls nur ganzzahlige Werte $\ell = 0, 1, 2, \ldots$ annehmen. Im Gegensatz zur klassischen Mechanik kann also das Quadrat des Drehimpulses nur diskrete Werte annehmen, die Vielfache von $\hbar^2$ sind. Entsprechend sind die Eigenwerte der z-Komponente L_z *des Drehimpulses* $m\hbar$. Die Quantenzahl m kann nur Werte im Bereich $-\ell \leq m \leq \ell$ annehmen. Genauer gesagt, nimmt m nur ganzzahlige Werte in diesem Bereich an. Aus historischen Gründen heißt die Quantenzahl m manchmal *magnetische Quantenzahl*.

Die Kugelflächenfunktionen $Y_{\ell m}(\vartheta,\phi)$ werden gewöhnlich mit Hilfe der *Legendre-Polynome*

$$P_\ell(u) = \frac{1}{2^\ell \ell!} \frac{\mathrm{d}^\ell}{\mathrm{d}u^\ell} \left[(u^2 - 1)^\ell \right]$$

ausgedrückt. Abbildung 10.3 zeigt diese Polynome für $\ell = 0, 1, 2, \ldots, 9$ und den Bereich $-1 \leq u \leq 1$.

Die Legendre-Polynome sind Spezialfälle der *assoziierten Legendre-Funktionen* P_ℓ^m, die durch

$$P_\ell^m(u) = (1 - u^2)^{m/2} \frac{\mathrm{d}^m}{\mathrm{d}u^m} P_\ell(u) \quad , \qquad m = 0, 1, 2, \ldots, \ell \quad ,$$

definiert sind. Der obere Teil von Abb. 10.4 zeigt diese Funktionen für $\ell = 0, 1, 2, 3$.

Für $m \geq 0$ haben die Kugelflächenfunktionen $Y_{\ell m}$ die Darstellung

$$Y_{\ell m}(\vartheta,\phi) = (-1)^m \sqrt{\frac{2\ell+1}{4\pi} \cdot \frac{(\ell-m)!}{(\ell+m)!}} \, P_\ell^m(\cos\vartheta) e^{im\phi} \quad .$$

Für negative $m = -1, -2, \ldots, -\ell$ sind die Kugelflächenfunktionen

$$Y_{\ell,-m}(\vartheta,\phi) = (-1)^m Y_{\ell m}^*(\vartheta,\phi) \quad .$$

Während die Legendre-Polynome $P_\ell(u)$ und die assoziierten Legendre-Funktionen $P_\ell^m(u)$ reelle Funktionen des Arguments u sind, sind die Kugelflächenfunktionen $Y_{\ell m}$ komplexe Funktionen ihrer Argumente. Als Beispiele zeigen wir in Abb. 10.5 die Real- und die Imaginärteile sowie die Absolutquadrate von $Y_{3m}(\vartheta,\phi)$. Wie die Definition und die graphischen Darstellungen zeigen, hängt $|Y_{\ell m}|^2$ nur von ϑ ab. Tatsächlich ist es bis auf eine Normierungskonstante gleich $[P_\ell^m(\cos\vartheta)]^2$. Zum Vergleich sind unten in Abb. 10.4 Graphen von $|Y_{\ell m}|^2$ unter solchen von P_ℓ^m für $\ell = 0, 1, 2, 3$ dargestellt.

Da die Argumente der Kugelfunktionen der Polarwinkel ϑ und das Azimut ϕ eines Kugelkoordinatensystems sind, ist es hilfreich, $|Y_{\ell m}|^2$ in einem solchen Koordinatensystem darzustellen. Das geschieht in Abb. 10.6, in der $|Y_{\ell m}(\vartheta,\phi)|^2$ die Länge eines Strahls ist, der unter den Winkeln ϑ und ϕ vom Koordinatenursprung zu der dargestellten Fläche zeigt. Auf diese Weise erhält man (als einfachstes Beispiel) für $|Y_{00}|^2 = 1/(4\pi)$ eine Kugelfläche. Für alle zulässigen Werte ℓ und m sind die Funktionen $|Y_{\ell m}|^2$ rotationssymmetrisch bezüglich der z-Achse. Sie können für bestimmte Werte von ϑ verschwinden. Diese heißen ϑ-Knoten, wenn sie für andere Werte von ϑ als Null oder π auftreten. Es sei hier bemerkt, dass $|Y_{\ell\ell}|^2$ keine Knoten besitzt, während $|Y_{\ell m}|^2$ gerade $\ell - |m|$ Knoten hat.

Die Legendre-Polynome haben folgende *Orthonormalitätseigenschaften*:

$$\int_{-1}^{1} P_\ell(u) P_{\ell'}(u) \, \mathrm{d}u = \frac{2}{2\ell+1} \delta_{\ell\ell'} \quad .$$

Dabei ist $\delta_{\ell\ell'}$ das *Kronecker-Symbol*

$$\delta_{\ell\ell'} = \begin{cases} 1 & , \quad \ell = \ell' \\ 0 & , \quad \ell \neq \ell' \end{cases} .$$

(Der Ausdruck *Orthonormalität* rührt von der Ähnlichkeit des Integrals mit einem Skalarprodukt her, vgl. Anhang A, so dass Legendre-Polynome mit verschiedenen Indizes als orthogonal zueinander aufgefasst werden können.)

Für Kugelflächenfunktionen lautet die Orthonormalitätsbeziehung

$$\int_{\cos\vartheta=-1}^{1} \int_{\phi=0}^{2\pi} Y_{\ell m}^*(\vartheta,\phi) Y_{\ell' m'}(\vartheta,\phi) \, \mathrm{d}\cos\vartheta \, \mathrm{d}\phi = \delta_{\ell\ell'} \delta_{mm'} \quad .$$

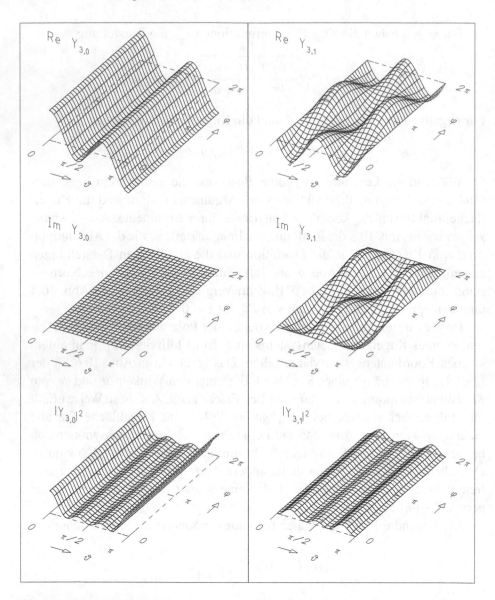

Abb. 10.5 Die Kugelflächenfunktionen $Y_{\ell m}$ **sind komplexe Funktionen des Polarwinkels** ϑ **mit** $0 \leq \vartheta \leq \pi$ **und des Azimuts** ϕ **mit** $0 \leq \phi < 2\pi$. **Sie können durch die graphische Darstellung ihrer Real- und Imaginärteile und ihrer Absolutquadrate über der** (ϑ, ϕ)-**Ebene veranschaulicht werden. Solche Darstellungen werden hier für** $\ell = 3$ **und** $m = 0, 1, 2, 3$ **gezeigt.**

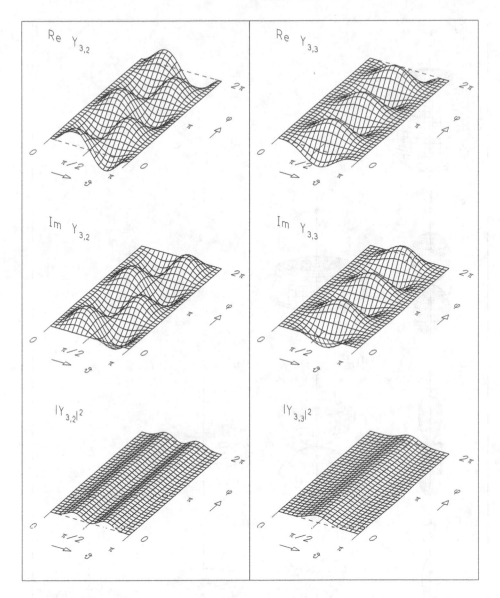

Abb. 10.5 (Fortsetzung)

Da sich das Integral über alle Winkel ϑ und ϕ erstreckt, kann man sagen, dass die Integration über den vollen *Raumwinkel* $\Omega = 4\pi$ ausgeführt wird und man schreibt das Integral in der abgekürzten Form

$$\int Y^*_{\ell m}(\vartheta,\phi) Y_{\ell' m'}(\vartheta,\phi)\, d\Omega = \delta_{\ell\ell'}\delta_{mm'}\ .$$

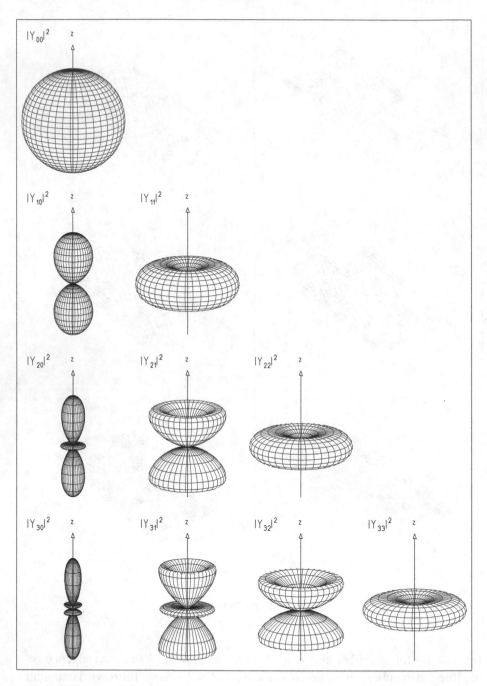

Abb. 10.6 Polardiagramme der Absolutquadrate der Kugelflächenfunktionen. Der bei den Winkeln ϑ und ϕ gemessene Abstand vom Ursprung des Koordinatensystems zu einem Punkt auf der Fläche ist gleich $|Y_{\ell m}(\vartheta, \phi)|^2$. In den verschiedenen Teilbildern der Abbildung werden unterschiedliche Skalen benutzt.

10.4 Mittelwerte und Varianzen der Drehimpulskomponenten

In Abschn. 10.3 haben wir die Eigenwertgleichungen der Kugelflächenfunktionen,

$$\hat{\mathbf{L}}^2 Y_{\ell m} = \hbar^2 \ell(\ell+1) Y_{\ell m} \quad ,$$

$$\hat{L}_z Y_{\ell m} = \hbar m Y_{\ell m}$$

diskutiert. Anwendung der Operatoren $\hat{L}_x$ und $\hat{L}_y$ liefert

$$\hat{L}_x Y_{\ell m} = \frac{\hbar}{2} \sqrt{\ell(\ell+1) - m(m+1)} Y_{\ell m+1}$$

$$- \frac{\hbar}{2} \sqrt{\ell(\ell+1) - m(m-1)} Y_{\ell m-1} \quad ,$$

$$\hat{L}_y Y_{\ell m} = \frac{\hbar}{2\mathrm{i}} \sqrt{\ell(\ell+1) - m(m+1)} Y_{\ell m+1}$$

$$+ \frac{\hbar}{2\mathrm{i}} \sqrt{\ell(\ell+1) - m(m-1)} Y_{\ell m-1} \quad .$$

Daraus sieht man, dass die $Y_{\ell m}$ nicht Eigenfunktionen zu $\hat{L}_x$, $\hat{L}_y$ sind.

Mit Hilfe der Orthonormalitätsbeziehungen der Kugelflächenfunktionen, die am Ende von Abschn. 10.3 angegeben wurden, berechnen wir die Erwartungswerte der drei Komponenten und des Quadrats des Drehimpulses,

$$\langle L_x \rangle_{\ell m} = \int Y_{\ell m}^*(\vartheta, \phi) \hat{L}_x Y_{\ell m}(\vartheta, \phi) \, \mathrm{d}\Omega = 0 \quad ,$$

$$\langle L_y \rangle_{\ell m} = \int Y_{\ell m}^*(\vartheta, \phi) \hat{L}_y Y_{\ell m}(\vartheta, \phi) \, \mathrm{d}\Omega = 0 \quad ,$$

$$\langle L_z \rangle_{\ell m} = \int Y_{\ell m}^*(\vartheta, \phi) \hat{L}_z Y_{\ell m}(\vartheta, \phi) \, \mathrm{d}\Omega = m\hbar \quad ,$$

$$\langle \mathbf{L}^2 \rangle_{\ell m} = \int Y_{\ell m}^*(\vartheta, \phi) \hat{\mathbf{L}}^2 Y_{\ell m}(\vartheta, \phi) \, \mathrm{d}\Omega = \ell(\ell+1)\hbar^2 \quad .$$

Offenbar können die Erwartungswerte der drei Komponenten $(0,0,m\hbar)$ nicht als die drei Komponenten eines Vektors interpretiert werden, weil das Absolutquadrat eines solchen Vektors $m^2\hbar^2$ ist und damit (außer für $\ell = 0$) immer kleiner als der Erwartungswert $\ell(\ell+1)\hbar^2$ von $\hat{\mathbf{L}}^2$,

$$\langle L_x \rangle_{\ell m}^2 + \langle L_y \rangle_{\ell m}^2 + \langle L_z \rangle_{\ell m}^2 = m^2\hbar^2 \leq \ell(\ell+1)\hbar^2 \quad .$$

Der Grund für dieses verblüffende Ergebnis wird deutlich, wenn wir die Erwartungswerte der Quadrate der Drehimpulskomponenten berechnen. Da $Y_{\ell m}$ eine Eigenfunktion von $\hat{L}_z$ ist, finden wir

$$\langle L_z^2 \rangle_{\ell m} = \int Y_{\ell m}^*(\vartheta,\phi)\hat{L}_z^2 Y_{\ell m}(\vartheta,\phi)\,\mathrm{d}\Omega = \hbar^2 m^2 \quad .$$

Für die beiden anderen Komponenten benutzen wir die oben angegebenen Gleichungen für $\hat{L}_x Y_{\ell m}$ und $\hat{L}_y Y_{\ell m}$ und erhalten

$$\langle L_{x,y}^2 \rangle = \int Y_{\ell m}^*(\vartheta,\phi)\hat{L}_{x,y}^2 Y_{\ell m}(\vartheta,\phi)\,\mathrm{d}\Omega = \frac{\hbar^2}{2}\left[\ell(\ell+1)-m^2\right] \quad .$$

Das Nichtverschwinden dieser beiden Erwartungswerte $\langle L_{x,y}^2 \rangle_{\ell m}$ liefert die gesuchte Erklärung,

$$\langle L_x^2 \rangle_{\ell m} + \langle L_y^2 \rangle_{\ell m} + \langle L_z^2 \rangle_{\ell m}$$

$$= \frac{\hbar^2}{2}\left[\ell(\ell+1)-m^2\right] + \frac{\hbar^2}{2}\left[\ell(\ell+1)-m^2\right] + \hbar^2 m^2 \;=\; \ell(\ell+1)\hbar^2 \quad .$$

Mit Hilfe des Ergebnisses für den Erwartungswert der Quadrate der Komponenten berechnen wir die Varianzen der Drehimpulskomponenten

$$(\mathrm{var}(L_z))_{\ell m} \;=\; \left\langle L_z^2 - \langle L_z \rangle^2 \right\rangle_{\ell m} = \langle L_z^2 \rangle_{\ell m} - \hbar^2 m^2 = 0 \quad ,$$

$$(\mathrm{var}(L_x))_{\ell m} \;=\; \left\langle L_x^2 - \langle L_x \rangle^2 \right\rangle_{\ell m} = \langle L_x^2 \rangle_{\ell m} = \frac{\hbar^2}{2}\left[\ell(\ell+1)-m^2\right] \quad ,$$

$$\left(\mathrm{var}(L_y)\right)_{\ell m} \;=\; \left\langle L_y^2 - \langle L_y \rangle^2 \right\rangle_{\ell m} = \langle L_y^2 \rangle_{\ell m} = \frac{\hbar^2}{2}\left[\ell(\ell+1)-m^2\right] \quad .$$

Die Unschärfen

$$(\Delta L_{x,y,z})_{\ell m} = (\mathrm{var}(L_{x,y,z}))_{\ell m}^{1/2}$$

der drei Komponenten des Drehimpulses stellen sich als

$$(\Delta L_x)_{\ell m} = (\Delta L_y)_{\ell m} = \hbar\frac{1}{\sqrt{2}}\left[\ell(\ell+1)-m^2\right]^{1/2} \quad , \qquad (\Delta L_z)_{\ell m} = 0$$

heraus. Das zeigt, dass die Eigenfunktion $Y_{\ell\ell}$, die zum Eigenwert $m\hbar = \ell\hbar$ gehört, eine besondere Rolle in dem Satz $-\ell \le m \le \ell$ spielt:

  (i) Für $Y_{\ell\ell}(\vartheta,\phi)$ ist der Wert der z-Komponente $m\hbar = \ell\hbar$ dem Erwartungswert des Betrages $\sqrt{\ell(\ell+1)}\hbar$ am nächsten.

 (ii) Die Unschärfen der drei Drehimpulskomponenten sind am kleinsten.

Aus diesem Grund betrachten wir die Eigenfunktion $Y_{\ell\ell}(\vartheta,\phi)$ als den quantenmechanischen Zustand, der dem klassischen Vektor

$$\mathbf{L} = \langle L_z \rangle_{\ell\ell}\mathbf{e}_z = \hbar\ell\mathbf{e}_z$$

des Drehimpulses am nächsten kommt. Dabei ist $\mathbf{e}_z$ ein Vektor der Länge Eins, der in z-Richtung zeigt.

10.5 Interpretation der Drehimpulseigenfunktionen

In Abschn. 10.3 haben wir festgestellt, dass die Eigenfunktionen des Drehimpulses völlig durch die Eigenwerte $\ell(\ell+1)\hbar^2$ des Quadrats $\hat{\mathbf{L}}^2$ des Vektoroperators $\hat{\mathbf{L}} = (\hat{L}_x, \hat{L}_y, \hat{L}_z)$ des Drehimpulses und die Eigenwerte $m\hbar$ von $\hat{L}_z$, der z-Komponente von $\hat{\mathbf{L}}$, festgelegt sind. Die Wahl des benutzten Koordinatensystems hat dabei keine besondere Bedeutung. Um dieses System von anderen zu unterscheiden, werden wir die z-Richtung $\mathbf{e}_z = (0,0,1)$ ausdrücklich in den entsprechenden Kugelflächenfunktionen hervorheben, und zwar durch folgende Ersetzung in der Bezeichnung:

$$Y_{\ell m}(\vartheta, \phi) \rightarrow Y_{\ell m}(\vartheta, \phi, \mathbf{e}_z) \quad .$$

In einem anderen Koordinatensystem wählen wir eine andere Richtung, die durch den Einheitsvektor $\mathbf{n} = (n_x, n_y, n_z)$ bezeichnet wird, anstelle der z-Richtung im ursprünglichen Koordinatensystem. In diesem neuen Koordinatensystem wird der Polarwinkel durch ϑ' und das Azimut durch ϕ' bezeichnet. Die Eigenfunktionen von $\hat{\mathbf{L}}^2$ und $\hat{L}'_z = \mathbf{n} \cdot \hat{\mathbf{L}} = n_x\hat{L}_x + n_y\hat{L}_y + n_z\hat{L}_z$ sind dann $Y_{\ell m}(\vartheta', \phi', \mathbf{n})$. Wir bezeichnen Polar- und Azimutwinkel der Richtung $\mathbf{n}$ im ursprünglichen Koordinatensystem mit Θ und Φ,

$$\mathbf{n} = (\sin\Theta\cos\Phi, \sin\Theta\sin\Phi, \cos\Theta) \quad .$$

In Abschn. 10.4 haben wir festgestellt, dass die Eigenfunktion $Y_{\ell\ell}(\vartheta, \phi, \mathbf{n})$ der quantenmechanische Zustand ist, der dem klassischen Drehimpulsvektor

$$\mathbf{L} = \langle L'_z \rangle_{\ell\ell}\mathbf{n} = \hbar\ell\mathbf{n}$$

am nächsten kommt. Wir analysieren jetzt die Wellenfunktion $Y_{\ell m}(\vartheta, \phi, \mathbf{e}_z)$ des Drehimpulses $\ell\hbar$ und der z-Komponente $m\hbar$ durch die Wellenfunktion $Y_{\ell\ell}(\vartheta, \phi, \mathbf{n})$. Wir weisen hier ausdrücklich auf Anhang C über die Analyse einer Wellenfunktion durch eine andere Wellenfunktion hin. Im vorliegenden Fall ist die Analyseamplitude

$$\begin{aligned} a &= N \int_0^{2\pi} \int_{-1}^{1} Y^*_{\ell\ell}(\vartheta, \phi, \mathbf{n}) Y_{\ell m}(\vartheta, \phi, \mathbf{e}_z) \mathrm{d}\cos\vartheta \, \mathrm{d}\phi \\ &= N D^{(\ell)}_{m\ell}(\Phi, \Theta, 0) \quad . \end{aligned}$$

Diese Funktionen und die Notation $D^{(\ell)}_{m\ell}$ wurden von Eugene P. Wigner eingeführt und sind in der Literatur als *Wigner-Funktionen* bekannt. Die Normierungskonstante N wird im Folgenden bestimmt.

Wir betrachten das Absolutquadrat der Analyseamplitude

$$|a|^2 = f_{\ell m}(\Theta, \Phi) = |N|^2 \left| D^{(\ell)}_{m\ell}(\Phi, \Theta, 0) \right|^2 = |N|^2 \left[d^{(\ell)}_{m\ell}(\Theta) \right]^2 \quad .$$

Dabei werden $d_{m\ell}^{(\ell)}(\Theta)$ ebenfalls als *Wigner-Funktionen* bezeichnet. Sie haben die explizite Darstellung

$$d_{m\ell}^{(\ell)}(\Theta) = \sqrt{\frac{(2\ell)!}{(\ell+m)!(\ell-m)!}} \left(\cos\frac{\Theta}{2}\right)^{\ell+m} \left(\sin\frac{\Theta}{2}\right)^{\ell-m} .$$

Diese Funktionen sind in Abb. 10.7 und 10.8 dargestellt. In unserer Diskussion in Anhang C stellen wir fest, dass $|a|^2$ eine Wahrscheinlichkeitsdichte ist, die das Ergebnis einer Messung an einem physikalischen Zustand beschreibt, die mit einem Detektor durchgeführt wird, der durch eine andere Wellenfunktion charakterisiert ist. Im vorliegenden Fall ist der physikalische Zustand durch eine Kugelflächenfunktion $Y_{\ell m}(\vartheta,\phi,\mathbf{e}_z)$ beschrieben. Der Detektor, mit dem wir die Richtung $\mathbf{n}$ des Drehimpulses messen wollen, wird durch die Kugelflächenfunktion $Y_{\ell\ell}(\vartheta,\phi,\mathbf{n})$ charakterisiert.

Durch geeignete Wahl der Normierungskonstanten mit

$$|N|^2 = \frac{(2\ell+1)(\ell+1)}{4\pi\ell} \quad \text{für} \quad \ell=1,2,3,\ldots$$

wird die Größe

$$f_{\ell\ell}(\Theta,\Phi) = \frac{(2\ell+1)(\ell+1)}{4\pi\ell} \left[d_{\ell\ell}^{(\ell)}(\Theta)\right]^2$$

zu einer *Richtungsverteilung*, die die Normierungsbedingung

$$\langle\mathbf{n}\rangle_{\ell\ell} = \int_0^{2\pi}\int_{-1}^1 \mathbf{n}(\Theta,\Phi)f_{\ell\ell}(\Theta,\Phi)\,\mathrm{d}\cos\Theta\,\mathrm{d}\Phi = \mathbf{e}_z$$

erfüllt. Die Verteilung $f_{\ell\ell}(\Theta,\Phi)$ definiert die Wahrscheinlichkeit $\mathrm{d}P$ dafür, eine Richtung im Bereich des *Raumwinkelelements*

$$\mathrm{d}\Omega = \mathrm{d}\cos\Theta\,\mathrm{d}\Phi = \sin\Theta\,\mathrm{d}\Theta\,\mathrm{d}\Phi$$

um die Richtung $\mathbf{n}$ festzustellen, die durch den Polarwinkel Θ und das Azimut Φ gekennzeichnet ist,

$$\mathrm{d}P = \frac{\ell}{\ell+1} f_{\ell\ell}(\Theta,\Phi)\mathrm{d}\Omega .$$

Wir führen jetzt den „klassischen" Drehimpulsvektor mit ganzzahligem Betrag $\ell\hbar$ ein:

$$\mathbf{L}_\ell(\Theta,\Phi) = \hbar\ell\mathbf{n}(\Theta,\Phi) , \qquad \ell=1,2,3,\ldots .$$

Die Berechnung seines Erwartungswerts mit der Verteilung $f_{\ell\ell}(\Theta,\Phi)$ liefert

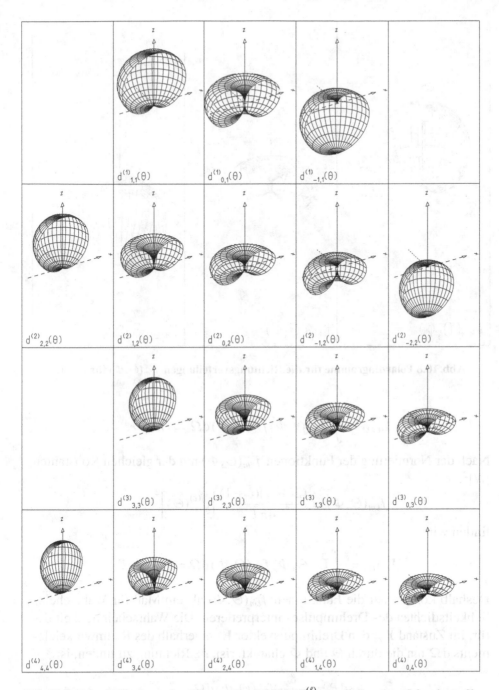

Abb. 10.7 Polardiagramme der Wigner-Funktionen $d_{m\ell}^{(\ell)}(\Theta)$. **Zeilen 1 und 2 zeigen die Funktionen für** $\ell = 1, 2$ **und** $m = \ell, \ell - 1, \ldots, -\ell$. **Zeilen 3 und 4 geben sie für** $\ell = 3, 4$ **und** $m = \ell, \ell - 1, \ldots, 0$ **wieder. Die Funktionen sind unabhängig von** Φ. **Sie besitzen nur in einem beschränkten Bereich von** Θ **große Werte. Dieser Bereich liegt bei** $\Theta = 0$ **für** $m = \ell$ **und nimmt in gleichmäßigen Schritten über** $\Theta = \pi/2$ **für** $m = 0$ **bis** $\Theta = \pi$ **für** $m = -\ell$ **ab.**

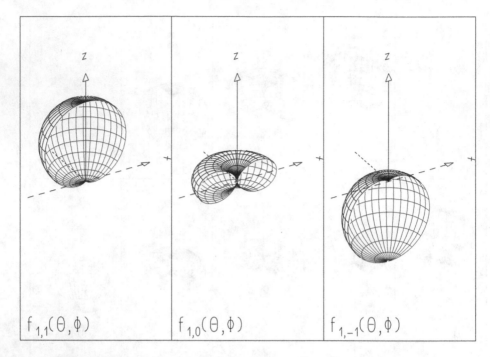

$$f_{1,1}(\Theta,\phi) \qquad f_{1,0}(\Theta,\phi) \qquad f_{1,-1}(\Theta,\phi)$$

Abb. 10.8 Polardiagramme für die Richtungsverteilungen $f_{\ell m}(\Theta,\Phi)$ **für** $\ell = 1$.

$$\langle \mathbf{L}_\ell \rangle_{\ell\ell} = \int \mathbf{L}_\ell(\Theta,\Phi) f_{\ell\ell}(\Theta,\Phi) \mathrm{d}\Omega = \ell\hbar \mathbf{e}_z \quad .$$

Nach der Normierung der Funktionen $f_{\ell m}(\Theta,\Phi)$ mit der gleichen Konstanten $|N|^2$,

$$f_{\ell m}(\Theta,\Phi) = \frac{(2\ell+1)(\ell+1)}{4\pi\ell}\left[d^{(\ell)}_{m\ell}(\Theta)\right]^2 \quad ,$$

finden wir

$$\langle \mathbf{L}_\ell \rangle_{\ell m} = \int \mathbf{L}_\ell(\Theta,\Phi) f_{\ell m}(\Theta,\Phi) \mathrm{d}\Omega = m\hbar \mathbf{e}_z \quad .$$

Deshalb können wir die Funktionen $f_{\ell m}(\Theta,\Phi)$ als ein Maß für Wahrscheinlichkeitsdichten des Drehimpulses interpretieren. Die Wahrscheinlichkeit dafür, im Zustand $Y_{\ell m}$ den Drehimpulsvektor $\mathbf{L}_\ell$ innerhalb des Raumwinkelelements $\mathrm{d}\Omega$ um die durch Θ und Φ charakterisierte Richtung zu finden, ist

$$\mathrm{d}P = \frac{\ell}{\ell+1} f_{\ell m}(\Theta,\Phi) \mathrm{d}\Omega \quad .$$

Die „klassischen" Mittelwerte $\langle \mathbf{L}_\ell \rangle_{\ell m} = m\hbar \mathbf{e}_z$ sind dieselben wie die quantenmechanisch berechneten Erwartungswerte,

$$\langle \mathbf{L} \rangle_{\ell m} = \int Y^*_{\ell m}(\vartheta,\phi,\mathbf{e}_z) \hat{\mathbf{L}} Y_{\ell m}(\vartheta,\phi,\mathbf{e}_z) \mathrm{d}\Omega = m\hbar \mathbf{e}_z \quad ,$$

die in Komponenten in Abschn. 10.4 berechnet wurden. Auch der Erwartungswert

$$\langle \mathbf{L}^2 \rangle_{\ell m} = \ell(\ell+1)\hbar^2$$

des Quadrats des Drehimpulsoperators $\hat{\mathbf{L}}$ wird durch die Verteilung $f_{\ell m}(\Theta, \Phi)$ des Drehimpulses reproduziert,

$$\int \mathbf{L}_\ell^2(\Theta, \Phi) f_{\ell m}(\Theta, \Phi)\,\mathrm{d}\Omega = \ell(\ell+1)\hbar^2 \quad .$$

Wir können nun fragen, welchen Winkel Θ der Drehimpulsvektor $\mathbf{L}_\ell$ mit der z-Achse im Zustand $Y_{\ell m}$ bildet. Als ersten Schritt bilden wir die Randverteilung bezüglich $\cos\Theta$ für die Verteilung $f_{\ell m}(\Theta, \Phi)$,

$$f_{\ell m \cos\Theta}(\cos\Theta) = \int_0^{2\pi} f_{\ell m}(\Theta, \Phi)\,\mathrm{d}\Phi = 2\pi f_{\ell m}(\Theta, 0) \quad .$$

Diese verwandeln wir in eine *Winkelverteilung* bezüglich Θ mit Hilfe der Transformation

$$f_{\ell m \Theta}(\Theta) = f_{\ell m \cos\Theta}(\cos\Theta)\left| \frac{\mathrm{d}\cos\Theta}{\mathrm{d}\Theta} \right| = 2\pi f_{\ell m}(\Theta, 0)\sin\Theta \quad .$$

Polardiagramme dieser Dichten sind in Abb. 10.9 dargestellt.

Die Abbildungen zeigen deutlich, dass die Verteilung $f_{\ell m \Theta}(\Theta)$ um ein Maximum bei $\Theta_{\ell m}$ konzentriert ist. Unter Benutzung der oben angegebenen expliziten Form von $d_{m\ell}^{(\ell)}(\Theta)$ kann der Winkel $\Theta_{\ell m}$ in der Form

$$\cos\Theta_{\ell m} = \frac{m}{\ell + \frac{1}{2}}$$

berechnet werden. Wir vergleichen dieses Ergebnis mit den Winkeln aus dem *halbklassischen Vektormodell*, das von Arnold Sommerfeld vor der Entwicklung der Quantenmechanik eingeführt wurde, um die Quantisierung des Drehimpulses zu beschreiben. Er postulierte, dass der Drehimpulsvektor in der Atomphysik den Betrag $\sqrt{\ell(\ell+1)}\hbar$ besitzt und dass die z-Komponente $m\hbar$ ist, wie in Abb. 10.10 dargestellt. Die Winkel $\Theta_{\ell m}^{\mathrm{sc}}$ der verschiedenen halbklassischen Vektoren mit z-Komponenten $m\hbar$ sind durch

$$\cos\Theta_{\ell m}^{\mathrm{sc}} = \frac{m}{\sqrt{\ell(\ell+1)}}$$

gegeben. Diese Beziehung nähert sich für $\ell \gg 1$ der weiter oben angegebenen Formel für $\Theta_{\ell m}$ an, wenn man Terme der Ordnung $(1/\ell)^2$ und höher im Nenner vernachlässigt. Auch für kleine Werte von $\ell \approx 1$ unterscheiden sich die Winkel $\Theta_{\ell m}$ und $\Theta_{\ell m}^{\mathrm{sc}}$ nicht sehr, für $\ell = 1$, $m = 1$ finden wir $\Theta_{\ell m}^{\mathrm{sc}} = 45°$ im Vergleich zu $\Theta_{\ell m} \approx 48°$.

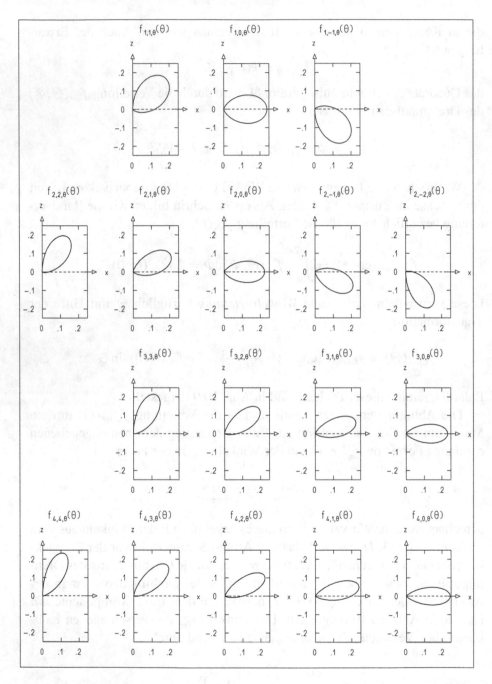

Abb. 10.9 Polardiagramme der Verteilung $f_{\ell m\Theta}(\Theta)$ **des Polarwinkels** Θ **der Richtung des Drehimpulses. Zeilen 1 und 2 zeigen die Funktionen für** $\ell = 1,2$ **und** $m = \ell, \ell-1, \ldots, -\ell$. **Zeilen 3 und 4 geben sie für** $\ell = 3,4$ **und** $m = \ell, \ell-1, \ldots, 0$ **wieder.**

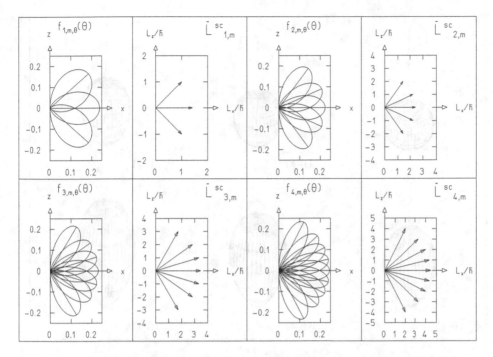

Abb. 10.10 Polardiagramme der Winkelverteilung $f_{\ell m\Theta}(\Theta)$. Das Teilbild oben links enthält alle Polardiagramme für $\ell = 1$. Zusätzlich enthält jedes Polardiagramm eine gerade Linie vom Ursprung zum Punkt $f_{\ell m\Theta}(\Theta_{\ell m})$, wobei $\Theta_{\ell m}$ der Winkel ist, für den $f_{\ell m\Theta}$ maximal wird. Das zweite Teilbild von links in der oberen Reihe zeigt die halbklassischen Drehimpulsvektoren $\mathbf{L}_{1,m}^{sc}$, die Polarwinkel ähnlich zu $\Theta_{\ell m}$ besitzen. Solche Bildpaare von $f_{\ell m\Theta}(\Theta)$ und $\mathbf{L}_{\ell,m}^{sc}$ werden auch für $\ell = 2, 3$ und 4 gezeigt.

Wir kehren jetzt noch einmal zur Richtungsverteilung $f_{\ell m}(\Theta, \Phi)$ zurück. In Abb. 10.11 zeigen wir Polardiagramme von $f_{\ell\ell}(\Theta, \Phi)$ für zunehmende Werte von ℓ. Die Verteilungen werden dabei immer enger um die z-Richtung konzentriert. Im Grenzübergang $\ell \to \infty$ zur klassischen Beschreibung sind die Verteilungen dann nur noch in z-Richtung von Null verschieden.

10.6 Schrödinger-Gleichung

Wie für die eindimensionale Wellenfunktion in Abschn. 3.2 wollen wir die Orts- und die Zeitableitungen der dreidimensionalen harmonischen Welle $\varphi_{\mathbf{p}}(\mathbf{r}, t)$, die wir in Abschn. 10.1 eingeführt haben, vergleichen. Sie sind

$$i\hbar \frac{\partial}{\partial t} \psi_{\mathbf{p}}(\mathbf{r}, t) = E \psi_{\mathbf{p}}(\mathbf{r}, t) \quad ,$$
$$-\frac{\hbar^2}{2M} \nabla^2 \psi_{\mathbf{p}}(\mathbf{r}, t) = \frac{\mathbf{p}^2}{2M} \psi_{\mathbf{p}}(\mathbf{r}, t) \quad .$$

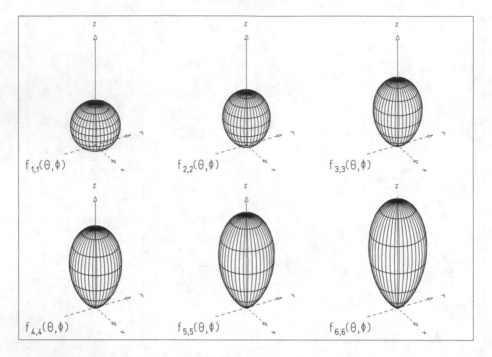

Abb. 10.11 Polardiagramme der Richtungsverteilung $f_{\ell\ell}(\Theta, \Phi)$ **für** $\ell = 1, 2, \ldots, 6$.

Dabei ist M die Teilchenmasse.[1] Der *Laplace-Operator* ∇^2 ist einfach die Summe der drei zweiten Ableitungen nach den Koordinaten:

$$\nabla^2 = \frac{\partial^2}{\partial x^2} + \frac{\partial^2}{\partial y^2} + \frac{\partial^2}{\partial z^2} \quad .$$

Unter Benutzung der Beziehung $E = \mathbf{p}^2/(2M)$ zwischen der Energie E, dem Impuls $\mathbf{p}$ und der Masse M eines freien Teilchens erhalten wir die Schrödinger-Gleichung für die unbeschleunigte Bewegung in drei Dimensionen,

$$i\hbar \frac{\partial}{\partial t} \psi_\mathbf{p}(\mathbf{r}, t) = -\frac{\hbar^2}{2M} \nabla^2 \psi_\mathbf{p}(\mathbf{r}, t) \quad .$$

Den Operator auf der rechten Seite dieser Gleichung können wir als Operator der kinetischen Energie auffassen,

$$\begin{aligned} T &= \frac{\hat{\mathbf{p}}^2}{2M} = \frac{1}{2M}(\hat{p}_x^2 + \hat{p}_y^2 + \hat{p}_z^2) \\ &= \frac{1}{2M}\left(-\hbar^2 \frac{\partial^2}{\partial x^2} - \hbar^2 \frac{\partial^2}{\partial y^2} - \hbar^2 \frac{\partial^2}{\partial z^2}\right) \\ &= -\frac{\hbar^2}{2M} \nabla^2 \quad . \end{aligned}$$

---

[1]Von Kap. 10 ab bezeichnen wir die Teilchenmasse mit einem großen Buchstaben M. Dadurch soll eine Verwechslung mit der magnetischen Quantenzahl m vermieden werden.

Damit nimmt die Schrödinger-Gleichung der freien dreidimensionalen Bewegung die einfache Form

$$i\hbar \frac{\partial}{\partial t} \psi_{\mathbf{p}}(\mathbf{r},t) = T \psi_{\mathbf{p}}(\mathbf{r},t)$$

an.

Die Gleichung kann für die Bewegung in einem Kraftfeld, das durch die potentielle Energie $V(\mathbf{r})$ dargestellt wird, erweitert werden, indem man den Operator T der kinetischen Energie durch den Hamilton-Operator der Gesamtenergie,

$$H = T + V \quad ,$$

ersetzt. Die Schrödinger-Gleichung für die Bewegung in einem Kraftfeld lautet damit

$$i\hbar \frac{\partial}{\partial t} \psi(\mathbf{r},t) = H\psi(\mathbf{r},t) = \left[-\frac{\hbar^2}{2M} \nabla^2 + V(\mathbf{r}) \right] \psi(\mathbf{r},t) \quad .$$

Mit dem Ansatz

$$\psi(\mathbf{r},t) = \exp\left[-\frac{i}{\hbar} Et \right] \varphi_E(\mathbf{r}) \quad ,$$

der die Wellenfunktion $\psi(\mathbf{r},t)$ in eine zeitabhängige Exponentialfunktion und eine zeitunabhängige stationäre Wellenfunktion $\varphi_E(\mathbf{r})$ faktorisiert, erhalten wir die stationäre Schrödinger-Gleichung

$$\left[-\frac{\hbar^2}{2M} \nabla^2 + V(\mathbf{r}) \right] \varphi_E(\mathbf{r}) = E\varphi_E(\mathbf{r}) \quad .$$

10.7 Lösung der freien Schrödinger-Gleichung

Neben den Lösungen $\psi_{\mathbf{p}}(\mathbf{r},t)$ der freien Schrödinger-Gleichung, die harmonische Wellen mit dem Impuls $\mathbf{p}$ darstellen, gibt es gleichwertige Lösungen, die durch die Quantenzahlen ℓ und m des Drehimpulses und durch die Energie E ausgedrückt werden. Um diese Lösungen zu finden, drücken wir den Laplace-Operator in Polarkoordinaten r, ϑ und ϕ aus:

$$\nabla^2 \varphi(r) = \frac{1}{r} \frac{\partial^2}{\partial r^2} r\varphi(r) - \frac{1}{r^2} \frac{1}{\hbar^2} \hat{\mathbf{L}}^2 \varphi(r) \quad .$$

Da der Operator $\hat{\mathbf{L}}^2$ des Quadrats des Drehimpulses, wie in Abschn. 10.3 besprochen, nur von ϑ und ϕ abhängt, lösen wir die Schrödinger-Gleichung mit einem Ansatz

$$\varphi_{E\ell m}(\mathbf{r}) = R(r)Y_{\ell m}(\vartheta,\phi) \quad ,$$

der das Produkt zweier Funktionen ist. Die erste Funktion $R(r)$ hängt nur von der Radialkoordinate ab. Die zweite Funktion ist die Kugelflächenfunktion $Y_{\ell m}(\vartheta,\phi)$, die wir in Abschn. 10.3 als Eigenfunktion von $\hat{\mathbf{L}}^2$ kennengelernt haben. Wir erhalten

$$-\frac{\hbar^2}{2M}\nabla^2\varphi_{E\ell m}(\mathbf{r}) = -\frac{\hbar^2}{2M}\left[\frac{1}{r}\frac{\partial^2}{\partial r^2}rR(r) - \frac{\ell(\ell+1)}{r^2}R(r)\right]Y_{\ell m}(\vartheta,\phi)$$

$$= ER(r)Y_{\ell m}(\vartheta,\phi)$$

und schließen, dass

$$-\frac{\hbar^2}{2M}\left[\frac{1}{r}\frac{\partial^2}{\partial r^2}r - \frac{\ell(\ell+1)}{r^2}\right]R_{E\ell}(r) = ER_{E\ell}(r)$$

die Eigenwertgleichung für die *radiale Wellenfunktion* $R_{E\ell}(r)$ für positive Werte von r ist. Dabei kennzeichnen wir explizit die Abhängigkeit der radialen Wellenfunktion von der Energie E und dem Gesamtdrehimpuls ℓ. Wir nennen $\varphi_{E\ell m}(\mathbf{r}) = R_{E\ell}(r)Y_{\ell m}(\vartheta,\phi)$ eine *Partialwelle* des Drehimpulses ℓ und der z-Komponente m. Die Lösungen dieser *freien radialen Schrödinger-Gleichung* werden im Einzelnen im nächsten Abschnitt besprochen.

10.8 Sphärische Bessel-Funktionen

Wir betrachten die Lösungen der folgenden linearen Differentialgleichung, die von einem ganzzahligen Parameter ℓ abhängt,

$$\left[\frac{1}{\rho}\frac{d^2}{d\rho^2}\rho - \frac{\ell(\ell+1)}{\rho^2} + 1\right]f_\ell(\rho) = 0 \quad .$$

Für $\rho = kr$, $k = (1/\hbar)\sqrt{2ME}$, ist sie äquivalent zu der freien radialen Schrödinger-Gleichung.

Die komplexen Lösungen dieser linearen Differentialgleichung sind die *sphärischen Hankel-Funktionen* erster $(+)$ und zweiter $(-)$ Art,

$$h_\ell^{(\pm)}(\rho) = C_\ell^\pm \frac{e^{\pm i\rho}}{\rho} \quad .$$

Dabei sind die komplexen Koeffizienten C_ℓ Polynome von ρ^{-1} der Form

$$C_\ell^\pm = (\mp i)^\ell \sum_{s=0}^{\ell} \frac{1}{2^s s!}\frac{(\ell+s)!}{(\ell-s)!}(\mp i\rho)^{-s} \quad .$$

Hankel-Funktionen mit niedrigem Index sind

$$h_0^{(\pm)}(\rho) = \frac{e^{\pm i\rho}}{\rho} \quad , \qquad h_1^{(\pm)}(\rho) = \left(\mp i + \frac{1}{\rho}\right)\frac{e^{\pm i\rho}}{\rho} \quad .$$

Einen Satz gleichwertiger Lösungen bilden die *sphärischen Bessel-Funktionen*

$$j_\ell(\rho) = \frac{1}{2i}\left[h_\ell^{(+)}(\rho) - h_\ell^{(-)}(\rho)\right]$$

und die *sphärischen Neumann-Funktionen*

$$n_\ell(\rho) = \frac{1}{2}\left[h_\ell^{(+)}(\rho) + h_\ell^{(-)}(\rho)\right] \quad .$$

Sie sind einfach Linearkombinationen der sphärischen Hankel-Funktionen. Mit Hilfe der sphärischen Bessel- und Neumann-Funktionen können die sphärischen Hankel-Funktionen wie folgt ausgedrückt werden:

$$h_\ell^{(\pm)}(\rho) = n_\ell(\rho) \pm i j_\ell(\rho) \quad .$$

Die ersten sphärischen Bessel- und Neumann-Funktionen sind

$$
\begin{aligned}
j_0(\rho) &= \frac{\sin\rho}{\rho} \quad , & j_1(\rho) &= \frac{\sin\rho}{\rho^2} - \frac{\cos\rho}{\rho} \quad , \\
n_0(\rho) &= \frac{\cos\rho}{\rho} \quad , & n_1(\rho) &= \frac{\cos\rho}{\rho^2} + \frac{\sin\rho}{\rho} \quad .
\end{aligned}
$$

Das Verhalten der sphärischen Bessel- und Neumann-Funktionen für kleine Werte des Arguments ist

$$j_\ell(\rho) \sim \rho^\ell \quad , \qquad n_\ell(\rho) \sim \rho^{-(\ell+1)}$$

und für große ρ:

$$
\begin{aligned}
j_\ell(\rho) &\xrightarrow[\rho\to\infty]{} \frac{1}{\rho}\sin\left(\rho - \frac{1}{2}\ell\pi\right) \quad , \\
n_\ell(\rho) &\xrightarrow[\rho\to\infty]{} \frac{1}{\rho}\cos\left(\rho - \frac{1}{2}\ell\pi\right) \quad .
\end{aligned}
$$

Da die sphärischen Neumann-Funktionen $n_\ell(\rho)$ am Ursprung divergieren, sind nur die sphärischen Bessel-Funktionen $j_\ell(\rho)$ physikalische Lösungen der freien Schrödinger-Gleichung. Die $n_\ell(\rho)$ und auch die sphärischen Hankel-Funktionen $h_\ell^{(\pm)}(\rho)$ werden aber für die Diskussion der radialen Schrödinger-Gleichung eines Kastenpotentials benötigt. Abbildung 10.12 zeigt die $j_\ell(\rho)$ und die $n_\ell(\rho)$ für $\ell = 0, \ldots, 4$.

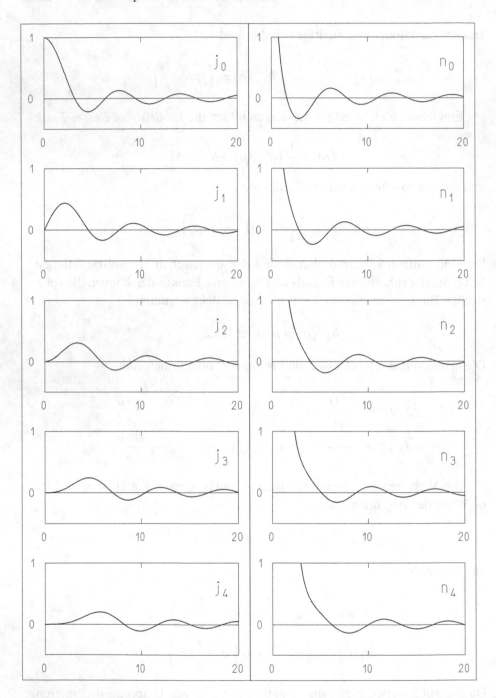

Abb. 10.12 Sphärische Bessel-Funktionen $j_\ell(\rho)$ **und sphärische Neumann-Funktionen** $n_\ell(\rho)$ **für** $\ell = 0, 1, \ldots, 4.$

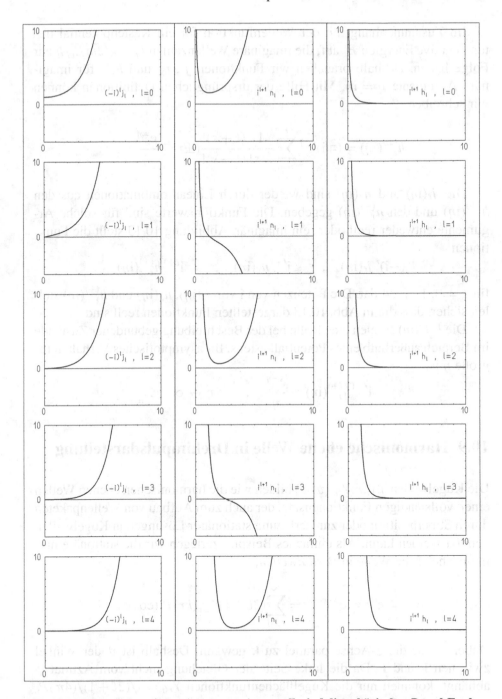

Abb. 10.13 Für rein imaginäre Argumente iη, η reell, sind die sphärischen Bessel-Funktionen j_ℓ, die sphärischen Neumann-Funktionen n_ℓ und die sphärischen Hankel-Funktionen $h_\ell^{(+)}$ entweder rein reell oder rein imaginär. Die dargestellten Funktionen, d. h. $(-\mathrm{i})^\ell j_\ell(\mathrm{i}\eta)$, $\mathrm{i}^{\ell+1} n_\ell(\mathrm{i}\eta)$ und $\mathrm{i}^{\ell+1} h_\ell^{(+)}(\mathrm{i}\eta)$, sind rein reell.

Im Zusammenhang mit der Wellenfunktion für ein Kastenpotential treten negative Energien E_i auf, die imaginäre Wellenzahlen $k_i = \sqrt{2mE_i}/\hbar$ zur Folge haben. Deshalb brauchen wir Funktionen j_ℓ, n_ℓ und $h_\ell^{(+)}$ für imaginäre Argumente $\rho = \mathrm{i}\eta$. Mit Hilfe der ursprünglichen Definitionen können wir schreiben

$$h_\ell^{(\pm)}(\mathrm{i}\eta) = (\mp\mathrm{i})^{\ell\pm1} \sum_{s=0}^{\ell} \frac{1}{2^s s!} \frac{(\ell+s)!}{(\ell-s)!} (\pm\eta)^{-s} \frac{\mathrm{e}^{\mp\eta}}{\eta} \quad .$$

Die $j_\ell(\mathrm{i}\eta)$ und $n_\ell(\mathrm{i}\eta)$ sind wieder durch Linearkombinationen aus den $h_\ell^{(+)}(\mathrm{i}\eta)$ und den $h_\ell^{(-)}(\mathrm{i}\eta)$ gegeben. Die Funktionswerte sind für solche Argumente entweder reell oder rein imaginär. Abbildung 10.13 stellt die Funktionen

$$(-\mathrm{i})^\ell j_\ell(\mathrm{i}\eta) \quad , \qquad \mathrm{i}^{\ell+1} n_\ell(\mathrm{i}\eta) \quad , \qquad \mathrm{i}^{\ell+1} h_\ell^{(+)}(\mathrm{i}\eta)$$

für $\ell = 0, 1, \ldots, 4$ dar. Die Potenzen von i vor $j_\ell(\mathrm{i}\eta)$, $n_\ell(\mathrm{i}\eta)$ und $h_\ell^{(+)}(\mathrm{i}\eta)$ stellen sicher, dass die in Abb. 10.13 dargestellten Funktionen reell sind.

Die $h_\ell^{(+)}(\mathrm{i}\eta)$ spielen eine Rolle bei der Beschreibung gebundener Zustände im Bereich außerhalb eines Potentialkastens. Ihr asymptotisches Verhalten für große η ist

$$\mathrm{i}^{\ell+1} h_\ell^{(+)}(\mathrm{i}\eta) \sim \frac{\mathrm{e}^{-\eta}}{\eta} \quad , \qquad \eta \to \infty \quad .$$

10.9 Harmonische ebene Welle in Drehimpulsdarstellung

Die Kugelwellen $j_\ell(kr)Y_{\ell m}(\vartheta, \phi)$ bilden wie die harmonischen ebenen Wellen einen vollständigen Funktionensatz, der auch zum Aufbau von Wellenpaketen durch Superposition oder zur Zerlegung stationärer Lösungen in Kugelwellen benutzt werden kann. Als einfaches Beispiel zerlegen wir die stationäre harmonische ebene Welle in *Partialwellen*,

$$\mathrm{e}^{\mathrm{i}\mathbf{k}\cdot\mathbf{r}} = \mathrm{e}^{\mathrm{i}kz} = \mathrm{e}^{\mathrm{i}kr\cos\vartheta} = \sum_{\ell=0}^{\infty} (2\ell+1)\mathrm{i}^\ell j_\ell(kr) P_\ell(\cos\vartheta) \quad .$$

Dabei wurde die z-Achse parallel zu $\mathbf{k}$ gewählt. Deshalb ist ϑ der Winkel zwischen $\mathbf{k}$ und $\mathbf{r}$. Da die linke Seite der Gleichung nicht vom Azimut ϕ abhängt, kommen nur die Kugelflächenfunktionen $Y_{\ell 0} = \sqrt{(2\ell+1)/(4\pi)}P_\ell$ auf der rechten Seite in der Summe vor.

Die Abbildungen 10.15 und 10.16 veranschaulichen diese Zerlegung. Polarkoordinaten r und ϑ werden benutzt, um die Funktionen über der (r,ϑ)-Halbebene aufzutragen. Das Polarkoordinatensystem, das wir stets für Funktionen des Typs $f = f(r,\vartheta)$ benutzen, ist in Abb. 10.14 erklärt.

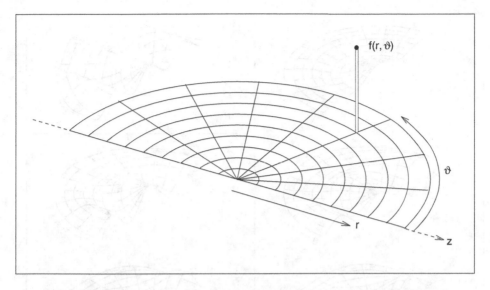

Abb. 10.14 Das in diesem Buch benutzte Polarkoordinatensystem zur Darstellung von Funktionen des Typs $f = f(r, \vartheta)$. Der zulässige Bereich der Variablen, $0 \leq r < \infty$, $0 \leq \vartheta \leq \pi$, entspricht einer Halbebene. Hier wird ein Halbkreis um den Ursprung $r = 0$ perspektivisch von einem Punkt außerhalb der Halbebene betrachtet. Der Polarwinkel ϑ wird gegen die z-Achse gemessen, die nach unten rechts zeigt. Linien mit konstantem ϑ sind gerade Linien, die vom Ursprung ausgehen. Linien mit konstantem r sind Halbkreise. Benutzen wir die Richtung senkrecht zur Halbebene zur Definition einer f-Koordinate, so können wir eine Funktion $f(r, \vartheta)$ als Fläche im (r, ϑ, f)-Raum darstellen. Die Abbildungen 10.15 und 10.16 zeigen Linien zu konstantem r bzw. konstantem ϑ auf dieser Fläche.

In der oberen rechten Ecke von Abb. 10.15 ist die Funktion $\cos(kz) = \mathrm{Re}\{e^{ikz}\}$ dargestellt. Die linke Spalte enthält die Funktionen

$$(2\ell + 1)i^\ell j_\ell(kr) P_\ell(\cos \vartheta) \quad , \qquad \ell = 0, 2, \ldots, 8 \quad ,$$

die die ersten reellen Terme in dieser Zerlegung sind. Die rechte Spalte zeigt die Summen der ersten beiden Terme, der ersten drei Terme usw. In der Nähe des Ursprungs wird die ebene Welle bereits durch die ersten paar Terme der Summe gut beschrieben. Je weiter man sich vom Ursprung entfernt, umso mehr Terme müssen aufaddiert werden, um die Welle gut zu beschreiben. In der Nähe des Ursprungs reichen die ersten paar Terme bereits aus, weil die Funktionen $j_\ell(\rho)$ dort mit wachsendem ℓ immer stärker unterdrückt werden (vgl. Abb. 10.12). Eine ähnliche Darstellung für den Imaginärteil der ebenen Welle enthält Abb. 10.16.

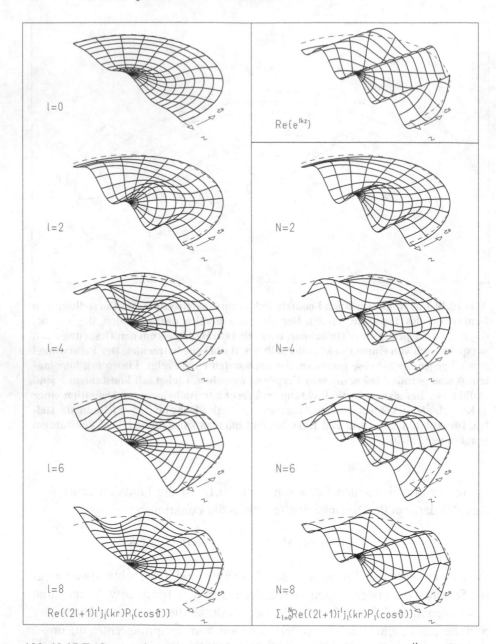

Abb. 10.15 Zerlegung einer ebenen Welle in Kugelwellen. Der Realteil $\mathrm{Re}\{e^{ikz}\} = \cos(kz)$ **einer ebenen Welle ist in der oberen rechten Ecke dargestellt. Die linke Spalte enthält die Terme der Zerlegung, die rein reell sind. Die rechte Spalte enthält die Summen der ersten beiden Terme** ($N = 2$)**, der ersten drei Terme** ($N = 4$) **usw. aus der linken Spalte.**

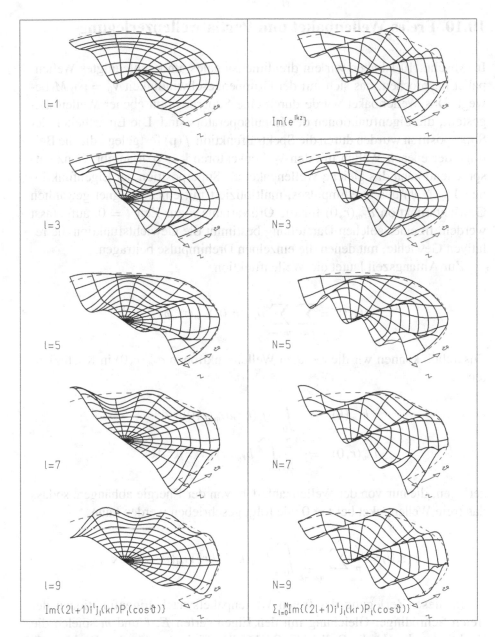

Abb. 10.16 Zerlegung einer ebenen Welle in Kugelwellen. Der Imaginärteil $\mathrm{Im}\{e^{ikz}\} =$ $\sin(kz)$ **einer ebenen Welle ist in der oberen rechten Ecke dargestellt. Die linke Spalte enthält die Terme der Zerlegung, die rein imaginär sind. Die rechte Spalte enthält die Summen der ersten beiden Terme ($N = 3$), der ersten drei Terme ($N = 5$) usw. der linken Spalte.**

10.10 Freies Wellenpaket und Partialwellenzerlegung

In Abschn. 10.1 haben wir ein dreidimensionales, unbeschleunigtes Wellenpaket besprochen, das sich mit der Gruppengeschwindigkeit $\mathbf{v}_0 = \mathbf{p}_0/M$ bewegt. Das Wellenpaket wurde durch eine Superposition ebener Wellen dargestellt, die Eigenfunktionen des Impulsoperators sind. Die Einzelheiten der
Superposition wurden durch die Spektralfunktion $f(\mathbf{p})$ festgelegt, die die Beiträge der ebenen Wellen mit den Wellenvektoren $\mathbf{k} = \mathbf{p}/\hbar$ angibt. Ganz entsprechend kann das gleiche Wellenpaket als Superposition der Eigenfunktio-
nen $Y_{\ell m}(\vartheta,\phi)$ des Drehimpulses, multipliziert mit einer geeignet gewählten
Gewichtsfunktion $a_{\ell m}(r,0)$ für die Ortsvariable r zur Zeit $t = 0$, aufgefasst
werden. In einer solchen Darstellung bestimmt die Gewichtsfunktion die relativen Gewichte, mit denen die einzelnen Drehimpulse beitragen.

Zur Anfangszeit lautet die Wellenfunktion

$$\psi(\mathbf{r},0) = \sum_{\ell=0}^{\infty} \sum_{m=-\ell}^{\ell} a_{\ell m}(r,0) Y_{\ell m}(\vartheta,\phi) \quad .$$

Zusätzlich können wir die radialen Wellenfunktionen $a_{\ell m}(r,0)$ in Koeffizienten

$$b_{\ell m}(k) = \int_0^{\infty} j_\ell(kr) a_{\ell m}(r,0) r^2 \, \mathrm{d}r \quad ,$$

$$a_{\ell m}(r,0) = \frac{2}{\pi} \int_0^{\infty} b_{\ell m}(k) j_\ell(kr) k^2 \, \mathrm{d}k$$

zerlegen, die nur von der Wellenzahl, d. h. von der Energie abhängen, sodass
das freie Wellenpaket bei $t = 0$ wie folgt geschrieben werden kann:

$$\psi(\mathbf{r},0) = \frac{2}{\pi} \sum_{\ell=0}^{\infty} \sum_{m=-\ell}^{\ell} \int_0^{\infty} b_{\ell m}(k) j_\ell(kr) Y_{\ell m}(\vartheta,\phi) k^2 \, \mathrm{d}k \quad .$$

In dieser Zerlegung des freien Wellenpakets nach Eigenfunktionen der
freien Schrödinger-Gleichung mit den Eigenwerten E, ℓ und m spielen die
Funktionen $b_{\ell m}(k)$ die Rolle von Spektralkoeffizienten für den Drehimpuls
und die Rolle von Spektralfunktionen für die Energie $E = \hbar^2 k^2/(2M)$. In Abschn. 10.1 spielte die Spektralfunktion $f(\mathbf{p})$ eine ähnliche Rolle bei der Zerlegung des Wellenpakets nach Eigenfunktionen der drei Impulskomponenten.

Ein laufendes Wellenpaket wird durch eine zeitabhängige Wellenfunktion $\psi(\mathbf{r},t)$ beschrieben, die sich unter Berücksichtigung des zeitabhängigen
Phasenfaktors $\exp(-\mathrm{i}Et/\hbar)$ aus der ursprünglichen Wellenfunktion ergibt,

$$\psi(\mathbf{r},t) = \frac{2}{\pi} \sum_{\ell=0}^{\infty} \sum_{m=-\ell}^{\ell} \int_0^{\infty} b_{\ell m}(k) \exp\left[-\frac{\mathrm{i}}{\hbar}Et\right] j_\ell(kr) Y_{\ell m}(\vartheta,\phi) k^2 \, \mathrm{d}k \quad .$$

Der Drehimpulsinhalt des freien Wellenpakets wird durch die Spektralkoeffizienten $b_{\ell m}(k)$ bestimmt. Diese sind zeitunabhängig, weil der Drehimpuls erhalten ist.

Fragen wir nach den Beiträgen mit der Drehimpulsquantenzahl ℓ und der magnetischen Quantenzahl m unabhängig von der Wellenzahl k, so müssen wir die Wahrscheinlichkeiten $b_{\ell m}^*(k)b_{\ell m}(k)k^2 \, \mathrm{d}k$ über alle Wellenzahlen integrieren:

$$W_{\ell m} = \frac{2}{\pi} \int_0^{\infty} b_{\ell m}^*(k)b_{\ell m}(k)k^2 \, \mathrm{d}k \quad .$$

Die Wahrscheinlichkeiten $W_{\ell m}$ erfüllen die Normierungsbedingung

$$\sum_{\ell=0}^{\infty} \sum_{m=-\ell}^{\ell} W_{\ell m} = 1 \quad .$$

Als Beispiel betrachten wir das in Abb. 10.17a dargestellte Wellenpaket. Sein Mittelpunkt bewegt sich mit der konstanten Geschwindigkeit in negative x-Richtung und behält dabei den festen Abstand b von der x-Achse. Das bedeutet, er bewegt sich wie ein klassisches Teilchen mit dem zeitabhängigen Ortsvektor

$$\mathbf{r}(t) = (x(t),b,0)$$

und dem zeitunabhängigen Impulsvektor

$$\mathbf{p} = (-p,0,0) \quad .$$

Der Drehimpulsvektor des klassischen Teilchens

$$\mathbf{L} = \mathbf{r} \times \mathbf{p} = (0,0,bp)$$

ist zeitunabhängig und zeigt in z-Richtung. Der Betrag des Drehimpulses ist

$$L = |\mathbf{L}| = bp \quad .$$

Wir betrachten jetzt ein Teilchen konstanten Impulses $\mathbf{p}$, das sich entlang einer beliebigen Geraden bewegt. Der kleinste Abstand dieser Geraden vom Ursprung heißt *Stoßparameter* b. Offenbar ist aus Symmetriegründen der Betrag des Drehimpulses für dieses Teilchen wiederum $L = bp$.

Wir untersuchen jetzt die Wahrscheinlichkeiten $W_{\ell m}$ für das Wellenpaket in Abb. 10.17a. Wir quantisieren den Drehimpuls in z-Richtung, d. h. wir benutzen die Eigenfunktionen von $\hat{\mathbf{L}}^2$ und $\hat{L}_z$ zur Zerlegung des Wellenpakets.

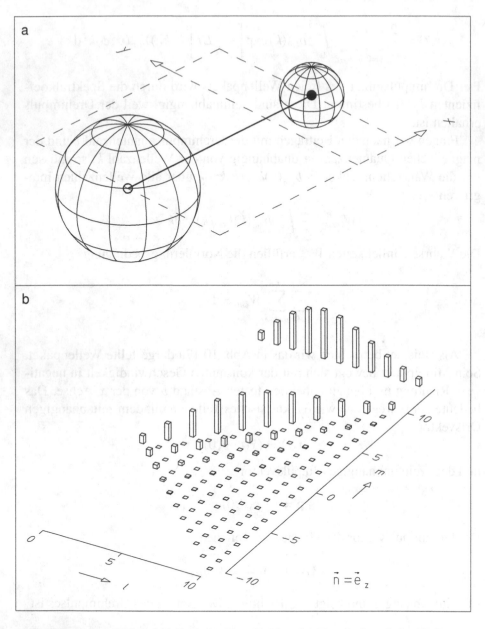

Abb. 10.17 (a) Das Wahrscheinlichkeitsellipsoid, hier eine Kugel, eines freien Wellenpakets, das sich in der (x, y)-Ebene antiparallel zur x-Achse bewegt, ist für zwei verschiedene Zeitpunkte dargestellt. Die Dispersion des Wellenpakets wird aus dem Anwachsen der Kugel sichtbar. (b) Zerlegung des in Teilbild a gezeigten Wellenpakets nach Drehimpulszuständen. Die Höhe der am Punkt (ℓ, m) gezeichneten Säule ist proportional zur Wahrscheinlichkeit $W_{\ell m}$ dafür, dass das durch das Wellenpaket beschriebene Teilchen die Drehimpulsquantenzahl ℓ und die Quantenzahl m der Komponente des Drehimpulses in Richtung der Quantisierungsachse n besitzt. In dieser Abbildung wurde n in Richtung der z-Achse gewählt. Am oberen Bildrand sind die Wahrscheinlichkeiten W_ℓ dafür dargestellt, dass das Teilchen die Quantenzahl ℓ unabhängig von dem Wert m besitzt.

In Abb. 10.17b sind die Wahrscheinlichkeiten $W_{\ell m}$ für die verschiedenen Werte von ℓ und m dargestellt. In dieser Graphik ist jede dieser Wahrscheinlichkeiten proportional zur Höhe der Säule am Punkt (ℓ, m) in dem dargestellten Koordinatensystem. Offenbar können die Wahrscheinlichkeiten nur für solche Punkte von Null verschieden sein, die in einem Sektor zwischen zwei Geraden liegen, für die $m = \ell$ bzw. $m = -\ell$ gilt. Wir stellen fest, dass im Gegensatz zum klassischen Punktteilchen verschiedene Drehimpulse zum Wellenpaket beitragen. Für die gewählte Quantisierungsachse sind allerdings die Wahrscheinlichkeiten für die Punkte $\ell = m$ bei Weitem am größten für jeden Wert von ℓ. Das ist nicht erstaunlich, weil der Drehimpuls des entsprechenden klassischen Teilchen nur eine z-Komponente hat. Trotzdem tragen auch Werte $m < \ell$ bei. Die Beiträge $W_{\ell m}$ für $m = \ell - 1, \ell - 3, \ldots$ verschwinden. Wegen der Spiegelsymmetrie des Wellenpakets bezüglich der (x, y)-Ebene tragen nämlich Funktionen $Y_{\ell m}(\vartheta, \phi)$ mit $m = \ell - 1, \ell - 3, \ldots$ nicht bei. Sie sind antisymmetrisch in ϑ bezüglich des Punktes $\vartheta = \pi/2$.

Die Wahrscheinlichkeiten für das Beitragen einer bestimmten Quantenzahl ℓ unabhängig von m sind

$$W_\ell = \sum_{m=-\ell}^{\ell} W_{\ell m} \quad .$$

Sie sind am oberen Rand von Abb. 10.17b dargestellt. Als Funktion von ℓ haben diese Wahrscheinlichkeiten W_ℓ eine glockenförmige Einhüllende, die an eine Gauß-Verteilung erinnert. Das Maximum dieser Randverteilung entspricht etwa dem Drehimpuls des klassischen Teilchens.

Wir untersuchen jetzt die Abhängigkeit der $W_{\ell m}$-Verteilung von der Quantisierungsachse. Anstelle der z-Achse wählen wir zunächst eine Achse $\mathbf{n}$, die einen Winkel $\pi/4$ mit der y-Achse in der (z, y)-Ebene bildet. Abbildung 10.18a zeigt, dass jetzt sehr viel mehr m-Werte an der Superposition des Wellenpakets teilnehmen. Die Randverteilung bleibt aber unverändert. Die Verteilung in der Variablen m hat sich geändert, weil die neue Quantisierungsachse nicht mehr in Richtung des klassischen Drehimpulsvektors zeigt. Die Verteilung W_ℓ des Betrages des Drehimpulses ist unabhängig von der Quantisierungsachse.

Abbildung 10.18b zeigt die Wahrscheinlichkeiten $W_{\ell m}$ für die y-Achse als Quantisierungsachse des Drehimpulses und Abb. 10.18c zeigt sie für die x-Achse als Quantisierungsachse. Da in diesen beiden Fällen die Quantisierungsrichtung senkrecht auf der Richtung des klassischen Drehimpulsvektors steht, erwarten wir, dass der Erwartungswert von m verschwindet. Tatsächlich sind die beiden dargestellten Verteilungen symmetrisch um $m = 0$.

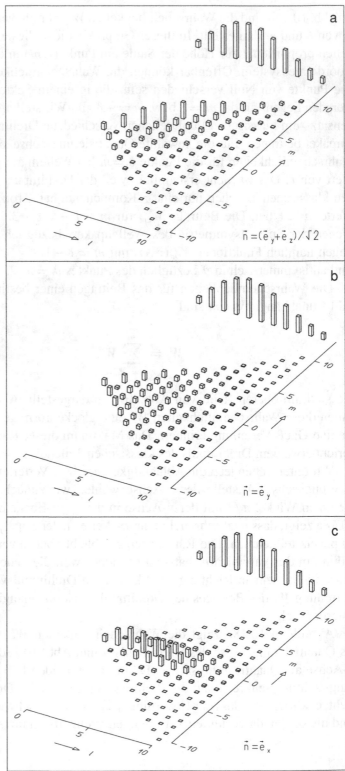

Abb. 10.18
Alle drei Teilbilder beschreiben das in Abb. 10.17a dargestellte Wellenpaket. Wie Abb. 10.17b zeigen sie die Zerlegung des Wellenpakets nach Drehimpulszuständen, allerdings für verschiedene Quantisierungsachsen.

Aufgaben

10.1 Gehen Sie von der Darstellung

$$\hat{p}_i = \frac{\hbar}{\mathrm{i}} \frac{\partial}{\partial x_i} \quad , \qquad \hat{\mathbf{p}} = (\hat{p}_1, \hat{p}_2, \hat{p}_3)$$

der Komponenten des Impulsoperators in den drei Raumrichtungen aus und zeigen Sie, dass die gemeinsame stationäre Eigenfunktion für die drei Impulsoperatoren $\hat{p}_i$ das Produkt dreier eindimensionaler Impulseigenfunktionen ist.

10.2 Berechnen Sie die Wahrscheinlichkeitsdichte $\rho(\mathbf{r}, t) = \psi^*(\mathbf{r}, t)\psi(\mathbf{r}, t)$ des dreidimensionalan Gaußschen Wellenpakets aus Abschn. 10.1 unter Benutzung der expliziten Form von $M(x, t)$, die in Abschn. 3.2 angegeben wurde. In welche Richtung bewegt sich das Wellenpaket? Wie groß ist das Quadrat seiner Geschwindigkeit? Wodurch wird die Richtung festgelegt, in der das Wellenpaket die größte Dispersion zeigt?

10.3 Verifizieren Sie die Vertauschungsrelationen der Komponenten des Drehimpulses, die am Anfang von Abschn. 10.3 angegeben wurden.

10.4 Die Raumspiegelung wird durch die Transformation $\mathbf{r} \to -\mathbf{r}$ dargestellt. Wie lautet diese Transformation in Kugelkoordinaten? Wie verhalten sich die Kugelflächenfunktionen $Y_{\ell m}(\vartheta, \phi)$ unter Raumspiegelung?

10.5 Berechnen Sie die Kommutatoren der Komponenten $\hat{L}_x$, $\hat{L}_y$, $\hat{L}_z$ und $\hat{\mathbf{L}}^2$ des Drehimpulses mit den Ortsoperatoren x, y und z und mit den Operatoren der Impulskomponenten $\hat{p}_x$, $\hat{p}_y$ und $\hat{p}_z$.

10.6 Berechnen Sie die Kommutatoren von $\hat{L}_x$, $\hat{L}_y$, $\hat{L}_z$ und $\hat{\mathbf{L}}^2$ mit $r = \sqrt{x^2 + y^2 + z^2}$ und mit $\hat{\mathbf{p}}^2$. Benutzen Sie die Ergebnisse, um die Kommutatoren der Drehimpulsoperatoren mit dem Hamilton-Operator für ein kugelsymmetrisches Potential,

$$H = \frac{\hat{\mathbf{p}}^2}{2M} + V(r) \quad ,$$

zu berechnen.

10.7 Zeigen Sie, dass das dreidimensionale Wellenpaket, das in der Spektraldarstellung aus Abschn. 10.1 vorliegt,

$$\psi(\mathbf{r}, t) = \int f(\mathbf{p})\psi_{\mathbf{p}}(\mathbf{r} - \mathbf{r}_0, t)\mathrm{d}^3 p \quad ,$$

Lösung der freien Schrödinger-Gleichung in drei Dimensionen ist.

10.8 Was ist der Unterschied zwischen dem klassischen und dem quanten-mechanischen Zentrifugalterm $\mathbf{L}^2/(2Mr^2)$ im Hamilton-Operator für vorgegebenen Drehimpuls?

10.9 Rechnen Sie nach, dass die expliziten Ausdrücke für die sphärischen Bessel-Funktionen $j_0(\rho)$ und $j_1(\rho)$ und die sphärischen Neumann-Funktionen $n_0(\rho)$ und $n_1(\rho)$ die freie radiale Schrödinger-Gleichung, die am Anfang von Abschn. 10.8 angegeben wurde, erfüllen.

10.10 Die explizite Form der sphärischen Hankel-Funktionen $h_\ell^{(\pm)}(\rho)$ wurde zu Beginn von Abschn. 10.8 angegeben. Zeigen Sie, dass sich die sphärischen Bessel- und Neumann-Funktionen für $\rho \to 0$ und $\rho \to \infty$ tatsächlich verhalten wie in diesem Abschnitt angegeben.

10.11 Berechnen Sie den Ausdruck $\hat{\mathbf{L}}\varphi_\mathbf{p}(\mathbf{r})$. Erklären Sie, warum das Ergebnis nicht bedeutet, dass $\varphi_\mathbf{p}(\mathbf{r})$ eine gemeinsame Eigenfunktion der Drehimpulsoperatoren $\hat{L}_x$, $\hat{L}_y$, $\hat{L}_z$ ist.

10.12 Berechnen Sie die Ausdrücke $\hat{\mathbf{L}}\{j_\ell(kr)Y_{\ell m}(\vartheta,\phi)\}$ für $\ell = 0, 1$. Was unterscheidet die zwei Fälle $\ell = 0$ und $\ell = 1$?

10.13 Was ist der Erwartungswert des Drehimpulses für ein Gaußsches Wellenpaket, wie es in Abschn. 10.1 angegeben wurde? Erklären Sie, warum das Ergebnis zeitunabhängig ist.

10.14 Warum ist die m-Verteilung in Abb. 10.18b breiter als die in Abb. 10.18c? Betrachten Sie dazu die y- und z-Komponenten des Drehimpulses für ein klassisches Ensemble von Teilchen, das dem Wellenpaket entspricht.

11 Lösung der Schrödinger-Gleichung in drei Dimensionen

In Abschn. 10.6 haben wir die zeitabhängige Schrödinger-Gleichung für die dreidimensionale Bewegung unter dem Einfluss eines Potentials nach Zeit- und Ortskoordinaten separiert, und zwar mit Hilfe des Ansatzes

$$\psi(\mathbf{r},t) = \exp\left[-\frac{\mathrm{i}}{\hbar}Et\right]\varphi_E(\mathbf{r}) \quad .$$

Die dreidimensionale stationäre Schrödinger-Gleichung für die Funktion $\varphi_E(\mathbf{r})$, die wir am Ende dieses Abschnitts erhielten, lautet

$$\left[-\frac{\hbar^2}{2M}\nabla^2 + V(\mathbf{r})\right]\varphi_E(\mathbf{r}) = E\varphi_E(\mathbf{r}) \quad .$$

Wir beschränken uns jetzt auf kugelsymmetrische Systeme, also solche, in denen das Potential $V(\mathbf{r})$ nur von der Radialkoordinate r abhängt. Mit der schon in Abschn. 10.7 benutzten Argumentation separieren wir Radial- und Winkelkoordinaten,

$$\varphi_{E\ell m}(\mathbf{r}) = R(r)Y_{\ell m}(\vartheta,\phi) \quad ,$$

und erhalten die radiale Schrödinger-Gleichung für die radiale Wellenfunktion $R_\ell(k,r)$:

$$-\frac{\hbar^2}{2M}\left[\frac{1}{r}\frac{\mathrm{d}^2}{\mathrm{d}r^2}r - \frac{\ell(\ell+1)}{r^2} - \frac{2M}{\hbar^2}V(r)\right]R_\ell(k,r) = ER_\ell(k,r) \quad .$$

Weil das Potential Kugelsymmetrie besitzt, hängt diese Gleichung nicht von der Quantenzahl m der z-Komponente des Drehimpulses ab. Daher hängen auch die $R_\ell(k,r)$ nicht von m ab. Neben der kinetischen und der potentiellen Energie enthält die linke Seite dieser Gleichung auch noch das *Zentrifugalpotential*

$$\frac{\hbar^2}{2M}\frac{\ell(\ell+1)}{r^2} \quad ,$$

das wir dem Drehimpuls zuordnen. Dieses Zentrifugalpotential und der Potentialterm $V(r)$ werden oft zum *effektiven Potential* zu gegebenem Drehimpuls ℓ zusammengefasst,

$$V_\ell^{\text{eff}}(r) = \frac{\hbar^2}{2M} \frac{\ell(\ell+1)}{r^2} + V(r) \quad .$$

Die radiale Schrödinger-Gleichung lautet dann

$$\left[-\frac{\hbar^2}{2M} \frac{1}{r} \frac{\mathrm{d}^2}{\mathrm{d}r^2} r + V_\ell^{\text{eff}}(r) \right] R_\ell(k,r) = E R_\ell(k,r) \quad .$$

Das ist eine Differentialgleichung von nur einer Variablen. Ihre Lösung für einfache Potentiale erhält man auf ähnliche Weise wie die Lösungen der eindimensionalen Schrödinger-Gleichung in Kap. 4. Da die Radialvariable r nur positive Werte annimmt, suchen wir die Lösungen $R_\ell(k,r)$ nur auf der positiven Halbachse. Am Ursprung muss die Lösung $R_\ell(k,r)$ endlich bleiben. Wieder unterscheiden wir zwei Arten von Lösungen: Lösungen für Streuprozesse und Lösungen für gebundene Zustände.

Im Gegensatz zur dreidimensionalen Schrödinger-Gleichung, die sich nicht auf einen speziellen Drehimpuls bezieht, beschreibt die radiale Schrödinger-Gleichung ein Teilchen zu vorgegebener Bahndrehimpulsquantenzahl ℓ. Das Zentrifugalpotential wirkt als repulsives Potential, auch *Zentrifugalbarriere* genannt, und hält die Teilchen des Impulses p mehr oder weniger vom Ursprung des Kugelkoordinatensystems entfernt. Auf diese Weise bleibt der Stoßparameter b – vgl. Abb. 10.17 – hinreichend groß, um sicherzustellen, dass der Bahndrehimpuls $L = bp$ erhalten bleibt.

11.1 Stationäre Streulösungen

Wie in Abschn. 4.2 müssen wir Randbedingungen definieren, die Lösungen erfüllen müssen, welche die elastische Streuung eines Teilchens durch ein Potential beschreiben. In den Abschnitten 10.7 und 10.8 haben wir festgestellt, dass die Lösungen der freien radialen Schrödinger-Gleichung die sphärischen Bessel- und Neumann-Funktionen $j_\ell(kr)$ bzw. $n_\ell(kr)$ sind. Aus Abschn. 4.2 wissen wir, dass für Kräfte mit endlicher Reichweite sich die Teilchen außerhalb der Reichweite kräftefrei bewegen. Für die elastische Streuung durch ein Potential der endlichen Reichweite d muss die radiale Wellenfunktion $R_\ell(k,r)$ sich daher für Werte von r groß im Vergleich zur Reichweite d einer Linearkombination aus sphärischen Bessel- und Neumann-Funktionen nähern:

$$R_\ell(k,r) \rightarrow A_\ell j_\ell(kr) + B_\ell n_\ell(kr) \quad , \qquad r \gg d \quad .$$

Für einige Potentiale kann die Lösung der radialen Schrödinger-Gleichung explizit angegeben werden. Als besonders anschauliches Beispiel betrachten wir den radialen Potentialkasten:

$$V(r) = \begin{cases} V_{\mathrm{I}} \ , & 0 \le r < d_1 \ , & \text{Bereich I} \\ V_{\mathrm{II}} \ , & d_1 \le r < d_2 \ , & \text{Bereich II} \\ V_{\mathrm{III}} = 0 \ , & d_2 \le r < \infty \ , & \text{Bereich III} \end{cases} \ .$$

Da das Potential im Bereich III verschwindet, sagen wir, es hat die endliche Reichweite $d = d_2$.

Streulösungen der radialen Schrödinger-Gleichung haben Energien $E > 0$. Die Lösung im inneren Bereich I besteht nur aus $j_\ell(k_{\mathrm{I}} r)$, weil $n_\ell(k_{\mathrm{I}} r)$ für $r = 0$ singulär wird. In den Bereichen II und III kann die Lösung als Superposition von j_ℓ und n_ℓ geschrieben werden:

$$R_\ell(k,r) = \begin{cases} R_{\ell \mathrm{I}} & = & A_{\ell \mathrm{I}} j_\ell(k_{\mathrm{I}} r) \\ R_{\ell \mathrm{II}} & = & A_{\ell \mathrm{II}} j_\ell(k_{\mathrm{II}} r) + B_{\ell \mathrm{II}} n_\ell(k_{\mathrm{II}} r) \\ R_{\ell \mathrm{III}} & = & A_{\ell \mathrm{III}} j_\ell(k r) + B_{\ell \mathrm{III}} n_\ell(k r) \end{cases} \ .$$

Hier sind die Wellenzahlen k_i in den Bereichen $i = \mathrm{I}, \mathrm{II}$

$$k_i = \frac{1}{\hbar} \sqrt{2M(E - V_i)} \quad .$$

Im Bereich III ist

$$k = \frac{1}{\hbar} \sqrt{2ME}$$

die Wellenzahl der einfallenden Teilchen.

Für jeden Wert von ℓ werden vier der Koeffizienten $A_{\ell N}$ und $B_{\ell N}$ durch den fünften mit Hilfe der Stetigkeitsbedingungen für die Wellenfunktion und ihre Ableitung bei $r = d_1$ und $r = d_2$ ausgedrückt:

$$R_{\ell \mathrm{I}}(k,d_1) = R_{\ell \mathrm{II}}(k,d_1) \quad , \qquad \frac{\mathrm{d}R_{\ell \mathrm{I}}}{\mathrm{d}r}(k,d_1) = \frac{\mathrm{d}R_{\ell \mathrm{II}}}{\mathrm{d}r}(k,d_1)$$

und

$$R_{\ell \mathrm{II}}(k,d_2) = R_{\ell \mathrm{III}}(k,d_2) \quad , \qquad \frac{\mathrm{d}R_{\ell \mathrm{II}}}{\mathrm{d}r}(k,d_2) = \frac{\mathrm{d}R_{\ell \mathrm{III}}}{\mathrm{d}r}(k,d_2) \quad .$$

Die Koeffizienten $A_{\ell \mathrm{III}}$ können gleich Eins gewählt werden. Dadurch wird die Normierung der einfallenden Welle festgelegt. Damit sind die vier Koeffizienten $A_{\ell \mathrm{I}}$, $A_{\ell \mathrm{II}}$, $B_{\ell \mathrm{II}}$ und $B_{\ell \mathrm{III}}$, die aus den Stetigkeitsbedingungen als Funktionen der Wellenzahl k der einlaufenden Welle berechnet werden, reelle Koeffizienten und auch die radiale Wellenfunktion $R_\ell(k,r)$ ist reell. Abbildung 11.1a zeigt die Lösungen $R_\ell(k,r)$ als Funktionen von r für einen festen

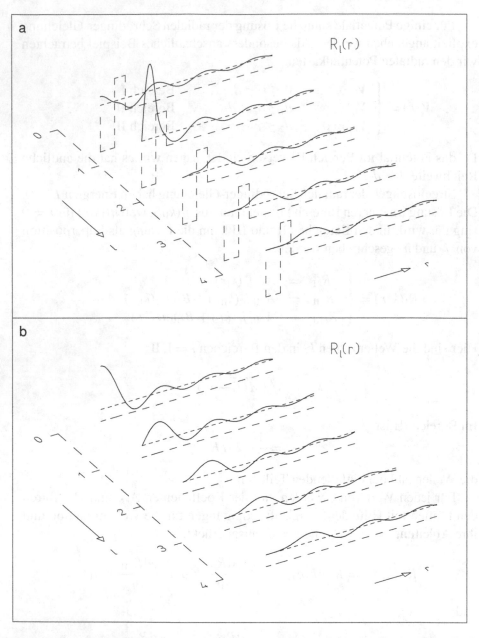

Abb. 11.1 (a) Lösungen $R_\ell(k,r)$ **der radialen Schrödinger-Gleichung für ein Potential, das negativ im Bereich I ist,** $V_I < 0$ **; es ist positiv und größer als die Teilchenenergie im Bereich II,** $V_{II} > E$ **; es verschwindet im Bereich III. Die Form des Potentials** $V(r)$ **ist durch eine langgestrichelte Linie angedeutet, die Teilchenenergie** E **durch eine kurzgestrichelte Linie. Die kurzgestrichelte Linie dient auch als Nulllinie für die Funktionen** $R_\ell(k,r)$ **. Die Energie wird konstant gehalten. Die verschiedenen Graphen entsprechen verschiedenen Drehimpulsquantenzahlen** ℓ **. (b) Die Situation ist die gleiche wie im Teilbild a, außer dass das Potential überall verschwindet,** $V(r) \equiv 0$ **. In diesem Fall sind die Lösungen** $R_\ell(k,r)$ **gleich den sphärischen Bessel-Funktionen** $j_\ell(kr)$ **,** $k = \sqrt{2ME}/\hbar$ **.**

Energiewert, d. h. für einen festen Wert von E_0 und für eine Reihe von Dreh-impulswerten ℓ.

Abbildung 11.1b zeigt zum Vergleich die Funktionen $j_\ell(kr)$, die gleichzeitig die Funktionen $R_\ell(k,r)$ für verschwindendes Potential, d. h. für ungestörte ebene Wellen sind. Da $j_\ell(kr) \sim (kr)^\ell$ in der Nähe des Ursprungs für hohe ℓ stark unterdrückt wird, wird die Wellenfunktion $R_{\ell\,\mathrm{III}}$ für hinreichend hohe ℓ gut durch den Term $A_{\ell\,\mathrm{III}}\, j_\ell(kr)$ angenähert, so dass $B_{\ell\,\mathrm{III}}$ numerisch klein ist. Deshalb unterscheiden sich die Fälle mit bzw. ohne ein Potential nicht wesentlich für hinreichend hohe ℓ. Wir bekommen so eine ungefähre Vorstellung von der Größe der Werte von ℓ, oberhalb welcher die radiale Funktion R_ℓ durch das Potential nur wenig geändert wird.

Die Überlegungen dazu beruhen auf der Diskussion in Abschn. 10.10. In Abb. 10.17b zeigten wir die Verteilung der Drehimpulskomponenten eines Gaußschen Wellenpakets, das ein klassisches Teilchen mit dem Impuls $p = \hbar k$ und dem Stoßparameter b darstellt. Der klassische Drehimpuls hat den Wert $L = pb$. Wir fanden, dass die Spektralverteilung der Drehimpulse des Wellenpakets für den klassischen Wert L maximal wird. Ist der Stoßparameter b größer als die Reichweite d des Potentials, $b > d$, d. h., ist der klassische Drehimpuls L hinreichend groß,

$$L > L_0 \quad, \qquad L_0 = \hbar k d \quad,$$

so wird die Bahn des klassischen Teilchens durch das Potential nicht beeinflusst. Wir schließen daraus, dass die radialen Wellenfunktionen $R_\ell(k,r)$ mit Drehimpulsen $\hbar\ell > L_0$, d. h. $\ell > kd$, durch das Potential im Wesentlichen unverändert bleiben. Ein Vergleich der Wellenfunktionen in den Abbildungen 11.1a und 11.1b zeigt, dass diese für große Werte von ℓ einander sehr ähnlich sind.

11.2 Stationäre gebundene Zustände

Lösungen für gebundene Zustände treten für diskrete Werte bei negativen Energien E auf. Wir betrachten als einfachsten Fall das „sphärische Kastenpotential":

$$V(r) = \begin{cases} V_\mathrm{I} < 0 \quad, & 0 \le r < d \quad, & \text{Bereich I} \\ V_\mathrm{II} = 0 \quad, & d \le r < \infty \quad, & \text{Bereich II} \end{cases} \quad.$$

Die Wellenzahl

$$k_i = \sqrt{2M(E - V_i)}/\hbar$$

ist reell im Bereich I für $E > V_\mathrm{I}$ und imaginär im Bereich II für $E < 0$:

$$k_\mathrm{II} = \mathrm{i}\kappa_\mathrm{II} \quad, \qquad \kappa_\mathrm{II} = \sqrt{-2ME}/\hbar \quad.$$

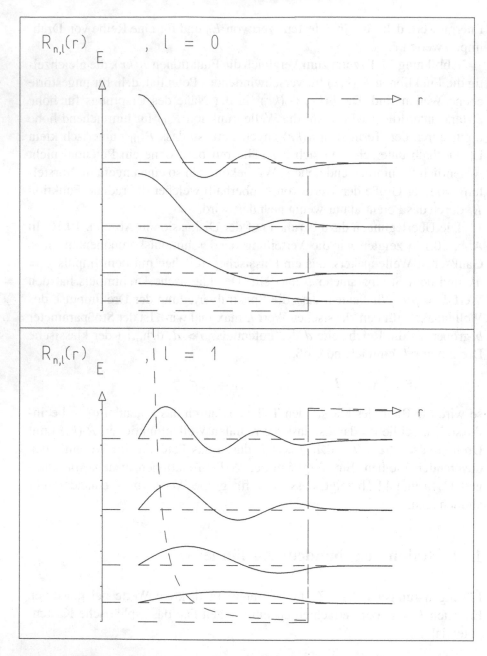

Abb. 11.2 Bindungszustände $R_{n\ell}(r)$ **der radialen Schrödinger-Gleichung für einen Potentialkasten, dargestellt für zwei Drehimpulswerte,** $\ell = 0$, $\ell = 1$. **Die Form des Potentials** $V(r)$ **ist durch die langgestrichelte Linie angedeutet. Auf der linken Seite ist eine
Skala angegeben, rechts davon sind die Energien** $E_{n\ell}$ **der gebundenen Zustände durch
kurze horizontale Linien markiert. Diese Linien sind kurzgestrichelt weiter rechts fort-
gesetzt. Sie dienen als Nulllinien für die Lösungen** $R_{n\ell}(r)$. **Für** $\ell \neq 0$ **ist die radiale Abhängigkeit des „effektiven Potentials"** $V_{\ell}^{\text{eff}}(r)$ **als kurzgestrichelte Linie eingezeichnet.
Sie zeigt den Einfluss des Drehimpulses (vgl. Abschn. 13.1). Der linke Anfang der lang-
gestrichelten Linie des Kastenpotentials ist der Punkt** $r = 0$.

Die Wellenfunktion muss im Bereich I proportional zu $j_\ell(k_\mathrm{I} r)$ sein, wieder weil $n_\ell(k_\mathrm{I} r)$ bei $r = 0$ singulär wird. Im Bereich II muss die Lösung proportional zu $h_\ell^{(+)}(i\kappa_\mathrm{II} r)$ sein, denn nur diese Funktion geht für große Abstände r gegen Null:

$$R_\ell(k,r) = \begin{cases} R_{\ell\mathrm{I}}(k,r) &= A_{\ell\mathrm{I}}\, j_\ell(k_\mathrm{I} r) \\[2mm] R_{\ell\mathrm{II}}(k,r) &= A_{\ell\mathrm{II}}\, h_\ell^{(+)}(i\kappa_\mathrm{II} r) \end{cases} .$$

Der Koeffizient $A_{\ell\mathrm{II}}$ lässt sich als Funktion der Energie durch die beiden Stetigkeitsbedingungen für die Wellenfunktion und ihrer Ableitung bei $r = d$ durch $A_{\ell\mathrm{I}}$ ausdrücken. Diese Stetigkeit lässt sich nur für bestimmte diskrete Energien der gebundenen Zustände erreichen. Die Konstante $A_{\ell\mathrm{I}}$ wird durch Normierung der Wellenfunktion,

$$\int_0^\infty |R_\ell(k,r)|^2 r^2 \, \mathrm{d}r = 1 \quad,$$

festgelegt.

Da die Wellenfunktion im Bereich II exponentiell abfällt, ist das Teilchen im Wesentlichen auf den Bereich I beschränkt, also den Bereich des Potentials. Diese Einschränkung ist ein wesentliches Kennzeichen eines gebundenen Zustandes. Abbildung 11.2 zeigt für niedrige Drehimpulse die Wellenfunktionen für die gebundenen Zustände in dem beschriebenen Kastenpotential.

Aufgaben

11.1 Erklären Sie durch eine wellenmechanische Argumentation, die auf dem Zentrifugalpotential beruht, warum die radialen Wellenfunktionen $R_\ell(k,r)$ für höhere Werte von ℓ nicht in den Potentialbereich in Abb. 11.1 eindringen.

11.2 Zeigen Sie durch Nachrechnen, dass die Kugelwelle $\varphi(r) = \sin(kr)/r$ eine Lösung der dreidimensionalen Schrödinger-Gleichung

$$-\frac{\hbar^2}{2M}\nabla^2\varphi(r) = E\varphi(r) \quad, \qquad E = \frac{\hbar^2 k^2}{2M} \quad,$$

ist

11.3 Die Lösung für einen gebundenen Zustand mit verschwindendem Drehimpuls im Kastenpotential der endlichen Tiefe $V = -V_0$ ist

$$\varphi(r) = \frac{A}{2i}\left(\frac{e^{ikr}}{r} - \frac{e^{-ikr}}{r}\right) = A\frac{\sin(kr)}{r} \quad ,$$

$$k = \frac{1}{\hbar}\sqrt{2M(E+V_0)} \quad .$$

Außerhalb des Potentialkastens ist die r-Abhängigkeit der Wellenfunktion durch $\exp(-\kappa r)/r$, $\kappa = (1/\hbar)\sqrt{-2ME}$, gegeben. Deshalb muss die Funktion $\sin(kr)$ negative oder verschwindende Steigung am Rand $r = d$ des Potentialkastens haben. Benutzen Sie diese Information über die Steigung, um einen Minimalwert für V_0 zu finden, für den wenigstens ein gebundener Zustand existiert. Erklären Sie, warum es immer mindestens einen gebundenen Zustand in einem eindimensionalen Potentialgraben gibt.

12 Dreidimensionale Quantenmechanik: Streuung durch ein Potential

12.1 Beugung einer harmonischen ebenen Welle. Partialwellen

In Abschn. 11.1 haben wir die Lösungen $R_\ell(k,r)$ der radialen stationären Schrödinger-Gleichung für sphärische Stufenpotentiale gefunden. Da die radiale Schrödinger-Gleichung linear ist, sind ihre Lösungen nur bis auf eine beliebige, komplexe Normierungskonstante bestimmt, die aus den Randbedingungen des jeweiligen dreidimensionalen Problems erschlossen werden muss. Wir haben schon in Abschn. 5.5 festgestellt, dass eine harmonische ebene Welle eine geeignete Idealisierung eines einfallenden Wellenpakets ist, das ein Teilchen mit scharfem Impuls beschreibt. Wir wenden jetzt diesen Befund auf den dreidimensionalen Fall an, d. h. wir untersuchen die Streuung oder *Beugung* einer dreidimensionalen harmonischen ebenen Welle, die ein Teilchen mit scharfem Impuls darstellt. Dann muss die Normierung der radialen Wellenfunktion so gewählt werden, dass für große Abstände vom Potentialbereich die Wellenfunktion in drei Dimensionen aus einer einlaufenden ebenen Welle $\exp(\mathrm{i}\mathbf{k}\cdot\mathbf{r})$ und einer auslaufenden Welle besteht.

In Abschn. 11.1 haben wir die Lösungen $R_\ell(k,r)$ der radialen Schrödinger-Gleichung für das sphärische Stufenpotential rein reell gewählt. Damit waren insbesondere auch die Koeffizienten $A_{\ell\mathrm{III}}$ und $B_{\ell\mathrm{III}}$ reell. Um die richtige Normierung zu finden, betrachten wir die physikalische Interpretation der Lösung $R_\ell(k,r)$ im Bereich III,

$$R_{\ell\mathrm{III}}(k,r) = A_{\ell\mathrm{III}}\,j_\ell(kr) + B_{\ell\mathrm{III}}\,n_\ell(kr) \quad ,$$

und benutzen die Zerlegung der sphärischen Bessel-Funktionen j_ℓ und n_ℓ in sphärische Hankel-Funktionen $h_\ell^{(\pm)}$ aus Abschn. 10.8,

$$
\begin{aligned}
j_\ell(kr) &= \frac{1}{2\mathrm{i}}\left[h_\ell^{(+)}(kr) - h_\ell^{(-)}(kr)\right] \quad , \\
n_\ell(kr) &= \frac{1}{2}\left[h_\ell^{(+)}(kr) + h_\ell^{(-)}(kr)\right] \quad .
\end{aligned}
$$

Die sphärischen Hankel-Funktionen haben das asymptotische Verhalten komplexer Kugelwellen,

$$h_\ell^{(\pm)}(kr) \xrightarrow[kr \to \infty]{} \frac{1}{kr} \exp\left[\pm i\left(kr - \ell\frac{\pi}{2}\right)\right] = (\mp i)^\ell \frac{1}{kr} \exp(\pm ikr) \quad .$$

In Abschn. 4.2 haben wir festgestellt, dass die mit einer stationären Welle $\exp(ikx)$ aufgebauten Wellenpakete in Richtung wachsender x laufen, während die mit $\exp(-ikx)$ in Richtung fallender x laufen. Für Kugelwellen bedeutet das, dass eine stationäre Welle $\exp(-ikr)$ ein Teilchen beschreibt, das von großen r zum Ursprung $r = 0$ hinläuft, also ein einlaufendes Teilchen. Ganz entsprechend beschreibt $\exp(ikr)$ ein auslaufendes Teilchen. Das bedeutet, bis auf einen r-unabhängigen Faktor beschreibt die Zerlegung von $R_{\ell III}$ in sphärische Hankel-Funktionen,

$$R_{\ell III} = \frac{i}{2}\left[(A_{\ell III} - iB_{\ell III})h_\ell^{(-)} - (A_{\ell III} + iB_{\ell III})h_\ell^{(+)}\right] \quad ,$$

den einlaufenden, $h_\ell^{(-)}$, und den auslaufenden, $h_\ell^{(+)}$, Teil der Wellenfunktion.

Wir dividieren jetzt die radiale Wellenfunktion R_ℓ durch $A_{\ell III} - iB_{\ell III}$ und erhalten

$$R_\ell^{(+)}(k,r) = \frac{1}{A_{\ell III} - iB_{\ell III}} R_\ell(k,r) \quad .$$

Dieser Ausdruck nimmt im Bereich III folgende explizite Form an:

$$R_{\ell III}^{(+)}(k,r) = -\frac{1}{2i}h_\ell^{(-)}(kr) + \frac{1}{2i}S_\ell(k)h_\ell^{(+)}(kr) \quad .$$

Dabei ist $S_\ell(k)$ das *Streumatrixelement* der ℓ-ten Partialwelle,

$$S_\ell(k) = \frac{A_{\ell III} + iB_{\ell III}}{A_{\ell III} - iB_{\ell III}} \quad .$$

Damit haben wir die Zerlegung von $R_{\ell III}^{(+)}$ in die ℓ-te Komponente $j_\ell(kr)$ der ebenen Welle und der auslaufenden Kugelwelle $h_\ell^{(+)}(kr)$ erreicht. Diese Struktur wird deutlich, wenn wir $(1/(2i))h_\ell^{(+)}(kr)$ zum ersten Term addieren und vom zweiten Term subtrahieren:

$$\begin{aligned}
R_{\ell III}^{(+)}(k,r) &= \frac{1}{2i}\left[h_\ell^{(+)}(kr) - h_\ell^{(-)}(kr)\right] + \frac{1}{2i}(S_\ell(k) - 1)h_\ell^{(+)}(kr) \\
&= j_\ell(kr) + f_\ell(k)h_\ell^{(+)}(kr) \quad .
\end{aligned}$$

Dabei ist f_ℓ die *partielle Streuamplitude*,

$$f_\ell(k) = \frac{1}{2i}(S_\ell(k) - 1) \quad .$$

Sie bestimmt die Amplitude der auslaufenden Kugelwelle im Vergleich zur ℓ-ten Komponente $j_\ell(kr)$ der einlaufenden ebenen Welle.

Die Vorschrift für die Konstruktion der dreidimensionalen stationären Wellenfunktion ist schon in der Formel für die Zerlegung der ebenen Welle $\exp(\mathrm{i}\mathbf{k}\cdot\mathbf{r})$ nach Partialwellen enthalten:

$$\mathrm{e}^{\mathrm{i}\mathbf{k}\cdot\mathbf{r}} = \sum_{\ell=0}^{\infty}(2\ell+1)\mathrm{i}^\ell j_\ell(kr)P_\ell(\cos\vartheta) \quad , \qquad \cos\vartheta = \mathbf{k}\cdot\mathbf{r}/(kr) \quad .$$

Durch Ersetzen der freien radialen Wellenfunktion $j_\ell(kr)$ durch die Lösung $R_\ell^{(+)}(k,r)$ der radialen Schrödinger-Gleichung für ein Potential $V(r)$, erhalten wir

$$\varphi_{\mathbf{k}}^{(+)}(\mathbf{r}) = \sum_{\ell=0}^{\infty}(2\ell+1)\mathrm{i}^\ell R_\ell^{(+)}(k,r)P_\ell(\cos\vartheta) \quad .$$

Abbildung 12.1 gibt Real- und Imaginärteil sowie das Absolutquadrat von $\varphi_{\mathbf{k}}^{(+)}$ für die Streuung einer ebenen Welle durch ein repulsives Potential wieder, das innerhalb einer Kugel um den Ursprung konstant ist:

$$V(r) = \begin{cases} V_0 > 0 \quad , & 0 \le r < d \\ 0 \quad , & r \ge d \end{cases} \quad .$$

Die Energie E der Welle ist gleich zwei Drittel mal der Höhe des Potentials, d. h. $E = 2V_0/3$. Die beiden oberen Teilbilder von Abb. 12.1 für den Real- und den Imaginärteil zeigen, dass die von links einfallende ebene Welle im Bereich der Kugel stark unterdrückt wird und dass das Muster der ebenen Welle, insbesondere in Vorwärtsrichtung, durch die Interferenz mit der auslaufenden, gestreuten Kugelwelle stark verändert wird. Die in dieser Abbildung dargestellten Wellenmuster zeigen eine gewisse Ähnlichkeit zu Wasserwellen, die in einer *Wellenwanne* auf ein zylindrisches Hindernis treffen. Real- und Imaginärteil von $\varphi_{\mathbf{k}}^{(+)}$ spiegeln zunächst die einlaufende ebene Welle $\exp(\mathrm{i}\mathbf{k}\cdot\mathbf{r})$ wider. Die Struktur im Absolutquadrat $|\varphi_{\mathbf{k}}^{(+)}|^2$ stammt jedoch ausschließlich von der Überlagerung von einfallender und gestreuter Welle, weil die graphische Darstellung des Absolutquadrats der ungestreuten, einfallenden ebenen Welle $|\exp(\mathrm{i}\mathbf{k}\cdot\mathbf{r})|^2 = 1$ einfach eine ebene Fläche wäre. Insbesondere ist das Wellenmuster links vom Streuzentrum im unteren Teilbild von Abb. 12.1 das Ergebnis der Interferenz der einlaufenden Welle mit der in Rückwärtsrichtung gestreuten Welle. Dementsprechend zeigt dieses Interferenzmuster eine Wellenlänge, die die Hälfte der Wellenlänge der einlaufenden Welle ist. Das Interferenzmuster fällt nach außen wie $1/r$ ab, weil die auslaufende Kugelwelle selbst mit $1/r$ abfällt. Nach vorn gibt es kein solches Interferenzmuster, weil die Exponentialfunktionen in der Streuwelle und in der einlaufenden Welle dort identisch sind.

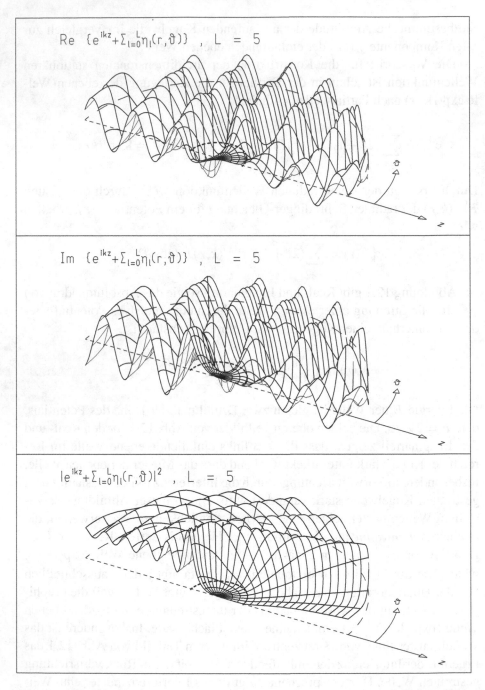

Abb. 12.1 Streuung einer von links in z-Richtung einfallenden ebenen Welle durch ein repulsives Potential. Das Potential ist auf den Bereich $r < d$ beschränkt, der durch den kleinen gestrichelten Halbkreis angedeutet ist. Die Energie E der ebenen Welle ist zwei Drittel der Höhe des Potentials in diesem Bereich. Dargestellt sind Real- und Imaginärteil sowie das Absolutquadrat der Wellenfunktion $\varphi_{\mathbf{k}}^{(+)}$.

12.2 Streuwelle und Streuquerschnitt

Wenn wir in die rechte Seite der Formel für $\varphi_{\mathbf{k}}^{(+)}(\mathbf{r})$ die Funktion $R_{\ell\,\mathrm{III}}^{(+)}$, ausgedrückt durch $j_\ell(kr)$ und die auslaufende Kugelwelle $h_\ell^{(+)}$ einsetzen, erhalten wir die Überlagerung

$$\varphi_{\mathbf{k}}^{(+)}(\mathbf{r}) = \mathrm{e}^{\mathrm{i}\mathbf{k}\cdot\mathbf{r}} + \eta_{\mathbf{k}}(\mathbf{r})$$

der einlaufenden ebenen Welle und der gestreuten Kugelwelle

$$\eta_{\mathbf{k}}(\mathbf{r}) = \sum_{\ell=0}^{\infty} \eta_\ell(r,\vartheta) \quad .$$

Dabei ist η_ℓ die ℓ-te *gestreute Partialwelle*:

$$\eta_\ell = (2\ell+1)\mathrm{i}^\ell \left[R_\ell^{(+)}(kr) - j_\ell(kr) \right] P_\ell(\cos\vartheta) \quad .$$

Im Bereich III hat diese gestreute Partialwelle die explizite Form

$$\eta_\ell = (2\ell+1)\mathrm{i}^\ell f_\ell(k) h_\ell^{(+)}(kr) P_\ell(\cos\vartheta) \quad ,$$

dic für große Abstände, $kr \gg 1$, durch den asymptotischen Term für $h_\ell^{(+)}(kr)$ dominiert ist,

$$\eta_\ell \xrightarrow[kr\gg1]{} (2\ell+1) f_\ell(k) \frac{\mathrm{e}^{\mathrm{i}kr}}{r} P_\ell(\cos\vartheta) \quad .$$

Im Außenbereich III hat die gestreute Kugelwelle die explizite Darstellung

$$\eta_{\mathbf{k}\,\mathrm{III}}(\mathbf{r}) = \sum_{\ell=0}^{\infty} (2\ell+1)\mathrm{i}^\ell f_\ell(k) h_\ell^{(+)}(kr) P_\ell(\cos\vartheta) \quad .$$

Für große Abstände, $kr \gg 1$, erhält dieser Ausdruck die Form

$$\eta_{\mathbf{k}\,\mathrm{III}}(\mathbf{r}) \xrightarrow[kr\gg1]{} f(\vartheta) \frac{\mathrm{e}^{\mathrm{i}kr}}{r} \quad ,$$

wobei die *Streuamplitude*

$$f(\vartheta) = \frac{1}{k} \sum_{\ell=0}^{\infty} (2\ell+1) f_\ell(k) P_\ell(\cos\vartheta)$$

die Amplitude der gestreuten Kugelwelle für die verschiedenen Polarwinkel ϑ moduliert.

Abbildung 12.2 zeigt die Real- und Imaginärteile der ℓ-ten gestreuten Partialwelle η_ℓ für die Werte $\ell = 0, 1, 2, 3, 4, 5$. Diese Partialwelle ist das Produkt eines r-abhängigen Faktors, der für die Variation entlang Linien

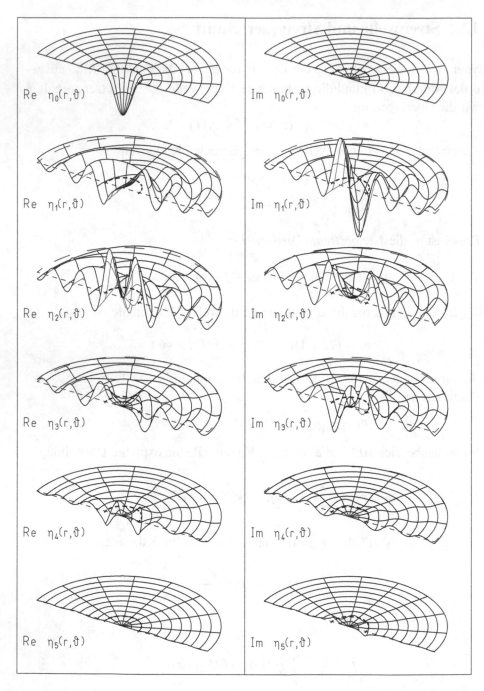

Abb. 12.2 Real- und Imaginärteile der gestreuten Partialwellen η_ℓ, die bei der Streuung einer ebenen Welle an einem repulsiven Potential, wie in Abb. 12.1 dargestellt, auftreten.

$\vartheta = \text{const}$ sorgt, und eines ϑ-abhängigen Faktors, der die Variation entlang Linien $r = \text{const}$ bewirkt. Wie wir von den Legendre-Polynomen $P_\ell(\cos\vartheta)$ erwarten, gibt es keine ϑ-Variation für $\ell = 0$, während die zunehmende Komplexität der höheren P_ℓ sich durch ihre ℓ-Knoten in ϑ bemerkbar macht. Die Teilbilder zeigen einen Abfall wie $1/r$ für große Werte von r, wie wir ihn aus der asymptotischen Form der η_ℓ erwarten. Wie bereits in Abschn. 11.1 erwähnt, sind die Abweichungen der radialen Wellenfunktionen von der freien radialen Wellenfunktion j_ℓ nur für $\ell \le kd$ wesentlich. Tatsächlich beobachten wir, dass η_5 im Wesentlichen null ist, genauso wie η_6, η_7, usw. In unserem Beispiel ist kd gleich 4. Wir können uns fragen, warum die gestreuten Partialwellen η_ℓ für niedrige ℓ erhebliche Beiträge innerhalb des Potentialkastens liefern. Sie müssen deshalb beitragen, weil die Superposition der η_ℓ die harmonische ebene Welle in diesem Bereich kompensieren muss, denn $\varphi_{\mathbf{k}}^{(+)}(\mathbf{r})$ ist klein innerhalb der Kugel, in der das repulsive Potential herrscht.

Die Abbildungen 12.3a und b geben den Realteil und den Imaginärteil der gestreuten Kugelwelle $\eta_{\mathbf{k}}(\mathbf{r})$ wieder, die man durch Aufsummation der gestreuten Partialwellen für $0 \le \ell \le 5$ erhält. Die η_ℓ verschwinden im Wesentlichen für $\ell > 5$. Während die gestreuten Partialwellen η_ℓ die Symmetrie der entsprechenden P_ℓ besitzen, zeigt ihre Superposition $\eta_{\mathbf{k}}(\mathbf{r})$ eine ausgeprägte Struktur in Vorwärtsrichtung. Sie zeigt an, dass die Streuung im Wesentlichen in Vorwärtsrichtung geschieht. Offensichtlich fällt $\eta_{\mathbf{k}}(\mathbf{r})$ für große r wie $1/r$ ab.

Abbildung 12.3c zeigt das Absolutquadrat $|\eta_{\mathbf{k}}(\mathbf{r})|^2$. Diese Funktion fällt asymptotisch wie $1/r^2$ ab. Die physikalische Bedeutung von $|\eta_{\mathbf{k}}|^2$ ist die einer mittleren Dichte gestreuter Teilchen, die mit der Geschwindigkeit $v = \hbar k/M$ radial vom Streuzentrum weglaufen. In Experimenten können die gestreuten Teilchen nur in Abständen vom Streuzentrum nachgewiesen werden, die groß sind gegen die Ausdehnung des Streuzentrums. Die mittlere Anzahl Δn gestreuter Teilchen, die die empfindliche Fläche Δa eines Detektors während der Zeit Δt durchlaufen, ist eine oft benutzte Messgröße. Für vorgegebene empfindliche Fläche Δa ist diese Größe das Produkt der Stromdichte $|\eta_{\mathbf{k}}(\mathbf{r})|^2 v$ der Teilchen und der Fläche Δa multipliziert mit dem Zeitintervall Δt:

$$\Delta n = v|\eta_{\mathbf{k}}(\mathbf{r})|^2\,\Delta a\,\Delta t \quad .$$

Dabei befindet sich der Detektor an der Stelle $\mathbf{r}$.

Für einmal festgelegte experimentelle Bedingungen Δa, Δt und v ist die Größe $|\eta_{\mathbf{k}}(\mathbf{r})|^2$ direkt proportional zur Zahl der beobachteten gestreuten Teilchen. Wir nehmen jetzt an, dass viele Detektoren gleichmäßig über einen Halbkreis vom Radius r um das Streuzentrum verteilt seien. Die Richtung der einlaufenden Teilchen liege entlang des Durchmessers dieses Halbkreises. Dann müssen wir nur noch $|\eta_{\mathbf{k}}(\mathbf{r})|^2$ berechnen, um die Zählraten in allen Detektoren vorherzusagen. Abbildung 12.4a verdeutlicht diese Anordnung.

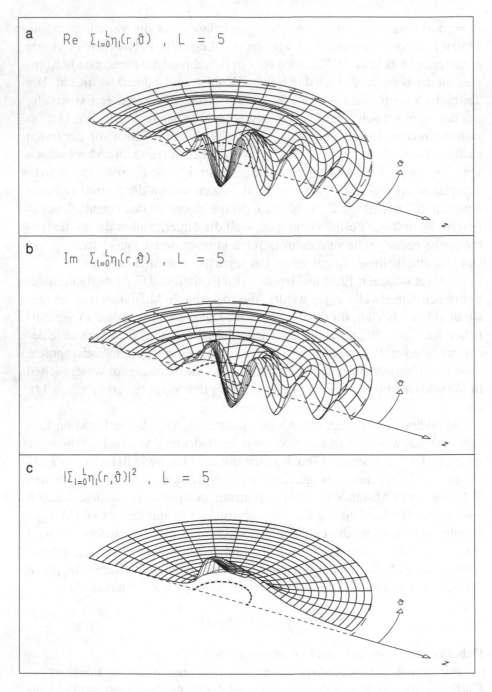

Abb. 12.3 Realteil, Imaginärteil und Absolutquadrat der gestreuten Kugelwelle η_k, die bei der Streuung einer ebenen Welle durch ein repulsives Potential wie in Abb. 12.1 auftritt.

Die Funktion $|\eta_{\mathbf{k}}(\mathbf{r})|^2$ ist über einem halbkreisförmigen Band dort dargestellt, wo die Detektoren angebracht sind. Um den $1/r^2$-Abfall in $|\eta_{\mathbf{k}}|^2$ auszugleichen, ist die dargestellte Funktion mit einem Skalierungsfaktor multipliziert worden. Aus der Abbildung wird deutlich, dass $|\eta_{\mathbf{k}}|^2$ erheblich vom Streuwinkel ϑ abhängt, also vom Winkel zwischen der Flugrichtung des einfallenden und der des gestreuten Teilchens.

Tatsächlich zeigt die asymptotische Form von $\eta_{\mathbf{k}}$, d. h. von $\eta_{\mathbf{k}\mathrm{III}}$, die sich zu

$$\eta_{\mathbf{k}\mathrm{III}} \xrightarrow[kr \gg 1]{} f(\vartheta)\frac{e^{ikr}}{r}$$

ergibt, dass die Größe

$$|r\eta_{\mathbf{k}\mathrm{III}}|^2 \xrightarrow[kr \gg 1]{} |f(\vartheta)|^2$$

nur vom Streuwinkel ϑ abhängt. Ihre physikalische Interpretation als Zählrate Δn wird klar, wenn wir bedenken, dass $\Delta a/r^2 = \Delta\Omega$ der empfindliche Raumwinkel des Detektors ist. Die einfallende Stromdichte ist gleich der einfallenden mittleren Teilchendichte multipliziert mit der mittleren Geschwindigkeit,

$$j = |e^{i\mathbf{k}\cdot\mathbf{r}}|^2 v = v \quad .$$

Daher kann die Zahl der gestreuten Teilchen Δn wie folgt ausgedrückt werden:

$$\begin{aligned} \Delta n &= j\frac{\Delta a}{r^2}|r\eta_{\mathbf{k}\mathrm{III}}|^2\,\Delta t \\ &= j|f(\vartheta)|^2\Delta\Omega\,\Delta t \quad . \end{aligned}$$

Damit hat die Größe $|f(\vartheta)|^2$ folgende physikalische Bedeutung: Sie ist die mittlere Teilchenzahl, die aus einem einfallenden Teilchenstrom der Dichte 1 pro Sekunde um den Streuwinkel ϑ gestreut wird und zwar ausgedrückt pro Raumwinkeleinheit,

$$|f(\vartheta)|^2 = \frac{1}{j}\frac{\Delta n}{\Delta\Omega\,\Delta t} \quad .$$

In einem Experiment der klassischen Physik, in dem ein Strom von Teilchen auf eine harte Kugel einfällt, ist die Größe auf der rechten Seite der *differentielle Streuquerschnitt*. Dieser Ausdruck ist aus der elastischen Streuung eines Stroms von Punktteilchen mit der Stromdichte j, die auf eine starre Kugel vom Radius d einfallen, übernommen worden. Wie in Abb. 12.5 angedeutet, besteht zwischen dem Stoßparameter b und dem Streuwinkel ϑ die Beziehung

$$b = d\cos\frac{\vartheta}{2} \quad .$$

Die Zahl Δn der Teilchen, die in der Zeit Δt in den azimutalen Sektor $\Delta\phi$ mit einem Stoßparameter zwischen b und $b + \Delta b$ gestreut werden, ist

$$\Delta n = j\,\Delta t\,b\,\Delta b\,\Delta\phi \quad .$$

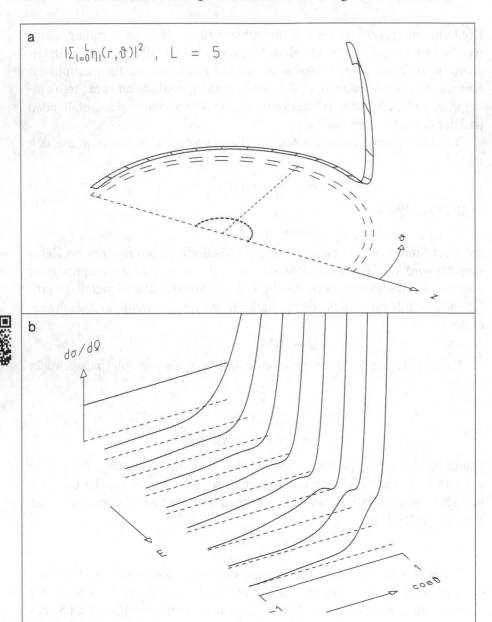

Abb. 12.4 (a) Intensität der gestreuten Kugelwelle, die durch die Streuung einer ebenen Welle durch ein repulsives Potential entsteht, wie in Abb. 12.1. Die Intensität ist für festen Abstand weit außerhalb des Streubereichs als Funktion des Streuwinkels ϑ durch die Höhe des dargestellten Bandes gegeben. Das Band entspricht dem äußeren Rand von Abb. 12.3c, vergrößert um einen Skalenfaktor. (b) Energieabhängigkeit des differentiellen Streuquerschnitts $d\sigma(\vartheta)/d\Omega$ für die Streuung einer ebenen Welle durch ein repulsives Potential. Der differentielle Streuquerschnitt ist proportional zur Intensität der Streuwelle, wie man durch Vergleich der mittleren Kurve von Teilbild b mit dem Band in Teilbild a sieht. Beide entsprechen derselben Energie.

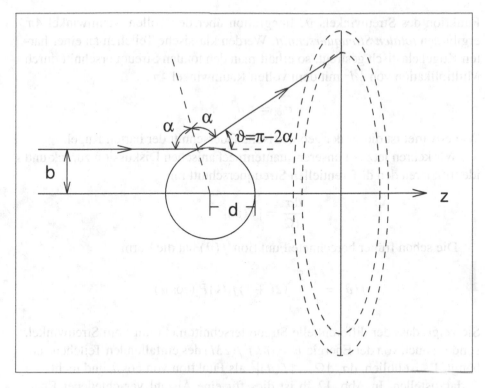

Abb. 12.5 Klassische elastische Streuung eines Massenpunkts an einer harten Kugel.

Diese Teilchenzahl wird in den Raumwinkelbereich $\Delta\Omega = \Delta\cos\vartheta\,\Delta\phi$ gestreut, wobei $\Delta\cos\vartheta$ mit Δb durch die Beziehung

$$\frac{\mathrm{d}b}{\mathrm{d}\cos\vartheta} = \frac{\mathrm{d}\vartheta}{\mathrm{d}\cos\vartheta}\frac{\mathrm{d}b}{\mathrm{d}\vartheta} = \frac{d}{4}\frac{1}{\cos\vartheta/2}$$

verknüpft ist. Die Zahl der gestreuten Teilchen pro Raumwinkeleinheit und Zeiteinheit beim Streuwinkel ϑ ist dann

$$\frac{\Delta n}{\Delta\Omega\,\Delta t} = \frac{1}{4}d^2 j \quad.$$

Diese Teilchenrate für einen einfallenden Teilchenstrom der Dichte 1 wird vollständig durch die Eigenschaften des Streuzentrums festgelegt, das in unserem Fall eine harte Kugel ist. Die Rate pro Einheitsstromdichte ist der *differentielle Streuquerschnitt*

$$\frac{\mathrm{d}\sigma}{\mathrm{d}\Omega} = \frac{1}{4}d^2 \quad.$$

Im Allgemeinen ist der differentielle Wirkungsquerschnitt nicht konstant, sondern hängt von der Richtung des gestreuten Teilchens ab. Ist das Streuzentrum kugelsymmetrisch, so ist der differentielle Streuquerschnitt nur eine

Funktion des Streuwinkels ϑ. Integration über den vollen Raumwinkel 4π ergibt den *totalen Streuquerschnitt*. Werden klassische Teilchen an einer harten Kugel elastisch gestreut, so erhält man den totalen Streuquerschnitt durch Multiplikation von $\frac{1}{4}d^2$ mit dem vollen Raumwinkel 4π,

$$\sigma_{\text{tot}} = \pi d^2 \quad .$$

Wie erwartet ist dieser der geometrische Querschnitt der harten Kugel.

Wir kehren jetzt zu unserer quantenmechanischen Diskussion zurück und identifizieren den differentiellen Streuquerschnitt mit

$$\frac{d\sigma}{d\Omega} = |f(\vartheta)|^2 \quad .$$

Die schon früher berechnete Funktion $f(\vartheta)$ hat die Form

$$f(\vartheta) = \frac{1}{k} \sum_{\ell=0}^{\infty} (2\ell+1) f_\ell(k) P_\ell(\cos\vartheta) \quad .$$

Sie zeigt, dass der differentielle Streuquerschnitt nicht nur vom Streuwinkel, sondern auch von der Energie $E = (\hbar k)^2/(2M)$ des einfallenden Teilchens abhängt. Es ist üblich, $d\sigma/d\Omega = |f(\vartheta)|^2$ als Funktion von $\cos\vartheta$ und nicht von ϑ darzustellen. In Abb. 12.4b ist dies für eine Anzahl verschiedener Energiewerte geschehen und für das Potential, das schon für frühere Abbildungen dieses Kapitels benutzt wurde. Für sehr niedrige Energien ist der differentielle Streuquerschnitt konstant bezüglich $\cos\vartheta$. Mit zunehmender Energie stellt sich eine immer kompliziertere Winkelabhängigkeit ein. Diese Abhängigkeit erklärt sich leicht daraus, dass für sehr niedrige Energie nur die niedrigste Partialwelle $\ell = 0$ zur Streuamplitude $f(\vartheta)$ beiträgt, und zwar über das Legendre-Polynom $P_0(\cos\vartheta)$, das eine Konstante ist. Mit steigender Energie tragen immer mehr Partialwellen bei und erlauben so eine reichere Struktur in $\cos\vartheta$.

Der *totale Wirkungsquerschnitt* ergibt sich durch Integration über den vollen Raumwinkel,

$$\sigma_{\text{tot}} = \int \frac{d\sigma}{d\Omega} d\Omega = 2\pi \int_{-1}^{+1} |f(\vartheta)|^2 d\cos\vartheta \quad .$$

Für das Weitere benötigen wir die Orthogonalität der verschiedenen Legendre-Polynome,

$$\int_{-1}^{+1} P_\ell(\cos\vartheta) P_{\ell'}(\cos\vartheta) d\cos\vartheta = \frac{2}{2\ell+1}\delta_{\ell\ell'} \quad ,$$

die aus der Orthonormalität der Kugelflächenfunktionen $Y_{\ell 0}$ und ihrer Verknüpfung mit den P_ℓ folgt, die wir in Abschn. 10.3 diskutiert haben. Wenn

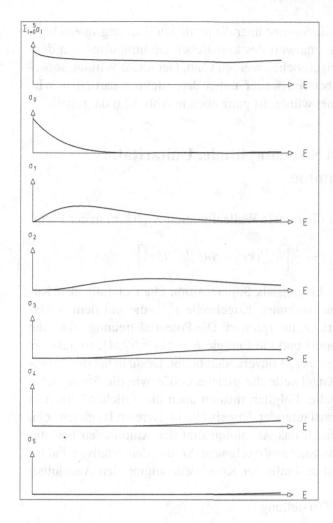

Abb. 12.6 Partielle Wirkungsquerschnitte $\sigma_\ell(E)$ **für** $\ell = 0, 1, \ldots, 5$ **und totaler Wirkungsquerschnitt** $\sigma_{\text{tot}}(E)$**, der durch die Summe über die ersten fünf partiellen Wirkungsquerschnitte für die Streuung einer ebenen Welle durch ein repulsives Potential angenähert wurde.**

wir die Reihendarstellung für $f(\vartheta)$ in das Integral für σ_{tot} einsetzen, erhalten wir

$$\sigma_{\text{tot}} = \frac{4\pi}{k^2} \sum_{\ell=0}^{\infty} (2\ell + 1)|f_\ell(k)|^2 = \sum_{\ell=0}^{\infty} \sigma_\ell \quad .$$

Die Terme in dieser Summe heißen *partielle Wirkungsquerschnitte*,

$$\sigma_\ell = \frac{4\pi}{k^2}(2\ell + 1)|f_\ell(\vartheta)|^2 \quad .$$

Abbildung 12.6 zeigt die verschiedenen partiellen Wirkungsquerschnitte als Funktion der Energie. Wir stellen fest, dass der partielle Wirkungsquerschnitt für $\ell > 0$ bei $k = 0$ mit Null beginnt. Weiter stellen wir fest, dass mit wachsendem ℓ der Beitrag eines partiellen Wirkungsquerschnitts zum totalen Wirkungsquerschnitt erst mit immer höherer Energie einsetzt. Das bedeutet, dass bei vorgegebener Energie die Summe über die partiellen Wirkungsquerschnitte bei $\ell_{max} \gtrsim kd$, dem Maximalwert des klassischen Drehimpulses, mit dem die Streuung stattfindet, abgebrochen werden kann. Der totale Wirkungsquerschnitt der als Summe über die weiter unten dargestellten partiellen Wirkungsquerschnitte berechnet wurde, ist ganz oben in Abb. 12.6 dargestellt.

12.3 Streuphase und Streuamplitude. Unitarität. Argand-Diagramme

In Abschn. 12.1 haben wir die radiale Wellenfunktion $R^{(+)}_{\ell III}(k,r)$ in der Form

$$R^{(+)}_{\ell III}(k,r) = \frac{i}{2}\left[h^{(-)}_{\ell}(kr) - S_{\ell}(k)h^{(+)}_{\ell}(kr)\right]$$

erhalten. Wir haben diese Lösung als Superposition einer einfallenden Kugelwelle $h^{(-)}_{\ell}$ und einer auslaufenden Kugelwelle $h^{(+)}_{\ell}$, die mit dem S-Matrixelement S_{ℓ} multipliziert ist, interpretiert. Die Potentialstreuung erhält die Teilchenzahl, den Drehimpuls und die Energie $E = (\hbar k)^2/(2M)$, so dass der Betrag der Geschwindigkeit $\hbar k/M$ unverändert bleibt. Deshalb hat die Stromdichte der einlaufenden Kugelwelle die gleiche Größe wie die Stromdichte der auslaufenden Kugelwelle. Folglich müssen auch die Teilchendichten in der einlaufenden und der auslaufenden Kugelwelle im Bereich III gleich sein. Da die Teilchendichten durch das Absolutquadrat der Amplituden gekennzeichnet werden, muss das Streumatrixelement S_{ℓ}, das den relativen Faktor zwischen einlaufender und auslaufender Kugelwelle angibt, den Absolutbetrag 1 besitzen.

Tatsächlich erfüllt die Darstellung

$$S_{\ell} = \frac{A_{\ell III} + iB_{\ell III}}{A_{\ell III} - iB_{\ell III}} \quad,$$

die wir in Abschn. 12.1 gefunden haben, diese Forderung,

$$S^*_{\ell}S_{\ell} = \frac{A_{\ell III} - iB_{\ell III}}{A_{\ell III} + iB_{\ell III}} \cdot \frac{A_{\ell III} + iB_{\ell III}}{A_{\ell III} - iB_{\ell III}} = 1 \quad,$$

die auch *Unitaritätsrelation für das S-Matrixelement* heißt. Damit kann S_{ℓ} durch einen komplexen Phasenfaktor

$$S_{\ell}(k) = \frac{A_{\ell III} + iB_{\ell III}}{A_{\ell III} - iB_{\ell III}} = e^{2i\delta_{\ell}(k)}$$

dargestellt werden.

Die *Streuphase* δ_{ℓ}, die S_{ℓ} bestimmt, kann direkt aus $A_{\ell III}$ und $B_{\ell III}$ berechnet werden, wenn man beachtet, dass

$$e^{\pm i\delta_\ell} = \frac{A_{\ell\mathrm{III}} \pm iB_{\ell\mathrm{III}}}{\sqrt{A_{\ell\mathrm{III}}^2 + B_{\ell\mathrm{III}}^2}}$$

die Identifikation

$$\cos\delta_\ell = \frac{A_{\ell\mathrm{III}}}{\sqrt{A_{\ell\mathrm{III}}^2 + B_{\ell\mathrm{III}}^2}} \quad , \quad \sin\delta_\ell = \frac{B_{\ell\mathrm{III}}}{\sqrt{A_{\ell\mathrm{III}}^2 + B_{\ell\mathrm{III}}^2}}$$

erlaubt.

Diese Beziehungen können wir benutzen, um zu zeigen, dass δ_ℓ eine durch das Potential bewirkte Phasenverschiebung ist. Dazu betrachten wir die asymptotischen Darstellungen, $kr \gg 1$, für $j_\ell(kr)$ und $n_\ell(kr)$, die in Abschn. 10.8 angegeben wurden. Die zu Beginn von Abschn. 12.1 angegebene Lösung $R_{\ell\mathrm{III}}$ der stationären Schrödinger-Gleichung lautet

$$R_{\ell\mathrm{III}} = \sqrt{A_{\ell\mathrm{III}}^2 + B_{\ell\mathrm{III}}^2}\,\big[\cos\delta_\ell\, j_\ell(kr) + \sin\delta_\ell\, n_\ell(kr)\big]$$

mit der asymptotischen Form

$$R_{\ell\mathrm{III}} \xrightarrow[kr\gg1]{} \sqrt{A_{\ell\mathrm{III}}^2 + B_{\ell\mathrm{III}}^2}\,\frac{1}{kr}\bigg[\cos\delta_\ell \sin\left(kr - \ell\frac{\pi}{2}\right)$$
$$+ \sin\delta_\ell \cos\left(kr - \ell\frac{\pi}{2}\right)\bigg] \quad ,$$

d. h.

$$R_{\ell\mathrm{III}} \xrightarrow[kr\gg1]{} \sqrt{A_{\ell\mathrm{III}}^2 + B_{\ell\mathrm{III}}^2}\,\frac{1}{kr}\sin\left(kr - \ell\frac{\pi}{2} + \delta_\ell\right) \quad .$$

Abbildung 12.7 zeigt R_ℓ zusammen mit j_ℓ, der ℓ-ten Partialwelle der harmonischen ebenen Welle. Die Streuphase δ_ℓ erkennt man leicht als die Phasenverschiebung zwischen beiden im asymptotischen Bereich. In Abb. 12.8 ist die Energieabhängigkeit der verschiedenen Phasenverschiebungen δ_ℓ für das repulsive Kastenpotential, das wir in unseren Beispielen benutzt haben, dargestellt. Dabei haben wir die Phasen δ_ℓ so gewählt, dass sie für $E = 0$ gleich 0 sind. Für das Potential unseres Beispiels fallen sie meist langsam mit der Energie ab.

Dargestellt durch die Streuphase $\delta_\ell(k)$ kann die partielle Streuamplitude in der Form

$$f_\ell(k) = \frac{1}{2i}\big[S_\ell(k) - 1\big] = \frac{1}{2i}(e^{2i\delta_\ell} - 1) = e^{i\delta_\ell}\left[\frac{1}{2i}(e^{i\delta_\ell} - e^{-i\delta_\ell})\right]$$
$$= e^{i\delta_\ell}\sin\delta_\ell$$

geschrieben werden. Die Beziehung, mit der wir zum Ausdruck brachten, dass S_ℓ den Absolutbetrag Eins hat, drückt sich jetzt durch eine gleichwertige *Unitaritätsrelation für die partielle Streuamplitude* f_ℓ aus,

$$\mathrm{Im}\, f_\ell(k) = |f_\ell(k)|^2 \quad .$$

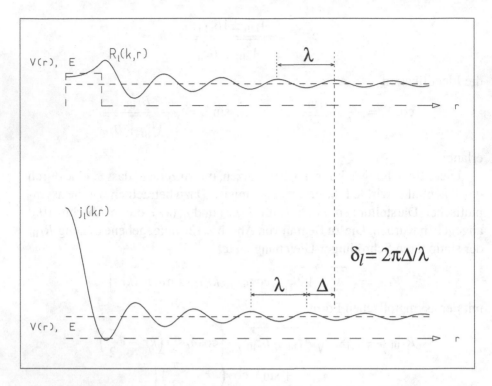

Abb. 12.7 Definition der Streuphase δ_ℓ. **Die Lösung** R_ℓ **der radialen Schrödinger-Gleichung für festes** ℓ, **hier** $\ell = 0$, **wird für die Streuung einer Welle der Energie** E **durch ein repulsives Potential (oben) und für verschwindendes Potential (unten) dargestellt. Asymptotisch, d. h. weit außerhalb der Potentialregion, unterscheiden sich beide nur durch die Phasenverschiebung** δ_ℓ.

Als komplexe Größe kann die partielle Streuamplitude in einem Argand-Diagramm, ähnlich dem in Abschn. 5.5, dargestellt werden. Jetzt bleibt allerdings f_ℓ auf den Umfang eines Kreises mit dem Radius $1/2$ und dem Mittelpunkt i/2 in der komplexen Ebene, weil die Unitaritätsrelation in der Form

$$(\mathrm{Re}\, f_\ell)^2 + \left(\mathrm{Im}\, f_\ell - \frac{1}{2}\right)^2 = \frac{1}{4}$$

geschrieben werden kann. Das ist gerade die Gleichung eines solchen Kreises. Er ist in Abb. 12.9a dargestellt.

Bei Veränderung der Wellenzahl $k = (1/\hbar)\sqrt{2ME}$ der einfallenden Welle bewegt sich f_ℓ auf dem Kreis. Die Streuphase δ_ℓ ist der Winkel zwischen dem Vektor, der die komplexe Größe f_ℓ darstellt, und der reellen Achse. Die Energieabhängigkeit der komplexen Streuamplitude f_ℓ ist im Einzelnen in Abb. 12.9b dargestellt. Den Realteil und den Imaginärteil von f_ℓ als Funktion der Energie erhält man dann durch Projektion des Argand-Diagramms

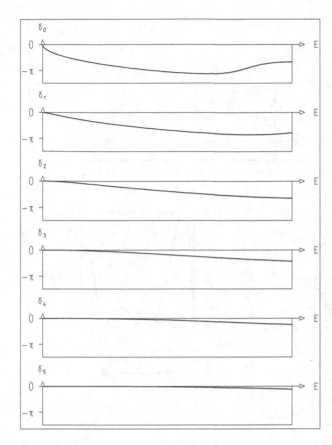

Abb. 12.8 **Energieabhängigkeit der Streuphasen** $\delta_0(E)$, $\delta_1(E)$, ..., $\delta_5(E)$ **für die Streuung an einem repulsiven Potential. Es gibt eine Mehrdeutigkeit in der Definition von** δ_ℓ**, die durch die Wahl** $\delta_\ell(0) = 0$ **aufgelöst wird. Alle Phasen variieren langsam mit der Energie für die Streuung durch ein repulsives Potential.**

auf die reelle bzw. imaginäre Achse. Der Vollständigkeit halber zeigen wir schließlich auch die Energieabhängigkeit der Streuphase δ_ℓ.

Es gibt eine interessante Verknüpfung zwischen der Funktion $f_\ell(\vartheta)$ in Vorwärtsrichtung und dem totalen Streuquerschnitt. Es gilt

$$\sigma_{\text{tot}} = \frac{4\pi}{k^2} \sum_{\ell=0}^{\infty} (2\ell+1)|f_\ell(k)|^2 \quad .$$

Unter Benutzung der Unitaritätsrelation für die partielle Streuamplitude,

$$|f_\ell(k)|^2 = \text{Im}\, f_\ell(k) \quad ,$$

und des speziellen Wertes von $P_\ell(\cos\vartheta)$ in Vorwärtsrichtung ($\vartheta = 0$),

$$P_\ell(1) = 1 \quad ,$$

erhalten wir

$$\sigma_{\text{tot}} = \frac{4\pi}{k} \frac{1}{k} \sum_{\ell=0}^{\infty} (2\ell+1)\text{Im}\, f_\ell(k) P_\ell(1) \quad ,$$

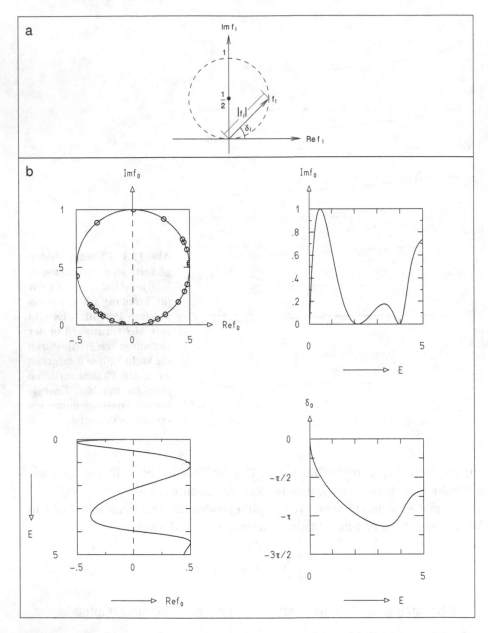

Abb. 12.9 (a) Unitaritätskreis. (b) Wegen der Unitaritätsrelation $\operatorname{Im} f_\ell = |f_\ell|^2$ **ist die elastische Partialwellenamplitude auf einen Kreis in einem Argand-Diagramm einge-schränkt. Der Winkel zwischen dem Zeiger** f_ℓ **in der komplexen Ebene und der reellen Achse ist die Streuphase** δ_ℓ. **Mit wachsender Energie** E **bewegt sich der Punkt** $f_\ell(E)$ **auf einem Kreis, beginnend bei** $f_\ell(0) = 0$. **Punkte, die äquidistant in der Energie sind, werden durch kleine Kreise markiert (oben links). Projektionen auf die vertikale bzw. horizontale Achse ergeben Graphen von** $\operatorname{Im} f_\ell(E)$ **(oben rechts) und** $\operatorname{Re} f_\ell(E)$ **(unten links). Die Funktion** $\delta_\ell(E)$ **ist ebenfalls dargestellt (unten rechts). Es wurde der spezielle Wert** $\ell = 0$ **gewählt.**

$$\sigma_{\text{tot}} = \frac{4\pi}{k}\text{Im}\, f(0) \quad ,$$

wenn wir die Partialwellendarstellung von $f(\vartheta)$ für $\vartheta = 0$ benutzen.

Diese Gleichung heißt das *optische Theorem*. Es sagt aus, dass der totale Wirkungsquerschnitt direkt durch den Imaginärteil der Vorwärtsstreuamplitude gegeben ist. Das optische Theorem spiegelt die Erhaltung des Teilchenstroms im Streuprozess wider. Der Gesamtfluss in der Streuwelle muss durch den einfallenden Fluss sichergestellt werden. Das geschieht durch die Interferenz zwischen der einfallenden Welle und der Streuwelle in Vorwärtsrichtung.

Aufgaben

12.1 Warum ist die Wellenfunktion $\varphi_{\mathbf{k}}^{(+)}(\mathbf{r})$ in Abb. 12.1 jenseits des Potentialbereichs, der durch den gestrichelten Halbkreis in der Nähe des Mittelpunkts angedeutet ist, unterdrückt? Wodurch erholt sie sich für wachsende z-Werte? Benutzen Sie das Huygenssche Prinzip, um eine Analogie zur Streuung von Licht an einer schwarzen Scheibe herzustellen.

12.2 Warum muss die in Abb. 12.3 dargestellte gestreute Kugelwelle $\eta_{\mathbf{k}}(\mathbf{r})$ im Bereich des repulsiven Potentials von Null verschieden sein und dort eine Wellenstruktur haben? Was lässt sich über die Wellenlänge im Potentialbereich sagen?

12.3 In Abschn. 12.2 wurde die klassische elastische Streuung von Massenpunkten an einer harten Kugel vom Radius d besprochen. Ersetzen Sie die Massenpunkte durch Kugeln vom Radius a. Zeigen Sie, dass die Ergebnisse für den differentiellen und den totalen Wirkungsquerschnitt gültig bleiben, wenn d durch $d + a$ ersetzt wird.

12.4 Verifizieren Sie die Unitaritätsrelation für die partielle Streuamplitude f_ℓ,

$$\text{Im}\, f_\ell = f_\ell f_\ell^* \quad ,$$

unter Benutzung der Unitaritätsrelation für das Streumatrixelement S_ℓ,

$$S_\ell S_\ell^* = 1 \quad ,$$

die in Abschn. 12.3 hergeleitet wurde. Formulieren Sie die Unitaritätsrelation für f_ℓ als Gleichung des Unitaritätskreises wie in Abschn. 12.3.

13 Dreidimensionale Quantenmechanik: Gebundene Zustände

13.1 Gebundene Zustände im sphärischen Potentialkasten

Abbildung 11.2 zeigte bereits die radialen Wellenfunktionen gebundener Zustände im dreidimensionalen Kastenpotential. In Abb. 13.1 zeigen wir jetzt die radialen Wellenfunktionen $R_{n\ell}$ und ihr Quadrat $R_{n\ell}^2$ sowie die Funktion $r^2 R_{n\ell}^2$ für die niedrigen Bahndrehimpulsquantenzahlen $\ell = 0, 1, 2$.

Wir zeigen $r^2 R_{n\ell}^2$, weil $r^2 R_{n\ell}^2(r) \, dr$ die Wahrscheinlichkeit dafür darstellt, dass sich ein Teilchen in der Kugelschale vom Radius r und der Dicke dr aufhält. Ebenfalls in Abb. 13.1 dargestellt ist das Energiespektrum der Eigenwerte. Wir stellen fest, dass es nur eine endliche Zahl gebundener Zustände gibt. Der Abstand zwischen den verschiedenen Eigenwerten wächst mit zunehmender Energie. Für vorgegebenes ℓ hat der niedrigste Zustand keinen Knoten in r, der nächste hat einen Knoten, usw. Wir können die Eigenwerte $E_{n\ell}$, $n = 1, 2, \ldots$, für vorgegebenes ℓ durch die Anzahl $n - 1$ ihrer Knoten durchnummerieren. In Abb. 13.1 ist das Kastenpotential $V(r)$ durch die langgestrichelte Linie eingezeichnet, das effektive Potential mit einer kurzgestrichelten Linie. Das effektive Potential setzt sich, wie schon besprochen, aus dem Zentrifugalpotential und dem Kastenpotential zusammen,

Abb. 13.1 Die radialen Eigenfunktionen $R_{n\ell}(r)$ gebundener Zustände in einem Kastenpotential sind für drei Drehimpulswerte, $\ell = 0, 1, 2$, mit durchgehenden Linien in der linken Spalte dargestellt. Die Form $V(r)$ des Potentials ist als langgestrichelte Linie eingezeichnet. Für $\ell \neq 0$ ist zusätzlich das effektive Potential $V_\ell^{\text{eff}}(r)$, das auch den Einfluss des Drehimpulses enthält, als kurzgestrichelte Linie dargestellt. Auf der linken Seite ist eine Energieskala und rechts davon sind die Energieeigenwerte $E_{n\ell}$ durch horizontale Linien dargestellt. Diese Linien sind weiter rechts in kurzer Strichelung wiederholt. Sie dienen als Nulllinien für die dargestellten Funktionen. In der mittleren Spalte werden die Quadrate $R_{n\ell}^2(r)$ der radialen Eigenfunktionen gezeigt. Entlang einer festen Richtung ϑ, ϕ vom Ursprung fort ist diese Größe proportional zur Wahrscheinlichkeit dafür, dass ein Teilchen in einem Einheitsvolumenelement um den Punkt r, ϑ, ϕ beobachtet wird. Die rechte Spalte enthält die Funktionen $r^2 R_{n\ell}^2(r)$. Ihre Werte sind ein Maß für die Wahrscheinlichkeit, das Teilchen irgendwo innerhalb einer dünnen Kugelschale vom Radius r zu beobachten.

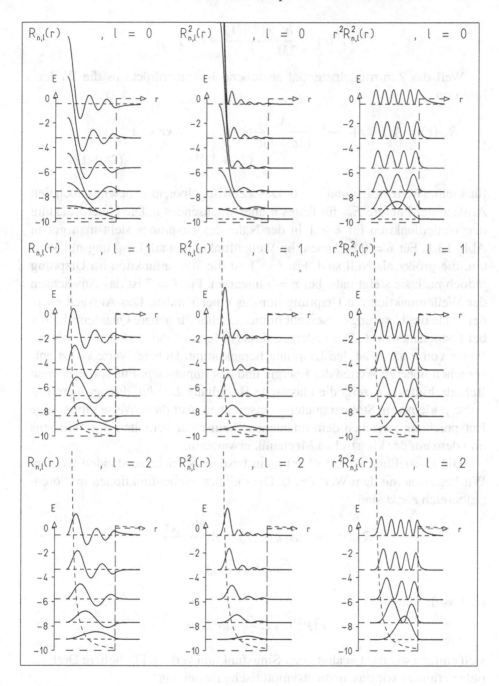

Abb. 13.1

$$V_\ell^{\mathrm{eff}}(r) = \frac{\hbar^2}{2M} \frac{\ell(\ell+1)}{r^2} + V(r) \quad .$$

Weil das Zentrifugalpotential abstoßend ist, unterdrückt es die Wellen-funktion

$$R_{n\ell}(r) = A_\mathrm{I} j_\ell(kr) \quad \rightarrow \quad \frac{A_\mathrm{I}}{(2\ell+1)!!}(kr)^\ell \quad , \qquad kr \ll 1 \quad ,$$

$$(2\ell+1)!! = 1 \cdot 3 \cdot \ldots \cdot (2\ell+1) \quad ,$$

für kleine Werte von r und $\ell > 0$. Das Zentrifugalpotential bewirkt auch den Anstieg der Energie $E_{n\ell}$ für festes n aber wachsendes ℓ. Die Unterdrückung der Wellenfunktion für $\ell \geq 1$ in der Nähe des Ursprungs sieht man gut in Abb. 13.1. Für $\ell = 0$ beginnen die Wellenfunktionen am Ursprung mit Wer-ten, die größer als Null sind. Für $\ell = 1$ ist die Wellenfunktion im Ursprung jedoch null; sie steigt nahe bei $r = 0$ linear an. Für $\ell = 2$ ist das Anwachsen der Wellenfunktion am Ursprung nur das einer Parabel. Das Anwachsen in der Nähe des Ursprungs geschieht immer rascher für höhere Quantenzahlen n bei festgehaltenem ℓ. Das bedeutet, dass für festes ℓ das Teilchen für höhere Werte von n näher an den Ursprung herankommt. Höhere Werte von n ent-sprechen höheren Werten der Energie und des Impulses p. Für vorgegebenen Bahndrehimpuls L zeigt die klassische Beziehung $L = bp$, dass größere Im-pulse p kleinerem Stoßparameter b entsprechen. Auf diese Weise gibt es eine Entsprechung zwischen dem quantenmechanischen Verhalten des Teilchens und dem aus der klassischen Mechanik erwarteten.

Die Darstellung von $r^2 R_{n\ell}^2(r)$ kann besonders leicht verstanden werden. Wir beginnen mit dem Wert $\ell = 0$. Die radialen Wellenfunktionen im Poten-tialbereich $r < d$ sind

$$\begin{aligned} R_{n0}(r) &= A_\mathrm{I} j_0(k_{\mathrm{In}}r) = A_\mathrm{I} \frac{\sin k_{\mathrm{In}}r}{k_{\mathrm{In}}r} \quad , \\ k_{\mathrm{In}} &= \sqrt{2m(E_{n0} - V_0)} \quad , \end{aligned}$$

so dass die Funktion

$$r^2 R_{n0}^2(r) = \frac{A_\mathrm{I}^2}{k_{\mathrm{In}}^2} \sin^2 k_{\mathrm{In}}r$$

sich einfach wie das Quadrat einer Sinusfunktion verhält. Für höhere Drehim-pulse erinnern wir uns an die asymptotische Beziehung

$$j_\ell(kr) \rightarrow \frac{1}{kr} \sin\left(kr - \ell\frac{\pi}{2}\right) \quad , \qquad kr \gg 1 \quad .$$

Damit liegt für $r \gg 1/k_{\mathrm{In}}$ wieder das Verhalten des Quadrats einer Sinusfunk-tion vor,

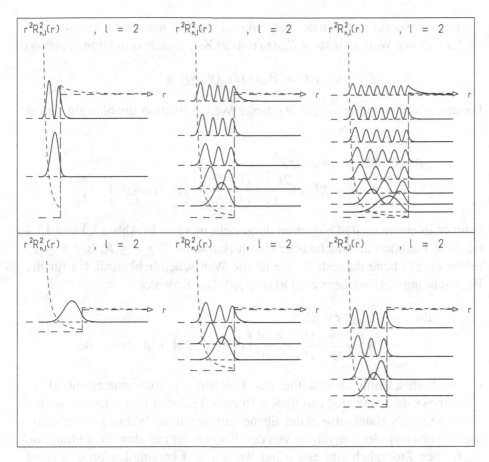

Abb. 13.2 Abhängigkeit des Eigenwertspektrums eines Kastenpotentials von (oben) der Breite und (unten) der Tiefe des Kastens. Dargestellt ist die Funktion $r^2 R_{n\ell}^2(r)$ für feste Bahndrehimpulsquantenzahl $\ell = 2$.

$$r^2 R_{n\ell}^2(r) \rightarrow \frac{A_1^2}{k_{1n}^2} \sin^2\left(k_{1n}r - \ell\frac{\pi}{2}\right) \quad , \qquad k_{1n}r \gg 1 \quad .$$

Aus Abb. 13.1 lesen wir unmittelbar ab, dass sich die Größe $r^2 R_{n\ell}^2$ wie beschrieben verhält. Im Bereich I, nahe an der Kante des Potentialbereichs bei $r = d$, ist die Zentrifugalbarriere für kleine Werte von ℓ niedrig; sie kann daher in grober Näherung vernachlässigt werden. Daher sind sich in der Nähe des äußeren Randes des Potentialbereichs die Wellenfunktionen für verschiedene ℓ, aber gleiche n sehr ähnlich und verhalten sich wie das Quadrat einer Sinusfunktion. Das wird aus Abb. 13.1 sehr deutlich.

Abbildung 13.2 zeigt die Abhängigkeit des Eigenwertspektrums von der Breite und der Tiefe des Potentials. Die Anzahl der Eigenwerte wächst mit der Breite und der Tiefe des Potentials.

Die volle dreidimensionale Wellenfunktion erhält man durch Multiplikation der radialen Wellenfunktion $R_{n\ell}(r)$ mit der Kugelflächenfunktion $Y_{\ell m}(\vartheta, \phi)$,

$$\varphi_{n\ell m}(\mathbf{r}) = R_{n\ell}(r) Y_{\ell m}(\vartheta, \phi) \quad .$$

Da das Absolutquadrat $\rho_{n\ell m}(r, \vartheta)$ dieser Wellenfunktion unabhängig von ϕ ist,

$$\begin{aligned}
\rho_{n\ell m}(r, \vartheta) &\equiv |\varphi_{n\ell m}(\mathbf{r})|^2 \\
&= R_{n\ell}^2(r) \frac{2\ell+1}{4\pi} \frac{(\ell - |m|)!}{(\ell + |m|)!} \left[P_\ell^{|m|}(\cos\vartheta) \right]^2 \quad ,
\end{aligned}$$

kann es in einem (r, ϑ)-Diagramm dargestellt werden. In Abb. 13.3 und 13.4 ist diese Funktion als Fläche über einem Halbkreis $(0 \le r \le R; 0 \le \vartheta \le \pi)$ in der (x, z)-Ebene dargestellt. Sie ist die Wahrscheinlichkeitsdichte für die Beobachtung des Teilchens am Ort (r, ϑ, ϕ). Das bedeutet

$$\begin{aligned}
\mathrm{d}w &= |\varphi_{n\ell m}(\mathbf{r})|^2 \, \mathrm{d}V \\
&= R_{n\ell}^2 \frac{2\ell+1}{4\pi} \frac{(\ell - |m|)!}{(\ell + |m|)!} \left[P_\ell^{|m|}(\cos\vartheta) \right]^2 r^2 \, \mathrm{d}r \, \mathrm{d}\cos\vartheta \, \mathrm{d}\phi
\end{aligned}$$

ist die Wahrscheinlichkeit dafür, das Teilchen im Volumenelement $\mathrm{d}V = r^2 \, \mathrm{d}r \, \mathrm{d}\cos\vartheta \, \mathrm{d}\phi$ bei (r, ϑ, ϕ) zu finden. In Abb. 13.3 und 13.4 erkennt man die Knoten in r als Halbkreise in der Ebene, auf denen die Wahrscheinlichkeitsdichte verschwindet. Sie rühren von den Knoten der radialen Wellenfunktion $R_{n\ell}(r)$ her. Zusätzlich gibt es $\ell - |m|$ Knoten in ϑ entlang Linien $\vartheta = \text{const}$ in der Ebene, die von den Nullstellen der $P_\ell^{|m|}(\cos\vartheta)$ herrühren.

13.2 Gebundene Zustände im kugelsymmetrischen harmonischen Oszillator

Für viele Modellrechnungen in der Kernphysik hat sich die Verwendung des Potentials eines harmonischen Oszillators als nützlich herausgestellt. Die potentielle Energie eines kugelsymmetrischen harmonischen Oszillators ist

$$V(\mathbf{r}) = \frac{k}{2} r^2 = \frac{k}{2}(x_1^2 + x_2^2 + x_3^3) \quad .$$

Die stationäre Schrödinger-Gleichung für ein Teilchen der Masse M, das sich in diesem Potential bewegt, lautet

$$\left(-\frac{\hbar^2}{2M} \nabla^2 + \frac{k}{2} r^2 \right) \varphi(\mathbf{r}) = E \varphi(\mathbf{r}) \quad .$$

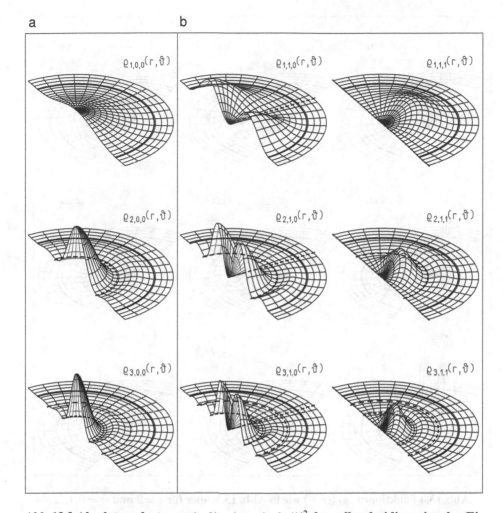

Abb. 13.3 Absolutquadrate $\rho_{n\ell m}(r,\vartheta) = |\varphi_{n\ell m}(r,\vartheta,\phi)|^2$ **der vollen dreidimensionalen Eigenfunktionen eines Kastenpotentials. Hier stellt** $\rho_{n\ell m}(r,\vartheta)\mathrm{d}V$ **die Wahrscheinlichkeit für die Beobachtung des Teilchens im Volumenelement** $\mathrm{d}V$ **am Ort** (r,ϑ,ϕ) **dar. Sie ist nur eine Funktion des Abstandes** r **vom Ursprung und des Polarwinkels** ϑ. **(a) In diesem Teilbild, das sich auf die Bahndrehimpulsquantenzahl** $\ell = 0$ **bezieht, hängt die Funktion** $\varphi(r)$ **nur von** r **ab. Für die Werte** $n = 1, 2, 3$ **der radialen Quantenzahl hat sie** $n - 1 = 0, 1, 2$ **Knoten in** r, **die durch gestrichelte Halbkreise angedeutet sind. Jedes Diagramm gibt die Wahrscheinlichkeitsdichte dafür an, das Teilchen an irgendeinem Punkt in einer Halbebene zu beobachten, die die** z-**Achse enthält. Hier und in Abb. 13.4 haben alle Diagramme die gleiche Skala in** r **und in** ϑ. **Sie haben allerdings verschiedene Skalenfaktoren in** ρ. **(b) Die Funktionen** $\rho_{n\ell m}(r,\vartheta)$ **wie in a, aber für** $\ell = 1$ **und** $m = 0, 1$. **Die** ϑ-**Abhängigkeit wird durch die Legendre-Funktionen** $P_\ell^{|m|}(\cos\vartheta)$ **bestimmt, die** $\ell - |m|$ **Knoten in** ϑ **besitzen, die durch die gestrichelten Linien** $\vartheta = \text{const}$ **markiert sind.**

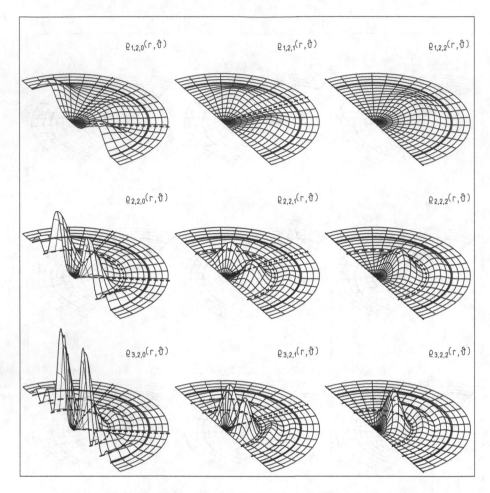

Abb. 13.4 Funktionen $\rho_{n\ell m}(r,\vartheta)$ **wie in Abb. 13.3, aber für** $\ell = 2$ **und** $m = 0, 1, 2$.

Anstelle der Separation der Variablen in Kugelkoordinaten wie in Abschn. 10.7 können wir auch eine Separation in kartesischen Koordinaten vornehmen, denn das Potential ist eine Summe von Termen, von denen jeder nur von einer dieser Koordinaten abhängt. Wir beginnen mit dem faktorisierten Ansatz

$$\varphi(\mathbf{r}) = \varphi_1(x_1)\varphi_2(x_2)\varphi_3(x_3)$$

und gelangen zu drei Schrödinger-Gleichungen für eindimensionale harmonische Oszillatoren in den Koordinaten x_1, x_2 und x_3, die identisch mit der in Abschn. 6.3 besprochenen Gleichung für die Koordinaten x_i sind,

$$\left(-\frac{\hbar^2}{2M}\frac{\mathrm{d}^2}{\mathrm{d}x_i^2} + \frac{M}{2}\omega^2 x_i^2\right)\varphi_i(x_i) = E_i\varphi_i(x_i) \ , \qquad i = 1, 2, 3 \ ,$$

$$\omega = \sqrt{k/M} \ .$$

Aus Abschn. 6.3 wissen wir, dass die Energieeigenwerte durch

$$E_i = E(n_i) = \left(n_i + \frac{1}{2}\right)\hbar\omega \quad , \qquad n_i = 0, 1, 2, \dots \quad ,$$

gegeben sind und zwar mit unabhängigen ganzzahligen Quantenzahlen n_i für die drei Oszillatoren. Die Gesamtenergie E hängt von den drei Quantenzahlen n_1, n_2 und n_3 ab,

$$
\begin{aligned}
E(n_1, n_2, n_3) &= E(n_1) + E(n_2) + E(n_3) \\
&= \left(n_1 + n_2 + n_3 + \frac{3}{2}\right)\hbar\omega \quad .
\end{aligned}
$$

Die Eigenfunktionen $\varphi_{n_i}(x_i)$ sind normierte Produkte aus Hermite-Polynomen und Gauß-Funktionen. Sie sind in Abb. 6.4 und 6.5 dargestellt.

Die Eigenfunktionen des dreidimensionalen harmonischen Oszillators sind

$$\varphi'_{n_1, n_2, n_3}(x_1, x_2, x_3) = \varphi_{n_1}(x_1)\varphi_{n_2}(x_2)\varphi_{n_3}(x_3)$$

mit den Eigenwerten $E(n_1, n_2, n_3)$. Abbildung 13.5 zeigt als Beispiel die Eigenfunktion

$$\varphi'_{210}(x_1, x_2, x_3) = \varphi_2(x_1)\varphi_1(x_2)\varphi_0(x_3) \quad .$$

Weil sie eine Funktion der unabhängigen Koordinaten x_1, x_2 und x_3 ist, stellen wir sie für verschiedene Ebenen $x_3 = \text{const}$ im (x_1, x_2, x_3)-Raum dar. Da die x_3-Abhängigkeit durch einen einfachen Gauß-Faktor

$$\varphi_0(x_3) = \text{const} \cdot \exp\left(-\frac{x_3^2}{2\sigma_0^2}\right) \quad , \qquad \sigma_0^2 = \frac{\hbar}{M\omega} \quad ,$$

gegeben ist, ist die Funktion symmetrisch in x_3 und nimmt mit dem Betrag von x_3 ab (vgl. Abschn. 6.3). Sie ist ebenfalls symmetrisch in x_1, aber antisymmetrisch in x_2.

Offenbar führen alle Quantenzahltripel n_1, n_2, n_3 mit der gleichen Summe zu verschiedenen Eigenfunktionen $\varphi'_{n_1 n_2 n_3}$, d. h. zu verschiedenen physikalischen Zuständen des Systems. Alle diese physikalischen Zustände besitzen aber die gleiche Energie. Sie heißen deshalb *entartete Zustände*.

Die gewöhnliche Separation der dreidimensionalen Schrödinger-Gleichung in Kugelkoordinaten liefert die radiale Schrödinger-Gleichung

$$\left[-\frac{\hbar^2}{2M}\frac{1}{r}\frac{\mathrm{d}^2}{\mathrm{d}r^2}r + V_\ell^{\text{eff}}(r)\right]R_{n\ell}(r) = E_n R_{n\ell}(r)$$

mit dem effektiven Potential

$$V_\ell^{\text{eff}}(r) = \frac{\hbar^2}{2M}\frac{\ell(\ell+1)}{r^2} + \frac{k}{2}r^2 \quad .$$

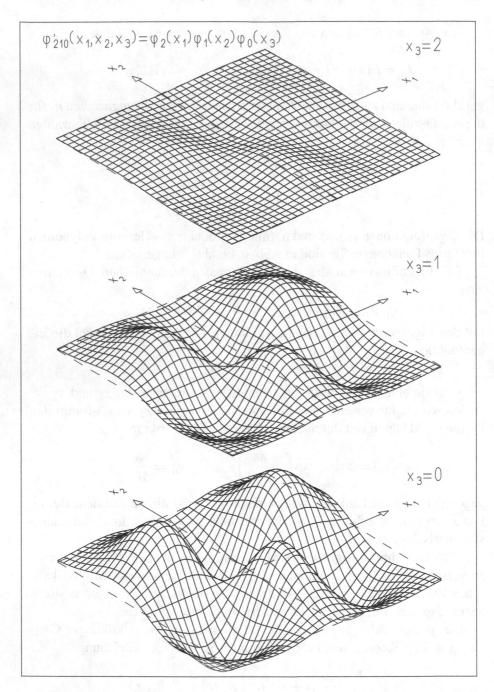

$$\varphi'_{210}(x_1, x_2, x_3) = \varphi_2(x_1)\varphi_1(x_2)\varphi_0(x_3)$$

$x_3 = 2$

$x_3 = 1$

$x_3 = 0$

Abb. 13.5 Eigenfunktion $\varphi'_{210}(x_1, x_2, x_3) = \varphi_2(x_1)\varphi_1(x_2)\varphi_0(x_3)$ **des dreidimensionalen harmonischen Oszillators, ausgedrückt in kartesischen Koordinaten** x_1, x_2, x_3 **und geschrieben als Produkt dreier Eigenfunktionen des eindimensionalen harmonischen Oszillators. Für diese Abbildung wurde der Breitenparameter** $\sigma_0 = 1$ **gewählt. Die Funktion ist für drei Ebenen** $x_3 = 0, 1, 2$ **dargestellt. Da** $\varphi_0(x_3)$ **symmetrisch ist, bleiben die Darstellungen unverändert bei der Ersetzung** $x_3 \to -x_3$. **Man vergleiche diese Darstellung mit Abb. 6.4.**

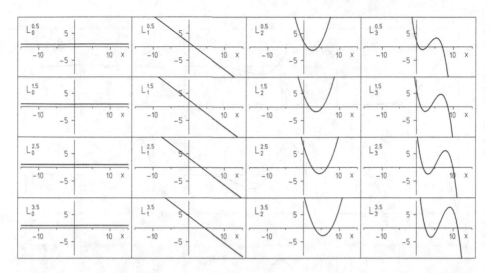

Abb. 13.6 Laguerre-Polynome mit halbzahligem oberen Index. Der untere Index ist gleich dem Grad des Polynoms und gleich der Zahl seiner Nullstellen. Alle Nullstellen liegen bei positiven Werten des Arguments x.

Die Lösungen dieser Gleichung sind

$$R_{n\ell}(r) = N_{n\ell} \left(\frac{r^2}{\sigma_0^2} \right)^{\ell/2} \exp\left(-\frac{r^2}{2\sigma_0^2} \right) L_{n_r}^{\ell+1/2} \left(\frac{r^2}{2\sigma_0^2} \right) .$$

Dabei sind die Funktionen $L_{n_r}^{\ell+1/2}$ die *Laguerre-Polynome*,

$$L_{n_r}^{\ell+1/2}(x) = \sum_{j=0}^{n_r} (-1)^j \left(\begin{array}{c} n_r + \ell + \frac{1}{2} \\ n_r - j \end{array} \right) \frac{x^j}{j!} , \qquad n_r = 0, 1, 2, \cdots .$$

Die Normierungskonstanten sind

$$N_{n\ell} = \sqrt{\frac{n_r! 2^{n+2}}{[2(\ell + n_r) + 1]!! \sqrt{\pi} \sigma_0^3}} .$$

Die Energieeigenwerte sind

$$E_n = \left(n + \frac{3}{2} \right) \hbar\omega$$

mit

$$n = 2n_r + \ell .$$

Bevor wir die radialen Lösungen $R_{n\ell}$ diskutieren, zeigen wir zunächst die Laguerre-Polynome in Abb. 13.6. Der Grad des Polynoms ist gleich seinem unteren Index und gleich der Anzahl der Nullstellen auf der positiven x-Achse.

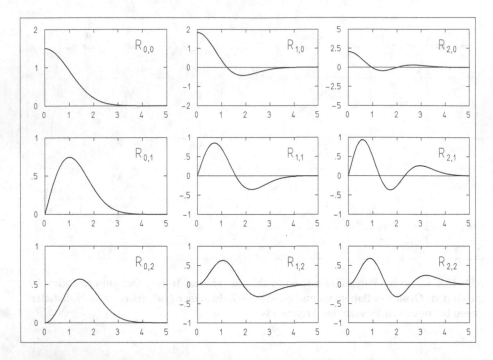

Abb. 13.7 Radiale Eigenfunktionen $R_{n_r,\ell}(\rho)$, $n = 2n_r + \ell$, **für den dreidimensionalen har-monischen Oszillator. Ihre Nullstellen sind die** $(n - \ell)/2$ **Nullstellen des Laguerre-Po-lynoms** $L_{(n-\ell)/2}^{\ell+1/2}(\rho^2)$. **Das Argument** ρ **ist der Abstand** r **vom Ursprung dividiert durch** σ_0, **die Breite des Amplitudenbetrags im Grundzustand des Oszillators. Graphen in der gleichen Spalte gehören zum gleichen Wert von** n_r. **Graphen in der gleichen Zeile gehö-ren zum gleichen Wert von** ℓ.

Die radialen Lösungen $R_{n\ell}$ sind in Abb. 13.7 dargestellt. Ihre Nullstellen werden durch die Nullstellen des entsprechenden Laguerre-Polynoms festge-legt. Wegen der Beziehung zwischen den ganzzahligen Quantenzahlen n, n_r und ℓ nimmt die Quantenzahl n die Werte ℓ, $\ell + 2$, $\ell + 4, \ldots$ an.

In Abb. 13.8 sind die Funktionen $R_{n\ell}$, $R_{n\ell}^2$ und $r^2 R_{n\ell}^2$ dargestellt, und zwar zusammen mit dem Potential $V(r)$, dem effektiven Potential $V_\ell^{\mathrm{eff}}(r)$ und dem Eigenwertspektrum für die niedrigsten Eigenzustände des harmonischen Os-zillators und für die niedrigsten Werte $\ell = 0, 1, 2$ der Drehimpulsquantenzahl. Mit wachsender Energie erstrecken sich diese Funktionen immer weiter in r, weil das Potential mit r^2 anwächst. Die Funktionen sind wieder in der Nähe von $r = 0$ für $\ell \neq 0$ durch die Zentrifugalbarriere unterdrückt. Die Unter-drückung ist am stärksten für niedrige Energie E, aber große Drehimpuls-quantenzahl ℓ.

Die dreidimensionalen stationären Wellenfunktionen sind

$$\varphi_{n\ell m}(\mathbf{r}) = R_{n\ell}(r) Y_{\ell m}(\vartheta, \phi) \quad .$$

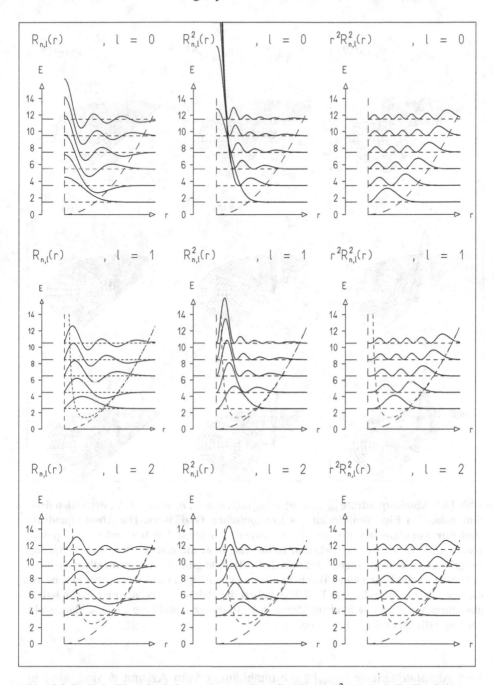

Abb. 13.8 Radiale Eigenfunktionen $R_{n\ell}(r)$, **ihre Quadrate** $R_{n\ell}^2(r)$ **und die Funktionen** $r^2 R_{n\ell}^2(r)$ **für die niedrigsten Eigenzustände des harmonischen Oszillators und die niedrigsten Drehimpulsquantenzahlen** $\ell = 0, 1, 2$. **Links dargestellt sind die Eigenwertspektren. Die Form des harmonischen Oszillatorpotentials** $V(r)$ **ist durch die langgestrichelte Linie angedeutet. Für** $\ell \neq 0$ **ist auch das effektive Potential** $V_\ell^{\text{eff}}(r)$ **durch eine kurzgestrichelte Linie dargestellt. Die Eigenwerte sind äquidistant in der Energie. Die Eigenwertspektren sind entartet für alle geraden** ℓ-**Werte und alle ungeraden** ℓ-**Werte. Man beachte, dass der Minimalwert der Hauptquantenzahl** $n = \ell$ **ist.**

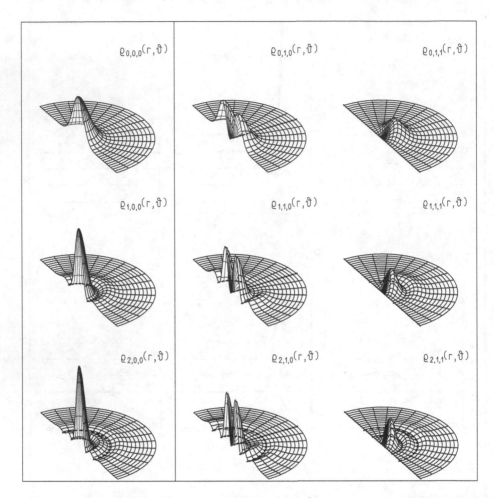

Abb. 13.9 Absolutquadrate $\rho_{n_r\ell m}(r,\vartheta) = |\varphi_{n_r\ell m}(r,\vartheta,\phi)|^2$, $n_r = (n-\ell)/2$, **der vollen dreidimensionalen Eigenfunktionen des harmonischen Oszillators. Die Absolutquadrate sind nur Funktionen von** r **und** ϑ**. Sie haben** n_r **radiale Knoten und** $\ell - |m|$ **polare Knoten, die durch die gestrichelten Halbkreise bzw. die gestrichelten vom Ursprung ausgehenden Strahlen angedeutet sind. Jedes Teilbild gibt die Wahrscheinlichkeitsdichte für die Beobachtung eines Teilchens an einem beliebigen Punkt in der Halbebene an, die die** z**-Achse enthält. Alle Teilbilder haben die gleiche Skala in** r **und** ϑ**. Sie haben allerdings verschiedene Skalenfaktoren in** ρ**. In dieser Abbildung ist** $\rho_{n_r\ell m}$ **dargestellt für** $\ell = 0$ **(links) und** $\ell = 1$ **(rechts).**

Ihre Absolutquadrate $|\varphi_{n\ell m}|^2$, die unabhängig vom Azimut ϕ sind, sind in Abb. 13.9 und 13.10 für niedrige Werte von n und $\ell = 0, 1, 2$ dargestellt. Da die Energieeigenwerte E_n nur von einer Quantenzahl abhängen, gibt es wieder entartete Eigenfunktionen. Aus den Eigenschaften der Kugelflächenfunktionen wissen wir, dass für jedes ℓ insgesamt $2\ell + 1$ Zustände mit verschiedener Quantenzahl m existieren. Außerdem treten zu jedem Eigenwert E_n

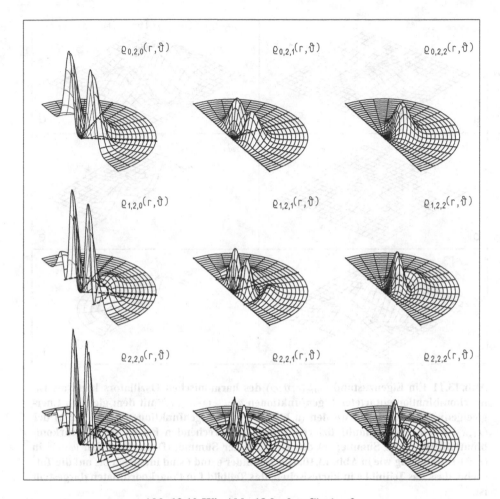

$\varrho_{0,2,0}(r,\vartheta)$ $\varrho_{0,2,1}(r,\vartheta)$ $\varrho_{0,2,2}(r,\vartheta)$

$\varrho_{1,2,0}(r,\vartheta)$ $\varrho_{1,2,1}(r,\vartheta)$ $\varrho_{1,2,2}(r,\vartheta)$

$\varrho_{2,2,0}(r,\vartheta)$ $\varrho_{2,2,1}(r,\vartheta)$ $\varrho_{2,2,2}(r,\vartheta)$

Abb. 13.10 Wie Abb. 13.9, aber für $\ell = 2$.

Eigenzustände mit verschiedenen Drehimpulsen ℓ auf. Wegen der Beziehung $n = 2n_r + \ell$ ist die Anzahl n der Quanten der Energie $\hbar\omega$ oberhalb der Energie $\frac{3}{2}\hbar\omega$ des Grundzustandes entweder gerade oder ungerade, je nachdem ob ℓ gerade oder ungerade ist. Insgesamt gibt es $(n+1)(n+2)/2$ entartete Eigenfunktionen zu jedem Energieeigenwert E_n.

Wodurch sind nun die beiden verschiedenen Lösungssätze φ'_{n_1,n_2,n_3} und $\varphi_{n\ell m}$ verknüpft? Natürlich müssen wir den gleichen physikalischen Zustand sowohl durch Lösungen des einen als auch durch Lösungen des anderen Satzes ausdrücken können. Das ist gerade deshalb möglich, weil die meisten Zustände entartet sind, d. h., weil viele Zustände den gleichen Eigenwert haben. Offenbar ist nämlich eine lineare Superposition von entarteten Eigenzuständen wieder ein Eigenzustand der gleichen Energie. Damit ist es möglich, die Eigenzustände zu fester Energie des einen Lösungssatzes durch eine lineare

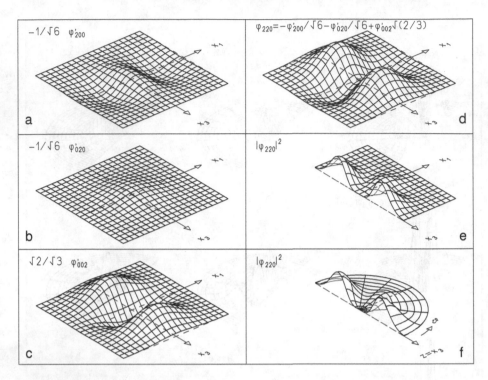

Abb. 13.11 Ein Eigenzustand $\varphi_{n\ell m}(r,\vartheta,\phi)$ **des harmonischen Oszillators kann als Linearkombination entarteter Eigenfunktionen** $\varphi'_{n_1 n_2 n_3}(x_1, x_2, x_3)$ **mit dem gleichen Energieeigenwert geschrieben werden (a,b,c). Die drei Eigenfunktionen für** $n = 2$ **in der** (x_1, x_2)**-Ebene jeweils multipliziert mit dem entsprechenden Faktor der Linearkombination; (d) deren Summe; (e) das Quadrat der Summe; (f) die Funktion** $|\varphi_{220}|^2$ **in** (r,ϑ)**-Darstellung wie in Abb. 13.10. Die Teilbilder e und f sind identisch bis auf die Tatsache, dass das Teilbild e in kartesischen, das Teilbild f in Polarkoordinaten dargestellt ist.**

Superposition aus Eigenzuständen zur selben Energie aus dem anderen Satz auszudrücken. Der einzige nichtentartete Eigenzustand ist der Grundzustand

$$\varphi'_{000}(\mathbf{r}) = \pi^{-3/4}\sigma_0^{-3/2}\exp\left(-\frac{r^2}{2\sigma_0^2}\right) = \varphi_{000}(\mathbf{r}) \quad ,$$

der die Grundzustandsenergie $E_0 = \frac{3}{2}\hbar\omega$ besitzt. Dieser Eigenzustand ist in beiden Sätzen der gleiche. Alle anderen Zustände sind entartet. Als ein Beispiel für eine Superposition von kartesischen Eigenzuständen $\varphi'_{n_1 n_2 n_3}$, die einen Drehimpulseigenzustand $\varphi_{n\ell m}$ bildet, betrachten wir $n = 2$, $\ell = 2$ und $m = 0$. Wir haben

$$\varphi_{220}(\mathbf{r}) = -\frac{1}{\sqrt{6}}\varphi'_{200}(\mathbf{r}) - \frac{1}{\sqrt{6}}\varphi'_{020}(\mathbf{r}) + \sqrt{\frac{2}{3}}\varphi'_{002}(\mathbf{r}) \quad .$$

Abbildung 13.11 zeigt diese spezielle Superposition. Die Abbildungen 13.11a, b und c geben die drei Terme dieser Linearkombination in der (x_1, x_3)-Ebene wieder. In Abb. 13.11d ist die Summe $\varphi_{220}(\mathbf{r})$ dargestellt. In Abb. 13.11e wird deren Absolutquadrat in der (x_1, x_3)-Halbebene gezeigt, um ihren Vergleich mit der (r, ϑ)-Darstellung der gleichen Funktion $|\varphi_{220}(\mathbf{r})|^2$ zu erleichtern, die in Abb. 13.11f angegeben ist.

13.3 Harmonische Teilchenbewegung in drei Dimensionen

In Abschn. 6.4 haben wir die Bewegung eines Gaußschen Wellenpakets in einem eindimensionalen harmonischen Oszillatorpotential beschrieben. Wir erhielten als Absolutquadrat der zeitabhängigen Wellenfunktion eine Gauß-Verteilung mit einem Erwartungswert, der eine Schwingung wie ein klassisches Teilchen ausführte. Die Breite des Wellenpakets oszilliert mit der doppelten Oszillatorfrequenz. Wir erwarten daher, dass im dreidimensionalen Oszillator der Erwartungswert eines dreidimensionalen Gaußschen Wellenpakets sich auf einer elliptischen Bahn bewegt, wie es das klassische Teilchen tut. Die Form des dreidimensionalen Wellenpakets wird vollständig durch dessen Kovarianzellipsoid beschrieben, das wir in Abschn. 10.1 eingeführt haben. Die Form des Kovarianzellipsoids oszilliert selbst, d. h. sie verändert sich periodisch mit der Zeit. Die Frequenz dieser Veränderung ist die doppelte Oszillatorfrequenz.

Abbildung 13.12 zeigt zwei Beispiele für eine solche Bewegung. Dabei wurde die klassische Bahn für beide Beispiele gleich gewählt. Der Einfachheit halber liegen zwei der drei Hauptachsen des Ellipsoids in der Bewegungsebene. Auch wurden die Anfangsbedingungen so gewählt, dass sich die Richtungen der Hauptachsen während der Bewegung nicht ändern. Da der harmonische Oszillator kugelsymmetrisch gewählt ist, schwingen die Längen der drei Hauptachsen mit der gleichen Frequenz. Die Schwingungen brauchen aber nicht die gleichen Phasen zu haben. In Abb. 13.12 (oben) bleibt das Kovarianzellipsoid rotationssymmetrisch bezüglich der Achse senkrecht zur Bewegungsebene. Die Größe des Ellipsoids ändert sich aber drastisch mit der Zeit. Das gilt auch für seine Form: sie schwingt zwischen einer prolaten und einer oblaten Form. Wie in Abb. 13.12 (unten) dargestellt sind im Allgemeinen alle drei Hauptachsen des Ellipsoids verschieden: Das Ellipsoid hat keine Rotationssymmetrie.

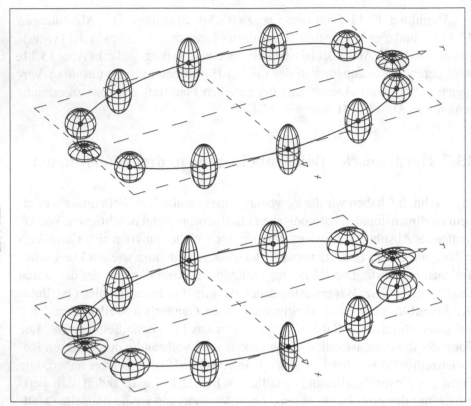

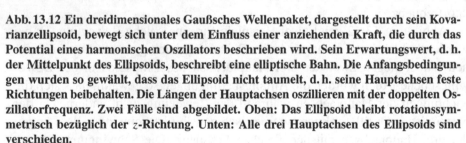

Abb. 13.12 Ein dreidimensionales Gaußsches Wellenpaket, dargestellt durch sein Kovarianzellipsoid, bewegt sich unter dem Einfluss einer anziehenden Kraft, die durch das Potential eines harmonischen Oszillators beschrieben wird. Sein Erwartungswert, d. h. der Mittelpunkt des Ellipsoids, beschreibt eine elliptische Bahn. Die Anfangsbedingungen wurden so gewählt, dass das Ellipsoid nicht taumelt, d. h. seine Hauptachsen feste Richtungen beibehalten. Die Längen der Hauptachsen oszillieren mit der doppelten Oszillatorfrequenz. Zwei Fälle sind abgebildet. Oben: Das Ellipsoid bleibt rotationssymmetrisch bezüglich der z-Richtung. Unten: Alle drei Hauptachsen des Ellipsoids sind verschieden.

13.4 Das Wasserstoffatom

Die wichtigste Anwendung findet die Quantenmechanik in der Atomphysik. Das einfachste Atom ist das des *Wasserstoffs*; es besteht aus einem einfachen Kern, dem Proton, und einem Elektron, das durch die elektrische Kraft, die zwischen Proton und Elektron wirkt, an den Kern gebunden ist. Da die Masse des Protons fast zweitausendmal so groß ist wie die Masse M des Elektrons, fallen für die Zwecke unserer Diskussion die Orte von Schwerpunkt und Proton zusammen. Wir wählen diesen Ort als den Ursprung unseres Kugelkoordinatensystems. Die potentielle Energie des Elektrons mit der Ladung $-e$ im elektrischen Feld des Protons mit der Ladung $+e$ wird durch das *Coulomb-Potential* des Protons,

$$U(\mathbf{r}) = \frac{e}{4\pi\,\varepsilon_0}\frac{1}{r} \quad,$$

multipliziert mit der Ladung des Elektrons gegeben:

$$E_{\text{pot}} = V(r) = -\frac{e^2}{4\pi\,\varepsilon_0}\frac{1}{r} \quad.$$

Dabei ist $\varepsilon_0 = 8{,}854188\cdot10^{-12}\,\frac{\text{C}}{\text{Vm}}$ die elektrische Feldkonstante, die gelegentlich auch absolute Dielektrizitätskonstante genannt wird. Die Konstante $e^2/(4\pi\,\varepsilon_0)$ hat die Dimension Wirkung mal Geschwindigkeit. Sie kann daher durch ein Vielfaches des Produkts zweier fundamentaler Naturkonstanten, nämlich des Planckschen Wirkungsquantums $\hbar$ und der Lichtgeschwindigkeit c ausgedrückt werden. Durch Einsetzen von Zahlen erhalten wir

$$\frac{e^2}{4\pi\,\varepsilon_0} = \alpha\hbar c \quad, \qquad \alpha = \frac{1}{137} \quad.$$

Die dimensionlose Proportionalitätskonstante α heißt *Sommerfeldsche Feinstrukturkonstante*. Sie wurde 1916 von Arnold Sommerfeld eingeführt.

Die stationäre Schrödinger-Gleichung für das Wasserstoffatom hat dann die Form

$$\left(-\frac{\hbar^2}{2M}\nabla^2 - \hbar c\frac{\alpha}{r}\right)\varphi(\mathbf{r}) = E\varphi(\mathbf{r})$$

mit der Elektronenmasse M. Wir lösen sie mit dem Separationsansatz in Kugelkoordinaten,

$$\varphi(\mathbf{r}) = R(r)Y_{\ell m}(\vartheta,\phi) \quad,$$

der die radiale Schrödinger-Gleichung für das Wasserstoffatom

$$\left[-\frac{\hbar^2}{2M}\frac{1}{r}\frac{\mathrm{d}^2}{\mathrm{d}r^2}r + V_\ell^{\text{eff}}(r)\right]R_{n\ell}(r) = E_n R_{n\ell}(r)$$

liefert. Sie ist eine Eigenwertgleichung für die radialen Eigenfunktionen $R_{n\ell}$ mit den Energieeigenwerten E_n. Die effektive potentielle Energie ist die Summe der potentiellen Energien der Zentrifugalkraft und der Coulomb-Kraft:

$$V_\ell^{\text{eff}}(r) = \frac{\hbar^2}{2M}\frac{\ell(\ell+1)}{r^2} - \hbar c\frac{\alpha}{r} \quad.$$

Die Energieeigenwerte E_n der gebundenen Zustände hängen von der *Hauptquantenzahl n* ab,

$$E_n = -\frac{1}{2}Mc^2\frac{\alpha^2}{n^2} \quad, \qquad n = 1,2,\ldots \quad.$$

Diese Eigenwerte bilden einen unendlichen Satz diskreter Energien. Der Koeffizient in dieser Gleichung hat den Wert $Mc^2\alpha^2/2 = 13{,}61\,\text{eV}$.

Die normierten radialen Wellenfunktionen $R_{n\ell}$ haben die Form

$$R_{n\ell}(r) = N_{n\ell}\left(\frac{2r}{na}\right)^{\ell}\exp\left\{-\frac{r}{na}\right\}L^{2\ell+1}_{n-\ell-1}\left(\frac{2r}{na}\right) \quad ,$$

$$n = 1, 2, 3, \ldots \quad , \qquad \ell = 0, 1, 2, \ldots, n-1 \quad ,$$

mit dem Normierungsfaktor

$$N_{n\ell} = \frac{1}{a^{3/2}}\frac{2}{n^2}\sqrt{\frac{(n-\ell-1)!}{(n+\ell)!}} \quad .$$

Dabei ist der Parameter

$$a = \frac{\hbar}{\alpha Mc} = 0{,}5292\cdot 10^{-10}\,\text{m}$$

der *Bohrsche Radius* der innersten Bahn. In dem Modell des Wasserstoffatoms, das Niels Bohr 1913 vorgeschlagen hat, bewegt sich das Elektron auf Kreisbahnen um den Kern. Diese Bahnen können nur bestimmte diskrete Radien $r_n = n^2\hbar/(\alpha Mc)$ besitzen. Der Radius der innersten Bahn für $n = 1$ ist $r_1 = a$.

Die Funktion $L^{2\ell+1}_{n-\ell-1}(x)$ ist ein besonderes *Laguerre-Polynom*,

$$L^k_p(x) = \sum_{s=0}^{p}(-1)^s\begin{pmatrix} p+k \\ p-s \end{pmatrix}\frac{x^s}{s!} \quad ,$$

mit ganzzahligem oberen Index $k = 2\ell + 1$. Einige dieser Polynome mit niedrigen Werten von p und k sind in Abb. 13.13 dargestellt. Wir stellen fest, dass die Anzahl der Nullstellen gleich p ist und dass alle Nullstellen für positive Werte des Arguments x auftreten. In Abschn. 13.2 fanden wir, dass die radialen Wellenfunktionen des kugelsymmetrischen harmonischen Oszillators die Laguerre-Polynome $L^{\ell+1/2}_{n_r}(x)$ mit halbzahligem oberen Index enthalten. Diese wurden in Abb. 13.6 für verschiedene Werte der Indizes gezeigt. Ein Vergleich von Abb. 13.13 und 13.6 zeigt die starke Ähnlichkeit zwischen den beiden Sätzen von Polynomen.

Die radialen Wellenfunktionen $R_{n\ell}(r)$ der gebundenen Zustände des Elektrons im Wasserstoffatom sind in Abb. 13.14 dargestellt. Ihr Verhalten für große Werte von r wird durch die Exponentialfunktion $\exp[-r/(na)]$ dominiert. Nahe bei $r = 0$ wird es durch die Potenz $[2r/(na)]^{\ell}$ bestimmt. Ihre Nullstellen sind die des zugehörigen Laguerre-Polynoms, d. h. die radialen Wellenfunktionen $R_{n\ell}(r)$ besitzen $n - \ell - 1$ Nullstellen.

Wir wollen jetzt die radialen Wellenfunktionen des Wasserstoffatoms mit denen des harmonischen Oszillators vergleichen. Wir stellen fest, dass mit

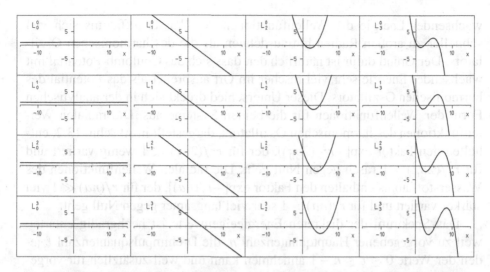

Abb. 13.13 Laguerre-Polynome mit ganzzahligem oberen Index. Der untere Index ist gleich dem Grad des Polynoms und gleich der Zahl seiner Nullstellen. Alle Nullstellen liegen bei positiven Werten des Arguments x. Die Graphen ähneln denen in Abb. 13.6, in der die Laguerre-Polynome mit halbzahligem oberen Index dargestellt sind. Man sieht jedoch, etwa aus der Lage der Nullstellen, dass sie sich von diesen unterscheiden.

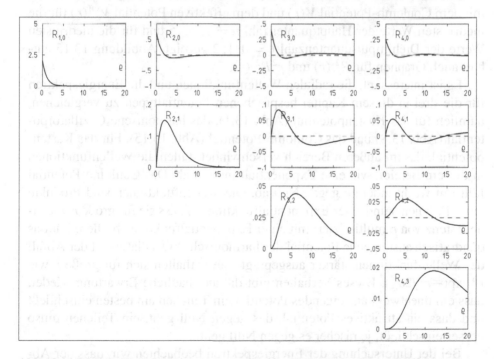

Abb. 13.14 Radiale Eigenfunktionen $R_{n\ell}(\rho)$ für das Elektron im Wasserstoffatom. Ihre Nullstellen sind die $n - \ell - 1$ Nullstellen des Laguerre-Polynoms $L_{n-\ell-1}^{2\ell+1}(2\rho/n)$. Dabei ist das Argument des Laguerre-Polynoms $2\rho/n$ mit der Hauptquantenzahl n und $\rho = r/a$ ist der Abstand zwischen Elektron und Kern dividiert durch den Bohrschen Radius a.

wachsender Energie die Wellenfunktionen des Wasserstoffatoms sich viel schneller zu großen Radien hin ausdehnen als die des harmonischen Oszillators. Der Grund dafür ist natürlich der, dass sich das Coulomb-Potential mit wachsender Energie sehr viel rascher im Ort ausbreitet als das Potential des harmonischen Oszillators. Dieser Unterschied drückt sich in der analytischen Form der Wellenfunktionen für die beiden Systeme aus. Die radialen Wellenfunktionen des harmonischen Oszillators, dargestellt in Abschn. 13.2, enthalten den Faktor $\exp[-r^2/(2\sigma_0^2)]$, der für $r^2/(2\sigma_0^2) \ll 1$ wenig variiert und für $r^2/(2\sigma_0^2) > 1$ rasch gegen Null geht. Die radialen Wellenfunktionen des Wasserstoffatoms enthalten den Faktor $\exp[-r/(na)]$, der für $r/(na) \ll 1$ viel stärker variiert und für $r/(na) > 1$ sehr viel langsamer gegen Null geht.

Das Spektrum der diskreten Energieeigenwerte ist hochgradig entartet, weil zu vorgegebener Hauptquantenzahl n, die Drehimpulsquantenzahl ℓ jeden der Werte $0 \le \ell \le n-1$ annehmen kann und weil zusätzlich für vorgegebenes ℓ die Quantenzahl m der z-Komponente L_z des Drehimpulses Werte im Bereich $-\ell \le m \le \ell$ annehmen kann. Zu vorgegebenem n gibt es deshalb $\sum_{\ell=0}^{n-1}(2\ell+1) = n^2$ verschiedene Zustände, die alle den gleichen Eigenwert E_n besitzen.

In Abb. 13.15 werden die radialen Wellenfunktionen $R_{n\ell}(r)$ zusammen mit dem Coulomb-Potential $V(r)$ und dem effektiven Potential $V_\ell^{\mathrm{eff}}(r)$ für die niedrigsten Werte der Hauptquantenzahl $n = 1,\dots,5$ und für die niedrigsten Werte der Drehimpulsquantenzahl $\ell = 0, 1, 2$ gezeigt. Abbildung 13.15 enthält auch Graphen für $R_{n\ell}^2(r)$ und $r^2 R_{n\ell}^2(r)$.

Es ist interessant, die radialen Wellenfunktionen und die Energiespektren für die drei in diesem Kapitel besprochenen Potentialtypen zu vergleichen, nämlich für das Kastenpotential (Abb. 13.1), das harmonische Oszillatorpotential (Abb. 13.8) und das Coulomb-Potential (Abb. 13.15). Für das Kastenpotential, das im äußeren Bereich verschwindet, fallen die Wellenfunktionen in diesem Bereich wie eine Exponentialfunktion ab. Das Coulomb-Potential fällt mit wachsendem r gegen Null ab. Die Wellenfunktionen sind Produkte eines Polynoms und einer Exponentialfunktion, so dass sie für große r wie eine Potenz von r multipliziert mit einer Exponentialfunktion abfallen. Für das quadratisch ansteigende Potential des harmonischen Oszillators ist der Abfall der Wellenfunktionen stärker ausgeprägt. Sie verhalten sich für große r wie $r^n \exp(-r^2/2\sigma_0^2)$. Dieses Verhalten gibt die anschauliche Erwartung wieder, dass ein unentwegt ansteigendes Potential ein Teilchen am besten einschließt und dass ein attraktives Potential, das gegen Null geht, ein Teilchen umso besser einschließt, je rascher es gegen Null geht.

Bei der Untersuchung der Energiespektren beobachten wir, dass der Abstand zwischen den Energieniveaus für das Kastenpotential mit der Energie ansteigt, für den harmonischen Oszillator äquidistant ist und für das Coulomb-Potential mit der Energie abfällt.

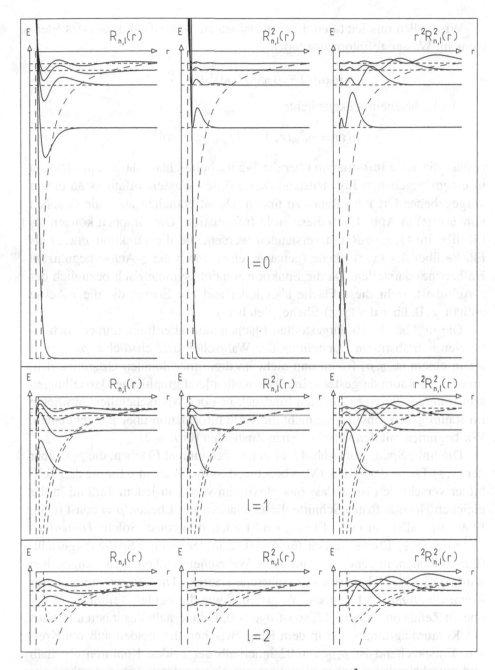

Abb. 13.15 Radiale Eigenfunktionen $R_{n\ell}(r)$, **ihre Quadrate** $R_{n\ell}^2(r)$ **und die Funktionen** $r^2 R_{n\ell}^2(r)$ **für die niedrigsten Eigenzustände des Elektrons im Wasserstoffatom und für die niedrigsten Drehimpulsquantenzahlen** $\ell = 0, 1, 2$. **Ebenfalls dargestellt sind die Energieeigenwerte als horizontale gestrichelte Linien, das Coulomb-Potential** $V(r)$ **und (für** $\ell \neq 0$**) das effektive Potential** $V_\ell^{\mathrm{eff}}(r)$. **Die Eigenwertspektren sind für alle** ℓ**-Werte entartet. Allerdings ist der Minimalwert der Hauptquantenzahl** $n = \ell + 1$.

Wir wollen uns jetzt den dreidimensionalen Wellenfunktionen des Elektrons im Wasserstoffatom zuwenden,

$$\varphi_{n\ell m}(\mathbf{r}) = R_{n\ell}(r)Y_{\ell m}(\vartheta,\phi) \quad .$$

Die Wahrscheinlichkeitsdichte

$$\rho(\mathbf{r}) = \rho_{n\ell m}(r,\vartheta) = |\varphi_{n\ell m}(r,\vartheta,\phi)|^2$$

enthält die volle Information über die Wahrscheinlichkeit dafür, ein Elektron in einem gegebenen Eigenzustand (n,ℓ,m) des Wasserstoffatoms an einem vorgegebenen Ort $\mathbf{r}$ im Raum zu finden. Damit enthalten auch die Graphen von $\rho(r,\vartheta)$ in Abb. 13.16 diese volle Information. Die Graphen können als Flächen im (x,z,ρ)-Raum verstanden werden, die die Funktion $\rho(x,z)$ als Fläche über der (x,z)-Ebene (genauer: einer durch die z-Achse begrenzten Halbebene) darstellen. Da die Funktion rotationssymmetrisch bezüglich der z-Achse ist, sieht diese Fläche über jeder anderen Ebene, die die z-Achse enthält, z. B. über der (y,z)-Ebene, gleich aus.

Die in Abb. 13.16 dargestellten Flächen sind allerdings immer noch eine ziemlich abstrakte Darstellung der Wahrscheinlichkeitsdichte $\rho_{n\ell m}$, weil sie in einem (x,z,ρ)-Raum und nicht im dreidimensionalen Ortsraum, d. h. im (x,y,z)-Raum dargestellt sind. Wir wollen jetzt graphische Darstellungen konstruieren, die einen direkten Eindruck von der Wahrscheinlichkeitsdichte im Raum geben, obwohl sie nicht die volle Information über $\rho_{n\ell m}$ enthalten. Wir beginnen mit den verschiedenen Zuständen für $n = 2$.

Die linke Spalte von Abb. 13.17 zeigt noch einmal Flächen, die $\rho_{2\ell m}$ über der (x,z)-Ebene darstellen. (Man beachte, dass die Skala in ρ für die drei Teilbilder verschieden ist, sodass das Maximum von ρ in jedem Teilbild in der gleichen Höhe auftritt.) Schnitte dieser Flächen mit Ebenen $\rho = \text{const}$ (d. h., Ebenen parallel zur (x,z)-Ebene) sind Linien $\rho = \text{const}$. Solche *Höhenlinien* in der (x,z)-Ebene werden für $\rho = 0{,}02$ in der rechten Spalte dargestellt. (Die Einheiten, in denen die räumliche Wahrscheinlichkeitsdichte angegeben wird, sind a^{-3}. Dabei ist a der Bohrsche Radius.) Die Interpretation dieser *Konturdiagramme* ist einfach. Vergleichen wir die beiden Teilbilder in der oberen Zeile von Abb. 13.17, so ist $\rho_{200} > 0{,}02$ innerhalb des inneren Kreises des Konturdiagramms und in dem Ring zwischen den beiden äußeren Kreisen. Entsprechend ist $\rho_{210} > 0{,}02$ innerhalb der beiden Konturen oberhalb und unterhalb der x-Achse, die symmetrisch von der z-Achse durchschnitten werden, und $\rho_{211} > 0{,}02$ innerhalb der beiden Konturen, die symmetrisch zueinander links und rechts der z-Achse liegen.

Die Verallgemeinerung der Konturlinien in der (x,z)-Ebene auf Flächen konstanter Wahrscheinlichkeitsdichte im dreidimensionalen (x,y,z)-Raum ist jetzt klar. Die Flächen werden durch Rotation der Konturlinien um die z-Achse erzeugt. Diese Flächen konstanter Wahrscheinlichkeitsdichte sind in

$$\rho_{n\ell m}(r,\vartheta) = |\varphi_{n\ell m}(r,\vartheta,\phi)|^2$$

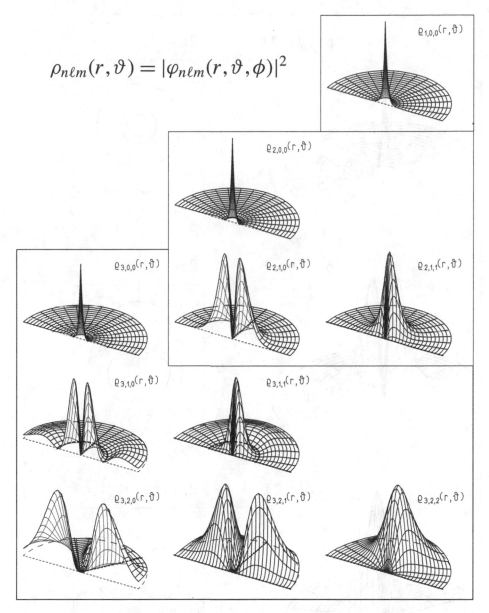

Abb. 13.16 Absolutquadrate $\rho_{n\ell m}(r,\vartheta) = |\varphi_{n\ell m}(r,\vartheta,\phi)|^2$ **der vollen dreidimensionalen Wellenfunktionen des Elektrons im Wasserstoffatom. Sie sind nur Funktionen von** r **und** ϑ. **Alle Eigenzustände mit derselben Hauptquantenzahl haben denselben Energieeigenwert** E_n. **Die möglichen Drehimpulsquantenzahlen sind** $\ell = 0, 1, \ldots, n-1$. **Die Wellenfunktionen haben** $n - \ell - 1$ **Knoten in** r **und** $\ell - |m|$ **Knoten in** ϑ, **die durch die gestrichelten Halbkreise bzw. vom Ursprung ausgehenden Strahlen gekennzeichnet sind. Jedes Teilbild gibt die Wahrscheinlichkeitsdichte für die Beobachtung eines Elektrons an einem beliebigen Punkt in der Halbebene an, die die** z-**Achse enthält. Alle Teilbilder haben die gleichen Skalen in** r **und** ϑ. **Sie haben aber verschiedene Skalenfaktoren in** ρ.

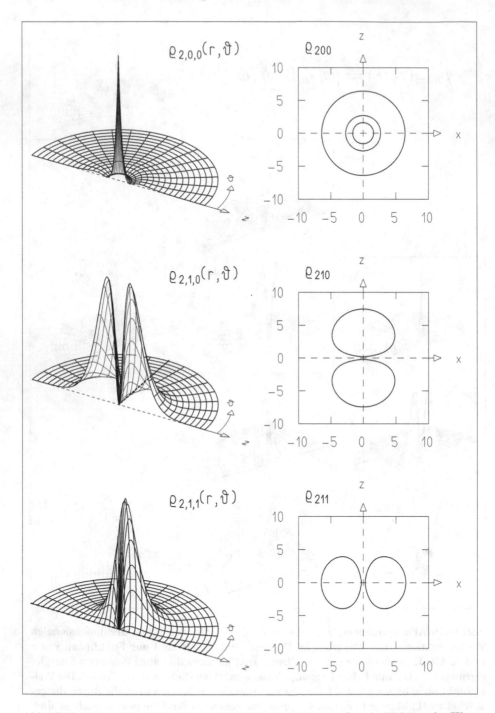

Abb. 13.17 Links: Räumliche Wahrscheinlichkeitsdichte $\rho_{2\ell m}$ **für ein Elektron im Wasserstoffatom, dargestellt über einer Halbebene, die durch die** z**-Achse begrenzt wird. In den drei Teilbildern sind verschiedene Skalen in** $\rho_{2\ell m}$ **benutzt worden. Rechts: Höhenlinien** $\rho_{2\ell m} = 0{,}02$ **in der** (x, z)**-Ebene. Die Zahlen sind in Einheiten des Bohrschen Radius angegeben.**

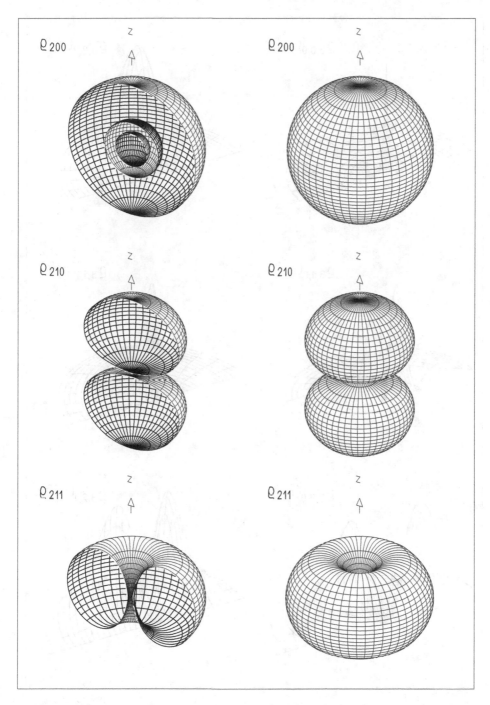

Abb. 13.18 Flächen konstanter Wahrscheinlichkeitsdichte $\rho_{2\ell m} = 0{,}02$ **im vollen** (x, y, z)**-Raum (rechts) und im Halbraum** $x > 0$ **(links).**

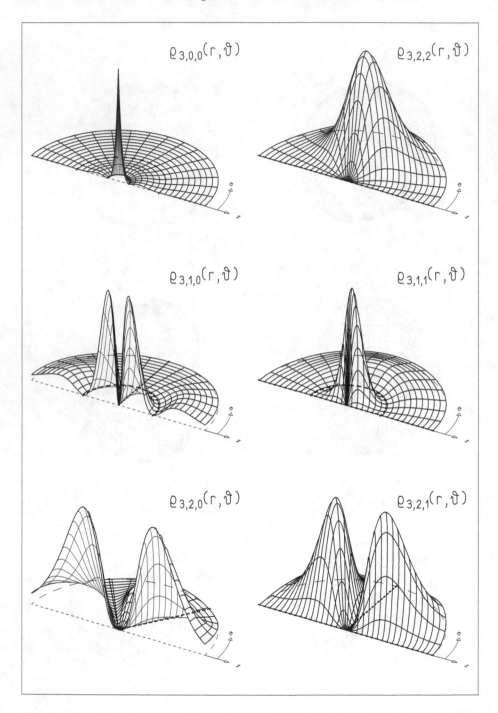

Abb. 13.19 Räumliche Wahrscheinlichkeitsdichte $\rho_{3\ell m}$ **für ein Elektron im Wasserstoff-atom, dargestellt über einer durch die** z**-Achse begrenzten Halbebene. Es werden verschiedene Skalen in** $\rho_{3\ell m}$ **benutzt.**

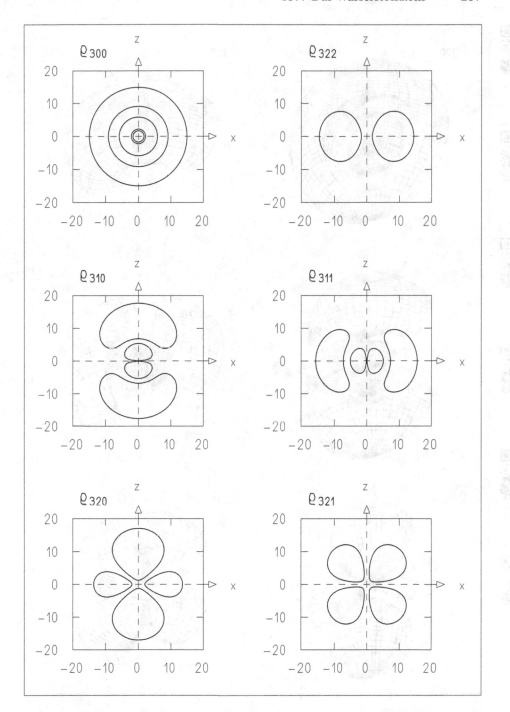

Abb. 13.20 Höhenlinien $\rho_{3\ell m} = 0{,}0002$ **in der** (x, z)**-Ebene. Zahlen sind in Einheiten des Bohrschen Radius angegeben.**

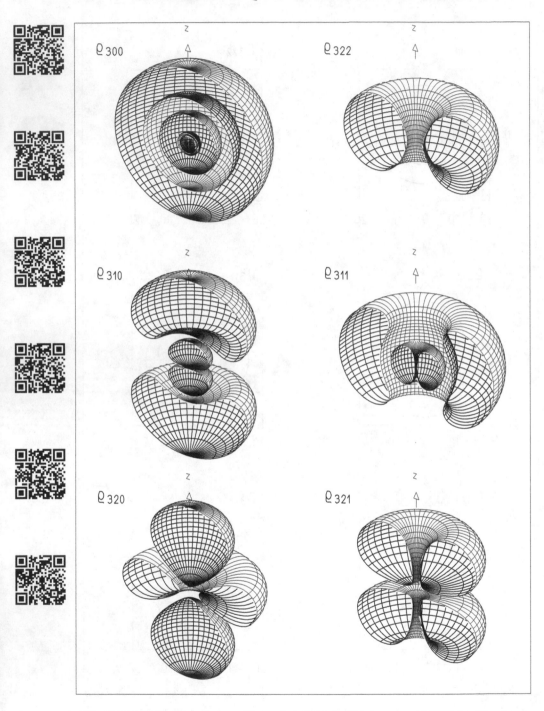

Abb. 13.21 Flächen konstanter Wahrscheinlichkeitsdichte $\rho_{3\ell m} = 0{,}0002$ **im Halbraum** $x > 0$.

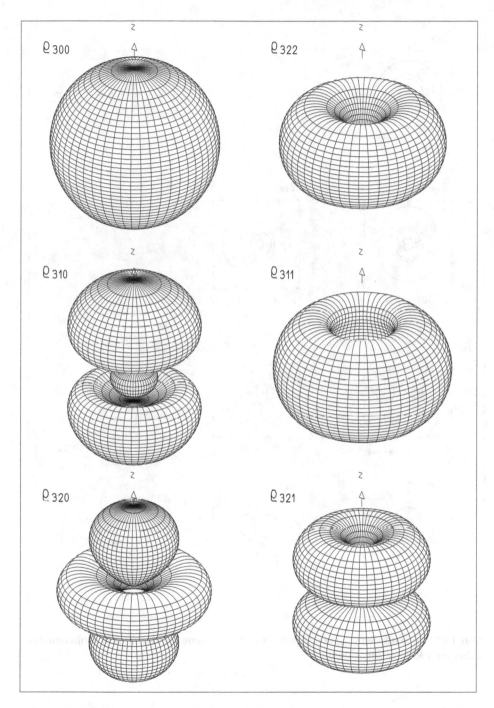

Abb. 13.22 Flächen konstanter Wahrscheinlichkeitsdichte $\rho_{3\ell m} = 0{,}0002$ **im vollen** (x, y, z)**-Raum.**

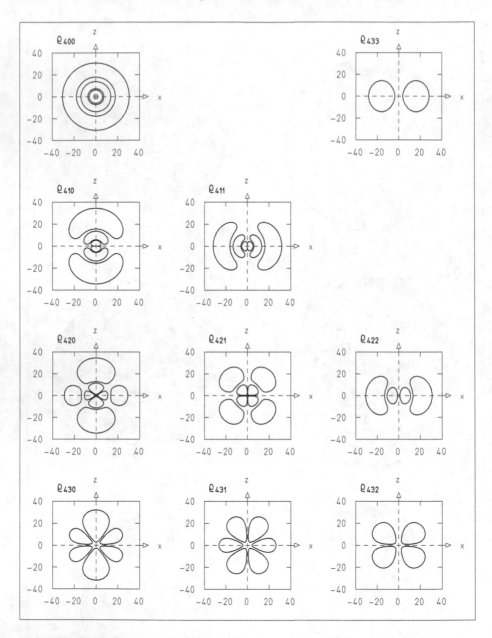

Abb. 13.23 Höhenlinien $\rho_{4\ell m} = 0{,}00002$ **in der** (x, z)**-Ebene. Zahlen sind in Einheiten des Bohrschen Radius angegeben.**

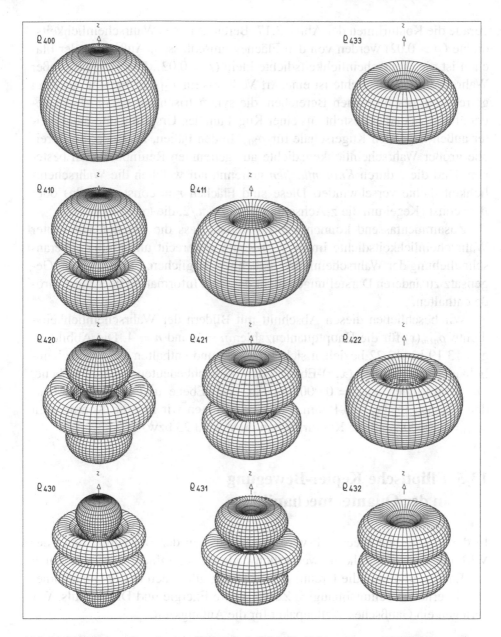

Abb. 13.24 Flächen konstanter Wahrscheinlichkeitsdichte $\rho_{4\ell m} = 0{,}00002$ **im vollen** (x, y, z)**-Raum.**

Abb. 13.18 dargestellt. In der rechten Spalte werden sie für den ganzen Raum, in der linken Spalte nur für den Halbraum $x \geq 0$ dargestellt, d. h. in der linken Spalte sind sie aufgeschnitten, so dass eine mögliche innere Struktur sichtbar wird. Die durch diesen Schnitt entstehenden Schnittlinien sind natürlich gerade die Konturlinien der Abb. 13.17. Bereiche hoher Wahrscheinlichkeits-dichte ($\rho > 0{,}02$) werden von den Flächen umschlossen. Außerhalb der Flä-chen ist die Wahrscheinlichkeitsdichte klein ($\rho < 0{,}02$). Der Bereich großer Wahrscheinlichkeitsdichte ist eine Art Volltorus für ρ_{211}, er besteht aus zwei getrennten, geschlossenen Bereichen, die symmetrisch zur (x, y)-Ebene lie-gen, für ρ_{210}, und er besteht aus einer Kugel um den Ursprung und einer wei-ter außen liegenden Kugelschale für ρ_{200}. In den Fällen, in denen die Berei-che großer Wahrscheinlichkeitsdichte aus getrennten Raumbereichen beste-hen, sind diese durch *Knotenflächen* getrennt, auf welchen die Wahrschein-lichkeitsdichte verschwindet. Diese sind Flächen $r = $ const (Kugeln) oder $\vartheta = $ const (Kegel um die z-Achse und, für $\vartheta = \pi/2$, die (x, y)-Ebene).

Zusammenfassend können wir feststellen, dass die Flächen konstanter Wahrscheinlichkeitsdichte im (x, y, z)-Raum eine recht unmittelbare Veran-schaulichung der Wahrscheinlichkeitsdichte ermöglichen, obwohl sie im Ge-gensatz zu anderen Darstellungen nicht die volle Information über diese Grö-ße enthalten.

Wir beschließen diesen Abschnitt mit Bildern der Wahrscheinlichkeits-dichte $\rho_{n\ell m}(\mathbf{r})$ für die Hauptquantenzahlen $n = 3$ und $n = 4$. Die Abbildun-gen 13.19 bis 13.22 beziehen sich auf $n = 3$ und enthalten die Wahrschein-lichkeitsdichte in der (x, z)-Ebene oder – gleichbedeutend – (r, ϑ)-Ebene, die Konturlinien $\rho_{3\ell m} = 0{,}0002$ in der (x, z)-Ebene und die entsprechen-den Flächen im (x, y, z)-Raum. Für $n = 4$ zeigen wir nur die Konturlinien $\rho_{4\ell m} = 0{,}00002$ und die Konturflächen in Abb. 13.23 bzw. 13.24.

13.5 Elliptische Kepler-Bewegung in der Quantenmechanik[1]

In der klassischen Mechanik wird die Diskussion der Bewegung unter der Wirkung einer Zentralkraft wesentlich dadurch vereinfacht, dass zusätzlich zur Energieerhaltung die Drehimpulserhaltung gilt. Auch in der Quantenme-chanik erhalten zeitunabhängige Zentralkräfte Energie und Drehimpuls. Wir zerlegen ein Gaußsches Wellenpaket für die Anfangszeit,

$$\psi(\mathbf{r}, 0) = \frac{1}{(2\pi)^{3/4}\sigma^{3/2}} \exp\left\{-\frac{(\mathbf{r} - \mathbf{r}_0)^2}{4\sigma^2} + i\mathbf{k}_0 \cdot \mathbf{r}\right\} \quad,$$

in eine lineare Superposition von Eigenfunktionen des Wasserstoffatoms. Wir wählen den Anfangsort $\mathbf{r}_0$, den Anfangsimpuls $\mathbf{p}_0 = \hbar\mathbf{k}_0$ und die räumliche Breite σ so, dass das anfängliche Wellenpaket $\psi(\mathbf{r}, 0)$ in hinreichend guter

---

[1]Der Inhalt dieses Abschnitts orientiert sich an der Arbeit: S. D. Boris, S. Brandt, H. D. Dahmen, T. Stroh and M. L. Larsen, Physical Review A 48, 2574 (1993).

Näherung aus den Eigenfunktionen $\varphi_{n\ell m}(\mathbf{r})$ gebundener Zustände superponiert werden kann,

$$\psi(\mathbf{r},0) = \sum_{n=1}^{\infty}\sum_{\ell=0}^{n-1}\sum_{m=-\ell}^{\ell} b_{n\ell m}\varphi_{n\ell m}(\mathbf{r}) \quad.$$

Die $\varphi_{n\ell m}(\mathbf{r})$ sind Eigenfunktionen des Hamilton-Operators zum Coulomb-Potential mit den Eigenwerten (vgl. Abschn. 13.4)

$$E_n = \frac{E_1}{n^2} \quad, \qquad n = 1,2,3,\ldots \quad.$$

Dabei ist

$$E_1 = -\frac{1}{2}Mc^2\alpha^2 = -13{,}61\,\text{eV}$$

die Grundzustandsenergie.

Das zeitabhängige Wellenpaket erhält man aus $\psi(\mathbf{r},0)$ durch Multiplikation der Summanden mit den zeitabhängigen Phasenfaktoren $\exp(-i\omega_n t)$ mit den Kreisfrequenzen

$$\omega_n = \frac{E_n}{\hbar} \quad.$$

Das Wellenpaket zur Zeit t ist dann

$$\psi(\mathbf{r},t) = \sum_{n=1}^{\infty}\sum_{\ell=0}^{n-1}\sum_{m=-\ell}^{\ell} b_{n\ell m}e^{-i\omega_n t}\varphi_{n\ell m}(\mathbf{r}) \quad.$$

Wie in Abschn. 10.10 besprochen, wird der Drehimpulsinhalt eines Gaußschen Wellenpakets durch die Wahrscheinlichkeiten $W_{\ell m}$ für den Gesamtdrehimpuls ℓ und die z-Komponente m in Richtung des klassischen Drehimpulsvektors $\mathbf{L}_{\text{cl}} = \mathbf{r}_0 \times \mathbf{p}_0$ beschrieben. Ausgedrückt durch die Koeffizienten $b_{n\ell m}$ sind die Wahrscheinlichkeiten $W_{\ell m}$ des Drehimpulses durch die Summe $W_{\ell m} = \sum_{n=1}^{\infty}|b_{n\ell m}|^2$ gegeben.

In Abb. 13.25 sind die Wahrscheinlichkeiten $W_{\ell m}$ für das im Weiteren benutzte Wellenpaket dargestellt. Wie wir schon in Abschn. 10.10 bemerkt haben, sind für festes ℓ die Wahrscheinlichkeiten $W_{\ell \ell}$ dann maximal, wenn die Quantisierungsachse $\mathbf{n}$ in Richtung des klassischen Drehimpulses gewählt wird. Die Randverteilung W_ℓ hat ihr Maximum dicht bei dem Wert $\ell_{\text{cl}} = L_{\text{cl}}/\hbar$, der durch den klassischen Drehimpuls gegeben ist.

Die Verteilung der Hauptquantenzahl n und der Drehimpulsquantenzahl ℓ ist durch die Wahrscheinlichkeiten

$$P_{n\ell} = \sum_{m=-\ell}^{\ell} |b_{n\ell m}|^2$$

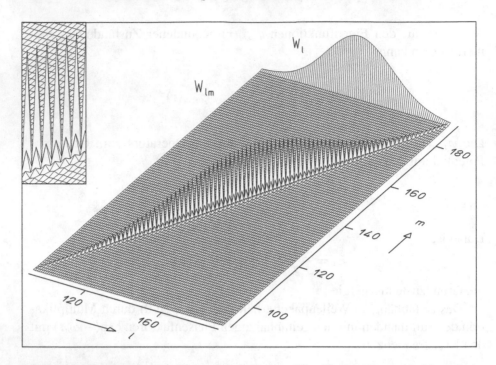

Abb. 13.25 Verteilungen der Wahrscheinlichkeiten $W_{\ell m}$ **für den Gesamtdrehimpuls** ℓ
und seine z**-Komponente** m **in dem in Abb. 13.27 bis 13.30 dargestellten Wellenpaket.**
Die Größen sind nur für ganzzahlige Werte von ℓ**,** m **definiert. In der Graphik sind**
die Punkte, die diesen Werten entsprechen, durch gerade Linien verbunden. Ebenfalls
dargestellt ist die Randverteilung W_ℓ**. Der oben links gezeigte Ausschnitt ist eine Ver-**
größerung aus der Mitte der Figur.

gegeben. Eine weitere Summation über ℓ liefert die Randverteilung

$$P_n = \sum_{\ell=0}^{n-1} P_{n\ell}$$

der Energieeigenwerte, während man durch Summation über n die Randverteilung W_ℓ erhält,

$$W_\ell = \sum_{n=\ell+1}^{\infty} P_{n\ell} \quad .$$

Abbildung 13.26 zeigt die Verteilung von $P_{n\ell}$ für das gleiche Wellenpaket
sowie die beiden Randverteilungen P_n und W_ℓ. Das Maximum von P_n ist
dicht bei dem Wert

$$n_{\text{cl}} = \frac{E_{\text{cl}}}{E_1} \quad ,$$

der durch die klassische Energie

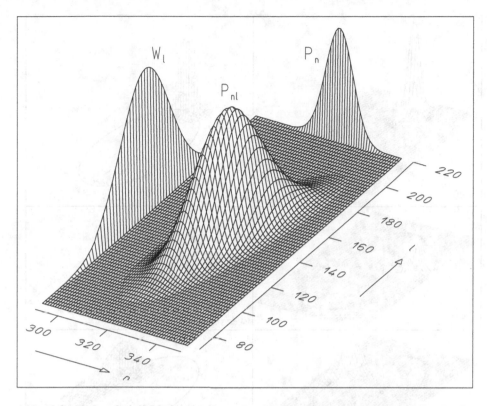

Abb. 13.26 Wahrscheinlichkeitsverteilung $P_{n\ell}$ **der Hauptquantenzahl** n **und der Dreh-impulsquantenzahl** ℓ **des in Abb. 13.27 bis 13.30 gezeigten Wellenpakets und der zuge-hörigen Randverteilungen** W_ℓ **und** P_n. **Die Wahrscheinlichkeit wurde gleich Null gesetzt für** $P_{n\ell} < 10^{-5}$.

$$E_{\mathrm{cl}} = \frac{\mathbf{p}_0^2}{2M} - \frac{\alpha \hbar c}{r_0}$$

gegeben ist, die hier durch die Anfangserwartungswerte $\mathbf{p}_0$ und $r_0 = |\mathbf{r}_0|$ des Impulses bzw. des Ortes des Gaußschen Wellenpakets ausgedrückt wurde.

Abbildung 13.27 zeigt den ersten Umlauf des Wellenpakets für die Zeit-punkte $t = 0$, $\frac{1}{3}T_{\mathrm{K}}$, $\frac{2}{3}T_{\mathrm{K}}$ und T_{K}. Dabei ist T_{K} die klassische Kepler-Periode. Die durchgezogene Kurve zeigt die klassische elliptische Kepler-Bahn für die Anfangsbedingungen $\mathbf{r}_0$, $\mathbf{p}_0$. Der Punkt auf der Ellipse markiert zur Zeit t den Ort des klassischen Teilchens mit den gleichen Anfangbedingungen. Die dargestellte Funktion ist die räumliche Wahrscheinlichkeitsdichte

$$\rho(\mathbf{r}, t) = |\psi(\mathbf{r}, t)|^2$$

über der Ebene $\mathbf{r} = (x, y, 0)$ der klassischen Umlaufbahn.

Wir vergleichen das Verhalten des quantenmechanischen Wellenpakets mit der Zeitentwicklung einer klassischen Phasenraumverteilung, die zur Zeit

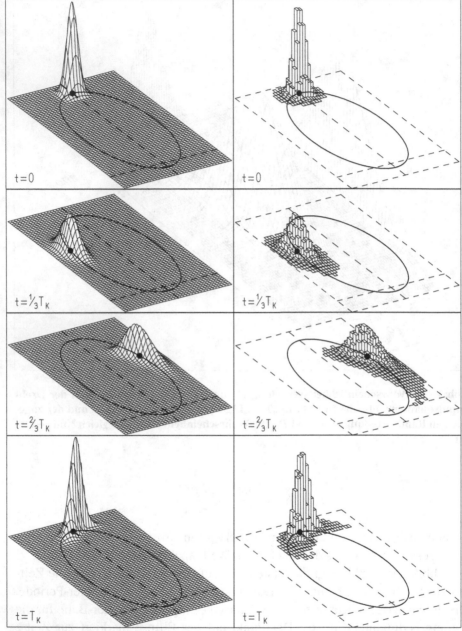

Abb. 13.27 Die Teilbilder in der linken Spalte zeigen die Zeitentwicklung eines anfänglich Gaußschen Wellenpakets in der Ebene $z = 0$, der Ebene der klassischen Kepler-Bahn, die als Ellipse eingezeichnet ist. Der ausgefüllte Punkt stellt den zugehörigen Ort des klassischen Teilchens dar. Das zwischen zwei Teilbildern verstrichene Zeitintervall ist ein Drittel der Kepler-Periode T_K. Die Teilbilder in der rechten Spalte zeigen die Zeitentwicklung der räumlichen Wahrscheinlichkeitsdichte der entsprechenden klassischen Phasenraumverteilung.

$t = 0$ die Form

$$\rho^{\text{cl}}(\mathbf{r}, \mathbf{p}) = \frac{1}{(2\pi)^3 \sigma^{3/2} \sigma_p^{3/2}} \exp\left\{ -\frac{(\mathbf{r} - \mathbf{r}_0)^2}{2\sigma^2} - \frac{(\mathbf{p} - \mathbf{p}_0)^2}{2\sigma_p^2} \right\}$$

eines Produkts zweier Gauß-Verteilungen in Ort und Impuls hat. Dabei wurde die Impulsbreite σ_p entsprechend der Heisenbergschen Unschärfebeziehung

$$\sigma_p = \hbar/(2\sigma)$$

für ein Gaußsches Wellenpaket gewählt. Die Zeitentwicklung $\rho^{\text{cl}}(\mathbf{r}, \mathbf{p}, t)$ der Phasenraumverteilung wird nach den Newtonschen Gesetzen berechnet. Die klassische Wahrscheinlichkeitsverteilung im Raum ist die Randverteilung

$$\rho_{\mathbf{r}}^{\text{cl}}(\mathbf{r}, t) = \int \rho^{\text{cl}}(\mathbf{r}, \mathbf{p}, t) \, \mathrm{d}^3 \mathbf{p} \quad ,$$

die durch Integration über alle Impulse gewonnen wird.

Die Zeitentwicklung der räumlichen klassischen Wahrscheinlichkeitsverteilung ist ebenfalls in Abb. 13.27 dargestellt. Aus rechentechnischen Gründen sind diese Darstellungen nicht glatt, sondern wirken wie aus Säulen zusammengesetzt. Solche Darstellungen heißen Histogramme. Die Höhe jeder Säule ist dabei proportional zu der Wahrscheinlichkeit, das klassische Teilchen in dem Bereich in x und y zu finden, der die Grundfläche der Säule ist. Die dargestellten Histogramme enthalten nur Säulen, die einer gewissen Mindestwahrscheinlichkeit entsprechen. Die wesentlichen Züge der klassischen Wahrscheinlichkeitsverteilung sind denen der quantenmechanischen Verteilung sehr ähnlich.

Daraus ergibt sich, dass die Verformung des Gaußschen Wellenpakets, die sich etwa zwischen der Anfangszeit und der Zeit $t = T_{\text{K}}/3$ einstellt, ein rein klassischer Effekt ist. Sie liegt insbesondere an der Verteilung der Anfangsimpulse um den Punkt $\mathbf{p}_0$ in der anfänglich Gaußschen klassischen Phasenraumverteilung. So enthält z. B. die Verteilung an jedem vorgegebenen Punkt $\mathbf{r}$ in der (x, y)-Ebene auch Impulse $\mathbf{p}_0 + \mathbf{p}_1$, wobei $\mathbf{p}_1$ in Richtung zum Kraftzentrum hinzeigt. Die Umlaufzeit für ein Teilchen mit diesem Impuls ist kürzer als für eines mit $\mathbf{p}_0$. Deshalb hat die räumliche Verteilung einen vorauslaufenden Teil innerhalb der klassischen Ellipse. Entsprechende Argumente zeigen, dass Impulse $\mathbf{p}_0 - \mathbf{p}_1$ für einen verspäteten Teil außerhalb der klassischen Bahn verantwortlich sind. Diese Züge der quantenmechanischen und der klassischen Verteilung fallen in den Teilbildern von Abb. 13.27 sofort ins Auge.

Mit fortschreitender Zeit verbreitern sich die Verteilungen und erfüllen schließlich die gesamte klassische Bahn. Sobald der Kopf der quantenmechanischen Verteilung mit ihrem Schwanz überlappt, erwarten und beobachten wir Interferenzphänomene, Abb. 13.28. In Abschn. 6.2 haben wir ein ein-

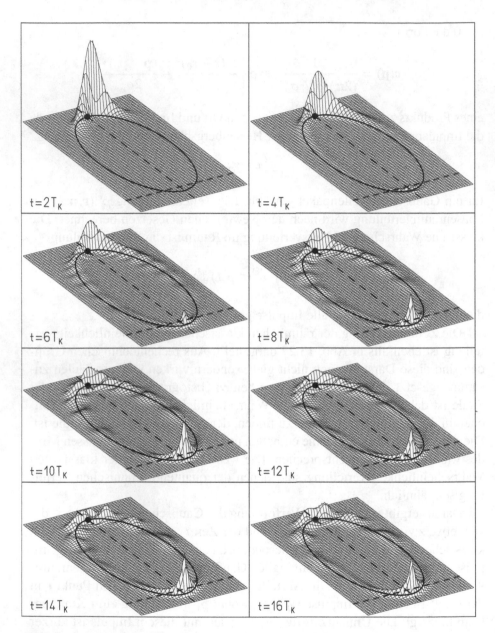

Abb. 13.28 Quantenmechanische Wahrscheinlichkeitsdichte in der Kepler-Ebene für verschiedene Vielfache der Kepler-Periode. Das Wellenpaket verbreitert sich von Periode zu Periode. Sobald beide Enden des Pakets überlappen, setzt Interferenz ein.

faches Beispiel dieser Erscheinung kennengelernt, nämlich ein Wellenpaket im tiefen Potentialgraben. Dort führt die Interferenz zu einer Wiederkehr des Wellenpakets bei der Wiederkehrzeit $t = T_{rev}$ und zu fraktioneller Wiederkehr bei den Zeiten $t = \frac{k}{\ell} T_{rev}$ für k, ℓ ganzzahlig. Die gleiche Erscheinung der Wiederkehr des Wellenpakets tritt für Wellenpakete auf einer Kepler-Bahn auf. Dabei ist die Wiederkehrzeit durch

$$T_{rev} = \frac{n_{cl}}{3} T_K$$

gegeben. Hier ist $n_{cl} = E_{cl}/E_1$ der klassische Wert der Hauptquantenzahl. Auf die Existenz einer Wiederkehrzeit im quantenmechanischen Kepler-Problem haben erstmals Parker und Stroud (Physical Review Letters 56, 716 (1986)) hingewiesen. Abbildung 13.29 zeigt die Verteilung $\rho(x, y, 0, t)$ zu den Zeiten $t = (n_{cl}/3 - \frac{1}{2})T_K$, $n_{cl}T_K/3$, $(n_{cl}/3 + \frac{1}{2})T_K$. Es überrascht, dass ein Zeitabstand zwischen den Orten des wiederkehrenden Wellenpakets und des klassischen Teilchens liegt. Eine detaillierte Diskussion der Ursache für die Quasiperiodizität im quantenmechanisch behandelten Wasserstoffatom findet sich bei Averbukh und Perelman in Physics Letters A 139, 449 (1989). Sie gibt eine Begründung für diese Zeitdifferenz.

Abbildung 13.30 zeigt die fraktionelle Wiederkehr des Wellenpakets. Bei $T_{rev}/2$ finden wie zwei, bei $T_{rev}/3$ drei Wellenpakete, usw. auf der Kepler-Bahn. Sie sind zeitlich äquidistant. Das ist eine Folge des zweiten Keplerschen Gesetzes, d. h. der Drehimpulserhaltung.

Wie erwartet, zeigt die klassische Phasenraumverteilung ρ^{cl} keinerlei Wiederkehrerscheinungen.

Aufgaben

13.1 Berechnen Sie die Energien E_n der Zustände mit Drehimpuls Null für einen unendlich tiefen Potentialkasten in drei Dimensionen. Vergleichen Sie dieses Spektrum mit dem in Abb. 13.1 dargestellten. Erklären Sie die Unterschiede.

13.2 Warum sind die Energien zu gleicher Quantenzahl n für $\ell = 1, 2$ in Abb. 13.1 größer als für $\ell = 0$?

13.3 Warum nimmt die Energie des niedrigsten (im Allgemeinen des n-ten) Zustandes mit zunehmender Breite des kugelsymmetrischen Kastenpotentials bei festgehaltener Tiefe ab (Abb. 13.2)?

13.4 Warum nimmt die Differenz $E_{1\ell} - V_0$ für den Zustand niedrigster Energie bei festem Drehimpuls ℓ mit der Potentialtiefe zu?

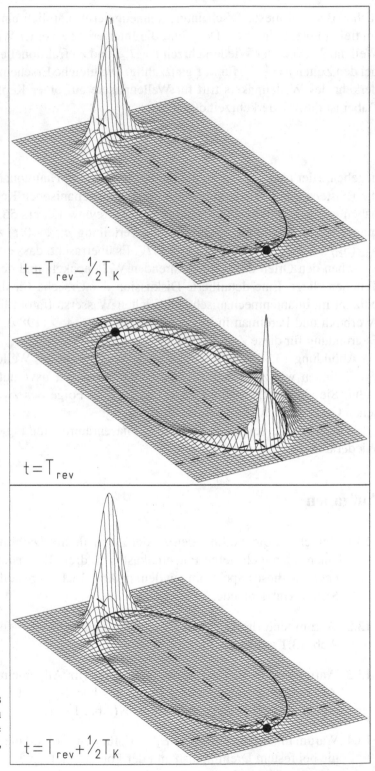

$t = T_{rev} - \frac{1}{2}T_K$

$t = T_{rev}$

**Abb. 13.29
Wiederkehr des
Wellenpakets zu
den Zeiten** $t =$
$T_{rev} - T_K/2$, T_{rev},
$T_{rev} + T_K/2$.

$t = T_{rev} + \frac{1}{2}T_K$

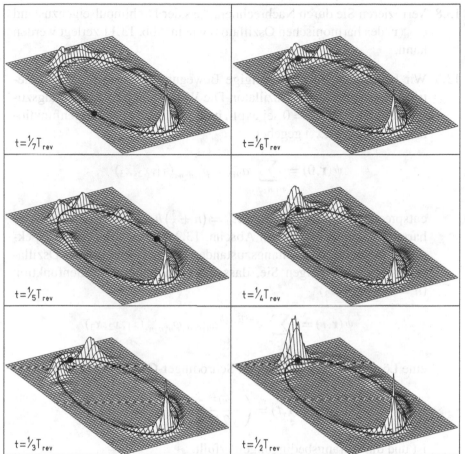

Abb. 13.30 Fraktionelle Wiederkehr des Wellenpakets.

13.5 Erklären Sie die Strukturen der in Abb. 13.5 dargestellten Produkt-funktion $\varphi'_{210}(x_1, x_2, x_3)$ durch die Strukturen der Funktionen für den eindimensionalen harmonischen Oszillator, die in Abb. 6.4 dargestellt sind.

13.6 Warum nimmt die mittlere Wahrscheinlichkeitsdichte in einer Kugel-schale mit Einheitsvolumen, die durch $r^2 R_{n\ell}^2(r)$ gegeben und in Abb. 13.8 dargestellt ist, in der Nähe der Kurve zu, die das Oszillatorpoten-tial darstellt?

13.7 Skizzieren Sie qualitativ die Wahrscheinlichkeitsdichten im harmoni-schen Oszillator für $n = 5$, $\ell = 0, 1, 2, 3$. Beschreiben Sie ihre Knoten in r und ϑ in Analogie zu Abb. 13.9 und 13.10.

13.8 Verifizieren Sie durch Nachrechnen, dass der Drehimpulseigenzustand $\varphi_{220}(\mathbf{r})$ des harmonischen Oszillators wie in Abb. 13.11 zerlegt werden kann.

13.9 Wir betrachten die zeitabhängige Bewegung in einem kugelsymmetrischen harmonischen Oszillator. Die Wellenfunktion des Anfangszustandes $\psi(\mathbf{r},0)$ bei $t = 0$ sei explizit als Zerlegung nach Eigenfunktionen $\varphi'_{n_1 n_2 n_3}(x_1,x_2,x_3)$ gegeben,

$$\psi(\mathbf{r},0) = \sum_{n_1,n_2,n_3} a_{n_1 n_2 n_3} \varphi'_{n_1 n_2 n_3}(x_1,x_2,x_3) \quad,$$

entsprechend den Eigenwerten $E_n = \left(n + \frac{3}{2}\right)\hbar\omega$, $n = n_1 + n_2 + n_3$, des harmonischen Oszillators in Abschn. 13.2. Die $a_{n_1 n_2 n_3}$ sind die Spektralkoeffizienten des Anfangszustandes in der harmonischen Oszillatorbasis $\varphi'_{n_1 n_2 n_3}$. Zeigen Sie, dass die zeitabhängige Wellenfunktion ($n = n_1 + n_2 + n_3$)

$$\psi(\mathbf{r},t) = \sum_{n_1,n_2,n_3} \mathrm{e}^{-\mathrm{i}E_n t/\hbar} a_{n_1 n_2 n_3} \varphi'_{n_1 n_2 n_3}(x_1,x_2,x_3)$$

eine Lösung der zeitabhängigen Schrödinger-Gleichung

$$\mathrm{i}\hbar\frac{\partial}{\partial t}\psi(\mathbf{r},t) = \left(-\frac{\hbar^2}{2M}\nabla^2 + \frac{k}{2}r^2\right)\psi(\mathbf{r},t)$$

ist und die Anfangsbedingungen erfüllt.

13.10 Untersuchen Sie das Verhalten des dreidimensionalen Wellenpakets unter dem Einfluss einer harmonischen Kraft, Abb. 13.12, im Vergleich zum Verhalten dreier eindimensionaler Oszillatoren, Abb. 6.6 und 6.8. Beschreiben Sie die Anfangsbedingungen dieser drei unabhängigen Oszillatoren mit Begriffen der klassischen Mechanik.

13.11 Zeigen Sie, dass die allgemeine Lösung $\psi(\mathbf{r},t)$ für die Bewegung in einem harmonischen Oszillator,

$$\psi(\mathbf{r},t) = \sum_{n_1,n_2,n_3} \exp\left[-\frac{\mathrm{i}}{\hbar}E_n t\right] a_{n_1 n_2 n_3} \varphi'_{n_1 n_2 n_3}(x_1,x_2,x_3) \quad,$$

mit der Energie des Zustandes $\varphi'_{n_1 n_2 n_3}$,

$$E_n = \left(n + \frac{3}{2}\right)\hbar\omega \quad, \qquad n = n_1 + n_2 + n_3 \quad,$$

folgende Periodizitätseigenschaften besitzt:

$$\psi\left(\mathbf{r}, t + m\frac{2\pi}{\omega}\right) = e^{-im\pi}\,\psi(\mathbf{r}, t)\quad,\qquad m = 1, 2, 3, \ldots\quad.$$

Die Periodizität bedeutet, dass

$$\left|\psi\left(\mathbf{r}, t + m\frac{2\pi}{\omega}\right)\right|^2 = |\psi(\mathbf{r}, t)|^2\quad.$$

Dieses Ergebnis kann aus Abb. 13.12 abgelesen werden.

13.12 Berechnen Sie das Minimum des effektiven Potentials $V_{2,\min}^{\text{eff}}$ für $\ell = 2$ des Wasserstoffatoms,

$$V_2^{\text{eff}}(r) = \frac{\hbar^2}{2M}\frac{6}{r^2} - \hbar c\frac{\alpha}{r}\quad.$$

Bestimmen Sie die Differenzen zwischen den Eigenwerten E_n des Elektrons im Wasserstoffatom und diesem Minimum, $E_n - V_{2,\min}^{\text{eff}}$. Erklären Sie, warum im Wasserstoff nur Zustände mit $n \geq 3$ für Drehimpuls $\ell = 2$ existieren.

13.13 Zeigen Sie, dass der in Abschn. 13.4 angegebene Bohrsche Radius a bei der Position des Maximums von $r^2 R_{10}^2(r)$ liegt, d. h., zeigen Sie, dass bei $r = a$,

$$\frac{\mathrm{d}}{\mathrm{d}r}[r\,R_{10}(r)] = 0$$

gilt.

13.14 Die Energie des Grundzustandes eines durch eine Coulomb-Kraft gebundenen Zweiteilchensystems ist

$$E_1 = -\frac{1}{2}\mu c^2 \alpha^2\quad.$$

Dabei ist $\mu = M_1 M_2/(M_1 + M_2)$ die reduzierte Masse des Systems der beiden Teilchen mit den Massen M_1 und M_2. Für $M_1 \ll M_2$ geht μ gegen M_1. Berechnen Sie unter Benutzung dieser Formel die Energie des Grundzustandes E_1 für Wasserstoff und für Positronium. Positronium ist ein gebundenes System aus einem Elektron und einem Positron, d. h. einem Elektron positiver Ladung.

13.15 Müonen sind Teilchen, die Elektronen sehr ähnlich sind, aber eine Masse von

$$m_\mu = 105{,}6\,\text{MeV}/c^2$$

besitzen. Der Bohrsche Radius, d. h. der Radius der innersten Bohrschen Bahn, eines Systems aus einer positiven und einer negativen Ladung ist

$$a = \frac{\hbar}{\alpha \mu c} \quad .$$

Dabei ist μ die reduzierte Masse des Systems, die in der vorhergehenden Aufgabe angegeben wurde. Berechnen Sie die Bohrschen Radien für ein Wasserstoffatom, für ein müonisches Wasserstoffatom, dessen Elektron durch ein Müon ersetzt wurde, und für Positronium, ein wasserstoffähnliches System, in dem das Proton durch ein Positron ersetzt wurde.

13.16 Der Bohrsche Radius a der innersten Bahn für einen Kern mit der Kernladungszahl Z ist

$$a = \frac{\hbar}{Z \alpha \mu c} \quad .$$

Hier ist μ die reduzierte Masse des Systems. Für einen Urankern, $Z = 92$, kann die reduzierte Masse ohne Weiteres als die Masse des Teilchens auf der Bahn angenommen werden. Berechnen Sie den Bohrschen Radius für ein müonisches Uranatom und vergleichen Sie das Ergebnis mit dem Radius $r_0 \approx 6 \cdot 10^{-15}$ m des Urankerns.

14 Hybridisierung

14.1 Einführung

In Abschn. 13.4 haben wir im Einzelnen die Wellenfunktionen

$$\varphi_{n\ell m}(\mathbf{r}) = \varphi_{n\ell m}(r,\vartheta,\phi) = R_{n\ell}(r)Y_{\ell m}(\vartheta,\phi)$$

des Elektrons im Wasserstoffatom und die zugehörigen Wahrscheinlichkeitsdichten

$$\rho(\mathbf{r}) = \rho_{n\ell m}(r,\vartheta) = |\varphi_{n\ell m}(r,\vartheta,\phi)|^2$$

besprochen. Hier sind r,ϑ,ϕ die Kugelkoordinaten, n ist die Hauptquantenzahl, ℓ die Quantenzahl des Drehimpulses und m die seiner z-Komponente; $R_{n,\ell} = R_{n,\ell}(r)$ ist die radiale Wellenfunktion, die nur eine Funktion der Radialkoordinate r ist, und $Y_{\ell m} = Y_{\ell m}(\vartheta,\phi)$ die Kugelflächenfunktion (Abschn. 10.3), die nur von den Winkeln ϑ und ϕ abhängt. Die Energieeigenwerte E_n hängen nur von n ab. Im Allgemeinen gibt es mehrere Eigenzustände mit dem gleichen Energieeigenwerten (die dann *entartet* heißen). Linearkombinationen von entarteten Eigenzuständen sind wiederum Eigenzustände.

Die Abbildungen 13.16 bis 13.24 zeigen, dass die $\rho_{n\ell m}$ entweder kugelsymmetrisch bezüglich des Ursprungs oder rotationssymmetrisch um die z-Achse sind. Alle sind spiegelsymmetrisch in Bezug auf die (x,y)-Ebene. Im Rahmen eines besonderen Modells der chemischen Bindung, des *Hybridisierungsmodells*, werden Wellenfunktionen konstruiert, deren Wahrscheinlichkeitsdichte eine Vorzugsrichtung hat, die vom Kern des Atoms zum Kern eines Partneratoms hinzeigt, mit dem es eine Verbindung eingegangen ist. Wir zeigen in diesem Abschnitt, wie sich solche Wellenfunktionen aus den stationären Zuständen $\varphi_{n\ell m}$ bilden lassen.

Wir betrachten hier ausschließlich die Superposition eines Zustandes mit $\ell = 0, m = 0$ (kurz *s-Zustand*) mit einem Zustand zu $\ell = 1, m = 0$ (kurz *p-Zustand*) und führen folgende Notation ein:

$$s_n \;\; = \psi_{n,0,0} = R_{n,0}Y_{00} = \tfrac{1}{\sqrt{4\pi}}R_{n,0} \quad,$$

$$p_n \;\; = \psi_{n,1,0} = R_{n,1}Y_{10} = \sqrt{\tfrac{3}{4\pi}}\cos\vartheta\, R_{n,1} \quad.$$

Die Wellenfunktionen s_n und p_n sind reell; s_n hat keine Winkelabhängigkeit, während p_n proportional zu $\cos \vartheta$ ist und damit antisymmetrisch zur Äquatorebene $\vartheta = \pi/2$. Es gibt keine ϕ-Abhängigkeit. Wegen der Orthonormalität der $R_{n,\ell}$ und der $Y_{\ell m}$ sind die Zustände s_n und p_n orthonormal, also

$$\int |s_n|^2 \, dV = 1 \quad , \qquad \int |p_n|^2 \, dV = 1 \quad , \qquad \int s_n p_n \, dV = 0 \quad ;$$

die Integration wird über den ganzen Raum ausgeführt. Eine normierte Linearkombination aus s_n und p_n,

$$h_n = \frac{1}{\sqrt{1+\lambda^2}}(s_n + \lambda p_n) \quad ,$$

heißt *Hybridzustand* mit dem *Hybridisierungsparameter* λ.

Die Abbildungen 14.1 und 14.2 zeigen die Funktionen s_2, p_2, h_2 und $|h_2|^2$ für einen festen Wert von λ in einer Ebene, die die z-Achse enthält. Wegen der verschiedenen Symmetrieeigenschaften von s_2 und p_2 ist das Hybrid h_2 unsymmetrisch bezüglich $\vartheta = \pi/2$. Das Quadrat $|h_2|^2$, die Wahrscheinlichkeitsdichte, erstreckt sich weiter entlang der negativen z-Achse als entlang der positiven. Diese Eigenschaft der Hybridzustände wird zur Erklärung einer Art von chemischer Bindung benutzt: Die Wellenfunktion eines Elektrons in einem Hybridzustand zeigt mit seiner Vorzugsrichtung hin zum Partneratom.

Der Hybridzustand ist rotationssymmetrisch um die z-Achse, die wir die *Orientierungsachse* nennen. Wir können sie durch den Einheitsvektor $\hat{\mathbf{a}}$ kennzeichnen; hier ist $\hat{\mathbf{a}} = \mathbf{e}_z$. Im Allgemeinen ist die Orientierungsachse ein Einheitsvektor $\hat{\mathbf{a}}$, der durch einen Polarwinkel ϑ_a und einen Azimutwinkel ϕ_a bezüglich des (x, y, z)-Koordinatensystems festgelegt ist.

Die allgemeine Form eines Hybridzustands ist deshalb

$$h_n(\lambda; \vartheta_a, \phi_a) = \frac{1}{\sqrt{1+\lambda^2}}(s_n + \lambda p_n(\vartheta_a, \phi_a)) \quad ;$$

dabei ist $p_n(\vartheta_a, \phi_a)$ ein p-Zustand zur Hauptquantenzahl n mit der Symmetrieachse

$$\hat{\mathbf{a}} = \sin \vartheta_a \cos \phi_a \, \mathbf{e}_x + \sin \vartheta_a \sin \phi_a \, \mathbf{e}_y + \cos \vartheta_a \, \mathbf{e}_z \quad .$$

In der Form p_n, die wir zunächst benutzten und für die die Symmetrieachse die z-Achse ist, zeigte sich die Winkelabhängigkeit als $\cos \vartheta$ oder, geschrieben als Skalarprodukt, als $\hat{\mathbf{r}} \cdot \mathbf{e}_z$. Ihre Verallgemeinerung ist $\hat{\mathbf{r}} \cdot \hat{\mathbf{a}}$. Deshalb ist die allgemeine Form von p_n

$$p_n(\vartheta_a, \phi_a) = \sqrt{\frac{3}{4\pi}}(\hat{\mathbf{r}} \cdot \hat{\mathbf{a}}) R_{n,1} \quad .$$

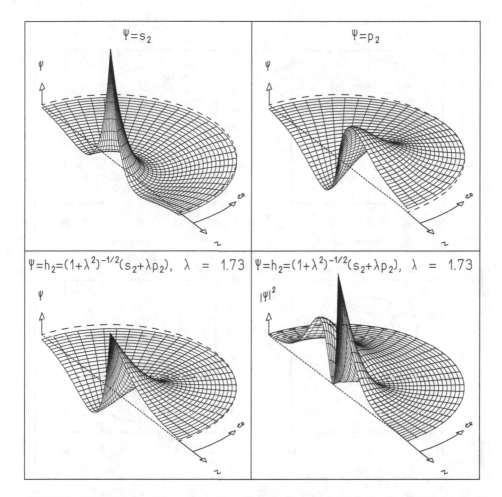

Abb. 14.1 Die Wellenfunktion $\psi = s_2$ ist symmetrisch bezüglich der (x, y)-Ebene, d. h. der Ebene $z = 0$ senkrecht zur z-Achse. Die Wellenfunktion $\psi = p_2$ ist antisymmetrisch. Eine Superposition aus beiden, der Hybridzustand $\psi = h_2$, zeigt weder Symmetrie noch Antisymmetrie: er ist unsymmetrisch. Sein Absolutquadrat, die Wahrscheinlichkeitsdichte $|\psi|^2 = |h_2|^2$, dehnt sich deutlich stärker in die negative z-Richtung aus als in die positive z-Richtung.

Die Darstellung einer Fläche konstanter Wahrscheinlichkeitsdichte vermittelt einen besonders anschaulichen Eindruck von der räumlichen Orientierung. Abbildung 14.3 zeigt eine solche Fläche für das Hybrid $|h_2(\lambda = 1{,}73;$ $\vartheta_a = 0, \phi_a = 0)|^2$. Sie entsteht durch Rotation einer der Konturlinien aus dem Teilbild unten rechts von Abb. 14.2 um die z-Achse.

Alle Atome außer dem des Wasserstoffs enthalten mehr als ein Elektron. Obwohl wir deren Eigenschaften hier nicht diskutieren können, so erlaubt doch die Untersuchung der einfachen Hybridzustände $h_n(\lambda; \vartheta_a, \phi_a)$ ein gewisses Verständnis von Hybridbindungen. In Abschn. 14.2 fassen wir die An-

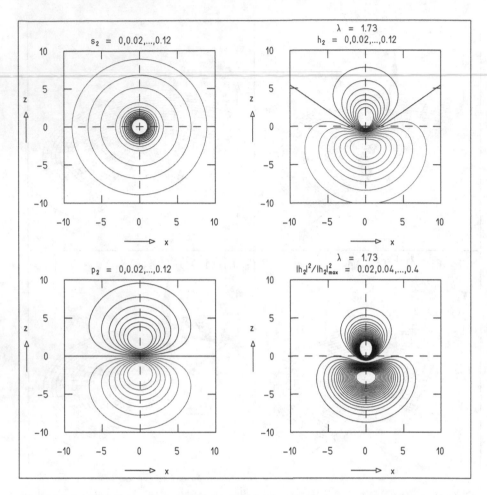

Abb. 14.2 Die Funktionen aus Abb. 14.1 sind hier als Serien von Konturlinien in der (x, z)-Ebene dargestellt. Die Funktionswerte sind positiv auf den breiten (im E-Book blauen) Linien, negativ auf den dünnen (magentafarbenen) Linien und verschwinden auf der sehr breiten (roten) Linie. Die Längeneinheit für die Skalen in x und z ist der Bohrsche Radius.

nahmen zusammen, die dem einfachsten Hybridisierungsmodell zu Grunde liegen und versuchen, sie mit qualitativen Argumenten zu rechtfertigen. In Abschn. 14.3 werden wir die Hybridisierungsparameter und die Orientierungen für einige einfache Hybridzustände für Fälle besonders hoher Symmetrie berechnen.

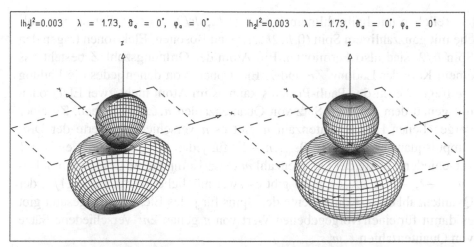

Abb. 14.3 Die Wahrscheinlichkeitsdichte aus den Teilbildern unten rechts in Abb. 14.1 und 14.2 ist hier als Fläche konstanter Wahrscheinlichkeitsdichte dargestellt. Links wird sie nur im Halbraum $y > 0$ gezeigt und erscheint so aufgeschnitten. Rechts erscheint die Fläche geschlossen, weil sie für den ganzen Raum gezeigt wird.

14.2 Das Hybridisierungsmodell

In unserer qualitativen Diskussion dieses Modells werden wir zunächst die Struktur der Atome in den ersten Perioden des Periodensystems der Elemente besprechen und feststellen, dass die Wellenfunktionen der Valenzelektronen, die für die chemische Bindung verantwortlich sind, noch eine gewisse Ähnlichkeit mit den Wasserstoffwellenfunktionen zeigen. Anschließend betrachten wir die Bindungsenergie, die bei der Annäherung zweier Atome auftritt, und die Rolle, die sie beim Zustandekommen eines Hybridzustands spielt.

Pauli-Prinzip und Periodensystem

In Kap. 9 haben wir den einfachsten Fall eines Systems identischer Teilchen besprochen, nämlich den Fall von nur 2 Teilchen mit insgesamt 2 Freiheitsgraden, den Ortskoordinaten x_1, x_2 der Teilchen. Wir fanden, dass die Wellenfunktion des Systems entweder symmetrisch oder antisymmetrisch unter Vertauschung von x_1 und x_2 ist. Im ersten Fall heißen die Teilchen *Bosonen*, im zweiten *Fermionen*. Antisymmetrie der Wellenfunktion bedeutet, dass zwei Fermionen nicht die gleiche Ortskoordinate haben können. In einem realistischen Fall mit mehr Teilchen und mehr Freiheitsgraden bedeutet Antisymmetrie, dass zwei identische Fermionen sich nicht im gleichen quantenmechanischen Zustand befinden können. Diese Aussage ist das Paulische Ausschließungsprinzip, kurz Pauli-Prinzip.

Teilchen mit halbzahligem Spin s $(\hbar/2, 3\hbar/2, \ldots)$ sind Fermionen, solche mit ganzzahligem Spin $(0, \hbar, 2\hbar, \ldots)$ sind Bosonen. Elektronen tragen den
Spin $\hbar/2$, sind also Fermionen. Ein Atom der Ordnungszahl Z besteht aus
einem Kern der Ladung Ze und Z Elektronen, von denen jedes die Ladung
$-e$ trägt. Wegen des Pauli-Prinzips kann es im Atom nicht zwei Elektronen
mit genau dem gleichen Satz von Quantenzahlen n, ℓ, m, s_z geben. Zu einer
vorgegebenen Hauptquantenzahl n gibt es n verschiedene Werte der Drehimpulsquantenzahl ℓ $(\ell = 0, \ldots, n-1)$; für jeden Wert von ℓ gibt es $2\ell + 1$
verschiedene Werte der Quantenzahl m der z-Komponente des Drehimpulses
$(m = -\ell, -\ell + 1, \ldots, \ell)$; auch gibt es zwei mögliche Werte, $s_z = \pm 1/2$, der
Quantenzahl der z-Komponente des Spins für jedes Elektron. Insgesamt gibt
es damit für einen vorgegebenen Wert von n genau $2n^2$ verschiedene Sätze
von Quantenzahlen ℓ, m, s_z.

Für $n = 1$ gibt es 2 Zustände. Im Wasserstoffatom $(Z = 1)$ ist einer besetzt, beide im Heliumatom $(Z = 2)$. Für den Fall des Lithiumatoms $(Z = 3)$
existiert kein Platz mehr für ein Elektron in der inneren *Schale* niedrigster
Energie. Das dritte Elektron hat deshalb die Hauptquantenzahl $n = 2$. Seine Wahrscheinlichkeitsdichte ist weiter vom Kern nach außen verschoben.
Dieses Elektron „sieht" ein Potential, das dem des Wasserstoffkerns ähnelt,
weil die Kernladung $3e$ durch die Ladung $-2e$ der beiden Elektronen der inneren Schale „abgeschirmt" wird. Wäre die Abschirmung perfekt, so wären
alle Zustände mit $n = 2$ entartet. Da sie es nicht ist, haben die Zustände zu
$n = 2, \ell = 0$, die so genannten $2s$-Zustände, eine etwas niedrigere Energie als
die $2p$-Zustände $(n = 2, \ell = 1)$. (Zur Illustration mag Abb. 14.4 dienen, die
Zustände in einem Potentialtopf statt in einem Coulomb-Potential zeigt.)

Mit steigendem Z werden weitere Elektronen angefügt und weitere Zustände aufgefüllt, vgl. Tabelle 14.1. Beim Lithiumatom wird einer der $2s$-
Zustände besetzt; beim Berylliumatom beide. Bor hat ein $2p$-Elektron zusätzlich zu den beiden $2s$-Elektronen; Kohlenstoff hat zwei, Stickstoff drei.
Insgesamt gibt es 6 verschiedene $2p$-Zustände. Alle besetzt sind im Neon, das
die zweite Periode abschließt. In der dritten Periode enthält die äußere Schale
Zustände mit $n = 3$. Das Auffüllen der Schale beginnt mit Natrium und endet
mit Argon. Wir bemerken insbesondere, dass Silizium (im Periodensystem
direkt unterhalb von Kohlenstoff) in seiner äußeren Schale zwei $3s$- und zwei
$3p$-Elektronen besitzt. Die Situation ist ähnlich wie beim Kohlenstoff, nur mit
$n = 3$ statt mit $n = 2$.

Nur die Elektronen in der äußeren Schale des Atoms, die *Valenzelektronen*, tragen wesentlich zur chemischen Bindung bei. Für das einzelne Valenz-
elektron eines Alkaliatoms (Li, Na, $\ldots$) ist die Abschirmung der Kernladung
durch die restlichen Elektronen nahezu perfekt. In unseren vereinfachten Be-
rechnungen von Hybridwellenfunktionen gehen wir allerdings auch für die
Valenzelektronen anderer Atome von perfekter Abschirmung aus: Wir be-

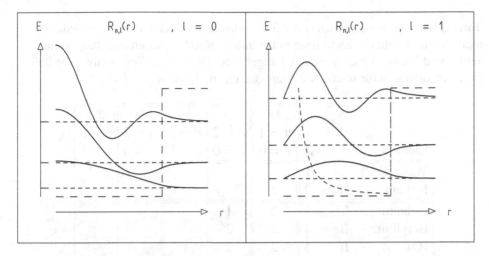

Abb. 14.4 Radiale Wellenfunktionen und ihre Eigenwerte in einem sphärischen Potentialtopf. Die Eigenwerte liegen systematisch höher für Zustande zu $\ell = 1$ (rechts) im Vergleich zu den entsprechenden Zuständen mit $\ell = 0$ (links).

rechnen die Wasserstoffwellenfunktionen zu gegebenen Quantenzahlen und überlagern sie anschließend, um die gewünschte Hybridwellenfunktion zu erhalten.

Ein einfaches Beispiel

Als erstes qualitatives Beispiel betrachten wir das Molekül Lithiumhydrid LiH, das aus einem Lithiumatom Li und einem Wasserstoffatom H besteht. Das einzige Elektron des Wasserstoffs befindet sich in einem $1s$-Zustand. Da es keinen $1p$-Zustand gibt, gibt es auch keine Möglichkeit der Hybridisierung in diesem Atom. Das äußere Elektron des Lithiums befindet sich im $2s$-Zustand, der nahezu mit dem $2p$-Zustand entartet ist, weil die Abschirmung beinahe perfekt ist. Im Rahmen des Modells nimmt man an, dass dieses Elektron im Molekül einen Hybridzustand annimmt, der eine Superposition der Zustände $2s$ und $2p$ ist. Es gibt Modelle, in denen die Bindungsenergie des LiH-Moleküls aus dem Überlapp dieses Hybridzustandes und der $1s$-Wellenfunktion des Elektrons im Wasserstoffatom berechnet wird. Die Bindungsenergie überwiegt die kleine Zusatzenergie des Lithium-Hybridzustandes im Vergleich zum ursprünglichen $2s$-Zustand. Der Hybridzustand hat die Form $h_2(\lambda; \vartheta_a, \phi_a)$; die Orientierungsachse $\hat{\mathbf{a}}$ zeigt entlang der Linie vom Lithiumkern zum Wasserstoffkern. Der Hybridisierungsparameter λ hängt von den Einzelheiten des benutzten Modells ab.

Tabelle 14.1 Elemente aus den ersten 3 Perioden des Periodensystems. Für jedes Element ist die Anzahl der Elektronen mit erlaubten Kombinationen aus Hauptquantenzahl n und Drehimpulsquantenzahl ℓ angegeben. Die oberste Zeile enthält die üblichen Abkürzungen für solche Kombinationen, z. B. $2p$ für $n = 2, \ell = 1$.

Element		Z	$1s$ $n=1$ $\ell=0$	$2s$ $n=2$ $\ell=0$	$2p$ $n=2$ $\ell=1$	$3s$ $n=3$ $\ell=0$	$3p$ $n=3$ $\ell=1$
Wasserstoff	H	1	1				
Helium	He	2	2				
Lithium	Li	3	2	1			
Beryllium	Be	4	2	2			
Bor	B	5	2	2	1		
Kohlenstoff	C	6	2	2	2		
Stickstoff	N	7	2	2	3		
Sauerstoff	O	8	2	2	4		
Fluor	F	9	2	2	5		
Neon	Ne	10	2	2	6		
Natrium	Na	11	2	2	6	1	
Magnesium	Mg	12	2	2	6	2	
Aluminium	Al	13	2	2	6	2	1
Silizium	Si	14	2	2	6	2	2
Phosphor	P	15	2	2	6	2	3
Schwefel	S	16	2	2	6	2	4
Chlor	Cl	17	2	2	6	2	5
Argon	Ar	18	2	2	6	2	6

Bindungsenergie und Promotion. Orientierung der p_n-Zustände

Hier und in Abschn. 14.3 konzentrieren wir uns auf die Atome von Kohlenstoff C und Silizium Si. Beide haben vier Elektronen in ihrer äußeren Schale mit der Hauptquantenzahl $n = 2$ für C und $n = 3$ für Si. In einem freien C- oder Si-Atom sind zwei dieser Elektronen im s-Zustand und zwei im p-Zustand. In Gegenwart eines oder mehrerer Nachbaratome können diese Elektronen „bindende" Zustände niedrigerer Energie annehmen, vgl. Abb. 14.5. Ein Teil der Bindungsenergie kann dazu dienen, eines der beiden s-Elektronen in einen p-Zustand zu „befördern"; das ist möglich, solange die Bindungsenergie diese „Promotionsenergie" übersteigt. Mit dieser *Promotion* gibt es ein s-Elektron und drei p-Elektronen in der äußeren Schale.

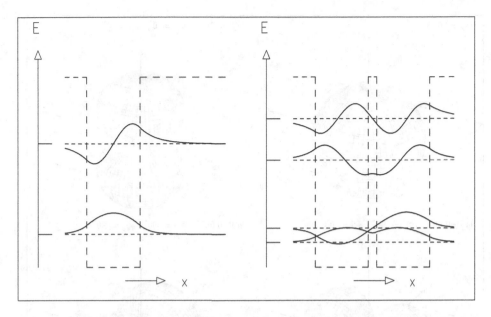

Abb. 14.5 Eigenwerte und Eigenfunktionen in einem eindimensionalen Potential. Zu jedem Zustand im einzelnen Potentialgraben (links), gibt es zwei Zustände im Doppelgraben: einen mit niedrigerer, den anderen mit höherer Energie als der des Zustandes im Einzelgraben. Ersterer heißt *bindend*, letzterer *antibindend*.

Der Zustand s_n und die drei Zustände p_n (n ist, wie üblich, die Hauptquantenzahl) sind normiert und orthogonal zueinander. Wir richten die p_n-Zustände entlang der Koordinatenrichtungen z, x, y aus, d. h. wir schreiben sie in der Form

$$p_{nz} = p_n(\vartheta_a = 0) \quad = \quad \sqrt{\frac{3}{4\pi}} R_{n,1} \cos\vartheta \quad ,$$

$$p_{nx} = p_n(\vartheta_a = 90°, \phi_a = 0) \quad = \quad \sqrt{\frac{3}{4\pi}} R_{n,1} \sin\vartheta \cos\phi \quad ,$$

$$p_{ny} = p_n(\vartheta_a = 90°, \phi_a = 90°) \quad = \quad \sqrt{\frac{3}{4\pi}} R_{n,1} \sin\vartheta \sin\phi \quad ,$$

vgl. Abb. 14.6.

Wir betrachten jetzt Superpositionen der drei p_n-Zustände mit den Koeffizienten a_z, a_x, a_y:

$$a_z p_{nz} + a_x p_{nx} + a_y p_{ny} =$$

$$= \sum_{f=x,y,z} a_f p_{nf} = \sum_{f=x,y,z} a_f \sqrt{\frac{3}{4\pi}} R_{n,1} (\hat{\mathbf{r}} \cdot \mathbf{e}_f)$$

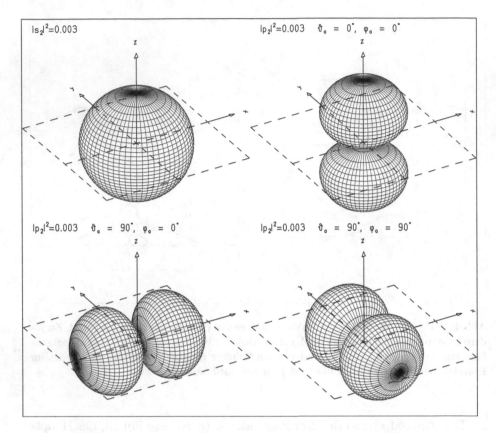

$|s_2|^2 = 0.003$

$|p_2|^2 = 0.003$ $\vartheta_a = 0°$, $\varphi_a = 0°$

$|p_2|^2 = 0.003$ $\vartheta_a = 90°$, $\varphi_a = 0°$

$|p_2|^2 = 0.003$ $\vartheta_a = 90°$, $\varphi_a = 90°$

Abb. 14.6 Flächen konstanter Wahrscheinlichkeitsdichte illustrieren die vier orthogonalen Zustände $s_2, p_{2z}, p_{2x}, p_{2y}$.

$$= \sqrt{\frac{3}{4\pi}} R_{n,1} \left(\hat{\mathbf{r}} \cdot \sum_{f=x,y,z} a_f \mathbf{e}_f \right) = \sqrt{\frac{3}{4\pi}} R_{n,1} (\hat{\mathbf{r}} \cdot \mathbf{a})$$

$$= |\mathbf{a}| \sqrt{\frac{3}{4\pi}} R_{n,1} (\hat{\mathbf{r}} \cdot \hat{\mathbf{a}}) = |\mathbf{a}| p_n(\vartheta_a, \phi_a) \quad .$$

Hier sind die Koeffizienten a_x, a_y, a_z als die Komponenten eines (nicht normierten) Vektors **a** aufgefasst worden, der die Richtung der Orientierungsachse eines allgemeinen p_n-Zustands hat. Mit $|\mathbf{a}| = \sqrt{a_x^2 + a_y^2 + a_z^2}$ und $|\mathbf{a}_\perp| = \sqrt{a_x^2 + a_y^2}$ erhalten wir folgende Beziehungen zwischen diesen Koeffizienten und den Winkeln ϑ_a, ϕ_a, welche die Orientierungsachse definieren:

$$\cos\vartheta_a = \frac{a_z}{|\mathbf{a}|} \quad , \quad \sin\vartheta_a = \frac{|\mathbf{a}_\perp|}{|\mathbf{a}|} \quad , \quad \cos\phi_a = \frac{a_x}{|\mathbf{a}_\perp|} \quad , \quad \sin\phi_a = \frac{a_y}{|\mathbf{a}_\perp|} \quad .$$

14.3 Hybridzustände hoher Symmetrie

Ein Diamantkristall ist eine symmetrische Anordnung von Kohlenstoffatomen. Jedes Atom ist Mittelpunkt eines Tetraeders, an dessen Ecken wieder Kohlenstoffatome stehen. In Graphit, einer ebenen hexagonalen Struktur aus Kohlenstoffatomen, hat jedes Atom drei nächste Nachbarn an die es fest gebunden ist; die Bindungen zwischen den Ebenen sind dagegen vergleichsweise locker. In einem linearen Molekül wie Kohlendioxid CO_2 mit der Struktur O–C–O ist das Kohlenstoffatom an zwei Sauerstoffatome gebunden, die einander exakt gegenüberstehen.

Zustände, die durch Hybridisierung entstehen, müssen ihrerseits normiert und orthogonal zueinander sein (und auch zu den Zuständen, die nicht hybridisieren). Mit diesen Annahmen lassen sich die folgenden Fälle besonders hoher Symmetrie beschreiben.

sp-Hybridisierung Der s_n-Zustand und *einer* der p_n-Zustände bilden Hybridzustände. Wir nehmen an, der p_n-Zustand sei in z-Richtung orientiert. Die anderen p_n-Zustände bleiben unverändert. Wir betrachten hier den besonders symmetrischen Fall, in dem die beiden Hybride von identischer Form, aber entgegengesetzter Orientierung sind. Das ist ein Modell für die Bindungen (soweit sie auf Hybriden im Kohlenstoffatom beruhen) im Kohlendioxidmolekül CO_2.

Wir konstruieren zunächst zwei p_n-Zustände mit den Orientierungen z und $-z$, d. h. mit $\vartheta_a = 0$ und $\vartheta_a = 180°$. (Wir schreiben den Zuständen $\phi_a = 0$ zu, obwohl bei den gegebenen Werten von ϑ_a der Winkel ϕ_a nicht spezifiziert werden muss.) Aus der allgemeinen Superposition des vorigen Abschnitts erhalten wir

$$p_{n1} \;=\; p_n(\vartheta_a = 0, \phi_a = 0) = p_{nz} \quad,$$
$$p_{n2} \;=\; p_n(\vartheta_a = 180°, \phi_a = 0) = -p_{nz} \quad.$$

Daraus und aus dem s_n-Zustand bilden wir die beiden orthonormalen Superpositionen

$$h_{n1} = \frac{1}{\sqrt{2}}(s_n + p_{nz}) \quad, \qquad h_{n2} = \frac{1}{\sqrt{2}}(s_n - p_{nz}) \quad.$$

In der allgemeinen Form $h_n(\lambda; \vartheta_a, \phi_a)$ geschrieben, sind diese Hybride durch die folgenden Hybridisierungsparameter und Orientierungsachsen gegeben:

$$\lambda_1 = 1 \quad, \qquad \vartheta_{a1} = 0 \quad, \qquad \phi_{a1} = 0 \quad,$$
$$\lambda_2 = 1 \quad, \qquad \vartheta_{a2} = 180° \quad, \qquad \phi_{a2} = 0 \quad.$$

Die Hybride wurden so konstruiert, dass die Ausdrücke $p_n(\vartheta_a, \phi_a)$ in Richtung der beiden Nachbaratome orientiert sind und dass der Betrag von λ die Orthonormierung sicherstellt. Wegen der hohen Symmetrie dieses Falles (und

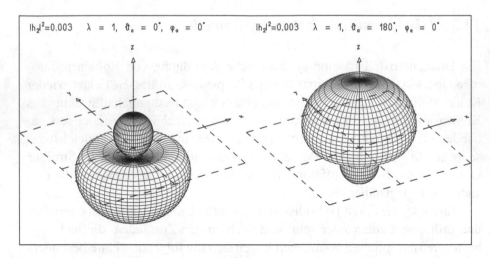

Abb. 14.7 sp-**Hybride für** $n = 2$: **Flächen konstanter Wahrscheinlichkeitsdichte von** $|h_{21}|^2$ **und** $|h_{22}|^2$.

der beiden weiter unten besprochenen Fälle) hat λ den gleichen Wert für alle Hybride (innerhalb eines Falles). Für $n = 2$ zeigen wir die beiden sp-Hybride als Flächen konstanter Wahrscheinlichkeitsdichte der Funktionen $|h_{21}|^2$ und $|h_{22}|^2$ in Abb. 14.7.

sp^2-**Hybridisierung** Der s_n-Zustand und *zwei* der p_n-Zustände bilden drei Hybridzustände. Wir nehmen an, dass diese p_n-Zustände in den Richtungen x und y orientiert sind. Wieder betrachten wir einen besonders symmetrischen Fall: Die Orientierungsachsen der Hybride liegen in der (x, y)-Ebene; jede bildet Winkel von $120°$ mit den beiden anderen. Wir konstruieren zunächst drei p_n-Zustände mit diesen Richtungen,

$$
\begin{aligned}
p_{n1} &= p_n(\vartheta_a = 90°, \phi_a = 0) = p_{nx} \quad, \\
p_{n2} &= p_n(\vartheta_a = 90°, \phi_a = 120°) = -\frac{1}{2}p_{nx} + \frac{\sqrt{3}}{2}p_{ny} \quad, \\
p_{n3} &= p_n(\vartheta_a = 90°, \phi_a = 240°) = -\frac{1}{2}p_{nx} - \frac{\sqrt{3}}{2}p_{ny} \quad.
\end{aligned}
$$

Durch Superposition mit s_n und Normierung erhalten wir die Hybride

$$
\begin{aligned}
h_{n1} &= \frac{1}{\sqrt{3}}\left(s_n + \sqrt{2}p_{nx}\right) \quad, \\
h_{n2} &= \frac{1}{\sqrt{3}}\left(s_n - \frac{1}{2}\sqrt{2}p_{nx} + \frac{1}{2}\sqrt{6}p_{ny}\right) \quad, \\
h_{n3} &= \frac{1}{\sqrt{3}}\left(s_n - \frac{1}{2}\sqrt{2}p_{nx} - \frac{1}{2}\sqrt{6}p_{ny}\right) \quad.
\end{aligned}
$$

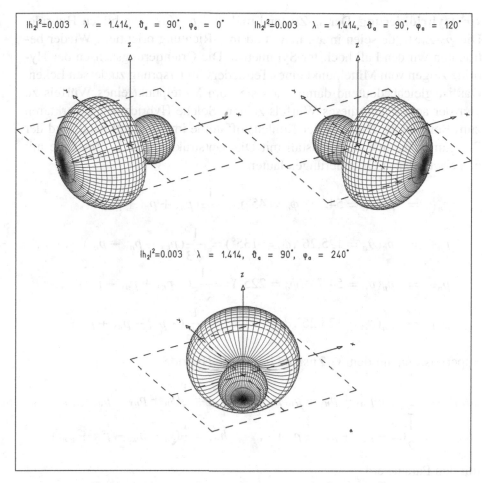

Abb. 14.8 Flächen konstanter Wahrscheinlichkeitsdichte der sp^2**-Hybride für** $n = 2$.

Sie sind durch die Parameter

$$
\begin{aligned}
\lambda_1 &= \sqrt{2} \ , & \vartheta_{a1} &= 90° \ , & \phi_{a1} &= 0 \ , \\
\lambda_2 &= \sqrt{2} \ , & \vartheta_{a2} &= 90° \ , & \phi_{a2} &= 120° \ , \\
\lambda_3 &= \sqrt{2} \ , & \vartheta_{a3} &= 90° \ , & \phi_{a3} &= 240°
\end{aligned}
$$

gekennzeichnet. Ein Beispiel für sp^2-Hybridisierung ist Graphit, das wir schon oben erwähnt haben. Die recht starke Bindung der Atome innerhalb einer Graphitebene wird durch diese Hybride erklärt. Verantwortlich für die deutlich schwächere Bindung zwischen den Ebenen ist das einzelne Elektron in jedem Atom, das im p_{nz}-Zustand verbleibt. Die sp^2-Hybride für $n = 2$ sind in Abb. 14.8 dargestellt.

sp^3-Hybridisierung Der s_n-Zustand und *drei* p_n-Zustände bilden Hybride. Die p_n-Zustände seien in x-, in y- und in z-Richtung orientiert. Wieder betrachten wir den Fall höchster Symmetrie: Die Orientierungsachsen der Hybride zeigen vom Mittelpunkt eines Tetraeders im Ursprung zu dessen Ecken. Das ist gleichbedeutend damit, dass sie vom Mittelpunkt eines Würfels zu vier der acht Ecken dieses Würfels zeigen. Solche Hybridzustände erklären zum Beispiel die Bindung der Kohlenstoffatome im Diamantkristall und der Siliziumatome in einem Kristall mit Diamantstruktur. Die p_n-Zustände mit den erwünschten Orientierungen lauten

$$p_{n1} = p_n(\vartheta_a = 54{,}74°, \phi_a = 45°) = \frac{1}{\sqrt{3}}(p_{nx} + p_{ny} + p_{nz}) \quad,$$

$$p_{n2} = p_n(\vartheta_a = 125{,}26°, \phi_a = 135°) = \frac{1}{\sqrt{3}}(p_{nx} - p_{ny} - p_{nz}) \quad,$$

$$p_{n3} = p_n(\vartheta_a = 54{,}74°, \phi_a = 225°) = \frac{1}{\sqrt{3}}(-p_{nx} + p_{ny} - p_{nz}) \quad,$$

$$p_{n4} = p_n(\vartheta_a = 125{,}26°, \phi_a = 315°) = \frac{1}{\sqrt{3}}(-p_{nx} - p_{ny} + p_{nz}) \quad.$$

Superposition mit dem s_n-Zustand liefert die Hybride

$$h_{n1} = \frac{1}{2}(s_n + p_{nx} + p_{ny} + p_{nz}) \quad, \qquad h_{n2} = \frac{1}{2}(s_n + p_{nx} - p_{ny} - p_{nz}) \quad,$$

$$h_{n3} = \frac{1}{2}(s_n - p_{nx} + p_{ny} - p_{nz}) \quad, \qquad h_{n4} = \frac{1}{2}(s_n - p_{nx} - p_{ny} + p_{nz})$$

mit den Parametern

$$\begin{aligned}
\lambda_1 &= \sqrt{3} \;, & \vartheta_{a1} &= 54{,}74° \;, & \phi_{a1} &= 45° \;, \\
\lambda_2 &= \sqrt{3} \;, & \vartheta_{a2} &= 125{,}26° \;, & \phi_{a2} &= 135° \;, \\
\lambda_3 &= \sqrt{3} \;, & \vartheta_{a3} &= 54{,}74° \;, & \phi_{a3} &= 225° \;, \\
\lambda_4 &= \sqrt{3} \;, & \vartheta_{a4} &= 125{,}26° \;, & \phi_{a4} &= 315° \;.
\end{aligned}$$

Die sp^3-Hybride sind in Abb. 14.9 dargestellt.

Hybride für $n = 3$ Unsere bisher gezeigten Graphiken von Hybriden bezogen sich auf die Hauptquantenzahl $n = 2$; sie betrafen Elemente aus der zweiten Periode des Periodensystems, insbesondere den Kohlenstoff, für den wir mehrere Beispiele angaben. Gehen wir zur dritten Periode und insbesondere zum Silizium über, so müssen nur die radialen Wellenfunktionen geändert werden. Sie sind dann $R_{30}(r)$ und $R_{31}(r)$ statt $R_{20}(r)$ und $R_{21}(r)$. Diese Funktionen zeigen mehr Nullstellen in der radialen Koordinate r. Auch reichen sie in r weiter nach außen. Schließlich beschreiben sie Elektronen in der dritten Schale.

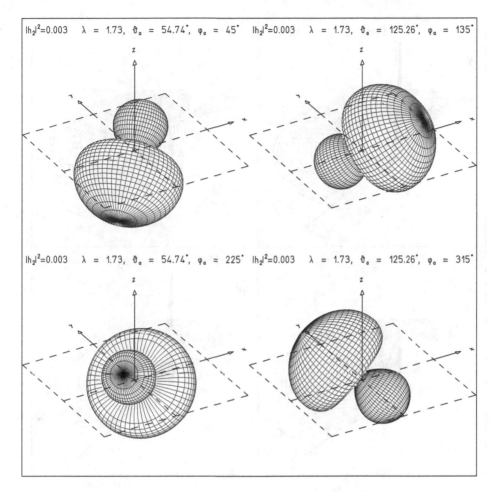

$|h_2|^2 = 0.003 \quad \lambda = 1.73, \quad \vartheta_o = 54.74°, \quad \varphi_o = 45°$ $|h_2|^2 = 0.003 \quad \lambda = 1.73, \quad \vartheta_o = 125.26°, \quad \varphi_o = 135°$

$|h_2|^2 = 0.003 \quad \lambda = 1.73, \quad \vartheta_o = 54.74°, \quad \varphi_o = 225°$ $|h_2|^2 = 0.003 \quad \lambda = 1.73, \quad \vartheta_o = 125.26°, \quad \varphi_o = 315°$

Abb. 14.9 Flächen konstanter Wahrscheinlichkeitsdichte der sp^3-Hybride für $n = 2$.

In Abb. 14.10 zeigen wir die Funktionen s_3, p_3 sowie die als deren Linearkombination gebildete sp^3-Hybridwellenfunktion h_3 und die zugehörige räumliche Wahrscheinlichkeitsdichte $|h_2|^2$. (Die entsprechenden Funktionen für $n = 2$ wurden schon in Abb. 14.1 dargestellt.) Die Funktionen h_3 und $|h_3|^2$ findet man in Form von Konturlinien auch in Abb. 14.11. Die Wahrscheinlichkeitsdichte erstreckt sich am weitesten in Richtung der negativen z-Achse, wesentlich weiter als im Fall $n = 2$. Wegen der vergleichsweise komplizierten Form der radialen Wellenfunktion gibt es eine interessante Struktur im Innenbereich, also für kleine Werte von r. Da sich gerade da aber die Elektronen der inneren Schalen aufhalten, trifft unsere Annahme perfekter Abschirmung dort sicher nicht zu. Wir erwarten also nicht, dass unsere einfache Rechnung nahe am Kern ein realistisches Bild liefert. Andererseits ist gerade der Außenbereich für die chemische Bindung von Bedeutung.

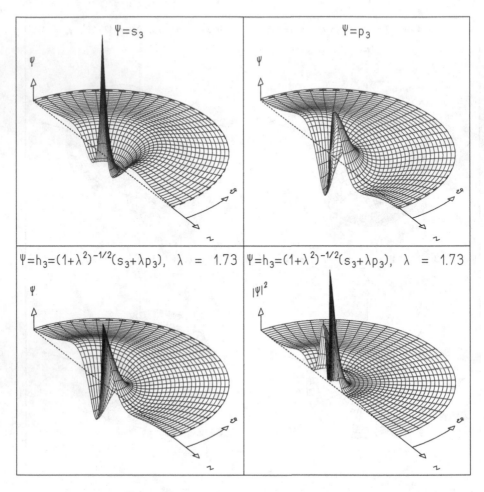

Abb. 14.10 Die Wellenfunktionen $\psi = s_3$, $\psi = p_3$, deren Superposition $\psi = h_3$ und ihr Absolutquadrat, die Wahrscheinlichkeitsdichte $|\psi|^2 = |h_3|^2$. Die Skala in der (r, ϑ)-Ebene ist verschieden von der in Abb. 14.1; die hier gezeigten Funktionen reichen weiter nach außen.

Die volle Raumstruktur von $|h_3|^2$ wird in Abb. 14.12 besonders deutlich, in der $|h_3|^2$ als Fläche konstanter Wahrscheinlichkeitsdichte dargestellt ist. Wie schon oben für Kohlenstoff, können wir für Silizium sp-, sp^2- und sp^3-Hybride konstruieren. Dabei gelten die gleichen Regeln für die Hybridisierungsparameter λ und die räumlichen Orientierungen. Für die Abbildungen 14.10 bis 14.12 haben wir die Parameter eines in $(-z)$-Richtung orientierten sp^3-Hybrids gewählt.

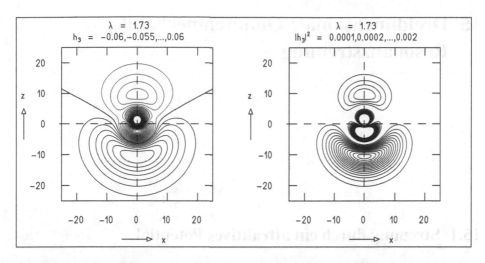

Abb. 14.11 Die Funktionen $\psi = h_3$ und $|\psi|^2 = |h_3|^2$ aus Abb. 14.10 sind hier als Serien von Konturlinien in der (x, z)-Ebene dargestellt. Die Funktionswerte sind positiv auf den breiten (im E-Book blauen) Linien, negativ auf den dünnen (magentafarbenen) Linien und verschwinden auf der sehr breiten (roten) Linie. Die Längeneinheit für die Skalen in x und z ist der Bohrsche Radius.

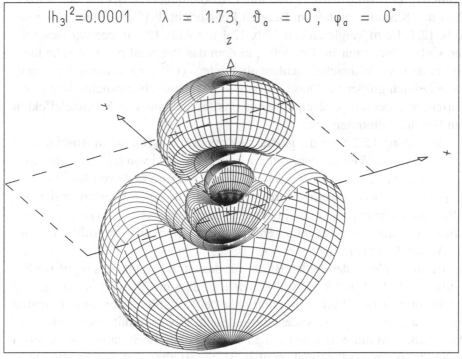

Abb. 14.12 Fläche konstanter Wahrscheinlichkeitsdichte des sp^3-Hybrids zu $n = 3$, dargestellt für den Halbraum $y > 0$.

15 Dreidimensionale Quantenmechanik: Resonanzstreuung

15.1 Streuung durch ein attraktives Potential

Wir kehren jetzt zu unserer Besprechung der Streuung in drei Dimensionen zurück. In Kap. 12 haben wir nur die Streuung an einem repulsiven Potential betrachtet. Wir untersuchen jetzt die Erscheinungen, die bei attraktivem Potential auftreten.

In Abb. 15.1 zeigen wir die Wellenfunktion $\varphi_{\mathbf{k}}^{(+)}(\mathbf{r})$ durch Graphen ihres Realteils, ihres Imaginärteils und ihres Absolutquadrats. Bis auf das Vorzeichen des Kastenpotentials im Bereich I entspricht die Darstellung völlig der Abb. 12.1. Beim Vergleich von Abb. 12.1 mit Abb. 15.1 finden wir wesentliche Unterschiede nur im Bereich I, in dem das Potential nicht verschwindet und in dem die Wahrscheinlichkeitsdichte $|\varphi_{\mathbf{k}}^{(+)}(\mathbf{r})|^2$ für das attraktive Potential erheblich größer ist. Diese größere Wahrscheinlichkeitsdichte war zu erwarten, weil beim repulsiven Potential das Teilchen nur durch Tunneleffekt in den Bereich I eintreten kann.

Abbildung 15.2 zeigt die gestreute Kugelwelle $\eta_{\mathbf{k}}(\mathbf{r})$, die in Abschn. 12.2 definiert wurde. Wieder beobachten wir, dass das Bild von $|\varphi_{\mathbf{k}}^{(+)}(\mathbf{r})|^2$ eine wellige Struktur zeigt, nicht aber das von $|\eta_{\mathbf{k}}(\mathbf{r})|^2$. Wie am Ende von Abschn. 12.1 besprochen, wird die wellige Struktur in $|\varphi_{\mathbf{k}}^{(+)}(\mathbf{r})|^2$ durch Interferenz der einfallenden Welle $\exp(i\mathbf{k} \cdot \mathbf{r})$ und der gestreuten Kugelwelle $\eta_{\mathbf{k}}(\mathbf{r})$ erzeugt. Das Absolutquadrat von $\eta_{\mathbf{k}}(\mathbf{r})$ zeigt keine solchen Wellen und für große r tritt nur ein Abfall der Form $|f(\vartheta)|^2/r^2$ auf.

Beim Vergleich der beiden Bilder für das attraktive und das repulsive Potential (Abb. 15.1 und 12.1) stellen wir fest, dass die Vorwärtsstreuung, also die Streuung in den Winkelbereich ϑ nahe bei Null, für das repulsive Potential nur Schattenstreuung ist. Anders ausgedrückt, gibt es unmittelbar hinter dem Potentialkasten nur eine sehr geringe Wahrscheinlichkeit dafür, das Teilchen zu finden, wenn das Potential repulsiv ist. Sie ist aber groß für ein attraktives Potential, weil das Teilchen dieses leicht durchlaufen kann.

Re $\{e^{ikz} + \sum_{l=0}^{L} \eta_l(r, \vartheta)\}$, L = 5

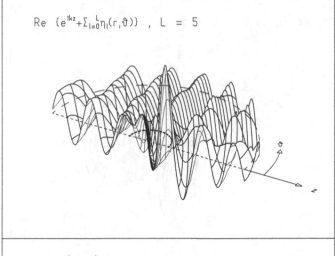

Im $\{e^{ikz} + \sum_{l=0}^{L} \eta_l(r, \vartheta)\}$, L = 5

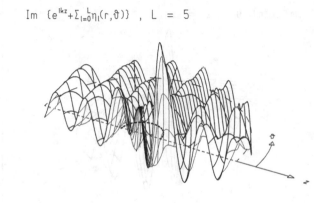

$|e^{ikz} + \sum_{l=0}^{L} \eta_l(r, \vartheta)|^2$, L = 5

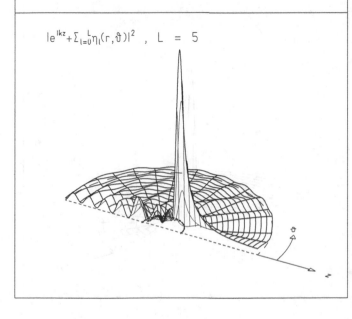

Abb. 15.1
Streuung einer ebe-
nen Welle, die von
links entlang der
z-Richtung auf ein
attraktives Potential
einfällt. Das Potenti-
al ist auf den Be-
reich $r < d$, angedeu-
tet durch den klei-
nen Halbkreis, be-
schränkt. Dargestellt
sind der Realteil, der
Imaginärteil und das
Absolutquadrat der
Wellenfunktion $\varphi_k^{(+)}$.
Die Abbildung ent-
spricht völlig dem
in Abb. 12.1 dar-
gestellten Fall bis
auf die Vertauschung
$V_0 \rightarrow -V_0$ im streu-
enden Potential.

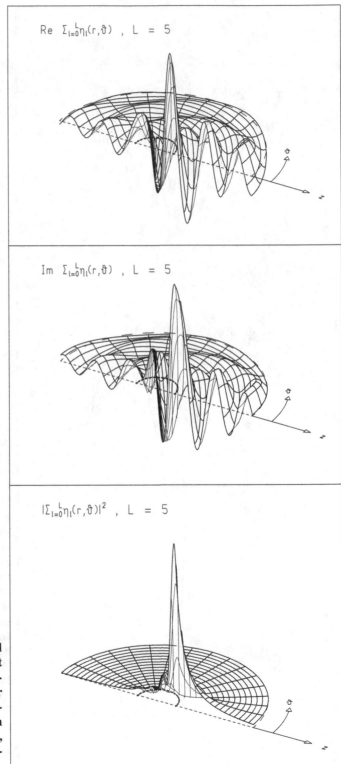

Abb. 15.2
Realteil, Imaginärteil und Absolutquadrat der gestreuten Kugelwelle η_k, die bei der Streuung einer ebenen Welle an einem attraktiven Potential, wie in Abb. 15.1 dargestellt, auftritt.

15.2 Resonanzstreuung

Im vorangestellten Beispiel war die Energie der einlaufenden Welle zufällig gewählt worden. Wir wollen jetzt die Streuung einer ebenen Welle mit der speziellen Energie E_{res} durch das attraktive Potential, das schon für die Abbildungen 15.1 und 15.2 benutzt wurde, untersuchen. Ein systematischer Weg, mit dem diese spezielle Energie E_{res} gefunden wird, wird in Abschn. 15.3 angegeben werden.

Real- und Imaginärteil der Wellenfunktion $\varphi_k^{(+)}(\mathbf{r})$ mit der speziellen Energie E_{res} sind in Abb. 15.3 dargestellt, wie auch $|\varphi_k^{(+)}|^2$. Anders als in Abb. 15.1 tritt jetzt eine ziemlich symmetrische Struktur im Bereich des attraktiven Potentials auf. Diese Symmetrie wird auch in den Darstellungen der gestreuten Kugelwelle $\eta_k(\mathbf{r})$ in Abb. 15.4 deutlich.

Um den Ursprung dieser beherrschenden symmetrischen Struktur aufzuklären, untersuchen wir die gestreuten Partialwellen η_ℓ, die in Abschn. 12.2 eingeführt wurden. Ihre Real- und Imaginärteile sind in Abb. 15.5 dargestellt und machen deutlich, dass der dominante Beitrag von der gestreuten Partialwelle zu Drehimpuls $\ell = 3$ herrührt. Da gestreute Partialwellen nur für kleine Werte von ℓ wesentlich von Null verschieden sind – in unserem Beispiel für $\ell = 0, 1, 2, 3$ – dominiert ganz offensichtlich in der Nähe des Potentialbereichs die Welle η_3 sowohl das Verhalten der Wellenfunktion $\varphi_k^{(+)}$ wie auch das der gestreuten Kugelwelle η_k.

15.3 Phasenanalyse

In diesem Abschnitt untersuchen wir die Energieabhängigkeit der partiellen Wirkungsquerschnitte $\sigma_\ell(E)$, der Streuphasen $\delta_\ell(E)$ und der partiellen Streuamplituden $f_\ell(E)$ für die Streuung an einem attraktiven Potential. Die Parameter des Potentials sind dieselben wie in Abb. 15.3 bis 15.5.

In Abb. 15.6 sind die partiellen Wirkungsquerschnitte als Funktion der Energie für $\ell = 0, 1, \ldots, 5$ dargestellt. Die auffälligste Struktur in dieser Abbildung ist das deutlich ausgeprägte Maximum in der Energieabhängigkeit von σ_3. Dieses Maximum erzeugt seinerseits ein Maximum im totalen Wirkungsquerschnitt σ_{tot}, der als oberstes Teilbild in Abb. 15.6 dargestellt ist. Die Energie dieses Maximums liegt sehr nahe bei der Energie E_{res}, bei der wir die auffällige Struktur in $\eta_3(\mathbf{r})$ in Abb. 15.5 beobachtet haben. Genau diese Struktur dominierte das Verhalten der Funktionen $\varphi_k^{(+)}(\mathbf{r})$ und $\eta_k(\mathbf{r})$. Zur weiteren Untersuchung dieser Erscheinung betrachten wir jetzt die Streuphasen $\delta_\ell(E)$ in Abb. 15.7. Außer für $\ell = 3$ zeigen die Streuphasen ein ziemlich glattes Verhalten. Die Phase δ_3 steigt aber in der Nähe von E_{res} stark an und geht

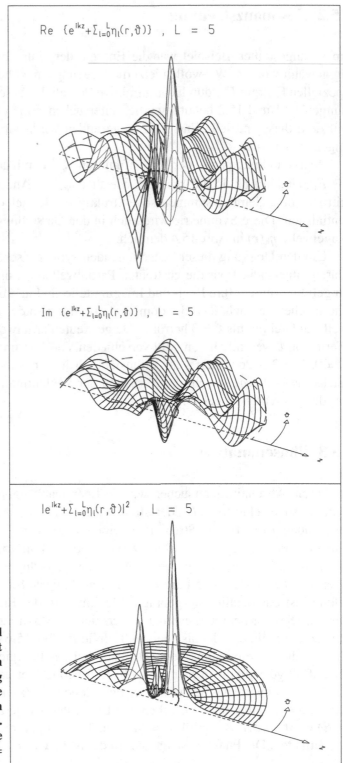

Abb. 15.3
Realteil, Imaginärteil und Absolutquadrat der Wellenfunktion $\varphi_k^{(+)}$ bei der Streuung einer ebenen Welle an einem attraktiven Potential wie in Abb. 15.1, jedoch für die Resonanzenergie $E = E_{res}$ der Welle.

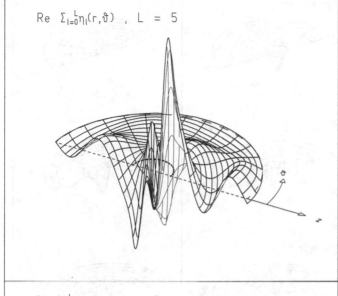

Re $\Sigma_{l=0}^{L}\eta_l(r,\vartheta)$, L = 5

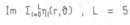

Im $\Sigma_{l=0}^{L}\eta_l(r,\vartheta)$, L = 5

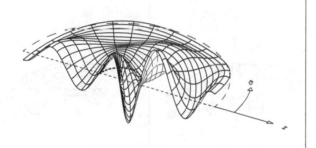

$|\Sigma_{l=0}^{L}\eta_l(r,\vartheta)|^2$, L = 5

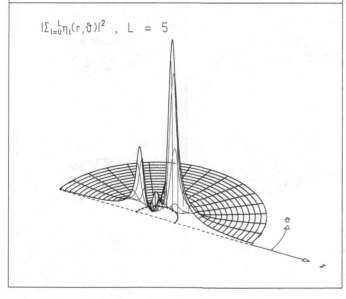

Abb. 15.4
Realteil, Imaginärteil
und Absolutquadrat
der gestreuten Kugel-
welle η_k**, die bei der**
Streuung einer ebe-
nen Welle bei der
Resonanzenergie $E =$
E_{res} **durch das auch**
für Abb. 15.3 benutz-
te attraktive Potential
auftritt.

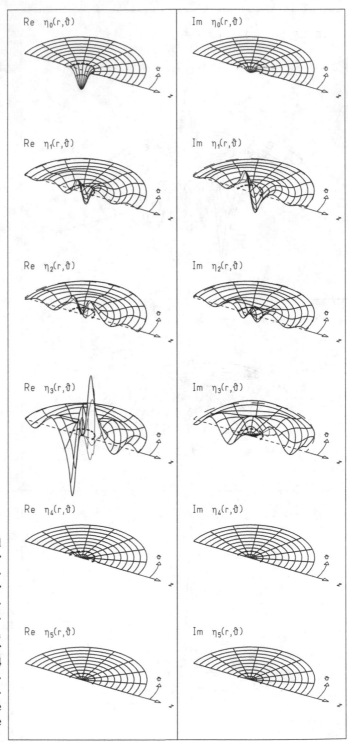

Abb. 15.5 Real- und Imaginärteile der gestreuten Partialwellen η_ℓ**, die bei der Streuung einer ebenen Welle der Resonanzenergie** $E = E_{\text{res}}$ **an dem auch für Abb. 15.3 und 15.4 benutzten attraktiven Potential auftreten. Die resonante Partialwelle ist die mit** $\ell = 3$**.**

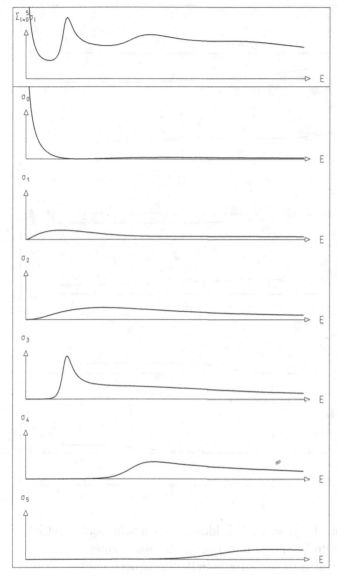

Abb. 15.6 Partielle Wirkungsquerschnitte $\sigma_\ell(E)$ und totaler Wirkungsquerschnitt $\sigma_{\text{tot}}(E)$, angenähert als Summe über die ersten partiellen Wirkungsquerschnitte, für die Streuung einer ebenen Welle der Energie E an einem attraktiven Potential wie in Abb. 15.1 bis 15.5. Für die Resonanzenergie $E = E_{\text{res}}$ tritt ein scharfes Maximum in σ_3 auf, das sich auch in σ_{tot}, berechnet als Summe über die ersten sechs partiellen Wirkungsquerschnitte, (oberes Teilbild) widerspiegelt.

durch den Wert $\pi/2$ bei E_{res}. Aus den Streuphasen δ_ℓ konstruieren wir jetzt die komplexen partiellen Streuamplituden f_ℓ, wie in Abschn. 12.3 beschrieben.

Abbildung 15.8 zeigt die entsprechenden Argand-Diagramme für die komplexen Funktionen $f_\ell(E)$. Das Argand-Diagramm für $f_3(E)$ zeigt eine rasche Bewegung des Punktes f_3 im Gegenuhrzeigersinn in der komplexen Ebene im Bereich der Resonanzenergie E_{res}. Wie wir aus Beispielen der eindimensionalen Streuung (Abschn. 5.5) wissen, ist das ein deutliches Kennzeichen für einen Resonanzstreuprozess. Während die Phase durch $\pi/2$ ansteigt, geht der Realteil in einem starken Abfall durch Null und der Imaginärteil

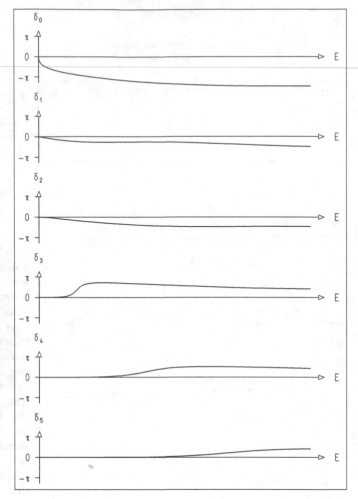

Abb. 15.7 Streupha-sen $\delta_\ell(E)$ **für die gleiche physikali-sche Situation wie in Abb. 15.6. Für** $E = 0$ **ist** $\delta_\ell(0) = 0$ **gesetzt. Alle Streu-phasen mit Ausnah-me von** δ_3 **ver-ändern sich nur langsam mit der Energie. Nahe bei** $E = E_{\text{res}}$ **wächst die Phase** $\delta_3(E)$ **steil an und geht durch** $\delta_3(E = E_{\text{res}}) = \pi/2$, **vgl. auch das unte-re rechte Teilbild in Abb. 15.8.**

nimmt ein Maximum an, Im $f_\ell = 1$. Abbildung 15.8 macht auch deutlich, dass keine der Streuamplituden f_0, f_1 und f_2 eine Resonanz zeigt.

Von besonderem Interesse ist der differentielle Streuquerschnitt

$$\frac{\mathrm{d}\sigma}{\mathrm{d}\Omega} = |f(\vartheta)|^2$$

mit

$$f(\vartheta) = \frac{1}{k} \sum_{\ell=0}^{\infty} (2\ell + 1) f_\ell(k) P_\ell(\cos\vartheta) \quad .$$

Der differentielle Streuquerschnitt zeigt den Drehimpuls von Resonanzen an. Wenn im Bereich der Resonanzenergie die Absolutbeträge aller partiellen Streuamplituden f_ℓ mit Ausnahme der resonanten Streuamplitude klein sind, so wird der differentielle Streuquerschnitt durch das Quadrat des Legendre-Polynoms festgelegt, das dem Drehimpuls der Resonanz entspricht. Das

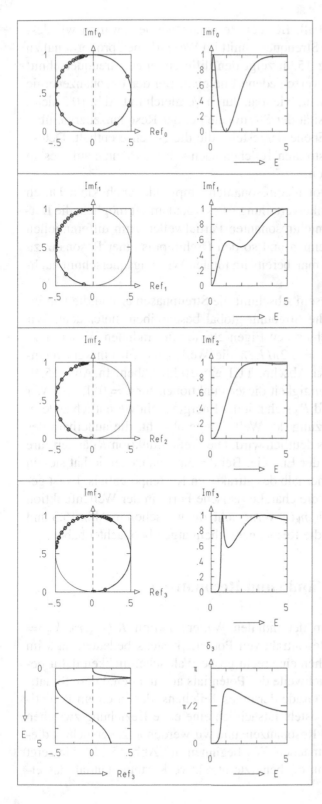

Abb. 15.8
Argand-Diagramme, das heißt Diagramme der Energieabhängigkeit der komplexen partiellen Streuamplituden $f_\ell(E)$ für die Streuung einer ebenen Welle der Energie E an einem attraktiven Potential wie in Abb. 15.1 bis 15.7 für $\ell = 0, 1, 2, 3$. Die Amplitude f_ℓ bewegt sich auf einem Kreis in der komplexen Ebene. An in der Energie äquidistanten Stellen sind auf dem Kreis kleine Punkte angebracht. Für die nichtresonanten Partialwellen $\ell = 0, 1, 2$ ist nur das Argand-Diagramm selbst und seine Projektion auf die $(E, \operatorname{Im} f_\ell)$-Ebene dargestellt. Die Funktion $\operatorname{Im} f_\ell(E)$ ist eng mit dem partiellen Wirkungsquerschnitt $\sigma_\ell(E)$ verknüpft. Für die resonante Welle $\ell = 3$ werden die Projektionen auf $\operatorname{Im} f_\ell(E)$ und auf $\operatorname{Re} f_\ell(E)$ sowie zusätzlich die Streuphase $\delta_3(E)$ dargestellt. In der Nähe der Resonanzenergie $E = E_{\text{res}}$ führt die Streuamplitude $f_3(E)$ eine rasche Bewegung im Gegenuhrzeigersinn durch den Punkt $(0, 1)$ in der komplexen Ebene aus. Das führt zu (1) dem ausgeprägten Maximum in $\operatorname{Im} f_3(E_{\text{res}})$, (2) dem scharfen Abfall von $\operatorname{Re} f_3(E)$ durch den Punkt $\operatorname{Re} f_3(E_{\text{res}}) = 0$ und (3) dem scharfen Anstieg von $\delta_3(E)$ durch den Punkt $\delta_3(E_{\text{res}}) = \pi/2$.

ist für unser Beispiel der Fall. Bei der Resonanzenergie erwarten wir deshalb, dass der differentielle Streuquerschnitt im Wesentlichen proportional zu $[P_3(\cos \vartheta)]^2$ ist. Abbildung 15.9b zeigt den differentiellen Streuquerschnitt als Funktion von $\cos \vartheta$ für verschiedene Energien. Bei der Resonanzenergie ähnelt er tatsächlich $(P_3)^2$ sehr, wie man durch Vergleich mit Abb. 10.3 sieht. In Abb. 15.9a ist die Intensität der Streuwelle bei der Resonanzenergie über einem Halbkreis in einer Ebene dargestellt, die die z-Achse enthält. Detektoren, die den Fluss der gestreuten Teilchen nachweisen, könnten auf diesem Halbkreis angebracht werden.

Oft ist der Untergrund von nichtresonanten Amplituden nicht klein. Durch sorgfältige Analyse der Winkelverteilung ist es trotzdem oft möglich, die Beiträge von resonanten und nichtresonanten Partialwellen zum differentiellen Wirkungsquerschnitt zu trennen und so den Drehimpuls einer Resonanz zu bestimmen, deren Existenz man bereits im totalen Wirkungsquerschnitt nachgewiesen hat.

Bisher haben wir in diesem Abschnitt die Streuphasen δ_ℓ und die von ihr abgeleiteten Größen, die die Streuung global beschreiben, untersucht. Wir wenden uns jetzt im Einzelnen den Eigenschaften der radialen Wellenfunktion $R_\ell(k,r)$ zu. Hier ist $k = \sqrt{2ME}/\hbar$ die Wellenzahl für ein verschwindendes Potential, die wir in Abschn. 11.1 eingeführt haben. In Abb. 15.10 zeigen wir die Energieabhängigkeit dieser Funktionen für $\ell = 0, 1, 2, 3$. Wir beobachten, dass R_0, R_1 und R_2 sich mit der Energie nicht wesentlich ändern, wenn man von der Verkürzung der Wellenlänge absieht, die außerhalb des Potentialbereichs besonders deutlich wird. Die Wellenfunktion R_3 ändert ihre Form jedoch drastisch mit der Energie. Bei der Resonanzenergie hat sie ein ausgeprägtes Maximum innerhalb des attraktiven Kastenpotentials. Es ist gerade dieses Maximum, das die charakteristische Form in der Wellenfunktion $\varphi_{\mathbf{k}}^{(+)}(\mathbf{r})$ und in der Streuwelle $\eta_{\mathbf{k}}(\mathbf{r})$ verursacht, die wir schon in Abb. 15.3 und 15.4 bei der Einführung in die Resonanzerscheinungen beobachtet haben.

15.4 Gebundene Zustände und Resonanzen

Das ausgeprägte Maximum der radialen Wellenfunktion $R_3(k_{\text{res}}, r)$, $k_{\text{res}} = \sqrt{2ME_{\text{res}}}/\hbar$, im Bereich des attraktiven Potentialkastens bedeutet, dass im Resonanzzustand das Teilchen eine recht große Wahrscheinlichkeit dafür besitzt, sich innerhalb der Reichweite des Potentials aufzuhalten. Diese Situation ähnelt bis zu gewissem Grade der eines Teilchens, das in einem Potentialkasten gebunden ist. Es besteht tatsächlich eine enge Beziehung zwischen gebundenen Zuständen und Resonanzen, und wir werden jetzt versuchen, diesen Zusammenhang klarzumachen. Wir beginnen mit Abb. 15.11d. Sie zeigt das in diesem Kapitel schon oft benutzte attraktive Kastenpotential, das ef-

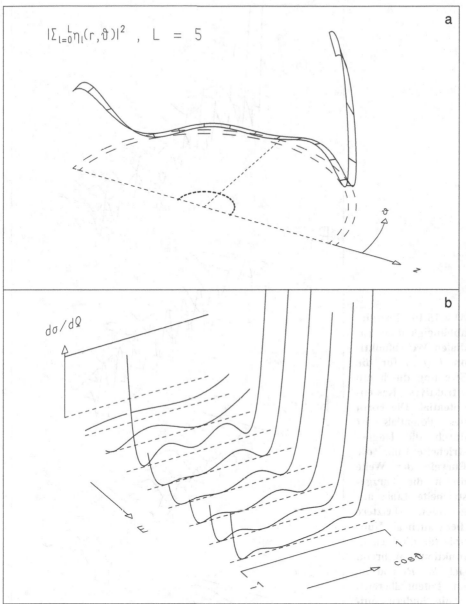

$|\Sigma_{l=0}^{L}\eta_l(r,\vartheta)|^2$, $L = 5$

$d\sigma/d\Omega$

E

$\cos\vartheta$

Abb. 15.9 (a) Intensität der gestreuten Kugelwelle, die bei der Streuung einer ebenen Welle auftritt, die in z-Richtung auf ein attraktives Potential auftrifft. Das Potential ist auf den Bereich $r < d$ beschränkt, der durch den gestrichelten Halbkreis angedeutet ist. Die Intensität weit außerhalb des Potentialbereichs ist eine Funktion des Streuwinkels ϑ. Die Energie der einfallenden Welle ist die Resonanzenergie $E = E_{\mathrm{res}}$. (b) Energieabhängigkeit des differentiellen Streuquerschnitts $d\sigma/d\Omega$, dargestellt über einer linearen Skala in $\cos\vartheta$. Der differentielle Streuquerschnitt ist konstant in $\cos\vartheta$, d. h. die Streuung ist isotrop, für $E \approx 0$ (im Hintergrund). Bei der Resonanzenergie $E = E_{\mathrm{res}}$ (vierte Linie von hinten) ist er in guter Näherung durch das Quadrat des Legendre-Polynoms $P_3(\cos\vartheta)$ gegeben, weil die partielle Streuamplitude f_3 dort den Querschnitt dominiert.

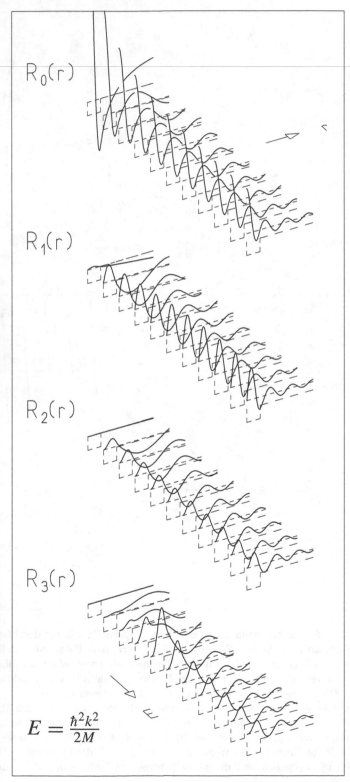

Abb. 15.10 Energie-abhängigkeit der radialen Wellenfunktion $R_\ell(k,r)$ für die Streuung durch ein attraktives Kastenpotential. Die Form des Potentials ist durch die langgestrichelte Linie, die Energie der Welle durch die kurzgestrichelte Linie angedeutet. Letztere dient auch als Nulllinie für die Wellenfunktion. Während sich R_0, R_1 und R_2 im Potentialbereich wenig ändern, entwickelt R_3 in der Nähe der Energie E_{res} ein ausgeprägtes Maximum. Außerhalb des Potentialbereichs zeigen alle Wellenfunktionen die mit steigender Energie erwartete Verkürzung der Wellenlänge.

$$E = \frac{\hbar^2 k^2}{2M}$$

a   b   c   d

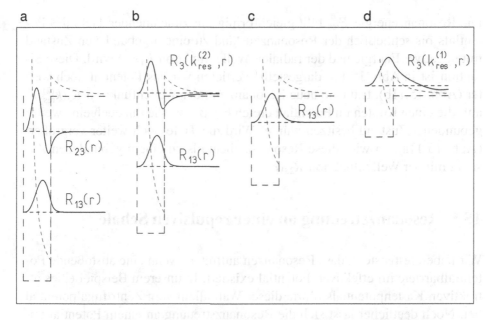

Abb. 15.11 Gebundene Zustände und Resonanzen in einem attraktiven Potentialkasten für die Drehimpulsquantenzahl $\ell = 3$. Die dargestellten Potentialkästen haben die gleiche Breite, aber verschiedene Tiefen. Das Potential $V(r)$ ist als langgestrichelte Linie dargestellt, das effektive Potential als kurzgestrichelte Linie. (a) Für ein vergleichsweise tiefes Potential gibt es zwei gebundene Zustände mit negativen Energien, die durch die horizontalen kurzgestrichelten Linien angedeutet sind. Der untere gebundene Zustand hat keinen radialen Knoten; der zweite hat einen Knoten. (b) In einem etwas flacheren Kasten existiert nur ein gebundener Zustand aber zusätzlich eine Resonanz. Die Resonanzenergie entspricht der horizontalen Linie bei positiver Energie. Die radiale Wellenfunktion $R_3(k_{\text{res}}^{(2)}, r)$ hat einen Knoten im Potentialbereich entsprechend dem zweiten gebundenen Zustand im Teilbild a. (c) Dieser Potentialkasten besitzt nur einen gebundenen Zustand. (d) Der gebundene Zustand aus Teilbild c tritt jetzt als Resonanz in Erscheinung. Seine Wellenfunktion ist $R_3(k_{\text{res}}^{(1)}, r)$. Die Resonanz ist die bereits in Abb. 15.3 bis 15.10 untersuchte.

fektive Potential für $\ell = 3$, die Energie der Resonanz und die radiale Wellenfunktion $R_3(k_{\text{res}}^{(1)}, r)$. Diese Darstellung erklärt, warum die Resonanzerscheinung auftritt. Wir erinnern uns aus der Einleitung zu Kap. 11 daran, dass das effektive Potential die Summe des Potentials $V(r)$ und des Zentrifugalpotentials $\hbar^2 \ell(\ell + 1)/(2Mr^2)$ ist. Damit besitzt das effektive Potential eine Barriere direkt außerhalb des Potentialkastens, d. h. ein Bereich, in dem V_ℓ^{eff} größer ist als E_{res}. Diese Barriere behindert das Teilchen beim Verlassen der Potentialregion. Ein solches Verlassen ist nur durch Tunneleffekt möglich. Die Barriere hat aber endliche Dicke, so dass sich das Teilchen, im Gegensatz zu einem Teilchen in einem gebundenen Zustand, auch weiter außen befinden kann. Bei der in diesem Teilbild benutzten Tiefe des Potentials existiert kein gebundener Zustand für $\ell = 3$. Wir vergrößern jetzt die Potentialtiefe.

Die Resonanzenergie E_{res} fällt gleichförmig mit zunehmender Tiefe des Potentials bis schließlich der Resonanzzustand zu einem gebundenen Zustand mit negativer Energie und der radialen Wellenfunktion $R_{13}(r)$ wird. Diese Situation ist in Abb. 15.11c dargestellt. Vertiefen wir das Potential noch weiter (Abb. 15.11b), tritt eine neue Resonanz mit der Wellenfunktion $R_3(k_{res}^{(2)}, r)$ auf, die einen Knoten im Potentialbereich besitzt, so wie ihn auch ein zweiter gebundener Zustand besitzen würde. Wird die Tiefe noch weiter vergrößert (Abb. 15.11a), so wird diese Resonanz ebenfalls zu einem gebundenen Zustand mit der Wellenfunktion $R_{23}(r)$.

15.5 Resonanzstreuung an einer repulsiven Schale

Wir haben festgestellt, dass Resonanzen auftreten, wenn eine abstoßende Potentialbarriere im effektiven Potential existiert. In unserem Beispiel eines attraktiven Kastenpotentials rührte dieser Wall allein vom Zentrifugalpotential her. Noch deutlicher lässt sich die Resonanzstreuung an einem Potential untersuchen, das die Form einer repulsiven Schale besitzt:

$$V(r) = \begin{cases} 0, & 0 \leq r < d_1 \\ V_0, & d_1 \leq r < d_2 \\ 0, & d_2 \leq r < \infty \end{cases}.$$

Dabei ist V_0 positiv und bezeichnet die Höhe des Potentials in der Schale. Das Schalenpotential ist ein kugelförmiger Potentialwall der Höhe V_0 mit dem inneren Radius d_1 und dem äußeren Radius d_2 um den Ursprung. Wir dürfen erwarten, dass dieser Wall Resonanzen bewirkt, und zwar unabhängig von einem Zentrifugalpotential.

Abbildung 15.12 zeigt den totalen Wirkungsquerschnitt σ_{tot} und die partiellen Wirkungsquerschnitte σ_ℓ und Abb. 15.13 zeigt die Streuphasen δ_ℓ für $\ell = 0, 1, \ldots, 5$. Die Resonanzen sind sehr deutlich sichtbar als Maxima in σ_ℓ und steile Anstiege in δ_ℓ. Für $\ell = 0, 1, 2, 3$ gibt es je zwei Resonanzen bei zwei verschiedenen Energien. Wir werden sie als erste und zweite Resonanz bezeichnen. Für $\ell = 4, 5$ sind im Energiebereich der Abbildung nur die ersten Resonanzen zu sehen. Die zweite Resonanz ist jeweils deutlich breiter in der Energie als die erste. Die Breite beider Resonanzen nimmt mit dem Drehimpuls ℓ zu. Es gibt auch einen sofort ins Auge fallenden Zusammenhang zwischen dem Drehimpuls und der Energie der ersten Resonanz. In einer durch die Energie E und den Drehimpuls ℓ aufgespannten Ebene fallen die ersten Resonanzen auf eine glatte Kurve, die *Regge-Trajektorie* heißt. Eine ähnliche Trajektorie existiert für die zweiten Resonanzen.

Im totalen Wirkungsquerschnitt, der ebenfalls in Abb. 15.12 dargestellt ist, treten die verschiedenen Resonanzen in den einzelnen Partialwellen als

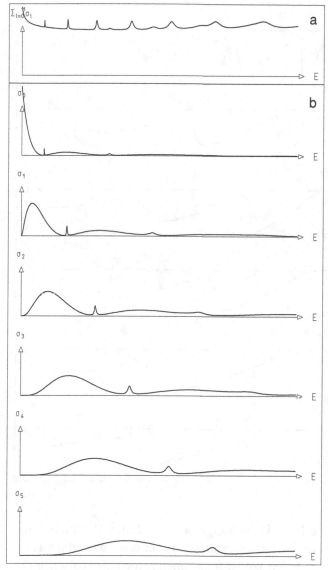

Abb. 15.12
Streuung an einer repulsiven Schale: Energieabhängigkeit der partiellen Wirkungsquerschnitte $\sigma_\ell(E)$ und des totalen Wirkungsquerschnitts $\sigma_{\text{tot}}(E)$, letzterer genähert durch die Summe über die ersten zwölf partiellen Wirkungsquerschnitte. Resonanzen für verschiedene Partialwellen werden als Maxima in σ_ℓ und in σ_{tot} sichtbar. Die Maxima für die jeweils erste Resonanz sind recht scharf, die für die zweite sind breiter. Die Resonanzen verschieben sich mit wachsender Drehimpulsquantenzahl ℓ systematisch zu höheren Energien. Der dargestellte Energiebereich erstreckt sich von $E = 0$ bis $E = 2V_0$.

Maxima auf. Solange sie hinreichend schmal sind, können sie leicht über dem glatten Untergrund erkannt werden.

Abbildung 15.14 enthält die Argand-Diagramme für die Partialwellenamplituden f_1 und f_2. Diese zeigen die Resonanzstrukturen, die wir schon aus dem unteren Teilbild von Abb. 15.8 kennen. In beiden Amplituden gibt es jetzt zwei Resonanzen, die sich durch eine rasche Bewegung von f_ℓ im Gegenuhrzeigersinn durch das Maximum eines Unitaritätskreises, d. h. durch den Punkt $\operatorname{Re} f_\ell = 0$, $\operatorname{Im} f_\ell = 1$ bemerkbar machen.

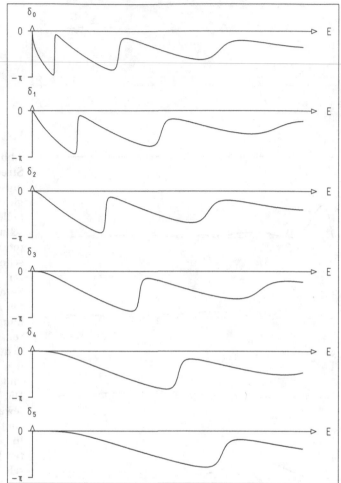

Abb. 15.13 Streuung an einer repulsiven Schale: Energieabhängigkeit der Streuphasen $\delta_\ell(E)$. Bei einer Resonanzenergie steigt die entsprechende Streuphase steil an und geht durch $-\pi/2$. Vergleiche auch Abb. 15.14. Der dargestellte Energiebereich erstreckt sich von $E = 0$ bis $E = 2V_0$.

In Abb. 15.15 wird die Energieabhängigkeit der radialen Wellenfunktionen $R_0(k,r)$ und $R_1(k,r)$ in Energieintervallen um die erste bzw. die zweite Resonanz dargestellt. Die radialen Wellenfunktionen zeigen die typischen Erhöhungen bei den Resonanzenergien. Da das Potential innerhalb der Schale verschwindet, hat die Wellenfunktion keinen Knoten in r für die erste Resonanz und einen Knoten für die zweite Resonanz.

Wir beschließen diesen Abschnitt mit Darstellungen der vollen stationären Wellenfunktion $\varphi_{\mathbf{k}}^{(+)}(\mathbf{r})$, der gestreuten Kugelwelle $\eta_k(\mathbf{r})$ und den gestreuten Partialwellen $\eta_\ell(\mathbf{r})$ zu $\ell = 1, 2, 3$ für einige Resonanzen. In jeder Abbildung wird die Ausdehnung der kugelförmigen Potentialschale durch zwei Halbkreise in der Nähe des Ursprungs angedeutet. Sie entsprechen der inneren bzw. der äußeren Begrenzung der Schale. Die erste Resonanz mit dem Drehimpuls $\ell = 1$ ist in Abb. 15.16 bis 15.18 dargestellt. In Abb. 15.18 beobachten wir, dass nur die gestreute Partialwelle für $\ell = 1$, d. h. η_1, ein Resonanzver-

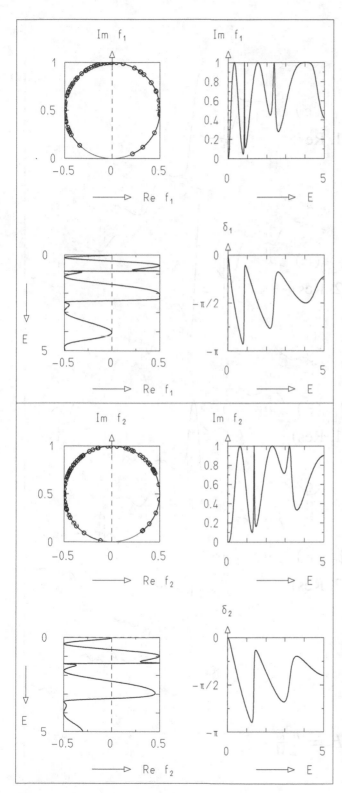

Abb. 15.14 Argand-Diagramme der komplexen partiellen Streuamplituden $f_1(E)$ **und** $f_2(E)$ **für die Streuung an einer repulsiven Schale. Wie in Abb. 15.12 und 15.13 erstreckt sich der dargestellte Energiebereich von** $E = 0$ **bis** $E = 2V_0$. **Bei den Resonanzen erfolgt eine rasche Drehung im Gegenuhrzeigersinn in der komplexen Ebene. Dabei geht** f_ℓ **durch den Punkt** $(0,1)$. **Es treten die charakteristischen Resonanzmuster in** $\text{Im} f_\ell(E)$, $\text{Re} f_\ell(E)$ **und** $\delta_\ell(E)$ **auf wie in Abb. 15.8 (unten). Wegen der Schalenform des Potentials gibt es im vorliegenden Fall mehr Resonanzen.**

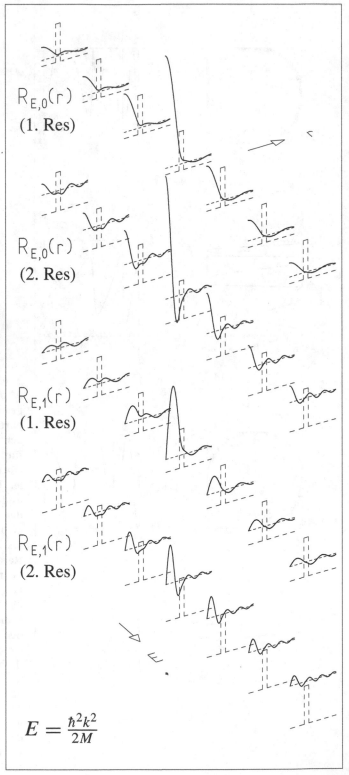

Abb. 15.15 Energieabhängigkeit der radialen Wellenfunktion $R_\ell(k,r)$ in beschränkten Energieintervallen, die die Resonanzen in $\ell = 0$ und $\ell = 1$ für die Streuung an einer repulsiven Schale enthalten. Die Form $V(r)$ des Potentials ist durch die langgestrichelte Linie angedeutet, die Energie E der Welle durch die kurzgestrichelte Linie. Das mittlere Diagramm jeder Serie entspricht der Resonanzenergie. Die Wellenfunktionen $R_\ell(k_{\mathrm{res}}, r)$ in diesen mittleren Diagrammen zeigen keinen Knoten bzw. einen Knoten innerhalb der Schale für die erste bzw. die zweite Resonanz.

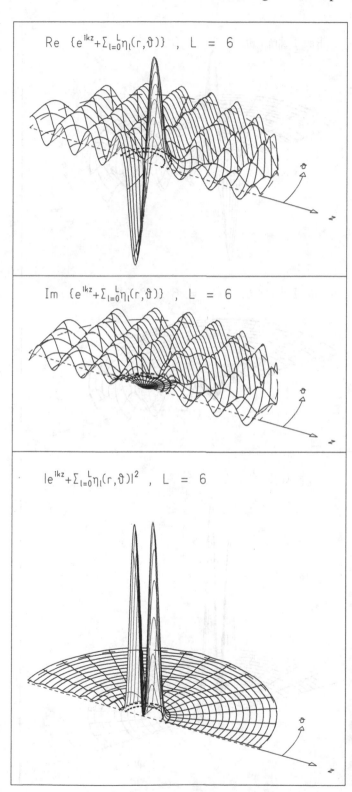

Abb. 15.16   Wellen-funktionen $\varphi_{\mathbf{k}}^{(+)}$ **für die Streuung einer ebenen Welle, die in** z**-Richtung auf eine repulsive Schale ein-fällt. Die Energie der einfallenden Welle ist die der ersten Reso-nanz in der Partial-welle** $\ell = 1$**. Die bei-den Halbkreise nahe der Mitte deuten den inneren bzw. äußeren Rand der Potential-schale an.**

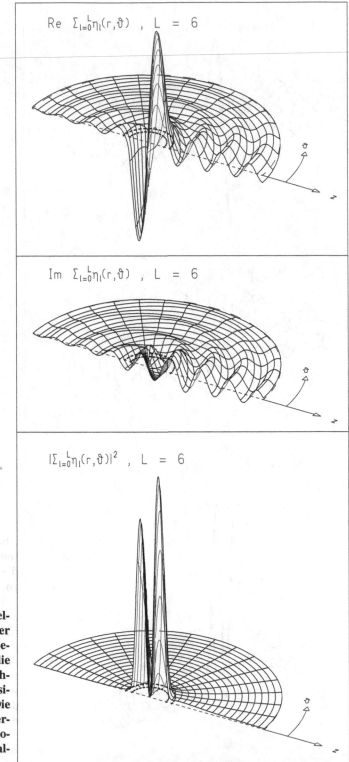

Abb. 15.17
Gestreute Kugelwelle η_k, **die bei der Streuung einer ebenen Welle auftritt, die entlang der** z-**Richtung auf eine repulsive Schale einfällt. Die Energie ist die Energie der ersten Resonanz in der Partialwelle** $\ell = 1$.

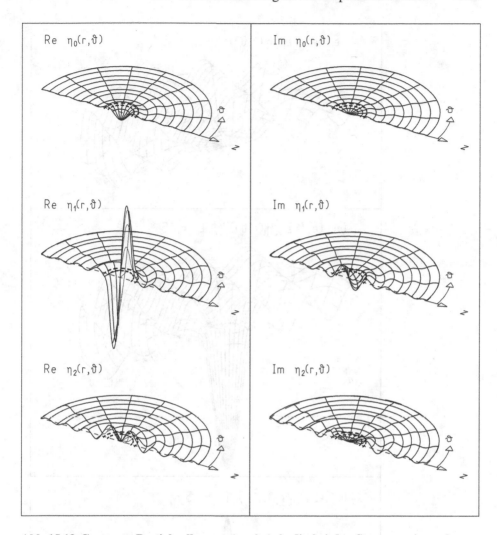

Abb. 15.18 Gestreute Partialwellen η_ℓ, $\ell = 0, 1, 2$, die bei der Streuung einer ebenen Welle auftreten, die entlang der z-Richtung auf eine repulsive Schale einfällt. Bei der gewählten Energie hat die Partialwelle η_1 ihre erste Resonanz.

halten zeigt. Sie hat keinen Knoten in r und ist damit die erste Resonanz. Sie hat aber einen Knoten im Polarwinkel ϑ bei $\vartheta = \pi/2$. Dieser wird durch das Legendre-Polynom $P_1(\cos\vartheta) = \cos\vartheta$ hervorgerufen, das die ϑ-Abhängigkeit von η_1, wie zu Beginn von Abschn. 12.2 besprochen, bestimmt. Die gestreute Kugelwelle $\eta_{\mathbf{k}}(\mathbf{r})$ in Abb. 15.17 erhält man durch Aufsummation der partiellen Streuwellen $\eta_\ell(\mathbf{r})$. Da der dominierende Term in dieser Summe $\eta_1(\mathbf{r})$ ist, ist es nicht weiter erstaunlich, dass die Struktur von $\eta_{\mathbf{k}}(\mathbf{r})$ im Zentralbereich die von $\eta_1(\mathbf{r})$ ist, also keinen Knoten in r, aber einen Knoten in ϑ zeigt. Selbst die volle stationäre Wellenfunktion $\varphi_{\mathbf{k}}^{(+)}(\mathbf{r})$, die in Abb. 15.16 dargestellt ist und die

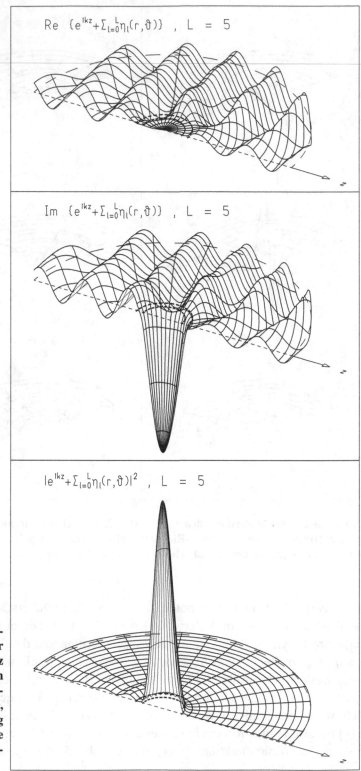

Abb. 15.19 Wellen-funktion $\varphi_k^{(+)}$ für die erste Resonanz in $\ell = 0$, die durch die Streuung einer ebenen Welle, die in z-Richtung auf eine repulsive Schale einfällt, erzeugt wird.

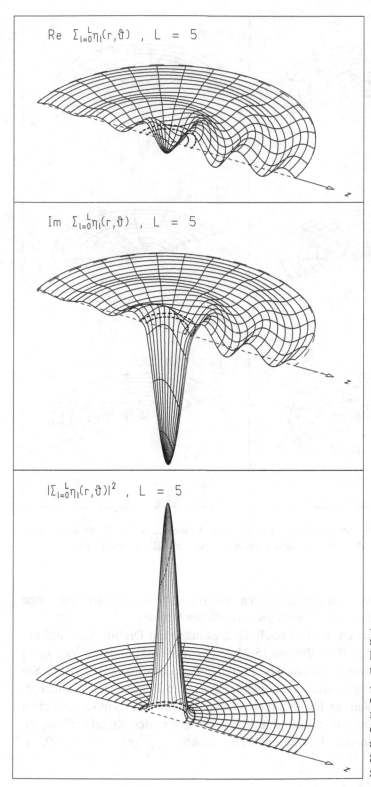

Abb. 15.20 Gestreute Kugelwelle η_k **für die erste Resonanz in** $\ell = 0$**, die durch die Streuung einer ebenen Welle, die in** z**-Richtung auf eine repulsive Schale einfällt, erzeugt wird.**

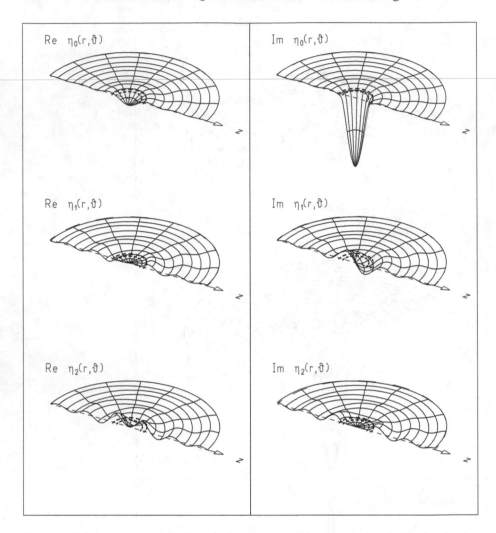

Abb. 15.21 Gestreute Partialwellen η_ℓ **für die erste Resonanz in** $\ell = 0$**, die durch eine ebene Welle, die in** z**-Richtung auf eine repulsive Schale einfällt, erzeugt wird.**

eine Superposition der einlaufenden harmonischen Welle und der gestreuten Kugelwelle $\eta_{\mathbf{k}}(\mathbf{r})$ ist, enthält noch viel von dieser Struktur.

Schließlich wenden wir uns noch der Resonanz mit Drehimpuls Null zu. Die Abbildungen 15.19, 15.20 und 15.21 zeigen die Funktionen $\varphi_{\mathbf{k}}^{(+)}(\mathbf{r})$, $\eta_{\mathbf{k}}(\mathbf{r})$ und $\eta_\ell(\mathbf{r})$ für die erste Resonanz. Die Partialwelle in Resonanz ist jetzt η_0. Sie hat keinen Knoten in ϑ, weil das Legendre-Polynom P_0 nicht von ϑ abhängt. Als eine erste Resonanz hat sie auch keinen Knoten in r. Diese einfachen Züge von η_0 sind auch noch sehr deutlich in der gestreuten Kugelwelle $\eta_{\mathbf{k}}(\mathbf{r})$, Abb. 15.20, und in der stationären Wellenfunktion $\varphi_{\mathbf{k}}^{(+)}(\mathbf{r})$, Abb. 15.19, zu erkennen.

Aufgaben

15.1 Was ist die Beziehung zwischen den Wellenlängen innerhalb und außerhalb der Potentialregion in Abb. 15.1?

15.2 Erklären Sie qualitativ die wesentlichen Züge der Diagramme in Abb. 15.1 mit Hilfe der Diagramme in Abb. 15.2 durch einlaufende Welle, gestreute Kugelwelle und Interferenz von beiden.

15.3 Beschreiben Sie die r- und ϑ-Abhängigkeit der resonanten Partialwelle η_3 in Abb. 15.5, die für den Drehimpuls $\ell = 3$ charakteristisch sind.

15.4 Betrachten Sie die Form der resonanten Partialwelle η_3 in Abb. 15.5 und machen Sie eine Aussage darüber, ob für $\ell = 3$ ein gebundener Zustand oder eine Resonanz mit niedrigerer Energie als der des dargestellten Zustandes existiert?

15.5 Verknüpfen Sie die Form des Rückwärtsmaximums im differentiellen Streuquerschnitt bei der Resonanzenergie in Abb. 15.9 mit der Partialwellenzerlegung der gestreuten Welle in Abb. 15.5 und mit $|\eta_k|^2$ in Abb. 15.4.

15.6 Beschreiben Sie das Verhalten für große Werte von r sowohl der Wellenfunktion des ersten angeregten gebundenen Zustandes in Abb. 15.11a als auch der Resonanzwellenfunktion in Abb. 15.11b.

15.7 Vergleichen Sie die Kriterien für eine Resonanz, die wir in Abb. 15.8 gefunden haben, mit den sich in den Argand-Diagrammen von Abb. 15.14 abzeichnenden Resonanzen. Welche Maxima entsprechen Resonanzen und warum?

15.8 Sind die Energien der Resonanzen in Abb. 15.15 höher oder niedriger als die Energien gebundener Zustände in einem unendlich tiefen Potentialkasten? Die Energien seien in beiden Fällen bezüglich des Potentialminimums zu verstehen.

16 Coulomb-Streuung

16.1 Stationäre Lösungen

In Abschn. 13.4 haben wir die stationären gebundenen Zustände im attraktiven Coulomb-Potential diskutiert. Die Wellenfunktionen der gebundenen Zustände wurden durch drei Quantenzahlen charakterisiert, die Hauptquantenzahl n, die Bahndrehimpulsquantenzahl ℓ und die Quantenzahl m der z-Komponente des Drehimpulses. Die Energien der gebundenen Zustände sind sämtlich negativ, $E_n = -Mc^2\alpha/(2n^2)$. Die gebundenen Zustände im Wasserstoffatom bilden aber keinen vollständigen Satz von Lösungen. Weil das Coulomb-Potential im Unendlichen verschwindet, existiert auch ein Kontinuum von Streuzuständen für alle positiven Energieeigenwerte E.

Wie in Abschn. 13.4 lautet die radiale Schrödinger-Gleichung

$$\left[-\frac{\hbar^2}{2M} \frac{1}{r} \frac{d^2}{dr^2} r + V_\ell^{\text{eff}}(r) \right] R_\ell(k,r) = E R_\ell(k,r)$$

mit dem kontinuierlichen Energieeigenwert

$$E = \frac{\hbar^2 k^2}{2M} \quad ,$$

der mit Hilfe der Wellenzahl k ausgedrückt wird.

Das effektive Potential für den Drehimpuls ℓ,

$$V_\ell^{\text{eff}}(r) = \frac{\hbar^2}{2M} \frac{\ell(\ell+1)}{r^2} - Z\hbar c \frac{\alpha}{r} \quad ,$$

besteht wieder aus dem repulsiven Zentrifugalterm und dem Coulomb-Term. Im Gegensatz zu der entsprechenden Formel in Abschn. 13.4 haben wir hier noch die Kernladungszahl Z des Kerns eingeführt, an dem das Elektron gestreut wird. Ist die Ladungszahl Z negativ, so ist das Coulomb-Potential repulsiv und die Schrödinger-Gleichung beschreibt repulsive Coulomb-Streuung. Natürlich existieren in einem solchen Fall keine gebundenen Zustände. Die Ladungszahl $Z = -1$ beschreibt zum Beispiel die Ladung eines Antiprotons mit einer negativen Elementarladung. Natürlich tritt auch repulsive Streuung auf, wenn das Streuzentrum positive Ladung trägt, z. B. wenn es ein gewöhnlicher Atomkern ist, vorausgesetzt das einfallende Teilchen ist auch positiv geladen. Es kann dann z. B. ein Positron, ein anderer Kern oder ein positiv geladenes Meson sein.

Wir dividieren die Schrödinger-Gleichung durch $(-\hbar^2)/(2M)$ und führen die Funktion

$$w_\ell = r R_\ell(k,r) \quad,$$

die dimensionslose Variable

$$\zeta = kr$$

und den dimensionslosen Parameter

$$\eta = -\frac{Z}{ka}$$

ein. Hier ist

$$a = \frac{\hbar}{\alpha M c}$$

der Bohrsche Radius, vgl. Abschn. 13.4. Mit diesen Größen erhalten wir die folgende Differentialgleichung zweiter Ordnung:

$$\left(\frac{d^2}{d\zeta^2} - \frac{\ell(\ell+1)}{\zeta^2} - 2\frac{\eta}{\zeta} + 1 \right) w_\ell(\eta,\zeta) = 0 \quad.$$

Für ein Potential endlicher Reichweite R_0, z. B. ein Kastenpotential, das für alle $r > R_0$ verschwindet, oder ein Potential, das schneller als $1/r^2$ für große $r > R_0$ abfällt, ist das führende Potential für $r > R_0$ das Zentrifugalpotential. Der führende Term in der Lösung w_ℓ für große r ist dann eine Linearkombination aus zwei Exponentialfunktionen der Form $\exp(\pm ikr)$, wie wir in Kap. 12 gesehen haben.

Für die Coulomb-Streuung ist aber für große Abstände r das führende Potential durch den $(1/r)$-Term des Coulomb-Potentials bestimmt. Der führende Term der Lösung für große r ist jetzt eine Linearkombination zweier Exponentialfunktionen der Form $\exp\{\pm i(kr - \eta \ln 2kr)\}$.

Wir führen die dimensionslose Variable

$$z = -2ikr = -2i\zeta \quad, \qquad \zeta = kr \quad,$$

ein, faktorisieren die Funktion w_ℓ,

$$w_\ell(\eta,\zeta) = e^{-\frac{1}{2}z} \left(\frac{i}{2}z \right)^{\ell+1} v_\ell(\eta,z) \quad,$$

und erhalten die *Laplacesche Differentialgleichung*

$$\left[z\frac{d^2}{dz^2} + (2\ell+2-z)\frac{d}{dz} - (\ell+1+i\eta) \right] v_\ell(\eta,z) = 0 \quad.$$

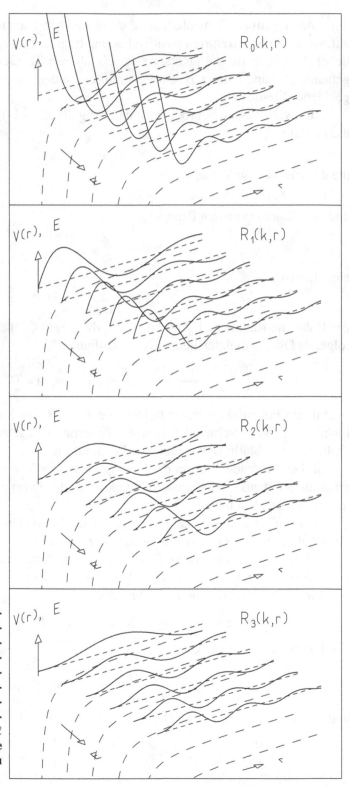

Abb. 16.1
Radiale Streuwellen-
funktion $R_\ell(k,r)$ **in ei-**
nem attraktiven Cou-
lomb-Potential. In je-
dem der vier Teil-
bilder wird die Ge-
samtenergie E **vari-**
iert, aber die Dreh-
impulsquantenzahl ℓ
festgehalten. Letztere
wird von Teilbild zu
Teilbild verändert.

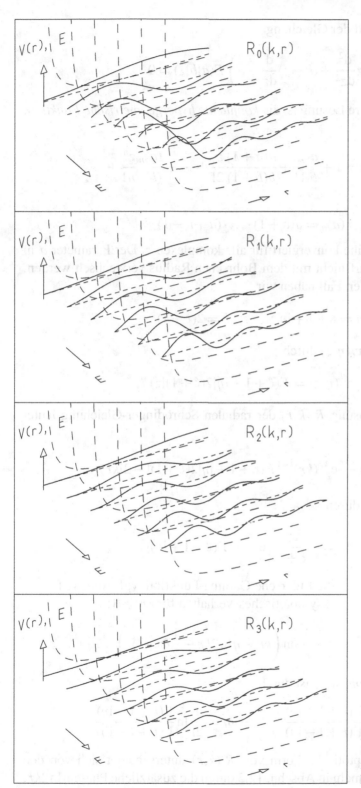

Abb.16.2 Wie Abb. 16.1, jedoch für ein repulsives Coulomb-Potential.

Sie ist ein Spezialfall der Gleichung

$$\left(z\frac{\mathrm{d}^2}{\mathrm{d}z^2} + (b - z)\frac{\mathrm{d}}{\mathrm{d}z} - a\right) F(a|b|z) = 0 \quad.$$

Ihre bei $z = 0$ reguläre Lösung ist die *konfluente hypergeometrische Funktion*, die durch die Reihe

$$F(a|b|z) = 1 + \frac{a}{b}\frac{z}{1!} + \frac{a(a+1)}{b(b+1)}\frac{z^2}{2!} + \cdots + \frac{(a)_n}{(b)_n}\frac{z^n}{n!} + \cdots$$

mit

$$(a)_n = a(a+1)\cdot\ldots\cdot(a+n-1)$$

gegeben ist. Die Reihe konvergiert für alle komplexen z. Der Parameter a in dieser Gleichung darf nicht mit dem Bohrschen Radius verwechselt werden. Für unseren speziellen Fall haben wir

$$a = \ell + 1 + \mathrm{i}\eta \quad, \qquad b = 2(\ell + 1) \quad,$$

so dass die Lösung $v_\ell(\eta, z)$ durch

$$v_\ell(\eta, z) = F(\ell + 1 + \mathrm{i}\eta|2(\ell + 1)|z)$$

gegeben ist. Die Lösung $R_\ell(k, r)$ der radialen Schrödinger-Gleichung lautet damit

$$R_\ell(k, r) = \frac{A_\ell}{r}\mathrm{e}^{\mathrm{i}kr}(kr)^{\ell+1}F(\ell + 1 + \mathrm{i}\eta|2(\ell + 1)| - 2\mathrm{i}kr) \quad.$$

Die Normierung ist durch

$$A_\ell = \frac{2^\ell}{(2\ell + 1)!}\mathrm{e}^{-\frac{1}{2}\pi\eta}|\Gamma(\ell + 1 + \mathrm{i}\eta)|$$

gegeben. Dabei ist $\Gamma(z)$ die Eulersche Gamma-Funktion, vgl. Anhang E.
   Damit erhält man als asymptotisches Verhalten für $kr \gg 1$:

$$R_\ell(k, r) \xrightarrow[r\to\infty]{} \frac{1}{r}\sin\left(kr - \eta\ln 2kr - \frac{1}{2}\ell\pi + \delta_\ell\right) \quad.$$

Die *Coulomb-Streuphase* δ_ℓ ist durch

$$\mathrm{e}^{\mathrm{i}2\delta_\ell} = \frac{\Gamma(\ell + 1 + \mathrm{i}\eta)}{\Gamma(\ell + 1 - \mathrm{i}\eta)} \quad, \qquad \delta_\ell = \frac{1}{2\mathrm{i}}\ln\frac{\Gamma(\ell + 1 + \mathrm{i}\eta)}{\Gamma(\ell + 1 - \mathrm{i}\eta)}$$

gegeben. Die asymptotische Form von $R_\ell(k, r)$ unterscheidet sich von den entsprechenden Formeln in Abschn. 12.3 durch die zusätzliche Phase $\eta\ln 2kr$,

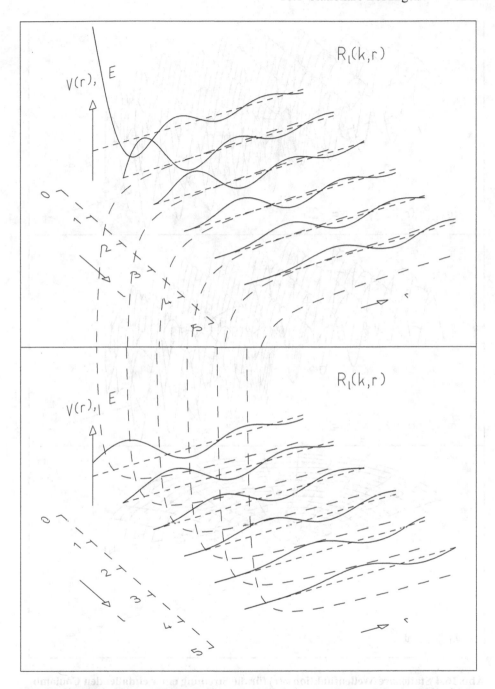

Abb. 16.3 Radiale Streuwellenfunktion $R_\ell(k,r)$ **in einem attraktiven (oben) und in einem repulsiven (unten) Coulomb-Potential für verschiedene Werte** ℓ **der Drehimpulsquantenzahl, aber für feste Energie.**

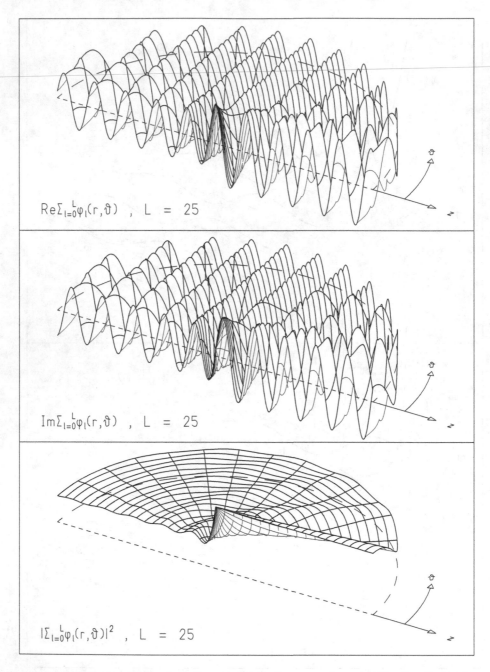

Abb. 16.4 Stationäre Wellenfunktion $\varphi(\mathbf{r})$ für die Streuung einer einfallenden Coulomb-Welle durch ein attraktives Coulomb-Potential. Dargestellt sind der Realteil, der Imaginärteil und das Absolutquadrat von $\varphi(\mathbf{r})$.

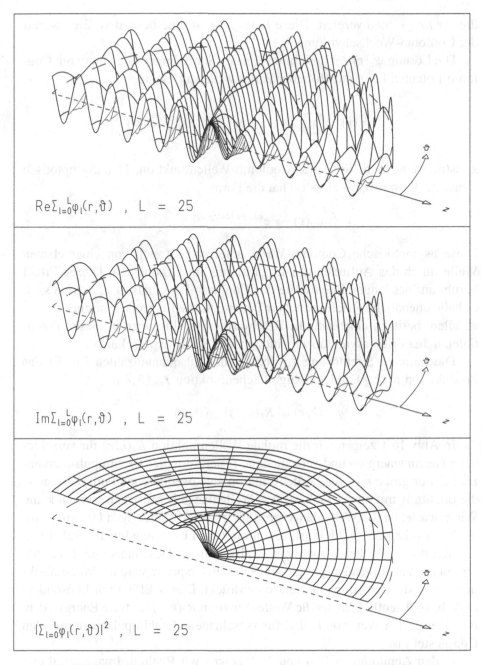

$\mathrm{Re}\,\Sigma_{l=0}^{L}\varphi_l(r,\vartheta)$, $L = 25$

$\mathrm{Im}\,\Sigma_{l=0}^{L}\varphi_l(r,\vartheta)$, $L = 25$

$|\Sigma_{l=0}^{L}\varphi_l(r,\vartheta)|^2$, $L = 25$

Abb. 16.5 Wie in Abb. 16.4, jedoch für ein repulsives Coulomb-Potential.

die für $kr \to \infty$ divergiert. Diese Divergenz ist eine besondere Eigenschaft der Coulomb-Wechselwirkung.

Die Lösung $\psi_c(\mathbf{r})$ der dreidimensionalen Schrödinger-Gleichung mit Coulomb-Potential kann mit Hilfe der Partialwellenzerlegung

$$\psi_c(\mathbf{r}) = \sum_{\ell=0}^{\infty} (2\ell+1) \mathrm{i}^\ell \mathrm{e}^{\mathrm{i}\delta_\ell} R_\ell(k,r) P_\ell(\cos\vartheta)$$

konstruiert werden. Sie heißt Coulomb-Wellenfunktion. Der asymptotisch führende Term für $|r-z| \to \infty$ hat die Form

$$\psi_c(\mathbf{r}) \to \mathrm{e}^{\mathrm{i}(kz + \eta \ln k(r-z))} \quad .$$

Diese asymptotische Coulomb-Welle unterscheidet sich von einer ebenen Welle durch das Auftreten des Logarithmus im Exponenten. Dieser Effekt beruht auf der langen Reichweite des Coulomb-Potentials $\hbar c\alpha/r$. Man sagt, es habe unendliche Reichweite. Nur Potentiale, die für große r rascher als r^{-1} abfallen, besitzen eine endliche Reichweite. Streulösungen in diesen Potentialen nähern sich asymptotisch einer ebenen Welle $\exp\{\mathrm{i}kz\}$ an.

Die gesamte Streulösung zu den Drehimpulsquantenzahlen l, m ist das Produkt von $R_\ell(k,r)$ und der Kugelflächenfunktion $Y_{\ell m}(\vartheta, \phi)$:

$$\varphi_{\ell m}(k,\mathbf{r}) = R_\ell(k,r) Y_{\ell m}(\vartheta, \phi) \quad .$$

In Abb. 16.1 zeigen wir die radiale Wellenfunktion $R_\ell(k,r)$ für verschiedene Gesamtenergien und verschiedene feste Werte der Drehimpulsquantenzahl ℓ. Für große r ist die Wellenfunktion eine oszillierende Funktion von r, die qualitativ mit einer r-abhängigen Wellenlänge beschrieben werden kann. Wie erwartet ist die Wellenlänge groß für große Abstände vom Ursprung, wo die kinetische Energie klein ist, und nimmt zum Ursprung hin ab. Außer von r hängt die Wellenlänge auch von k, also von der Gesamtenergie E ab. Sie nimmt mit zunehmender Energie ab. Nahe am Ursprung wird die Wellenfunktion durch die Zentrifugalbarriere unterdrückt. Dieser Effekt wird besonders in Abb. 16.3 deutlich, in der die Wellenfunktion $R_\ell(k,r)$ für feste Energie, d. h. für einen festen Wert von k, und für verschiedene Drehimpulsquantenzahlen ℓ dargestellt ist.

In den Abbildungen 16.4 und 16.5 zeigen wir Realteil, Imaginärteil und Absolutquadrat der Coulomb-Wellenfunktion $\varphi(\mathbf{r}) = \sum_{\ell=0}^{\infty} \phi_\ell(\mathbf{r})$, approximiert durch $\sum_{\ell=0}^{25} \phi_\ell(\mathbf{r})$. Sie ist die Lösung der dreidimensionalen stationären Schrödinger-Gleichung für die Streuung einer einlaufenden Coulomb-Welle an einem Coulomb-Potential. Die Summation über die Partialwellen $\varphi_{\ell m}(k,\mathbf{r})$ wurde bis zum Drehimpuls $\ell = 25$ ausgeführt. Für den dargestellten Bereich in r ist damit eine hinreichende Genauigkeit sichergestellt.

In Abb. 16.4 wird der Fall des attraktiven Coulomb-Potentials gezeigt. Im Bereich der Singularität der potentiellen Energie nimmt die Wellenfunktion wegen der Impulszunahme des Teilchens eine kürzere Wellenlänge an.

Abbildung 16.5 zeigt den Fall eines repulsiven Coulomb-Potentials. Hier ist die Wellenfunktion im Zentrum der Diagramme unterdrückt, weil hier die potentielle Energie viel größer als die kinetische Energie ist. In Richtung auf das Zentrum hin nimmt die Wellenlänge zu, weil das Teilchen im abstoßenden Potential an Impuls verliert.

16.2 Hyperbolische Kepler-Bewegung. Streuung eines Gaußschen Wellenpakets an einem Coulomb-Potential[1]

Als Anfangswellenfunktion eines Elektrons betrachten wir wie in Abschn. 13.5 ein Gaußsches Wellenpaket mit den Erwartungswerten in Ort und Impuls $\mathbf{r}_0$ bzw. $\mathbf{p}_0$. Seine räumliche Breite sei σ. Die Größen $\mathbf{r}_0$, $\mathbf{p}_0$ und σ sind so gewählt, dass das Wellenpaket praktisch keine Beiträge von gebundenen Zuständen hat. Damit kann es als Superposition allein aus Streuwellenfunktionen $\varphi_{\ell m}(k,\mathbf{r})$ dargestellt werden. Als Quantisierungsachse des Drehimpulses, d. h. als z-Achse des Koordinatensystems, wählen wir die Richtung des klassischen Drehimpulses $\mathbf{L}_0 = \mathbf{r}_0 \times \mathbf{p}_0 = \hbar \mathbf{r}_0 \times \mathbf{k}_0$.

Die Zerlegung lautet

$$\psi(\mathbf{r},0) = \frac{2}{\pi} \sum_{\ell=0}^{\infty} \sum_{m=-\ell}^{\ell} \int_0^{+\infty} b_{\ell m}(k) \varphi_{\ell m}(k,\mathbf{r}) k^2 \, \mathrm{d}k \quad .$$

Die Koeffizienten $b_{\ell m}(k)$ sind Wahrscheinlichkeitsamplituden; ihre Absolutquadrate

$$P_{\ell m}(k) = |b_{\ell m}(k)|^2$$

stellen Wahrscheinlichkeiten für die Drehimpulsquantenzahlen ℓ, m zu gegebenem k und Wahrscheinlichkeitsdichten in k zu gegebenen ℓ, m dar, wenn wir als Integrationsmaß $(2/\pi)k^2 \, \mathrm{d}k$ benutzen.

Die Funktion

$$P_{\ell}(k) = \sum_{m=-\ell}^{\ell} |b_{\ell m}(k)|^2$$

ist in Abb. 16.6 für attraktive (oben) und repulsive (unten) Coulomb-Streuung des gleichen Anfangswellenpakets gezeigt. Ihre Randverteilungen

---

[1]Der Inhalt dieses Abschnitts orientiert sich an der Arbeit: S. D. Boris, S. Brandt, H. D. Dahmen, T. Stroh and M. L. Larsen, Physical Review A 48, 2574 (1993).

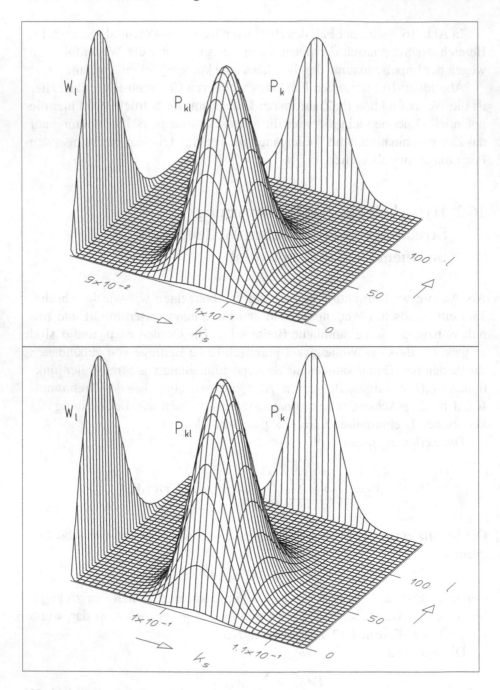

Abb. 16.6 Wahrscheinlichkeitsverteilungen $P_\ell(k)$ **und Randverteilungen** W_ℓ **und** $P(k)$ **eines Wellenpakets bei attraktiver (oben) und repulsiver (unten) Coulomb-Streuung, vgl. Abb. 16.7 bzw. 16.8.**

$$P(k) = \sum_{\ell=0}^{\infty} P_\ell(k)$$

und

$$W_\ell = \frac{2}{\pi} \int_0^{+\infty} P_\ell(k) k^2 \, \mathrm{d}k$$

sind gleichfalls dargestellt. Die Maxima dieser Verteilungen finden sich nahe bei den klassischen Werten (von $k_{s,m}$) mit

$$k_{s,m}^2 = \frac{2M}{\hbar^2} E_0 \quad , \qquad E_0 = \frac{\mathbf{p}_0^2}{2M} - Z\hbar c \frac{\alpha}{r_0} \quad .$$

Je nach dem Vorzeichen von Z haben wir es mit attraktiver Streuung (Z positiv) oder repulsiver Streuung (Z negativ) zu tun. Wie für repulsive Streuung zu erwarten, liegt das Maximum in der k-Verteilung bei höheren Werten von k.

Abbildung 16.7 zeigt die Zeitentwicklung eines ursprünglich Gaußschen Wellenpakets mit einem Stoßparameter, der gleich seiner räumlichen Breite ist, unter der Wirkung eines attraktiven Potentials. Die durchgezogene Linie ist die Bahn eines klassischen Teilchens mit den Anfangsbedingungen $\mathbf{r}_0$ und $\mathbf{p}_0 = \hbar\mathbf{k}_0$. Der ausgefüllte Kreis gibt seine Position zur Zeit t an. Die kreisförmige Dichteverteilung mit dem Streuzentrum als Mittelpunkt zeigt die Existenz einer gestreuten Kugelwelle. Ebenfalls in Abb. 16.7 dargestellt ist die Zeitentwicklung einer entsprechenden räumlichen Dichte, die aus einer klassischen Phasenraumverteilung gewonnen wurde, die anfänglich identisch mit der des Gaußschen Wellenpakets ist. Dabei treten im Wesentlichen die gleichen Erscheinungen auf wie in der quantenmechanischen Verteilung. Insbesondere stellen wir fest, dass in beiden Fällen der Ort des klassischen Teilchens nicht mit dem Maximum der Wahrscheinlichkeitsdichte zusammenfällt. Das liegt daran, dass der Ablenkwinkel einer Trajektorie für ein Teilchen mit kleinem Stoßparameter viel größer ist als für ein Teilchen mit großem Stoßparameter, vgl. Abb. 16.9 (oben).

Ganz entsprechend zeigt Abb. 16.8 Darstellungen für ein repulsives Coulomb-Potential. Die große Ablenkung für ein Teilchen mit sehr kleinem Stoßparameter bewirkt eine Lücke in der Wahrscheinlichkeitsdichte in Vorwärtsrichtung, vgl. Abb. 16.9 (unten).

Im Fall elliptischer Bahnen fanden wir als hervorstechendes Merkmal der quantenmechanischen Wahrscheinlichkeitsdichte im Vergleich zur klassischen Dichte die Wiederkehr eines Wellenpakets zur Zeit $t = T_{\mathrm{rev}} = (n_{\mathrm{cl}}/3)T_K$. Sie war das Ergebnis der Interferenz des sich auf der geschlossenen Bahn dauernd verbreiternden Wellenpakets mit sich selbst.

Abbildung 16.9 (oben) zeigt klassische Bahnen in einem attraktiven Coulomb-Feld für verschiedene Anfangsbedingungen, die sich nur im Stoßparameter unterscheiden. Die Bahnen schneiden sich in einem Bereich, der vom

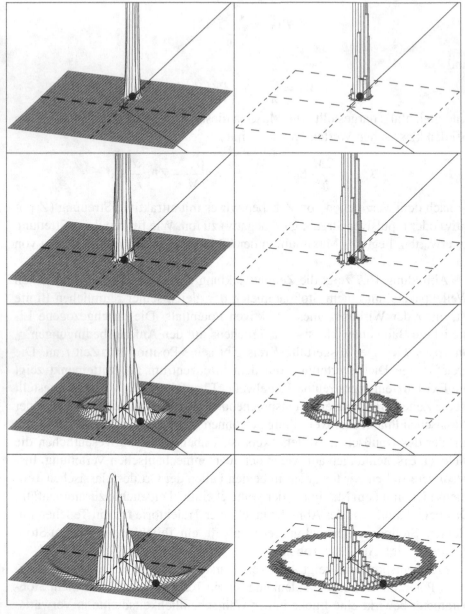

Abb. 16.7 Links: Zeitentwicklung der räumlichen Wahrscheinlichkeitsdichte eines anfänglich Gaußschen Wellenpakets bei attraktiver Coulomb-Streuung. Die Hyperbelbahn des entsprechenden klassischen Teilchens ist als durchgezogene Linie dargestellt. Die Dichte wird in der Bahnebene für vier Zeitpunkte dargestellt. Der klassische Ort ist jeweils durch einen Kreis markiert. Rechts: Die entsprechende Zeitentwicklung einer räumlichen Wahrscheinlichkeitsdichte für eine klassische Phasenraumverteilung.

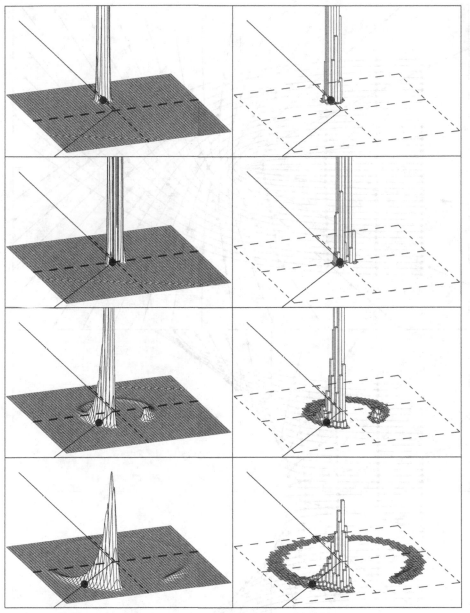

Abb. 16.8 Wie Abb. 16.7, jedoch für repulsive Streuung.

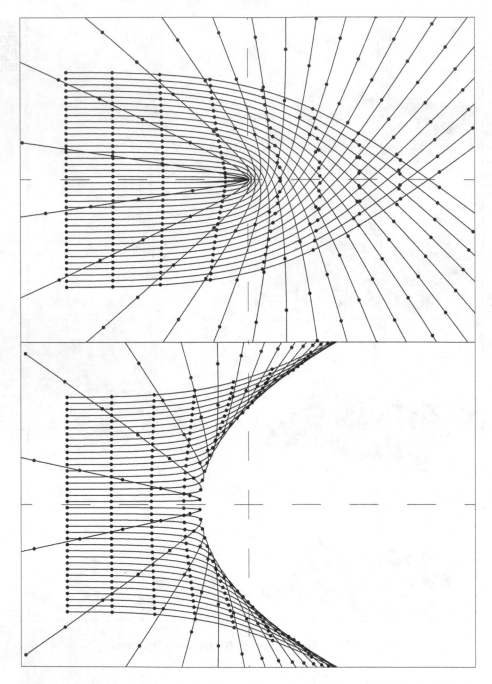

Abb. 16.9 Klassische Bahnen in einem attraktiven Coulomb-Potential (oben) und in einem repulsiven Coulomb-Potential (unten). Die einzelnen Bahnen beginnen ganz links. Sie tragen Marken, die gleichen Zeitintervallen entsprechen, und unterscheiden sich nur durch ihren Stoßparameter voneinander.

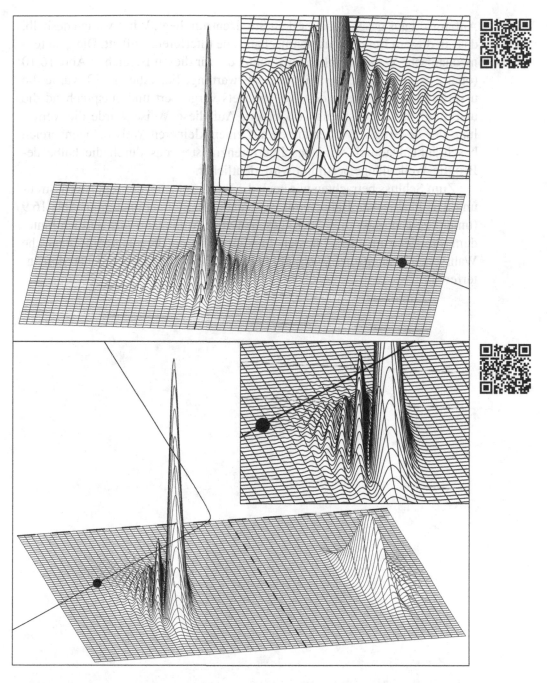

Abb. 16.10 Streuung eines Wellenpakets an einem attraktiven Potential (oben) und einem repulsiven Potential (unten). Alle physikalischen Parameter der Wellenpakete sind die gleichen wie in Abb. 16.7 bzw. Abb. 16.8. Lediglich die anfängliche Ortsbreite ist 2,5-mal so groß und entsprechend die anfängliche Impulsbreite 2,5-mal so klein.

Anfangsort aus gesehen hinter dem Streuzentrum liegt. Wir erwarten deshalb, dass in diesem Bereich quantenmechanische Interferenz auftritt. Die quantenmechanische Wahrscheinlichkeitsdichte, die für diesen Bereich in Abb. 16.10 (oben) dargestellt ist, bestätigt diese Erwartung. Für Abb. 16.10 wurde die ursprüngliche Ortsbreite des Wellenpakets vergrößert und entsprechend die ursprüngliche Impulsbreite verkleinert. Auf diese Weise wurde die Verteilung der de-Broglie-Wellenlängen auf einen kleineren Wellenlängenbereich beschränkt. Dadurch wird das Interferenzmuster, das durch die halbe de-Broglie-Wellenlänge bestimmt wird, deutlicher.

Zum Schluss betrachten wir noch die Interferenz bei der repulsiven Streuung. Die klassischen Bahnen mit verschiedenen Stoßparametern in Abb. 16.9 (unten) zeigen, dass diese sich, gesehen vom Anfangsort aus, seitlich hinter dem Streuzentrum überschneiden. In Abb. 16.10, die die quantenmechanische Wahrscheinlichkeitsdichte enthält, beobachten wir tatsächlich genau dort Interferenz.

17 Spin

17.1 Spinzustände. Operatoren und Eigenwerte

In Kap. 10 haben wir den Bahndrehimpuls

$$\hat{\mathbf{L}} = \mathbf{r} \times \hat{\mathbf{p}}$$

mit Hilfe des Ortsoperators $\mathbf{r} = (x, y, z)$ und des Impulsoperators $\hat{\mathbf{p}} = (\hbar/\mathrm{i})$ $(\partial/\partial x, \partial/\partial y, \partial/\partial z)$ eines sich im Raum bewegenden Teilchens eingeführt. Ein Elektron in einem Atom, das sich in einem Zustand mit dem Bahndrehimpuls $\hbar\ell$ befindet, hat das magnetische Moment

$$\mu = -\frac{e}{2M}\hbar\ell \quad .$$

Dabei sind $-e$ die Ladung und M die Masse des Elektrons. Das Stern-Gerlach-Experiment zeigt aber, dass ein Elektron zusätzlich ein magnetisches Moment besitzt, das nichts mit einer Bahnbewegung zu tun hat. Es wird auch magnetisches Eigenmoment oder *intrinsisches magnetisches Moment* μ_s genannt. Dieser Befund veranlasste George Uhlenbeck und Samuel Goudsmit dazu, einen *Eigendrehimpuls* oder *Spin* des Elektrons zu postulieren. Das magnetische Eigenmoment ist dann mit der Spinquantenzahl s über

$$\mu_s = -g_s \frac{e}{2M}\hbar s$$

verknüpft. Der Koeffizient g_s heißt *gyromagnetischer Faktor*. Für das Elektron liegt sein Wert sehr nahe bei 2.

Man kann zeigen, dass die *Spinzustände* nicht durch Wellenfunktionen der Raumkoordinaten x, y, z dargestellt werden können. Wir benutzen die in Anhang B eingeführten Begriffe für die Quantenmechanik eines Zweiniveausystems und beschreiben den Spin eines Teilchens in einem zweidimensionalen Raum mit den Basisvektoren

$$\eta_1 = \begin{pmatrix} 1 \\ 0 \end{pmatrix} \quad , \qquad \eta_{-1} = \begin{pmatrix} 0 \\ 1 \end{pmatrix} \quad .$$

Für später führen wir bereits hier die Schreibweise

$$\eta_1^+ = (1,0) \quad , \qquad \eta_{-1}^+ = (0,1)$$

für die entsprechenden adjungierten Vektoren ein. Die drei Pauli-Matrizen σ_1, σ_2, σ_3 bilden zusammen mit der Einheitsmatrix σ_0 eine Basis für alle hermiteschen (2×2)-Matrizen in diesem Raum. Wir führen jetzt die Matrizen

$$S_x = \frac{\hbar}{2}\sigma_1 \quad , \qquad S_y = \frac{\hbar}{2}\sigma_2 \quad , \qquad S_z = \frac{\hbar}{2}\sigma_3$$

ein. Die Vertauschungsrelationen für die Komponenten S_x, S_y, S_z und für die Summe

$$\mathbf{S}^2 = S_x^2 + S_y^2 + S_z^2$$

ihrer Quadrate sind dieselben wie für die Komponenten $\hat{L}_i$ und das Quadrat $\hat{\mathbf{L}}^2$ des Bahndrehimpulsoperators $\hat{\mathbf{L}} = (\hat{L}_x, \hat{L}_y, \hat{L}_z)$, d. h.

$$[S_x, S_y] = i\hbar S_z \quad , \qquad [S_y, S_z] = i\hbar S_x \quad , \qquad [S_z, S_x] = i\hbar S_y \quad ,$$

$$[\mathbf{S}^2, S_a] = 0 \quad , \qquad a = x, y, z \quad .$$

Wir interpretieren deshalb den Vektor

$$\mathbf{S} = (S_x, S_y, S_z)$$

als den *Vektoroperator des Spins* des Elektrons. Wegen der Nichtvertauschbarkeit der Komponenten des Spinoperators gibt es keine gemeinsamen Eigenzustände der drei Komponenten. Wie für den Bahndrehimpuls wählen wir die dritte Komponente S_z und das Quadrat $\mathbf{S}^2$ zur Definition einer Basis aus gemeinsamen Eigenfunktionen η_r, $r = 1, -1$, mit den Eigenwertgleichungen

$$\mathbf{S}^2 \eta_r = \frac{3}{4}\hbar^2 \eta_r \quad , \qquad S_z \eta_r = \frac{1}{2}r\hbar \eta_r \quad , \qquad r = 1, -1 \quad .$$

Die Eigenwerte von S_z sind $m_s\hbar$, $m_s = \pm 1/2$. Der Eigenwert von $\mathbf{S}^2$ ist $s(s+1)\hbar^2 = (3/4)\hbar^2$ mit $s = 1/2$, ganz entsprechend der Situation für den Bahndrehimpuls $\mathbf{L}$.

Wir schließen daraus, dass das Elektron einen halbzahligen Drehimpuls besitzt, $s\hbar = \frac{1}{2}\hbar$. In Analogie zu den ganzzahligen Quantenzahlen ℓ und m des Bahndrehimpulses ($m = \ell, \ell - 1, \ldots, -\ell$) führen wir die *Spinquantenzahlen* $s = \frac{1}{2}$ und $m_s = \frac{1}{2}, -\frac{1}{2}$ ein.

Die Erwartungswerte der Operatoren S_x, S_y, S_z für die Zustände η_1, η_{-1} sind

$$\eta_r^+ S_x \eta_r = 0 \quad , \qquad \eta_r^+ S_y \eta_r = 0 \quad , \qquad \eta_r^+ S_z \eta_r = \frac{r}{2}\hbar \quad .$$

Die drei Gleichungen entsprechen einer Vektorgleichung:

$$\langle \mathbf{S} \rangle_r = \boldsymbol{\eta}_r^+ \mathbf{S} \boldsymbol{\eta}_r = \frac{r}{2} \hbar \mathbf{e}_z \quad , \qquad r = 1, -1 \quad .$$

Da die zwei Zustände $\boldsymbol{\eta}_1$, $\boldsymbol{\eta}_{-1}$ Eigenzustände von S_z sind, verschwindet die Varianz von S_z,

$$(\Delta S_z)^2 = \boldsymbol{\eta}_r^+ (S_z^2 - \langle S_z \rangle_r^2) \boldsymbol{\eta}_r = 0 \quad .$$

Für die beiden anderen Komponenten erhalten wir

$$(\Delta S_x)^2 = (\Delta S_y)^2 = \frac{1}{4} \hbar^2 \quad .$$

17.2 Richtungsverteilung des Spins

Ein allgemeiner Spinzustand ist eine lineare Superposition der beiden Basiszustände $\boldsymbol{\eta}_1$ und $\boldsymbol{\eta}_{-1}$,

$$\begin{aligned} \chi &= \chi_1 \boldsymbol{\eta}_1 + \chi_{-1} \boldsymbol{\eta}_{-1} \\ &= \mathrm{e}^{-\mathrm{i}\Phi/2} \cos \frac{\Theta}{2} \boldsymbol{\eta}_1 + \mathrm{e}^{\mathrm{i}\Phi/2} \sin \frac{\Theta}{2} \boldsymbol{\eta}_{-1} \quad . \end{aligned}$$

Der Erwartungswert des Spinvektors des Zustandes χ ist

$$\langle \mathbf{S} \rangle_\chi = \chi^+ (\Theta, \Phi) \mathbf{S} \chi(\Theta, \Phi) = \frac{\hbar}{2} \mathbf{n}(\Theta, \Phi) \quad .$$

Dabei ist $\mathbf{n}(\Theta, \Phi)$ ein Einheitsvektor, der in die durch den Polarwinkel Θ und den Azimutwinkel Φ gegebene Richtung zeigt. Im (x, y, z)-Koordinatensystem ist dieser Vektor

$$\mathbf{n}(\Theta, \Phi) = \mathbf{e}_x \sin \Theta \cos \Phi + \mathbf{e}_y \sin \Theta \sin \Phi + \mathbf{e}_z \cos \Theta$$

und es gilt

$$\begin{aligned} \chi^+ &= \chi_1^* \boldsymbol{\eta}_1^+ + \chi_{-1}^* \boldsymbol{\eta}_{-1}^+ \\ &= \mathrm{e}^{\mathrm{i}\Phi/2} \cos \frac{\Theta}{2} \boldsymbol{\eta}_1^+ + \mathrm{e}^{-\mathrm{i}\Phi/2} \sin \frac{\Theta}{2} \boldsymbol{\eta}_{-1}^+ \quad . \end{aligned}$$

Der allgemeine Spinzustand $\chi(\Theta, \Phi)$ ist ein Eigenzustand der $\mathbf{n}$-Komponente $\mathbf{n} \cdot \mathbf{S}$ des Spinvektors $\mathbf{S}$,

$$(\mathbf{n} \cdot \mathbf{S}) \chi(\Theta, \Phi) = \frac{\hbar}{2} \chi(\Theta, \Phi) \quad .$$

Die beiden Basiszustände $\boldsymbol{\eta}_1$ und $\boldsymbol{\eta}_{-1}$ können auch als Eigenzustände zu $\mathbf{e}_z \cdot \mathbf{S}$ bzw. $-\mathbf{e}_z \cdot \mathbf{S}$ betrachtet werden.

In Abschn. 10.5 haben wir den Drehimpulszustand $Y_{\ell\ell}(\vartheta,\phi,\mathbf{n})$ benutzt, um damit einen anderen Drehimpulszustand $Y_{\ell m}(\vartheta,\phi,e_z)$ zu analysieren. Ganz entsprechend benutzen wir jetzt den Zustand $\chi(\Theta,\Phi)$, um unsere Basiszustände η_1 und η_{-1} zu analysieren. Das Skalarprodukt

$$\chi^+(\Theta,\Phi)\cdot\eta_r = D^{(1/2)}_{r/2,1/2}(\Phi,\Theta,0) \quad , \qquad r=1,-1 \quad ,$$

ist die Wahrscheinlichkeitsamplitude, die die Beobachtung des Eigendrehimpulses $\frac{\hbar}{2}\mathbf{n}$ im Zustand η_r beschreibt. Dabei sind

$$D^{(1/2)}_{1/2,1/2}(\Phi,\Theta,0) = e^{-i\Phi/2}\cos\frac{\Theta}{2} \quad ,$$

$$D^{(1/2)}_{-1/2,1/2}(\Phi,\Theta,0) = e^{i\Phi/2}\sin\frac{\Theta}{2}$$

die *Wigner-Funktionen* zum Spin 1/2.

Das Absolutquadrat dieser Amplitude ist

$$\left|\chi^+(\Theta,\Phi)\cdot\eta_r\right|^2 = \left[d^{(1/2)}_{r/2,1/2}(\Theta)\right]^2 \quad , \qquad r=1,-1 \quad .$$

Dabei heißen die Funktionen

$$d^{(1/2)}_{1/2,1/2}(\Theta) = \cos\frac{\Theta}{2} \quad ,$$

$$d^{(1/2)}_{-1/2,1/2}(\Theta) = \sin\frac{\Theta}{2}$$

ebenfalls Wigner-Funktionen zum Spin 1/2. Um eine Richtungsverteilung zu erhalten, normieren wir wie in Abschn. 10.5 mit einem Faktor $(2s+1)(s+1)/(4\pi s) = 3/(2\pi)$,

$$f_{1/2,m_s}(\Theta,\Phi) = \frac{3}{2\pi}\left[d^{(1/2)}_{m_s,1/2}(\Theta)\right]^2 \quad , \qquad m_s = \frac{1}{2},-\frac{1}{2} \quad .$$

Abbildung 17.1 zeigt die Wigner-Funktion und Abb. 17.2 die Richtungsverteilung zum Spin $\pm 1/2$. Für $f_{1/2,1/2}$ ist die Wahrscheinlichkeit für die Richtung $\Theta = 0$ am größten. Im Gegensatz zu den Verteilungen $f_{\ell\ell}$ für ganzzahlige Werte von ℓ, vgl. Abb. 10.11, zeigt aber die Verteilung für den Elektronenspin kein scharfes Maximum in Richtung $\Theta = 0$. Die Verteilung von $f_{1/2,-1/2}$ ist das Spiegelbild von $f_{1/2,1/2}$ bezüglich der Spiegelung $\Theta \to \pi - \Theta$.

In völliger Analogie zu unserer Diskussion in Abschn. 10.5 können wir auch Winkelverteilungen konstruieren,

$$f_{1/2,m_s,\Theta}(\Theta) = 2\pi f_{1/2,m_s}(\Theta,0)\sin\Theta \quad ,$$

oder, explizit,

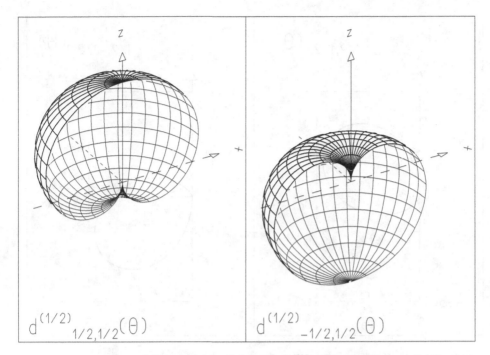

$$d^{(1/2)}_{1/2,1/2}(\theta) \qquad\qquad d^{(1/2)}_{-1/2,1/2}(\theta)$$

Abb. 17.1 Polardiagramme der Wigner-Funktionen $d^{(1/2)}_{m_s,1/2}(\Theta)$.

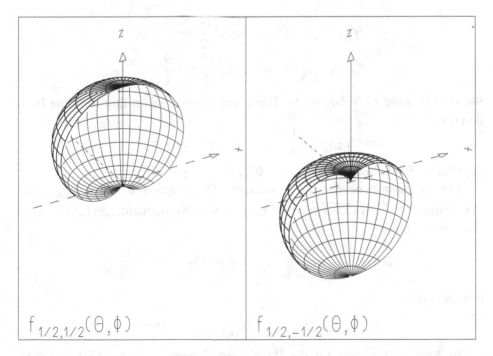

$$f_{1/2,1/2}(\theta,\phi) \qquad\qquad f_{1/2,-1/2}(\theta,\phi)$$

Abb. 17.2 Polardiagramme der Richtungsverteilungen $f_{1/2,1/2}(\Theta,\Phi)$ **und** $f_{1/2,-1/2}(\Theta, \Phi)$.

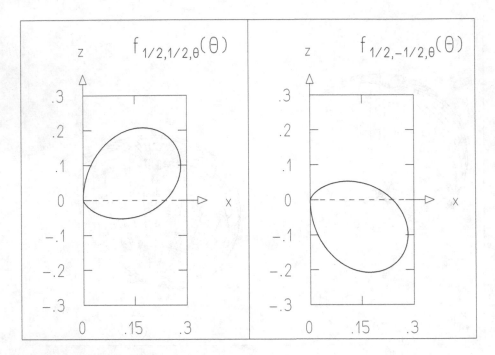

Abb. 17.3 Polardiagramme der Winkelverteilungen $f_{1/2,1/2,\Theta}(\Theta)$ **und** $f_{1/2,-1/2,\Theta}(\Theta)$.

$$f_{1/2,1/2,\Theta}(\Theta) = 6\cos^3\frac{\Theta}{2}\sin\frac{\Theta}{2} \quad ,$$

$$f_{1/2,-1/2,\Theta}(\Theta) = 6\sin^3\frac{\Theta}{2}\cos\frac{\Theta}{2} \quad .$$

Sie sind in Abb. 17.3 dargestellt. Diese Funktionen haben ihre Maxima bei den durch

$$\cos\Theta_{1/2,1/2} = \frac{1}{2} \quad , \qquad \cos\Theta_{1/2,-1/2} = -\frac{1}{2}$$

gegebenen Winkeln, d. h., $\Theta_{1/2,1/2} = 60°$, $\Theta_{1/2,-1/2} = 120°$.

Für die entsprechenden halbklassischen Drehimpulsvektoren $\mathbf{L}^{sc}_{1/2,m_s}$ mit der Länge $\sqrt{(1/2)(1/2+1)}\hbar = (\sqrt{3}/2)\hbar$ und z-Komponente $\pm(1/2)\hbar$ sind die Winkel durch

$$\cos\Theta^{sc}_{1/2,1/2} = \frac{1}{\sqrt{3}} \quad , \qquad \cos\Theta^{sc}_{1/2,1/2} = -\frac{1}{\sqrt{3}}$$

gegeben, d. h.

$$\Theta^{sc}_{1/2,1/2} \approx 55° \quad , \qquad \Theta^{sc}_{1/2,-1/2} \approx 125° \quad .$$

In Abb. 17.4 zeigen wir die Winkelverteilungen $f_{1/2,\pm 1/2,\Theta}(\Theta)$ und die Richtungen der wahrscheinlichsten Winkel $\Theta_{1/2,\pm 1/2}$ und vergleichen diese mit den halbklassischen Drehimpulsvektoren $\mathbf{L}^{sc}_{1/2,\pm 1/2}$.

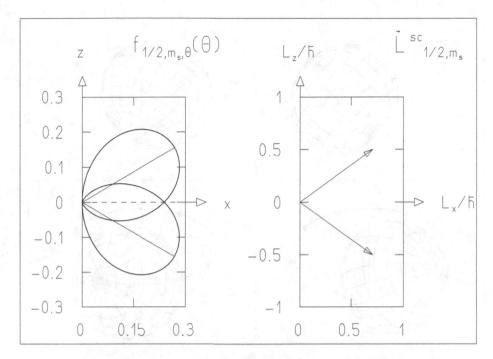

Abb. 17.4 Das linke Teilbild enthält Polardiagramme der Winkelverteilungen $f_{1/2,m_s,\Theta}(\Theta)$ **für** $m_s = \pm 1/2$. **Außerdem eingezeichnet sind Linien vom Ursprung zu den Punkten** $f_{1/2,m_s,\Theta}(\Theta_{1/2,m_s})$. **Dabei ist** $\Theta_{1/2,m_s}$ **der Winkel, für den** $f_{1/2,m_s,\Theta}$ **ein Maximum hat. Das rechte Teilbild zeigt die halbklassischen Drehimpulsvektoren** $\mathbf{L}^{sc}_{1/2,m_s}$.

Der Spinzustand $\chi(\Theta_0, \Phi_0)$ für einen Polarwinkel Θ_0 und das Azimut Φ_0 ist Eigenzustand zu der Spinprojektion $\mathbf{n}_0 \cdot \mathbf{S}$,

$$(\mathbf{n}_0 \cdot \mathbf{S})\chi(\Theta_0, \Phi_0) = \frac{\hbar}{2}\chi(\Theta_0, \Phi_0) \quad ,$$

auf die Richtung $\mathbf{n}_0$, die durch Θ_0 und Φ_0 gegeben ist.

Die Richtungsverteilung, die – nach Division durch 3 – die Wahrscheinlichkeit dafür beschreibt, in $\chi(\Theta_0, \Phi_0)$ den Spin $s = \frac{1}{2}$ in Richtung $\mathbf{n}(\Theta, \Phi)$ zu finden, ist

$$
\begin{aligned}
f_{1/2,1/2}(\Theta, \Phi, \Theta_0, \Phi_0) &= \frac{3}{2\pi}\left(\frac{\mathbf{n}(\Theta, \Phi) + \mathbf{n}(\Theta_0, \Phi_0)}{2}\right)^2 \\
&= \frac{3}{4\pi}(1 + \mathbf{n}(\Theta, \Phi) \cdot \mathbf{n}(\Theta_0, \Phi_0)) \quad .
\end{aligned}
$$

Darstellungen dieser Verteilung werden in Abb. 17.5 gezeigt. Sie haben die gleiche Apfelform wie die in Abb. 17.2, allerdings jetzt mit $\mathbf{n}_0$ anstelle der z-Achse als Symmetrieachse.

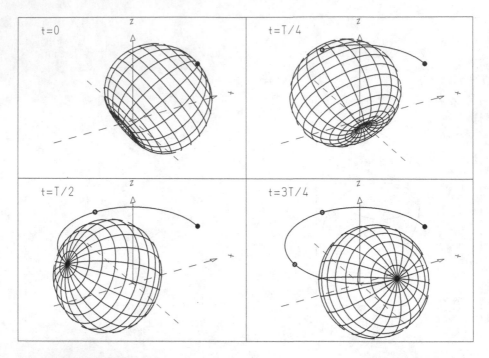

Abb. 17.5 Polardiagramme der Verteilung $f_{1/2,1/2}(\Theta, \Phi, t)$ **für die Richtung des Spins eines Elektrons, das um die** z**-Achse präzediert, die die Richtung eines homogenen magnetischen Flussdichtefeldes ist. Die Spitze des Vektors des Spinerwartungswertes bewegt sich mit der Kreisfrequenz** Ω **auf einem Kreis um die** z**-Achse. Die Teilbilder zeigen die Richtungsverteilung für** $t = 0, T/4, T/2, 3T/4$**. Dabei ist** $T = 2\pi/\Omega$ **die Präzessionsperiode.**

17.3 Bewegung eines magnetischen Moments in einem Magnetfeld. Pauli-Gleichung

Mit Hilfe des Spinoperators **S** kann der *Operator des magnetischen Moments* des Elektrons nun als das negative Produkt des *gyromagnetischen Verhältnisses*

$$\gamma = g_s \frac{e}{2M}$$

und des Spinvektoroperators **S** ausgedrückt werden:

$$\mathbf{\mu} = -\gamma \mathbf{S} \quad .$$

Die potentielle Energie eines statischen magnetischen Moments **μ** in einem magnetischen Flussdichtefeld **B** ist

$$H = -\mathbf{\mu} \cdot \mathbf{B} = \gamma \mathbf{B} \cdot \mathbf{S} = \gamma \hbar \mathbf{B} \cdot \frac{\mathbf{\sigma}}{2} \quad .$$

Der Faktor vor dem Spinvektoroperator kann durch eine *Präzessionsfrequenz*

$$\Omega = \gamma B$$

ausgedrückt werden. Wir wählen die z-Achse eines Koordinatensystems als Richtung des **B**-Feldes,

$$\mathbf{B} = B\mathbf{e}_z \quad .$$

Der Hamilton-Operator lautet dann

$$H = -\boldsymbol{\mu} \cdot \mathbf{B} = \frac{\hbar}{2}\Omega \mathbf{e}_z \cdot \boldsymbol{\sigma} = \frac{\hbar}{2}\Omega \sigma_3 = \Omega S_z \quad .$$

Ein homogenes magnetisches Flussdichtefeld übt keine Kraft auf ein Elektron aus, wohl aber ein Drehmoment auf sein magnetisches Moment. In Analogie zur Schrödinger-Gleichung können wir nun die *Pauli-Gleichung* für die Zeitentwicklung des Zustandes $\chi(t)$ des Elektrons hinschreiben,

$$\mathrm{i}\hbar\frac{\mathrm{d}}{\mathrm{d}t}\chi(t) = H\chi(t) = \hbar\frac{\Omega}{2}\sigma_3\chi(t) \quad .$$

Ihre Lösung ist

$$\chi(t) = \left(\cos\frac{\Omega}{2}t - \mathrm{i}\sigma_3\sin\frac{\Omega}{2}t\right)\chi_0 \quad .$$

Dabei ist χ_0 der Anfangsspinzustand zur Zeit $t = 0$. Nehmen wir die beiden Basiszustände η_1, η_{-1} als Anfangszustände, so finden wir insbesondere

$$\chi_{\pm 1}(t) = \left(\cos\frac{\Omega}{2}t \mp \mathrm{i}\sin\frac{\Omega}{2}t\right)\eta_{\pm 1} = \mathrm{e}^{\mp\mathrm{i}\frac{\Omega}{2}t}\eta_{\pm 1} \quad .$$

Als Spezialfall betrachten wir die Bewegung eines magnetischen Moments, das ursprünglich durch den Zustand

$$\chi_0 = \chi(\Theta_0, \Phi_0) = \exp\left\{-\mathrm{i}\frac{\Phi_0}{2}\right\}\cos\frac{\Theta_0}{2}\eta_1 + \exp\left\{\mathrm{i}\frac{\Phi_0}{2}\right\}\sin\frac{\Theta_0}{2}\eta_{-1}$$

in einem homogenen magnetischen Flussdichtefeld in z-Richtung beschrieben wird.

Der zeitabhängige Zustand ist

$$\chi(t) = \chi_1(t)\eta_1 + \chi_{-1}(t)\eta_{-1}$$

mit den komplexen Koeffizienten

$$\chi_1(t) = \exp\left\{-\mathrm{i}\frac{\Omega t + \Phi_0}{2}\right\}\cos\frac{\Theta_0}{2} \quad , \quad \chi_{-1}(t) = \exp\left\{\mathrm{i}\frac{\Omega t + \Phi_0}{2}\right\}\sin\frac{\Theta_0}{2} \quad .$$

Für die Erwartungswerte der Komponenten des Spinvektors finden wir

$$\langle \mathbf{S} \rangle_\chi = \chi^+(t)\mathbf{S}\chi(t) = \frac{\hbar}{2}\left[\mathbf{e}_x \sin\Theta_0 \cos(\Omega t + \Phi_0) + \mathbf{e}_y \sin\Theta_0 \sin(\Omega t + \Phi_0)\right.$$

$$\left. + \mathbf{e}_z \cos\Theta_0\right] = \frac{\hbar}{2}\mathbf{n}(t) \quad .$$

Wir differenzieren den Erwartungswert $\langle \mathbf{S} \rangle_\chi$ nach der Zeit,

$$\frac{\mathrm{d}}{\mathrm{d}t}\langle \mathbf{S} \rangle_\chi = \frac{\hbar}{2}\frac{\mathrm{d}\mathbf{n}}{\mathrm{d}t} = \frac{\hbar}{2}\Omega\left[-\mathbf{e}_x \sin\Theta_0 \sin(\Omega t + \Phi_0)\right.$$

$$\left. + \mathbf{e}_y \sin\Theta_0 \cos(\Omega t + \Phi_0)\right] \quad .$$

Mit $\Omega = \gamma B$ erkennen wir die rechte Seite als Vektorprodukt des magnetisches Flussdichtefeldes $\mathbf{B} = B\,\mathbf{e}_z$ mit dem Erwartungswert des Spinvektors $\langle \mathbf{S} \rangle_\chi$:

$$\gamma\mathbf{B} \times \langle \mathbf{S} \rangle_\chi = \frac{\hbar}{2}\Omega\left[\mathbf{e}_z \times \mathbf{n}(t)\right] \quad .$$

Damit erfüllt der Erwartungswert $\langle \mathbf{S} \rangle_\chi$ des Spinvektors die Bewegungsgleichung

$$\frac{\mathrm{d}}{\mathrm{d}t}\langle \mathbf{S} \rangle_\chi = \gamma\mathbf{B} \times \langle \mathbf{S} \rangle_\chi \quad .$$

Nach Einführung von $\boldsymbol{\mu} = -\gamma\mathbf{S}$ erhalten wir für den Erwartungswert $\langle \boldsymbol{\mu} \rangle$ des magnetischen Moments

$$\frac{\mathrm{d}}{\mathrm{d}t}\langle \boldsymbol{\mu} \rangle = \gamma\mathbf{B} \times \langle \boldsymbol{\mu} \rangle \quad .$$

Diese Ergebnisse entsprechen einer Rotation des Vektors $\langle \mathbf{S} \rangle_{\chi(t)}$ der Erwartungswerte um die $\mathbf{e}_z$-Achse mit der Winkelgeschwindigkeit $\Omega = g_s\frac{e}{2M}B$. Der Erwartungswert des Spinvektors und damit auch der des magnetischen Moments zeigt eine *Larmor-Präzession* um die z-Achse. Die Zeitabhängigkeit des Erwartungswertes ist die gleiche, die man in der klassischen Physik für die Bewegung eines magnetischen Moments in einem homogenen Flussdichtefeld findet.

Natürlich enthalten die Erwartungswerte und ihre Bewegung nur einen Teil der quantenmechanischen Information, die in den zeitabhängigen Zuständen $\chi(t)$ enthalten ist. Die Wahrscheinlichkeit dafür, den Spin $\frac{1}{2}$ in Richtung $\mathbf{n}(\Theta, \Phi)$ zu finden, ist

$$\frac{1}{3}f_{\frac{1}{2},\frac{1}{2}}(\Theta, \Phi, t) = \frac{1}{2\pi}\left|\chi^+(\Theta, \Phi)\chi(t)\right|^2$$

$$= \frac{1}{2\pi}\left|\chi_1(t)D_{\frac{1}{2}\frac{1}{2}}^{(1/2)}(\Phi, \Theta, 0) + \chi_{-1}(t)D_{-\frac{1}{2}\frac{1}{2}}^{(1/2)}(\Phi, \Theta, 0)\right|^2$$

$$= \frac{1}{2\pi}\left|d_{\frac{1}{2}\frac{1}{2}}^{(1/2)}(\Theta_\mathbf{n})\right|^2 \quad .$$

Dabei ist $\Theta_\mathbf{n}$ der Polarwinkel der zeitabhängigen Richtung

$$\mathbf{n}(\Theta_0, \Phi_0, t) = \begin{pmatrix} \sin\Theta_0 \cos(\Omega t + \Phi_0) \\ \sin\Theta_0 \sin(\Omega t + \Phi_0) \\ \cos\Theta_0 \end{pmatrix} \ .$$

In Abb. 17.5 sind Bilder von $f_{\frac{1}{2},\frac{1}{2}}(\Theta, \Phi, t)$ für die Zeitpunkte $t = 0, \frac{1}{4}T$, $\frac{1}{2}T, \frac{3}{4}T$ in einer Periode $T = 2\pi/\Omega$ dargestellt. Das anfängliche Azimut wird zu $\Phi_0 = 0$ gewählt. Die anfängliche Verteilung $f_{\frac{1}{2},\frac{1}{2}}(\Theta, 0, 0)$ ist symmetrisch zur ursprünglichen Achse

$$\mathbf{n}(\Theta_0, 0, 0) = \begin{pmatrix} \sin\Theta_0 \\ 0 \\ \cos\Theta_0 \end{pmatrix} \ .$$

Die Verteilung bewegt sich wie eine starre Struktur mit einer zeitabhängigen Achse $\mathbf{n}(\Theta_0, 0, t)$, die mit konstanter Winkelgeschwindigkeit Ω auf einem Kegel mit dem Öffnungswinkel Θ_0 um die z-Achse rotiert.

17.4 Magnetische Resonanz. Rabi-Formel

Wir betrachten die Bewegung des Spins eines Teilchens unter dem Einfluss eines zeitunabhängigen magnetischen Flussdichtefeldes $\mathbf{B}_0 = B_0 \mathbf{e}_z$ in z-Richtung und eines zusätzlichen zeitabhängigen Feldes senkrecht zur z-Richtung,

$$\mathbf{B}_1(t) = B_1(\cos\omega t \, \mathbf{e}_x + \sin\omega t \, \mathbf{e}_y) \ ,$$

das mit der Winkelgeschwindigkeit ω um die z-Achse rotiert. Im Gesamtfeld

$$\mathbf{B}(t) = \mathbf{B}_0 + \mathbf{B}_1(t)$$

bewegt sich das magnetische Moment

$$\boldsymbol{\mu} = -\gamma \mathbf{S}$$

unter der Wirkung von Drehmomenten, die durch die zeitabhängige potenti-elle Energie

$$H(t) = -\boldsymbol{\mu} \cdot \mathbf{B}(t) = -\frac{\mu}{2}\mathbf{B}(t) \cdot \boldsymbol{\sigma}$$

ausgedrückt wird. Wir führen die beiden Kreisfrequenzen

$$\Omega_0 = -\frac{\mu}{\hbar}B_0 \quad , \qquad \Omega_1 = -\frac{\mu}{\hbar}B_1$$

ein, die den beiden Flussdichtefeldern $\mathbf{B}_0$ bzw. $\mathbf{B}_1$ entsprechen. Damit lässt sich der Hamilton-Operator umschreiben:

$$H(t) = \frac{\hbar}{2} \left[\Omega_0 \sigma_3 + \Omega_1 (\sigma_1 \cos \omega t + \sigma_2 \sin \omega t) \right]$$

oder, in Matrixschreibweise,

$$H(t) = \frac{\hbar}{2} \begin{pmatrix} \Omega_0 & \Omega_1 e^{-i\omega t} \\ \Omega_1 e^{i\omega t} & -\Omega_0 \end{pmatrix} .$$

Die Pauli-Gleichung für diesen Fall bestimmt die Bewegung des Spinzustandes $\chi(t)$,

$$i\hbar \frac{d}{dt} \chi(t) = H(t) \chi(t) \quad .$$

Die Zerlegung des Spinzustandes $\chi(t)$ in Basisspinoren η_1, η_{-1},

$$\chi(t) = \chi_1(t) \eta_1 + \chi_{-1}(t) \eta_{-1} \quad ,$$

führt auf die beiden gekoppelten Gleichungen

$$i\frac{d\chi_1}{dt} = \frac{\Omega_0}{2} \chi_1(t) + \frac{\Omega_1}{2} e^{-i\omega t} \chi_{-1}(t) \quad ,$$
$$i\frac{d\chi_{-1}}{dt} = \frac{\Omega_1}{2} e^{i\omega t} \chi_1(t) - \frac{\Omega_0}{2} \chi_{-1}(t)$$

für die zeitabhängigen Koeffizienten $\chi_1(t)$, $\chi_{-1}(t)$. Die explizite Zeitabhängigkeit der Koeffizienten kann leicht durch Einführung eines rotierenden Koordinatensystems entfernt werden. Dieses Koordinatensystem berücksichtigt die Zeitabhängigkeit der Spinzustände $\tilde{\eta}_1(t)$, $\tilde{\eta}_{-1}(t)$,

$$\eta_1 = \exp \left\{ i\frac{\omega}{2} t \right\} \tilde{\eta}_1(t) \quad , \qquad \eta_{-1} = \exp \left\{ -i\frac{\omega}{2} t \right\} \tilde{\eta}_{-1}(t) \quad ,$$

d. h. in Komponenten

$$\chi_1(t) = \exp \left\{ -i\frac{\omega}{2} t \right\} \tilde{\chi}_1(t) \quad , \qquad \chi_{-1}(t) = \exp \left\{ i\frac{\omega}{2} t \right\} \tilde{\chi}_{-1}(t) \quad .$$

Damit erhalten wir die Zerlegung

$$\chi(t) = \tilde{\chi}_1(t) \tilde{\eta}_1(t) + \tilde{\chi}_{-1}(t) \tilde{\eta}_{-1}(t)$$

des Spinzustandes $\chi(t)$ und die Differentialgleichungen

$$i\frac{d}{dt} \tilde{\chi}_1(t) = -\frac{\Delta}{2} \tilde{\chi}_1(t) + \frac{\Omega_1}{2} \tilde{\chi}_{-1}(t) \quad ,$$
$$i\frac{d}{dt} \tilde{\chi}_{-1}(t) = \frac{\Omega_1}{2} \tilde{\chi}_1(t) + \frac{\Delta}{2} \tilde{\chi}_{-1}(t)$$

mit $\Delta = \omega - \Omega_0$. Ausgedrückt durch den Anfangszustand

$$\chi_0 = \chi(0) = \chi_1^{(0)}\eta_1 + \chi_{-1}^{(0)}\eta_{-1} = \chi_1^{(0)}\tilde{\eta}_1(0) + \chi_{-1}^{(0)}\tilde{\eta}_{-1}(0)$$

und seine Komponenten $\chi_1(0) = \chi_1^{(0)}$, $\chi_{-1}(0) = \chi_{-1}^{(0)}$ finden wir als Lösung für die Komponenten im rotierenden Bezugssystem

$$\tilde{\chi}_1(t) = \chi_1^{(0)}\cos\frac{\Omega}{2}t - \mathrm{i}(\omega_1\chi_{-1}^{(0)} - \omega_3\chi_1^{(0)})\sin\frac{\Omega}{2}t \quad,$$

$$\tilde{\chi}_{-1}(t) = \chi_{-1}^{(0)}\cos\frac{\Omega}{2}t - \mathrm{i}(\omega_1\chi_1^{(0)} + \omega_3\chi_{-1}^{(0)})\sin\frac{\Omega}{2}t \quad.$$

Dabei wurde folgende Notation benutzt:

$$\Omega^2 = \Omega_1^2 + \Delta^2 \quad, \qquad \omega_1 = \frac{\Omega_1}{\Omega} \quad, \qquad \omega_3 = \frac{\Delta}{\Omega} \quad.$$

Wir wählen das Koordinatensystem so, dass der Anfangszustand mit dem Basisspinor

$$\chi_0 = \eta_1 \quad, \qquad \text{d. h.} \qquad \chi_1^{(0)} = 1 \quad, \qquad \chi_{-1}^{(0)} = 0$$

zusammenfällt. Dann erhalten wir als Lösung für die Komponenten in Bezug auf das zeitunabhängige Koordinatensystem η_1, η_{-1}:

$$\chi_1(t) = \exp\left\{-\mathrm{i}\frac{\omega}{2}t\right\}\left(\cos\frac{\Omega}{2}t + \mathrm{i}\frac{\Delta}{\Omega}\sin\frac{\Omega}{2}t\right) \quad,$$

$$\chi_{-1}(t) = -\mathrm{i}\frac{\Omega_1}{\Omega}\exp\left\{\mathrm{i}\frac{\omega}{2}t\right\}\sin\frac{\Omega}{2}t \quad.$$

Auch der zeitabhängige Spinor

$$\chi(t) = \chi_1(t)\eta_1 + \chi_{-1}(t)\eta_{-1}$$

hat die Länge Eins,

$$\chi^+(t)\chi(t) = |\chi_1(t)|^2 + |\chi_{-1}(t)|^2 = 1 \quad.$$

Ist die Winkelgeschwindigkeit ω des zeitabhängigen äußeren magnetischen Flussdichtefeldes B_1 gleich der Präzessionsfrequenz $\Omega_0 = \mu B_0$ im zeitunabhängigen Flussdichtefeld B_0, so verschwindet die Differenzfrequenz $\Delta = \omega - \Omega_0$. In diesem Fall ist die Bewegung des Spinzustandes besonders einfach:

$$\chi_1(t) = \exp\left\{-\mathrm{i}\frac{\omega}{2}t\right\}\cos\frac{\Omega}{2}t \quad, \qquad \chi_{-1}(t) = -\mathrm{i}\exp\left\{\mathrm{i}\frac{\omega}{2}t\right\}\sin\frac{\Omega}{2}t \quad.$$

Der Erwartungswert des Spinvektors $\mathbf{S} = \frac{\hbar}{2}\boldsymbol{\sigma}$ ist durch

$$
\begin{aligned}
\langle S_x \rangle_{\chi(t)} &= \frac{\hbar}{2}\left(\frac{\Omega_1}{\Omega}\sin\omega t \sin\Omega t + \frac{\Omega_1}{\Omega}\frac{\Delta}{\Omega}\cos\omega t\cos\Omega t \right. \\
&\qquad \left. - \frac{\Omega_1}{\Omega}\frac{\Delta}{\Omega}\cos\omega t \right) \ , \\
\langle S_y \rangle_{\chi(t)} &= -\frac{\hbar}{2}\left(\frac{\Omega_1}{\Omega}\cos\omega t \sin\Omega t - \frac{\Omega_1}{\Omega}\frac{\Delta}{\Omega}\sin\omega t\cos\Omega t \right. \\
&\qquad \left. + \frac{\Omega_1}{\Omega}\frac{\Delta}{\Omega}\sin\omega t \right) \ , \\
\langle S_z \rangle_{\chi(t)} &= \frac{\hbar}{2}\left(\frac{\Delta^2}{\Omega^2} + \frac{\Omega_1^2}{\Omega^2}\cos\Omega t \right)
\end{aligned}
$$

gegeben. Abbildung 17.6 zeigt die Bahn der Spitze des Vektors des Erwartungswerts $\langle \mathbf{S} \rangle_{\chi(t)}$ auf der Kugel mit dem Radius $\hbar/2$ für die erste Periode

$$
T = 2\pi/\Omega
$$

für verschiedene Werte des Verhältnisses ω/Ω_0 der Frequenz ω des rotierenden Feldes $\mathbf{B}_1(t)$ und der Larmor-Frequenz Ω_0 des zeitunabhängigen Feldes $\mathbf{B}_0 = B_0\mathbf{e}_z$ senkrecht zur Ebene der Rotation des Feldvektors $\mathbf{B}_1(t)$. Für $t = 0$ liegt der Vektor $\langle \mathbf{S} \rangle_{\chi(t)}$ in z-Richtung. Seine Spitze führt eine spiralförmige Bahn um die z-Achse aus, bis ein maximaler Öffnungswinkel $\Theta_{\max}$, der durch

$$
\cos\Theta_{\max} = (\Delta^2 - \Omega_1^2)/\Omega^2
$$

gegeben ist, erreicht wird. Danach führt die Spirale wieder in Richtung z-Achse zurück. Die z-Komponente oszilliert also mit der Kreisfrequenz Ω im Bereich

$$
\frac{\hbar}{2}\frac{\Delta^2 - \Omega_1^2}{\Omega^2} \leq \langle S_z \rangle_{\chi(t)} \leq \frac{\hbar}{2} \ .
$$

Wenn die Frequenz ω des zeitabhängigen Feldes B_1 mit der Larmor-Frequenz Ω_0 übereinstimmt, die dem zeitunabhängigen Feld B_0 entspricht, d. h. für $\Delta = 0$, $\Omega_1 = \Omega$, beobachtet man die Erscheinung der *magnetischen Resonanz*. Der Erwartungswert des Spinvektors $\mathbf{S}$ wird einfach

$$
\begin{aligned}
\langle \mathbf{S} \rangle_{\chi(t)} &= \tfrac{\hbar}{2}\left(\mathbf{e}_x \sin\omega t \sin\Omega t - \mathbf{e}_y \cos\omega t \sin\Omega t + \mathbf{e}_z \cos\Omega t \right) \\
&= \tfrac{\hbar}{2}\left(\mathbf{e}_x \sin\Omega t \cos(\omega t - \tfrac{\pi}{2}) + \mathbf{e}_y \sin\Omega t \sin(\omega t - \tfrac{\pi}{2}) + \mathbf{e}_z \cos\Omega t \right) \ .
\end{aligned}
$$

Die Spitze des Vektors $\langle \mathbf{S} \rangle_{\chi(t)}$ bewegt sich auf der Oberfläche einer Kugel mit dem Radius $\hbar/2$ periodisch von der z-Richtung zur negativen z-Richtung. Polar- und Azimutwinkel folgen der Zeitabhängigkeit

$$
\Theta(t) = \Omega t \ , \qquad \Phi(t) = \omega t - \frac{\pi}{2} \ .
$$

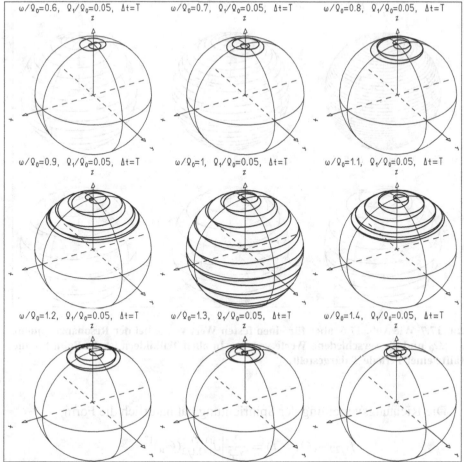

Abb. 17.6 Magnetische Resonanz. Bahn der Spitze des Spinerwartungswerts, dargestellt über eine Periode T**. Der Wert von** ω **wird von Teilbild zu Teilbild verändert, während** Ω_0 **und** Ω_1 **konstant gehalten werden. Das Teilbild in der Mitte der Abbildung entspricht der exakten Resonanzfrequenz** $\omega = \Omega_0$**.**

Die z-Komponente des Erwartungswerts des Spinvektors kann jeden Wert in dem vollen Bereich

$$-\frac{\hbar}{2} \leq \langle S_z \rangle_{\chi(t)} \leq \frac{\hbar}{2}$$

annehmen.

Abbildung 17.7 zeigt Darstellungen der Bahnen während einer Halbperiode $T/2 = \pi/\Omega$ für verschiedene Werte des Verhältnisses $\Omega_1/\Omega_0 = B_1/B_0$ der Larmor-Frequenzen Ω_1, Ω_0 oder, gleichbedeutend, der Feldstärken des rotierenden Feldes B_1 und des konstanten Feldes B_0. Für Werte $\Omega_1 \ll \Omega_0$ bildet die Bahn eine dicht gewickelte Spirale auf der Kugel. Der Abstand der einzelnen Windungen wächst mit wachsendem Verhältnis Ω_1/Ω_0.

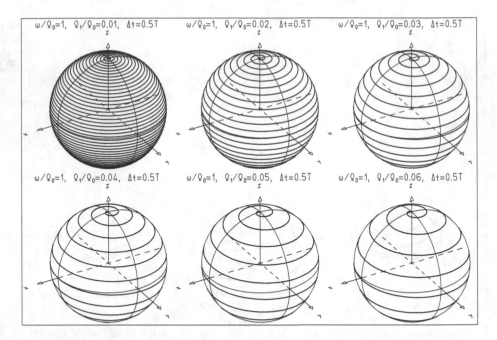

Abb. 17.7 Wie Abb. 17.6, aber für einen festen Wert von ω bei der Resonanzfrequenz $\omega = \Omega_0$ und für verschiedene Werte von Ω_1. In allen Teilbildern ist die Bahn für die Hälfte einer Periode T dargestellt.

Die Richtungsverteilung der Spinrichtung hat natürlich die Form

$$f_{1/2,1/2}(\Theta,\Phi,t) = \frac{3}{2\pi} \left| d^{(1/2)}_{1/2,1/2}(\Theta_{\mathbf{n}}) \right|^2 \quad,$$

die wir in Abschn. 17.3 und Abb. 17.5 diskutiert haben. Allerdings ist $\Theta_{\mathbf{n}}$ jetzt der Polarwinkel bezüglich der Richtung des Erwartungswerts des Spinvektors, so dass die ganze Verteilung jetzt mit diesem Vektor rotiert.

In Experimenten mit Atom- und Molekularstrahlen benutzte Isidor Rabi die magnetische Resonanz zur Messung der magnetischen Momente von Protonen und Kernen. Diese lassen sich direkt aus der Resonanzfrequenz $\omega = \Omega_0$ bestimmen, weil die Larmor-Frequenz $\Omega_0 = \mu B_0$ direkt proportional zum magnetischen Moment μ ist.

Zum Schluss dieses Abschnitts geben wir noch die *Rabi-Formel* aus Isidor Rabis berühmter Veröffentlichung *„space quantization in a gyrating magnetic field"* von 1937 an. Ausgehend ($t = 0$) von dem Zustand η_1 gibt sie die Wahrscheinlichkeit $P_{-\frac{1}{2}}(t)$ dafür an, zur Zeit t den Zustand η_{-1} zu beobachten, wenn der Anfangszustand η_1 war,

$$P_{-\frac{1}{2}}(t) = |\eta^+_{-1}\chi(t)|^2 = |\chi_{-1}(t)|^2 = \frac{\Omega_1^2}{\Omega^2} \sin^2 \frac{\Omega}{2}t \quad.$$

Die Wahrscheinlichkeit $P_{-\frac{1}{2}}(t)$ wird maximal für ungerade Vielfache der Zeit

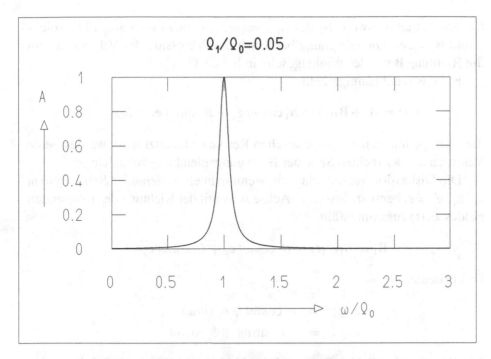

Abb. 17.8 Amplitude A als Funktion von ω für festen Wert von Ω_1. Für kleinere Werte von Ω_1 wird die Resonanz schärfer. Für größere Werte wird sie breiter.

$$\frac{T}{2} = \frac{\pi}{\Omega} = \frac{\pi}{\sqrt{\Delta^2 + \Omega_1^2}} \;, \quad \Delta = \omega - \Omega_0 \;.$$

Zu diesen Zeitpunkten hat die Wahrscheinlichkeit den Maximalwert

$$A = P_{-\frac{1}{2}}\left(\frac{T}{2}\right) = \frac{\Omega_1^2}{\Omega^2} = \frac{\Omega_1^2}{\Omega_1^2 + (\omega - \Omega_0)^2}$$
$$= \frac{(\Omega_1/\Omega_0)^2}{(\Omega_1/\Omega_0)^2 + (1 - \omega/\Omega_0)^2} \;.$$

Dieser erreicht den Wert Eins für die Resonanzfrequenz $\omega = \Omega_0$. Ein Diagramm von A als Funktion des Verhältnisses ω/Ω_0 für festen Wert von Ω_1/Ω_0 ist in Abb. 17.8 dargestellt. Es hat die typische Resonanzform.

17.5 Magnetische Resonanz im rotierenden Bezugssystem

Am Ende von Abschn. 17.3 erhielten wir die Bewegungsgleichung

$$\frac{\mathrm{d}}{\mathrm{d}t}\langle \mathbf{S} \rangle = \gamma \mathbf{B} \times \langle \mathbf{S} \rangle$$

für den Erwartungswert $\langle \mathbf{S} \rangle$ des Spinvektors in einem konstanten Flussdichtefeld $\mathbf{B} = B\mathbf{e}_z$. Die Gleichung beschrieb die Präzession des Vektors $\langle \mathbf{S} \rangle$ um die Richtung $\mathbf{B}$ mit der Winkelgeschwindigkeit $\Omega = \gamma B$.

Für das zeitabhängige Feld

$$\mathbf{B}(t) = \mathbf{B}_0 + \mathbf{B}_1(t) = B_1 \cos \omega t \, \mathbf{e}_x + B_1 \sin \omega t \, \mathbf{e}_y + B_0 \mathbf{e}_z \quad,$$

das in Experimenten zur magnetischen Resonanz benutzt wird, werden beide Vektoren auf der rechten Seite der Bewegungsgleichung zeitabhängig.

Die Diskussion vereinfacht sich, wenn man ein *rotierendes Bezugssystem* $\mathbf{e}'_x, \mathbf{e}'_y, \mathbf{e}'_z = \mathbf{e}_z$ benutzt, dessen x'-Achse stets mit der Richtung des rotierenden Feldes $B_1(t)$ zusammenfällt,

$$\mathbf{B}_1 = B_1 \mathbf{e}'_x(t) = B_1 \cos \omega t \, \mathbf{e}_x + B_1 \sin \omega t \, \mathbf{e}_y \quad.$$

Das bedeutet

$$\begin{aligned}
\mathbf{e}'_x(t) &= \mathbf{e}_x \cos \omega t + \mathbf{e}_y \sin \omega t \quad, \\
\mathbf{e}'_y(t) &= -\mathbf{e}_x \sin \omega t + \mathbf{e}_y \cos \omega t \quad.
\end{aligned}$$

Die Rotation des Feldes $\mathbf{B}_1(t)$ und der Vektoren $\mathbf{e}'_x(t)$, $\mathbf{e}'_y(t)$ wird durch den Vektor

$$\boldsymbol{\omega} = \omega \mathbf{e}_z$$

der Winkelgeschwindigkeit beschrieben. Die Zeitableitungen eines beliebigen Vektors $\langle \mathbf{S} \rangle$ im Laborsystem und im rotierenden System sind durch

$$\frac{\mathrm{d} \langle \mathbf{S} \rangle}{\mathrm{d}t} = \frac{\mathrm{d}' \langle \mathbf{S} \rangle}{\mathrm{d}t} + \boldsymbol{\omega} \times \langle \mathbf{S} \rangle$$

verknüpft. Wir schreiben diese Beziehung in der Form

$$\frac{\mathrm{d}' \langle \mathbf{S} \rangle}{\mathrm{d}t} = \frac{\mathrm{d} \langle \mathbf{S} \rangle}{\mathrm{d}t} - \boldsymbol{\omega} \times \langle \mathbf{S} \rangle \quad,$$

setzen sie in die Bewegungsgleichung ein und erhalten

$$\frac{\mathrm{d}' \langle \mathbf{S} \rangle}{\mathrm{d}t} = (\gamma \mathbf{B} - \boldsymbol{\omega}) \times \langle \mathbf{S} \rangle = \gamma \mathbf{B}_{\mathrm{eff}} \times \langle \mathbf{S} \rangle$$

mit dem *effektiven Feld*

$$\mathbf{B}_{\mathrm{eff}} = \mathbf{B} - \frac{\boldsymbol{\omega}}{\gamma} = \left(B_0 - \frac{\omega}{\gamma} \right) \mathbf{e}'_z + B_1 \mathbf{e}'_x \quad.$$

Das effektive Feld ist im rotierenden Bezugssystem konstant. Die Bewegungsgleichung beschreibt die Präzession des Vektor $\langle \mathbf{S} \rangle$ um die Richtung des Feldes $\mathbf{B}_{\mathrm{eff}}$ im rotierenden System. Die Präzessionsfrequenz ist

$$\Omega = \gamma B_{\text{eff}} = \sqrt{(\gamma B_0 - \omega)^2 + \gamma^2 B_1^2} = \sqrt{(\Omega_0 - \omega)^2 + \Omega_1^2} \quad .$$

Da Experimente immer für $B_1 \ll B_0$ aufgeführt werden, ist das effektive Feld praktisch parallel oder antiparallel zur z-Achse außer für Frequenzen ω in der Nähe der Larmor-Frequenz Ω_0 des statischen Feldes $\mathbf{B}_0$,

$$\omega = \Omega_0 = \gamma B_0 \quad .$$

Wenn anfänglich der Vektor $\langle \mathbf{S} \rangle$ parallel zur z-Achse zeigt, dann wird er für ω deutlich verschieden von der Resonanzfrequenz nur wenig von der z-Richtung abweichen, weil er um die Richtung $\mathbf{B}_{\text{eff}}$ präzediert, die nahezu parallel (oder antiparallel) zur z-Achse ist. Bei der Resonanz präzediert $\langle \mathbf{S} \rangle$ jedoch um die x'-Achse, weil bei der Resonanz $\mathbf{B}_{\text{eff}} = \mathbf{B}_1 = B_1 \mathbf{e}'_x$ gilt und der Polarwinkel von $\langle \mathbf{S} \rangle$ mit der z-Achse periodisch zwischen 0 und π mit der Kreisfrequenz $\Omega_1 = \gamma B_1$ schwingt.

Die Situation ist in Abb. 17.9 dargestellt. Die Figur entspricht in allen Parametern der Abb. 17.6, zeigt aber die Bahn der Spitze von $\langle \mathbf{S} \rangle$ im rotierenden Bezugssystem $\mathbf{e}'_x, \mathbf{e}'_y, \mathbf{e}'_z$ und nicht im Laborsystem $\mathbf{e}_x, \mathbf{e}_y, \mathbf{e}_z$.

In den meisten Experimenten ist das zeitabhängige Feld $\mathbf{B}_1$ tatsächlich nicht als rotierendes Feld realisiert, sondern als ein Feld, das in x-Richtung oszilliert,

$$\mathbf{B}_1^{(\text{exp})} = 2B_1 \cos \omega t \, \mathbf{e}_x \quad .$$

Dieses kann jedoch als Summe

$$\mathbf{B}_1^{(\text{exp})} = \mathbf{B}_{1+}(t) + \mathbf{B}_{1-}(t)$$

zweier Felder

$$\mathbf{B}_{1\pm} = B_1 \cos \omega t \, \mathbf{e}_x \pm B_1 \sin \omega t \, \mathbf{e}_y$$

aufgefasst werden, die in entgegengesetzten Richtungen rotieren. Die Vektoren der Winkelgeschwindigkeiten dieser Felder sind $\omega \mathbf{e}_z$ bzw. $-\omega \mathbf{e}_z$. In dem System, das mit $\mathbf{B}_{1+}$ rotiert, tritt Resonanz auf, weil im effektiven Feld die z-Komponente $B_0 - \omega/\gamma$ für $\omega = \gamma B_0$ verschwindet. In diesem Bezugssystem verändert sich $\mathbf{B}_{1-}$ sehr schnell mit der Zeit, so dass sein Einfluss auf $\langle \mathbf{S} \rangle$ sich wegmittelt und vernachlässigt werden kann. In einem System, das mit $\mathbf{B}_{1-}$ rotiert, ist die z-Komponente des effektiven Feldes $B_0 + \omega/\gamma$ und es tritt keine solche Wegmittelung auf.

Aufgaben

17.1 Zeigen Sie, dass die Erwartungswerte des Spinvektors $\mathbf{S} = (S_x, S_y, S_z)$ für die Basisspinoren η_1, η_{-1} wie folgt lauten:

$$\langle \mathbf{S} \rangle_a = \eta_a^+ \mathbf{S} \eta_a = \frac{a}{2} \hbar \, \mathbf{e}_z \quad , \qquad a = 1, -1 \quad .$$

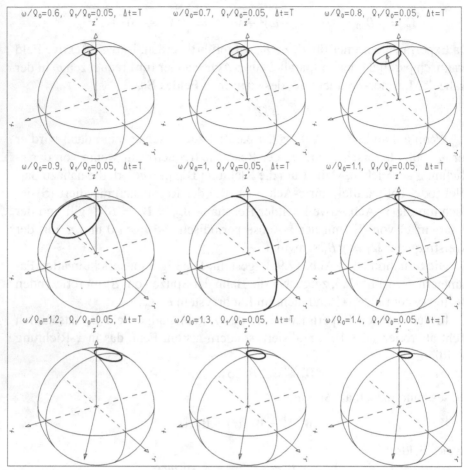

Abb. 17.9 Wie in Abb. 17.6, aber im rotierenden Bezugssystem dargestellt. Der in der (x', z')-Ebene dargestellte Pfeil ist die Richtung des effektiven Feldes B_{eff}. Die Spitze des Erwartungswerts des Spinvektors bewegt sich auf einem Kreis um diese Richtung. Die Anfangsrichtung ist die der z'-Achse.

17.2 Zeigen Sie, dass der Erwartungswert des Spinvektors $\mathbf{S} = (S_x, S_y, S_z)$ für einen kohärenten Spinzustand

$$\chi(\Theta, \Phi) = e^{-i\Phi/2}\cos(\Theta/2)\eta_1 + e^{i\Phi/2}\sin(\Theta/2)\eta_{-1}$$

durch

$$\langle \mathbf{S}\rangle_\chi = \chi^+(\Theta, \Phi)\mathbf{S}\chi(\Theta, \Phi) = \frac{\hbar}{2}\mathbf{n}(\Theta, \Phi)$$

gegeben ist.

17.3 Berechnen Sie den Erwartungswert des Hamilton-Operators $H = -\boldsymbol{\mu}\cdot\mathbf{B}$, $\boldsymbol{\mu} = g_s e\mathbf{S}/(2M)$ für den kohärenten Zustand $\chi(\Theta, \Phi)$, der in Aufgabe 17.2 angegeben wurde.

17.4 Zeigen Sie durch Taylor-Entwicklung der Exponentialfunktion die Gültigkeit der Identität

$$\exp\{-i\Omega(\mathbf{n}\cdot\boldsymbol{\sigma})t\} = \cos\frac{\Omega}{2}t - i\,\mathbf{n}\cdot\boldsymbol{\sigma}\sin\frac{\Omega}{2}t \quad .$$

17.5 Zeigen Sie durch Nachrechnen, dass die Exponentialfunktion aus Aufgabe 17.4 die Pauli-Gleichung

$$i\hbar\frac{\mathrm{d}}{\mathrm{d}t}\exp\{-i\Omega(\mathbf{n}\cdot\boldsymbol{\sigma})t\} = H\exp\{-i\Omega(\mathbf{n}\cdot\boldsymbol{\sigma})t\}$$

mit

$$H = \frac{1}{2}\hbar\Omega(\mathbf{n}\cdot\boldsymbol{\sigma})$$

löst.

18 Experimentelle Beispiele

Bisher haben wir verschiedene mechanische Systeme mit den Hilfsmitteln der Quantenmechanik untersucht. In diesem abschließenden Kapitel betrachten wir direkt Erscheinungen, die in der Natur vorkommen. Wir werden Streuprozesse, gebundene Zustände, metastabile Zustände und Erscheinungen der magnetischen Resonanz diskutieren, die eine Rolle in ganz verschiedenen Teilgebieten der Naturwissenschaft spielen.

Bevor wir uns den Ergebnissen wirklicher Experimente zuwenden, müssen wir etwas Zeit auf die *Einheiten* verwenden, in denen die Daten angegeben werden. In manchen Fällen sind die Geschwindigkeiten der untersuchten Teilchen nicht viel kleiner als die Lichtgeschwindigkeit. Um sie zu beschreiben, müssen wir deshalb die spezielle Relativitätstheorie benutzen. Sie sagt aus, dass für ein Teilchen der Gesamtenergie E und des Impulsbetrages p die Größe

$$E^2 - p^2 c^2 = m^2 c^4$$

unabhängig von dem Bezugssystem ist, in dem E und p gemessen werden. Dabei ist $c = 3 \cdot 10^8$ m/s die Lichtgeschwindigkeit im Vakuum. In dem speziellen Bezugssystem, in dem das Teilchen in Ruhe ist, $p = 0$, haben wir dann

$$E = mc^2 \quad .$$

Deshalb heißt die Konstante m die *Ruhemasse* des Teilchens. Die Größe mc^2 ist die *Ruheenergie* des Teilchens. In einem Bezugssystem, in dem das Teilchen nicht in Ruhe ist, $p \neq 0$, ist die Gesamtenergie größer:

$$E = \sqrt{m^2 c^4 + p^2 c^2} = mc^2 + E_{\text{kin}} \quad .$$

Der zusätzliche Term heißt *kinetische Energie* des Teilchens.

In den hier besprochenen Experimenten werden die Teilchen durch ihren Impuls p, ihre Gesamtenergie E oder ihre kinetische Energie E_{kin} beschrieben. Die Energien werden in *Elektronenvolt* (eV) gemessen. Ein Teilchen, das die *Elementarladung*

$$e = 1{,}602 \cdot 10^{-19} \, \text{C}$$

trägt und eine beschleunigende Potentialdifferenz von $1\,\mathrm{V}$ durchlaufen hat, hat die kinetische Energie

$$1\,\mathrm{eV} = 1{,}602 \cdot 10^{-19}\,\mathrm{W\,s} = 1{,}602 \cdot 10^{-19}\,\mathrm{J}$$

gewonnen. Für höhere Energien ist es bequem, die Größen $1\,\mathrm{keV} = 10^3\,\mathrm{eV}$, $1\,\mathrm{MeV} = 10^6\,\mathrm{eV}$, $1\,\mathrm{GeV} = 10^9\,\mathrm{eV}$ zu benutzen. Da mc^2 eine Energie ist, können Massen in Elektronenvolt pro c^2 gemessen werden:

$$1\,\frac{\mathrm{eV}}{c^2} = \frac{1{,}602 \cdot 10^{-19}}{(3 \cdot 10^8)^2}\,\mathrm{kg} = 1{,}782 \cdot 10^{-36}\,\mathrm{kg} \quad .$$

Die Ruhemasse des Elektrons ist

$$m_\mathrm{e} = 511\,\mathrm{keV}/c^2 \quad .$$

Die Ruhemassen des Protons und des Neutrons sind ungefähr zweitausendmal so groß,

$$m_\mathrm{p} = 938{,}3\,\mathrm{MeV}/c^2 \quad , \qquad m_\mathrm{n} = 939{,}6\,\mathrm{MeV}/c^2 \quad .$$

Man beachte, dass ein Proton mit der kinetischen Energie $E_\mathrm{kin} = 10\,\mathrm{MeV}$ die Gesamtenergie $E = m_\mathrm{p}c^2 + E_\mathrm{kin} = 948{,}3\,\mathrm{MeV}$ besitzt. Oft ist es am einfachsten, den Impuls p zu messen. Da das Produkt pc eine Energie ist, wird der Impuls in Einheiten Elektronenvolt pro c gemessen:

$$1\,\frac{\mathrm{eV}}{c} = \frac{1{,}602 \cdot 10^{-19}}{3 \cdot 10^8}\,\mathrm{kg\,m/s} = 5{,}3 \cdot 10^{-28}\,\mathrm{kg\,m/s} \quad .$$

Kennt man den Impuls p und die Ruhemasse m eines Teilchens, so lassen sich seine Gesamtenergie E und seine kinetische Energie E_kin leicht berechnen.

18.1 Streuung von Atomen, Elektronen, Neutronen und Pionen

In den Kapiteln 12, 15 und 16 haben wir die Streuung eines Teilchen betrachtet, das auf ein als raumfest angenommenes, kugelsymmetrisches Potential einfiel. In wirklichen Experimenten werden *Projektilteilchen* an *Target-Teilchen* gestreut. Gewöhnlich ruhen die Target-Teilchen vor dem Stoß. Die Projektilteilchen haben bereits vor dem Stoß einen Impuls. Nach dem Stoß bewegen sich sowohl das Projektilteilchen als auch das Target-Teilchen. Es gibt jedoch auch Experimente, in denen beide Stoßpartner auch im Laborsystem vor dem Stoß einen Impuls besitzen. Ein Beispiel für solche Experimente wird am Ende des Abschn. 18.4 diskutiert. Dabei geht es um die Erzeugung der Elementarteilchen J/ψ und Υ in der Kollision intensiver Strahlen von Elektronen und Positronen. Wie in der klassischen Mechanik kann der Zweikörperstoßprozess auf ein Einkörperproblem reduziert werden, wenn als Ortsvektor $\mathbf{r}$ in der Wellenfunktion der Abstandsvektor zwischen den beiden Teilchen benutzt wird und wenn statt der Masse, die in der Einteilchen-Schrödinger-Gleichung auftritt, die reduzierte Masse $M = m_1 m_2/(m_1 + m_2)$ der beiden Teilchen benutzt wird. Es ist üblich, die Ergebnisse von Streuexperimenten in Form des gemessenen, differentiellen Wirkungsquerschnitts $d\sigma/d\vartheta^*$ bezüglich des Streuwinkels ϑ^* im Schwerpunktsystem (CMS) darzustellen. In diesem Bezugssystem haben im Anfangszustand Projektil- und Target-Teilchen entgegengerichtete Impulse gleichen Betrages (Abb. 18.1a).

Die Abbildungen 18.1b bis e zeigen Ergebnisse, die in Streuexperimenten in ganz verschiedenen Teilbereichen der Physik und mit ganz verschiedenen experimentellen Techniken gewonnen wurden. Abbildung 18.1b zeigt den differentiellen Wirkungsquerschnitt für die Streuung von Natriumatomen an Quecksilberatomen. Die kinetische Energie im Laborsystem ist nur ein Bruchteil eines Elektronenvolts. Der Impuls ist von der Größenordnung $100\,\mathrm{keV}/c$ entsprechend einer de-Broglie-Wellenlänge von etwa $10^{-11}\,\mathrm{m}$, die damit eine Größenordnung unter dem Atomdurchmesser liegt. Streuexperimente wie dieses liefern Informationen über das elektrische Potential, das zwischen den Atomen wirkt. Damit lassen sich Probleme der chemischen Bindung studieren.

Abb. 18.1 **(a) Streuung eines Projektilteilchens 1 an einem Target-Teilchen 2. Im Labor ist das Target ursprünglich in Ruhe, $p_2 = 0$. In Schwerpunktsystem (CMS) haben die Teilchen ursprünglich entgegengesetzt gleiche Impulse, $\mathbf{p}_1^* = -\mathbf{p}_2^*$. Bei der hier betrachteten elastischen Streuung sind die Impulse auch nach dem Streuprozess entgegengesetzt gleich, $\mathbf{p}_1'^* = -\mathbf{p}_2'^*$. (b) Streuung von Natriumatomen an Quecksilberatomen, (c) Neutronen an Bleikernen, (d) Elektronen an Sauerstoffkernen und (e) π-Mesonen an Protonen. Der differentielle Wirkungsquerschnitt $d\sigma/d\Omega$ für die elastische Streuung zweier Teilchen ist als Funktion des Streuwinkels ϑ^* im Schwerpunktsystem dargestellt. Die kinetische Energie E_{kin} des Projektils im Laborsystem ist in jedem Teilbild angegeben. In Teilbild b ist die Ordinate eine lineare Skala in willkürlichen Einheiten. Für die Teilbilder c, d und e ist sie eine logarithmische Skala in den Einheiten cm^2 pro Steradian.** *Quellen:* (b) Aus U. Buck und H. Pauly, *Zeitschrift für Naturforschung* **23a** (1968) 475, copyright © 1968 Verlag der Zeitschrift für Naturforschung, Tübingen, Nachdruck mit freundlicher Genehmigung. (c) Aus F. Perey and B. Buck, *Nuclear Physics* **32** (1962) 352, copyright © 1962 North-Holland Publishing Company, Amsterdam, Nachdruck mit freundlicher Genehmigung. (d) Aus R. Hofstadter, Nuclear and Nucleon Scattering of Electrons at High Energies, Nachdruck mit freundlicher Genehmigung aus *Annual Review of Nuclear and Particle Science*, Volume 7, copyright © 1957 Annual Reviews Inc. (e) Aus einem Tagungsbeitrag von J. Orear et al. berichtet von G. Belletini, Intermediate and High Energy Collisions, in *Proceedings of the 14th International Conference on High Energy Physics at Vienna* (J. Prentki und J. Steinberger, Hrsg.), copyright © 1968 CERN, Geneva, Nachdruck mit freundlicher Genehmigung.

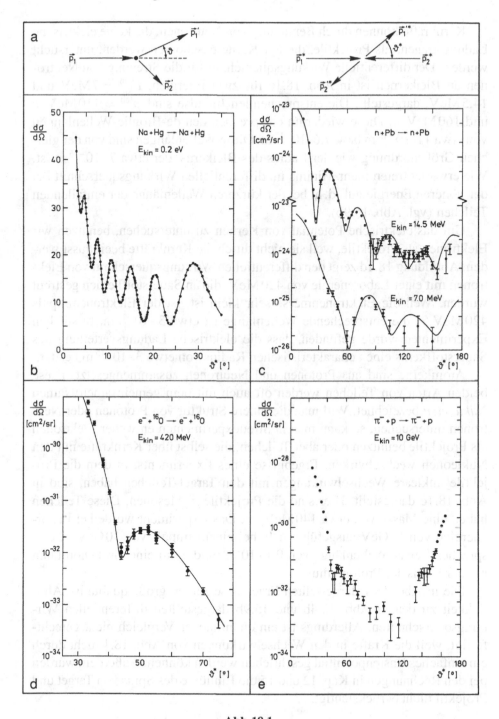

Abb. 18.1

Kernkräfte können durch Benutzung von Neutronen, die keine elektrische Ladung tragen, als Projektile, die auf Kerne geschossen werden, untersucht werden. Der differentielle Wirkungsquerschnitt für die Streuung von Neutronen an Bleikernen ist in Abb. 18.1c für zwei Energien, $E_{kin}^{lab} = 7\,\text{MeV}$ und $14,5\,\text{MeV}$, dargestellt. Die entsprechenden Impulse sind $p^{lab} = 110\,\text{MeV}/c$ und $160\,\text{MeV}/c$. Diese wiederum entsprechen den de-Broglie-Wellenlängen von etwa $11 \cdot 10^{-15}\,\text{m}$ bzw. $7,6 \cdot 10^{-15}\,\text{m}$. Diese Wellenlängen sind von der gleichen Größenordnung wie der Radius des Bleikerns, der etwa $7 \cdot 10^{-15}\,\text{m}$ ist. Wie erwartet treten mehr Minima im differentiellen Wirkungsquerschnitt bei der höheren Energie auf, d. h. bei der kürzeren Wellenlänge der einfallenden Teilchen (vgl. Abb. 15.9b).

Um das elektrische Potential von Kernen zu untersuchen, benutzen wir Elektronen als Projektile, weil sie nicht durch die Kernkräfte beeinflusst werden. Abbildung 18.1d zeigt den differentiellen Wirkungsquerschnitt von Elektronen mit einer Laborenergie von $420\,\text{MeV}$, die an Sauerstoffkernen gestreut wurden. Weil die Elektronenmasse sehr klein ist, ist der Elektronenimpuls $420\,\text{MeV}/c$, die entsprechende Wellenlänge ist etwa $3 \cdot 10^{-15}\,\text{m}$. In solchen Experimenten wurde gefunden, dass die elektrische Ladungsverteilung des Sauerstoffkerns einen charakteristischen Radius von etwa $3 \cdot 10^{-15}\,\text{m}$ besitzt.

Atomkerne sind aus Protonen und Neutronen zusammengesetzt. Diese beiden Arten von Teilchen werden oft auch mit dem gemeinsamen Namen *Nukleonen* bezeichnet. Will man die innere Struktur von Protonen oder Neutronen untersuchen, so kann man in Streuexperimenten entweder Elektronen als Projektile benutzen oder aber Teilchen, die selbst über Kernkräfte mit den Nukleonen wechselwirken. Ergebnisse eines Experiments, in dem die Projektile nukleare Wechselwirkungen mit den Target-Teilchen haben, sind in Abb. 18.1e dargestellt. Hier sind die Projektile π-Mesonen. Diese Teilchen haben eine Masse von etwa $140\,\text{MeV}/c^2$. Das Experiment wurde bei Laborenergien von $10\,\text{GeV}$ ausgeführt, d. h. bei einem Impuls von $10\,\text{GeV}/c$, entsprechend einer Wellenlänge von $0,1 \cdot 10^{-15}\,\text{m}$, die um eine Größenordnung kleiner ist als der Protonradius.

Die in Abb. 18.1 dargestellten Ergebnisse zeigen große qualitative Ähnlichkeit zu den in Abb. 12.4b und 15.9b dargestellten differentiellen Wirkungsquerschnitten. Allerdings ist ein quantitativer Vergleich nicht gerechtfertigt, weil die Kräfte in den Wechselwirkungen von Abb. 18.1 nicht durch ein einfaches Kastenpotential geschrieben werden können. Außerdem wurden bei den Rechnungen in Kap. 12 und 15 die Einflüsse des Spins von Target und Projektil nicht berücksichtigt.

18.2 Spektren gebundener Zustände in Atomen, Kernen und Kristallen

Der erste große Erfolg der Quantenmechanik war die Erklärung des *Wasserstoffspektrums*. Hinreichend stark erhitzter atomarer Wasserstoff emittiert Licht mit einem charakteristischen Wellenlängenspektrum, das aus diskreten Wellenlängen besteht. In Abschn. 13.4 fanden wir für die Energieniveaus des Elektrons im Wasserstoffatom

$$E_n = -\frac{1}{2}Mc^2\frac{\alpha}{n^2} \ , \qquad n = 1, 2, \dots \ .$$

Dabei ist M die Elektronenmasse, c die Lichtgeschwindigkeit und $\alpha = 1/137$ die Sommerfeldsche Feinstrukturkonstante. Ein Übergang von einem Niveau zum anderen wird durch Emission oder Absorption der Energiedifferenz

$$\Delta E = E_{n_1} - E_{n_2} = -\frac{1}{2}Mc^2\alpha^2\left(\frac{1}{n_1^2} - \frac{1}{n_2^2}\right)$$

in Form eines Lichtquants der Frequenz ν entsprechend

$$\Delta E = h\nu$$

oder der Wellenlänge

$$\lambda = \frac{c}{\nu} = \frac{hc}{\Delta E}$$

bewirkt.

Ein Satz von Übergängen für einen festen Wert von n_1, aber verschiedene n_2 heißt *Spektralserie* (vgl. Abb. 18.2a). Insbesondere wird die Serie mit $n_1 = 2$ und $n_2 > 2$ *Balmer-Serie* genannt. Ihre Wellenlängen liegen im Bereich des sichtbaren Lichts und können leicht mit einem Prismenspektrographen gemessen werden. Spektrallinien des Wasserstoffs der Balmer-Serie werden im Licht elektrischer Entladungen in Wasserstoffgas beobachtet, aber auch im Licht, das von einigen Sternen ausgesandt wird, vorausgesetzt dass heißer Wasserstoff in den Atmosphären dieser Sterne vorkommt. Außerhalb der leuchtenden Region mancher Sterne existiert kaltes Wasserstoffgas. Dann beobachtet man dunkle Linien im Spektrographen für die Wellenlängen der Balmer-Serie, die anzeigen, dass Wasserstoffatome des kalten Gases Licht absorbiert haben. Sternspektren, die die Balmer-Serie in Emission und Absorption zeigen, sind in Abb. 18.2b wiedergegeben. Das in Abb. 18.2a dargestellte Energiespektrum haben wir schon in Abschn. 13.4 erhalten. Es ist charakteristisch für das Coulomb-Potential, das zwischen dem Kern des Wasserstoffatoms und seinem Elektron wirkt. Es besitzt eine unendliche Zahl von Energieniveaus, die sich am oberen Ende des Spektrums bei $E = 0$ zusammendrängen. Die Spektren komplizierterer Atome, die mehr Elektronen in den Schalen der Atomhülle enthalten, sind komplizierter, behalten aber grundsätzlich die dargestellten Züge.

Übergänge zwischen verschiedenen Energieniveaus durch Absorption oder Emission von Photonen werden auch in *Atomkernen* beobachtet. Die typische Energieskala für diese Photonen ist 1 MeV, verglichen mit 1 eV in Atomen. Kernspektren sind komplex, weil ein Kern gewöhnlich aus einer großen Zahl von Protonen und Neutronen besteht, die durch Kernkräfte zusammengehalten werden. Einige der niedrigen Energieniveaus von Kernen können durch das folgende Modell erklärt werden. Jedes Nukleon bewegt sich in einem Kernpotential, das durch die Anwesenheit aller anderen Nukleonen des Kerns bewirkt wird. Da Nukleonen Fermionen sind und das Pauli-Prinzip erfüllen, besetzen sie die niedrigsten Zustände im gemeinsamen Kernpotential. Der Grundzustand des Atomkerns ist der Zustand, in dem alle niedrigen Niveaus bis zu einem Grenzniveau besetzt sind und alle höheren Niveaus unbesetzt sind. Der einfachste Zustand höherer Energie ist der, in dem ein einzelnes Nukleon einen Zustand besetzt, dessen Energie höher als diese Grenzenergie ist. Abbildung 18.2c zeigt das Energiespektrum der niedrigsten Zustände des Kohlenstoffkerns ^{12}C. Der Kern enthält sechs Protonen und sechs Neutronen, d. h. zwölf Nukleonen. Da der Kohlenstoffkern ein Zwölfteilchensystem ist, ist sein Spektrum, wie zu erwarten war, recht verschieden vom Spektrum des Wasserstoffatoms.

In Abschn. 6.8 fanden wir, dass die Energieniveaus in periodischen Potentialen Bänder bilden. Da ein Kristall ein regelmäßiges Gitter aus Atomen ist und deshalb räumliche Periodizität besitzt, bilden die Energieniveaus der Elektronen in einem Kristall solche Bänder. Abbildung 6.16 zeigt, dass die Anzahl der Niveaus in jedem Band gleich der Anzahl der Einzelpotentiale, d. h. der Anzahl der Atome im Kristall ist. Da das nun wirklich eine sehr

Abb. 18.2 (a) **Die Energieniveaus, die ein Elektron im Wasserstoffatom annehmen kann, sind durch horizontale Linien angedeutet und mit der Hauptquantenzahl** n **nummeriert. Vertikale Linien geben die Energien an, bei denen Übergänge zwischen verschiedenen Energieniveaus stattfinden. Übergänge zu oder von demselben niedrigeren Energieniveau bilden eine Serie. So bilden z. B. die Übergänge zu oder von dem Energieniveau** $n = 1$ **die Lyman-Serie. Übergänge zu oder von dem Energieniveau** $n = 2$ **bilden die Balmer-Serie. Übergänge zu einem niedrigeren Energieniveau geschehen durch Emission eines Lichtquants, das der Übergangsenergie entspricht. Übergänge zu einem höheren Energieniveau geschehen durch Absorption eines Lichtquants. (b) Wellenlängenspektren des Lichts zweier verschiedener Sterne zeigen die Balmer-Serie in Emission (oben) und in Absorption (unten). Die Sterne sind** α **Cassiopeiae bzw.** β **Cygni.** Aus R. W. Pohl, *Optik und Atomphysik*, 9. Aufl., copyright © 1954 Springer-Verlag, Berlin, Göttingen, Heidelberg, Nachdruck mit freundlicher Genehmigung. **(c) Die verschiedenen Energieniveaus des Kohlenstoffkerns** ^{12}C. **Der Grundzustand des Kerns wurde als Nullpunkt der Energieskala gewählt. Einige der beobachteten Übergänge zwischen den Energieniveaus sind eingezeichnet. Diese Übergänge werden wie die des Wasserstoffatoms im Teilbild a durch Emission oder Absorption eines Photons bewirkt.**

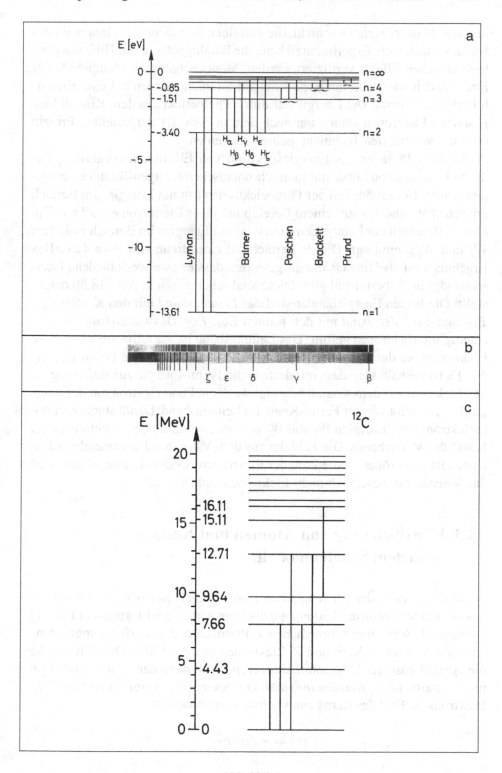

Abb. 18.2

große Zahl ist, erwarten wir nicht, die einzelnen Energieniveaus innerhalb des Bandes aufzulösen. Experimentell kann die Bandhypothese mit Hilfe des photoelektrischen Effekts verifiziert werden. Monoenergetische Photonen hoher Energie, d. h. monochromatische Röntgen-Strahlen, werden auf eine Kristalloberfläche gelenkt. Die Energie der durch Photoeffekt aus dem Kristall freigesetzten Elektronen kann dann nach dem in Abb. 1.1 dargestellten Prinzip oder mit verfeinerten Techniken gemessen werden.

In Abb. 18.3a ist das Energiespektrum von Elektronen dargestellt, das durch Beschuss von Silber mit monochromatischen Röntgen-Strahlen gewonnen wurde. Der größte Teil der Photoelektronen tritt mit Energien im Bereich zwischen W_1 und W_2 auf, einem Bereich mit einer Breite von etwa 5 eV. Ein kleiner Bruchteil der Photoelektronen wird mit Energien im Bereich zwischen W_2 und W_{max} emittiert. Dieser Bereich hat eine Breite von etwa 4 eV. Das Ergebnis wird als Hinweis darauf gewertet, dass es zwei verschiedene Energiebänder im Silberkristall gibt. Diese sind schematisch in Abb. 18.3b dargestellt. Die beiden Energiebänder sind das *Leitungsband* mit den Kanten E_{C1}, E_{C2} und das *Valenzband* mit den Kanten E_{V1}, E_{V2}. Das Valenzband ist vollständig mit Elektronen gefüllt. Das Leitungsband ist nur teilweise gefüllt; die Elektronen mit der Maximalenergie in diesem Band haben die Fermi-Energie E_F. Es ist deshalb klar, dass mindestens die Fermi-Energie zur Befreiung eines Elektrons aus dem Kristall benötigt wird; ein Photoelektron mit der Energie W_{max} stammt von der Fermi-Kante im Leitungsband. Damit stammen Photoelektronen mit Energien W_2 und W_1 von der oberen, E_{V2}, bzw. unteren, E_{V1}, Kante des Valenzbands. Die Zahl der aus dem Valenzband stammenden Elektronen ist viel größer als die Zahl der Elektronen aus dem Leitungsband, weil das Valenzband wesentlich mehr Elektronen enthält.

18.3 Klassifizierung von Atomen und Kernen nach dem Schalenmodell

Das einzige Atom, das wir genauer untersucht haben, ist das Wasserstoffatom, das aus einem Proton der Ladung $+e$ als Kern und einem Elektron der Ladung $-e$ besteht. Schwerere Atome haben Z Protonen und zusätzliche ungeladene Neutronen in ihrem Kern und Z Elektronen in ihrer Hülle. Die Zahl Z, die die Anzahl positiver Elementarladungen im Atomkern der Atome eines Elements angibt, ist die *Kernladungszahl*. Die potentielle Energie eines einzelnen Elektrons im Feld des Kerns eines schwereren Atoms ist

$$V(r) = -Z\alpha\hbar c \frac{1}{r} \quad .$$

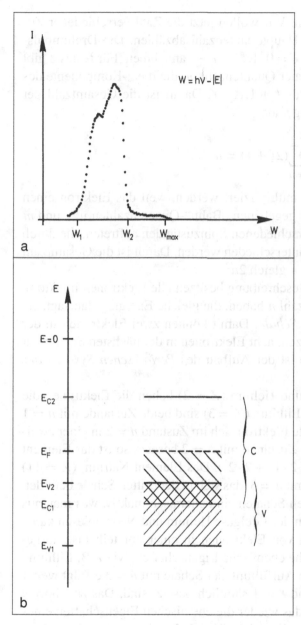

Abb. 18.3 (a) Strom I **von Photoelektronen, die von einem mit monochromatischen Röntgen-Strahlen beleuchteten Silberkristall emittiert wurden, dargestellt als Funktion der Energie** W **der Photoelektronen. Wegen der Energieerhaltung gilt** $W = h\nu - |E|$**. Dabei ist** $h\nu$ **die Energie des Röntgen-Quants und** E **die Energie, mit der das Elektron ursprünglich im Kristall gebunden war.** Nach K. H. Hellwege, *Einführung in die Festkörperphysik*, copyright © 1976 Springer-Verlag, Berlin, Heidelberg, New York, Nachdruck mit freundlicher Genehmigung. **(b) Energiebänder von Elektronen im Silberkristall, schematisch dargestellt. Das Leitungsband C ist nur im unteren Teil (schraffiert angedeutet) mit Elektronen gefüllt. Das Valenzband V, das vollständig gefüllt ist, überlappt zum Teil mit dem Leitungsband. Photoelektronen mit der höchsten Energie stammen aus dem höchsten mit Zuständen besetzten Bereich des Leitungsbandes, d. h.** $W_{max} = h\nu - |E_F|$**.**

Dementsprechend sind die Energieniveaus

$$E_n = -\frac{1}{2}Mc^2\frac{\alpha^2}{n^2}Z^2 .$$

Hierbei wurden die Kräfte, die zwischen den Elektronen wirken, vernachlässigt. In Abschn. 9.1 haben wir festgestellt, dass Fermionen dem Pauli-Prinzip gehorchen, welches aussagt, dass zwei identische Fermionen nicht den gleichen Zustand besetzen können. Wir wollen jetzt die Zahl verschiedener Zustände zu festem Wert n der Hauptquantenzahl abzählen. Die Drehimpulsquantenzahl ℓ kann die Werte $\ell = 0, 1, \ldots, n-1$ annehmen. Für festes ℓ gibt es $2\ell + 1$ Zustände verschiedener Quantenzahl m, die die z-Komponente des Drehimpulses misst, $m = -\ell, -\ell + 1, \ldots, \ell$. Damit ist die Gesamtzahl der Zustände zu vorgegebenem n gerade

$$\sum_{\ell=0}^{n-1} (2\ell + 1) = n^2 \quad .$$

Diese Zahl muss noch mit 2 multipliziert werden, weil das Elektron einen Spin besitzt. Ein Elektron mit gegebenen „Bahn"-Quantenzahlen n, ℓ und m kann deshalb noch in zwei verschiedenen Spinzuständen auftreten, die durch die Quantenzahl $m_s = \frac{1}{2}, -\frac{1}{2}$ unterschieden werden. Damit ist die Gesamtzahl von Zuständen zu gegebenem n gleich $2n^2$.

In unserer vereinfachten Beschreibung besitzen alle Elektronen im Atom, die die gleiche Hauptquantenzahl n haben, die gleiche Energie. Man sagt, sie befinden sich in der gleichen *Schale*. Damit können zwei Elektronen in der innersten Schale mit $n = 1$ sitzen, acht Elektronen in der nächsten Schale mit $n = 2$, usw. Auf diese Weise ist der Aufbau des *Periodischen Systems der Elemente* leicht erklärt.

Für Wasserstoff ($Z = 1$) und Helium ($Z = 2$) haben die Elektronen die Hauptquantenzahl $n = 1$. Für Lithium ($Z = 3$) sind beide Zustände mit $n = 1$ besetzt; deshalb muss das dritte Elektron sich im Zustand $n = 2$ in einer zweiten Schale befinden. Sind alle Zustände mit $n = 2$ besetzt, so ist das Element das Edelgas Neon ($Z = 10 = 2 \cdot 1^2 + 2 \cdot 2^2$). Das Element Natrium ($Z = 11$) hat ein zusätzliches Elektron mit $n = 3$, das sich in der dritten Schale befindet, usw. Elektronen in aufgefüllten Schalen sind chemisch inaktiv, was man aus den chemischen Eigenschaften der Edelgase Helium und Neon ablesen kann. Elemente mit derselben Zahl von Elektronen in einer nur teilweise aufgefüllten Schale besitzen ähnliche chemische Eigenschaften, wie z. B. Lithium, Natrium usw. Die schrittweise Auffüllung der Schale mit $n = 3$ erfolgt weiter bis die Zustände für $\ell = 0$ und $\ell = 1$ sämtlich besetzt sind. Das zugehörige Element ist Argon ($Z = 18$), das wieder die chemischen Eigenschaften eines Edelgases hat. Nach Argon beginnt sich die Schale mit $n = 4$ und $\ell = 0$ zu füllen. Dabei entstehen Kalium ($Z = 19$) und Kalzium ($Z = 20$). Erst dann werden die bis dahin noch freien Zustände mit $n = 3$ und $\ell = 2$ aufgefüllt. Der Grund für diese Unregelmäßigkeit ist der, dass die Zustände mit $n = 4$, $\ell = 0$ bei einer niedrigeren Energie liegen als die Zustände $n = 3$, $\ell = 2$. Diese Tatsache steht im Gegensatz zu unserem einfachen Modell, in dem wir die Kräfte zwischen den Elektronen im Atom völlig vernachlässigt haben.

Wegen der Kräfte zwischen den Elektronen sind die Energieniveaus von Atomen mit mehr als einem Elektron nicht einfach die Energieniveaus eines wasserstoffähnlichen Atoms mit Z Protonen im Kern, in dem die niedrigsten Zustände mit Z Elektronen besetzt sind. Tatsächlich ist die Berechnung von Niveaus in Vielelektronenatomen kompliziert und kann nur mit vereinfachenden Näherungen ausgeführt werden. Die Energieniveaus, die am wenigsten durch Wechselwirkung zwischen den Elektronen beeinflusst werden, sind die inneren Niveaus für $n = 1$ und $n = 2$. Ihre Z-Abhängigkeit wird durch

$$E_n = -\frac{1}{2}Mc^2\alpha^2\frac{Z^2}{n^2}$$

beschrieben. Die Energiedifferenz zwischen dem Zustand mit der Hauptquantenzahl n_2 und dem Grundzustand mit $n_1 = 1$ für ein Atom mit der Kernladungszahl Z ist dann

$$\Delta E = -\frac{1}{2}Mc^2\alpha^2\left(\frac{1}{n_2^2} - \frac{1}{n_1^2}\right)Z^2 = \frac{1}{2}Mc^2\alpha^2\left(1 - \frac{1}{n_2^2}\right)Z^2 \quad .$$

Diese Differenzenergie kann in einem Experiment gemessen werden, in dem Elektronen, die auf eine Energie von etwa 10 keV beschleunigt wurden, ein Elektron aus dem Grundzustand eines Atoms mit der Kernladungszahl Z entfernen. Der unbesetzte Zustand ($n_1 = 1$) kann durch ein Elektron gefüllt werden, das aus einem Zustand $n_2 = 2$, $n_2 = 3$, usw. in den Grundzustand übergeht.

Die Energiedifferenz zwischen den beiden Zuständen wird in Form eines Röntgen-Quants der Frequenz

$$\nu = \frac{1}{h}\Delta E$$

abgestrahlt.

Mit dieser Formel für ΔE finden wir einen linearen Zusammenhang zwischen der Kernladungszahl Z und der Quadratwurzel der Frequenz $\sqrt{\nu}$ des emittierten Röntgen-Quants,

$$\sqrt{\nu} = \sqrt{Mc^2/(2h)}\,\alpha\left(1 - \frac{1}{n_2^2}\right)^{1/2}Z \quad .$$

Henry G. J. Moseley hat diese Übergänge 1913 erstmals gemessen. Seine Ergebnisse sind in Abb. 18.4a wiedergegeben. Diese erlauben die einfache Interpretation, dass die Ordnungszahl Z gleich der Anzahl der positiven Ladungen im Kern ist, weil die Messpunkte auf der erwarteten Geraden in der $(Z, \sqrt{\nu})$-Ebene liegen. Tatsächlich folgen die Daten der Vorhersage unserer Formel nicht ganz exakt. Die Abweichung liegt an der Abschirmung des Coulomb-Feldes des Atomkerns durch die anderen inneren Elektronen, obwohl diese Abschirmung auf der innersten Bahn gering ist.

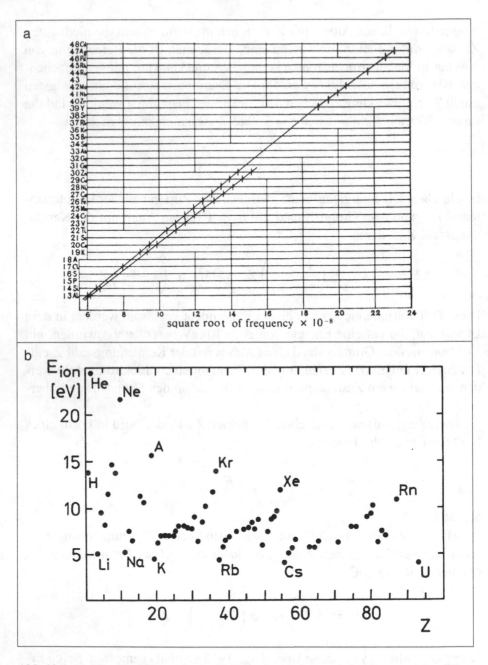

Abb. 18.4 (a) **Moseley-Diagramm, in dem die Quadratwurzel der Frequenz der Rönt-
gen-Strahlung gegen die Ordnungszahl Z aufgetragen ist und zwar für K_α-Strahlung,
$n_2 = 2$ (obere Linie) und für K_β-Strahlung, $n_2 = 3$ (untere Linie).** Aus H. G. J. Moseley, *The
Philosophical Magazine* **27** (1914) 703, copyright © 1914 Taylor and Francis, Ltd., London, Nachdruck mit freundlicher Genehmigung. **(b) Ionisationsenergien für Atome als Funktion der Ordnungszahl Z.
Man beachte die Maxima für Edelgase, die geschlossene Schalen mit $Z = Z_c$ Elektronen – $Z_c = 2$ für Helium, $Z_c = 10$ für Neon usw. – haben und den scharfen Abfall von
$Z = Z_c$ auf $Z = Z_c + 1$ – d. h. von Helium zu Lithium, von Neon zu Natrium usw.**

Ein weiterer Test für die Gültigkeit des Schalenmodells der Atomhülle wird durch die Formel

$$E(Z,n) = -\frac{1}{2}Mc^2\alpha^2\frac{Z^2}{n^2}$$

für die Energie des äußersten Elektrons mit der Hauptquantenzahl n in der Hülle eines Atoms mit der Kernladung Z nahegelegt. Diese Energie heißt Ionisationsenergie. Der Ausdruck für $E(Z,n)$ ist tatsächlich nur eine grobe Schätzung der Ionisationsenergie, weil er die Wechselwirkung der Elektronen in der Atomhülle nicht berücksichtigt. Trotzdem verdeutlicht er für Atome niedriger Ordnungszahl, auf welche Weise die Ionisationsenergien den Abschluss der einzelnen Schalen des Atoms kennzeichnen.

In dem in Gedanken durchgeführten Prozess der „Konstruktion" der chemischen Elemente durch Auffüllung der Energieniveaus mit Elektronen steigt die Ionisationsenergie $E(Z,n)$ mit der Ordnungszahl Z, solange Niveaus mit derselben Hauptquantenzahl n aufgefüllt werden. Der höchste Wert $E(Z_c,n)$ innerhalb jeder Schale wird mit dem Element erreicht, das eine geschlossene Schale und die Ordnungszahl Z_c besitzt, d. h. ein Edelgas ist. Für das Element mit der nächsten Ordnungszahl wird eine Schale mit der Hauptquantenzahl $n+1$ begonnen. Obwohl Z in diesem Schritt von Z_c auf Z_c+1 ansteigt, bedeutet der Anstieg von n auf $n+1$ einen deutlichen Abfall der Ionisationsenergie $E(Z_c+1,n+1)$ für das erste Element mit einem Elektron in der neuen Schale im Vergleich zu dem Wert $E(Z_c,n)$ für das Edelgas. Weil es viele Zustände zu jeder Hauptquantenzahl n gibt, ist für jedes Elektron die Hauptquantenzahl kleiner als Z_c. Das Verhältnis der beiden Ionisationsenergien ist

$$r(Z_c) = \frac{E(Z_c+1,n+1)}{E(Z_c,n)} = \frac{(Z_c+1)^2}{(n+1)^2}\frac{n^2}{Z_c^2}$$

$$= \frac{(1+1/Z_c)^2}{(1+1/n)^2} < 1 \quad,$$

weil Z_c größer als n ist. Für den Sprung von Helium zu Lithium, Neon zu Natrium und Argon zu Kalium finden wir die folgenden Werte:

$$\text{Lithium/Helium} \quad r(2) = 0{,}56 \quad,$$
$$\text{Natrium/Neon} \quad r(10) = 0{,}54 \quad,$$
$$\text{Kalium/Argon} \quad r(18) = 0{,}63 \quad.$$

Im Gegensatz dazu ist das Verhältnis der Ionisationsenergien eines Edelgases und des ihm vorangehenden Elements im periodischen System

$$r'(Z_c) = \frac{E(Z_c,n)}{E(Z_c-1,n)} = \frac{Z_c^2}{(Z_c-1)^2} = \frac{1}{(1-1/Z_c)^2} > 1 \quad.$$

Einige Zahlwerte für dieses Verhältnis sind

$$\text{Helium/Wasserstoff} \quad r'(2) \;=\; 4 \quad,$$
$$\text{Neon/Fluor} \quad r'(10) \;=\; 1{,}23 \quad,$$
$$\text{Argon/Chlor} \quad r'(18) \;=\; 1{,}12 \quad,$$

also Werte größer als Eins. Daraus folgt ein Maximum der Ionisationsenergien für die Edelgase. Dieses Verhalten liest man auch direkt aus den in Abb. 18.4b dargestellten, gemessenen Ionisationsenergien ab, obwohl die experimentellen Werte für die Verhältnisse r und r' nicht wirklich mit den oben angegebenen Werten aus der Rechnung übereinstimmen.

In der Klassifikation von Atomkernen hat sich das *Kernschalenmodell* zur Erklärung von experimentell beobachteten Regelmäßigkeiten bewährt. Für die Elektronen in einem leichten Element war es vernünftig, ihre Bewegung im Coulomb-Potential des Kerns zu beschreiben und die Abstoßung der Elektronen untereinander zu vernachlässigen. Für die Protonen und Neutronen, die den Atomkern bilden, existiert kein entsprechendes Kraftzentrum. Trotzdem hat es sich als nützlich erwiesen, die Bewegung eines einzelnen Nukleons in einem Kernpotential zu beschreiben, das von allen übrigen Nukleonen verursacht wird. Ein solches Potential hat, wie auch die Kernkraft eines einzelnen Nukleons, eine kurze Reichweite. Für unsere einfache Diskussion nehmen wir an, dass das Potential das eines harmonischen Oszillators sei. Die niedrigsten Zustände in diesem Potential sind durch die Nukleonen besetzt. Da Protonen und Neutronen den Spin $\frac{1}{2}\hbar$ besitzen, kann nach dem Pauli-Prinzip jeder durch die Quantenzahlen n, ℓ und m charakterisierte Zustand durch zwei Protonen und zwei Neutronen besetzt sein. Der niedrigste Zustand im harmonischen Oszillator (vgl. Abschn. 13.2) hat die Quantenzahlen $n = 0$, $\ell = 0$; er kann daher von höchstens zwei Protonen und zwei Neutronen besetzt werden. Das ist gerade der Fall für den Kern des Elements Helium. Dieser Kern, auch α-*Teilchen* genannt, ist der stabilste bekannte Kern. Seine Bindungsenergie ist am größten, d. h. um ihn aufzubrechen wird mehr Energie benötigt als für jeden anderen Kern. Man sagt auch, der Heliumkern habe eine abgeschlossene Protonenschale und eine abgeschlossene Neutronenschale.

Für die nächstschwereren Elemente wird die Schale mit den Quantenzahlen $n = 1$, $\ell = 1$ des Oszillatorpotentials nach und nach aufgefüllt. Sie bietet $2 \cdot (2\ell + 1) = 6$ Zustände für Protonen und auch sechs Zustände für Neutronen, so dass der nächste Abschluss der Protonenschale und der Neutronenschale für $Z = 8$ und $N = 8$ erreicht wird. Hier ist Z wie früher die Anzahl der Protonen im Kern und N die Anzahl der Neutronen. Die *Nukleonenzahl* $A = Z + N$ charakterisiert zusammen mit dem chemischen Symbol des Elements, das seinerseits Information über Z trägt, einen Kern vollständig. Die Schalen $Z = 8$ und $N = 8$ gehören zum Sauerstoffkern ^{16}O. Wie wir aus Abschn. 13.2 wissen, sind im Potential des harmonischen Oszillators die Zustände mit der Hauptquantenzahl $n = 2$ für $\ell = 0$ und $\ell = 2$ entartet. Die Kernschale mit $n = 2$ enthält $2 \cdot 1 + 2 \cdot 5 = 12$ Zustände für Protonen und für

Neutronen. Damit wird die nächste abgeschlossene Schale für $Z = N = 20$ erreicht, das entspricht dem Kern ^{40}Ca des Elements Cadmium. Ähnlich wie im Schalenmodell der Atomhülle ist dieses einfache konstruktive Verfahren zur Auffindung abgeschlossener Schalen nur für die leichteren Kerne gültig.

Die Entdeckung der physikalischen Ursachen für die Struktur höherer abgeschlossener Schalen ist die Leistung von Maria Goeppert-Mayer und von Otto Haxel, Hans Jensen und Hans Suess. Diese Schalen werden für die höheren *magischen Zahlen* 28, 50, 82, 126 erreicht, die nicht aus dem Oszillatorpotential abgelesen werden können. Sie heißen „magisch", weil sie eine große Spin–Bahn-Wechselwirkung, d. h. eine große Wechselwirkung zwischen dem Spin s und dem Bahndrehimpuls ℓ des Nukleons anzeigen. Diese Kopplung führt zu einem zusätzlichen Term in der potentiellen Energie, die in der Schrödinger-Gleichung auftritt. Hinweise auf die Existenz von Kernschalen kommen aus Experimenten der Kernspektroskopie. Wir führen sie hier nicht an, weil ihre Interpretation die Diskussion weiterer Einzelheiten aus der Kernphysik erforderlich machen würde.

18.4 Resonanzstreuung an Molekülen, Atomen, Kernen und Teilchen

In Kap. 15 haben wir die Resonanzerscheinungen im Einzelnen besprochen. Dabei haben wir insbesondere festgestellt, dass der totale Wirkungsquerschnitt für die elastische Streuung eines Teilchens an einem kugelsymmetrischen Potential, dargestellt als Funktion der Teilchenenergie, ausgeprägte Maxima besitzen kann (vgl. Abb. 15.6 und 15.12). Solche Resonanzerscheinungen sind nicht auf einfache Potentialstreuung beschränkt. Sie werden in einer ganzen Reihe verschiedener physikalischer Prozesse beobachtet. In einem etwas allgemeineren Fall, dem Stoß zweier Teilchen, ist der totale Wirkungsquerschnitt ein Maß für die Wahrscheinlichkeit der Wechselwirkung der Teilchen miteinander. Dabei können auch eines oder beide Teilchen durch komplexere Systeme ersetzt werden. Der totale Wirkungsquerschnitt ist dann ein Maß für die Wahrscheinlichkeit der Wechselwirkung zwischen diesen Systemen. Wir haben tatsächlich schon früher in diesem Kapitel Evidenz für solche Reaktionen gesehen, etwa in Form des Absorptionsspektrums des Wasserstoffs (vgl. Abschn. 18.2, Abb. 18.2b). Dort ist der Prozess der Stoß eines Photons mit einem Wasserstoffatom, bei dem das Elektron im Atom auf ein höheres Energieniveau angeregt wird. Die Photographie des Spektrums zeigt, dass die Absorptionswahrscheinlichkeit, also auch der totale Wirkungsquerschnitt, ausgeprägte Maxima bei bestimmten Photonenenergien besitzt. Diese Energien entsprechen den Energiedifferenzen der gebundenen Zustände im Wasserstoffatom. Es stellt sich heraus, dass dabei die höheren gebundenen Zustände des Wasserstoffatoms nicht absolut stabil sind. Nach seiner Anregung durch die Absorption eines Photons zerfällt ein höherer gebundener Zustand über die Emission eines Photons mit einer bestimmten mittleren Lebensdauer in einen Zustand niedrigerer Energie und schließlich in den Grundzustand. In unserer ursprünglichen Rechnung über das Wasserstoffatom (Abschn. 13.4) wurde nur die Coulomb-Wechselwirkung zwischen Elektron und Proton berücksichtigt. Jetzt betrachten wir auch die Wechselwirkung von Photonen und Elektronen. Der Gesamtprozess der Absorption und Emission eines Photons ist nichts anderes als die Resonanzstreuung eines Photons am Atom. Wir erwarten daher, dass dieser Prozess die qualitativen Züge der Resonanzstreuung zeigt, die wir in Abschn. 5.4 und Kap. 15 diskutiert haben.

Natürlich werden ähnliche Resonanzstrukturen im totalen Wirkungsquerschnitt bei der Wechselwirkung von Photonen mit komplizierteren Atomen oder mit Molekülen auftreten. Abbildung 18.5a zeigt die Absorptionsspektren verschiedener Paraffinmoleküle für infrarotes Licht,

$$\text{n-Pentan} \quad CH_3 - CH_2 - CH_2 - CH_2 - CH_3,$$
$$\text{n-Hexan} \quad CH_3 - CH_2 - CH_2 - CH_2 - CH_2 - CH_3,$$
$$\vdots$$

Man beobachtet eine starke Ähnlichkeit in den Absorptionsspektren, die auf die Anregung ähnlicher Resonanzen in den verschiedenen Molekülen hindeutet. Diese entsprechen Schwingungen zwischen benachbarten CH_2-Gruppen, die in allen Paraffinmolekülen vorkommen.

Abbildung 18.5b zeigt als Beispiel aus der Kernphysik den totalen Wirkungsquerschnitt für die Streuung von Neutronen an Bleikernen. Die vielen Resonanzen zeigen, dass der Kern in einer Vielzahl von metastabilen Zuständen existieren kann, die sich über einen breiten Energiebereich erstrecken.

Wir haben jetzt festgestellt, dass man mit Hilfe von Resonanzstreuung die Existenz angeregter Zustände in Molekülen, Atomen und Kernen nachweisen kann. Einzelne Nukleonen, z. B. Protonen, können ebenfalls untersucht werden, indem man Projektile an ihnen streut. Wir wählen hier positive Pionen, die auch π^+-Mesonen genannt werden. Diese Teilchen sind leichter als Protonen, aber schwerer als Elektronen und spielten früher eine wichtige Rolle bei der Erklärung der Kernkräfte. In Abb. 18.5c ist der totale Wirkungsquerschnitt für die Streuung positiver Pionen an Protonen als Funktion der Pion-Energie dargestellt. Wir interpretieren die ausgeprägte Resonanz auf der linken Seite der Abbildung als einen metastabilen Zustand. Tatsächlich entspricht sie einem kurzlebigen Teilchen, das das Δ^{++}-Baryon genannt wird. Die Abfolge von Erzeugung und Zerfall dieses Teilchens in einer Pion–Proton-Streuung wird summarisch in folgender Form geschrieben:

$$\pi^+ p \to \Delta^{++} \to \pi^+ p \quad .$$

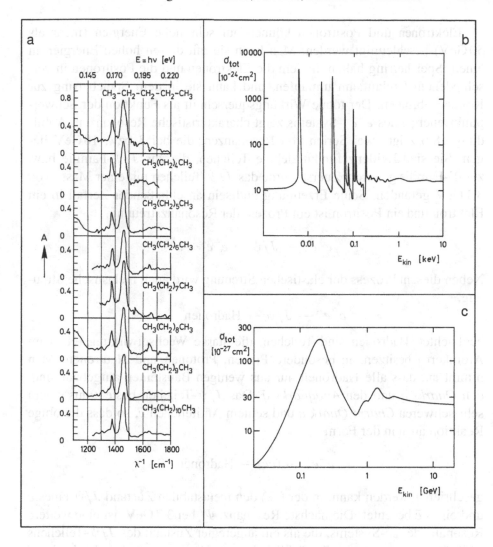

Abb. 18.5 Totale Wirkungsquerschnitte für verschiedene Reaktionen als Funktion der kinetischen Energie des einfallenden Teilchens im Laborsystem. (a) Der Absorptionskoeffizient A für infrarotes Licht, das eine Paraffinschicht der Dicke 0,02 mm durchläuft. Die Abszisse ist die Wellenzahl $\lambda^{-1} = v/c$ (unten), die proportional zur Energie $E = h\nu$ der Lichtquanten (oben) ist. Hohe Absorptionsrate entspricht einem großen totalen Wirkungsquerschnitt. Damit können die Darstellungen direkt als Messung des totalen Wirkungsquerschnitts als Funktion der Energie interpretiert werden. Zwei charakteristische Resonanzen in der Nähe von $E = 0,17\,\text{eV}$, die mit den Schwingungen benachbarter CH_2-Gruppen zusammenhängen, treten in allen hier betrachteten Paraffinen auf. Aus Landolt-Börnstein, *Zahlenwerte und Funktionen*, 6. Aufl., Band 1, Teil 2 (A. Eucken und K. H. Hellwege, Herausgeber), Abb. 33, S. 365, Copyright ©1951 Springer-Verlag, Berlin, Göttingen, Heidelberg, Nachdruck mit freundlicher Genehmigung. **(b) Totaler Wirkungsquerschnitt für die Streuung von Neutronen an Bleikernen. Bei niedrigen Energien treten viele Resonanzen auf, die der Bildung verschiedener metastabiler Zustände von Bleiisotopen entsprechen. (c) Totaler Wirkungsquerschnitt für die Streuung positiver Pionen an Protonen. Die breite Resonanz bei $E_{\text{kin}} \approx 0,2\,\text{GeV}$ entspricht der Anregung des metastabilen Zustandes $\Delta^{++}(1232)$.**

Elektronen und Positronen können auf sehr hohe Energien (mehr als 50 GeV) beschleunigt werden. Man kann sie mit diesen hohen Energien in einem Speicherring halten, in dem die Elektronen und die Positronen in verschiedenem Umlaufsinn umlaufen, und kann sie in dem Speicherring zur Kollision bringen. Der totale Wirkungsquerschnitt als Funktion der Schwerpunktsenergie des e^+e^--Systems zeigt charakteristische Resonanzen. Abbildung 18.6 zeigt zwei Serien von Resonanzen, die bei 3 bzw. 10 GeV liegen. Sie sind Evidenz für kurzlebige Teilchen, die zur J/ψ-Familie bzw. zur Υ-Familie gehören. Zuerst wurde das J/ψ-Teilchen mit einer Masse von 3,1 GeV gefunden. Seine Erzeugung und sein anschließender Zerfall in ein Elektron und ein Positron ist ein Prozess der Resonanzstreuung,

$$ e^+e^- \to J/\psi \to e^+e^- \quad . $$

Neben diesem Prozess der elastischen Streuung wird auch inelastische Streuung,

$$ e^+e^- \to J/\psi \to \text{Hadronen} \quad , $$

beobachtet. Hadronen sind Teilchen, die starke Wechselwirkung (etwa im Atomkern) besitzen, insbesondere Pionen, Protonen und Neutronen. Man nimmt an, dass alle Hadronen nur aus wenigen Bausteinen aufgebaut sind, den *Quarks q* und den *Antiquarks* $\bar{q}$. Das J/ψ-Teilchen besteht aus einem sehr schweren *Charm-Quark c* und seinem Antiteilchen $\bar{c}$, so dass die obige Reaktion auch in der Form

$$ e^+e^- \to (c\bar{c}) \to \text{Hadronen} $$

geschrieben werden kann, in der $(c\bar{c})$ den metastabilen Zustand J/ψ eines c und eines $\bar{c}$ bedeutet. Die nächste Resonanz, Ψ' bei 3,7 GeV, ist eine weitere Resonanz des $c\bar{c}$-Systems, die als ein angeregter Zustand des J/ψ-Teilchens aufgefasst werden kann. Tatsächlich können diese und andere beobachtete $(c\bar{c})$-Zustände als gebundene Zustände in einem Potential, das die Wechselwirkung von c und $\bar{c}$ beschreibt, erklärt werden. Die Entdeckung dieser Zustände hat zu einem sehr viel besseren Verständnis gebundener Zustände von Quarks und damit der Struktur der Materie geführt.

Eine ähnliche Serie von Resonanzen in der Elektron–Positron-Streuung wird bei 9,46 GeV und etwas höheren Energien beobachtet. Die Familie der Υ-Teilchen wird als eine Reihe gebundener Zustände des noch schwereren Beauty-Quarks b und seines Antiquarks $\bar{b}$ verstanden.

Wir möchten noch einmal hervorheben, dass die in diesem Abschnitt untersuchten quantenmechanischen Erscheinungen einen Energiebereich von elf Größenordnungen zwischen der infraroten Strahlung bei 0,2 eV und Elektronen in Speicherringen bei 10 GeV überstreichen.

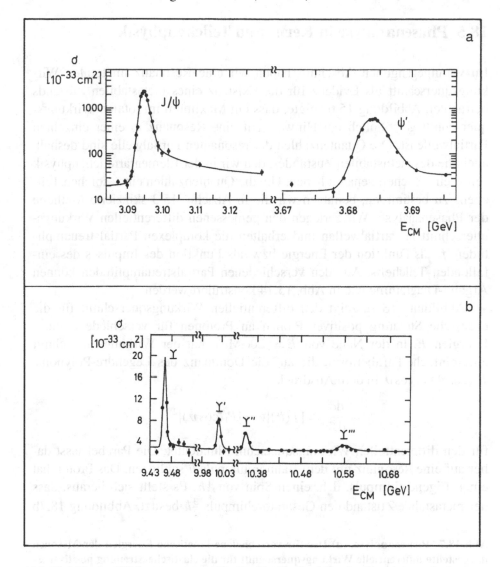

Abb. 18.6 Totaler Wirkungsquerschnitt, der für die Reaktion beobachtet wurde, in der ein Elektronen (e^-) und ein Positron (e^+) sich gegenseitig vernichten und dafür eine Anzahl stark wechselwirkender Teilchen, z. B. π-Mesonen, entsteht. Der Wirkungsquerschnitt zeigt sehr scharfe Resonanzen bei (a) $E_{CM} \approx 3\,\mathrm{GeV}$ und (b) $E_{CM} \approx 10\,\mathrm{GeV}$. Dabei ist E_{CM} die Gesamtenergie im Schwerpunktsystem, d. h. dem System, in dem e^+ und e^- gleiche und entgegengesetzte Impulse haben. Die unerwartet scharfen Resonanzen werden als Evidenz dafür gewertet, dass metastabile Zustände gebildet werden, die aus einem Quark–Antiquark-Paar bestehen. Die Familie der J/ψ-Zustände ist aus einem „Charm"-Quark und seinem Antiteilchen aufgebaut. Die Υ-Familie besteht aus Zuständen, die gebundene Systeme aus einem „Beauty"-Quark und dem entsprechenden Antiquark sind. *Quellen:* (a) A. M. Boyarski et al., *Physical Review Letters* **34** (1975) 1357 und V. Lüth et al., *Physical Review Letters* **35** (1975) 1124, copyright © 1975 American Physical Society, Nachdruck mit freundlicher Genehmigung. (b) D. Andrews et al., *Physical Review Letters* **44** (1980) 1108 und **45** (1980) 219, copyright © 1980 American Physical Society, Nachdruck mit freundlicher Genehmigung.

18.5 Phasenanalyse in Kern- und Teilchenphysik

Im vorangegangenen Abschnitt haben wir eine Resonanz im totalen Wirkungsquerschnitt als Evidenz für die Existenz eines metastabilen Zustands betrachtet. Abbildung 15.6 zeigte, dass ein Maximum im totalen Wirkungsquerschnitt gewöhnlich ein Hinweis auf eine Resonanz in einer einzelnen Partialwelle ist. Die Quantenzahlen der resonanten Partialwelle sind deshalb auch die des metastabilen Zustandes, den wir in der Elementarteilchenphysik selbst ein Teilchen genannt haben. Um die Quantenzahlen eines solchen Teilchens zu bestimmen, benutzen wir die in Abschn. 15.3 skizzierte Methode der Phasenanalyse. Wir zerlegen den gemessenen differentiellen Wirkungsquerschnitt in Partialwellen und erhalten die komplexen Partialstreuamplituden f_ℓ als Funktion der Energie bzw. als Funktion des Impulses des einfallenden Teilchens. Aus den verschiedenen Partialstreuamplituden können Argand-Diagramme wie in Abb. 15.14 konstruiert werden.

Abbildung 18.7a zeigt den differentiellen Wirkungsquerschnitt für die elastische Streuung positiver Pionen an Protonen für verschiedene Pion-Energien E. In der Nähe von $E = 200\,\text{MeV}$ hat der Wirkungsquerschnitt eine einfache Parabelform, die auf die Dominanz des Legendre-Polynoms $P_1(\cos \vartheta) = \cos \vartheta$ in dem Ausdruck

$$\frac{\mathrm{d}\sigma}{\mathrm{d}\Omega} = |f(\vartheta)|^2 \sim |P_1(\cos \vartheta)|^2$$

für den differentiellen Wirkungsquerschnitt hindeutet. Die Parabel lässt daher auf eine Resonanz mit dem Bahndrehimpuls $\hbar$ schließen. Das Proton hat einen Eigendrehimpuls, d. h. einen Spin von $\frac{1}{2}\hbar$. Es stellt sich heraus, dass der metastabile Zustand den Gesamtdrehimpuls $\frac{3}{2}\hbar$ besitzt. Abbildung 18.7b

Abb. 18.7 Phasenanalyse. (a) Der für verschiedene kinetische Energien der Mesonen dargestellte differentielle Wirkungsquerschnitt für die elastische Streuung positiver π-Mesonen an Protonen hat bei $E_{\text{kin}} = 200\,\text{MeV}$ eine einfache Parabelform, die anzeigt, dass bei dieser Energie eine Resonanz mit dem Bahndrehimpuls $\hbar$ ($\ell = 1$) auftritt. (b) Das aus Messdaten rekonstruierte Argand-Diagramm der zur Resonanz gehörenden Partialstreuamplitude. In ihr treten alle Züge einer Resonanz bei $E_{\text{kin}} = 200\,\text{MeV}$ auf. Die Phase geht rasch durch 90 Grad, während der Imaginärteil durch ein Maximum und der Realteil durch Null geht. (c) Eine Resonanz bei sehr viel niedrigeren Energien. Verschiedene Streuphasen für die elastische Streuung eines α-Teilchens an einem Heliumkern, d. h. an einem anderen α-Teilchen, sind als Funktion der Energie des einfallenden Teilchens dargestellt. Die Resonanz in δ_2 zeigt, dass beide Teilchen eine Resonanz mit dem Drehimpuls $2\hbar$ ($\ell = 2$) bilden. Quellen: (a) Robert C. Cence, *Pion–Nucleon Scattering*, copyright © 1969 Princeton University Press, Figure 5.2, p. 62, Nachdruck mit freundlicher Genehmigung. (b) Nach G. Höhler in Landolt–Börnstein, *Numerical Data*, New Series, Band 9b2 (H. Schopper, Herausgeber), Abb. 2.2.6, S. 58, copyright ©1983 Springer-Verlag, Berlin, Heidelberg, New York, Nachdruck mit freundlicher Genehmigung. (c) T. A. Tombrello und L. S. Senhouse, *The Physical Review* **129** (1963) 2252, copyright © 1963 American Physical Society, Nachdruck mit freundlicher Genehmigung.

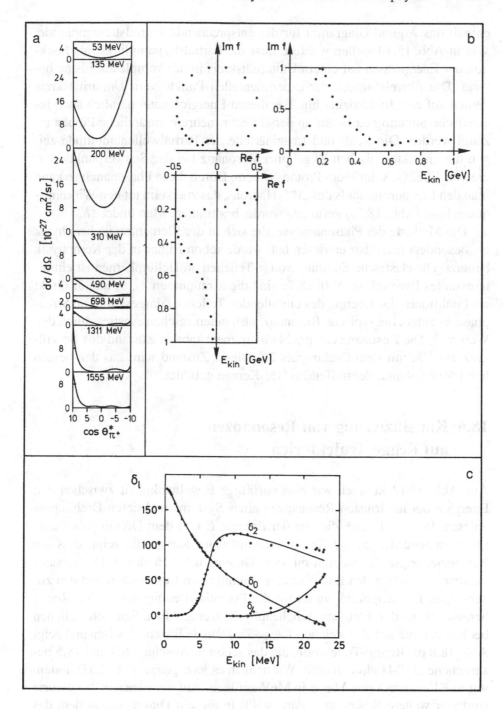

Abb. 18.7

enthält das Argand-Diagramm für die entsprechende Partialstreuamplitude. Wie in Abb. 15.14 stellen wir fest, dass die Partialstreuamplitude als Funktion der Energie sich auf einem Unitaritätskreis in der komplexen Ebene bewegt. Die Abweichungen der experimentellen Punkte vom Unitaritätskreis deuten auf eine Inelastizität hin. Bei diesen Energien kann nämlich auch inelastische Streuung auftreten, in der ein oder mehrere zusätzliche Pionen erzeugt werden. Die Real- und Imaginärteile der Partialwellenamplitude zeigen die charakteristischen Züge einer Resonanz bei der Schwerpunktsenergie von 1,232 GeV im Pion–Proton-System. Durch diese Phasenanalyse kann man den Eigendrehimpuls des Δ^{++}-Hadrons, das zuerst im totalen Wirkungsquerschnitt (Abb. 18.5c) gefunden wurde, bestimmen. Man findet $\frac{3}{2}\hbar$.

Die Methode der Phasenanalyse, die sich in der Elementarteilchenphysik als besonders fruchtbar erwiesen hat, wurde schon früher in der Kernphysik benutzt. Die elastische Streuung von α-Teilchen an Heliumkernen ist ein interessantes Beispiel. In Abb. 18.7c sind die Streuphasen δ_0, δ_2 und δ_4 direkt als Funktionen der Energie des einfallenden Teilchens dargestellt. Die Streuphase δ_2 zeigt eine typische Resonanz, also einen raschen Anstieg durch den Wert $\pi/2$. Die Resonanz entspricht einem metastabilen Zustand des Berylliumkerns ^{8}Be mit dem Drehimpuls $2\hbar$. Dieser Zustand wird aus den beiden beim Stoß aufeinander treffenden ^{4}He-Kernen gebildet.

18.6 Klassifizierung von Resonanzen auf Regge-Trajektorien

Aus Abb. 15.12 konnten wir eine auffällige Regelmäßigkeit zwischen den Energien der niedrigsten Resonanzen eines Systems und deren Drehimpuls ablesen. In einer Ebene, die von der Energie E und dem Drehimpuls ℓ aufgespannt wird, liegen die Resonanzen auf einer Kurve, die zeigt, dass die Resonanzenergie E monoton mit dem Drehimpuls ℓ anwächst. Der Zusammenhang zwischen den Energien einer Familie von Resonanzen und den zugehörigen Drehimpulsen wurde für die Potentialstreuung von Tullio Regge hergeleitet. In der Elementarteilchenphysik werden Familien von Teilchen beobachtet, die auf der gleichen *Regge-Trajektorie* liegen. Als Beispiel zeigt Abb. 18.8 die Regge-Trajektorie, die das schon in Abschn. 18.4 und 18.5 besprochene Δ^{++}-Hadron enthält. Wir nennen es jetzt genauer $\Delta(1232)$, indem wir in Klammern seine Masse in MeV anfügen. Auf der gleichen Trajektorie sind vier weitere Resonanzen dargestellt. In diesem Diagramm, in dem das Quadrat der Resonanzmasse auf der Abszisse und der Spin der Resonanz auf der Ordinate aufgetragen ist, ist die Trajektorie eine Gerade. Von Resonanz zu Resonanz nimmt der Spin um zwei Einheiten zu, d. h. er nimmt die Werte

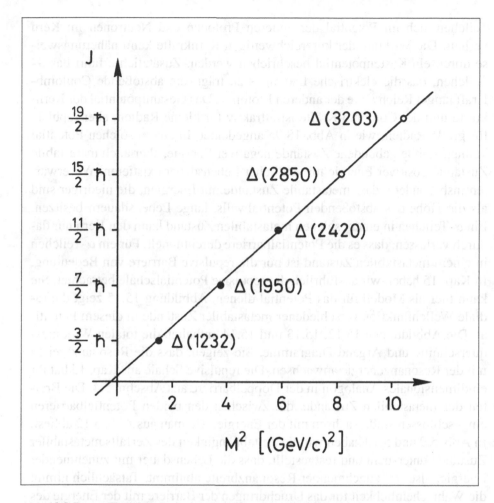

Abb. 18.8 Regge-Trajektorie der Δ-Teilchen, die als Resonanzen aus einem Proton und einem π-Meson aufgefasst werden können. Das Quadrat der Masse M^2 der Resonanz ist gegen den Drehimpuls J der Resonanz aufgetragen. Für die drei niedrigsten Resonanzen (ausgefüllte Kreise) sind sowohl M als auch J experimentell bestimmt worden. Für die beiden letzten (offene Kreise) wurde bisher nur die Masse gemessen.

$\frac{3}{2}\hbar$, $\frac{7}{2}\hbar$ usw. an. Diese Komplikation kann durch den halbzahligen Spin dieser Resonanzen gedeutet werden.

18.7 Radioaktive Kerne als metastabile Zustände

Der Zerfall eines radioaktiven Kerns durch die Emission eines α-Teilchens kann als Zerfall eines metastabilen Zustandes betrachtet werden. George Gamow hat ein quantenmechanisches Modell dafür aufgestellt, wie das α-

Teilchen sich im Potential der anderen Protonen und Neutronen im Kern verhält. Die Wirkung der kurzreichweitigen Kernkräfte kann näherungsweise durch ein Kastenpotential beschrieben werden. Zusätzlich erfährt das α-Teilchen, das die elektrische Ladung $+2e$ trägt, die abstoßende Coulomb-Kraft langer Reichweite der anderen Protonen. Das Gesamtpotential der Kernkräfte und der Coulomb-Kräfte ist attraktiv für kleine Radien, aber repulsiv für große Radien, wie in Abb. 18.9a angedeutet. In einem solchen Potential können stabile gebundene Zustände negativer Energie, aber auch metastabile Zustände positiver Energie mit endlicher Lebensdauer existieren. Wir erwarten insbesondere, dass metastabile Zustände mit Energien, die niedriger sind als die Höhe des abstoßenden Potentialwalls, lange Lebensdauern besitzen. Ein α-Teilchen in einem solchen metastabilen Zustand kann den Kern nur dadurch verlassen, dass es die Potentialbarriere durchtunnelt. Für ein α-Teilchen in einem metastabilen Zustand ist nur die repulsive Barriere von Bedeutung. In Kap. 15 haben wir ausführlich die repulsive Potentialschale betrachtet. Sie kann hier als Modell für das Potential dienen. Abbildung 15.15 zeigt die radiale Wellenfunktion verschiedener metastabiler Zustände in diesem Potential. Die Abbildungen 15.12, 15.13 und 15.14 enthalten die totalen Wirkungsquerschnitte und Argand-Diagramme. Sie zeigen, dass die Resonanzbreiten mit der Resonanzenergie anwachsen. Die repulsive Schale aus Kap. 15 hat ihr eindimensionales Analogon in der Doppelbarriere aus Abschn. 5.4. Die Breiten der metastabilen Zustände, die zwischen den beiden Potentialbarrieren eingeschlossen sind, wachsen mit der Energie, wie man aus Abb. 5.12 abliest. In Abb. 5.9 und 5.10 haben wir die Zeitabhängigkeit des Zerfalls metastabiler Zustände untersucht und festgestellt, dass die Lebensdauer mit zunehmender Energie, also mit zunehmender Resonanzbreite abnimmt. Tatsächlich nimmt die Wahrscheinlichkeit für das Druchdringen der Barriere mit der Energie des Teilchens zu. Diese Aussage ist gleichbedeutend mit der Feststellung, dass die Lebensdauer mit der Energie des α-Teilchens abnimmt.

Abb. 18.9 α**-Zerfall. (a) Potentielle Energie** $V(r)$ **eines** α**-Teilchens in einem Atomkern. Obwohl die Gesamtenergie** E **(gestrichelte Linie) eines** α**-Teilchens positiv sein kann, kann das Teilchen den Kern nur dadurch verlassen, dass es die Potentialbarriere durchtunnelt. Deshalb können metastabile Zustände positiver Energie existieren. (b) Nebelkammerphotographie der Spuren von** α**-Teilchen aus dem Zerfall des Poloniumkerns** ^{214}Po**. Außer einem haben alle Teilchen etwa die gleiche Reichweite in dem Kammergas, woraus folgt, dass sie gleiche Energien besitzen. Die einzelne längere Spur wurde durch den Zerfall eines angeregten Zustands des** ^{214}Po**, der eine höhere Energie besitzt, verursacht.** Aus K. Phillip, *Naturwissenschaften* **14** (1926) 1203, copyright © 1926 Verlag von Julius Springer, Berlin, Nachdruck mit freundlicher Genehmigung. **(c) Geiger-Nuttall-Diagramm, das die Beziehung zwischen der Halbwertszeit** $T_{1/2}$ **und der Energie der emittierten** α**-Teilchen für die niedrigsten Zustände verschiedener radioaktiver Kerne zeigt. Aus dem Diagramm lässt sich ablesen, dass die Halbwertszeit mit wachsender Energie sehr stark abfällt.**

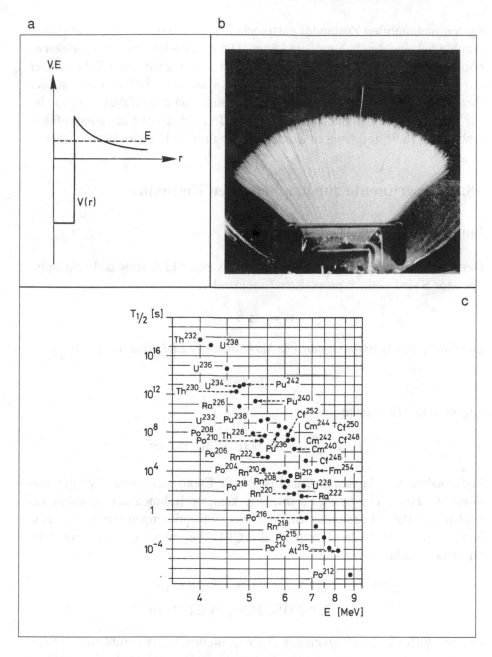

Abb. 18.9

Das wird tatsächlich auch experimentell beobachtet. Die Energie von α-Teilchen lässt sich leicht über die Messung ihrer Reichweite in Luft bestimmen. Abbildung 18.9b zeigt eine Nebelkammerphotographie der Spuren von α-Teilchen, die von radioaktivem Polonium, ^{214}Po, emittiert werden. Alle Spuren außer einer haben sehr ähnliche Reichweiten, die der Energie des niedrigsten metastabilen Zustandes entsprechen. Eine einzige Spur in der Photographie hat eine deutlich größere Länge. Die zugehörige Energie ist die eines höheren metastabilen Zustandes, der wegen seiner geringeren Lebensdauer nur noch in wenigen Kernen besetzt ist. Eine systematische Untersuchung der Beziehung zwischen Energie und Lebensdauer von α-Zerfällen verschiedener Kerne wurde erstmals Hans Geiger und John Mitchell Nuttall ausgeführt. Abbildung 18.9c zeigt diesen Zusammenhang für viele radioaktive Isotope.

18.8 Experimente zur magnetischen Resonanz

Einheiten und Größenordnungen

Der Operator $\boldsymbol{\mu}$ des magnetischen Moments eines Elektrons und sein Spinoperator $\mathbf{S}$ sind einfach proportional zueinander,

$$\boldsymbol{\mu} = -\gamma \mathbf{S} \quad.$$

Die Größe γ, das *gyromagnetische Verhältnis des Elektrons*, ist durch

$$\gamma = g_0 \mu_{\mathrm{B}}/\hbar$$

gegeben. Die Konstante

$$\mu_{\mathrm{B}} = \frac{e}{2M}\hbar = 9{,}274\,078 \cdot 10^{-24}\,\mathrm{A\,m^2}$$

heißt *Bohrsches Magneton*. Dabei ist M die Elektronenmasse. Der *gyromagnetische Faktor des freien Elektrons* g_0 kann im Rahmen der *Quantenelektrodynamik* (QED) berechnet werden. Präzisionsmessungen von g_0 sind deshalb wichtige Tests der Gültigkeit der QED. Gegenwärtige experimentelle und theoretische Werte sind

$$
\begin{aligned}
g_0^{(\mathrm{exp})} &= 2{,}002\,319\,304\,386\,15 \pm 54 \cdot 10^{-14} \quad, \\
g_0^{(\mathrm{th})} &= 2{,}002\,319\,304\,362\,26 \pm 172 \cdot 10^{-14} \quad.
\end{aligned}
$$

Die verblüffende Genauigkeit des experimentellen Werts beruht auf Messungen der magnetischen Resonanz, die von Hans Dehmelt und seiner Gruppe durchgeführt wurden.

Wegen der negativen Ladung des Elektrons sind die Vektoren $\boldsymbol{\mu}$ und $\mathbf{S}$ antiparallel. Für Teilchen mit positiver Ladung, insbesondere für Atomkerne, sind sie parallel. Da man gewöhnlich auch für Atomkerne γ positiv haben möchte, muss man dann schreiben

$$\boldsymbol{\mu} = \gamma \mathbf{S} \quad.$$

Wir werden diese Beziehung sowohl für Elektronen wie für Kerne benutzen. Unsere Formeln stimmen deshalb mit den in der Literatur des Gebiets der *Elektronenspinresonanz* (ESR) angegebenen Formeln erst überein, wenn γ durch $-\gamma$ ersetzt ist.

Um g-Faktoren der Größenordnung Eins auch für Atomkerne zu erhalten, schreibt man für Kerne:

$$\gamma = g_N \mu_p / \hbar \quad .$$

Dabei ist

$$\mu_p = \frac{e}{2M_p}\hbar = \frac{1}{1836}\mu_B = 5{,}051 \cdot 10^{-27}\,\text{A}\,\text{m}^2$$

das *Kernmagneton* und $M_p = 1836\,M$ ist die Protonenmasse. Messungen des gyromagnetischen Faktors g_{proton} des Protons ergeben

$$g_{\text{proton}} = 5{,}58 \quad .$$

Dieser Wert kann im Rahmen der QED nicht berechnet werden. Es wird angenommen, dass das magnetische Moment des Protons aus den magnetischen Eigenmomenten seiner Bausteine, der Quarks, und aus den magnetischen Momenten der Bahnbewegung der Quarks im Proton resultiert. Die Bestimmung der magnetischen Momente des Protons, des Neutrons und im Allgemeinen der Atomkerne ist eine wichtige experimentelle Aufgabe der Kernphysik.

In Abschn. 17.4 haben wir die Erscheinung der magnetischen Resonanz kennengelernt. In einem homogenen magnetischen Flussdichtefeld $\mathbf{B}_0 = B_0\mathbf{e}_z$ präzediert der Erwartungswert $\langle\boldsymbol{\mu}\rangle$ eines magnetischen Moments um die Feldrichtung mit der Larmor-Frequenz $\Omega_0 = \gamma B_0$. Der Polarwinkel ϑ von $\langle\boldsymbol{\mu}\rangle$ bezüglich der Richtung $\mathbf{B}_0$ bleibt konstant. Wenn zusätzlich zu dem konstanten Feld $\mathbf{B}_0$ ein Feld $\mathbf{B}_1(t)$ senkrecht zu $\mathbf{B}_0$ besteht, das mit einer Frequenz ω gleich der Larmor-Frequenz Ω_0 rotiert, dann ändert sich der Winkel ϑ um π innerhalb der Zeit $T/2$ mit $T = 2\pi/\Omega_1$, $\Omega_1 = \gamma B_1$. Auf diese Weise hat sich die Richtung von $\langle\boldsymbol{\mu}\rangle$, wenn sie ursprünglich parallel zu $\mathbf{B}_0$ war, in eine Richtung antiparallel zu $\mathbf{B}_0$ verwandelt.

Der Unterschied in der potentiellen Energie der beiden Spinzustände, in denen der Spin (und damit das magnetische Moment) parallel bzw. antiparallel zum zeitunabhängigen magnetischen Flussdichtefeld $\mathbf{B}_0$ orientiert ist, ist

$$\Delta E = |\mu B_0| \quad .$$

Bei der Resonanz ist die Frequenz ω des rotierenden Feldes $\mathbf{B}_1$ gleich der Larmor-Frequenz $\Omega_0 = \mu B_0/\hbar$, so dass

$$\Delta E = \hbar\Omega_0 = \hbar\omega = |\mu B_0| \quad .$$

Der Übergang vom Zustand niedrigerer Energie zum Zustand höherer Energie wird durch die *Absorption* eines Energiequants $\hbar\omega$ aus dem rotierenden

Feld ermöglicht. Der Übergang vom energetisch höheren zum niedrigeren Niveau wird von der Emission eines Quants elektromagnetischer Energie $\hbar\omega$ be-
gleitet. In Anwesenheit des rotierenden äußeren Feldes wird dieser Übergang
durch *stimulierte Emission* beschleunigt.

Für ein typisches Feld B_0 von $1\,\mathrm{T} = 1\,\mathrm{V\,s\,m^{-2}}$ und ein magnetisches Moment von $1\mu_\mathrm{p}$ (1 Kernmagneton) muss die Frequenz des oszillierenden Feldes

$$\nu = \omega/(2\pi) = \mu_\mathrm{p} B_0/h = 0{,}762 \cdot 10^7\,\mathrm{s^{-1}}$$

sein. Solche Frequenzen liegen im *Radiofrequenz*bereich (RF). Daher wird
Radiofrequenztechnologie für Experimente zur *magnetischen Kernresonanz*
(englisch: nuclear magnetic resonance, NMR) benutzt.

Für $B_0 = 1\,\mathrm{T}$ und ein magnetisches Moment von $1\mu_\mathrm{B}$ (1 Bohrsches Magneton) ist die Frequenz

$$\nu = \omega/(2\pi) = \mu_\mathrm{B} B_0/h = 1{,}4 \cdot 10^{10}\,\mathrm{s^{-1}}\quad.$$

Zur Erzeugung solcher Frequenzen werden *Mikrowellen*techniken benötigt.
Dementsprechend muss in Experimenten zur *Elektronenspinresonanz* (ESR)
die Mikrowellentechnologie benutzt werden.

Experimente mit Atom- und Molekülstrahlen

Wir können jetzt die Methode zum Nachweis magnetischer Resonanzen mit
Hilfe von Atom- und Molekülstrahlen besprechen, die auf Pionierarbeiten
von Isidor Rabi und Mitarbeitern beruht. Ein Strahl neutraler Atome oder
Moleküle durchläuft nacheinander drei magnetische Flussdichtefelder, die in
Abb. 18.10 mit A, C und B bezeichnet sind. Die Felder A und B sind inho-
mogene Felder vom Stern-Gerlach-Typ, vgl. Abschn. 1.4. Sie sind identisch
bis auf die Tatsache, dass der Feldgradient von A in der Ebene der Abb. 18.10
nach unten und der von B nach oben gerichtet ist. Im Bereich C existiert
ein nach oben gerichtetes konstantes Feld $\mathbf{B}_0$ und ein oszillierendes Feld $\mathbf{B}_1$.
Letzteres wird durch den Strom eines Radiofrequenzgenerators erzeugt, der
einen Draht in der Ebene von Abb. 18.10 parallel zum Strahl und etwas oberhalb des Strahles durchläuft und der durch einen zweiten Draht etwas unterhalb des Strahles zurückkehrt. Wegen der Kraft, die durch die inhomogenen
Felder auf das magnetische Moment ausgeübt wird, sind die Bahnen in den
Bereichen A und B Parabeln. Teilchen, deren magnetische Momente im Be-
reich A nach oben zeigen und die in einem gewissen begrenzten Bereich der
Anfangsrichtungen und Anfangsimpulse liegen, können einen Spalt vor dem
Bereich C durchlaufen. Wird die Ausrichtung des magnetischen Moments in
C nicht verändert, so durchlaufen die Teilchen den Bereich B auf einer Bahn,
die symmetrisch zur Bahn im Bereich A ist, und werden von einem Detektor

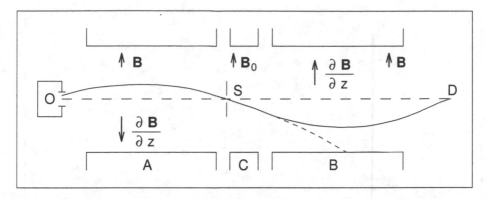

Abb. 18.10 Rabi-Apparatur. Das magnetische Flussdichtefeld B zeigt aufwärts (in z-Richtung) in den drei Magneten A, B und C. In A und B sind die Felder inhomogen, der Feldgradient dB_z/dz ist negativ in A und positiv in B. Das Feld in C ist homogen. Für Moleküle mit einem magnetischen Moment in z-Richtung und mit Impuls in einem gewissen Bereich ist die Bahn von der Quelle O durch den Spalt S zum Detektor D als durchgezogene Linie dargestellt. Wenn die Richtung des Erwartungswertes des magnetischen Moments durch eine magnetische Resonanz im zusätzlichen oszillierenden Feld in C in $(-z)$-Richtung geändert wird, verändert sich die Bahn, wie durch die gestrichelte Linie angedeutet, und die Moleküle erreichen den Detektor nicht mehr.

D jenseits des Bereichs B nachgewiesen. Wenn aber die Ausrichtung des magnetischen Moments im Bereich C durch magnetische Resonanz nach unten gedreht wird, d. h., wenn die Oszillationsfrequenz ω des Feldes B_1 gleich der Larmor-Frequenz $\Omega_0 = \mu B_0/\hbar$ des magnetischen Moments in dem Feld $\mathbf{B}_0$ ist, und wenn die Zeit, die das Teilchen für das Durchlaufen des Bereichs C benötigt, etwa $T/2 = h/(\mu B_1)$ beträgt, dann wird das Teilchen im Bereich B nach unten und nicht nach oben abgelenkt und die im Detektor registrierte Intensität wird drastisch sinken. Abbildung 18.11 zeigt die erste Resonanzkurve, die von Rabi et al. veröffentlicht wurde. Sie bezieht sich auf einen Strahl von LiCl-Molekülen. Die Resonanz wird durch das magnetische Moment des ^{7}Li-Kerns bewirkt. In diesem Experiment wurde die Stärke des Feldes B_0 und nicht die Frequenz ω verändert.

Die Methode der Atom- und Molekülstrahlen wurde und wird noch mit großem Erfolg für die Messung magnetischer Momente von Kernen benutzt und für die Untersuchung der Wechselwirkung zwischen den magnetischen Momenten der Kerne und denen der Elektronen in der Atomhülle, die die *Hyperfeinstruktur* der Atomspektren bewirkt. Der Abstand zwischen einzelnen Atomen oder Molekülen innerhalb des Strahls ist sehr groß. Deswegen werden die Experimente im Wesentlichen mit freien Atomen oder Molekülen ausgeführt.

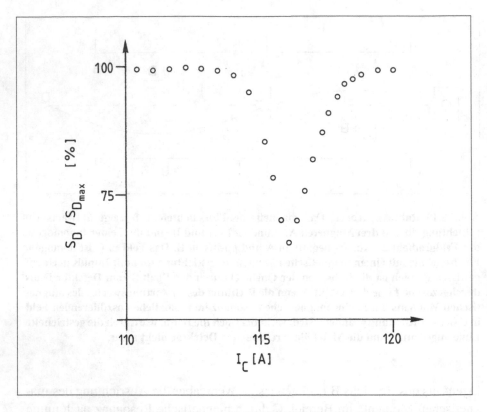

Abb. 18.11 Magnetische Resonanzkurve für LiCl-Moleküle. Das Signal S_D im Detektor (in Prozent des Maximalsignals) ist als Funktion des Stromes I_C in der Erregerspule des C-Magneten und damit des Feldes B_0 dargestellt. Die Frequenz ω des oszillierenden Feldes ist konstant gehalten. I. I. Rabi, J. R. Zacharias, S. Millman und P. Kusch, *Physical Review* **53** (1938) 318, © 1938 American Physical Society, Nachdruck mit freundlicher Genehmigung.

Magnetische Resonanz in kompakter Materie

Apparatur. In kompakter Materie, d. h. in Festkörpern, Flüssigkeiten oder Gasen befinden sich im Gegensatz zur Situation mit Atom- oder Molekularstrahlen sehr viele Teilchen in einer Volumeneinheit und kollektive Effekte ihrer magnetischen Momente können mit Hilfe magnetischer Resonanzmethoden nachgewiesen werden. Experimente zur *magnetischen Kernresonanz* (NMR) in kompakter Materie wurden erstmals in den Forschungsgruppen von Edward Purcell und Felix Bloch im Jahre 1945 entwickelt. Die Elektronenspinresonanz (ESR) wurde ebenfalls 1945 von E. Zavoisky entdeckt.

Die wesentlichen Komponenten einer NMR-Apparatur sind in Abb. 18.12 dargestellt. Ein starkes homogenes Feld $\mathbf{B}_0 = B_0 \mathbf{e}_z$ wird durch einen Elektromagneten erzeugt. Ein Feld $\mathbf{B}_1 = 2B_1 \cos \omega t\, \mathbf{e}_x$, das in x-Richtung oszilliert, wird durch eine in x-Richtung orientierte Spule erzeugt, die mit einem

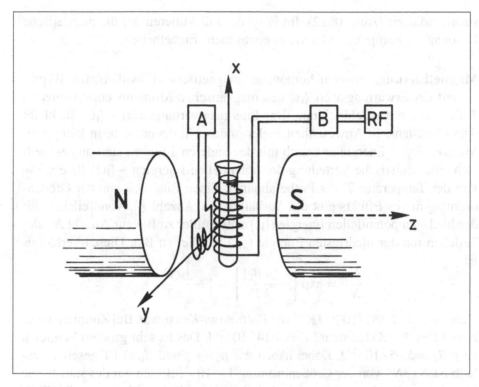

Abb. 18.12 NMR-Apparatur. Ein Elektromagnet (mit den Polschuhen N, S) erzeugt ein starkes homogenes Feld B_0 in z-Richtung. Eine Spule, die in x-Richtung ausgerichtet ist, enthält die Probe. Sie wird durch einen Radiofrequenzgenerator RF der Frequenz ω erregt. Der komplexe Widerstand der Spule wird über eine Messbrücke B registriert, während entweder B_0 oder ω verändert werden. Zusätzlich kann eine in y-Richtung orientierte Spule angebracht sein, die ein magnetisches Induktionssignal von der Probe auffangen kann. Diese Signale werden in dem Verstärker A verstärkt und ebenfalls als Funktion von B_0 oder ω registriert.

Radiofrequenzgenerator verbunden ist. Die Probe aus kompakter Materie befindet sich im Inneren dieser Spule. (In ESR-Experimenten hat man anstelle dieser Spule einen Mikorwellenresonator, der von einem Mikrowellensender erregt wird.) Der komplexe Widerstand der Spule wird mit hoher Präzision mit der Radiofrequenzausführung einer Wheatstone-Brücke gemessen. Wir werden weiter unten zeigen, dass in der Nähe der Resonanzfrequenz magnetischer Momente in der Probe sich dieser Widerstand drastisch ändert. Bei der Resonanz wird Energie aus dem RF-Feld absorbiert. Damit wirkt sich die Resonanz selbst als ein Maximum im Realteil des komplexen Widerstandes der Spule aus. Bei der Resonanz wird aber auch Energie von der Probe abgestrahlt, die durch das RF-Feld angeregt wurde. Diese in Form elektromagnetischer Wellen abgestrahlte Energie kann dadurch nachgewiesen werden, dass sie in einer in y-Richtung orientierten Spule einen hochfrequenten Wechselstrom induziert (Abb. 18.12). Im Folgenden diskutieren wir die magnetische Resonanz in kompakter Materie in etwas mehr Einzelheiten.

Magnetisierung. In einem homogenen magnetischen Flussdichtefeld $\mathbf{B}_0$ präzediert der Erwartungswert $\langle\boldsymbol{\mu}\rangle$ des magnetischen Moments eines isolierten Teilchens um die Feldrichtung. Der Energieerwartungswert $-\langle\boldsymbol{\mu}\rangle \cdot \mathbf{B}_0$ bleibt dabei konstant. In Anwesenheit vieler anderer Teilchen, d. h. in kompakter Materie, findet Energieaustausch mit den anderen Teilchen statt und es stellt sich eine statistische Verteilung der potentiellen Energien $-\langle\boldsymbol{\mu}\rangle \cdot \mathbf{B}_0$ ein, die von der Temperatur T der Probe abhängt. Einen Eindruck von der Größenordnung dieses Effekts gibt das Verhältnis der Anzahl N_+ von Teilchen mit der höchsten potentiellen Energie ($\langle\boldsymbol{\mu}\rangle$ antiparallel zu $\mathbf{B}_0$) zur Anzahl N_- der Teilchen mit der niedrigsten Energie ($\langle\boldsymbol{\mu}\rangle$ parallel zu $\mathbf{B}_0$). Dieses Verhältnis ist

$$\frac{N_+}{N_-} = \exp\left\{-\frac{|\mu B_0|}{kT}\right\} \approx 1 - \frac{|\mu B_0|}{kT} \quad .$$

Dabei ist $k = 1{,}381 \cdot 10^{-23}\,\mathrm{J\,K^{-1}}$ die *Boltzmann-Konstante*. Bei Zimmertemperatur ($T = 300\,\mathrm{K}$) hat man $kT = 4{,}14 \cdot 10^{-21}\,\mathrm{J}$. Das ist sehr groß im Vergleich zu $\mu B_0 = 5{,}05 \cdot 10^{-27}\,\mathrm{J}$. Dabei haben wir $\mu = \mu_\mathrm{p}$ und $B_0 = 1\,\mathrm{T}$ gesetzt. Deshalb ist N_+/N_- von der Größenordnung $1 - 10^{-6}$. Bilden wir das statistische Mittel über die Erwartungswerte $\langle\boldsymbol{\mu}\rangle$ der magnetischen Momente aller Teilchen in der Probe im thermischen Gleichgewicht,

$$\overline{\boldsymbol{\mu}} = \overline{\langle\boldsymbol{\mu}\rangle} \quad ,$$

so finden wir einen Vektor parallel zu $\mathbf{B}_0$. Allerdings ist die Größenordnung des Betrages dieses Vektors um einen Faktor von der Ordnung 10^{-6} kleiner als der Betrag von $\langle\boldsymbol{\mu}\rangle$.

Die *Magnetisierung* einer Probe ist das magnetische Moment pro Volumeneinheit,

$$\mathbf{M} = n\overline{\boldsymbol{\mu}} \quad .$$

Dabei ist n die Anzahl der Teilchen pro Volumeneinheit, die ein magnetisches Moment tragen.

Die Bloch-Gleichungen. Da die Magnetisierung $\mathbf{M}$ eine Summe über die Erwartungswerte der magnetischen Momente $\langle\boldsymbol{\mu}\rangle$ ist, die ihrerseits proportional zu den Erwartungswerten $\langle\mathbf{S}\rangle$ des Spinvektors sind, ist die Bewegungsgleichung für $\mathbf{M}$ identisch mit der Bewegungsgleichung für $\langle\mathbf{S}\rangle$, die am Ende von Abschn. 17.4 und zu Beginn von Abschn. 17.5 diskutiert wurde,

$$\left(\frac{d\mathbf{M}}{dt}\right)_\mathrm{L} = \gamma\mathbf{M} \times \mathbf{B} \quad .$$

Der Index L soll andeuten, dass diese Gleichung eine Larmor-Präzession von **M** um die Richtung von **B** beschreibt. Die Gleichung gilt so lange, wie die Magnetisierung nur durch das Feld **B** beeinflusst wird. Wir müssen sie erweitern, um auf globale Weise die *Relaxationseffekte* zu berücksichtigen, die in der Probe stattfinden. Die Magnetisierung ist eine Summe über alle magnetischen Momente $\langle \mu_i \rangle$ in einer Volumeneinheit. Die $\langle \mu_i \rangle$ werden nicht nur durch das äußere Feld, sondern auch durch die Felder beeinflusst, die von Bausteinen der Probe herrühren. Als Ergebnis solcher Wechselwirkungen innerhalb der Probe strebt die Magnetisierung auf irreversible Weise gegen einen Gleichgewichtswert.

Wie vorher betrachten wir ein Feld der Form

$$\mathbf{B}(t) = \mathbf{B}_0 + \mathbf{B}_1(t)$$

mit

$$\mathbf{B}_0 = B_0 \mathbf{e}_z$$

und

$$\mathbf{B}_1(t) = B_1 \cos \omega t \, \mathbf{e}_x + B_1 \sin \omega t \, \mathbf{e}_y \quad .$$

Wenn ursprünglich (zur Zeit $t = 0$) eine nichtverschwindende *transversale Magnetisierung*

$$\mathbf{M}_\perp = M_x \mathbf{e}_x + M_y \mathbf{e}_y$$

besteht, so wird diese exponentiell abnehmen,

$$\left(\frac{d\mathbf{M}_\perp}{dt} \right)_{T_2} = -\frac{\mathbf{M}_\perp}{T_2} \quad .$$

Dieser Effekt heißt *Spin–Spin-Relaxation*. Er ist durch die *Spin–Spin-Relaxationszeit T_2* charakterisiert.

Die Spin–Spin-Relaxation verändert aber nicht die *z*-Komponente $\langle \mu_i \rangle_z$ der einzelnen Momente und deshalb auch nicht die *magnetische Energiedichte*

$$w_m = -\mathbf{M} \cdot \mathbf{B}_0 = -M_z B_0 \quad .$$

Hat sich die Probe für längere Zeit in dem konstanten Feld $\mathbf{B}_0$ befunden, so stellt sich der Vektor **M** der *Gleichgewichtsmagnetisierung*

$$\mathbf{M}_0 = M_0 \mathbf{e}_z$$

ein. Eine *longitudinale Magnetisierung*

$$\mathbf{M}_\parallel = M_z \mathbf{e}_z \quad ,$$

die von der Gleichgewichtsmagnetisierung $\mathbf{M}_0$ verschieden ist, strebt exponentiell gegen den Gleichgewichtswert,

$$\left(\frac{d\mathbf{M}_\parallel}{dt}\right)_{T_1} = \frac{M_0 - M_z}{T_1}\mathbf{e}_z \quad .$$

Dabei wird Energie zwischen den magnetischen Momenten und den sie umgebenden Atomen ausgetauscht. Da diese Atome in vielen Fällen ein regelmäßiges Gitter bilden, heißt der Prozess *Spin–Gitter-Relaxation*. Da im Gegensatz zur Spin–Spin-Relaxation ein Energieaustausch stattfindet, ist die *Spin–Gitter-Relaxationszeit* T_1 gewöhnlich viel größer als die Spin–Spin-Relaxationszeit T_2,

$$T_1 \gg T_2 \quad .$$

Das oben skizzierte Modell wurde 1946 von Felix Bloch entwickelt. Es erwies sich als sehr nützlich für das Verständnis der magnetischen Resonanz in kompakter Materie, obwohl es für Sonderfälle noch verfeinert werden muss. Zusammengefasst liefert es

$$\frac{d\mathbf{M}}{dt} = \gamma\mathbf{M}\times\mathbf{B} - \frac{\mathbf{M}_\perp}{T_2} + \frac{M_0 - M_z}{T_1}\mathbf{e}_z$$

als Bewegungsgleichung für den Vektor der Magnetisierung. Durch Komponentendarstellung erhalten wir die *Bloch-Gleichungen*,

$$\begin{aligned}
\frac{dM_x}{dt} &= \gamma(\mathbf{M}\times\mathbf{B})_x - \frac{M_x}{T_2} \quad , \\
\frac{dM_y}{dt} &= \gamma(\mathbf{M}\times\mathbf{B})_y - \frac{M_y}{T_2} \quad , \\
\frac{dM_z}{dt} &= \gamma(\mathbf{M}\times\mathbf{B})_z + \frac{M_0 - M_z}{T_1} \quad .
\end{aligned}$$

Komplexe Suszeptibilität. Hier stellen wir einige Ergebnisse aus der klassischen Elektrodynamik zusammen, die wir weiter unten benötigen. Die Beziehung zwischen der magnetischen Feldstärke $\mathbf{H}$, der magnetischen Flussdichte $\mathbf{B}$ und der Magnetisierung $\mathbf{M}$ lautet

$$\mathbf{H} = \frac{1}{\mu_0}\mathbf{B} - \mathbf{M} \quad .$$

Dabei ist $\mu_0 = 4\pi\cdot 10^{-7}\,\mathrm{V\,s\,A^{-1}\,m^{-1}}$ die magnetische Feldkonstante. Für eine Probe mit der relativen Permeabilitätszahl[1] μ_r ist die Feldstärke

$$\mathbf{H} = \mathbf{B}/(\mu_r\mu_0) \quad , \qquad \text{d.\,h.} \qquad \mu_r\mu_0\mathbf{H} = \mathbf{B} = \mu\mathbf{B} - \mu_r\mu_0\mathbf{M} \quad .$$

Für alle Proben, die in Experimenten zur magnetischen Resonanz benutzt werden, ist $\mu_r \approx 1$ und deshalb

---

[1]Die in diesem Zusammenhang benutzten Symbole μ_0 und μ_r dürfen natürlich nicht mit magnetischen Momenten verwechselt werden.

$$\mathbf{M} = \frac{1}{\mu_0}(\mu_r - 1)\mathbf{B} = \frac{1}{\mu_0}\chi\mathbf{B} \quad .$$

Dabei ist $\chi = \mu_r - 1$ die *magnetische Suszeptibilität* der Probe.

Wir betrachten jetzt die Zeitabhängigkeit des Vektors $\mathbf{B}_\perp$ in der (x, y)-Ebene,

$$
\begin{aligned}
\mathbf{B}_\perp &= B_\perp \cos\omega t\, \mathbf{e}_x + B_\perp \sin\omega t\, \mathbf{e}_y \\
&= \mathrm{Re}\left\{B_\perp \mathrm{e}^{\mathrm{i}\omega t}\right\}\mathrm{Re}\{\mathbf{e}_c\} - \mathrm{Im}\left\{B_\perp \mathrm{e}^{\mathrm{i}\omega t}\right\}\mathrm{Im}\{\mathbf{e}_c\} \\
&= \mathrm{Re}\left\{B_\perp \mathrm{e}^{\mathrm{i}\omega t}\mathbf{e}_c\right\} = \mathrm{Re}\{B_{c\perp}\mathbf{e}_c\}
\end{aligned}
$$

mit

$$\mathbf{e}_c = \mathbf{e}_x - \mathrm{i}\mathbf{e}_y \quad .$$

Wir nennen

$$B_{c\perp} = B_\perp \mathrm{e}^{\mathrm{i}\omega t} = B_\perp \cos\omega t + \mathrm{i}B_\perp \sin\omega t$$

die komplexe magnetische Flussdichte in der transversalen Ebene.

Ganz entsprechend gilt

$$\mathbf{M}_\perp = \mathrm{Re}\{M_{c\perp}\mathbf{e}_c\} \quad ,$$

allerdings mit der Darstellung

$$M_{c\perp} = M_\perp \mathrm{e}^{\mathrm{i}(\omega t - \delta)} \quad .$$

Der Winkel δ erlaubt eine Phasenverschiebung zwischen $M_{c\perp}$ und $B_{c\perp}$. Diese Phasenverschiebung beschreibt die Tatsache, dass während der Rotation die Vektoren $\mathbf{B}_\perp$ und $\mathbf{M}_\perp$ zur gleichen Zeit t nicht die gleiche Richtung haben müssen. Dies wiederum ist die Folge einer komplexen Suszeptibilität

$$\chi = |\chi|\mathrm{e}^{-\mathrm{i}\delta} = \chi' - \mathrm{i}\chi''$$

mit dem Real- und dem Imaginärteil

$$\chi' = |\chi|\cos\delta \quad , \qquad \chi'' = |\chi|\sin\delta \quad .$$

Sie verknüpft die komplexe Magnetisierung $M_{c\perp}$ und die komplexe magnetische Flussdichte $B_{c\perp}$ durch

$$M_{c\perp} = \frac{1}{\mu_0}\chi B_{c\perp} \quad .$$

Nach Kürzung des Faktors $\exp\{\mathrm{i}\omega t\}$ auf beiden Seiten dieser Gleichung finden wir

$$M_\perp \mathrm{e}^{-\mathrm{i}\delta} = M_\perp \cos\delta - \mathrm{i}M_\perp \sin\delta = \frac{1}{\mu_0}\chi' B_\perp - \mathrm{i}\frac{1}{\mu_0}\chi'' B_\perp$$

und damit

$$\chi' = \mu_0 \frac{M_\perp \cos\delta}{B_\perp} \quad , \qquad \chi'' = \mu_0 \frac{M_\perp \sin\delta}{B_\perp} \quad .$$

Die Größen χ' bzw. χ'' heißen *Dispersivteil* bzw. *Absorptivteil* der Suszeptibilität. Im rotierenden Bezugssystem aus Abschn. 17.5 gilt $B_\perp = B_1 = B_{x'}$ und $M_\perp \cos\delta = M_{x'}$, $M_\perp \sin\delta = M_{y'}$, so dass

$$\chi' = \mu_0 M_{x'}/B_1 \quad , \qquad \chi'' = \mu_0 M_{y'}/B_1 \quad .$$

NMR-Spektren bei langsamem Durchgang durch die Resonanz. Um eine Resonanz feststellen zu können, müssen die äußeren Feldbedingungen zeitlich verändert werden, so dass ein *Durchgang* durch den Resonanzbereich bei

$$\omega = \Omega_0 = \gamma B_0$$

erfolgt. Die Reaktion der Probe hängt von der Geschwindigkeit dieses Durchgangs ab. Wir beschränken uns hier auf den Fall des *langsamen Durchgangs*.

Im rotierenden Bezugssystem bewegt sich der effektive Feldvektor $\mathbf{B}_{\text{eff}}$, vgl. Abschn. 17.5, in der (x', z')-Ebene. Man kann diese Bewegung derart langsam wählen, dass die Magnetisierung zu jedem Zeitpunkt im Gleichgewicht ist, so dass die Zeitableitung von $\mathbf{M}$ vernachlässigt werden kann. Im rotierenden Bezugssystem lauten die Bloch-Gleichungen in Komponenten damit

$$0 = \frac{dM_{x'}}{dt} = \gamma(\mathbf{B}_{\text{eff}} \times \mathbf{M})_{x'} - \frac{M_{x'}}{T_2} = -(\gamma B_0 - \omega)M_{y'} - \frac{M_{x'}}{T_2} \quad ,$$

$$0 = \frac{dM_{y'}}{dt} = \gamma(\mathbf{B}_{\text{eff}} \times \mathbf{M})_{y'} - \frac{M_{y'}}{T_2} = (\gamma B_0 - \omega)M_{x'} - \gamma B_{x'}M_{z'} - \frac{M_{y'}}{T_2} \quad ,$$

$$0 = \frac{dM_{z'}}{dt} = \gamma(\mathbf{B}_{\text{eff}} \times \mathbf{M})_{z'} - \frac{M_0 - M_{z'}}{T_1} = \gamma B_{x'}M_{y'} - \frac{M_0 - M_{z'}}{T_1} \quad .$$

Lösung dieses Gleichungssystems für die Komponenten von $\mathbf{M}$ und Multiplikation mit $\mu_0/B_{x'} = \mu_0/B_1$ liefert

$$\chi' = \mu_0 \frac{M_{x'}}{B_1} = -\mu_0 \frac{\gamma(\gamma B_0 - \omega)T_2^2 M_0}{1 + (\gamma B_0 - \omega)^2 T_2^2 + \gamma^2 B_1^2 T_1 T_2} \quad ,$$

$$\chi'' = -\mu_0 \frac{M_{y'}}{B_1} = \mu_0 \frac{\gamma T_2 M_0}{1 + (\gamma B_0 - \omega)^2 T_2^2 + \gamma^2 B_1^2 T_1 T_2} \quad .$$

Für kleine Werte von B_1, d. h. $\gamma^2 B_1^2 T_1 T_2 \ll 1$, erhält man für die Frequenzabhängigkeit von χ' und χ'' die Beziehungen

$$\chi'' = \mu_0 \frac{\gamma T_2}{1 + (\gamma B_0 - \omega)^2 T_2^2} M_0 \quad ,$$

$$\chi' = -(\gamma B_0 - \omega)T_2 \chi'' \quad .$$

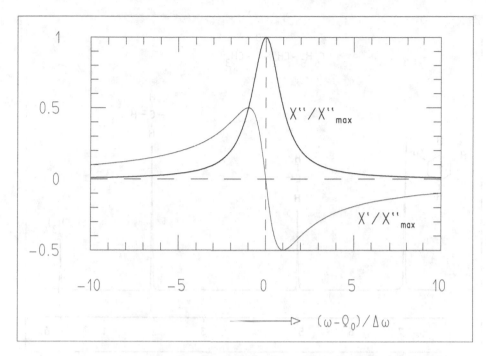

Abb. 18.13 Frequenzabhängigkeit des Realteils χ' (dünne, im E-Book schwarze Linie) und des Imaginärteils χ'' (dicke, im E-Book blaue Linie) der komplexen Suszeptibilität.

Sie sind in Abb. 18.13 graphisch dargestellt.

Der Imaginärteil χ'' der komplexen Suszeptibilität entspricht einem Realteil im komplexen Widerstand

$$Z = i\omega L = i\omega\mu_0(1 + \chi' - i\chi'')N^2 a/\ell$$

der Spule (N Windungen, Länge ℓ, Querschnitt a, Induktivität $L = \mu_0\mu N^2 a/\ell$), die das zeitabhängige Feld erzeugt, und damit einer Energieabsorption durch die Probe. Die Funktion $\chi''(\omega)$ hat ihr Maximum für $\omega = \gamma B_0$. Sie fällt auf den halben Maximalwert bei den Frequenzen

$$\omega = \omega_\pm = \gamma B_0 \pm \Delta\omega \quad , \qquad \Delta\omega = \frac{1}{T_2} \quad .$$

Die Größe $\Delta\omega$ ist ein Maß für die Breite des Maximums in $\chi''(\omega)$. Damit können die Positionen zweier Maxima ω_1 und ω_2 aufgelöst werden, wenn $|\omega_2 - \omega_1| > \Delta\omega$.

In Abb. 18.14 zeigen wir ein Spektrum, das mit einer Probe von Benzylacetat $C_8H_{10}O_2$ für $B_0 = 1{,}4\,\mathrm{T}$ und Frequenzen $\nu = \omega/(2\pi)$ im Bereich von $60\,\mathrm{MHz}$ gewonnen wurde. Das sind Resonanzbedingungen für das Proton. Anstelle einer einzigen Absorptionslinie bei der exakten Resonanzfrequenz

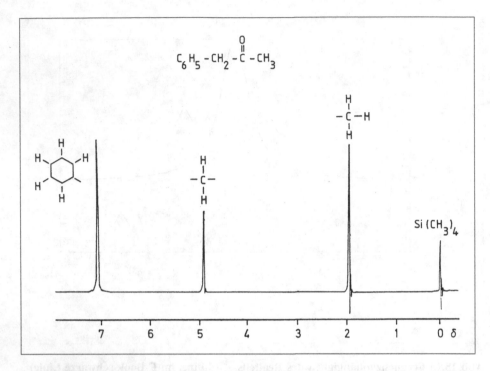

Abb. 18.14 NMR-Spektrum der Protonen in Benzylacetat (erste drei Spitzen von links) im Anwesenheit von Tetramethylsilan als Referenzsubstanz (Spitze ganz rechts). Auf der Skala am unteren Rand sind die Differenzen der Resonanzfrequenzen relativ zum Referenzmaximum in Einheiten von Eins zu einer Million (ppm) angegeben. Nach H. Günter, *NMR-Spektroskopie*, 1993 © Georg Thieme Verlag, Stuttgart, Nachdruck mit freundlicher Genehmigung.

ω_0 des freien Protons sehen wir aber drei Linien, die zu leicht verschiedenen Frequenzen ω_1, ω_2, ω_3 verschoben sind. Es ist üblich, diese Verschiebungen in dimensionlosen Einheiten auszudrücken, d. h., die Verhältnisse

$$\delta_i = \frac{\omega_i - \omega_0}{\omega_0}$$

zu definieren. In der Praxis wird nicht die Resonanzfrequenz des freien Protons als Referenzfrequenz ω_0 benutzt, sondern die Frequenz einer scharfen Absorptionslinie, die von einer Referenzsubstanz (z. B. Tetramethylsilan $Si(CH_3)_4$) erzeugt wird, die man einfach der Probensubstanz beimischt. Die relativen Verschiebungen δ_i sind von der Größenordnung einige 10^{-6} (englisch: „parts per million" (ppm)).

Der Grund für die *chemische Verschiebung* in der Resonanzfrequenz ist die Anwesenheit von Elektronen im Molekül. Nehmen wir für den Augenblick an, die Probe bestünde einfach aus atomarem Wasserstoff. Dann würde das zeitabhängige äußere Feld ein magnetisches Bahnmoment im Grundzustand des Elektrons induzieren. Dieses Moment würde seinerseits ein magne-

tisches Flussdichtefeld am Ort des Protons erzeugen und damit die Resonanzfrequenz verschieben. In komplexen Molekülen sind diese Verschiebungen
verschieden für Protonen an verschiedenen Stellen innerhalb des Moleküls.
In dem Beispiel von Abb. 18.14 sind die drei Linien charakteristisch für die
Umgebung, die ein Proton in einem Benzolring (links), in einer CH_2-Gruppe
(Mitte) und in einer CH_3-Gruppe (rechts) vorfindet. Diese Interpretation wird
dadurch bestätigt, dass die Integrale über die drei Maxima die Verhältnisse
5:2:3 zeigen, genau wie die Anzahlen der Protonen in den drei Gruppen. Aus
diesem einfachen Beispiel wird bereits deutlich, dass NMR-Experimente ein
wichtiges Werkzeug bei der Aufklärung der Struktur organischer Moleküle
sind.

Spinecho. Messung von Relaxationszeiten. Information über die Umgebung eines Kern mit einem magnetischen Moment erhält man nicht nur durch
die exakte Resonanzfrequenz ω (für gegebenes äußeres Feld B_0), aber auch
aus der Spin–Spin-Relaxationszeit T_2 und aus der Spin–Gitter-Relaxationszeit
T_1. Messungen von T_1 und T_2 erfordern natürlich eine gute Zeitauflösung und
können nicht mit der oben beschriebenen Methode des langsamen Durchgangs erfolgen.

Wir überlegen zunächst, was geschieht, wenn wir eine Probe plötzlich den
Resonanzbedingungen aussetzen und die Zeitabhängigkeit der dadurch ein-
tretenden Veränderung der Magnetisierung beobachten. Wird eine Probe mit
Gleichgewichtsmagnetisierung $\mathbf{M} = M_0\mathbf{e}_z$ plötzlich den Resonanzbedingungen ausgesetzt, z. B. durch Einschalten des Feldes $\mathbf{B}_1$ bei der Resonanzfrequenz für eine Zeit, die kurz im Vergleich zu den Relaxationszeiten T_1 und T_2
ist, und wird das System über eine Zeit untersucht, die ebenfalls kurz im Vergleich zu T_1 und T_2 ist, dann können die Terme, die T_1 und T_2 enthalten, in den
Bloch-Gleichungen vernachlässigt werden. Die Magnetisierung $\mathbf{M}$, ursprünglich parallel zur z-Achse, rotiert um die x'-Achse im rotierenden Bezugssystem. Wird die Resonanzbedingung genau für die Zeit $T/4 = \pi/(2\gamma B_1)$ hergestellt, dann wird $\mathbf{M}$ um genau 90° gedreht (wir sprechen von der Anwendung
eines *90°-Pulses*) und fällt auf die negative y'-Achse. Im Laborsystem rotiert
es dann in der (x, y)-Ebene mit der Resonanzfrequenz. Nach der Zeit $T/4$
wird das Feld $\mathbf{B}_1$ abgeschaltet, der Vektor $\mathbf{M}$ rotiert weiter in der (x, y)-Ebene
und strahlt elektromagnetische Wellen der Frequenz ω ab. Diese lassen sich
nachweisen, z. B. über das Signal (*das freie Induktionssignal*), das sie in der
in Abb. 18.12 gezeigten zusätzlichen Spule induzieren oder auch in der Erregerspule, weil die erregende Radiofrequenz jetzt abgeschaltet ist.

Das nachgewiesene Signal fällt rasch ab, wie das aus dem Zerfall der
transversalen Magnetisierung in den Bloch-Gleichungen erwartet wird. Die
Zeitkonstante $\tilde{T}_2$ dieses Zerfalls ist jedoch erheblich kürzer als die Spin–
Spin-Relaxationszeit T_2. Der Grund für diesen Effekt ist, dass es zusätzlich

zu dem *irreversiblen* Abfall der transversalen Magnetisierung (der durch T_2 in den Bloch-Gleichungen beschrieben wird) noch einen *reversiblen* Abfall gibt. Letzterer kann z. B. von kleinen Inhomogenitäten des statischen Feldes $\mathbf{B}_0$ herrühren. Die Vektoren $\mathbf{M}_i$ der lokalen Magnetisierung an verschiedenen Orten i innerhalb der Probe, die unmittelbar nach dem 90°-Puls in Phase sind, rotieren dann in der (x, y)-Ebene mit leicht verschiedenen Winkelgeschwindigkeiten. Mit der Zeit entwickeln sie größere und größere Phasendifferenzen, so dass die Magnetisierung, die der Mittelwert über die $\mathbf{M}_i$ ist, gegen Null geht. Da die Zeitkonstante $\widetilde{T}_2$ dieses Prozesses kleiner als T_2 ist, kann letztere aus dem Zerfall des freien Induktionssignals nicht gemessen werden.

Diese Schwierigkeit wird durch die Technik des *Spinechos* überwunden, die von Erwin Hahn erfunden wurde. Von den vielen in diesem Zusammenhang entwickelten trickreichen Verfahren erwähnen wir nur zwei:

Messungen von T_2 mit einer Pulssequenz 90°–180°. Abbildung 18.15 zeigt mehrere Vektoren $\mathbf{M}_i$ der lokalen Magnetisierung während verschiedener Zeiten im Ablauf des Experiments. Ursprünglich liegen alle $\mathbf{M}_i$ entlang der z'-Richtung. Durch den 90°-Puls (der Länge $T/4$) werden sie gedreht und fallen auf die negative y'-Achse. In der (x', y')-Ebene breiten sich die Vektoren aus, weil sie mit leicht verschiedenen Winkelgeschwindigkeiten im Laborsystem rotieren, d. h. weil sie nicht alle exakt stationär im rotierenden Bezugssystem sind. Gleichzeitig nimmt der Betrag der $\mathbf{M}_i$ mit der Zeitkonstante T_2 entsprechend den Bloch-Gleichungen ab. Zur Zeit $T/4 + \tau$, $\tau \gg T$, wird ein 180°-Puls (der Länge $T/2$) angewandt, d. h. alle $\mathbf{M}_i$ werden um 180° um die x'-Achse gedreht. Während der Zeit von $t = 3T/4 + \tau$ bis $t = 3T/4 + 2\tau$ kehren sie wieder in die gleiche Phasenlage entlang der y'-Richtung zurück, weil die $\mathbf{M}_i$ mit der höchsten relativen Winkelgeschwindigkeit, die sich in der Ausbreitungsperiode am meisten von der $(-y')$-Richtung entfernt haben, zu Beginn der Rückkehrperiode den größten Winkel mit der y'-Richtung einschließen. Das Ergebnis des ganzen Verfahrens ist, dass bei $t = 3T/4 + 2\tau \approx 2\tau$ ein weiteres Induktionssignal, das *Spinecho*, auftritt. Seine Amplitude hat sich allerdings um den Faktor $\exp\{-2\tau/T_2\}$ vermindert. Durch Wiederholung der Messungen für verschiedene Werte von τ erhält man Signale ähnlich zu den in Abb. 18.16 dargestellten Kurven. Daraus kann man leicht die Spin–Spin-Relaxationszeit T_2 entnehmen.

Messung von T_1 mit einer Pulssequenz 180°–90°. Wird bei $t = 0$ ein 180°-Puls angewendet, so wird die Magnetisierung vom Gleichgewicht $\mathbf{M} = M_0\mathbf{e}_z$ nach $\mathbf{M} = -M_0\mathbf{e}_z$ gedreht. Nach den Bloch-Gleichungen entwickelt sie sich zum Gleichgewicht zurück. Ihre z-Komponente ist

$$M_z(t) = -M_0(2\exp\{-t/T_1\} - 1) \quad .$$

Ein Induktionssignal proportional zu $M_z(t)$ tritt auf, wenn ein 90°-Puls zur Zeit t angewendet wird. Durch Variation von t lässt sich die Spin–Gitter-Relaxationszeit aus den Messungen extrahieren.

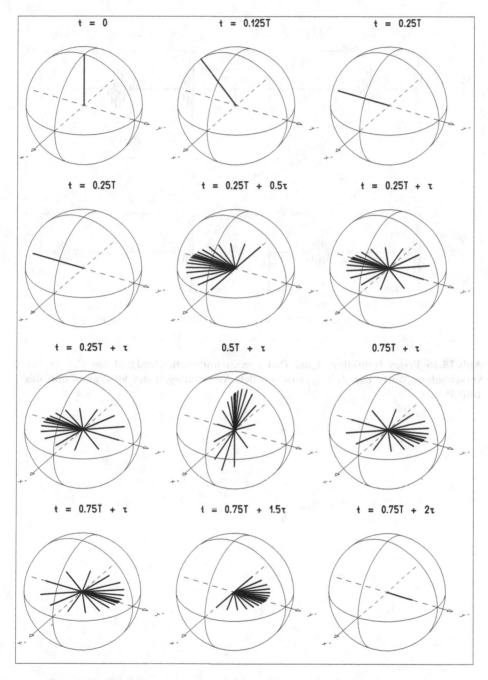

Abb. 18.15 Spinecho mit einer $90°–180°$**-Pulssequenz, dargestellt im rotierenden Bezugssystem. Obere Zeile: Anwendung des** $90°$**-Pulses; lokale Magnetisierungsvektoren** M_i**, ursprünglich parallel zueinander und zur** z'**-Richtung, werden auf die** $(−y')$**-Richtung gedreht. Zweite Zeile: Die** M_i **geraten außer Phase und breiten sich in der** (x', y')**-Ebene aus. Dritte Zeile: Anwendung des** $180°$**-Pulses; jeder Vektor** M_i **wird um** $180°$ **um die** x'**-Achse gedreht. Untere Zeile: Die Vektoren** M_i **kommen wieder in Phase. Wegen der Spin–Spin-Relaxation nehmen die Beträge** M_i **aller lokalen Magnetisierungsvektoren mit der Zeit ab.**

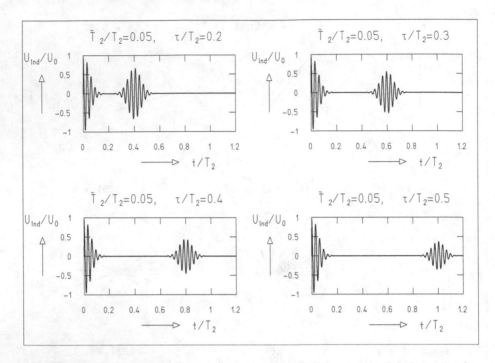

Abb. 18.16 Freies Induktionssignal (bei $t = 0$**) und Spinechosignal bei** $t = 2\tau$ **für verschiedene Werte der Zeit** τ **zwischen den Anwendungen des 90°-Pulses und des 180°-Pulses.**

A Einfache Aspekte der Struktur der Quantenmechanik

In den Kapiteln 2 bis 16 haben wir die Formulierung der Quantenmechanik mit Hilfe von Wellenfunktionen und Differentialoperatoren benutzt. Das ist aber nur eine von mehreren gleichwertigen Darstellungen der Quantenmechanik. In diesem Anhang wollen wir diese Darstellung kurz wiederholen und eine andere Darstellung entwickeln, in der Zustandsvektoren den Wellenfunktionen und Matrizen den Operatoren entsprechen. Der Einfachheit halber beschränken wir uns auf Systeme mit diskreten Energiespektren und benutzen als Beispiel den eindimensionalen harmonischen Oszillator.

A.1 Wellenmechanik

In Abschn. 6.3 haben wir die *stationäre Schrödinger-Gleichung*

$$\left(-\frac{\hbar}{2m}\frac{\mathrm{d}^2}{\mathrm{d}x^2} + \frac{m}{2}\omega^2 x^2\right)\varphi_n = E_n\varphi_n(x)$$

des harmonischen Oszillators gelöst. Sie hat die *Eigenwerte*

$$E_n = \left(n + \tfrac{1}{2}\right)\hbar\omega$$

und die zugehörigen *Eigenfunktionen*

$$\varphi_n(x) = \frac{1}{(\sqrt{\pi}\sigma_0 2^n n!)^{1/2}} H_n\left(\frac{x}{\sigma_0}\right)\exp\left\{-\frac{x^2}{2\sigma_0^2}\right\} \quad , \qquad \sigma_0 = \sqrt{\frac{\hbar}{m\omega}} \quad .$$

Ganz allgemein können wir die Schrödinger-Gleichung als eine *Eigenwertgleichung*

$$H\varphi_n = E_n\varphi_n$$

schreiben. Dabei ist der *Hamilton-Operator H* – entsprechend der klassischen Mechanik – die Summe

$$H = T + V$$

aus kinetischer Energie

$$T = \frac{\hat{p}^2}{2m}$$

und potentieller Energie

$$V = \frac{m}{2}\omega^2 x^2 \quad .$$

Der Unterschied zur klassischen Mechanik besteht darin, dass der Impuls in der eindimensionalen Quantenmechanik durch den *Differentialoperator*

$$\hat{p} = \frac{\hbar}{i}\frac{d}{dx}$$

gegeben ist, so dass die kinetische Energie die Form

$$T = -\frac{\hbar^2}{2m}\frac{d^2}{dx^2}$$

annimmt. Zwei Eigenfunktionen $\varphi_n(x)$, $\varphi_m(x)$, $m \neq n$, die zu verschiedenen Eigenwerten $E_m \neq E_n$ gehören, sind *orthogonal*, d. h.[1]

$$\int_{-\infty}^{+\infty} \varphi_m^*(x)\varphi_n(x)\,dx = 0 \quad .$$

Es ist üblich, die Eigenfunktionen für $m = n$ so zu wählen, dass sie auf Eins *normiert* sind, d. h.

$$\int_{-\infty}^{+\infty} \varphi_n^*(x)\varphi_n(x)\,dx = 1 \quad ,$$

so dass wir die Eigenschaften der Eigenfunktionen so zusammenfassen können:

$$\int_{-\infty}^{+\infty} \varphi_m^*(x)\varphi_n(x)\,dx = \delta_{mn} \quad .$$

Dabei haben wir das *Kronecker-Symbol*

$$\delta_{mn} = \begin{cases} 1 & , \quad m = n \\ 0 & , \quad m \neq n \end{cases}$$

benutzt.

Der unendliche Satz aufeinander orthogonaler und normierter Eigenfunktionen $\varphi_n(x)$, $n = 0, 1, 2, \ldots$, bildet eine *vollständige orthonormale Basis* aller komplexwertigen Funktionen $f(x)$, die quadratintegrabel sind, d. h.

$$\int_{-\infty}^{+\infty} f^*(x)f(x)\,dx = N^2 \quad , \qquad N < \infty \quad .$$

---

[1]Die Funktionen $\varphi_n(x)$ sind reelle Funktionen. Wir bringen an der Funktion $\varphi_m(x)$ unter dem Integral einen Stern an (der die komplexe Konjugation andeutet), weil man es in anderen Fällen oft mit komplexen Funktionen zu tun hat.

Dabei heißt N die *Norm* der Funktion $f(x)$. Funktionen mit Norm N können auf Eins normiert werden,

$$\int_{-\infty}^{+\infty} \varphi^*(x)\varphi(x)\,\mathrm{d}x = 1 \quad,$$

indem man sie durch den Normierungsfaktor N dividiert,

$$\varphi(x) = \frac{1}{N}\tilde{\varphi}(x) \quad.$$

Die Vollständigkeit des Satzes $\varphi_n(x)$, $n = 0, 1, 2, \ldots$, erlaubt die Entwicklung

$$f(x) = \sum_{n=0}^{\infty} f_n\varphi_n(x) \quad.$$

Wegen der Orthonormalität der Eigenfunktionen sind die komplexen Koeffizienten f_n einfach

$$f_n = \int_{-\infty}^{+\infty} \varphi_n^*(x)f(x)\,\mathrm{d}x \quad.$$

Wir erhalten auch

$$N^2 = \int_{-\infty}^{+\infty} f^*(x)f(x)\,\mathrm{d}x = \sum_{n=0}^{\infty} |f_n|^2 \quad.$$

Die *Superposition* zweier normierbarer Funktionen

$$f(x) = \sum_{n=0}^{\infty} f_n\varphi_n(x) \quad, \qquad g(x) = \sum_{n=0}^{\infty} g_n\varphi_n(x)$$

mit den komplexen Koeffizienten α, β kann durch

$$\alpha f(x) + \beta g(x) = \sum_{n=0}^{\infty} (\alpha f_n + \beta g_n)\varphi_n(x)$$

ausgedrückt werden. Ihr *Skalarprodukt* ist als

$$\int_{-\infty}^{+\infty} g^*(x)f(x)\,\mathrm{d}x = \sum_{n=0}^{\infty} g_n^* f_n$$

definiert.

A.2 Matrizenmechanik
in einem unendlichdimensionalen Vektorraum

Die normierbaren Funktionen $f(x)$ bilden einen *linearen Vektorraum mit unendlicher Dimension*, d. h. jede Funktion $f(x)$ kann durch einen Vektor $\mathbf{f}$ bezüglich einer Basis dieses Raum ausgedrückt werden,

$$f(x) \rightarrow \mathbf{f} \quad .$$

Mit den *Basisvektoren*

$$\varphi_0 = \begin{pmatrix} 1 \\ 0 \\ 0 \\ \vdots \end{pmatrix} \quad , \quad \varphi_1 = \begin{pmatrix} 0 \\ 1 \\ 0 \\ \vdots \end{pmatrix} \quad , \quad \varphi_2 = \begin{pmatrix} 0 \\ 0 \\ 1 \\ \vdots \end{pmatrix} \quad , \quad \cdots$$

erhält ein allgemeiner Vektor $\mathbf{f}$ die Form

$$\sum_{n=0}^{\infty} f_n \varphi_n \rightarrow \begin{pmatrix} f_0 \\ f_1 \\ f_2 \\ \vdots \end{pmatrix} = \mathbf{f} \quad .$$

Die Axiome eines unendlichdimensionalen Raumes aus komplexen Spaltenvektoren sind die natürlichen Erweiterungen der Axiome für einen Vektorraum mit endlicher Dimension solcher komplexer Vektoren:

(i) *Lineare Superposition* (α, β komplexe Zahlen):

$$\alpha \mathbf{f} + \beta \mathbf{g} = \begin{pmatrix} \alpha f_0 + \beta g_0 \\ \alpha f_1 + \beta g_1 \\ \alpha f_2 + \beta g_2 \\ \vdots \end{pmatrix} \quad .$$

(ii) *Skalarprodukt*:

$$\mathbf{g}^+ \cdot \mathbf{f} = (g_0^*, g_1^*, g_2^*, \ldots) \begin{pmatrix} f_0 \\ f_1 \\ f_2 \\ \vdots \end{pmatrix} = \sum_{n=0}^{\infty} g_n^* f_n \quad .$$

Dabei wurde der adjungierte Vektor $\mathbf{g}^+$ des Vektors $\mathbf{g}$ eingeführt, $\mathbf{g}^+ = (g_0^*, g_1^*, g_2^*, \ldots)$, und zwar als Zeilenvektor der komplex Konjugierten g_0^*, g_1^*, g_2^*, ... der Komponenten der Spaltenvektors

$$\mathbf{g} = \begin{pmatrix} g_0 \\ g_1 \\ g_2 \\ \vdots \end{pmatrix} \quad .$$

Wegen der Unendlichkeit der Menge der natürlichen Zahlen muss ein weiteres Axiom hinzugefügt werden:

(iii) Die *Norm* |**f**| des Vektors **f** ist endlich,

$$|\mathbf{f}|^2 = \mathbf{f}^+ \cdot \mathbf{f} = \sum_{n=0}^{\infty} f_n^* f_n = N^2 \quad , \qquad N < \infty \quad ,$$

d. h. die unendliche Summe muss konvergieren. Wegen der *Schwartz-schen Ungleichung*

$$|\mathbf{g}^+ \cdot \mathbf{f}| \le |\mathbf{g}||\mathbf{f}|$$

sind alle Skalarprodukte von Vektoren **f**, **g** des Raumes endlich.

Wie im gewöhnlichen Vektorraum mit endlicher Dimension bezeichnen wir eine *lineare Transformation A* einer Funktion $f(x)$ in eine Funktion $g(x)$,

$$g(x) = Af(x) \quad ,$$

als das Ergebnis der Anwendung des *linearen Operators A*. Beispiele linearer Transformationen sind

- der *Impulsoperator* $\hat{p} = -i\hbar d/dx$,

$$\hat{p}f = \frac{\hbar}{i} \frac{df}{dx}(x) \quad ,$$

- der *Hamilton-Operator* $H = -\hbar^2/(2m)d^2/dx^2 + V(x)$,

$$Hf = -\frac{\hbar^2}{2m} \frac{d^2 f(x)}{dx^2} + V(x)f(x) \quad ,$$

- der *Ortsoperator* $\hat{x} = x$,

$$\hat{x}f = xf(x) \quad .$$

Lineare Operatoren können durch *Matrizen* dargestellt werden. Das zeigt das folgende Argument. Die Funktion g wird durch die Koeffizienten g_m dargestellt,

$$g(x) = \sum_{m=0}^{\infty} g_m \varphi_m(x) \quad , \qquad g_m = \int_{-\infty}^{+\infty} \varphi_m^*(x) g(x) \, dx \quad .$$

Die *Bildfunktion* g von f ist durch

$$g(x) = A f(x) = A \left(\sum_{n=0}^{\infty} f_n \varphi_n(x) \right) = \sum_{n=0}^{\infty} A \varphi_n(x) f_n$$

gegeben, d. h. durch eine Linearkombination der Bilder $A\varphi_n$ der Elemente φ_n der orthonormalen Basis. Die $A\varphi_n$ selbst können durch eine Linearkombination der Basisvektoren

$$A\varphi_n = \sum_{m=0}^{\infty} \varphi_m(x) A_{mn} \quad , \qquad n = 0, 1, 2, \dots \quad ,$$

mit den Koeffizienten

$$A_{mn} = \int_{-\infty}^{+\infty} \varphi_m^*(x) A \varphi_n(x) \, dx$$

ausgedrückt werden. Durch Einsetzen in den Ausdruck für $g(x)$ erhalten wir

$$g(x) = \sum_{m=0}^{\infty} \sum_{n=0}^{\infty} \varphi_m(x) A_{mn} f_n \quad .$$

Durch Vergleich mit der Darstellung von $g(x)$ finden wir für die Koeffizienten g_m den Ausdruck

$$g_m = \sum_{n=0}^{\infty} A_{mn} f_n \quad .$$

Wir ordnen die Koeffizienten A_{mn} wie Matrixelemente in einer unendlichen Matrix

$$A = \begin{pmatrix} A_{00} & A_{01} & A_{02} & \cdots \\ A_{10} & A_{11} & A_{12} & \cdots \\ A_{20} & A_{21} & A_{22} & \cdots \\ \vdots & \vdots & \vdots & \ddots \end{pmatrix}$$

an und erhalten eine Erweiterung der *Matrixmultiplikation*

$$\mathbf{g} = A\mathbf{f}$$

auf unendliche Dimension in der Form

$$\begin{pmatrix} g_0 \\ g_1 \\ g_2 \\ \vdots \end{pmatrix} = \begin{pmatrix} A_{00} & A_{01} & A_{02} & \cdots \\ A_{10} & A_{11} & A_{12} & \cdots \\ A_{20} & A_{21} & A_{22} & \cdots \\ \vdots & \vdots & \vdots & \vdots & \ddots \end{pmatrix} \begin{pmatrix} f_0 \\ f_1 \\ f_2 \\ \vdots \end{pmatrix} = \begin{pmatrix} \sum_{n=0}^{\infty} A_{0n} f_n \\ \sum_{n=0}^{\infty} A_{1n} f_n \\ \sum_{n=0}^{\infty} A_{2n} f_n \\ \vdots \end{pmatrix} \quad .$$

Man beachte, dass die beiden Beschreibungen durch Wellenfunktionen und Operatoren einerseits oder durch Vektoren und Matrizen andererseits äquivalent sind. Die Korrespondenzbeziehungen

$$\varphi(x) = \sum_{n=0}^{\infty} a_n \varphi_n(x) \leftrightarrow \boldsymbol{\varphi} = \begin{pmatrix} a_0 \\ a_1 \\ a_2 \\ \vdots \end{pmatrix}$$

mit

$$a_n = \int_{-\infty}^{+\infty} \varphi_n^*(x) \varphi(x) \, dx$$

für Wellenfunktionen und Vektoren gelten in beiden Richtungen. Für eine vorgegebene Wellenfunktion $\varphi(x)$ können wir eindeutig den Vektor $\boldsymbol{\varphi}$ bezüglich der Basis $\varphi_n(x)$, $n = 0, 1, 2, \ldots$, bestimmen. Umgekehrt können wir zu einem vorgegebenen Vektor $\boldsymbol{\varphi}$ bezüglich der Basis $\varphi_n(x)$ die Wellenfunktion $\varphi(x)$ als Superposition der $\varphi_n(x)$ konstruieren. Die Beschreibungen durch $\varphi(x)$ bzw. $\boldsymbol{\varphi}$ enthalten dieselbe Information über den Zustand, in dem sich das System befindet.

Deshalb unterscheidet man im Allgemeinen die beiden Beschreibungen gar nicht und sagt, das System befindet sich im Zustand φ, der oft auch durch das von Paul A. M. Dirac eingeführte *Ket*-Symbol $|\varphi\rangle$ bezeichnet wird.

Die Wellenfunktion $\varphi(x)$ oder der Vektor $\boldsymbol{\varphi}$ werden lediglich als zwei *Darstellungen* von vielen möglichen betrachtet. Die gleiche Aussage trifft für die Darstellungen der Operatoren durch Differentialoperatoren oder durch Matrizen zu. Auch diese sind nur Darstellungen ein und derselben linearen Transformation, die auch *linearer Operator* genannt wird. Die Zustände φ wie die Wellenfunktionen oder Vektoren $\boldsymbol{\varphi}$ bilden einen linearen Vektorraum mit einem Skalarprodukt. Dieser allgemeine Raum heißt *Hilbert-Raum*. Die linearen Operatoren transformieren einen Zustand des Hilbert-Raums in einen anderen Zustand.

A.3 Matrixdarstellung des harmonischen Oszillators

Da die $\varphi_n(x)$ normierte Eigenfunktionen des Hamilton-Operators sind, finden wir für ihre Matrixelemente

$$
\begin{aligned}
H_{mn} &= \int_{-\infty}^{+\infty} \varphi_m^*(x) H \varphi_n(x) \, dx \\
&= \left(n + \tfrac{1}{2}\right) \hbar\omega \int_{-\infty}^{+\infty} \varphi_m^*(x) \varphi_n(x) \, dx = \left(n + \tfrac{1}{2}\right) \hbar\omega \delta_{mn} \quad .
\end{aligned}
$$

Deshalb ist die Matrixdarstellung des Hamilton-Operators des harmonischen Oszillators in der Basis von dessen Eigenfunktionen diagonal:

$$H = \hbar\omega \begin{pmatrix} \frac{1}{2} & 0 & 0 & \cdots \\ 0 & \frac{3}{2} & 0 & \cdots \\ 0 & 0 & \frac{5}{2} & \cdots \\ \vdots & \vdots & \vdots & \ddots \end{pmatrix} \quad .$$

Die Darstellung der Eigenfunktionen $\varphi_n(x)$ in ihrer eigenen Basis ist durch die Standardspalten gegeben:

$$\varphi_0 = \begin{pmatrix} 1 \\ 0 \\ 0 \\ \vdots \end{pmatrix} \quad , \quad \varphi_1 = \begin{pmatrix} 0 \\ 1 \\ 0 \\ \vdots \end{pmatrix} \quad , \quad \varphi_2 = \begin{pmatrix} 0 \\ 0 \\ 1 \\ \vdots \end{pmatrix} \quad , \quad \cdots \quad .$$

Natürlich bleibt die Eigenwertgleichung auch in der Matrixdarstellung erhalten,

$$H\varphi_n = \left(n + \tfrac{1}{2}\right)\hbar\omega\varphi_n \quad .$$

Mit Hilfe der *Rekursionsformeln für die Hermite-Polynome*,

$$\frac{\mathrm{d}H_n(x)}{\mathrm{d}x} = 2n H_{n-1}(x) \quad ,$$
$$H_{n+1}(x) = 2x H_n(x) - 2n H_{n-1}(x) \quad ,$$

finden wir die Matrixdarstellungen für den Ortsvektor $\hat{x}$ und den Impulsvektor $\hat{p}$ in der Basis der Eigenzustände des harmonischen Oszillators,

$$\begin{aligned} \hat{x}\varphi_n = x\varphi_n(x) &= \frac{\sigma_0}{(\sqrt{\pi}\sigma_0 2^n n!)^{1/2}} \left(n H_{n-1}(x) + \tfrac{1}{2}H_{n+1}(x)\right) \exp\left\{-\frac{x^2}{2\sigma_0^2}\right\} \\ &= \frac{\sigma_0}{\sqrt{2}}\left(\sqrt{n}\,\varphi_{n-1}(x) + \sqrt{n+1}\,\varphi_{n+1}(x)\right) \quad . \end{aligned}$$

Die Koeffizienten x_{mn} sind durch

$$x_{mn} = \int_{-\infty}^{+\infty} \varphi_m^*(x) x\varphi_n(x)\,\mathrm{d}x = \frac{\sigma_0}{\sqrt{2}}\left(\sqrt{n}\,\delta_{m(n-1)} + \sqrt{n+1}\,\delta_{m(n+1)}\right)$$

gegeben und die Matrixdarstellung des Ortsvektors ist

$$x = \frac{\sigma_0}{\sqrt{2}} \begin{pmatrix} 0 & 1 & 0 & 0 & \cdots \\ 1 & 0 & \sqrt{2} & 0 & \cdots \\ 0 & \sqrt{2} & 0 & \sqrt{3} & \cdots \\ 0 & 0 & \sqrt{3} & 0 & \cdots \\ \vdots & \vdots & \vdots & \vdots & \ddots \end{pmatrix} \quad .$$

Für den Impulsoperator erhalten wir auf ähnliche Weise die Matrixdarstellung

$$
p = \frac{\hbar}{\sqrt{2}\sigma_0}
\begin{pmatrix}
0 & i & 0 & 0 & \cdots \\
-i & 0 & i\sqrt{2} & 0 & \cdots \\
0 & -i\sqrt{2} & 0 & i\sqrt{3} & \cdots \\
0 & 0 & -i\sqrt{3} & 0 & \cdots \\
\vdots & \vdots & \vdots & \vdots & \ddots
\end{pmatrix} .
$$

Man verifiziert leicht die *Vertauschungsrelation*

$$
[p,x] = px - xp = \frac{\hbar}{i}
$$

auch für die Matrixdarstellungen von x und $\hat{p}$. Die Matrizen sowohl von x als auch von $\hat{p}$ sind *hermitesch*, d. h.

$$
x^*_{nm} = x_{mn} \quad , \qquad p^*_{nm} = p_{mn} \quad .
$$

A.4 Zeitabhängige Schrödinger-Gleichung

Die Zeitabhängigkeit der Wellenfunktionen wird durch die *zeitabhängige Schrödinger-Gleichung*

$$
i\hbar \frac{\partial}{\partial t} \psi(x,t) = H\psi(x,t)
$$

beschrieben. Die Eigenzustände $\varphi_n(x)$ des Hamilton-Operators sind die orts-abhängigen Faktoren in dem *Ansatz*

$$
\psi_n(x,t) = \exp\left\{-\frac{i}{\hbar}E_n t\right\} \varphi_n(x)
$$

und die Eigenwerte E_n bestimmen die Zeitabhängigkeit des Phasenfaktors.

In der Matrixdarstellung des harmonischen Oszillators lautet die zeitab-hängige Schrödinger-Gleichung

$$
i\hbar \frac{d}{dt} \boldsymbol{\psi}(t) = H\boldsymbol{\psi}(t) \quad .
$$

Dabei ist $\boldsymbol{\psi}(t)$ ein Vektor im Hilbert-Raum,

$$
\boldsymbol{\psi}(t) =
\begin{pmatrix}
\psi_0(t) \\
\psi_1(t) \\
\psi_2(t) \\
\vdots
\end{pmatrix} .
$$

Wegen der Linearität der Schrödinger-Gleichung löst auch jede Linear-kombination

$$\psi(x,t) = \sum_{n=0}^{\infty} a_n \psi_n(x,t) = \sum_{n=0}^{\infty} a_n \exp\left\{-\frac{i}{\hbar}E_n t\right\} \varphi_n(x)$$

die Schrödinger-Gleichung. In Vektordarstellung haben wir

$$\boldsymbol{\psi}(t) = \sum_{n=0}^{\infty} a_n \exp\left\{-\frac{i}{\hbar}E_n t\right\} \boldsymbol{\varphi}_n \quad , \qquad E_n = \left(n + \tfrac{1}{2}\right)\hbar\omega \quad .$$

Die Anfangsbedingung $t = 0$ für die zeitabhängige Schrödinger-Gleichung ist die anfängliche Wellenfunktion

$$\psi(x,0) = \psi_i(x) = \sum_{n=0}^{\infty} \psi_{in}\varphi_n(x) \quad .$$

In Vektorschreibweise ist sie ein anfänglicher Zustandsvektor $\boldsymbol{\psi}_i$. Seine Zer-legung nach Eigenvektoren $\boldsymbol{\varphi}_n$,

$$\begin{pmatrix} \psi_{i0} \\ \psi_{i1} \\ \psi_{i2} \\ \vdots \end{pmatrix} = \boldsymbol{\psi}_i = \sum_{n=0}^{\infty} a_n \boldsymbol{\varphi}_n = \begin{pmatrix} a_0 \\ a_1 \\ a_2 \\ \vdots \end{pmatrix} \quad ,$$

liefert direkt die Identifizierung der Entwicklungskoeffizienten a_n mit den Komponenten ψ_{in} des anfänglichen Zustandsvektors $\boldsymbol{\psi}_i$,

$$a_n = \psi_{in} \quad .$$

Damit wird die zeitabhängige Schrödinger-Gleichung durch den Aus-druck

$$\boldsymbol{\psi}(t) = \sum_{n=0}^{\infty} \psi_{in} \exp\left\{-\frac{i}{\hbar}E_n t\right\} \boldsymbol{\varphi}_n$$

mit der Anfangsbedingung

$$\boldsymbol{\psi}(0) = \boldsymbol{\psi}_i$$

gelöst. Der zeitabhängige Vektor $\boldsymbol{\psi}_n(t)$, der $\psi_n(x,t)$ entspricht, ist

$$\boldsymbol{\psi}_n(t) = \exp\left\{-\frac{i}{\hbar}E_n t\right\} \boldsymbol{\varphi}_n = \exp\left\{-\frac{i}{\hbar}H t\right\} \boldsymbol{\varphi}_n \quad .$$

Dabei ist E_n der Energieeigenwert, der zu dem Eigenvektor $\boldsymbol{\varphi}_n$ gehört, d.h. $E_n = \left(n + \tfrac{1}{2}\right)\hbar\omega$ für den harmonischen Oszillator. Die letzte Gleichung er-hält allerdings erst dann Bedeutung, wenn wir die *Exponentialfunktion einer Matrix* durch die Taylor-Reihe

$$\exp\left\{-\frac{i}{\hbar}Ht\right\} = \sum_{n=0}^{\infty}\frac{1}{n!}\left(-\frac{i}{\hbar}Ht\right)^{n}$$

definieren. Für den Fall der Diagonalmatrix H ist die n-te Potenz trivial,

$$H^{n} = \begin{pmatrix} E_0^n & 0 & 0 & \cdots \\ 0 & E_1^n & 0 & \cdots \\ 0 & 0 & E_2^n & \cdots \\ \vdots & \vdots & \vdots & \ddots \end{pmatrix},$$

und die explizite Matrixform ist

$$\exp\left\{-\frac{i}{\hbar}Ht\right\} = \begin{pmatrix} \exp\left\{-\frac{i}{\hbar}E_0 t\right\} & 0 & 0 & \cdots \\ 0 & \exp\left\{-\frac{i}{\hbar}E_1 t\right\} & 0 & \cdots \\ 0 & 0 & \exp\left\{-\frac{i}{\hbar}E_2 t\right\} & \cdots \\ \vdots & \vdots & \vdots & \ddots \end{pmatrix}.$$

Unter Benutzung der oben hergeleiteten Operatordarstellung von

$$\psi_n(x,t) = \exp\left\{-\frac{i}{\hbar}E_n t\right\}\varphi_n = \exp\left\{-\frac{i}{\hbar}Ht\right\}\varphi_n$$

können wir $\psi(t)$ in der Form

$$\begin{aligned} \psi(t) &= \sum_{n=0}^{\infty}\psi_{in}\exp\left\{-\frac{i}{\hbar}E_n\right\}\varphi_n \\ &= \exp\left\{-\frac{i}{\hbar}Ht\right\}\sum_{n=0}^{\infty}\psi_{in}\varphi_n \\ &= \exp\left\{-\frac{i}{\hbar}Ht\right\}\psi(0) \\ &= U_H(t)\psi(0) \end{aligned}$$

schreiben. Der Operator

$$U_H(t) = \exp\left\{-\frac{i}{\hbar}Ht\right\}$$

heißt *Zeitentwicklungsoperator*.

A.5 Wahrscheinlichkeitsinterpretation

Die Eigenfunktionen $\varphi_n(x)$ bzw. die Eigenvektoren $\boldsymbol{\varphi}_n$ beschreiben einen Zustand des physikalischen Systems mit dem Energieeigenwert E_n. Das bedeutet, eine genaue Energiemessung an diesem System im Zustand φ_n muss das Ergebnis E_n liefern. Damit die Reproduzierbarkeit der Messung sichergestellt ist, darf sie den Eigenzustand φ_n des Systems nicht verändern, d. h. unmittelbar nach der Energiemessung muss sich das System noch im Zustand φ_n befinden.

Wir stellen jetzt die Frage, welches Ergebnis die gleiche Messung liefert, wenn sie an einem System im Zustand φ, der durch die Wellenfunktion $\varphi(x)$ beschrieben wird, ausgeführt wird. Dieser Zustand entspricht einem Vektor $\boldsymbol{\varphi}$, der eine Superposition von Eigenfunktionen $\varphi_n(x)$ bzw. Eigenvektoren $\boldsymbol{\varphi}_n$ ist,

$$\varphi = \sum_{n=0}^{\infty} a_n \varphi_n \quad ,$$

und die Norm Eins hat, d. h.

$$\sum_{n=0}^{\infty} |a_n|^2 = 1 \quad .$$

Eine einzelne Energiemessung wird als Ergebnis einen der Energieeigenwerte liefern, den wir E_m nennen wollen. Damit die Messung reproduzierbar ist, muss sich das System nach der Messung im Zustand φ_m befinden.

Das Absolutquadrat $|a_m|^2$ der Koeffizienten a_m in der Superposition der φ_m, die φ definiert, ist dann die *Wahrscheinlichkeit* dafür, dass sich bei einer einzelnen Messung der Energieeigenwert E_m ergibt.

Nehmen wir an, dass wir eine große Anzahl von insgesamt N identischen Systemen bereitstellen können, die sich alle im gleichen Zustand φ befinden. Wenn wir an jedem dieser Systeme eine Einzelmessung ausführen, so werden wir insgesamt den Energieeigenwert E_m in $|a_m|^2 N$ Messungen antreffen.

Das gewichtete Mittel über die Ergebnisse aller Messungen liefert den *Erwartungswert* der Energie,

$$\langle E \rangle = \frac{1}{N} \sum_{n=0}^{\infty} |a_n|^2 N E_n = \sum_{n=0}^{\infty} |a_n|^2 E_n \quad .$$

Unter Benutzung der Darstellung von φ als Zustandsvektor,

$$\boldsymbol{\varphi} = \begin{pmatrix} a_0 \\ a_1 \\ a_2 \\ \vdots \end{pmatrix} \quad ,$$

finden wir für den Energieerwartungswert einfach

$$\varphi^+ H \varphi \;=\; (a_0^*, a_1^*, a_2^*, \ldots) \begin{pmatrix} E_0 & 0 & 0 & \cdots \\ 0 & E_1 & 0 & \cdots \\ 0 & 0 & E_2 & \cdots \\ \vdots & \vdots & \vdots & \ddots \end{pmatrix} \begin{pmatrix} a_0 \\ a_1 \\ a_2 \\ \vdots \end{pmatrix}$$

$$= \sum_{n=0}^{\infty} a_n^* E_n a_n = \langle E \rangle \quad .$$

Mit Wellenfunktionen formuliert, lautet das gleiche Ergebnis

$$\int_{-\infty}^{+\infty} \varphi^*(x) H \varphi(x)\,dx \;=\; \int_{-\infty}^{+\infty} \varphi^*(x) \sum_{n=0}^{\infty} E_n a_n \varphi_n(x)\,dx$$

$$= \sum_{n=0}^{\infty} E_n a_n \int_{-\infty}^{+\infty} \varphi^*(x) \varphi_n(x)\,dx$$

$$= \sum_{n=0}^{\infty} E_n a_n a_n^* = \langle E \rangle \quad .$$

B Zweiniveausystem

In Anhang A wurde die Äquivalenz der Darstellungen der Quantenmechanik durch Wellenfunktionen einerseits oder Matrizen andererseits gezeigt. Die einfachste Matrixdarstellung bezieht sich auf einen Raum mit zwei Dimensionen, d. h. einen Raum mit den beiden *Basiszuständen*

$$\eta_1 = \begin{pmatrix} 1 \\ 0 \end{pmatrix} \quad , \quad \eta_{-1} = \begin{pmatrix} 0 \\ 1 \end{pmatrix} \quad .$$

Der lineare Raum besteht aus allen Linearkombinationen

$$\chi = \chi_1 \eta_1 + \chi_{-1} \eta_{-1} = \begin{pmatrix} \chi_1 \\ \chi_{-1} \end{pmatrix}$$

der Basiszustände mit komplexen Koeffizienten χ_1 und χ_{-1}. Die beiden Zustände η_1 und η_{-1} bilden eine *orthonormale Basis* dieses Raumes,

$$\eta_1^+ \cdot \eta_1 = 1 \quad , \qquad \eta_{-1}^+ \cdot \eta_{-1} = 1 \quad , \qquad \eta_1^+ \cdot \eta_{-1} = \eta_{-1}^+ \cdot \eta_1 = 0 \quad .$$

Damit die Linearkombination χ auf Eins normiert ist, muss gelten

$$\chi^+ \cdot \chi = \chi_1^* \chi_1 + \chi_{-1}^* \chi_{-1} = |\chi_1|^2 + |\chi_{-1}|^2 = 1 \quad .$$

Das legt eine Darstellung der Absolutwerte $|\chi_r|$, $r = 1, -1$, der komplexen Koeffizienten durch trigonometrische Funktionen nahe:

$$|\chi_1| = \left| \cos \frac{\Theta}{2} \right| \quad , \qquad |\chi_{-1}| = \left| \sin \frac{\Theta}{2} \right| \quad .$$

Dabei wird sich später die Benutzung des halben Winkels $\Theta/2$ als nützlich erweisen. Die komplexen Koeffizienten selbst erhält man durch Multiplikation der Beträge $|\chi_r|$ mit willkürlichen Phasenfaktoren,

$$\chi_1 = e^{-i\Phi_1/2} \cos \frac{\Theta}{2} \quad , \qquad \chi_{-1} = e^{-i\Phi_{-1}/2} \sin \frac{\Theta}{2} \quad .$$

Da ein gemeinsamer Phasenfaktor bedeutungslos ist, kann die allgemeine Form wie folgt eingeschränkt werden:

$$\chi_1 = e^{-i\Phi/2}\cos\frac{\Theta}{2} \quad , \qquad \chi_{-1} = e^{i\Phi/2}\sin\frac{\Theta}{2}$$

mit

$$\Phi = (\Phi_1 - \Phi_{-1})/2 \; .$$

Die allgemeine Linearkombination ist deshalb

$$\chi(\Theta,\Phi) = e^{-i\Phi/2}\cos\frac{\Theta}{2}\eta_1 + e^{i\Phi/2}\sin\frac{\Theta}{2}\eta_{-1} = \begin{pmatrix} e^{-i\Phi/2}\cos\frac{\Theta}{2} \\ e^{i\Phi/2}\sin\frac{\Theta}{2} \end{pmatrix} \; .$$

Die Operatoren, die physikalischen Größen entsprechen, sind *hermitesche Matrizen*

$$A = \begin{pmatrix} A_{1,1} & A_{1,-1} \\ A_{-1,1} & A_{-1,-1} \end{pmatrix} \; .$$

Die zu A *hermitesch konjugierte* Matrix ist als

$$A^+ = \begin{pmatrix} A^*_{1,1} & A^*_{-1,1} \\ A^*_{1,-1} & A^*_{-1,-1} \end{pmatrix} \quad , \qquad \text{d. h.} \qquad A^+_{rs} = A^*_{sr}$$

definiert. Die Bedingung, dass A hermitesch oder *selbstadjungiert* ist,

$$A^+ = A \quad , \qquad \text{d. h.} \qquad A^*_{sr} = A_{rs} \quad ,$$

bedeutet

$$A^*_{1,1} = A_{1,1} \quad , \qquad\qquad A^*_{1,-1} = A_{-1,1} \quad ,$$
$$A^*_{-1,1} = A_{1,-1} \quad , \qquad\qquad A^*_{-1,-1} = A_{-1,-1} \quad .$$

Deshalb sind die Diagonalelemente $A_{1,1}$, $A_{-1,-1}$ reelle Größen, die Nichtdiagonalelemente $A_{1,-1}$, $A_{-1,1}$ sind zueinander komplex konjugiert. Die Hermitezität des Operators A stellt sicher, dass der *Erwartungswert* von A für einen vorgegebenen Zustand reell ist,

$$
\begin{aligned}
\chi^+ A \chi &= \sum_{i,j=1,-1} \chi_i^* A_{ij} \chi_j \\
&= \chi_1^* A_{1,1} \chi_1 + \chi_1^* A_{1,-1}\chi_{-1} + \chi_{-1}^* A^*_{1,-1}\chi_1 + \chi_{-1}^* A_{-1,-1}\chi_{-1} \quad .
\end{aligned}
$$

Alle hermiteschen (2×2)-Matrizen können als Superpositionen

$$A = a_0\sigma_0 + a_1\sigma_1 + a_2\sigma_2 + a_3\sigma_3$$

(mit reellen Koeffizienten $a_0, \ldots, a_3$) aus der Einheitsmatrix

$$\sigma_0 = \begin{pmatrix} 1 & 0 \\ 0 & 1 \end{pmatrix}$$

und den *Pauli-Matrizen*

$$\sigma_1 = \begin{pmatrix} 0 & 1 \\ 1 & 0 \end{pmatrix} \quad , \qquad \sigma_2 = \begin{pmatrix} 0 & -i \\ i & 0 \end{pmatrix} \quad , \qquad \sigma_3 = \begin{pmatrix} 1 & 0 \\ 0 & -1 \end{pmatrix} \quad ,$$

aufgebaut werden, weil die vier Matrizen $\sigma_0, \ldots, \sigma_3$ hermitesch sind. Man verifiziert direkt die Gleichungen

$$\sigma_i^2 = \sigma_0 \quad , \qquad i = 0, 1, 2, 3 \quad ,$$

und

$$\sigma_1 \sigma_2 = i \sigma_3 \quad , \qquad \sigma_2 \sigma_3 = i \sigma_1 \quad , \qquad \sigma_3 \sigma_1 = i \sigma_2 \quad .$$

Diese liefern die *Vertauschungsrelation*

$$[\sigma_1, \sigma_2] = \sigma_1 \sigma_2 - \sigma_2 \sigma_1 = 2 i \sigma_3$$

und zyklische Permutationen davon.

Die drei Pauli-Matrizen können zu einem *Vektor* in drei Dimensionen,

$$\boldsymbol{\sigma} = (\sigma_1, \sigma_2, \sigma_3) \quad ,$$

mit dem Quadrat

$$\boldsymbol{\sigma}^2 = \sigma_1^2 + \sigma_2^2 + \sigma_3^2 = 3 \sigma_0^2$$

zusammengefasst werden. Die Basiszustände $\boldsymbol{\eta}_1$, $\boldsymbol{\eta}_{-1}$ sind Eigenzustände der Pauli-Matrix σ_3 und der Summe der Quadrate $\boldsymbol{\sigma}^2$ der drei Pauli-Matrizen,

$$\sigma_3 \boldsymbol{\eta}_r = r \boldsymbol{\eta}_r \quad , \qquad \boldsymbol{\sigma}^2 \boldsymbol{\eta}_r = 3 \sigma_0 \boldsymbol{\eta}_r = 3 \boldsymbol{\eta}_r \quad , \qquad r = 1, -1 \quad ,$$

weil σ_3 und σ_0 Diagonalmatrizen sind.

Nach Anhang A lautet die *zeitabhängige Schrödinger-Gleichung*

$$i \hbar \frac{\mathrm{d}}{\mathrm{d}t} \boldsymbol{\xi}(t) = H \boldsymbol{\xi}(t) \quad .$$

Dabei ist der Hamilton-Operator eine hermitesche (2×2)-Matrix,

$$H = \begin{pmatrix} H_{1,1} & H_{1,-1} \\ H_{-1,1} & H_{-1,-1} \end{pmatrix} \quad ,$$

mit reellen Diagonalelementen $H_{1,1}$, $H_{-1,-1}$ und mit Nichtdiagonalelementen $H_{-1,1} = H_{1,-1}^*$. Sie kann durch eine Superposition der σ-Matrizen,

$$H = h_0 \sigma_0 + h_3 \sigma_3 + h_1 \sigma_1 + h_2 \sigma_2 \quad ,$$

dargestellt werden. Dabei ist

$$h_0 = \frac{1}{2}(H_{1,1} + H_{-1,-1}) \quad , \qquad h_3 = \frac{1}{2}(H_{1,1} - H_{-1,-1}) \quad ,$$

und

$$h_1 = \frac{1}{2}(H_{1,-1} + H_{-1,1}) = \operatorname{Re} H_{1,-1} \quad,$$

$$h_2 = \frac{i}{2}(H_{1,-1} - H_{-1,1}) = -\operatorname{Im} H_{1,-1} \quad.$$

Durch Einsetzen der h_i $(i = 0, 1, 2, 3)$ in die Matrix H erhalten wir

$$H = \begin{pmatrix} h_0 + h_3 & h_1 - ih_2 \\ h_1 + ih_2 & h_0 - h_3 \end{pmatrix} \quad.$$

Durch Einführung der Faktorisierung

$$\boldsymbol{\xi}_r(t) = \exp\left\{ -\frac{i}{\hbar} E_r t \right\} \chi_r \quad, \qquad r = 1, -1 \quad,$$

in einen zeitabhängigen Phasenfaktor und den stationären Zustand χ_r erhalten wir die *stationäre Schrödinger-Gleichung*

$$H\chi_r = E_r \chi_r \quad, \qquad r = 1, -1 \quad,$$

für den *Eigenzustand* χ_r, der zum *Eigenwert* E_r gehört. Für die Eigenwerte finden wir

$$E_{\pm 1} = h_0 \pm |\mathbf{h}| \quad, \qquad |\mathbf{h}| = \sqrt{h_1^2 + h_2^2 + h_3^2} \quad.$$

Da es nur zwei Eigenwerte in unserem System gibt, heißt dieses ein *Zweiniveausystem*.

Die Eigenvektoren sind

$$\chi_1 = \frac{1}{\sqrt{2|\mathbf{h}|}} \begin{pmatrix} \sqrt{|\mathbf{h}| + h_3} \; e^{-i\Phi/2} \\ \sqrt{|\mathbf{h}| - h_3} \; e^{i\Phi/2} \end{pmatrix} \quad,$$

$$\chi_{-1} = \frac{1}{\sqrt{2|\mathbf{h}|}} \begin{pmatrix} -\sqrt{|\mathbf{h}| - h_3} \; e^{-i\Phi/2} \\ \sqrt{|\mathbf{h}| + h_3} \; e^{i\Phi/2} \end{pmatrix} \quad,$$

mit einem Phasenfaktor, der durch

$$e^{i2\Phi} = \frac{h_1 + ih_2}{h_1 - ih_2}$$

definiert ist. Führen wir den Winkel Θ durch

$$\cos\frac{\Theta}{2} = \sqrt{\frac{|\mathbf{h}| + h_3}{2|\mathbf{h}|}} \quad, \qquad \sin\frac{\Theta}{2} = \sqrt{\frac{|\mathbf{h}| - h_3}{2|\mathbf{h}|}}$$

ein, so können wir die Eigenzustände in der Form

$$\chi_1 \;=\; e^{-i\Phi/2}\cos\frac{\Theta}{2}\eta_1 + e^{i\Phi/2}\sin\frac{\Theta}{2}\eta_{-1} \quad,$$

$$\chi_{-1} \;=\; -e^{-i\Phi/2}\sin\frac{\Theta}{2}\eta_1 + e^{i\Phi/2}\cos\frac{\Theta}{2}\eta_{-1}$$

schreiben. Sie sind normiert und aufeinander orthogonal.

Die Eigenzustände χ_1, χ_{-1} des Zweiniveausystems haben eine Zeitabhängigkeit, die nur durch einen Phasenfaktor bestimmt wird,

$$\xi_r(t) = \exp\left\{-\frac{i}{\hbar}E_r t\right\}\chi_r \quad, \qquad r = 1, -1 \quad.$$

Befindet sich das System anfänglich nicht in einem Eigenzustand, so oszilliert der Zustand. Wir nehmen an, dass der Anfangszustand

$$\varphi(0) = \eta_{-1}$$

sei. Zerlegung nach Eigenzuständen liefert

$$\eta_{-1} = \zeta_1\chi_1 + \zeta_{-1}\chi_{-1}$$

mit

$$\zeta_1 \;=\; \chi_1^+ \cdot \eta_{-1} = e^{-i\Phi/2}\sin\frac{\Theta}{2} \quad,$$

$$\zeta_{-1} \;=\; \chi_{-1}^+ \cdot \eta_{-1} = e^{-i\Phi/2}\cos\frac{\Theta}{2} \quad.$$

Den zeitabhängigen Zustand erhalten wir zu

$$\begin{aligned}
\varphi(t) \;&=\; \zeta_1\xi_1(t) + \zeta_{-1}\xi_{-1}(t) \\
&=\; e^{-i\Phi/2}\sin\frac{\Theta}{2}e^{-i\omega_1 t}\chi_1 + e^{-i\Phi/2}\cos\frac{\Theta}{2}e^{-i\omega_{-1} t}\chi_{-1}
\end{aligned}$$

mit den Kreisfrequenzen

$$\omega_r = E_r/\hbar \quad, \qquad r = 1, -1 \quad.$$

Die Wahrscheinlichkeit dafür, ein System, das ursprünglich im Zustand η_{-1} war, im Zustand η_1 zu finden, ist

$$P_{1,-1} = \sin^2\Theta \sin^2\frac{|\mathbf{h}|}{\hbar}t \quad.$$

Damit ist natürlich die Wahrscheinlichkeit dafür, es im Zustand η_{-1} zu finden,

$$P_{-1,-1} = 1 - P_{1,-1} \quad.$$

C Analyseamplitude

C.1 Klassische Überlegungen. Phasenraumanalyse

Wir betrachten einen Detektor, der gleichzeitig Ort und Impuls eines Teilchens mit bestimmten Genauigkeiten messen kann. Ist das Ergebnis einer Messung das Paar x_D, p_D von Messwerten, so können wir annehmen, dass die wahren Werte x, p der zu messenden Größen durch die unkorrelierte Gaußsche Wahrscheinlichkeitsdichte (vgl. Abschn. 3.5)

$$\rho_D(x, p, x_D, p_D) = \frac{1}{2\pi\,\sigma_{xD}\sigma_{pD}} \exp\left\{-\frac{1}{2}\left[\frac{(x-x_D)^2}{\sigma_{xD}^2} + \frac{(p-p_D)^2}{\sigma_{pD}^2}\right]\right\}$$

beschrieben werden kann. Das bedeutet, dass die Wahrscheinlichkeit dafür, dass die wahren Werte x, p des Teilchens sich in den Intervallen zwischen x und $x + dx$ und zwischen p und $p + dp$ befinden,

$$dP = \rho_D(x, p, x_D, p_D)\,dx\,dp$$

ist.

Das Teilchen, das vom Detektor ausgemessen werden soll, besitzt die Orts- bzw. Impulswerte x bzw. p. Das Teilchen mag aus einer Quelle (z. B. aus einem Teilchenbeschleuniger) stammen, die die Werte x und p nicht exakt definiert sondern nur entsprechend einer Wahrscheinlichkeitsdichte

$$\rho_S(x, p, x_S, p_S) = \frac{1}{2\pi\,\sigma_{xS}\sigma_{pS}} \exp\left\{-\frac{1}{2}\left[\frac{(x-x_S)^2}{\sigma_{xS}^2} + \frac{(p-p_S)^2}{\sigma_{pS}^2}\right]\right\}\ .$$

Das ist eine unkorrelierte Gaußsche Wahrscheinlichkeitsdichte mit den Erwartungswerten x_S und p_S und den Varianzen σ_{xS}^2 und σ_{pS}^2.

Wir wollen jetzt beschreiben, welche Information man bestenfalls über die Wahrscheinlichkeitsdichte $\rho_S(x, p)$ gewinnen kann, wenn man den oben beschriebenen Detektor benutzt. Die Wahrscheinlichkeit dafür, dass ein Teilchen, das aus der Quelle stammt, vom Detektor innerhalb der Intervalle $(x_D, x_D + dx_D)$ und $(p_D, p_D + dp_D)$ nachgewiesen wird, ist durch

$$\mathrm{d}P = w^{\mathrm{cl}}(x_{\mathrm{D}}, p_{\mathrm{D}}, x_{\mathrm{S}}, p_{\mathrm{S}})\,\mathrm{d}x_{\mathrm{D}}\,\mathrm{d}p_{\mathrm{D}}$$

gegeben. Dabei ist die klassische Wahrscheinlichkeitsdichte im Phasenraum

$$
\begin{aligned}
w^{\mathrm{cl}}(x_{\mathrm{D}}, p_{\mathrm{D}}, x_{\mathrm{S}}, p_{\mathrm{S}}) &= \int_{-\infty}^{+\infty}\int_{-\infty}^{+\infty} \rho_{\mathrm{D}}^{\mathrm{cl}}(x, p, x_{\mathrm{D}}, p_{\mathrm{D}})\rho_{\mathrm{S}}^{\mathrm{cl}}(x, p, x_{\mathrm{S}}, p_{\mathrm{S}})\,\mathrm{d}x\,\mathrm{d}p \\
&= \frac{1}{2\pi\sigma_x\sigma_p}\exp\left\{-\frac{1}{2}\left[\frac{(x_{\mathrm{D}}-x_{\mathrm{S}})^2}{\sigma_x^2} + \frac{(p_{\mathrm{D}}-p_{\mathrm{S}})^2}{\sigma_p^2}\right]\right\}\quad.
\end{aligned}
$$

Hier wurden die Varianzen σ_x^2 und σ_p^2 durch Aufsummation der Varianzen von Detektor und Quelle gewonnen,

$$\sigma_x^2 = \sigma_{x\mathrm{D}}^2 + \sigma_{x\mathrm{S}}^2\quad,\qquad \sigma_p^2 = \sigma_{p\mathrm{D}}^2 + \sigma_{p\mathrm{S}}^2\quad.$$

Die Größe $w^{\mathrm{cl}}(x_{\mathrm{D}}, p_{\mathrm{D}}, x_{\mathrm{S}}, p_{\mathrm{S}})$ ist das Ergebnis einer Analyse der Phasenraumverteilung der Quelle $\rho_{\mathrm{S}}(x, p, x_{\mathrm{S}} p_{\mathrm{S}})$ mit Hilfe der Phasenraumverteilung $\rho_{\mathrm{D}}(x, p, x_{\mathrm{D}}, p_{\mathrm{D}})$ des Detektors. Die Funktion $w^{\mathrm{cl}}(x_{\mathrm{D}}, p_{\mathrm{D}}, x_{\mathrm{S}}, p_{\mathrm{S}})$ ist selbst eine Phasenraumverteilung und wurde durch einen Prozess gewonnen, den wir *Phasenraumanalyse* nennen wollen.

Diese Verteilung kann im Prinzip gemessen werden, wenn die Quelle nacheinander eine große Zahl von Teilchen liefert, die mit dem Detektor beobachtet werden. Für einen Detektor mit beliebig hoher Genauigkeit,

$$\sigma_{x\mathrm{D}} \to 0\quad,\qquad \sigma_{p\mathrm{D}} \to 0\quad,$$

geht die Verteilung w^{cl} gegen die Quellenverteilung $\rho_{\mathrm{S}}(x = x_{\mathrm{D}}, p = p_{\mathrm{D}}, x_{\mathrm{S}}, p_{\mathrm{S}})$.

Wir haben festgestellt, dass wir mit einem Detektor hoher Präzision und mit einer hinreichenden Zahl von Messungen die Quellenverteilung mit beliebiger Genauigkeit vermessen können. Wir nehmen jetzt an, dass die Relationen minimaler Unschärfe,

$$\sigma_{x\mathrm{D}}\sigma_{p\mathrm{D}} = \frac{\hbar}{2}\quad,\qquad \sigma_{x\mathrm{S}}\sigma_{p\mathrm{S}} = \frac{\hbar}{2}\quad,$$

für die Breiten gelten, die den Detektor und die Quelle charakterisieren. Abgesehen von dieser Einschränkung bleiben wir völlig im Rahmen der klassischen Mechanik. Jetzt ist es nicht mehr möglich, die Quellenverteilung exakt auszumessen.[1] Wir können allerdings immer noch die Verteilung im Ort allein oder die Verteilung im Impuls allein mit beliebiger Genauigkeit messen. Um das zu zeigen, konstruieren wir die Randverteilungen w^{cl} in den Variablen $x_{\mathrm{D}} - x_{\mathrm{S}}$ bzw. $p_{\mathrm{D}} - p_{\mathrm{S}}$,

$$w_x^{\mathrm{cl}}(x_{\mathrm{D}}, x_{\mathrm{S}}) = \frac{1}{\sqrt{2\pi}\sigma_x}\exp\left\{-\frac{1}{2}\frac{(x_{\mathrm{D}}-x_{\mathrm{S}})^2}{\sigma_x^2}\right\}$$

---

[1] Wir könnten allerdings die Quellenverteilung ρ_{S} durch Entfaltung aus w^{cl} bestimmen.

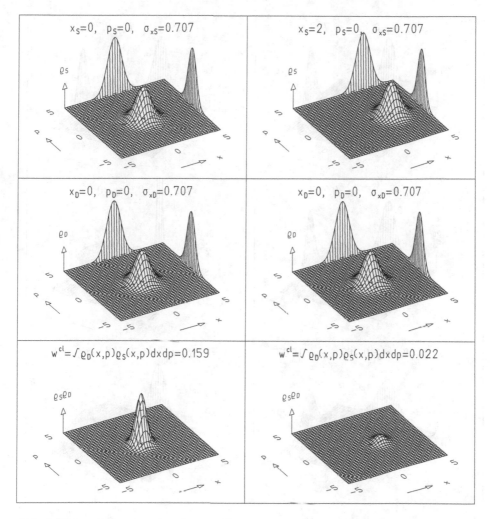

Abb. C.1 Phasenraumverteilungen ρ_S **(oben),** ρ_D **(Mitte) und ihr Produkt** $\rho_S\rho_D$ **(unten) mit den Randverteilungen von** ρ_S **und** ρ_D**. Die beiden Spalten unterscheiden sich nur durch den Ortsmittelwert** x_S **von** ρ_S**. Es wurden Einheiten** $\hbar = 1$ **benutzt.**

und

$$w_p^{cl}(p_D, p_S) = \frac{1}{\sqrt{2\pi}\sigma_p} \exp\left\{-\frac{1}{2}\frac{(p_D - p_S)^2}{\sigma_p^2}\right\} \quad .$$

Die erste Verteilung geht gegen die entsprechende Randverteilung der Quelle

$$\rho_{Sx}(x, x_S) = \int_{-\infty}^{+\infty} \rho_S(x, p, x_S, p_S)\,dp = \frac{1}{\sqrt{2\pi}\sigma_{xS}} \exp\left\{-\frac{1}{2}\frac{(x - x_S)^2}{\sigma_{xS}^2}\right\}$$

für den Fall $\sigma_{xD} \to 0$. Wegen der Relationen minimaler Unschärfe gehen dann allerdings sowohl σ_{pD} als auch σ_p gegen unendlich. Damit wird die zweite

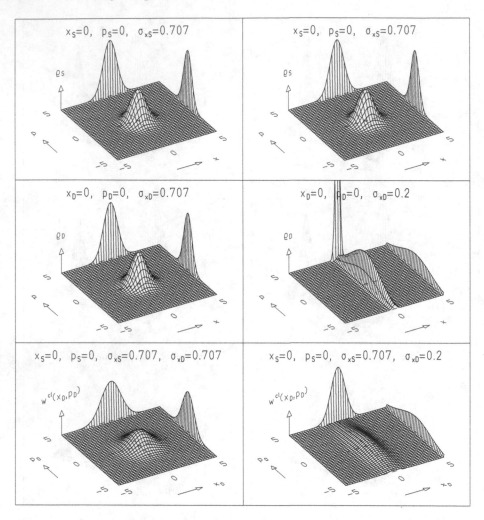

Abb. C.2 Die Phasenraumverteilung ρ_S **(oben), die Verteilung** ρ_D **für einen bestimmten Punkt** (x_D, p_D) **der Mittelwerte (Mitte) und die Faltung von** ρ_S **mit** ρ_D **für alle möglichen Mittelwerte (unten). Die Randverteilungen sind ebenfalls dargestellt. Die beiden Spalten unterscheiden sich in den Breiten von** ρ_D**. Es werden Einheiten** $\hbar = 1$ **benutzt.**

Verteilung w_p^{cl} sehr breit – tatsächlich geht sie überall gegen Null – so dass sie keine Information mehr über die Impulsverteilung liefert.

Andererseits kann für $\sigma_{pD} \to 0$ die Impulsverteilung der Quelle exakt vermessen werden. Jedoch geht dann die Information über den Ort verloren.

Wir illustrieren die Begriffe dieses Abschnitts in Abb. C.1 und C.2. Wir beginnen mit der Diskussion des Ergebnisses einer Einzelmessung, die das Paar x_D, p_D von Messwerten liefert. In den beiden Spalten von Abb. C.1 zeigen wir (von oben nach unten) die Wahrscheinlichkeitsdichte $\rho_S(x, p)$, die das Teilchen beschreibt, wie es von der Quelle erzeugt wurde, die Dichte

$\rho_D(x, p)$, die den Detektor für den Fall $x_D = 0$, $p_D = 0$ beschreibt, und die Produktfunktion $\rho_S(x, p)\rho_D(x, p)$. Das Integral über die Produktfunktion ist die Wahrscheinlichkeitsdichte w^{cl}. Sie ist nur dann wesentlich von Null verschieden, wenn es einen bestimmten Bereich, den Überlappbereich, gibt, in dem sowohl ρ_S als auch ρ_D von Null verschieden sind. In der linken Spalte von Abb. C.1 wurden ρ_S und ρ_D gleich gewählt, so dass w^{cl} groß ist. In der rechten Spalte ist der Überlappbereich kleiner.

Durch sehr viele wiederholte Messungen, von denen jede ein anderes Ergebnis x_D, p_D liefert, erhalten wir die Wahrscheinlichkeitsdichte $w^{cl}(x_D, p_D)$. In den zwei Spalten von Abb. C.2 zeigen wir (von oben nach unten) die Wahrscheinlichkeitsdichte $\rho_S(x, p)$, die das Teilchen charakterisiert, die Wahrscheinlichkeitsdichte $\rho_D(x, p)$, die den Detektor für einen speziellen Satz von Messwerten $x_D = 0$, $p_D = 0$ charakterisiert, und schließlich die Wahrscheinlichkeitsdichte $w^{cl}(x_D, p_D)$ für die Messung eines Wertepaares x_D, p_D. Ebenfalls dargestellt sind die Randverteilungen $\rho_{Sx}(x)$, $\rho_x(x)$ und $w_x^{cl}(x_D)$ des Ortes und $\rho_{Sp}(p)$, $\rho_{Dp}(p)$ und $w_p^{cl}(p_D)$ des Impulses. Vergleichen wir in der linken Spalte die Darstellung von ρ_S mit der von w^{cl}, so stellen wir fest, dass die zuletzt genannte Verteilung in beiden Variablen sehr viel breiter ist als die zuerst genannte. In der rechten Spalte ist jedoch die räumliche Breite der Detektorverteilung σ_{xD} sehr klein auf Kosten der Impulsbreite $\sigma_{pD} = \hbar/(2\sigma_{xD})$, die ihrerseits sehr groß ist. Die Verteilung w^{cl} ist praktisch identisch mit ρ_S, was ihre Ortsbreite betrifft. Die Breite im Impuls von w^{cl} ist allerdings sehr viel größer als die von ρ_S.

C.2 Analyseamplitude. Freies Teilchen

Quantenmechanisch beschreiben wir ein Teilchen durch ein Wellenpaket minimaler Unschärfe

$$\varphi_S(x) = \varphi_S(x, x_S, p_S) = \frac{1}{(2\pi)^{1/4}\sigma_{xS}^{1/2}} \exp\left\{-\frac{(x - x_S)^2}{4\sigma_{xS}^2} + \frac{i}{\hbar} p_S(x - x_S)\right\}.$$

Wir nehmen an, dass das Wellenpaket durch eine physikalische Apparatur, die Quelle, präpariert worden sei. Es stellt sich jetzt die Frage, wie die Phasenraumanalyse des Teilchens aus dem letzten Abschnitt in der Quantenmechanik beschrieben werden kann.

Werden mit einem Detektor, der eine Unschärfe σ_{xD} in der Ortsmessung und eine Unschärfe $\sigma_{pD} = \hbar/(2\sigma_{xD})$ in der Impulsmessung hat, die Werte x_D, p_D gemessen, so wollen wir das Ergebnis wie in Abschn. C.1 interpretieren. Dieselbe Wahrscheinlichkeitsdichte

$$\rho_D(x, p, x_D, p_D) = \frac{1}{2\pi\sigma_{xD}\sigma_{pD}} \exp\left\{-\frac{1}{2}\left[\frac{(x - x_D)^2}{\sigma_{xD}^2} + \frac{(p - p_D)^2}{\sigma_{pD}^2}\right]\right\}$$

beschreibt die Wahrscheinlichkeitsdichte des Ortes x und des Impulses p des Teilchens. Quantenmechanisch ist diese Wahrscheinlichkeitsdichte die 1932 von Eugene P. Wigner eingeführte Phasenraumverteilung des Wellenpakets

$$\varphi_D(x, x_D, p_D) = \frac{1}{(2\pi)^{1/4}\sigma_{xD}^{1/2}} \exp\left\{-\frac{(x-x_D)^2}{4\sigma_{xD}^2} + \frac{i}{\hbar}p_D(x-x_D)\right\} \quad.$$

Deshalb heißt $\rho_D(x, p, x_D, p_D)$ auch *Wigner-Verteilung* von φ_D (vgl. Anhang D).

Wir konstruieren jetzt die *Analyseamplitude*

$$a(x_D, p_D, x_S, p_S) = \frac{1}{\sqrt{h}} \int_{-\infty}^{+\infty} \varphi_D^*(x, x_D, p_D)\varphi_S(x, x_S, p_S)\,dx \quad,$$

die den *Überlapp* zwischen der Wellenfunktion φ_S des Teilchens und der Wellenfunktion φ_D, mit der wir den Detektor beschreiben, darstellt. Sie ist

$$a(x_D, p_D, x_S, p_S) = \frac{1}{\sqrt{2\pi\sigma_x\sigma_p}} \exp\left\{-\frac{(x_D-x_S)^2}{4\sigma_x^2} - \frac{(p_D-p_S)^2}{4\sigma_p^2}\right.$$
$$\left. -\frac{i}{\hbar}\frac{\sigma_{xD}^2 p_D + \sigma_{xS}^2 p_S}{\sigma_x^2}(x_D-x_S)\right\} \quad.$$

Dabei ist, wie in Abschn. C.1,

$$\sigma_x^2 = \sigma_{xD}^2 + \sigma_{xS}^2 \quad, \qquad \sigma_p^2 = \sigma_{pD}^2 + \sigma_{pS}^2 \quad.$$

Das Absolutquadrat der Analyseamplitude

$$|a|^2 = \frac{1}{2\pi\sigma_x\sigma_p}\exp\left\{-\frac{1}{2}\left[\frac{(x_D-x_S)^2}{\sigma_x^2} + \frac{(p_D-p_S)^2}{\sigma_p^2}\right]\right\} = w^{cl}(x_D, p_D, x_S, p_S)$$

ist identisch mit der Wahrscheinlichkeitsdichte $w^{cl}(x_D, p_D, x_S, p_S)$ aus Abschn. C.1.

Wir schließen, dass die Wahrscheinlichkeitsamplitude, die die Werte x_D und p_D des Ortes und des Impulses eines Teilchens als Ergebnis der Wechselwirkung des Teilchens mit dem Detektor analysiert, durch

$$a(x_D, p_D, x_S, p_S) = \frac{1}{\sqrt{h}} \int_{-\infty}^{+\infty} \varphi_D^*(x, x_D, p_D)\varphi_S(x, x_S, p_S)\,dx$$

gegeben ist. Dabei ist φ_S die Wellenfunktion des Teilchens und φ_D die *analysierende Wellenfunktion*. Die Wahrscheinlichkeit dafür, einen Ort im Intervall zwischen x_D und $x_D + dx_D$ und einen Impuls im Intervall zwischen p_D und $p_D + dp_D$ zu beobachten, ist

$$dP = |a(x_D, p_D, x_S, p_S)|^2\,dx_D\,dp_D \quad.$$

In Analogie zum klassischen Fall können wir jetzt fragen, ob wir immer noch die ursprüngliche quantenmechanische räumliche Wahrscheinlichkeitsdichte

$$\rho_S(x) = |\varphi_S(x)|^2 = \frac{1}{\sqrt{2\pi}\,\sigma_{xS}} \exp\left\{-\frac{1}{2}\frac{(x-x_S)^2}{\sigma_{xS}^2}\right\}$$

aus $|a|^2$ zurückgewinnen können. Information allein über den Ort des Teilchens erhält man, indem man $|a|^2$ über alle Werte von p_D integriert, das heißt, indem man die Randverteilung bezüglich x_D bildet,

$$|a|_x^2 = \int_{-\infty}^{+\infty} |a|^2\,\mathrm{d}p_D = w_x^{\mathrm{cl}}(x_D,x_S) \quad.$$

Das Ergebnis ist dasselbe wie im klassischen Fall. Wieder finden wir im Grenzfall $\sigma_{xD} \to 0$, dass die Funktion $|a|_x^2$ gegen die quantenmechanische Wahrscheinlichkeitsdichte $\rho_S(x)$ geht, die ihrerseits gleich der klassischen Verteilung $\rho_{Sx}(x)$ ist.

In Abb. C.3 und C.4 wird die Konstruktion der Analyseamplitude an einem numerischen Beispiel demonstriert. Jede der Spalten mit drei Graphiken in den beiden Abbildungen ist ein Beispiel. Oben in jeder Spalte ist die Teilchenwellenfunktion durch zwei Kurven für $\mathrm{Re}\,\varphi_S(x)$ bzw. $\mathrm{Im}\,\varphi_S(x)$ dargestellt. Außerdem werden die numerischen Werte der Parameter x_S, p_S, σ_{xS} angegeben, die $\varphi(x)$ festlegen. Entsprechend ist in der mittleren Graphik die Detektorwellenfunktion dargestellt, und zwar durch $\mathrm{Re}\,\varphi_D(x)$ und $\mathrm{Im}\,\varphi_D(x)$. Die untere Graphik enthält den Real- und den Imaginärteil der Produktfunktion

$$\varphi_D^*(x)\varphi_S(x) \quad,$$

die nach Integration und Bildung des Absolutquadrats die Wahrscheinlichkeitsdichte

$$|a|^2 = \frac{1}{h}\left|\int_{-\infty}^{+\infty} \varphi_D^*(x)\varphi_S(x)\,\mathrm{d}x\right|^2$$

des Nachweises durch den Detektor liefert. In der unteren Graphik ist außerdem der Zahlwert von $|a|^2$ angegeben. In den beiden Abbildungen werden vier verschiedene Fälle dargestellt. In jedem Fall wird die gleiche Detektorfunktion φ_D benutzt. Nur die Teilchenwellenfunktion φ_S ändert sich von Fall zu Fall.

(i) In der linken Spalte von Abb. C.3 sind φ_S und φ_D identisch. Wir wissen, dass das Überlappintegral in diesem Fall explizit reell ist und dass $\int_{-\infty}^{+\infty} \varphi_S^*\varphi_S\,\mathrm{d}x = 1$, so dass $|a|^2 = 1/h = 1/(2\pi)$ in den benutzten Einheiten $\hbar = 1$ ist.

(ii) In der rechten Spalte von Abb. C.3 wurde das Teilchenwellenpaket zu einem Ortserwartungswert $x_S \neq x_D$ verschoben. Noch immer haben wir

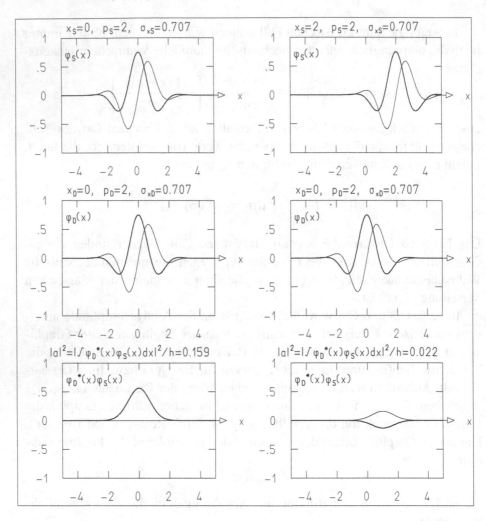

Abb. C.3 Wellenfunktion φ_S (oben) und φ_D (Mitte) sowie die Produktfunktion $\varphi_D^*\varphi_S$ (unten). Die Realteile sind als dünne (im E-Book schwarze) Linien, die Imaginärteile als dicke (im E-Book blaue) Linien gezeichnet. Die beiden Spalten unterscheiden sich im Mittelwert x_S von φ_S. Es werden Einheiten $\hbar = 1$ benutzt.

aber $p_S = p_D$, $\sigma_{xS} = \sigma_{xD}$. Nach Konstruktion ist die Überlappfunktion wesentlich von Null verschieden in dem x-Bereich, in dem sowohl φ_S als auch φ_D wesentlich von Null verschieden sind. Wie erwartet ist der Wert von $|a|^2$ erheblich kleiner als im Fall (i).

(iii) In der linken Spalte von Abb. C.4 sind die Ortserwartungswerte und die Breiten der Teilchen- und Detektorwellenfunktion identisch, $x_S = x_D$, $\sigma_{xS} = \sigma_{xD}$, aber die Impulserwartungswerte sind verschieden, $p_S \neq p_D$. Wie im Fall (i) ist die Produktfunktion $\varphi_D^*\varphi_S$ im Bereich $x \approx x_0$ von Null verschieden, wegen der verschiedenen Impulserwartungswerte oszilliert

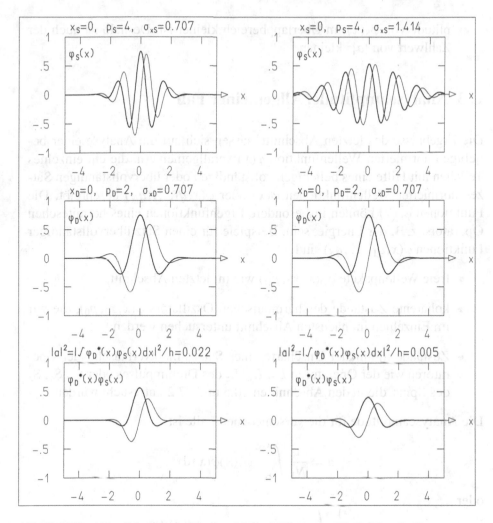

Abb. C.4 Wie Abb. C.3, jedoch für verschiedene Werte φ_S. Die beiden Spalten unterscheiden sich nur in dem Wert von σ_{xS}.

sie aber. Deshalb ist der Wert von $|a|^2$ viel kleiner als im Fall (i), weil sich die positiven und die negativen Bereiche der Produktfunktion bei der Integration fast völlig aufheben.

(iv) In der rechten Spalte von Abb. C.4 hat das Teilchenwellenpaket eine größere Breite $\sigma_{xS} > \sigma_{xD}$. Alle anderen Parameter sind die gleichen wie im Fall (iii). Die Produktfunktion ähnelt der für den Fall (iii) und ist auf den Bereich $x_D - \sigma_{xD} \leq x \leq x_D + \sigma_{xD}$ konzentriert, in dem beide Wellenfunktionen erheblich von Null verschieden sind. Allerdings ist die Amplitude der Produktfunktion kleiner als im Fall (iii), weil die Amplitude von $\varphi_S(x)$ im Überlappbereich kleiner ist. Deshalb ist auch der Zahlwert von $|a|^2$ kleiner.

C.3 Analyseamplitude. Allgemeiner Fall

Die Ergebnisse des letzten Abschnitts lassen sich auf die Analyse einer beliebigen normierten Wellenfunktion $\varphi(x)$ verallgemeinern, die ein einzelnes Teilchen mit Hilfe eines beliebigen vollständigen oder übervollständigen Satzes normierter Wellenfunktionen $\varphi(x)$ oder $\varphi(x, q_1, \ldots, q_N)$ beschreibt. Die Funktionen $\varphi_n(x)$ können insbesondere Eigenfunktionen eines hermiteschen Operators, z. B. der Energie, sein. Beispiele für einen Satz übervollständiger Funktionen $\varphi(x, q_1, \ldots, q_n)$ sind

- freie Wellenpakete $\varphi_D(x, x_D, p_D)$ wie im letzten Abschnitt,

- kohärente Zustände des harmonischen Oszillators $\varphi(x, x_0, p_0)$, die wir im Einzelnen im nächsten Abschnitt untersuchen werden,

- Zustände minimaler Unschärfe eines Satzes nichtvertauschender Operatoren wie der Operatoren L_x, L_y, L_z des Drehimpulses oder S_x, S_y, S_z des Spins, die in den Abschnitten 10.5 und 17.2 untersucht wurden.

Die Analyseamplitude für die verschiedenen Fälle ist

$$a = \frac{1}{N_1} \int_{-\infty}^{+\infty} \varphi_n^*(x) \varphi(x) \, dx$$

oder

$$a = \frac{1}{N_2} \int_{-\infty}^{+\infty} \varphi^*(x, q_1, \ldots, q_N) \varphi(x) \, dx \quad .$$

Natürlich ist auch die gegenseitige Analyse zweier Sätze von Analysefunktionen von Interesse, z. B.

$$a = \frac{1}{N_3} \int_{-\infty}^{+\infty} \varphi_n^*(x) \varphi(x, q_1, \ldots, q_N) \, dx \quad .$$

Die Normierungskonstanten müssen für jeden Typ einer Analyseamplitude individuell bestimmt werden.

C.4 Analyseamplitude. Harmonischer Oszillator

Für den harmonischen Oszillator der Frequenz ω haben wir in den Abschnitten 6.3 und 6.4 insbesondere zwei Sätze von Zuständen besprochen:

(i) die Eigenzustände φ_n zu den Energieeigenwerten $E_n = (n + \frac{1}{2})\hbar\omega$,

$$\varphi_n(x) = (\sqrt{2\pi}\, 2^n n! \sigma_0)^{-1/2} H_n\left(\frac{x}{\sigma_0}\right) \exp\left\{-\frac{x^2}{2\sigma_0}\right\} \quad ,$$

mit der Grundzustandsbreite

$$\sigma_0 = \sqrt{2}\sigma_x \quad , \qquad \sigma_x = \sqrt{\frac{\hbar}{2m\omega}} \quad .$$

Graphen der φ_n sind in Abb. 6.5 dargestellt.

(ii) die kohärenten Zustände,

$$\psi(x, t, x_0, p_0) = \sum_{m=0}^{\infty} a_m(x_0, p_0)\varphi_m(x) \exp\left\{-\frac{i}{\hbar}E_m t\right\} \quad ,$$

in denen die komplexen Koeffizienten a_n durch

$$a_n(x_0, p_0) = \frac{z^n}{\sqrt{n!}} \exp\left\{-\frac{1}{2}z^* z\right\} \quad , \qquad n = 0, 1, 2, \dots \quad ,$$

gegeben sind. Die Variable z ist komplex und eine dimensionslose Linearkombination der Anfangserwartungswerte x_0 des Ortes und p_0 des Impulses,

$$z = \frac{x_0}{2\sigma_x} + i\frac{p_0}{2\sigma_p} \quad , \qquad \sigma_p = \frac{\hbar}{2\sigma_x} \quad .$$

Graphen der kohärenten Zustände $\psi(x, t)$ sind in Abb. 6.6c dargestellt.

Der Satz der Eigenfunktionen $\varphi_n(x)$ ist vollständig, der Satz der kohärenten Zustände ist übervollständig. Wir können vier Arten von Analyseamplituden konstruieren.

Analyseamplitude. Eigenzustand – Eigenzustand

Wir analysieren die Energieeigenfunktionen, indem wir Energieeigenfunktionen als analysierende Wellenfunktionen benutzen. Damit erhalten wir als Analyseamplitude

$$a_{mn} = \int_{-\infty}^{+\infty} \varphi_m(x)\varphi_n(x)\,\mathrm{d}x = \delta_{mn} \quad ,$$

die die Wahrscheinlichkeit

$$|a_{mn}|^2 = \delta_{mn}$$

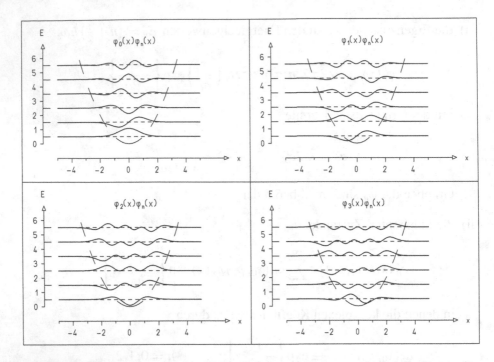

Abb. C.5 Produkt $\varphi_m(x)\varphi_n(x)$ **der Wellenfunktionen des harmonischen Oszillators für** $\hbar\omega = 1$. **Die langgestrichelte Kurve stellt die potentielle Energie** $V(x)$ **dar, die kurzgestrichelte Linien zeigen die Energieeigenwerte** E_n **der Funktionen** φ_n. **Diese Linien dienen auch als Nulllinien für die Produktfunktionen.**

liefert. Dieses Ergebnis, das auf der Orthonormalität der Eigenfunktionen $\varphi_n(x)$ beruht, ist in Abb. C.5 dargestellt. Sie zeigt die Funktionen $\varphi_m\varphi_n$. Während φ_m^2 überall nicht negativ ist, so dass das Integral über φ_m^2 nicht verschwinden kann, wird aus der Abbildung qualitativ klar, dass das Integral über $\varphi_m\varphi_n$ für $m \neq n$ verschwindet.

Die Analyse eines Eigenzustands $\varphi_n(x)$ mit allen Eigenzuständen $\varphi_m(x)$ liefert also mit der Wahrscheinlichkeit $a_{nn}^2 = 1$ die Antwort, dass die ursprüngliche Wellenfunktion in der Tat φ_n war, und mit der Wahrscheinlichkeit $a_{mn}^2 = 0$ das Ergebnis, dass die ursprüngliche Wellenfunktion φ_m mit $m \neq n$ war. Eine solche Analyse kann auch als Energiebestimmung aufgefasst werden, die mit Sicherheit den Energieeigenwert E_n liefert.

Analyseamplitude. Eigenzustand – Kohärenter Zustand

Die zu analysierende Funktion ist jetzt die zeitabhängige Wellenfunktion $\psi(x,t,x_0,p_0)$ des kohärenten Zustands. Die analysierende Funktion ist die Energieeigenfunktion $\varphi_n(x)$. Als Analyseamplitude erhalten wir

$$a(n, x_0, p_0) = \int_{-\infty}^{+\infty} \varphi_n(x) \psi(x, t, x_0, p_0) \, dx$$

$$= \frac{z^n}{\sqrt{n!}} \exp\left\{-\frac{1}{2} z^* z\right\} \exp\left\{-\frac{i}{\hbar} E_n t\right\} \quad .$$

Die zugehörige Wahrscheinlichkeit ist

$$|a(n, x_0, p_0)|^2 = \frac{(|z|^2)^n}{n!} e^{-|z|^2} \quad , \qquad |z|^2 = \frac{x_0^2}{4\sigma_x^2} + \frac{p_0^2}{4\sigma_p^2} \quad .$$

Die Wahrscheinlichkeiten $|a(n, x_0, p_0)|^2$ für feste x_0, p_0 sind bezüglich der ganzzahligen Größe n entsprechend einer Poisson-Verteilung verteilt, vgl. Anhang G. Ihre physikalische Interpretation wird deutlich, wenn wir $|z|^2$ durch den Erwartungswert der Gesamtenergie eines Oszillators mit den Anfangswerten x_0 und p_0 ausdrücken,

$$E_0 = \frac{p_0^2}{2m} + \frac{m}{2} \omega^2 x_0^2 \quad .$$

Wir finden

$$|z|^2 = E_0/(\hbar\omega) = n_0 \quad ,$$

d. h. $|z|^2$ ist gleich der Anzahl n_0 der Energiequanten $\hbar\omega$, die die Gesamtenergie E_0 des klassischen Oszillators ausmachen. Diese Anzahl muss natürlich nicht unbedingt ganzzahlig sein. Für das Absolutquadrat der Analyseamplitude finden wir damit

$$|a_n(x_0, p_0)|^2 = \frac{n_0^n}{n!} e^{-n_0} \quad .$$

Es ist die Wahrscheinlichkeit einer Poisson-Verteilung für die Anzahl n der Energiequanten, die man findet, wenn man eine kohärente Wellenfunktion mit den Eigenfunktionen φ_n analysiert. Diese Poisson-Verteilung hat den Erwartungswert

$$\langle n \rangle = n_0$$

und die Varianz

$$\mathrm{var}(n) = n_0 \quad .$$

Analyseamplitude. Kohärenter Zustand – Eigenzustand

Durch Analyse der Eigenzustandswellenfunktion $\varphi_n(x)$ mit den Wellenfunktionen für den kohärenten Zustand zur Zeit $t = 0$,

$$\varphi_D(x, x_D, p_D) = \sum_{n=0}^{\infty} a_n(x_D, p_D) \varphi_n(x) \quad ,$$

mit den Koeffizienten

$$a_n(x_D, p_D) = \frac{z_D^n}{\sqrt{n!}} \exp\left\{-\frac{1}{2} z_D^* z_D\right\} \quad , \qquad z_D = \frac{x_D}{2\sigma_x} + i\frac{p_D}{2\sigma_p}$$

finden wir als Analyseamplitude

$$
\begin{aligned}
a(x_D, p_D, n) &= \frac{1}{\sqrt{h}} \int_{-\infty}^{+\infty} \varphi_D^*(x, x_D, p_D) \varphi_n(x)\,dx \\
&= \frac{1}{\sqrt{h}} \frac{z_D^n}{\sqrt{n!}} \exp\left\{-\frac{1}{2} z_D^* z_D\right\} \quad ,
\end{aligned}
$$

und für deren Absolutquadrat

$$
\begin{aligned}
&|a(x_D, p_D, n)|^2 \\
&= \frac{1}{2\pi(\sqrt{2}\sigma_x)(\sqrt{2}\sigma_p)} \frac{1}{n!} \left(\frac{x_D^2}{4\sigma_x^2} + \frac{p_D^2}{4\sigma_p^2}\right)^n \exp\left\{-\left(\frac{x_D^2}{4\sigma_x^2} + \frac{p_D^2}{4\sigma_p^2}\right)\right\} \quad .
\end{aligned}
$$

Für vorgegebene Quantenzahl n des Eigenzustands ist $|a|^2$ eine Wahrscheinlichkeitsdichte im (x_D, p_D)-Phasenraum des analysierenden kohärenten Zustandes, die in Abb. C.6 für einige Werte von n dargestellt ist. Sie hat die Form eines Ringwalles mit maximaler Wahrscheinlichkeit bei

$$|z_D|^2 = \frac{x_D^2}{4\sigma_x^2} + \frac{p_D^2}{4\sigma_p^2} = n \quad .$$

Ausgedrückt durch die Energie

$$E_D = \frac{p_D^2}{2m} + \frac{m}{2}\omega^2 x_D^2$$

eines klassischen Teilchens der Masse m mit Ort x_D und Impuls p_D in einem harmonischen Oszillator der Kreisfrequenz ω haben wir

$$|z_D|^2 = \frac{x_D^2}{4\sigma_x^2} + \frac{p_D^2}{4\sigma_p^2} = n_D \quad .$$

Dabei ist n_D der Erwartungswert der Anzahl der Energiequanten $\hbar\omega$ in der analysierenden Wellenfunktion $\varphi_D(x, x_D, p_D)$. Wir finden

$$|a(x_D, p_D, n)|^2 = \frac{1}{h} e^{-n_D} \frac{n_D^n}{n!} \quad .$$

Für einen vorgegebenen Eigenzustand $\varphi_n(x)$ des harmonischen Oszillators hängt die Wahrscheinlichkeitsdichte im (x_D, p_D)-Phasenraum des kohärenten

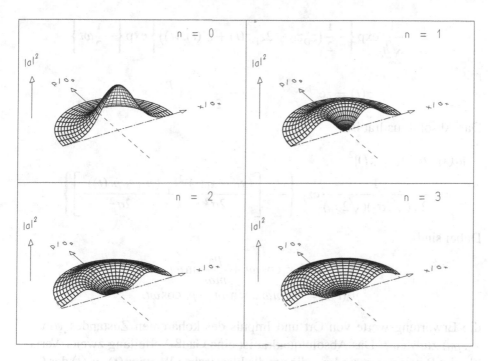

Abb. C.6 Absolutquadrat $|a(x_{\mathrm{D}}, p_{\mathrm{D}}, n)|^2$ **der Analyseamplitude, die die Analyse eines Eigenzustands** $\varphi_n(x)$ **des harmonischen Oszillators durch einen kohärenten Zustand mit Orts- und Impulserwartungswert** x_{D} **bzw.** p_{D} **beschreibt.**

Zustandes nur von der Zahl n_{D} der Quanten im analysierenden kohärenten Zustand ab.

Der Erwartungswert von n_{D} ist

$$\langle n_{\mathrm{D}} \rangle = \int_{-\infty}^{+\infty} \int_{-\infty}^{+\infty} n_{\mathrm{D}} |a(x_{\mathrm{D}}, p_{\mathrm{D}}, n)|^2 \, \mathrm{d}x_{\mathrm{D}} \, \mathrm{d}p_{\mathrm{D}} = n + 1 \quad .$$

Seine Varianz hat den gleichen Wert:

$$\mathrm{var}(n_{\mathrm{D}}) = n + 1 \ .$$

Analyseamplitude. Kohärenter Zustand – Kohärenter Zustand

Benutzen wir als analysierende Wellenfunktionen die kohärenten Zustände $\varphi_{\mathrm{D}}(x, x_{\mathrm{D}}, p_{\mathrm{D}})$, so ist die Analyseamplitude für zeitabhängige kohärente Zustände $\psi(x, t, x_0, p_0)$

$$a(x_{\mathrm{D}}, p_{\mathrm{D}}, x_0, p_0, t)$$
$$= \frac{1}{\sqrt{h}} \int_{-\infty}^{+\infty} \varphi_{\mathrm{D}}^*(x, x_{\mathrm{D}}, p_{\mathrm{D}}) \psi(x, t, x_0, p_0) \, \mathrm{d}x$$

$$= \frac{1}{\sqrt{h}} \exp\left\{ -\frac{1}{2} \left(z_D^* z_D + 2 z_D^* z(t) + z^*(t) z(t) \right) \right\} \exp\left\{ -\frac{i}{2} \omega t \right\}$$

mit

$$z(t) = z e^{-i\omega t} \quad , \qquad z = \frac{x_0}{2\sigma_x} + i \frac{p_0}{2\sigma_p} \quad .$$

Das Absolutquadrat ist

$$|a(x_D, p_D, x_0, p_0, t)|^2$$
$$= \frac{1}{2\pi(\sqrt{2}\sigma_x)(\sqrt{2}\sigma_p)} \exp\left\{ -\frac{1}{2} \left[\frac{(x_D - x_0(t))^2}{2\sigma_x^2} + \frac{(p_D - p_0(t))^2}{2\sigma_p^2} \right] \right\} \quad .$$

Dabei sind

$$x_0(t) = x_0 \cos\omega t + \frac{p_0}{m\omega} \sin\omega t \quad ,$$
$$p_0(t) = -m\omega x_0 \sin\omega t + p_0 \cos\omega t$$

die Erwartungswerte von Ort und Impuls des kohärenten Zustandes $\psi(x, t, x_0, p_0)$ zur Zeit t. Das Absolutquadrat ist eine Gauß-Verteilung zweier Variabler im Raum aus x_D und p_D, die um die klassischen Werte $x_0(t)$, $p_0(t)$ des Oszillators zentriert ist. Die Wahrscheinlichkeitsdichte $|a(x_D, p_D, x_0, p_0, t)|^2$ zeigt das gleiche Verhalten wie die des klassischen Teilchens. Die Erwartungswerte des Ortes x_D und des Impulses p_D werden einfach durch die klassischen Werte

$$\langle x_D \rangle = x_0(t) \quad , \qquad \langle p_D \rangle = p_0(t)$$

gegeben. Die Varianzen von x_D und p_D sind

$$\text{var}(x_D) = 2\sigma_x^2 \quad ,$$
$$\text{var}(p_D) = 2\sigma_p^2 \quad .$$

Sie sind doppelt so groß wie diejenigen des kohärenten Zustandes selbst, und zwar als Folge der Verbreiterung, die durch das analysierende Wellenpaket $\varphi_D(x)$ bewirkt wird, das seinerseits die Varianzen σ_x^2 und σ_p^2 besitzt.

Die klassische Gaußsche Wahrscheinlichkeitsdichte im Phasenraum, die $\psi(x, t, x_0, p_0)$ entspricht, hat die gleiche Form wie $|a(x_D, p_D, x_0, p_0, t)|^2$. Sie besitzt allerdings die Breiten σ_x und σ_p und hat die explizite Darstellung

$$\rho^{\text{cl}}(x, p, x_0, p_0, t)$$
$$= \frac{1}{2\pi \sigma_x \sigma_p} \exp\left\{ -\frac{1}{2} \left[\frac{(x - x_0(t))^2}{\sigma_x^2} + \frac{(p - p_0(t))^2}{\sigma_p^2} \right] \right\} \quad .$$

Die klassische Phasenraumdichte, die dem Wellenpaket entspricht, mit dem wir den Detektor dargestellt haben, ist

$$\rho_{\mathrm{D}}^{\mathrm{cl}}(x, p, x_{\mathrm{D}}, p_{\mathrm{D}})$$

$$= \frac{1}{2\pi\sigma_x\sigma_p} \exp\left\{-\frac{1}{2}\left[\frac{(x-x_{\mathrm{D}})^2}{\sigma_x^2} + \frac{(p-p_{\mathrm{D}})^2}{\sigma_p^2}\right]\right\} \quad .$$

Die Funktionen ρ^{cl} und $\rho_{\mathrm{D}}^{\mathrm{cl}}$ sind gleich den Wigner-Verteilungen (vgl. Anhang D) von φ bzw. φ_{D}. Die analysierende Wahrscheinlichkeitsdichte $|a|^2$ kann wieder als

$$|a(x_{\mathrm{D}}, p_{\mathrm{D}}, x_0, p_0, t)|^2$$

$$= \int_{-\infty}^{+\infty} \int_{-\infty}^{+\infty} \rho_{\mathrm{D}}^{\mathrm{cl}}(x, p, x_{\mathrm{D}}, p_{\mathrm{D}})\rho^{\mathrm{cl}}(x, p, x_0, p_0, t)\,\mathrm{d}x\,\mathrm{d}p$$

geschrieben werden. Dieser Ausdruck zeigt einmal mehr den Grund für die Verbreiterung von $|a|^2$ im Vergleich zu ρ.

D Wigner-Verteilung

Das quantenmechanische Analogon zur Wahrscheinlichkeitsdichte im klassischen Phasenraum ist die von Eugene P. Wigner 1932 eingeführte Verteilung. In dem einfachen Fall eines eindimensionalen Systems, das durch eine Wellenfunktion $\varphi(x)$ beschrieben wird, ist die *Wigner-Verteilung* als

$$W(x,p) = \frac{1}{h} \int_{-\infty}^{+\infty} \exp\left\{\frac{\mathrm{i}}{\hbar}py\right\} \varphi\left(x - \frac{y}{2}\right) \varphi^*\left(x + \frac{y}{2}\right) \mathrm{d}y$$

definiert. Für ein unkorreliertes Gaußsches Wellenpaket mit der Wellenfunktion

$$\varphi(x, x_0, p_0) = \frac{1}{\sqrt[4]{2\pi}\sqrt{\sigma_x}} \exp\left\{-\frac{(x - x_0)^2}{4\sigma_x^2} + \mathrm{i}\frac{p_0}{\hbar}(x - x_0)\right\}$$

hat sie die Form einer unkorrelierten Gauß-Verteilung zweier Variabler:

$$W(x, p, x_0, p_0) = \frac{1}{2\pi\sigma_x\sigma_p} \exp\left\{-\frac{1}{2}\left[\frac{(x - x_0)^2}{\sigma_x^2} + \frac{(p - p_0)^2}{\sigma_p^2}\right]\right\} \quad .$$

Dabei erfüllen σ_x und σ_p die Beziehung minimaler Unschärfe

$$\sigma_x\sigma_p = \hbar/2 \quad .$$

Der Ausdruck für $W(x, p, x_0, p_0)$ fällt mit der klassischen Wahrscheinlichkeitsdichte im Phasenraum für ein einzelnes Teilchen zusammen, die wir in Abschn. 3.6 eingeführt haben. Die Randverteilungen der Wigner-Verteilung bezüglich x und p sind

$$W_p(x) = \int_{-\infty}^{+\infty} W(x, p)\,\mathrm{d}p = \varphi^*(x)\varphi(x) = \rho(x)$$

und

$$W_x(p) = \int_{-\infty}^{+\infty} W(x, p)\,\mathrm{d}x = \widetilde{\varphi}^*(p)\widetilde{\varphi}(p) = \rho_p(p) \quad .$$

Dabei ist $\widetilde{\varphi}(p)$ die Fourier-Transformierte

$$\widetilde{\varphi}(p) = \frac{1}{\sqrt{2\pi\hbar}} \int_{-\infty}^{+\infty} \exp\left\{-\frac{i}{\hbar}px\right\} \varphi(x)\,dx$$

der Wellenfunktion $\varphi(x)$, d. h. $\widetilde{\varphi}(p)$ ist die Wellenfunktion im Impulsraum.

Für den Fall des Gaußschen Wellenpakets finden wir für die Randverteilungen

$$W_p(x) = \frac{1}{\sqrt{2\pi}\,\sigma_x} \exp\left\{-\frac{1}{2}\frac{(x-x_0)^2}{\sigma_x^2}\right\} \quad,$$

$$W_x(p) = \frac{1}{\sqrt{2\pi}\,\sigma_p} \exp\left\{-\frac{1}{2}\frac{(p-p_0)^2}{\sigma_p^2}\right\} \quad.$$

Eine alternative Darstellung der Wigner-Verteilung ergibt sich durch Einführung der Wellenfunktion im Impulsraum in den Ausdruck von $W(x,p)$ mit Hilfe von

$$\varphi(x) = \frac{1}{\sqrt{2\pi\hbar}} \int_{-\infty}^{+\infty} \exp\left\{i\frac{p}{\hbar}x\right\} \widetilde{\varphi}(p)\,dp \quad.$$

Wir finden

$$W(x,p) = \frac{1}{h} \int_{-\infty}^{+\infty} \exp\left\{-\frac{i}{\hbar}xq\right\} \widetilde{\varphi}\left(p-\frac{q}{2}\right) \widetilde{\varphi}^*\left(p+\frac{q}{2}\right) dq \quad.$$

Bei der Benutzung der Wigner-Funktion ist allerdings Vorsicht geboten: Für eine allgemeine Wellenfunktion $\varphi(x)$ ist die Wigner-Verteilung nicht überall positiv. Damit kann sie im Allgemeinen nicht als eine Wahrscheinlichkeitsdichte im Phasenraum interpretiert werden. Sie ist jedoch stets eine reelle Funktion:

$$W^*(x,p) = W(x,p) \quad.$$

Als Beispiel geben wir die Wigner-Verteilung $W(x,p,n)$ für die Eigenfunktion $\varphi_n(x)$ des harmonischen Oszillators an,

$$W(x,p,n) = \frac{(-1)^n}{\pi\hbar} L_n^0\left(\frac{x^2}{\sigma_x^2} + \frac{p^2}{\sigma_p^2}\right) \exp\left\{-\frac{1}{2}\left(\frac{x^2}{\sigma_x^2} + \frac{p^2}{\sigma_p^2}\right)\right\} \quad.$$

Dabei sind die Breiten σ_x, σ_p durch

$$\sigma_x = \sqrt{\hbar/(2m\omega)} \quad, \qquad \sigma_p = \hbar/(2\sigma_x)$$

gegeben und $L_n^0(x)$ ist das Laguerre-Polynom mit dem oberen Index $k = 0$, das wir in Abschn. 13.4 eingeführt haben.

Abbildung D.1 zeigt die Wigner-Verteilungen für die untersten vier Eigenzustände des harmonischen Oszillators, $n = 0, 1, 2, 3$, dargestellt als Flächen über der Ebene, die von den skalierten Variablen x/σ_x, p/σ_p aufgespannt wird. Dementsprechend sind die Darstellungen rotationssymmetrisch um die z-Achse des Koordinatensystems. Die nicht positiven Bereiche von $W(x,p,n)$ sind deutlich sichtbar. Die entsprechenden Darstellungen für das Absolutquadrat der Analyseamplitude sind in Abb. C.6 enthalten.

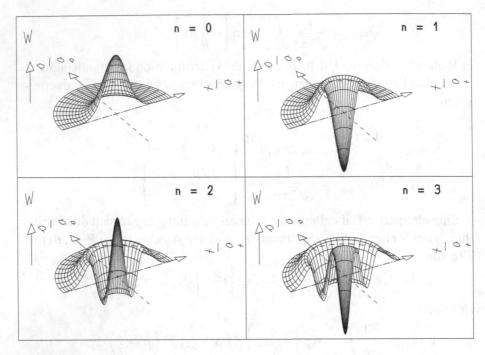

Abb. D.1 Wigner-Verteilungen $W(x, p, n)$ **der Eigenzustände** $\varphi_n(x)$, $n = 0, 1, 2, 3$, **des harmonischen Oszillators.**

Die Beziehung zur Analyseamplitude ergibt sich wie folgt: Zu einer beliebigen analysierenden Wellenfunktion $\varphi_D(x)$ bilden wir die Wigner-Verteilung

$$W_D(x, p) = \frac{1}{h} \int_{-\infty}^{+\infty} \exp\left\{\frac{i}{\hbar} p y'\right\} \varphi_D\left(x - \frac{y'}{2}\right) \varphi_D^*\left(x + \frac{y'}{2}\right) dy' \quad .$$

Das Integral über x und p des Produktes von W_D mit W liefert

$$\int_{-\infty}^{+\infty} \int_{-\infty}^{+\infty} W_D(x, p) W(x, p) \, dx \, dp = \frac{1}{h} \left| \int_{-\infty}^{+\infty} \varphi_D^*(x) \varphi(x) \, dx \right|^2 = |a|^2 \quad .$$

Das bedeutet, die Analyse der Wigner-Funktion $W(x, p)$ einer Wellenfunktion $\varphi(x)$ mit der Wigner-Verteilung $W_D(x, p)$ einer (beliebigen) analysierenden Wellenfunktion $\varphi_D(x)$ liefert genau das Absolutquadrat der Analyseamplitude

$$a = \frac{1}{\sqrt{h}} \int_{-\infty}^{+\infty} \varphi_D^*(x) \varphi(x) \, dx \quad ,$$

die wir in Anhang C eingeführt haben.

Die Zeitentwicklung einer Wigner-Verteilung

$$W(x, p, t) = \frac{1}{h} \int_{-\infty}^{+\infty} \exp\left\{\frac{i}{\hbar} p y\right\} \psi^*\left(x + \frac{y}{2}, t\right) \psi\left(x - \frac{y}{2}, t\right) dy \quad ,$$

die einer zeitabhängigen Lösung $\psi(x,t)$ der Schrödinger-Gleichung mit dem Hamilton-Operator $H = \hat{p}^2/(2m) + V(x)$, $\hat{p} = (\hbar/i)d/dx$, entspricht, wird durch die Wigner-Moyal-Gleichung beschrieben. Sie ist das quantenmechanische Analogon der Liouville-Gleichung für eine klassische Phasenraumverteilung. Für Potentiale $V(x)$, die konstant, linear oder quadratisch in der Koordinate x oder Linearkombinationen dieser Potenzen sind, sind die Gleichung von Wigner und Moyal und die Gleichung von Liouville identisch. Für diese Potentialtypen fallen die quantenmechanische und die klassische Phasenraumverteilung, wenn sie nur für einen Zeitpunkt t, z. B. den Anfangszeitpunkt, übereinstimmen, für alle Zeiten zusammen.

E Gamma-Funktion

Die *Gamma-Funktion* $\Gamma(z)$ wurde von Leonhard Euler eingeführt und ist eine Verallgemeinerung der *Fakultät* für ganzzahlige n,

$$n! = 1 \cdot 2 \cdot 3 \cdot \ldots \cdot n \quad , \qquad 0! = 1! = 1 \quad ,$$

auf nicht ganzzahlige und schließlich sogar komplexe Zahlen z. Sie ist durch das *Eulersche Integral*

$$\Gamma(z) = \int_0^\infty t^{z-1} e^{-t} \, dt \quad , \qquad \mathrm{Re}(z) > 0 \quad ,$$

definiert. Durch partielle Integration von

$$\int_0^\infty t^z e^{-t} \, dt = \Gamma(1+z)$$

finden wir die Rekursionsformel

$$\Gamma(1+z) = -t^z e^{-t} \Big|_0^\infty + z \int_0^\infty t^{z-1} e^{-t} \, dt = z \Gamma(z) \quad ,$$

die für komplexe z gilt.

Mit dem Eulerschen Integral erhalten wir

$$\Gamma(1) = 1$$

und daraus mit Hilfe der Rekursionsformel für nicht negative ganze n

$$\Gamma(1+n) = n! \quad .$$

Das Eulersche Integral kann auch in geschlossener Form für $z = 1/2$ berechnet werden,

$$\Gamma\left(\frac{1}{2}\right) = \sqrt{\pi} \quad ,$$

so dass man – wieder mit Hilfe der Rekursionsformel – die Gamma-Funktion auch leicht für positive halbzahlige Argumente bestimmen kann.

Für nicht positive Argumente hat die Gamma-Funktion Pole, die sich leicht aus der Reflexionsformel

$$\Gamma(1-z) = \frac{\pi}{\Gamma(z)\sin(\pi z)} = \frac{\pi z}{\Gamma(1+z)\sin(\pi z)}$$

ablesen lassen.

In Abb. E.1 zeigen wir Graphen des Realteils und des Imaginärteils von $\Gamma(z)$ als Flächen über der komplexen z-Ebene. Die herausragenden Strukturen sind die Pole für nicht positive ganzzahlige Werte von z. Für reelle Argumente $z = x$ ist die Gamma-Funktion reell, d. h. $\mathrm{Im}(\Gamma(x)) = 0$. In Abb. E.2 zeigen wir $\Gamma(x)$ und $1/\Gamma(x)$. Die zuletzt genannte Funktion ist einfacher, weil sie keine Pole hat. Die Gamma-Funktion für rein imaginäre Argumente $z = \mathrm{i}y$, y reell, ist in Abb. E.3 dargestellt.

Für komplexes Argument $z = x + \mathrm{i}y$ kann man eine explizite Zerlegung in Real- und Imaginärteil angeben,

$$\Gamma(x+\mathrm{i}y) = (\cos\theta + \mathrm{i}\sin\theta)|\Gamma(x)| \prod_{j=0}^{\infty} \frac{|j+x|}{\sqrt{y^2+(j+x)^2}} \quad .$$

Dabei ist der Winkel θ durch

$$\theta = y\psi(x) + \sum_{j=0}^{\infty}\left[\frac{y}{j+x} - \arctan\frac{y}{j+x}\right]$$

gegeben. Hier ist $\psi(x)$ die *Digamma-Funktion*

$$\psi(x) = \frac{\mathrm{d}}{\mathrm{d}x}(\ln\Gamma(x)) = \frac{\Gamma'(x)}{\Gamma(x)} \quad .$$

Für ganzzahlige n folgt die folgende Formel aus der Rekursionsformel:

$$\begin{aligned}\Gamma(n+z) &= \Gamma(1+(n-1+z)) \\ &= (n-1+z)(n-2+z)\cdot\ldots\cdot(1+z)z\Gamma(z) \quad .\end{aligned}$$

Für imaginäre $z = \mathrm{i}y$ finden wir

$$\Gamma(n+\mathrm{i}y) = (n-1+\mathrm{i}y)(n-2+\mathrm{i}y)\cdot\ldots\cdot(1+\mathrm{i}y)\mathrm{i}y\Gamma(\mathrm{i}y) \quad .$$

Die Gamma-Funktion von rein imaginärem Argument kann als Spezialisierung des Arguments $x + \mathrm{i}y$ auf $x = 0$ in $\Gamma(x+\mathrm{i}y)$ gewonnen werden. Man erhält

$$\Gamma(\mathrm{i}y) = (\sin\theta - \mathrm{i}\cos\theta)\sqrt{\frac{\pi}{y\sinh y}}$$

mit

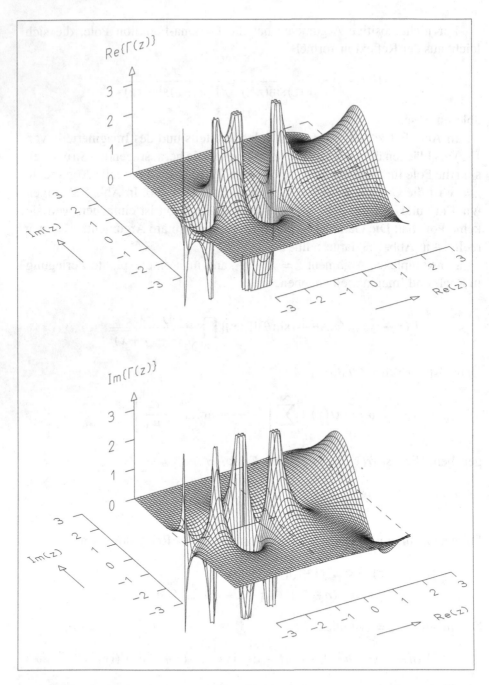

Abb. E.1 Realteil (oben) und Imaginärteil (unten) von $\Gamma(z)$ **über der komplexen** z-**Ebene.**

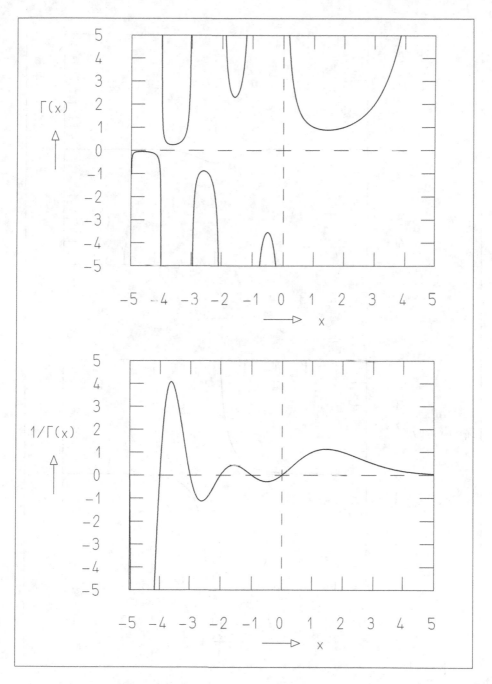

Abb. E.2 Die Funktionen $\Gamma(x)$ und $1/\Gamma(x)$ für reelle Argumente x.

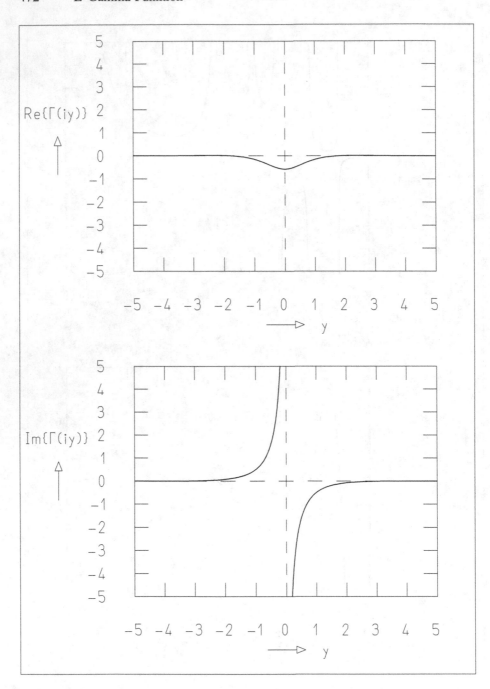

Abb. E.3 Realteil und Imaginärteil der Gamma-Funktion für rein imaginäre Argumente.

$$\theta = -\gamma y + \sum_{j=1}^{\infty} \left[\frac{y}{j} - \arctan \frac{y}{j} \right] \ .$$

Dabei ist die *Eulersche Konstante* γ durch

$$\gamma = -\psi(1) = \lim_{n \to \infty} \left(\sum_{k=1}^{n} \frac{1}{k} - \ln n \right) = 0{,}577\,215\,664\,9\ldots$$

gegeben.

F Bessel-Funktionen und Airy-Funktionen

Die Besselsche Differentialgleichung

$$x^2 \frac{\mathrm{d}^2 Z_\nu(x)}{\mathrm{d}x^2} + x \frac{\mathrm{d}Z_\nu(x)}{\mathrm{d}x} + (x^2 - \nu^2)Z_\nu(x) = 0$$

wird durch die *Bessel-Funktionen* erster Art $J_\nu(x)$, zweiter Art (auch *Neumann-Funktionen* genannt) $N_\nu(x)$ und dritter Art (auch *Hankel-Funktionen* genannt) $H_\nu^{(1)}(x)$ und $H_\nu^{(2)}(x)$, welche Linearkombinationen der ersten beiden sind, gelöst. Die Bessel-Funktionen erster Art sind

$$J_\nu(x) = \left(\frac{x}{2}\right)^\nu \sum_{k=0}^{\infty} \frac{(-1)^k}{k!\,\Gamma(\nu + k + 1)} \left(\frac{x^2}{4}\right)^k \quad .$$

Dabei ist $\Gamma(z)$ die Eulersche Gamma-Funktion, vgl. Anhang E.
Die Bessel-Funktionen zweiter Art sind

$$N_\nu(x) = \frac{1}{\sin \nu\pi} [J_\nu(x)\cos \nu\pi - J_{-\nu}(x)] \quad .$$

Für ganzzahlige $\nu = n$ gilt

$$J_{-n}(x) = (-1)^n J_n(x) \quad .$$

Die *modifizierten Bessel-Funktionen* sind als

$$I_\nu(x) = \left(\frac{x}{2}\right)^\nu \sum_{k=0}^{\infty} \frac{1}{k!\,\Gamma(\nu + k + 1)} \left(\frac{x^2}{4}\right)^k$$

definiert. Die Hankel-Funktionen sind

$$H_\nu^{(1)}(x) = J_\nu(x) + \mathrm{i}N_\nu(x) \quad ,$$

$$H_\nu^{(2)}(x) = J_\nu(x) - \mathrm{i}N_\nu(x) \quad .$$

Die folgenden Beziehungen gelten für die Verknüpfungen der gerade eingeführten Funktionen mit den sphärischen Bessel-, Neumann- und Hankel-Funktionen, vgl. Abschn. 10.8. Die *sphärischen Bessel-Funktionen* erster Art sind

$$j_\ell(x) = \sqrt{\frac{\pi}{2x}}\, J_{\ell+1/2}(x) \quad .$$

Die sphärischen Bessel-Funktionen zweiter Art (auch *sphärische Neumann-Funktionen* genannt) sind durch

$$n_\ell(x) = -\sqrt{\frac{\pi}{2x}}\, N_{\ell+1/2}(x) = (-1)^\ell\, j_{-\ell-1}(x)$$

definiert. Die sphärischen Bessel-Funktionen dritter Art (auch *sphärische Hankel-Funktionen* erster und zweiter Art genannt) sind

$$h_\ell^{(+)}(x) = n_\ell(x) + \mathrm{i}\, j_\ell(x) = \mathrm{i}[\, j_\ell(x) - \mathrm{i}\, n_\ell(x)] = \mathrm{i}\sqrt{\frac{\pi}{2x}}\, H_{\ell+1/2}^{(1)}(x) \quad ,$$

$$h_\ell^{(-)}(x) = n_\ell(x) - \mathrm{i}\, j_\ell(x) = -\mathrm{i}[\, j_\ell(x) + \mathrm{i}\, n_\ell(x)] = -\mathrm{i}\sqrt{\frac{\pi}{2x}}\, H_{\ell+1/2}^{(2)}(x) \quad .$$

In den Abbildungen F.1 und F.2 zeigen wir die Funktionen $J_\nu(x)$ und $I_\nu(x)$ für $\nu = -1, -2/3, -1/3, \ldots, 11/3$. Die Eigenschaften dieser Funktionen für $\nu \geq 0$ lassen sich leicht beschreiben. Die Funktionen $J_\nu(x)$ oszillieren um Null mit einer Amplitude, die für wachsende x abnimmt, während die Funktionen $I_\nu(x)$ monoton mit x wachsen. Bei $x = 0$ finden wir $J_\nu(0) = I_\nu(0) = 0$ für $\nu > 0$. Nur für $\nu = 0$ haben wir $J_0(0) = I_0(0) = 1$. Für $\nu > 1$ gibt es einen Bereich in der Nähe von $x = 0$, in dem die Funktionen im Wesentlichen verschwinden. Die Größe dieses Bereichs nimmt mit wachsendem Index ν zu. Für negative Werte des Index ν können die Funktionen in der Nähe von $x = 0$ sehr groß werden.

Eng mit den Bessel-Funktionen verknüpft sind die *Airy-Funktionen* Ai(x) und Bi(x). Sie sind Lösungen der Differentialgleichung

$$\left(\frac{\mathrm{d}^2}{\mathrm{d}x^2} - x\right) f(x) = 0$$

und haben die Darstellungen

$$\mathrm{Ai}(x) = \begin{cases} \dfrac{1}{3}\sqrt{x}\left\{I_{-1/3}\left(\dfrac{2}{3}x^{3/2}\right) - I_{1/3}\left(\dfrac{2}{3}x^{3/2}\right)\right\} \quad , & x > 0 \\[3mm] \dfrac{1}{3}\sqrt{x}\left\{J_{-1/3}\left(\dfrac{2}{3}|x|^{3/2}\right) + J_{1/3}\left(\dfrac{2}{3}|x|^{3/2}\right)\right\} \quad , & x < 0 \end{cases} \quad ,$$

und

$$\mathrm{Bi}(x) = \begin{cases} \sqrt{\dfrac{x}{3}}\left\{I_{-1/3}\left(\dfrac{2}{3}x^{3/2}\right) + I_{1/3}\left(\dfrac{2}{3}x^{3/2}\right)\right\} \quad , & x > 0 \\[3mm] \sqrt{\dfrac{x}{3}}\left\{J_{-1/3}\left(\dfrac{2}{3}|x|^{3/2}\right) - J_{1/3}\left(\dfrac{2}{3}|x|^{3/2}\right)\right\} \quad , & x < 0 \end{cases} \quad .$$

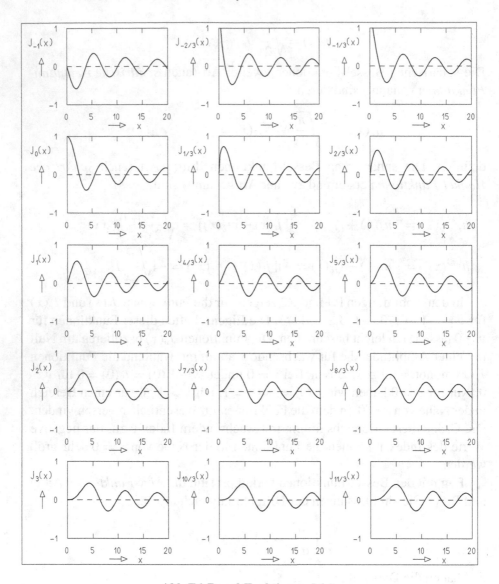

Abb. F.1 Bessel-Funktionen $J_\nu(x)$.

Graphen dieser Funktionen zeigen wir in Abb. F.3. Beide Funktionen oszillieren für $x < 0$. Die Wellenlänge der Oszillation nimmt mit abnehmendem
x ab. Für $x > 0$ fällt die Funktion Ai(x) schnell nach Null, während Bi(x)
divergiert.

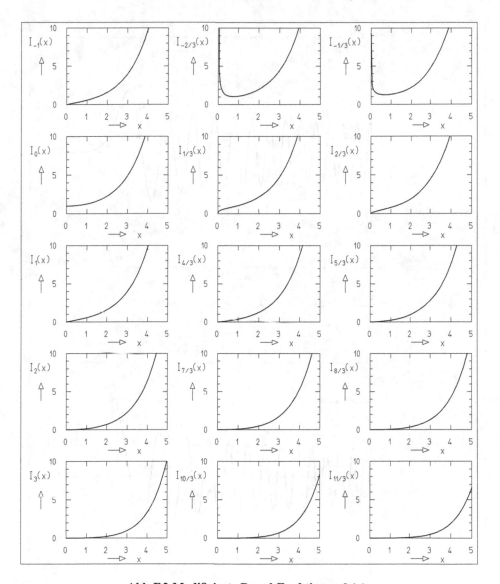

Abb. F.2 Modifizierte Bessel-Funktionen $I_\nu(x)$.

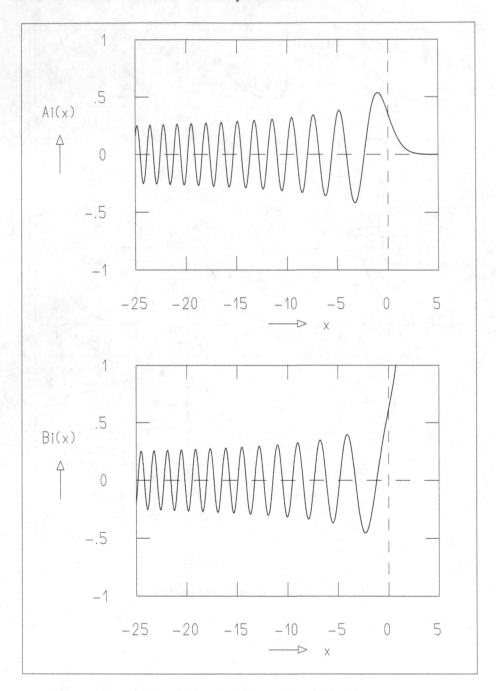

Abb. F.3 Airy-Funktionen Ai(x) **und** Bi(x).

G Poisson-Verteilung

In Abschn. 3.3 haben wir erstmals die *Wahrscheinlichkeitsdichte* $\rho(x)$ eingeführt, die auf Eins normiert ist,

$$\int_{-\infty}^{+\infty} \rho(x)\,dx = 1 \quad .$$

Ebenfalls dort eingeführt wurden die Begriffe des *Erwartungswerts* von x,

$$\langle x \rangle = \int_{-\infty}^{+\infty} x\rho(x)\,dx \quad ,$$

und der *Varianz* von x,

$$\text{var}(x) = \sigma_x^2 = \langle (x - \langle x \rangle)^2 \rangle \quad .$$

Wir ersetzen jetzt die *kontinuierliche Variable* x durch die *diskrete Variable* k, die nur gewisse diskrete Werte, z. B. $k = 0, 1, 2, \ldots$ annehmen kann. In einem statistischen Prozess wird die Variable k mit der *Wahrscheinlichkeit* $P(k)$ angenommen. Die gesamte Wahrscheinlichkeit ist auf Eins normiert,

$$\sum_k P(k) = 1 \quad .$$

Dabei wird die Summation über alle möglichen Werte von k erstreckt.

Der *Mittelwert* oder *Erwartungswert* von k ist

$$\langle k \rangle = \sum_k k P(k)$$

und die *Varianz* von k ist

$$\text{var}(k) = \sigma^2(k) = \langle (k - \langle k \rangle)^2 \rangle = \sum_k (k - \langle k \rangle)^2 P(k) \quad .$$

Der einfachste Fall ist der einer *Alternative*. Die Variable kann nur die Werte

$$\kappa = 0, 1$$

annehmen. Der Prozess liefert mit der Wahrscheinlichkeit $p = P(1)$ das Ergebnis $\kappa = 1$ und mit der Wahrscheinlichkeit $P(0) = 1 - p$ das Ergebnis $\kappa = 0$. Deshalb ist der Erwartungswert von κ

$$\langle \kappa \rangle = 0 \cdot (1 - p) + 1 \cdot p = p \quad .$$

Wir betrachten jetzt einen Prozess, der eine Folge von n unabhängigen Alternativen ist, deren jede das Ergebnis $\kappa_i = 0, 1$, $i = 1, 2, \ldots, n$, liefert. Wir beschreiben das Ergebnis des gesamten Prozesses durch die Variable

$$k = \sum_{i=1}^{n} \kappa_i$$

mit dem Definitionsbereich

$$k \in \{0, 1, \ldots, n\} \quad .$$

Ein bestimmter Prozess liefert das Ergebnis k, wenn $\kappa_i = 1$ für k der Alternativen n und $\kappa_i = 0$ für $(n - k)$ Alternativen ist. Die Wahrscheinlichkeit für die Folge

$$\kappa_1 = \kappa_2 = \ldots = \kappa_k = 1 \quad , \qquad \kappa_{k+1} = \ldots = \kappa_n = 0$$

ist $p^k (1 - p)^{n-k}$. Aber dies ist nur eine mögliche Folge, die das Ergebnis k liefert. Insgesamt gibt es

$$\binom{n}{k} = \frac{n!}{k!(n-k)!}$$

solche Folgen, wobei

$$n! = 1 \cdot 2 \cdot 3 \cdot \ldots \cdot n \quad , \qquad 0! = 1! = 1 \quad .$$

Deshalb ist die Wahrscheinlichkeit dafür, dass unser Prozess das Ergebnis k liefert, gerade

$$P(k) = \binom{n}{k} p^k (1 - p)^{n-k} \quad .$$

Dies ist die *Binomialverteilung*. Der Erwartungswert kann durch Einsetzen von $P(k)$ in die Definition von $\langle k \rangle$ berechnet werden oder, noch einfacher, aus der Gleichung

$$\langle k \rangle = \sum_{i=1}^{n} \langle \kappa_i \rangle = np \quad .$$

In Abb. G.1 zeigen wir die Wahrscheinlichkeiten $P(k)$ für verschiedene Werte von n, aber für einen festen Wert des Produktes $\lambda = np$. Die Verteilung

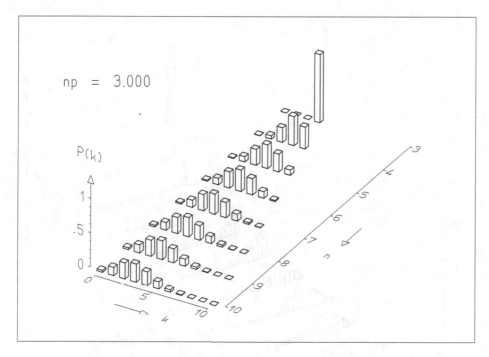

np = 3.000

P(k)

Abb. G.1 Binomialverteilungen für verschiedene Werte von n, aber festes Produkt $np = 3$.

ändert sich stark für kleine Werte von n, aber scheint für große n gegen eine Grenzverteilung zu streben. Tatsächlich können wir schreiben

$$P(k) = \frac{n!}{k!(n-k)!}\left(\frac{\lambda}{n}\right)^k \frac{\left(1-\frac{\lambda}{n}\right)^n}{\left(1-\frac{\lambda}{n}\right)^k}$$

$$= \frac{\lambda^k}{k!}\left(1-\frac{\lambda}{n}\right)^n \frac{n(n-1)\cdot\ldots\cdot(n-k+1)}{n^k\left(1-\frac{\lambda}{n}\right)^k}$$

$$= \frac{\lambda^k}{k!}\left(1-\frac{\lambda}{n}\right)^n \frac{\left(1-\frac{1}{n}\right)\left(1-\frac{2}{n}\right)\cdot\ldots\cdot\left(1-\frac{k-1}{n}\right)}{\left(1-\frac{\lambda}{n}\right)^k} .$$

Für den Grenzfall $n \to \infty$ geht jeder Term in Klammern im letzten Faktor gegen Eins und wegen

$$\lim_{n\to\infty}\left(1-\frac{\lambda}{n}\right)^n = e^{-\lambda}$$

erhalten wir

$$P(k) = \frac{\lambda^k}{k!}e^{-\lambda} .$$

Das ist die *Poisson-Verteilung*. Sie wird in Abb. G.2 für verschiedene Werte des Parameters λ dargestellt. Der Erwartungswert von k ist

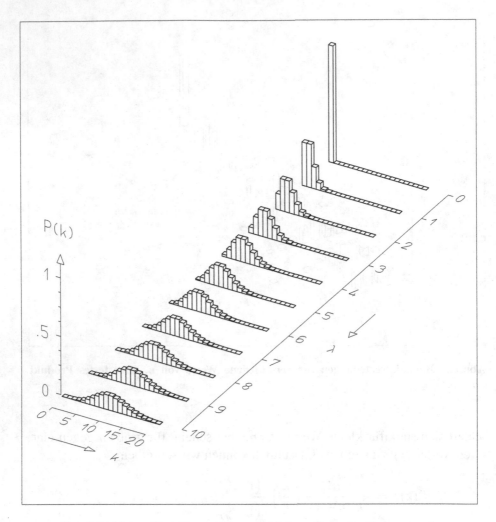

Abb. G.2 Poisson-Verteilungen für verschiedene Werte des Parameters λ.

$$\langle k \rangle = \sum_{k=0}^{\infty} k \frac{\lambda^k}{k!} e^{-\lambda} = \sum_{k=1}^{\infty} k \frac{\lambda^k}{k!} e^{-\lambda}$$

$$= \sum_{k=1}^{\infty} \frac{\lambda \lambda^{k-1}}{(k-1)!} e^{-\lambda} = \lambda \sum_{j=0}^{\infty} \frac{\lambda^j}{j!} e^{-\lambda} = \lambda \quad .$$

Auf ähnliche Weise finden wir

$$\langle k^2 \rangle = \lambda(\lambda + 1) \quad .$$

Deshalb ist auch die Varianz von k gleich λ,

$$
\begin{aligned}
\mathrm{var}(k) &= \langle (k - \langle k \rangle)^2 \rangle = \langle k^2 - 2k\langle k \rangle + \langle k \rangle^2 \rangle \\
&= \langle k^2 \rangle - 2\langle k \rangle^2 + \langle k \rangle^2 = \langle k^2 \rangle - \langle k \rangle^2 \\
&= \lambda(\lambda + 1) - \lambda^2 = \lambda \quad .
\end{aligned}
$$

Die Poisson-Verteilung ist für kleine Werte von λ deutlich asymmetrisch. Für große λ wird sie jedoch symmetrisch um ihren Mittelwert λ und ihre Glockenform ähnelt der einer Gauß-Verteilung.

Register